MES FICHES POUR LE BAC

Mathématiques

1re S

Pierre-Antoine Desrousseaux

Nathan

Sommaire

Lue | Relue | Acquise

ISBN : 978-2-09-150319-6

Sommaire

Lue | Relue | Acquise

1 Conseils pour la réussite

● Le programme de 1re S approfondit le travail de Seconde dans le domaine des fonctions et celui des probabilités. Il développe d'autres points des mathématiques tels que les suites et la géométrie plane... La **révision des leçons**, dont les éléments essentiels sont présentés ici, la maîtrise des **exercices incontournables**, présents dans ces fiches et un **entraînement régulier**, sont les clés de la réussite.

● Lors d'un devoir ou d'une interrogation : soignez la présentation, lisez chaque exercice en entier avant de le démarrer (il est fréquent que la réponse à une question soit dans les questions suivantes), n'oubliez pas de vous relire.

● La **manipulation de la calculatrice** est un des attendus du programme. De plus, c'est un outil de conjecture et de vérification très efficace. Il faut prendre le temps de se former (en utilisant les rabats de couverture Casio et Texas Instruments) et s'habituer à l'utiliser.

● Les **algorithmes** figurent au programme de 1re S. Il vous faut être capable d'écrire, de lire et de faire fonctionner de petits algorithmes dans des situations simples. Les algorithmes usuels et leur structure sont présentés dans cet ouvrage.

2 Présentation de l'ouvrage

● Tout au long de l'année, ces fiches constituent une version synthétique du cours de votre professeur. Vous y trouverez les notions essentielles et des exercices d'application classiques qui vous permettront de savoir si les notions abordées sont acquises.

● Quelques jours avant un devoir sur table, utilisez ces fiches pour réviser l'essentiel du cours et revoir les exercices incontournables. Cet ouvrage privilégie une approche par compétence qui vous permet de vous tester immédiatement sur votre aptitude à maîtriser un outil de démonstration.

● Si vous souhaitez vous entraîner davantage et consolider vos acquis, il existe d'autres ouvrages (tels que le Réussite 1re S, Nathan) qui vous aideront à atteindre vos objectifs.

Connaître les fonctions carré et inverse

1

Lue Relue Acquise

1 L'essentiel du cours

A La fonction carré

Définition : La fonction f définie sur $\mathbb{R}$ par $f(x) = x^2$ est appelée **fonction carré**.

Propriétés : • Pour tout x de $\mathbb{R}$, $x^2 \geqslant 0$.
• f est croissante sur $[0 ; +\infty[$ et décroissante sur $]-\infty ; 0]$.

• **Tableau de variation**

x	$-\infty$	0	$+\infty$
f	↘	0	↗

• **Représentation graphique**

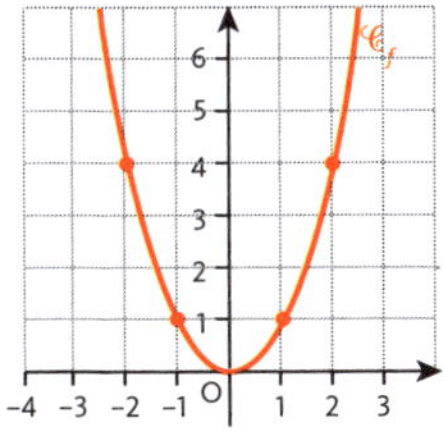

Astuce du prof

On visualise aisément ces deux propriétés dans le tableau de variation ci-contre.

Vocabulaire

- Une telle courbe est appelée **parabole**.
- Cette courbe est symétrique par rapport à l'axe (Oy). On parle de **fonction paire**.

B La fonction inverse

Définition : La fonction g définie sur $\mathbb{R}^*$ par $g(x) = \frac{1}{x}$ est appelée **fonction inverse**.

Propriété : g est décroissante sur $]-\infty ; 0[$ et sur $]0 ;+\infty[$.

• **Tableau de variation**

x	$-\infty$	0	$+\infty$
g	↘	‖	↘

Notation

$\mathbb{R}^* =]-\infty ; 0[\cup]0 ; +\infty[$
$= \mathbb{R} \setminus \{0\}$.

Piège à éviter

g n'est pas décroissante sur $\mathbb{R}^*$: elle l'est sur chacun des intervalles : $]-\infty ; 0[$ et $]0 ;+\infty[$.

- **Représentation graphique**

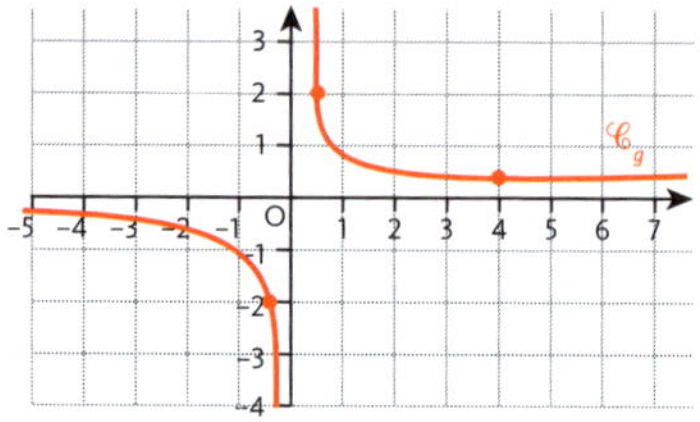

Notation

Dans un tableau, une double barre verticale signale une valeur interdite : ici 0.

Vocabulaire

- Une telle courbe est appelée **hyperbole**.
- Cette courbe est symétrique par rapport au point O. On parle de **fonction impaire**.

2 Application

EXO **Utiliser le tableau de variation ou la courbe de la fonction inverse pour déterminer les valeurs de x qui vérifient $\frac{1}{x} \leqslant 2$.**

Solution

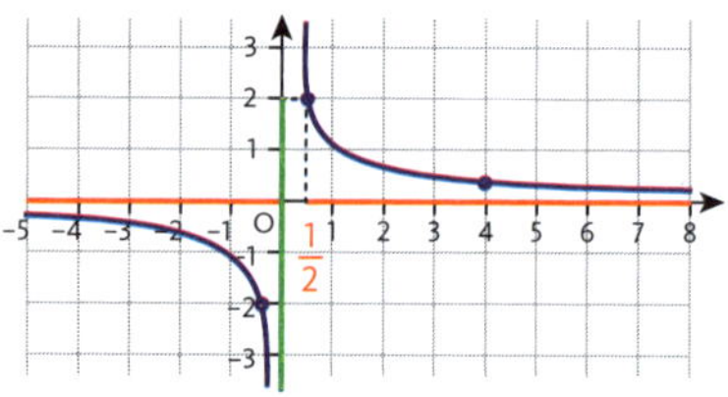

- Sur l'axe des ordonnées, placer la valeur 2 . Colorer sur (Oy) toutes les valeurs inférieures ou égales à 2.
- Reporter ces valeurs sur la courbe.
- Colorer les valeurs correspondantes sur l'axe (Ox) et lire les solutions.

Ainsi, $\frac{1}{x} \leqslant 2$ lorsque $x \in]-\infty\,;0[\cup [\frac{1}{2}\,;+\infty[$.

Mémo'Quiz

1. L'équation $x^2 = 3$ a pour :
- ❑ unique solution $-\sqrt{3}$
- ❑ unique solution $\sqrt{3}$
- ❑ solutions $-\sqrt{3}$ et $\sqrt{3}$

2. L'inéquation $x^2 \geqslant 5$ a pour solutions :
- ❑ $[-\sqrt{5}\,;+\infty[$
- ❑ $[0\,;+\infty[$
- ❑ $[\sqrt{5}\,;+\infty[$

3. Lorsque $-2 \leqslant x < 3$, x^2 appartient à :
- ❑ $[4\,;9[$
- ❑ $[0\,;9[$
- ❑ $[-4\,;9[$

4.
- ❑ $(1-\sqrt{2})^2 < (1-\sqrt{3})^2$
- ❑ $(1-\sqrt{2})^2 = (1-\sqrt{3})^2$
- ❑ $(1-\sqrt{2})^2 > (1-\sqrt{3})^2$

→ corrigés p. 95

Connaître les fonctions cube et racine carrée

2

Lue Relue Acquise

1 L'essentiel du cours

A La fonction cube

Définition : La fonction h définie sur $\mathbb{R}$ par $h(x) = x^3$ est appelée **fonction cube**.

Propriété : h est croissante sur $\mathbb{R}$.

- **Tableau de variation**

x	$-\infty$	0	$+\infty$
h	↗	0	↗

Remarque

Le tableau de variation schématise la propriété et la représentation graphique.

- **Représentation graphique**

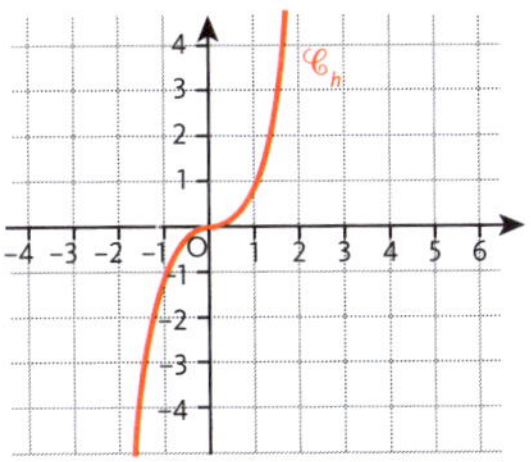

Vocabulaire

Cette courbe est symétrique par rapport au point O. On parle de **fonction impaire**.

B La fonction racine carrée

Définition : La fonction k définie sur $\mathbb{R}^+$ par $k(x) = \sqrt{x}$ est appelée **fonction racine carrée**.

Propriétés : • Pour tout x de $\mathbb{R}^+$, $\sqrt{x} \geqslant 0$.
• k est croissante sur $[0 ; +\infty[$.

Notation

$\mathbb{R}^+ = [0 ; +\infty[$.

- **Tableau de variation**

x	0	$+\infty$
k	0	↗

Astuce du prof

On visualise aisément ces deux propriétés dans le tableau de variation ci-contre.

- **Représentation graphique**

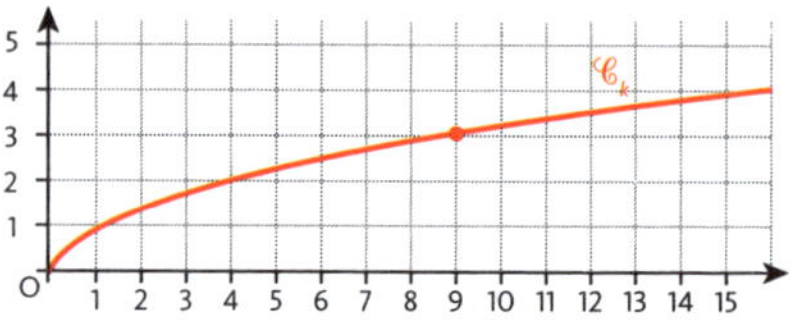

2 Application

EXO f est la fonction d'expression $f(x) = \sqrt{x-2} - 1$.
1. Expliquer pourquoi f est définie sur $[2\,;+\infty[$.
2. Représenter graphiquement f dans un repère.

Solution

1. Pour que $\sqrt{x-2}$ soit défini, il faut que $x - 2 \geqslant 0$ c'est-à-dire $x \geqslant 2$.
Donc f est définie pour $x \in [2\,;+\infty[$.

> Se rappeler que $\sqrt{x}$ n'a de sens que si $x \geqslant 0$.

2.

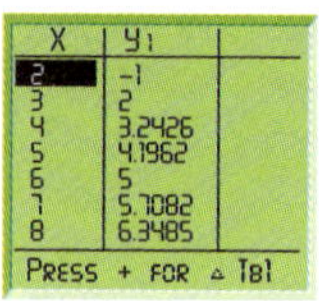

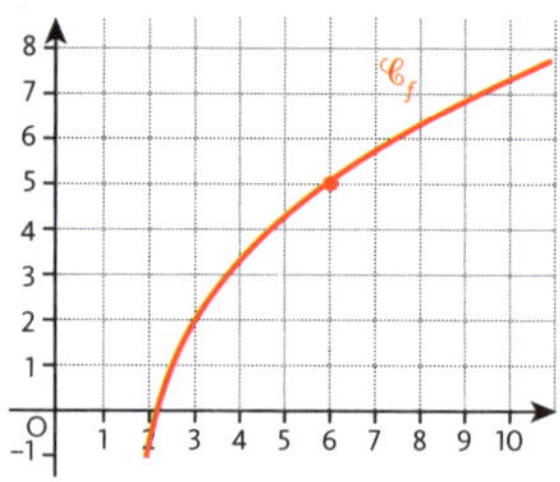

> • À l'aide de la calculatrice (voir rabats de couverture), dresser un tableau de valeurs afin de placer quelques points de $\mathscr{C}_f$.
> • Choisir convenablement les graduations (la fenêtre) et tracer la courbe qui relie ces points.

Mémo'Quiz

1. Pour tout $x \geqslant 4$, $2\sqrt{x-4} - 1 \geqslant 0$. ❑ Vrai ❑ Faux

2. Pour tout $x \geqslant -3$, $\sqrt{x+3} + 2 \geqslant 2$. ❑ Vrai ❑ Faux

3. Pour tout $x \geqslant -2$, $x^3 \geqslant 8$. ❑ Vrai ❑ Faux

4. Pour tout $x \geqslant -5$, $x^3 \geqslant -125$. ❑ Vrai ❑ Faux

5. Si $x^3 \geqslant 27$, alors $x \geqslant 3$. ❑ Vrai ❑ Faux

6. $(1-\sqrt{2})^3 < (1-\sqrt{3})^3$ ❑ Vrai ❑ Faux

→ corrigés p. 95

Étudier les variations d'une fonction 3

Lue Relue Acquise

1 L'essentiel du cours

A Règles sur les inégalités

Règle 1 : Ajouter ou soustraire un même nombre aux deux membres d'une inégalité ne change pas le sens de cette inégalité.

Règle 2 : Multiplier ou diviser les deux membres d'une inégalité par un même nombre **strictement positif** ne change pas le sens de cette inégalité.

Règle 3 : Multiplier ou diviser les deux membres d'une inégalité par un même nombre **strictement négatif** change le sens de cette inégalité.

B Variation d'une fonction

Définitions : f est une fonction définie sur un intervalle I.

- f est dite **croissante** sur I lorsque : pour tout a, b de I, si $a < b$ alors $f(a) \leqslant f(b)$.
- f est dite **décroissante** sur I lorsque : pour tout a, b de I, si $a < b$ alors $f(a) \geqslant f(b)$.
- f est dite **constante** sur I lorsque : pour tout a, b de I, si $a < b$ alors $f(a) = f(b)$.

Réflexe à avoir

Il faut connaître par cœur les variations des fonctions usuelles rappelées aux fiches 1 et 2.

Vocabulaire

Une fonction toujours croissante ou toujours décroissante est dite **monotone**.

2 Applications

EXO 1 **f est la fonction définie sur $[0\,;+\infty[$ par $f(x) = -3\sqrt{x} + 4$. Montrer que f est une fonction décroissante sur $[0\,;+\infty[$.**

Solution

Soient $a, b \in [0\,;+\infty[$,
si $a < b$, alors $\sqrt{a} < \sqrt{b}$ car la fonction racine carrée est croissante sur $[0\,;+\infty[$;
si $\sqrt{a} < \sqrt{b}$, alors $-3\sqrt{a} > -3\sqrt{b}$ d'après la règle 3 ;
si $-3\sqrt{a} > -3\sqrt{b}$,
alors $-3\sqrt{a} + 4 > -3\sqrt{b} + 4$ d'après la règle 1.
Ainsi, si $a < b$, alors $f(a) > f(b)$. Donc f est décroissante sur $[0\,;+\infty[$.

Appliquer les définitions en utilisant à la fois le sens de variation des fonctions usuelles (ici la fonction racine carrée) et les règles rappelées au A.

EXO 2 ***g* est la fonction définie sur ℝ par $g(x) = 5x^2 - 1$.**
Étudier les variations de *g*.

Solution

- Sur l'intervalle $]-\infty\,;0]$.
Soient $a, b \in\,]-\infty\,;0]$.
si $a < b$, alors $a^2 > b^2$ car la fonction carrée est décroissante sur $]-\infty\,;0]$;
si $a^2 > b^2$, alors $5a^2 > 5b^2$ d'après la règle 2 ;
si $5a^2 > 5b^2$, **alors $5a^2 - 1 > 5b^2 - 1$** d'après la règle 1.
Ainsi, sur $]-\infty\,;0]$, si $a < b$, alors $g(a) > g(b)$, donc *g* est décroissante sur $]-\infty\,;0]$.

- Sur l'intervalle $[0\,;+\infty[$.
Soient $a, b \in [0\,;+\infty[$,
si $a < b$, alors $a^2 < b^2$ car la fonction carré est croissante sur $[0\,;+\infty[$;
si $a^2 < b^2$ alors $5a^2 < 5b^2$ d'après la règle 2 ;
si $5a^2 < 5b^2$ alors **$5a^2 - 1 < 5b^2 - 1$**, d'après la règle 1.
Ainsi, sur $[0\,;+\infty[$, si $a < b$, alors $g(a) < g(b)$, donc *g* est croissante sur $[0\,;+\infty[$.

Reprendre les méthodes indiquées dans l'exercice précédent.
Attention, pour les fonctions carré et inverse, il faut distinguer deux intervalles.

Il est vivement conseillé de vérifier ses résultats en traçant la courbe à l'écran de la calculatrice.

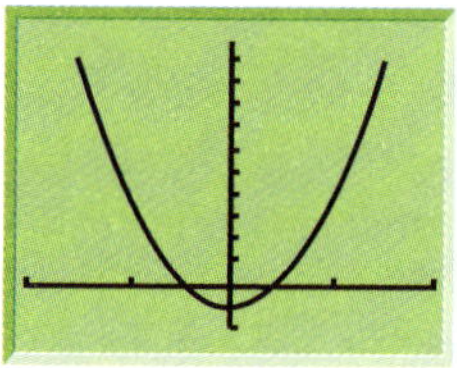

Mémo'Quiz

1. La fonction $x \mapsto -2x^3$ est :
- ❑ croissante sur ℝ
- ❑ décroissante sur ℝ
- ❑ croissante puis décroissante

2. La fonction $x \mapsto \dfrac{5}{x} - 5$ est :
- ❑ décroissante sur ℝ*
- ❑ décroissante sur $]-\infty\,;0[$
- ❑ croissante sur $]0\,;+\infty[$

3. La fonction $x \mapsto -x^2 + 7$ est :
- ❑ décroissante sur $]-\infty\,;0]$
- ❑ croissante sur $[0\,;+\infty[$
- ❑ croissante sur $]-\infty\,;0]$ et décroissante sur $[0\,;+\infty[$

→ corrigés p. 95

Résoudre une équation par le discriminant

4

Lue Relue Acquise

1 L'essentiel du cours

Définitions :

- L'équation $ax^2 + bx + c = 0$ (avec $a \neq 0$) est appelée **équation de degré deux** (ou du second degré).
- Le **discriminant** de cette équation est le nombre :

$$\Delta = b^2 - 4ac.$$

Remarque

L'objectif de cette fiche est de déterminer (quand elles existent) les solutions de cette équation.

Propriété :

	$\Delta > 0$	$\Delta = 0$	$\Delta < 0$
Solution(s) de $ax^2+bx+c=0$	$x_1 = \frac{-b-\sqrt{\Delta}}{2a}$ et $x_2 = \frac{-b+\sqrt{\Delta}}{2a}$	$x_0 = \frac{-b}{2a}$	Pas de solution
Forme factorisée de l'expression ax^2+bx+c	$a(x-x_1)(x-x_2)$	$a(x-x_0)^2$	Pas de forme factorisée

2 Applications

EXO 1 Résoudre dans $\mathbb{R}$ les équations ci-dessous.

1. $2x^2 - 3x + 1 = 0$. **2.** $4x^2 - 8x + 4 = 0$. **3.** $4x^2 + 3x + 2 = 0$.

Solution

1. $a = 2, b = -3, c = 1$
donc $\Delta = (-3)^2 - 4 \times 2 \times 1 = 1$.

$\Delta > 0$ donc $x_1 = \frac{-(-3)-\sqrt{1}}{2\times 2} = \frac{1}{2}$

et $x_2 = \frac{-(-3)+\sqrt{1}}{2\times 2} = 1$.

$\frac{1}{2}$ et 1 sont les solutions de l'équation $2x^2 - 3x + 1 = 0$.

- Identifier clairement les coefficients a, b et c.
- Calculer Δ.
- Utiliser le tableau pour conclure.

2. $a = 4, b = -8, c = 4$ donc $\Delta = (-8)^2 - 4 \times 4 \times 4 = 0$.

$\Delta = 0$ donc $x_0 = \frac{-(-8)}{2\times 4} = 1$.

1 est l'unique solution de l'équation $4x^2 - 8x + 4 = 0$.

3. $a = 4, b = 3, c = 2$ donc $\Delta = 3^2 - 4 \times 4 \times 2 = -23$.

$\Delta < 0$ donc l'équation $4x^2 - 3x + 2 = 0$ n'a pas de solution.

EXO 2 **Factoriser l'expression $x^2 - x - 6$.**

Solution

$a = 1$, $b = -1$, $c = -6$

donc $\Delta = (-1)^2 - 4 \times 1 \times (-6) = 25$.

$\Delta > 0$ donc $x_1 = \dfrac{-(-1) - \sqrt{25}}{2 \times 1} = -2$

et $x_2 = \dfrac{-(-1) + \sqrt{25}}{2 \times 1} = 3$.

Ainsi, $x^2 - x - 6 = 1\,(x - (-2))(x - 3)$

$x^2 - x - 6 = (x + 2)(x - 3)$.

• Pour déterminer (si elle existe) la forme factorisée d'une expression, il faut au préalable étudier si l'équation $ax^2 + bx + c = 0$ possède des solutions.
• Ne pas oublier le a dans les formes factorisées $a(x - x_1)(x - x_2)$ et $a(x - x_0)^2$.

EXO 3 **Résoudre dans ℝ les équations ci-dessous.**

1. $2x^2 - 14 = 0$. **2.** $3x^2 + 36 = 0$. **3.** $5x^2 + 10x = 0$.

Solution

1. $2x^2 - 14 = 0$ équivaut à $2x^2 = 14$
c'est-à-dire $x^2 = 7$
d'où $x = -\sqrt{7}$ ou $x = \sqrt{7}$.

$-\sqrt{7}$ et $\sqrt{7}$ sont les solutions de $2x^2 - 14 = 0$.

2. $3x^2 + 36 = 0$ équivaut à $3x^2 = -36$
c'est-à-dire $x^2 = -12$

ce qui n'a pas de solution car un carré est toujours positif.
L'équation $3x^2 + 36 = 0$ n'a pas de solution.

3. $5x^2 + 10x = 5x\,(x + 2)$ donc $5x^2 + 10x = 0$ équivaut à $5x\,(x + 2) = 0$
c'est-à-dire $5x = 0$ ou $x + 2 = 0$ ainsi $x = 0$ ou $x = -2$.
-2 et 0 sont les solutions de $5x^2 + 10x = 0$.

Lorsque $b = 0$ ou que $c = 0$, il est beaucoup plus rapide d'utiliser des méthodes habituelles pour conclure (même si, évidemment, la méthode du discriminant fonctionne toujours).

Mémo'Quiz

1. L'équation $x^2 + x - 2 = 0$:
- ❑ a pour solutions 1 et 2
- ❑ a pour solutions 1 et -2
- ❑ n'a pas de solution

2. L'équation $3(x - 5)^2 = 0$:
- ❑ a pour solution -5
- ❑ a pour solution 5
- ❑ n'a pas de solution

3. L'équation $(x + 2)^2 + 7 = 0$:
- ❑ a pour solution -7
- ❑ a pour solution -2
- ❑ n'a pas de solution

4. L'expression $3x^2 - 9x - 30$ a pour forme factorisée :
- ❑ $3(x + 2)(x - 5)$
- ❑ $(x + 2)(x - 5)$
- ❑ $3(x - 2)(x + 5)$

→ corrigés p. 95

Résoudre une inéquation par le discriminant

5

Lue Relue Acquise

1 L'essentiel du cours

L'objectif de cette fiche est de déterminer le signe de l'expression $ax^2 + bx + c$ (avec $a \neq 0$) par la méthode du discriminant.

Remarque

Il faut connaître l'essentiel du cours de la fiche 4 et les notations Δ, x_0, x_1 et x_2.

Propriété :

$\Delta > 0$:

x	$-\infty$		x_1		x_2		$+\infty$
ax^2+bx+c		signe de a	0	opposé au signe de a	0	signe de a	

$\Delta = 0$:

x	$-\infty$		x_0		$+\infty$
ax^2+bx+c		signe de a	0	signe de a	

$\Delta < 0$:

x	$-\infty$		$+\infty$
ax^2+bx+c		signe de a	

2 Applications

EXO 1 **Étudier le signe des expressions ci-dessous.**

1. $x^2 + 4x + 3$. **2.** $2x^2 - 5x + 10$.

Solution

1. $a = 1$, $b = 4$, $c = 3$
donc $\Delta = 4^2 - 4 \times 1 \times 3 = 4$.

$\Delta > 0$ donc $x_1 = \dfrac{-4 - \sqrt{4}}{2 \times 1} = -3$ et

$x_2 = \dfrac{-4 + \sqrt{4}}{2 \times 1} = -1$.

D'où le tableau

x	$-\infty$		-3		-1		$+\infty$
x^2+4x+3		+	0	−	0	+	

Ainsi, $x^2 + 4x + 3 \geqslant 0$ pour $x \in]-\infty\,; -3] \cup [-1\,; +\infty[$ et $x^2 + 4x + 3 < 0$ pour $x \in]-3\,; -1[$.

2. $a = 2$, $b = -5$, $c = 10$ donc $\Delta = (-5)^2 - 4 \times 2 \times 10 = -55$.
$\Delta < 0$ donc pour tout x de $\mathbb{R}$, $2x^2 - 5x + 10 > 0$.

- Identifier les coefficients a, b, c.
- Calculer Δ.
- En déduire, si elles existent, les solutions x_1 et x_2 ou x_0.
- Utiliser la propriété pour conclure (la conclusion peut être donnée dans un tableau).

Résoudre une inéquation par le discriminant

EXO 2 **Résoudre dans $\mathbb{R}$ les inéquations suivantes.**

1. $-3(x+5)^2 - 10 < 0.$ **2.** $-2x^2 - 6x + 8 \leqslant 0.$

3. $2x^2 + x + 1 \leqslant 0.$

Solution

1. Pour tout x de $\mathbb{R}$, $(x+5)^2 \geqslant 0$
donc $-3(x+5)^2 \leqslant 0$
d'où $-3(x+5)^2 - 10 < 0$.
Ainsi, $-3(x+5)^2 - 10 < 0$ pour tout x de $\mathbb{R}$.

Certaines inéquations ont des solutions évidentes qui ne nécessitent pas d'utiliser la méthode du discriminant.

2. $a = -2$, $b = -6$, $c = 8$
donc $\Delta = (-6)^2 - 4 \times (-2) \times 8 = 100$.

$\Delta > 0$ donc $x_1 = \dfrac{-(-6) - \sqrt{100}}{2 \times (-2)} = 1$

et $x_2 = \dfrac{-(-6) + \sqrt{100}}{2 \times (-2)} = -4$.

On reprend point par point la méthode de l'exo 1 ; puis on lit les résultats du tableau pour conclure.

D'où le tableau

x	$-\infty$		-4		1		$+\infty$
$-2x^2 - 6x + 8$		$-$	0	$+$	0	$-$	

Finalement, $-2x^2 - 6x + 8 \leqslant 0$ pour $x \in]-\infty\,;-4] \cup [1\,;+\infty[$.

3. $a = 2$, $b = 1$, $c = 1$ donc $\Delta = 1^2 - 4 \times 2 \times 1 = -7 < 0$.
Donc $2x^2 + x + 1$ est toujours du signe de a ($a = 2 \geqslant 0$), c'est-à-dire que, pour tout x de $\mathbb{R}$, $2x^2 + x + 1 > 0$.
L'inéquation $2x^2 + x + 1 \leqslant 0$ n'a donc pas de solution.

Mémo'Quiz

1. $4(x-1)^2 + 1 > 0$ **pour tout** x **de** $\mathbb{R}$.

❑ Vrai ❑ Faux

2. $3x^2 - 4x + 7 \leqslant 0$ **pour tout** x **de** $\mathbb{R}$.

❑ Vrai ❑ Faux

3. $x^2 + x - 6 \geqslant 0$ **pour** $x \in [-3\,;2]$.

❑ Vrai ❑ Faux

4. $-12x - 10 \leqslant 2x^2$ **pour** $x \in]-\infty\,;-5] \cup [-1\,;+\infty[$.

❑ Vrai ❑ Faux

➜ corrigés p. 95

Tracer rapidement une parabole

6

Lue Relue Acquise

1 L'essentiel du cours

A Sommet d'une parabole

Définition : On appelle **parabole** d'équation $y = ax^2 + bx + c$, la courbe représentative d'une fonction $f : x \mapsto ax^2 + bx + c$ (avec $a \neq 0$).

Propriété : Toute parabole d'équation $y = ax^2 + bx + c$ a pour sommet le point $S(x_0\,;\beta)$ où $x_0 = -\dfrac{b}{2a}$ et $\beta = f(x_0)$.

B Représentation graphique

	$a > 0$	$a < 0$
$\Delta > 0$	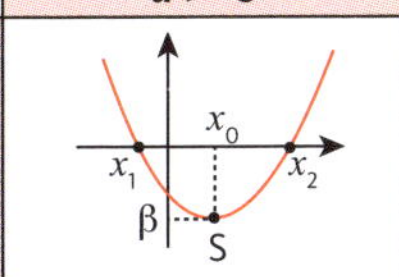	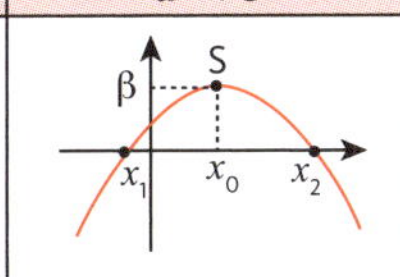
$\Delta = 0$	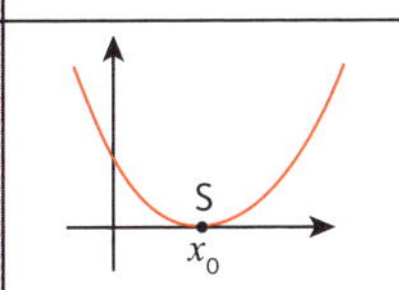	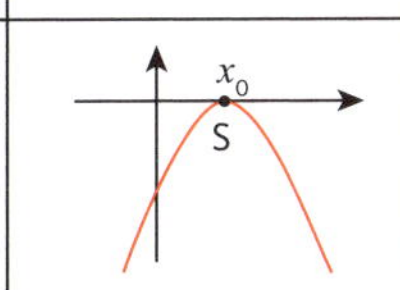
$\Delta < 0$	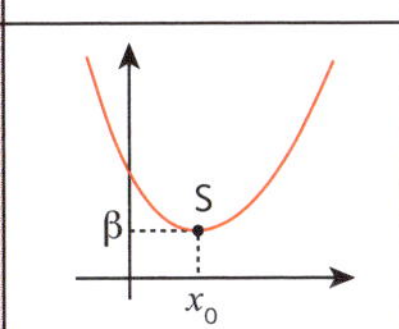	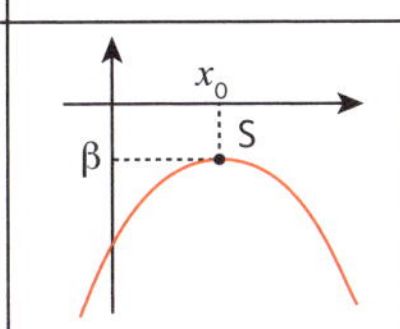

Remarque

Il faut connaître l'essentiel du cours des fiches 4 et 5 et les notations Δ, x_0, x_1 et x_2.

Vocabulaire

Lorsque $a < 0$, on parle de **parabole renversée.**

2 Applications

EXO 1 Tracer la parabole d'équation $y = x^2 - 7x + 10$.

Solution

$a = 1$, $b = -7$, $c = 10$.

Donc $\Delta = (-7)^2 - 4 \times 1 \times 10 = 9$.

$\Delta > 0$ donc $x_1 = 2$ et $x_2 = 5$.

- Identifier les coefficients a, b, c.
- Calculer Δ et les éventuelles solutions x_0 ou x_1 et x_2 de l'équation $ax^2 + bx + c = 0$.

S a pour coordonnées :

$x_s = \dfrac{-(-7)}{2 \times 1} = 3{,}5$ et

$y_s = f(3,5) = -2{,}25.$

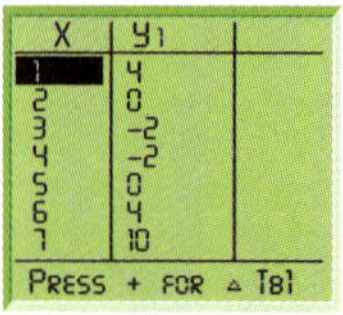

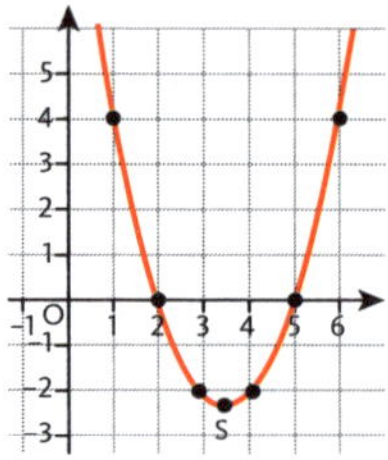

- Déterminer les coordonnées du sommet S.
- Compléter avec quelques points grâce au tableau de valeurs de la calculatrice.

EXO 2 **Par lecture graphique, déterminer une expression de la fonction *f* représentée par une parabole dans le repère ci-contre.**

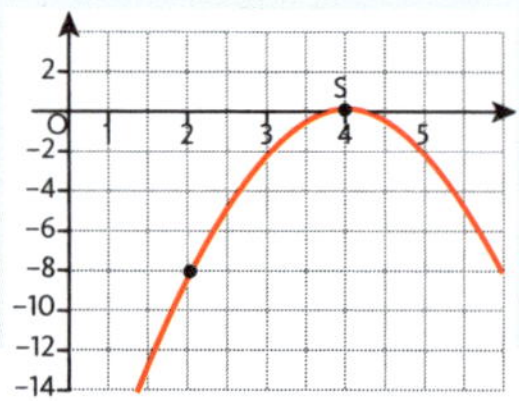

Solution

- La parabole est renversée et tangente à l'axe des abscisses en son sommet S d'abscisse $x_0 = 4$, donc f a pour expression $f(x) = a(x-4)^2$.

- Identifier le type de parabole en utilisant le tableau du cours.
- Se servir d'un point de la parabole pour calculer a.

- A(2 ; −8) appartient à la parabole, donc il faut que $f(2) = -8$.

Or $f(2) = a(2-4)^2 = 4a$ ainsi $4a = -8$ et $a = -2$.

Finalement, $f(x) = -2(x-4)^2$.

Mémo'Quiz

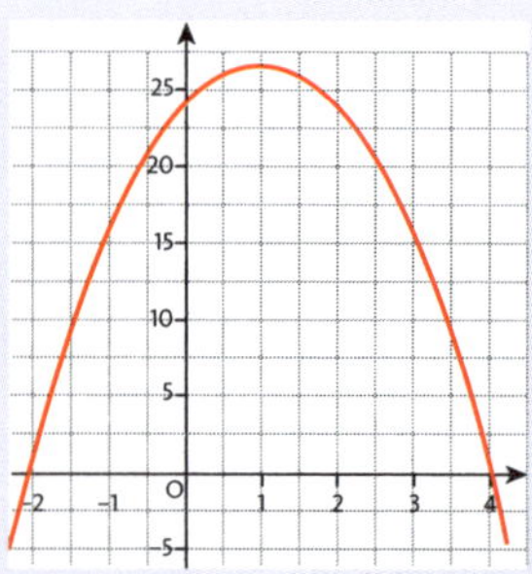

1. La parabole tracée ci-contre est renversée.
❑ Vrai ❑ Faux

2. Son sommet a pour coordonnées (1 ; 26).
❑ Vrai ❑ Faux

3. Son équation est $y = -3x^2 + 6x + 24$.
❑ Vrai ❑ Faux

➜ corrigés p. 95

Calculer un nombre dérivé

7

Lue Relue Acquise

1 L'essentiel du cours

A Nombre dérivé en a

f est une fonction définie sur un intervalle I, a et $a+h$ appartiennent à I.

Définition : On dit que f est **dérivable en a** lorsqu'il existe un nombre ℓ tel que :

$$\lim_{h \to 0} \frac{f(a+h)-f(a)}{h} = \ell.$$

Notation

« $\lim\limits_{h\to 0}$ » signifie que l'on fait tendre h vers un nombre infiniment proche de 0.

Remarque : Il se peut que ce nombre ℓ n'existe pas, ou que cette limite soit $-\infty$ ou $+\infty$. On dit alors que f n'est pas dérivable en a.

Définition-Notation : Lorsque f est dérivable en a, le nombre ℓ s'appelle **nombre dérivé de f en a** et on le note $\ell = f'(a)$.

Exemple : $f(x) = 5x - 4$, $a = 2$.

$$\lim_{h\to 0} \frac{f(2+h)-f(2)}{h} = \lim_{h\to 0} \frac{(5(2+h)-4)-(5\times 2-4)}{h}$$
$$= \lim_{h\to 0} \frac{10+5h-4-10+4}{h} = \lim_{h\to 0} \frac{5h}{h} = \lim_{h\to 0} 5 = 5.$$

Donc f est dérivable en 2 et $f'(2) = 5$.

B Autre expression

Définition bis : On dit que f est **dérivable en a** lorsqu'il existe un nombre ℓ tel que :

$$\lim_{b\to a} \frac{f(b)-f(a)}{b-a} = \ell.$$

Astuce du prof

Cette « autre » définition de f dérivable en a est équivalente à la première. Il faut choisir la plus appropriée suivant les exercices.

2 Applications

EXO 1 f est la fonction définie sur $\mathbb{R}$ par $f(x) = 3x^2 - 4x + 1$.
Montrer que f est dérivable en 1 et donner $f'(1)$.

Solution

- Identifier a.
- Exprimer $f(a)$ et $f(a+h)$ (ou $f(b)$).

- $a = 1$.
- $f(1) = 3 \times 1^2 - 4 \times 1 + 1 = 0$.

$f(1+h) = 3(1+h)^2 - 4(1+h) + 1$
$= 3(1 + 2h + h^2) - 4 - 4h + 1 = 3h^2 + 2h.$

- Ainsi $\dfrac{f(1+h)-f(1)}{h} = \dfrac{3h^2+2h-0}{h}$
$= 3h + 2.$
- D'où :

$\lim\limits_{h\to 0} \dfrac{f(1+h)-f(1)}{h} = \lim\limits_{h\to 0} 3h + 2 = 2.$

Finalement, f est dérivable en 1 et $f'(1) = 2$.

- Former le quotient $\dfrac{f(a+h)-f(a)}{h}$ (ou $\dfrac{f(b)-f(a)}{b-a}$) et le simplifier.
- Calculer alors le résultat de la limite pour conclure.

EXO 2 **f est la fonction définie sur $[0\,;+\infty[$ par $f(x) = \sqrt{x}$. Montrer que f n'est pas dérivable en 0.**

Solution

- $a = 0$.
- $f(0) = \sqrt{0} = 0$;
$f(0+h) = f(h) = \sqrt{h}$.
- Ainsi, $\dfrac{f(0+h)-f(0)}{h} = \dfrac{\sqrt{h}-0}{h}$
$= \dfrac{\sqrt{h}}{h} = \dfrac{\sqrt{h}}{\sqrt{h}\times\sqrt{h}} = \dfrac{1}{\sqrt{h}}.$

D'où $\lim\limits_{h\to 0} \dfrac{f(0+h)-f(0)}{h} = \lim\limits_{h\to 0} \dfrac{1}{\sqrt{h}} = +\infty.$

Finalement, f n'est pas dérivable en 0.

Reprendre la méthode de l'exo 1. Pour montrer que f n'est pas dérivable, il faut :
– soit montrer que la limite n'existe pas ;
– soit montrer que la limite est égale à $-\infty$ ou à $+\infty$.

Mémo'Quiz

1. f est la fonction définie sur $\mathbb{R}$ par $f(x) = -3x + 4$.

❑ $f'(1) = 4$ ❑ $f'(-1) = -3$ ❑ f n'est pas dérivable en -1

2. g est la fonction définie sur $\mathbb{R}$ par $g(x) = -2x^2 + 7$.

❑ $g'(3) = -12$ ❑ $g'(3) = -6$ ❑ g n'est pas dérivable en 3

3. h est la fonction définie sur $]0\,;+\infty[$ par $h(x) = \dfrac{5}{x} + 1$.

❑ $h'(2) = -\dfrac{5}{4}$ ❑ $h'(2) = \dfrac{7}{2}$ ❑ h n'est pas dérivable en 2

→ corrigés p. 95

Déterminer une fonction dérivée

8

Lue Relue Acquise

1 L'essentiel du cours

A Fonction dérivée

Définitions :

- Une fonction f est **dérivable sur un intervalle I** lorsqu'elle est dérivable en tout point de I.
- La **fonction dérivée de f** est notée f'.

Vocabulaire

- f' se lit « f prime ».
- La dérivée de la dérivée s'écrit f'' et se lit « f seconde ».

B Tableau des dérivées usuelles

u et v sont des fonctions dérivables sur I et k un réel.

Fonction	Dérivée	Domaine/Remarque
k	0	$\mathbb{R}$
x	1	$\mathbb{R}$
x^n	nx^{n-1}	$\mathbb{R}$ / n entier, $n \geqslant 1$
$\frac{1}{x}$	$-\frac{1}{x^2}$	$]-\infty\,;0[\,\cup\,]0\,;+\infty[$
$\frac{1}{x^n}$	$\frac{-n}{x^{n+1}}$	$]-\infty\,;0[\,\cup\,]0\,;+\infty[$ n entier, $n \geqslant 1$
$\sqrt{x}$	$\frac{1}{2\sqrt{x}}$	$]0\,;+\infty[$
$u+v$	$u'+v'$	I
ku	ku'	I
uv	$u'v+uv'$	I
$\frac{1}{v}$	$\frac{-v'}{v^2}$	$v(x) \neq 0$ sur I
$\frac{u}{v}$	$\frac{u'v-uv'}{v^2}$	$v(x) \neq 0$ sur I

2 Application

EXO

f est la fonction définie sur [1 ; 10] par $f(x) = 6\sqrt{x} + x^4 + \frac{5}{x^2}$ et g est la fonction définie sur $\mathbb{R}$ par $g(x) = (3x + 5)(2x^2 - 4x)$. Calculer la dérivée de f puis celle de g.

Solution

- Par lecture directe du tableau :
Pour tout x de [1 ; 10],
$f'(x) = 6 \times \frac{1}{2\sqrt{x}} + 4x^{4-1} + 5 \times \frac{-2}{x^{2+1}}$
$f'(x) = \frac{3}{\sqrt{x}} + 4x^3 - \frac{10}{x^3}$.
- g est de la forme $u \times v$, avec, pour tout x de $\mathbb{R}$:
$u(x) = 3x + 5$ donc $u'(x) = 3$
$v(x) = 2x^2 - 4x$ donc $v'(x) = 2 \times 2x^{2-1} - 4$
$v'(x) = 4x - 4$.
- Ainsi $g = u'v + v'u$, c'est-à-dire :
$g'(x) = 3(2x^2 - 4x) + (3x + 5)(4x - 4)$
$g'(x) = 6x^2 - 12x + 12x^2 - 12x + 20x - 20$
$g'(x) = 18x^2 - 4x - 20$.

- Dans les deux cas, reconnaître des fonctions usuelles : $x \mapsto x^n$, $x \mapsto \sqrt{x}$ ... présentes dans le tableau.
- Identifier également les formes usuelles : $u + v$, $u \times v$, $\frac{u}{v}$ ... du tableau.
- Appliquer les formules correspondantes.

Ne pas hésiter à détailler les calculs intermédiaires.

Mémo'Quiz

1. Si $f(x) = 5x(x + 1)$, alors $f'(x) = 5(x + 1)$.
❑ Vrai ❑ Faux

2. Si $f(x) = 4x^3 - 4x^2 + 4x - 4$, alors $f'(x) = 12x^2 - 8x + 4$.
❑ Vrai ❑ Faux

3. Si $f(x) = \frac{1}{x^2 + 1}$, alors $f'(x) = \frac{-2x}{(x^2 + 1)^2}$.
❑ Vrai ❑ Faux

4. Si $f(x) = \frac{3x^2 + 1}{x - 2}$, alors $f'(x) = \frac{3x^2 - 12x - 1}{(x - 2)^2}$.
❑ Vrai ❑ Faux

5. Si $f(x) = 4x^5 + 3x^7$, alors $f''(x) = 80x^3 + 21x^6$.
❑ Vrai ❑ Faux

→ corrigés p. 95

Chercher l'équation d'une tangente

9

Lue Relue Acquise

1 L'essentiel du cours

A Équation d'une tangente

f est une fonction dérivable sur un intervalle I et $a \in I$.

Propriété 1 : Le nombre dérivé $f'(a)$ de f en a est égal au coefficient directeur de la tangente à $\mathscr{C}_f$ au point A d'abscisse a.

Réflexe à avoir

Penser à cette propriété lorsqu'il y a un graphique dans l'énoncé.

Illustration graphique

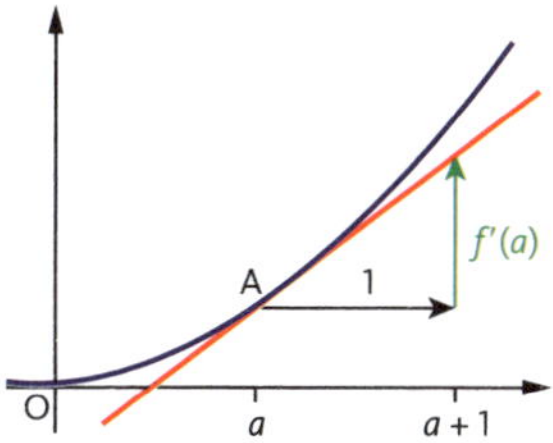

Propriété 2 : L'équation de la tangente à $\mathscr{C}_f$ au point A d'abscisse a est :

$$y = f'(a) \times (x - a) + f(a).$$

B Cas des tangentes horizontales

Lorsque $\mathscr{C}_f$ admet, au point A d'abscisse a, une **tangente parallèle à l'axe des abscisses**, c'est que $f'(a) = 0$.

Remarque

On parle souvent de tangente horizontale alors que l'on devrait dire tangente parallèle à l'axe des abscisses.

Exemple :

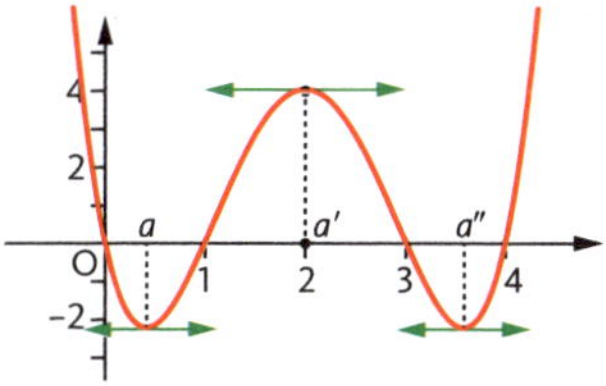

Ici, $f'(a) = f'(a') = f'(a'') = 0$.

2 Application

EXO

f est la fonction dérivable sur $]-1\,;+\infty[$ définie par $f(x)=\dfrac{2x+3}{x+1}$.

1. Chercher l'équation de la tangente à $\mathscr{C}_f$ au point d'abscisse 1.

2. Vérifier le résultat obtenu à la calculatrice.

Solution

1. $f(a) = f(1) = \dfrac{5}{2}$.

$$f'(x) = \frac{2 \times (x+1) - (2x+3) \times 1}{(x+1)^2}$$

$$= \frac{-1}{(x+1)^2} \text{ d'où } f'(1) = -\frac{1}{4}.$$

- Commencer par calculer $f(a)$.
- Calculer $f'(x)$ (voir fiche 3) puis $f'(a)$.
- Utiliser l'équation donnée dans le cours.

La tangente a pour équation :

$$y = -\frac{1}{4} \times (x-1) + \frac{5}{2},$$

c'est-à-dire $y = -\dfrac{1}{4}x + \dfrac{11}{4}$.

2.

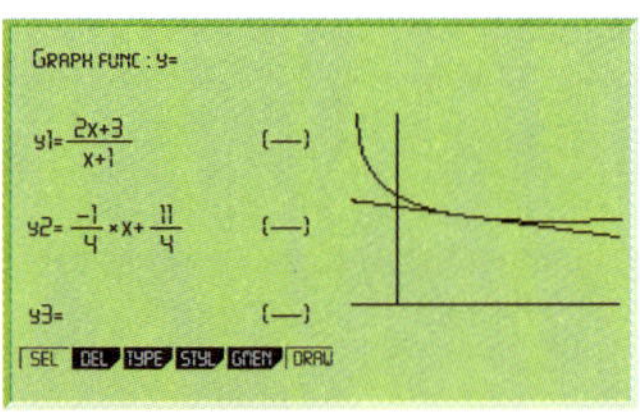

Avec une fenêtre adaptée, on trace sur un même graphique la courbe de f et la droite d'équation $y = -\dfrac{1}{4}x + \dfrac{11}{4}$.

(utilisation de la calculatrice : voir les rabats).

Mémo'Quiz

f est la fonction dérivable sur $\mathbb{R}$ définie par $f(x) = x^2(x-1)$.

1. L'équation de la tangente à $\mathscr{C}_f$ au point d'abscisse 1 est :

❑ $y = 0$ ❑ $y = 3x - 3$ ❑ $y = x - 1$

2. L'équation de la tangente à $\mathscr{C}_f$ au point d'abscisse -2 est :

❑ $y = 16x + 20$ ❑ $y = -1$ ❑ $y = -12x - 8$

3. $\mathscr{C}_f$ admet une tangente parallèle à l'axe des abscisses pour :

❑ $x = 0$ ❑ $x = 1$ ❑ $x = 2$

→ corrigés p. 95

Dresser un tableau de signes

10

Lue Relue Acquise

1 L'essentiel du cours

A Signe de $ax + b$

Propriété : a désigne un nombre réel non nul.

$a > 0$

x	$-\infty$	$-\frac{b}{a}$	$+\infty$
$ax + b$	$-$	0	$+$

$a < 0$

x	$-\infty$	$-\frac{b}{a}$	$+\infty$
$ax + b$	$+$	0	$-$

B Signe de $ax^2 + bx + c$

Pour étudier le signe d'une expression du type $ax^2 + bx + c$, se reporter à la fiche 5.

C Tableau de signes

- Les tableaux de signes sont très utiles, notamment pour étudier le signe d'une dérivée f' afin de dresser un tableau de variation (voir fiche 11), mais également pour étudier la position relative de deux courbes (voir paragraphe D).
- **Principe** : Il faut **factoriser au maximum** l'expression proposée afin de faire apparaître des expressions dont on sait étudier le signe :
$ax + b$, $ax^2 + bx + c$, u^2, $\sqrt{u}$...

D Position relative de deux courbes

Étudier la position relative de deux courbes $\mathscr{C}_f$ et $\mathscr{C}_g$, c'est déterminer sur quel intervalle l'une est située au-dessus de l'autre.
Ainsi, par exemple :
$\mathscr{C}_f$ est au-dessus de $\mathscr{C}_g$ sur l'intervalle I
équivaut à $f(x) \geqslant g(x)$ pour tout x de I
équivaut à $f(x) - g(x) \geqslant 0$ pour tout x de I.

Réflexe à avoir

Il peut être utile de se rappeler que :
- u^2 est toujours positif ou nul ;
- quand il est défini, $\sqrt{u}$ est toujours positif ou nul.

Remarque

On peut conjecturer ou vérifier le signe d'une expression par lecture graphique : voir fiche 14.

Astuce du prof

Ainsi, étudier la position relative de $\mathscr{C}_f$ et $\mathscr{C}_g$ revient à étudier le signe de $f(x) - g(x)$.

2 Application

EXO **Dresser le tableau de signes de l'expression :**

$$A(x) = \frac{3x^2(x^2 - x - 2) + 6(x^2 - x - 2)}{-2x + 10}.$$

Solution

$$A(x) = \frac{3x^2(x^2 - x - 2) + 6(x^2 - x - 2)}{-2x + 10}$$

$$A(x) = \frac{(3x^2 + 6)(x^2 - x - 2)}{-2x + 10}$$

- Factoriser au maximum l'expression proposée.
- Utiliser la propriété du **A**, la fiche 5 ou le signe d'expressions connues.

x	$-\infty$		-1		2		5		$+\infty$
$3x^2 + 6$		+	|	+	|	+	|	+	
$x^2 - x - 2$		+	0	−	0	+	|	+	
$-2x + 10$		+	|	+	|	+	0	−	
$A(x)$		+	0	−	0	+	||	−	

- $3x^2+6$: $x^2 \geqslant 0$ donc $3x^2 + 6 \geqslant 0$
- $x^2 - x - 2$: On utilise la fiche 5.
- $-2x + 10$: On utilise la propriété du **A**.
- $A(x)$: On conclut avec les règles des signes.

Ainsi, $A(x) \geqslant 0$ lorsque $x \in]-\infty ; -1] \cup [2 ; 5[$ et $A(x) \leqslant 0$ lorsque $x \in]-1 ; 2] \cup]5 ; +\infty[$.

La double barre verticale dans le tableau signifie que la valeur $x = 5$ est « interdite » pour l'expression $A(x)$: $A(x)$ n'a pas de sens pour $x = 5$ car on ne divise pas par zéro.

Mémo'Quiz

1. $(2x - 6)(x^2 + 7) \leqslant 0$ lorsque :

❑ $x \in]-\infty ; 3]$ ❑ $x \in [3 ; +\infty[$ ❑ $x \in]-\infty ; 3[$

2. $\frac{x^2 + 7}{2x - 6} \leqslant 0$ lorsque :

❑ $x \in]-\infty ; 3]$ ❑ $x \in [3 ; +\infty[$ ❑ $x \in]-\infty ; 3[$

3. $\frac{(5x + 4)\sqrt{4x^2 + 1}}{x - 3} \geqslant 0$ lorsque :

❑ $x \in]-\infty ; -\frac{4}{5}] \cup]3 ; +\infty[$ ❑ $x \in [-\frac{4}{5} ; 3[$ ❑ $x \in]3 ; +\infty[$

4. $(-x + 1)(x^2 + 5x + 6) \geqslant 0$ lorsque :

❑ $x \in [-3 ; -2] \cup [1 ; +\infty[$ ❑ $x \in]-\infty ; -3] \cup [-2 ; 1]$

❑ $x \in [-3 ; 1]$

→ corrigés p. 95

Dresser un tableau de variation

11

Lue Relue Acquise

1 L'essentiel du cours

A Lien entre variations de *f* et signe de *f'*

- *f* est une fonction dérivable sur un intervalle I.

Théorème :
f est croissante sur I équivaut à $f'(x) \geqslant 0$ pour tout x de I.
f est constante sur I équivaut à $f'(x) = 0$ pour tout x de I.
f est décroissante sur I équivaut à $f'(x) \leqslant 0$ pour tout x de I.

Réflexe à avoir
Ce théorème est essentiel pour comprendre et étudier les variations des fonctions.

B Tableau de variation

- **Principe :** D'après le théorème ci-dessus, étudier les **variations d'une fonction *f***, est équivalent à étudier le **signe de sa fonction dérivée *f'***.

2 Applications

EXO 1 ***f* est la fonction définie sur ℝ par $f(x) = 3x^2 - 6x + 7$.**
Dresser le tableau de variation de *f*.

Solution

- Pour tout x de ℝ, $f'(x) = 6x - 6$.
- D'où le tableau de signes de $f'(x)$:

x	$-\infty$		1		$+\infty$
$f'(x) = 6x - 6$		$-$	0	$+$	

- Déterminer $f'(x)$.
- Dresser le tableau de signes de $f'(x)$.
- En déduire le tableau de variation de *f* grâce au théorème du cours.

- On en déduit le tableau de variation de *f* :

x	$-\infty$		1		$+\infty$
$f'(x)$		$-$	0	$+$	
f		↘	4	↗	

$f(1) = 3 \times 1^2 - 6 \times 1 + 7 = 4$.

EXO 2 ***f*** **est la fonction définie sur ℝ par** $f(x) = x^3 + \frac{3}{2}x^2 - 60x + 4$.
Dresser le tableau de variation de ***f*****.**

Solution

- Pour tout x de ℝ, $f'(x) = 3x^2 + 3x - 60$.
- On étudie le signe de $f'(x)$.

$a = 3$, $b = 3$, $c = -60$
donc $\Delta = 3^2 - 4 \times 3 \times (-60) = 729$.
Donc l'équation $3x^2 + 3x - 60 = 0$ admet deux solutions :

$$x_1 = \frac{-3 - \sqrt{729}}{2 \times 3} = -5 \quad \text{et} \quad x_2 = \frac{-3 + \sqrt{729}}{2 \times 3} = 4.$$

On reprend la méthode de l'exo 1. Les fiches 5 et 10 peuvent être utiles pour dresser le tableau de signes de $f'(x)$.

- D'où le signe de la dérivée et le tableau de variation de la fonction :

x	$-\infty$		-5		4		$+\infty$
$f'(x)$		+	0	−	0	+	
f	↗		$\frac{433}{2}$	↘	-148	↗	

Il est vivement conseillé de vérifier la cohérence de la réponse à la calculatrice en affichant la courbe de f.

$f(-5) = (-5)^3 + \frac{3}{2} \times (-5)^2 - 60 \times (-5) + 4$

$f(-5) = \frac{433}{2}$.

$f(4) = 4^3 + \frac{3}{2} \times 4^2 - 60 \times 4 + 4$

$f(4) = -148$.

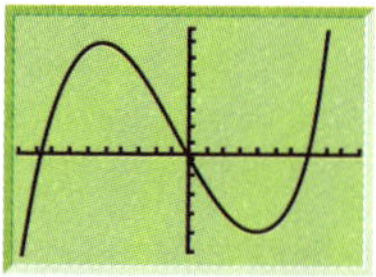

Mémo'Quiz

1. Si f' est croissante sur **I**, alors f est positive sur **I**.
❑ Vrai ❑ Faux

2. g est la fonction définie sur $]2 ; +\infty[$ par $g(x) = \frac{2x+3}{x-2}$.
g est croissante sur $]2 ; +\infty[$
❑ Vrai ❑ Faux

3. h est la fonction définie ℝ par $h(x) = 2x^3 - 3x^2 - 12x + 1$.
h est décroissante sur $[-1 ; 2]$
❑ Vrai ❑ Faux

→ corrigés p. 95

Déterminer un extremum

12

Lue Relue Acquise

1 L'essentiel du cours

A Maximum, minimum

Définitions : f est une fonction définie sur un intervalle I, $x_0 \in \mathrm{I}$ et J est un intervalle inclus dans I.
On dit que :
- $f(x_0)$ est un **maximum de f** sur J lorsque pour tout x de J, $f(x) \leqslant f(x_0)$;
- $f(x_0)$ est un **minimum de f** sur J lorsque pour tout x de J, $f(x) \geqslant f(x_0)$.

Vocabulaire

- Un **extremum** est un maximum ou un minimum.
- Un nombre $f(x_0)$, extremum sur une partie J de I, est appelé extremum **local**.

B Propriétés

f est une fonction dérivable sur un intervalle ouvert J et $x_0 \in$ J.

Propriété 1 : Si $f(x_0)$ est un extremum local de f, alors $f'(x_0) = 0$.

Propriété 2 : Si f' s'annule en x_0, en changeant de signe, alors $f(x_0)$ est un extremum local de f.

Piège à éviter

Cette propriété 1 est une condition nécessaire mais non suffisante : ce n'est pas parce que $f'(x_0) = 0$ que l'on peut en déduire que $f(x_0)$ est un extremum.

Remarque : Cette propriété 2 est décrite par l'un des deux tableaux de variation ci-dessous.

x		x_0	
$f'(x)$	+	0	−
f	↗	$f(x_0)$	↘

x		x_0	
$f'(x)$	−	0	+
f	↘	$f(x_0)$	↗

2 Applications

EXO 1 f est la fonction définie sur $\mathbb{R}$ par $f(x) = 2x^3 - 3x^2 - 12x + 1$.
1. Dresser le tableau de variation de f.
2. En déduire des extremums locaux de f.

Solution

1. Pour tout x de $\mathbb{R}$, $f'(x) = 6x^2 - 6x - 12$.
$\Delta = 9$, $x_1 = -1$ et $x_2 = 2$.

Utiliser la fiche 11 pour dresser le tableau de variation de f.

x	$-\infty$		-1		2		$+\infty$
$f'(x)$		$+$	0	$-$	0	$+$	
f		↗	8	↘	-19	↗	

$f(-1) = 2 \times (-1)^3 - 3 \times (-1)^2 - 12 \times (-1)$
$f(-1) = 8.$
$f(2) = 2 \times 2^3 - 3 \times 2^2 - 12 \times 2 + 1$
$f(2) = -19.$

2. D'après la propriété 2, on en déduit que :
8 est un maximum (local) de f sur $]-\infty\,;2]$ atteint lorsque $x = -1$ et
-19 est un minimum (local) de f sur $[-1\,;+\infty[$ atteint lorsque $x = 2$.

EXO 2 **Les bénéfices, en €, d'une entreprise sont donnés par la fonction B définie sur [0 ; 10 000] par $B(x) = \dfrac{20\,000x}{(x^2+4)}$ où x désigne le nombre, en milliers, d'articles fabriqués et vendus. Calculer le bénéfice maximal et le nombre d'articles correspondants à ce bénéfice.**

Solution

- Pour tout x de $[0\,;10\,000]$, $B'(x) = \dfrac{20\,000\,(x^2+4) - 20\,000\,x \times 2x}{(x^2+4)^2}$ $= \dfrac{-20\,000\,x^2 + 80\,000}{(x^2+4)^2}$.
- D'où le tableau de variation de B sur $[0\,;10\,000]$.

x	0		2		$10\,000$
$B'(x)$		$+$	0	$-$	
B	0	↗	$5\,000$	↘	

- Déterminer l'expression de $B'(x)$.
- Dresser le tableau de variation de B.
- En déduire le bénéfice maximal et la valeur de x en lequel il est atteint.

Le bénéfice maximal est de 5 000 €, il est réalisé pour la fabrication et la vente de 2 000 articles.

Mémo'Quiz

1. **La fonction g définie sur $\mathbb{R}$ par $g(x) = 2x^3 - 12x + 5$ admet :**
- ❑ **deux minimums locaux**
- ❑ **deux maximums locaux**
- ❑ **deux extremums locaux**

2. **La fonction h définie sur $\mathbb{R}$ par $h(x) = 3x(x-6)$ admet un minimum :**
- ❑ **égal à -27 et atteint en 3**
- ❑ **égal à 3 et atteint en -27**
- ❑ **égal à 0 et atteint en 6**

→ **corrigés p. 95**

Utiliser la structure « Tant que »

13

Lue Relue Acquise

1 L'essentiel du cours

A Écriture d'un algorithme

Un algorithme est une suite finie d'opérations ou d'instructions permettant de résoudre un problème. En 1re S, il faut être capable de lire et d'écrire de petits algorithmes.
Le cadre ci-dessous décrit l'écriture générale d'un algorithme.

Entrées
On déclare les variables utilisées par la suite.
Initialisation
Lorsque nécessaire, on affecte une valeur de départ à certaines variables.
Traitement
On effectue des calculs, on utilise des structures logiques (si... alors...sinon... ; tant que...faire... ; pour *i* allant de... à...)
Sortie
On affiche le résultat voulu.

B La structure « Tant que »

On fait **répéter une action** tant qu'une certaine condition est vérifiée. Lorsque la condition devient fausse, l'action s'arrête.

Remarque
On ne connaît pas ici le nombre d'itérations, c'est-à-dire le nombre de fois où l'action est répétée.

2 Applications

EXO 1 Faire fonctionner « à la main » l'algorithme ci-dessous.

Entrée
x désigne un nombre
Initialisation
x prend la valeur 1
Traitement
Tant que $x^2 + 1 < 100$ faire
| x prend la valeur $x + 4$
Fin Tant que
Sortie
Afficher x

Solution

Au départ : x prend la valeur 1.
À l'étape 1 : $1^2 + 1 = 2 < 100$ donc x prend la valeur $1 + 4 = 5$.
À l'étape 2 : $5^2 + 1 = 26 < 100$ donc x prend la valeur $5 + 4 = 9$.
À l'étape 3 : $9^2 + 1 = 82 < 100$ donc x prend la valeur $9 + 4 = 13$.
À l'étape 4 : $13^2 + 1 = 170 > 100$ donc l'algorithme prend fin.
x a la valeur 13.

EXO 2 *f* est la fonction représentée ci-contre et définie sur ℝ par $f(x) = x^3 - 2$.
Écrire un algorithme qui détermine une valeur approchée à 0,01 près de la solution de l'équation $f(x) = 0$.

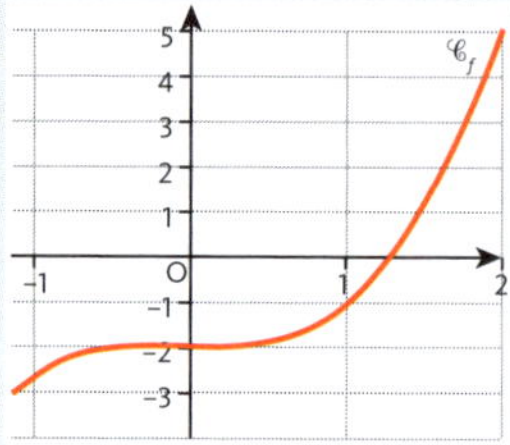

Solution

Entrée
x désigne un nombre
Initialisation
x prend la valeur 1
Traitement
Tant que $x^3 - 2 < 0$ faire
| x prend la valeur $x + 0{,}01$
Fin Tant que
Sortie
Afficher x

On déclare les variables.
On lit sur le graphique que $f(1) < 0$ donc on peut démarrer avec $x = 1$.
On lit sur le graphique que f est croissante, donc augmenter les valeurs de x (avec un pas de 0,01) augmente les valeurs de $f(x)$: on cherche à atteindre une valeur positive de $f(x)$.

On trouve $x = 1{,}26$ (en effet, $f(1{,}25) < 0$ et $f(1{,}26) > 0$).

Mémo'Quiz

On reprend l'énoncé de l'exo 2 ci-dessus. Voici un nouvel algorithme qui permet de répondre à la question posée.
Dans cet algorithme :

1. le cadre A doit être complété avec :
❑ $x^3 - 2 < 0$ ❑ $x^3 - 2 > 0$

2. le cadre B doit être complété avec :
❑ $x + 0{,}01$ ❑ $x - 0{,}01$

3. la valeur de x en sortie affichée est :
❑ 1,25 ❑ 1,26

Entrée
x désigne un nombre.
Initialisation
x prend la valeur 2.
Traitement
Tant que [A] faire
| x prend la valeur [B]
Fin tant que
Sortie
Afficher x

→ corrigés p. 95

Savoir interpréter un graphique

14

Lue Relue Acquise

1 L'essentiel du cours

f est une fonction définie et dérivable sur un intervalle I et $\mathscr{C}_f$ sa courbe représentative dans un repère. On note f' sa fonction dérivée.

A En liaison avec la fonction

- **Point sur la courbe**

$A(x_A\,;y_A) \in \mathscr{C}_f$ équivaut à $y_A = f(x_A)$.

- **Signe de $f(x)$**

$f(x) > 0$ sur un intervalle J inclus dans I équivaut à $\mathscr{C}_f$ est située au-dessus de l'axe des abscisses sur J.

Vocabulaire

Lorsque $y_A = f(x_A)$, on dit que :

- y_A est l'**image** de x_A par f et que
- x_A est un **antécédent** de y_A par f.

- **Équation $f(x) = 0$**

Les solutions de l'équation $f(x) = 0$ sont les abscisses des points d'intersection de $\mathscr{C}_f$ avec l'axe des abscisses.

B En liaison avec la dérivée

- **Signe de $f'(x)$ et variation de f**

$f'(x) > 0$ sur un intervalle J inclus dans I équivaut à $\mathscr{C}_f$ croissante sur J.

- **Nombre dérivé en $a \in I$**

Le nombre dérivé $f'(a)$ est égal au coefficient directeur de la tangente à $\mathscr{C}_f$ au point d'abscisse a.

Remarque

Une droite (AB) a pour coefficient directeur $m = \dfrac{y_B - y_A}{x_B - x_A}$.

- **Tangente à $\mathscr{C}_f$**

La tangente à $\mathscr{C}_f$ au point d'abscisse a pour équation :

$$y = f'(a) \times (x - a) + f(a).$$

- **Tangente horizontale**

$f'(a) = 0$ équivaut à : la tangente à $\mathscr{C}_f$ en a est parallèle à l'axe des abscisses.

2 Application

EXO **f est une fonction dérivable sur $[-2\,;2]$ et représentée par $\mathscr{C}_f$. On note f' sa fonction dérivée.**
Lire sur le graphique :
1. le signe de f sur $[-2\,;2]$;
2. la (ou les) solution(s) de l'équation $f(x) = 0$;
3. le signe de f' sur $[-2\,;2]$;
4. le nombre dérivé de f en 1 ;
5. l'équation de la tangente T à $\mathscr{C}_f$ au point d'abscisse 1.

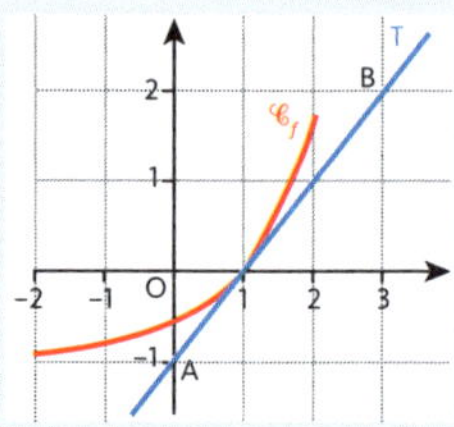

Solution

Utiliser chacune des propriétés du cours. Ce type d'exercice est fréquent au baccalauréat.

1. $f(x) < 0$ pour $x \in [-2\,;1[$ et $f(x) \geqslant 0$ pour $x \in [1\,;2]$.

2. $\mathscr{C}_f$ coupe l'axe des abscisses au point d'abscisse 1, donc $x = 1$ est l'unique solution de l'équation $f(x) = 0$.

3. f est croissante sur $[-2\,;2]$ donc pour tout x de $[-2\,;2]$, $f'(x) > 0$.

4. Le coefficient directeur de la droite T = (AB) est $m = \dfrac{y_B - y_A}{x_B - x_A}$, donc $f'(1) = 1$.

5. $f(1) = 0$ et on sait d'après le 4. que $f'(1) = 1$, donc l'équation de T est $y = f'(1) \times (x-1) + f(1)$, c'est-à-dire $y = x - 1$.

Mémo'Quiz

Une fonction f définie et dérivable sur $[-3\,;2]$ est représentée ci-dessous.

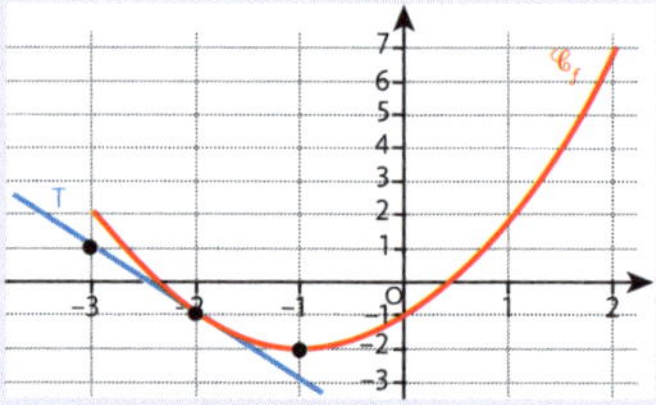

1. L'image de 7 par f est 2.
❑ Vrai ❑ Faux

2. – 3 est un antécédent de 2 par f.
❑ Vrai ❑ Faux

3. f est positive sur $[-3\,;2]$.
❑ Vrai ❑ Faux

4. f' est positive sur $[-1\,;2]$.
❑ Vrai ❑ Faux

5. $f'(-1) = 0$. ❑ Vrai ❑ Faux

6. T a pour équation $y = -2x - 5$. ❑ Vrai ❑ Faux

→ corrigés p. 95

Construire un diagramme en boîte

15

☐ Lue ☐ Relue ☐ Acquise

1 L'essentiel du cours

A Médiane et quartiles

Les données d'une série statistique, d'effectif total N, sont rangées par ordre croissant :

$$x_1 \leqslant x_2 \leqslant ... \leqslant x_N.$$

Piège à éviter

Si les valeurs ne sont pas rangées, ces définitions sont fausses.

Définitions :

- La **Médiane Me** de cette série est le réel tel qu'au moins 50 % des données de la série statistique sont inférieures ou égales à Me et au moins 50 % des données sont supérieures ou égales à Me.
- Le **premier quartile Q_1** de cette série est la plus petite donnée x_i telle qu'au moins 25 % des données de la série statistique sont inférieures ou égales à Q_1.
- Le **troisième quartile Q_3** de cette série est la plus petite donnée x_i telle qu'au moins 75 % des données de la série statistique sont inférieures ou égales à Q_3.
- L'**intervalle interquartiles** est $[Q_1 ; Q_3]$ et l'**écart interquartiles** est $Q_3 - Q_1$.

B Diagramme en boîte

Il est utilisé pour représenter une série statistique, c'est une représentation pratique, rien de plus.

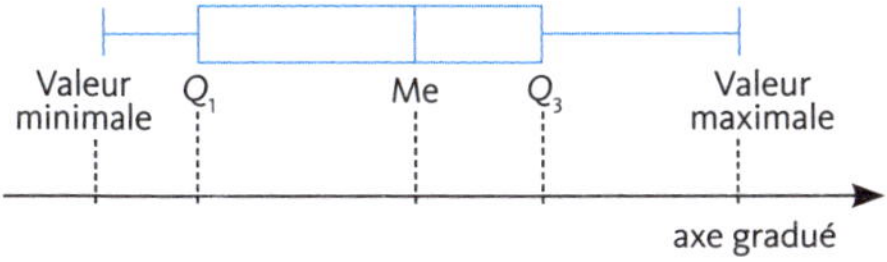

Vocabulaire

Un diagramme en boîte est parfois appelé **diagramme à moustaches.**

Piège à éviter

Sans un axe gradué pour le repérer, on ne peut pas lire un diagramme en boîte.

2 Applications

EXO 1 **À l'aide de la calculatrice, construire le diagramme en boîte de la série statistique ci-contre.**

Valeurs	12	13	14	15	16	17	18
Effectifs	9	3	18	4	1	15	5

Solution

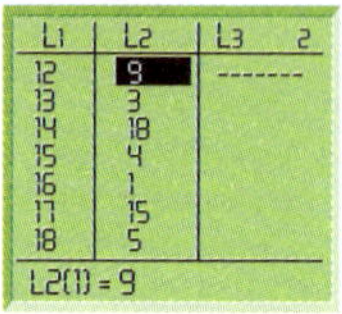

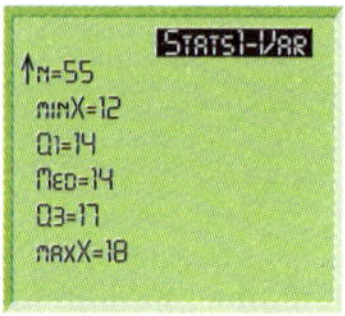

Utiliser les rabats de couverture pour déterminer Me, Q_1 et Q_3 ; puis construire le diagramme à moustaches sans oublier l'axe gradué.

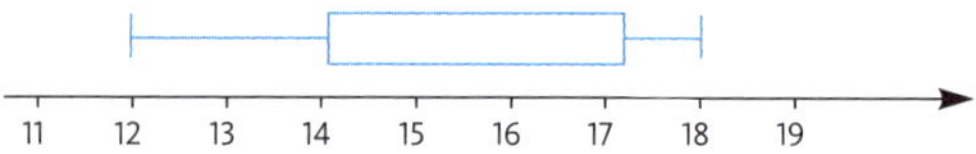

Remarque

Ici Q_1 et Me sont confondus.

EXO 2 **Sans utiliser la calculatrice, construire le diagramme en boîte de la série statistique ci-contre.**

Valeurs	4	6	8	10	12	14
Effectifs	3	7	8	1	14	5

Solution

Les valeurs sont rangées par ordre croissant.
$N = 3 + 7 + 8 + 1 + 14 + 5 = 38$.

- $N = 19 + 19$, donc la médiane est située entre la 19e et la 20e valeur.

$$\text{Me} = \frac{19^e \text{ valeur} + 20^e \text{ valeur}}{2} = \frac{10 + 12}{2} = 11.$$

- $\frac{25}{100} \times N = 9{,}5$ donc Q_1 est égal à la 10e valeur : $Q_1 = 6$.
- $\frac{75}{100} \times N = 28{,}5$ donc Q_3 est égale à la 29e valeur : $Q_3 = 12$.

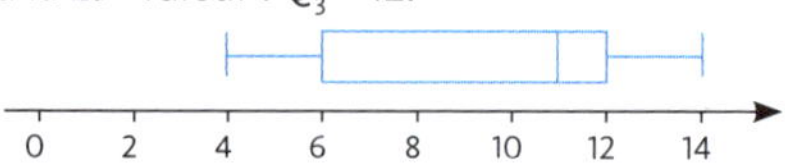

Vérifier que les valeurs sont rangées.
Calculer l'effectif total N ; puis le « partager » en deux parties de même effectif ($N = p + p$, si N est pair ; $N = p + 1 + p$ si N est impair).

Pour Q_1 et Q_3, on arrondit (quand nécessaire) toujours à la place du dessus.

Attention : parfois la calculatrice affiche une valeur erronée pour Q_1, Q_3 ou Me, comme c'est le cas pour Q_1 dans le Mémo'Quiz.

Mémo'Quiz

Pour la série statistique ci-contre :

Valeurs	0,1	0,2	0,3	0,4	0,5	0,6	0,7	0,8	0,9	1
Effectifs	3	1	4	2	0	8	3	1	5	6

1. Me est égale à : ❑ 0,4 ❑ 0,6 ❑ 0,9
2. Q_1 est égal à : ❑ 0,4 ❑ 0,6 ❑ 0,25
3. Q_3 est égal à : ❑ 0,4 ❑ 0,75 ❑ 0,9
4. L'écart interquartiles est égal à : ❑ 0,4 ❑ 0,5 ❑ 0,6

➜ corrigés p. 95

Calculer une variance, un écart-type

16

Lue Relue Acquise

1 L'essentiel du cours

A Définitions

On considère la série statistique quantitative suivante.

Valeurs	x_1	x_2	x_3	...	x_k
Effectifs	n_1	n_2	n_3	...	n_k

Définitions :

- L'**effectif total** est $N = n_1 + n_2 + n_3 + \ldots + n_k$.
- La **moyenne pondérée** est :

$$\bar{x} = \frac{n_1 \times x_1 + n_2 \times x_2 + \ldots + n_k \times x_k}{N}$$

- La **variance** est :

$$V = \frac{1}{N}[n_1 \times (x_1 - \bar{x})^2 + n_2 \times (x_2 - \bar{x})^2 + \ldots + n_k \times (x_k - \bar{x})^2].$$

- L'**écart-type** est $\sigma = \sqrt{V}$.

Vocabulaire

Quantitative signifie que les données sont des valeurs ; **qualitative** qu'elles n'en sont pas (couleurs, lettres...).

Réflexe à avoir

Les valeurs, la moyenne et l'écart-type sont exprimés dans la même unité.

B Autre formule

Propriété : $V = \dfrac{n_1 \times x_1^2 + n_2 \times x_2^2 + \ldots + n_k \times x_k^2}{N} - \bar{x}^2.$

2 Applications

EXO 1 On considère la série statistique ci-contre.

Valeurs	1	2	3	4	5	6	7
Effectifs	10	3	11	8	7	0	4

1. À l'aide de la calculatrice, déterminer la moyenne pondérée et l'écart-type de cette série.

2. En déduire la variance de cette série.

Solution

1.

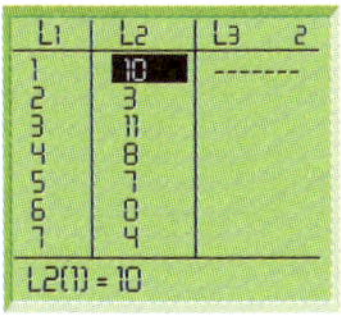

Utiliser les rabats de couverture.

Ainsi $\bar{x} \approx 3{,}35$ et $\sigma \approx 1{,}79$.

2. Puisque $\sigma = \sqrt{V}$, on en déduit que $V = \sigma^2$.
Donc $V \approx 1{,}79^2 \approx 3{,}2$.

EXO 2 **On considère la série statistique ci-contre.**

Valeurs	10	20	30	40
Effectifs	2	7	1	5

Sans utiliser les listes de la calculatrice, déterminer l'effectif total, la moyenne pondérée, la variance et l'écart-type de cette série.

Solution

- L'effectif total est :
$N = 2 + 7 + 1 + 5 = 15.$

- La moyenne est :
$$\bar{x} = \frac{2 \times 10 + 7 \times 20 + 1 \times 30 + 5 \times 40}{15}$$
$$= \frac{390}{15} = 26.$$

- La variance est :
$$V = \frac{1}{15} \times [2(10 - 26)^2 + 7(20 - 26)^2 + 1\,(30 - 26)^2 + 5(40 - 26)^2]$$
$$V = \frac{1}{15} \times (2 \times 256 + 7 \times 36 + 1 \times 16 + 5 \times 196]$$
$$V = \frac{1760}{15} \approx 117{,}33.$$

- L'écart-type est :
$$\sigma = \sqrt{V} \approx \sqrt{117{,}33} \approx 10{,}8.$$

Utiliser les définitions pour calculer chacun des paramètres.

Les calculs deviennent vite longs et fastidieux : il est donc indispensable de comprendre ce que l'on écrit (exo 2) et de savoir utiliser sa calculatrice pour effectuer les calculs (exo 1).

Mémo'Quiz

On considère la série statistique ci-contre.

Valeurs	– 4	– 1	2	3	7	15	22
Effectifs	30	2	1	4	18	3	21

1. L'effectif total égal à :
❑ 79 ❑ 7 ❑ 100

2. La moyenne pondérée est environ égale à :
❑ 5 ❑ 22 ❑ 6,64

3. La variance est environ égale à :
❑ 112,23 ❑ 110,8 ❑ 3,25

4. L'écart-type est environ égal à :
❑ 10,53 ❑ 10,59 ❑ 6,64

→ corrigés p. 95

Simuler une expérience aléatoire

17

Lue Relue Acquise

1 L'essentiel à connaître

Définitions :

- Les **issues** d'une expérience sont les résultats possibles de cette expérience.
- Une expérience est dite **aléatoire** lorsqu'on ne peut prévoir à l'avance quelle issue sera réalisée.

En 1re S, on peut simuler une expérience aléatoire avec différents outils : la calculatrice, le tableur ou un algorithme.

Remarque

Ces simulations sont réalisées par des logiciels de calcul, on parle de pseudo-aléatoire.

A Avec la calculatrice

Pour obtenir un nombre aléatoire de l'intervalle [0 ; 1[.

- **Casio** : **MENU** 1 : RUN MAT, taper **OPTN**, **▷**, **PROB**, **RAND**, **RAN#**, **EXE**.
- **Texas Instrument** : **MATH**, **PRB** 1 : Nbr Aléat, **ENTER**, **ENTER**.

B Avec un tableur

- Pour obtenir un nombre aléatoire de l'intervalle [0 ; 1[, saisir dans une cellule la formule : = ALEA ( )
- Pour obtenir un nombre entier aléatoire situé entre deux valeurs entières *a* et *b*, saisir : = ALEA.ENTRE.BORNES (*a* ; *b*)

C Avec un algorithme

Avec un algorithme, on peut simuler les expériences aléatoires précédentes et utiliser la structure « Si ... alors ... sinon... » pour simuler un lancer de pièce, de dé...

2 Applications

EXO 1 **Écrire un algorithme qui permette de simuler le lancer d'une pièce équilibrée.**

Solution

Entrée
x désigne un nombre
Traitement
x prend la valeur Random
Si $x < 0{,}5$, alors
| afficher Pile
| sinon
| afficher Face
Fin si

Choisir un nombre x au hasard dans l'intervalle [0 ; 1[(Random) :
si $x < 0{,}5$, alors afficher Pile ;
sinon afficher Face.
Ou choisir un nombre entier n au hasard égal soit à 0, soit à 1 :
si $n = 0$, alors afficher Pile ; sinon afficher Face.

EXO 2 **Compléter la feuille de calculs ci-contre afin qu'elle :**
1. simule, en cellule A2, un lancer de dé équilibré ;
2. indique, en cellule B2, « gagné » si on a obtenu un numéro inférieur ou égal à 2 et « perdu » sinon.
Quelle formule faut-il saisir en cellule A2 ? en cellule B2 ?

	A	B
1	Expérience	Résultat
2		

Solution

1. En cellule A2 : = ALEA.ENTRE.BORNES (1 ; 6).

2. En cellule B2 : = Si(A2 ⩽ 2 ; Gagné ; Perdu).

Mémo'Quiz

On lance un dé équilibré à six faces.
Si l'on obtient 6, alors on a gagné ;
sinon on a perdu la partie.
L'algorithme ci-contre simule ce jeu.

1. La case A doit être complétée avec :
❑ Random ❑ 6 × Random

2. La case B doit être complétée avec :
❑ 0,5 ❑ 5

3. La case C doit être complétée avec :
❑ afficher Gagné ❑ $x \geqslant 5$

Entrée
x désigne un nombre.
Traitement
x prend la valeur [A].
Si $x \leqslant$ [B], alors
| afficher Perdu
| sinon
| [C]
Fin si

→ corrigés p. 95

Définir une variable aléatoire

18

Lue Relue Acquise

1 L'essentiel du cours

L'univers d'une expérience aléatoire est $\mathcal{U} = \{x_1 ; x_2 ; ... ; x_k\}$.

A Variable aléatoire discrète

Définitions :

- Une **variable aléatoire** X sur $\mathcal{U}$ est une application de $\mathcal{U}$ dans $\mathbb{R}$.
- **Définir une variable aléatoire** X sur $\mathcal{U}$, c'est associer, à chacune des issues x_i de $\mathcal{U}$, un nombre réel y_j.

Vocabulaire

L'**univers** est l'ensemble des issues d'une expérience aléatoire.

Exemple : On lance un dé équilibré à six faces et on note le numéro obtenu.

$\mathcal{U} = \{1 ; 2 ; 3 ; 4 ; 5 ; 6\}$

On considère le jeu suivant :

- si on a obtenu 1, 2 ou 3, alors on gagne 2 € ;
- si on a obtenu 4 ou 5, alors on gagne 1 € ;
- si on a obtenu 6, alors on perd 10 €.

On peut alors définir la variable aléatoire X qui donne le gain de ce jeu.

$$\begin{array}{ccc} \mathcal{U} & \xrightarrow{X} & \mathbb{R} \\ 1 & \longmapsto & 2\text{ €} \\ 2 & \longmapsto & 2\text{ €} \\ 3 & \longmapsto & 2\text{ €} \\ 4 & \longmapsto & 1\text{ €} \\ 5 & \longmapsto & 1\text{ €} \\ 6 & \longmapsto & -10\text{ €} \end{array}$$

B Loi de probabilité d'une variable aléatoire

Définition : Définir la **loi de probabilité de la variable aléatoire** X, c'est associer à chacun des événements $(X = y_j)$, la probabilité p_j qui lui correspond.

Remarque

Pour tout j, $0 \leqslant p_j \leqslant 1$ et la somme de tous les p_j est égale à 1.

Exemple : On reprend l'exemple ci-dessus et on présente cette loi de probabilité sous forme de tableau.

Issue : $(X = y_j)$	2 €	1 €	– 10 €
Probabilité : $p_j = P(X = y_j)$	$\frac{3}{6}$	$\frac{2}{6}$	$\frac{1}{6}$

On lit par exemple que la probabilité de gagner 1 € sur une partie est de $\frac{2}{6} = \frac{1}{3}$.

2 Application

EXO On prélève au hasard une boule de l'urne ci-contre (les boules sont supposées indiscernables au toucher).

On joue au jeu suivant :

- si la boule tirée est rouge, alors on gagne 10 € ;
- si elle est verte, alors on gagne 50 € ;
- sinon, on perd 27 €.

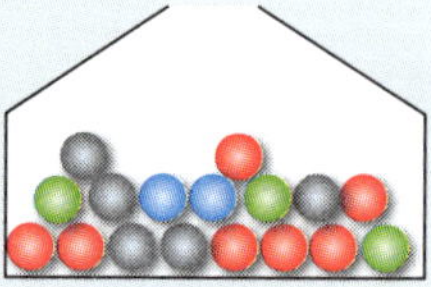

1. Décrire la variable aléatoire X qui donne le gain du jeu.

2. Définir la loi de la probabilité de X.

Solution

1. $\mathcal{U}$ = {Rouge ; Verte ; Bleue ; Grise}

$\mathcal{U}'$ = {10 ; 50 ; – 27}

$\mathcal{U} \xrightarrow{X} \mathcal{U}'$

Rouge ⟼ 10

Verte ⟼ 50

Bleue ⟼ – 27

Grise ⟼ – 27

- Identifier l'univers de départ : la couleur des boules.
- Identifier l'ensemble des gains possibles (c'est-à-dire les y_j).
- Associer les uns aux autres pour décrire la loi de probabilité de X.

2.

Issue : $(X = y_j)$	10	50	– 27
Probabilité : $P(X = y_j)$	$\frac{7}{17}$	$\frac{3}{17}$	$\frac{7}{17}$

Construire un tableau qui associe à chaque gain la probabilité correspondante.

Mémo'Quiz

On lance deux fois de suite une pièce équilibrée.

On note $\mathcal{U}$ l'univers de cette expérience aléatoire.

1. $\mathcal{U}$ = {PP ; PF ; FP ; FF}. ❑ Vrai ❑ Faux

2. Si l'on obtient deux fois Pile, alors on gagne 2 jetons ; si on obtient deux fois Face, alors on perd 3 jetons ; sinon, on gagne 1 jeton.

La loi de probabilité de la variable aléatoire qui donne le nombre de jetons obtenus est : ❑ Vrai ❑ Faux

Issue	– 3	1	2
Probabilité	$\frac{2}{4}$	$\frac{1}{4}$	$\frac{1}{4}$

3. $P(X = 2) = \frac{1}{4}$. ❑ Vrai ❑ Faux

→ corrigés p. 95

Calculer et interpréter l'espérance

19

Lue Relue Acquise

1 L'essentiel du cours

A Calcul de l'espérance

● La loi de probabilité d'une variable aléatoire X est donnée par le tableau ci-dessous.

Issue : $(X = y_j)$	y_1	y_2	...	y_k
Probabilité : $p_j = P(X = y_j)$	p_1	p_2	...	p_k

Définition : L'**espérance** de la variable aléatoire X est le nombre :

$$E(X) = p_1 \times y_1 + p_2 \times y_2 + ... + p_k \times y_k.$$

Définition : La **variance** de la variable aléatoire X est le nombre :
$V(X) = p_1 \times (y_1 - E(X))^2 + p_2 \times (y_2 - E(X))^2 + ... + p_k \times (y_k - E(X))^2$.

Définition : L'**écart-type** de la variable aléatoire X est le nombre :

$$\sigma(X) = \sqrt{V(X)}.$$

Propriétés : Pour a et b deux réels fixés :

$$E(aX + b) = aE(X) + b$$
$$V(aX) = a^2\, V(X).$$

Astuce du prof

L'espérance en probabilité est l'analogue de la moyenne pondérée en statistique.

Remarque

La démonstration de ces propriétés est exigible en 1re S.

B Interprétation de l'espérance

● L'espérance représente la moyenne des résultats obtenus par jeu, lorsqu'on effectue un grand nombre de fois le jeu proposé.

Définition : On dit qu'un **jeu** est **équitable** lorsque son espérance est égale à zéro.

Réflexe à avoir

L'espérance et l'écart-type sont exprimés dans la même unité que les issues.

Piège à éviter

L'espérance (de même que la variance et l'écart-type) n'est pas une probabilité.

2 Application

EXO On lance un dé à six faces équilibré. Si on obtient 1, 2 ou 3, alors on gagne 5 € ; si on obtient 4 ou 5, alors on gagne 3 € ; sinon on perd 15 €.
Pour pouvoir jouer une partie, un joueur doit miser 2 €.
1. On note X la variable aléatoire qui, au numéro obtenu, associe le gain (en tenant compte de la mise de départ). Définir la loi de probabilité de cette expérience aléatoire.
2. Calculer et interpréter l'espérance de ce jeu.
3. À la calculatrice, calculer l'écart-type de ce jeu.

Solution

1. La loi de probabilité de X est donnée par le tableau :

Issue : $(X = y_j)$	3 €	1 €	– 17 €
Probabilité : $P(X = y_j)$	$\frac{3}{6}$	$\frac{2}{6}$	$\frac{1}{6}$

Reprendre, si nécessaire, la fiche 18.

Il faut tenir compte de la mise de départ (elle est toujours perdue).

2. $E(X) = \frac{3}{6} \times 3 + \frac{2}{6} \times 1 + \frac{1}{6} \times (-17) = -\frac{6}{6} = -1.$

Appliquer la formule.

Ainsi, en moyenne, sur un grand nombre de parties jouées, un joueur va perdre 1 € par partie.

Remarque : Puisque $E(X) \neq 0$, le jeu n'est pas équitable.

3. Ainsi, $\sigma(X) \approx 7{,}21$ €.
(On retrouve le fait que $E(X) = \overline{x} = 1$ €.)

Procéder exactement comme pour le calcul de l'écart-type : voir fiche 16 ou les rabats de couverture.

Mémo'Quiz

Le tableau ci-contre est celui de la loi de probabilité d'une variable aléatoire X.

Issue	– 8	– 3	2	5	9
Probabilité	0,1	0,2	0,3	p	0,3

1. p est égal à : ❑ 0,1 ❑ 0,2 ❑ 0,3
2. E(X) est égal à : ❑ 1 ❑ 5 ❑ 2,4
3. Ce jeu est équitable : ❑ Vrai ❑ Faux ❑ On ne peut pas savoir
4. $\sigma(X)$ est environ égal à : ❑ 5,5 ❑ 30,25 ❑ 2,3

→ corrigés p. 95

Reconnaître une loi binomiale

20

Lue Relue Acquise

1 L'essentiel du cours

Notation

- Le succès est souvent noté S et l'échec E ou $\overline{S}$.
- $p = P(S)$.
$q = 1 - p = P(E) = P(\overline{S})$.

A Loi de Bernoulli

Définitions :

- Une **épreuve de Bernoulli** est une expérience aléatoire à deux issues : succès et échec.
- Une **loi de Bernoulli** de paramètre p est la loi de probabilité associée à une épreuve de Bernoulli. Elle peut être décrite par le tableau ci-contre.

Issue	S	$\overline{S}$
Probabilité	p	$1-p$

B Schéma de Bernoulli et arbre pondéré

Définition : Un **schéma de Bernoulli** est une expérience qui consiste à répéter plusieurs fois (n fois) de manière identique et indépendante une même épreuve de Bernoulli.

- **Représentation par un arbre pondéré**

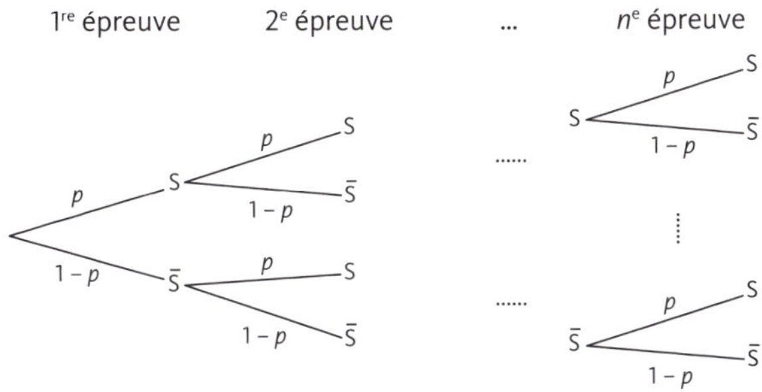

C Loi binomiale

- **Principe :** On répète n fois de manière identique et indépendante une même épreuve de Bernoulli de paramètre p.
Pour chaque expérience, on note k le nombre de succès obtenus sur les n épreuves de Bernoulli.

Remarque

On a toujours $0 \leqslant k \leqslant n$.

Notation

On note alors $X \sim \mathcal{B}(n\,;p)$.

Définition : La loi de probabilité de la variable aléatoire X qui compte le nombre de succès obtenus sur les n épreuves est appelée **loi binomiale de paramètres n et p.**

2 Application

EXO **On lance trois fois de suite une pièce équilibrée.
On note X la variable aléatoire qui compte le nombre de fois où Pile est apparu sur les trois lancers.**

1. Quelles valeurs peuvent être prises par X ?

2. Construire l'arbre pondéré lié à la situation.

3. Associer cet énoncé à une loi binomiale.

Solution

1. On effectue trois lancers, donc on peut obtenir entre aucune fois et trois fois Pile.
X peut prendre les valeurs 0, 1, 2 ou 3.

> Utiliser la remarque du paragraphe **C**.

2. • Pour chaque lancer de pièce, il n'y a que deux issues : Pile (le succès) et Face (l'échec) ;
$p = P(P) = 0{,}5$ et $q = 1 - p = P(F) = 0{,}5$.
• Chaque lancer de pièce est identique et indépendant du précédent.

> Identifier l'épreuve de Bernoulli, puis $p = P(S)$ et $q = P(\overline{S})$.
> Vérifier que les épreuves sont identiques et indépendantes.
> Reprendre l'arbre pondéré construit dans le cours.

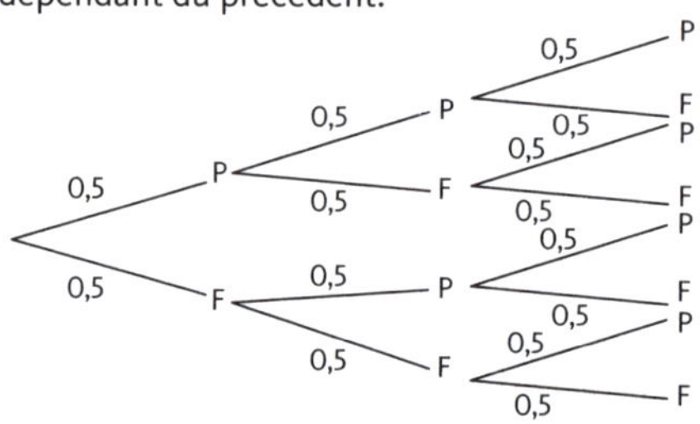

> Identifier n et p, puis conclure.

3. La variable aléatoire X suit la loi binomiale de paramètres $n = 3$ et $p = 0{,}5$.

Mémo'Quiz

On tire quatre fois de suite, avec remise, une boule de l'urne. On note X la variable aléatoire qui compte le nombre de boules rouges tirées.

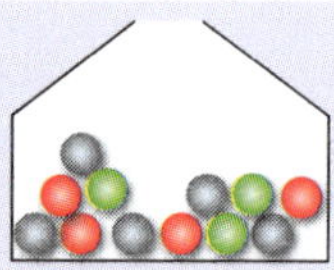

1. Le succès est : ❑ tirer une boule rouge ❑ ne pas tirer une boule rouge ❑ tirer quatre boules rouges

2. p est égal à : ❑ 4 ❑ 0,25 ❑ 0

3. X peut prendre : ❑ 3 valeurs ❑ 4 valeurs ❑ 5 valeurs

4. X suit : ❑ $\mathscr{B}\left(\frac{1}{4} ; 4\right)$ ❑ $\mathscr{B}\left(4 ; \frac{1}{4}\right)$ ❑ $\mathscr{B}(4 ; 12)$

→ corrigés p. 95

Calculer une probabilité du type P(X = *k*)

21

Lue Relue Acquise

1 L'essentiel du cours

X est une variable aléatoire qui suit la loi binomiale $\mathcal{B}(n\,;p)$.

A Paramètres de la loi $\mathcal{B}(n\,;p)$

Propriétés : • $E(X) = np$ • $V(X) = np(1-p)$ • $\sigma(X) = \sqrt{np(1-p)}$

B Coefficient binomial $\binom{n}{k}$

Définition : Le **coefficient binomial** noté $\binom{n}{k}$ est égal au nombre de chemins passants par k succès sur l'arbre pondéré associé à la loi binomiale $\mathcal{B}(n\,;p)$.

Remarque

Pour tout n de $\mathbb{N}$, $\binom{n}{0} = 1$ et $\binom{n}{1} = n$.

C Calcul de P(X = *k*)

Propriété : $P(X = k) = \binom{n}{k} \times p^k \times (1-p)^{n-k}$

2 Applications

EXO 1 X suit la loi binomiale $\mathcal{B}(10\,;0{,}3)$.

1. Calculer l'espérance et l'écart-type de X.

2. Calculer une valeur arrondie au centième de $P(X = 4)$.

Solution

1. X suit $\mathcal{B}(10\,;0{,}3)$, donc $n = 10$ (le nombre de fois où l'épreuve de Bernoulli est répétée) et $p = 0{,}3$ (la probabilité du succès).

Donc $E(X) = 10 \times 0{,}3 = 3$

et $\sigma(X) = \sqrt{10 \times 0{,}3 \times (1-0{,}3)} = \sqrt{2{,}1} \approx 1{,}45$.

• Identifier n et p.
• Utiliser les propriétés du paragraphe A.

2. Pour calculer $\binom{10}{4}$:

• **Casio** : MENU 1 : RUN.MAT, OPTN, PROB, 10 nCr 4, EXE

• **T.I.** : 10 MATH, PRB :
3 : Combinaison 4, ENTER

Pour calculer directement $P(X = 4)$, on peut se reporter aux rabats de couverture.

$P(X = 4) = \binom{10}{4} \times 0{,}3^4 \times 0{,}7^{10-4}$

$P(X = 4) = 210 \times 0{,}3^4 \times 0{,}7^6 \approx 0{,}20$.

Calculer une probabilité du type P(X = k)

EXO 2 **On lance 3 fois de suite un dé à six faces équilibré.**
On note X la variable aléatoire qui compte le nombre de fois où le ⑥ est sorti.
1. Associer X à une loi binomiale.
2. Calculer et interpréter E(X).
3. Quelle est la probabilité d'obtenir une seule fois le ⑥ ?

Solution

1. À chaque lancer, il y a deux issues :
– obtenir le ⑥ (le succès, noté S) ;
– ne pas obtenir le ⑥ (l'échec, noté $\overline{S}$).

$p = P(S) = \frac{1}{6}$; $q = 1 - p = P(\overline{S}) = \frac{5}{6}$.

Les lancers sont identiques et indépendants. Il y a 3 lancers.
Donc la variable aléatoire X qui compte le nombre des fois où le ⑥ est sorti suit $\mathscr{B}\left(3\ ;\frac{1}{6}\right)$.

> Procéder comme dans l'exo de la fiche 20.

2. $E(X) = 3 \times \frac{1}{6} = 0{,}5$.

Ainsi, en moyenne, sur un grand nombre de parties (chaque partie consistant à lancer 3 fois le dé), un joueur obtiendra 0,5 fois le ⑥ par partie.

> Appliquer la propriété du paragraphe **C**.
> Si nécessaire, revoir l'interprétation de l'espérance à la fiche 19.

> Attention, l'espérance n'est pas une probabilité ! Et ce 0,5 n'est pas contradictoire : c'est une moyenne.

3. On cherche à obtenir une seule fois le ⑥, donc à calculer P(X = 1).

$$P(X = 1) = \binom{3}{1} \times \left(\frac{1}{6}\right)^1 \times \left(\frac{5}{6}\right)^{3-1} = 3 \times \frac{1}{6} \times \left(\frac{5}{6}\right)^2 \approx 0{,}35.$$

La probabilité d'obtenir une seule fois le ⑥ est d'environ 0,35.

> Identifier la probabilité correspondante.
> Utiliser la propriété de paragraphe **C** (et la calculatrice).

Mémo'Quiz

1. X suit $\mathscr{B}(20\ ; 0{,}3)$. E(X) est égal à : ❑ 23 ❑ 6 ❑ 0,3

2. Y suit $\mathscr{B}(10\ ; p)$ et E(Y) = 4,5.
p est égal à : ❑ 4,5 ❑ 45 ❑ 0,45

3. Z suit $\mathscr{B}(4\ ; 0{,}2)$.
P(Z = 1) est environ égal à : ❑ 0,2 ❑ 0,4 ❑ $0{,}2^4$

4. T suit $\mathscr{B}(15\ ; 0{,}7)$.
P(T = 3) est environ égal à : ❑ 8×10^{-5} ❑ 0,0003 ❑ 0,21

→ corrigés p. 95

Calculer une probabilité du type $P(X \leqslant k)$

Lue Relue Acquise

22

1 L'essentiel à connaître

X est une variable aléatoire qui suit la loi binomiale $\mathscr{B}(n\,;p)$.
On sait que X compte le nombre k de succès sur n épreuves, donc X peut prendre toutes les valeurs : 0, 1, 2, ... jusqu'à n.

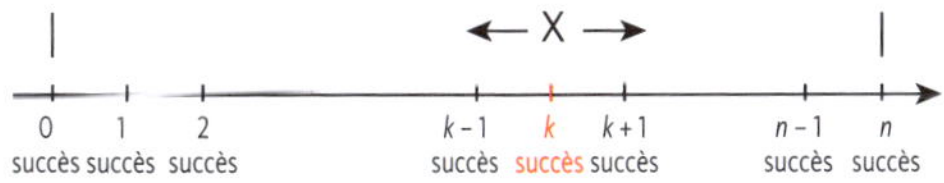

Remarque
$X = n$: il n'y a que des succès.
$X = 0$: il n'y a que des échecs.

Conséquences :
- $P(X \leqslant k) = P(X = 0) + P(X = 1) + ... + P(X = k)$.
- $P(X \geqslant k) = P(X = k) + P(X = k + 1) + ... + P(X = n)$.

2 Applications

EXO 1 **X est une variable aléatoire qui suit la loi binomiale $\mathscr{B}(n\,;p)$.
Traduire chacune des probabilités ci-dessous par deux phrases.**
1. $P(X > 2)$. **2.** $P(X \leqslant 3)$. **3.** $P(X > 4)$.

Solution

1. $P(X > 2)$:
Probabilité d'obtenir plus de 2 succès
ou probabilité d'obtenir au moins 3 succès.

2. $P(X \leqslant 3)$:
Probabilité d'obtenir 3 succès ou moins
ou probabilité d'obtenir au maximum 3 succès.

L'objectif de cet exercice est de savoir traduire les futurs énoncés par les bonnes probabilités. C'est une étape indispensable avant la résolution.

3. $P(X > 4)$
Probabilité d'obtenir 5 succès minimum ou probabilité d'obtenir plus de 4 succès.

EXO 2 **L'Assemblée Nationale compte 155 femmes et 422 hommes. On prélève au hasard et avec remise 10 députés. X désigne la variable aléatoire qui compte le nombre de femmes choisies.**
1. **Préciser la loi de probabilité suivie par X.**
2. **Calculer la probabilité que sur les 10 députés choisis, il y ait au moins 9 femmes.**
3. **Calculer et interpréter $P(X \geqslant 1)$.**

Solution

1. • Pour chaque député choisi, il y a deux issues : femme (le succès) ou homme (l'échec).

$p = P(F) = \frac{155}{155 + 422} = \frac{155}{577}$ et $q = 1 - p = P(H) = \frac{422}{577}$.

• Les tirages se font au hasard et avec remise, donc ils sont identiques et indépendants.

• X suit $\mathcal{B}(10\ ;\ \frac{155}{577})$.

2. Il faut calculer $P(X \geqslant 9)$.

$P(X \geqslant 9) = P(X = 9) + P(X = 10)$

$= \binom{10}{9}\left(\frac{155}{577}\right)^9\left(\frac{422}{577}\right)^1 + \binom{10}{10}\left(\frac{155}{577}\right)^{10}\left(\frac{422}{577}\right)^0$

$\approx 5{,}5 \times 10^{-5}$.

La probabilité qu'il y ait au moins 9 femmes est d'environ $5{,}5 \times 10^{-5}$.

3. $P(X \geqslant 1) = P(X = 1) + P(X = 2) + ... + P(X = 10)$

$= 1 - P(X < 1) = 1 - P(X = 0)$

$= 1 - \binom{10}{0}\left(\frac{155}{477}\right)^0\left(\frac{422}{577}\right)^{10}$

$\approx 0{,}956$.

La probabilité qu'il y ait au moins une femme est d'environ 0,956.

Si nécessaire, reprendre la fiche 20.

Traduire la phrase de l'énoncé par une probabilité.
Exprimer, à l'aide des propriétés du cours, cette probabilité par une somme de probabilités du type $P(X = k)$.
Reprendre la fiche 21 pour calculer les probabilités du type $P(X = k)$.

Lorsque les calculs sont trop longs, on peut utiliser l'événement contraire.

Mémo'Quiz

X est une variable aléatoire qui suit la loi binomiale $\mathcal{B}(8\ ;\ 0{,}4)$.

1. La probabilité d'obtenir 2 succès ou moins est :
- ❑ $P(X \geqslant 2)$ ❑ $P(X > 2)$ ❑ $P(X \leqslant 2)$

2. $P(X > 7)$ est environ égal à :
- ❑ 0,00066 ❑ 1 ❑ 0,03

3. $P(X \leqslant 1)$ est environ égal à :
- ❑ 0,106 ❑ 0,217 ❑ 0,09

4. $P(X \geqslant 7)$ est environ égal à :
- ❑ 0,09 ❑ 0,0085 ❑ 0,07

➜ corrigés p. 95

Associer échantillonnage et loi binomiale

23

Lue Relue Acquise

1 L'essentiel du cours

A Population et échantillon

Définitions :

- Une **population** est un ensemble d'individus, elle peut être finie ou infinie.
- Un **échantillon** d'une population est un sous-ensemble de la population, qui peut être choisi au hasard ou non.
- La **taille** n d'un échantillon est le nombre d'individus présents dans l'échantillon.

Piège à éviter

En statistiques, un individu n'est pas nécessairement un être humain : cela peut être un animal, un objet, un caractère...

B Choix de l'échantillon et loi binominale

Principe

- Pour constituer un échantillon de taille n, on prélève au hasard et avec remise, n individus dans une population.
- Si, dans cette population, les individus présentent un caractère (celui étudié) dans une proportion p, alors, en notant X la variable aléatoire qui compte le nombre d'individus de l'échantillon qui présentent le caractère étudié, on peut affirmer que :

X suit la loi binominale $\mathcal{B}(n\,;p)$.

↑ n : taille de l'échantillon
↑ p : proportion du caractère dans la population

Astuce du prof

En 1re S, l'échantillonnage se fait toujours avec une loi binominale.

Piège à éviter

Si la proportion est donnée sous forme de pourcentage, il faut la ramener à une fréquence : $0 \leqslant p \leqslant 1$.

2 Application

EXO **Dans un pays européen, 43 % des habitants sont blonds. On prélève au hasard et avec remise 50 habitants de ce pays. Associer cet échantillonnage à une loi binominale.**

Solution

- Les individus étudiés sont des personnes (des habitants de ce pays européen) et le caractère étudié est : « être blond » (c'est le succès).
- La taille de l'échantillon est $n = 50$; la proportion du caractère (blond) dans la population est :

$$p = \frac{43}{100} = 0{,}43.$$

- On note X la variable aléatoire qui compte le nombre d'habitants blonds parmi les 50 habitants choisis dans l'échantillon.
- Le tirage s'effectue au hasard et avec remise, donc X suit la loi binominale $\mathcal{B}(50 ; 0{,}43)$.

> - Identifier les individus de la population et le caractère étudié.
> - Préciser la taille de l'échantillon n et la proportion p du caractère étudié dans la population.
> - Indiquer la variable aléatoire X utilisée.
> - Conclure.

Mémo'Quiz

Dans un parc animalier d'Afrique de l'Est, 8 % des animaux sont des pachydermes (éléphants, hippopotames, rhinocéros). Lors d'une journée de safari, des touristes ont vu 70 animaux de ce parc. On note X la variable aléatoire qui compte le nombre de pachydermes vus par ces touristes. Le nombre d'animaux du parc est suffisamment grand pour assimiler ce tirage à un tirage au hasard et avec remise.

1. Le caractère étudié est :
❑ pachyderme ❑ éléphant ❑ animal

2. p est égal à :
❑ 70 ❑ 8 ❑ 0,08

3. n est égal à :
❑ 70 ❑ 8 ❑ 0,08

4. X suit la loi binominale :
❑ $\mathcal{B}(0{,}08 ; 70)$ ❑ $\mathcal{B}(70 ; 0{,}08)$ ❑ $\mathcal{B}(70 ; 0{,}56)$

➜ corrigés p. 95

Prendre une décision

24

Lue Relue Acquise

1 L'essentiel du cours

A Cadre d'étude

- On étudie un caractère présent dans une population et on prélève **au hasard** un échantillon de la population.

p : la proportion du caractère dans la population : **connue**.

n : la taille de l'échantillon : **connue**.

f : la fréquence du caractère dans l'échantillon : **inconnue**.

Remarque

Puisque l'échantillon est prélevé au hasard, on ne peut pas prévoir f mais juste donner un intervalle dans lequel f a de grandes chances de se trouver.

B Intervalle de fluctuation

Définition : x est un nombre réel entre 0 et 100.
L'**intervalle de fluctuation à 95 %** est l'intervalle $\mathrm{I} = \left[\frac{a}{n} ; \frac{b}{n}\right]$ défini par :

- a est le plus petit entier tel que $P(X \leqslant a) > \frac{1}{2}\left(1 - \frac{95}{100}\right) = 0{,}025$;
- b est le plus petit entier tel que $P(X \leqslant b) \geqslant \frac{1}{2}\left(1 + \frac{95}{100}\right) = 0{,}975$.

Ce qui signifie qu'il y a 95 % de chances que f se situe dans cet intervalle.

Conditions

Cet intervalle est valable lorsque :
$n \geqslant 30$; $np \geqslant 5$; $np(1-p) \geqslant 5$.

C Prise de décision

- Si $f \in \mathrm{I}$, alors **on ne peut pas rejeter l'hypothèse** selon laquelle l'échantillon est compatible avec la population, avec un risque d'erreur de 5 %.
- Si $f \notin \mathrm{I}$, alors **on peut rejeter l'hypothèse** selon laquelle l'échantillon est compatible avec la population, avec un risque d'erreur de 5 %.

2 Application

EXO **32 % des électeurs d'un pays déclarent faire confiance à leur Président.**
On prélève, au hasard et avec remise, 90 électeurs de ce pays. On note X la variable aléatoire qui compte le nombre d'électeurs de l'échantillon qui déclarent avoir confiance en leur Président.

1. Associer X à une loi binomiale.
2. À l'aide d'un tableur ou de la calculatrice, déterminer à 10^{-3} près les probabilités ci-dessous.
• $P(X \leqslant 16)$ • $P(X \leqslant 17)$ • $P(X \leqslant 37)$ • $P(X \leqslant 38)$.
3. En déduire l'intervalle de fluctuation à 95 %.
4. Dans cet échantillon, 40 électeurs déclarent faire confiance à leur Président.
Cet échantillon est-il représentatif de la population ?

Solution

1. X suit la loi binomiale $\mathcal{B}(90 ; 0,32)$.

2.

k	P(X <= k)
15	0,001
16	0,002
17	0,004
18	0,008

k	P(X <= k)
36	0,957
37	0,973
38	0,984
39	0,991

$\frac{1}{2}\left(1 - \frac{95}{100}\right) = 0,025$ et $\frac{1}{2}\left(1 + \frac{95}{100}\right) = 0,975$.

3. D'après le 2., $a = 17$ et $b = 38$
donc l'intervalle de fluctuation est :

$$\mathrm{I} = \left[\frac{17}{90} ; \frac{38}{90}\right] \approx [0,19 ; 0,42].$$

4. $f = \frac{40}{90} \approx 0,44 \notin \mathrm{I}$, donc, avec un risque d'erreur de 5 %, on ne peut pas affirmer que l'échantillon est représentatif de la population.

• Pour utiliser la calculatrice, se servir des rabats de couverture pour calculer chaque $P(X \leqslant k)$.
• Pour utiliser le tableur, saisir en cellule B2 :
k n p
= LOI.BINOMIALE (A2 ; 90 ; 0,32 ; 1)
Puis étirer vers le bas.

Utiliser la définition du cours.

Appliquer le paragraphe **C** pour la prise de décision.

Mémo'Quiz

Dans une région, on estime que 20 % des grenouilles sont touchées par une maladie. On prélève, au hasard et avec remise, un échantillon de 128 grenouilles dans cette région.

1. L'intervalle de fluctuation au seuil de 95 % est environ :
❏ [0,13 ; 0,27] ❏ [0,14 ; 0,26] ❏ [0,1 ; 0,3]

2. Dans cet échantillon, on trouve 25 grenouilles touchées par cette maladie.
Avec un risque d'erreur de 5 %, on ne peut pas rejeter l'hypothèse que l'échantillon est compatible avec la population.
❏ Vrai ❏ Faux ❏ On ne peut pas savoir.

→ corrigés p. 95

Connaître l'essentiel sur les vecteurs

25

Lue Relue Acquise

1 L'essentiel du cours

A Caractéristiques d'un vecteur

Vocabulaire

La longueur d'un vecteur est appelée **norme** et notée $\|\overrightarrow{AB}\| = AB$.

- Un **vecteur** $\overrightarrow{AB}$ est caractérisé par :
- une direction : la droite (AB) ;
- un sens : de A vers B ;
- un point d'application : A ;
- une longueur : AB.

Propriété : $\overrightarrow{AB} = \overrightarrow{CD}$ si, et seulement si, ils ont même direction, même sens et même longueur si, et seulement si, ABCD est un parallélogramme.

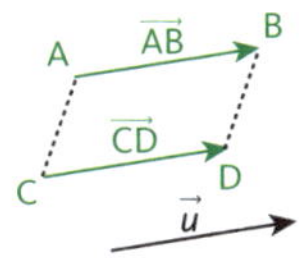

- Les vecteurs $\overrightarrow{AB}$ et $\overrightarrow{CD}$ représentés ci-dessus sont les représentants (d'origine A et d'origine C) du vecteur $\vec{u}$. On a $\vec{u} = \overrightarrow{AB} = \overrightarrow{CD}$.

B Vecteurs et coordonnées

Remarque

Pour les schémas ci-contre, on trouve $\overrightarrow{AB}(8\,;2)$ et $\vec{u}(6\,;-4)$.

$(O\,;\vec{i},\vec{j})$ désigne un repère du plan.

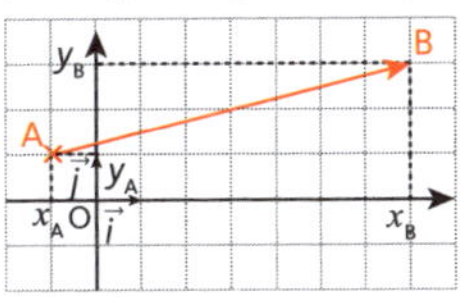

$\overrightarrow{AB}\,(x_B - x_A\,; y_B - y_A)$

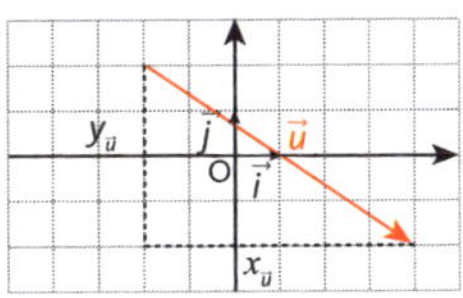

$\vec{u}(x_{\vec{u}}\,; y_{\vec{u}})$

C Somme de vecteurs

Règle du parallélogramme

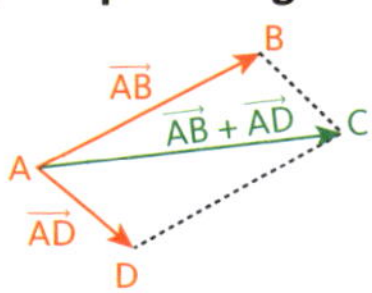

$\overrightarrow{AB} + \overrightarrow{AD} = \overrightarrow{AC}$

Relation de Chasles

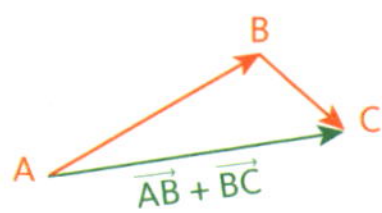

$\overrightarrow{AB} + \overrightarrow{BC} = \overrightarrow{AC}$

Propriété :
Dans un repère, si $\vec{u}(x\,;y)$ et $\vec{v}(x'\,;y')$ alors, $\vec{u}+\vec{v}(x+x'\,;y+y')$.

2 Applications

EXO 1 **Dans un repère, $(O ; \vec{i}, \vec{j})$, on donne A(−1 ; 2), B(3 ; 4) et $\vec{u}(10 ; -15)$.**
1. Déterminer les coordonnées du vecteur $\overrightarrow{AB}$.
2. Déterminer les coordonnées du point C tel que $\overrightarrow{AC} = \vec{u}$.

Solution

1. $x_A = -1$, $y_A = 2$, $x_B = 3$, $y_B = 4$.
Donc $\overrightarrow{AB}$ (3 − (− 1) ; 4 − 2) d'où $\overrightarrow{AB}$(4 ; 2).

> Utiliser le premier schéma du paragraphe **B** du cours.

2. Les coordonnées de $\vec{u}$ sont (10 ; − 15) ;
celles de $\overrightarrow{AC}$ sont $(x_C - (-1) ; y_C - 2)$
soit $(x_C + 1 ; y_C - 2)$.
Donc $x_C + 1 = 10$ d'où $x_C = 9$
et $y_C - 2 = -15$ d'où $y_C = -13$. Ainsi, C(9 ; −13).

> Deux vecteurs sont égaux si, et seulement si, leurs coordonnées sont égales.

EXO 2 **$\vec{u}$ et $\vec{v}$ sont les deux vecteurs représentés ci-contre.**
1. Construire le vecteur $\vec{u} + \vec{v}$.
2. Construire le représentant d'origine A du vecteur $\vec{u} + \vec{v}$.

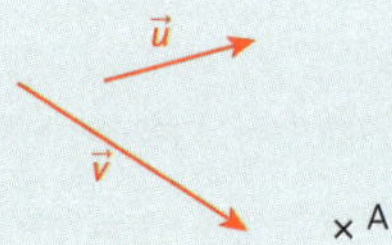

Solution

1.

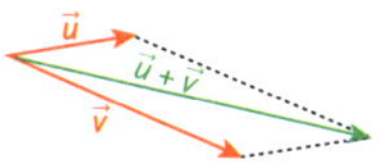

2.

> Utiliser :
> – soit la règle du parallélogramme en déplaçant $\vec{u}$ et $\vec{v}$ afin qu'ils aient la même origine ;
> – soit la relation de Chasles en déplaçant $\vec{u}$ pour que son extrémité soit à l'origine de $\vec{v}$.

Mémo'Quiz

1. $\vec{u}(-5 ; 1)$. ❑ Vrai ❑ Faux

2. $\overrightarrow{CB}(4 ; 4)$. ❑ Vrai ❑ Faux

3. $\overrightarrow{AB} = \overrightarrow{CA}$. ❑ Vrai ❑ Faux

4. Le point D tel que $\overrightarrow{BD} = \vec{u}$ a pour coordonnées (− 6 ; 0).
❑ Vrai ❑ Faux

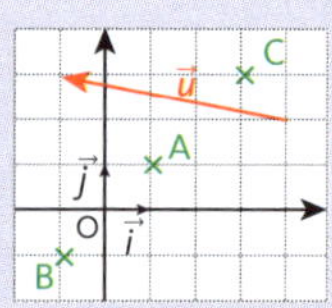

→ corrigés p. 96

Utiliser la colinéarité, l'orthogonalité de vecteurs

26

Lue Relue Acquise

1 L'essentiel du cours

A Vecteurs colinéaires

Définition : Deux vecteurs $\vec{u}$ et $\vec{v}$ non nuls du plan sont dits **colinéaires** lorsqu'il existe un réel k tel que $\vec{u} = k\vec{v}$.

Illustration graphique

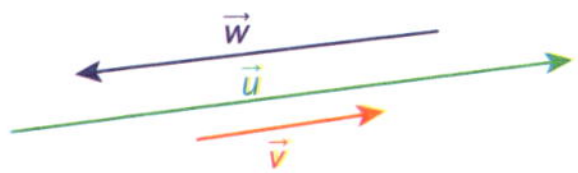

$\vec{u} = 3\vec{v}$

$\vec{u} = -\frac{3}{2}\vec{w}$

Propriété : Dans un repère, $\vec{u}(x\ ;\ y)$ et $\vec{v}(x'\ ;\ y')$ sont colinéaires si, et seulement si, $xy' - x'y = 0$.

Remarques

- Le vecteur nul $\vec{0}$ est colinéaire à tout vecteur du plan.
- Deux vecteurs colinéaires ont même direction.

B Vecteurs orthogonaux

Définition : Deux vecteurs $\vec{u}$ et $\vec{v}$ non nuls du plan sont dits **orthogonaux** lorsqu'ils ont des directions orthogonales.

Illustration graphique

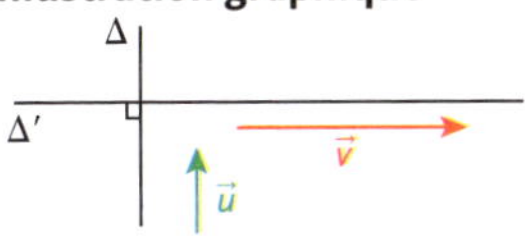

$\vec{u}$ a pour direction la droite Δ,
$\vec{v}$ a pour direction la droite Δ'.
Or $\Delta \perp \Delta'$, donc $\vec{u}$ et $\vec{v}$ sont orthogonaux.

Propriété : Dans repère **orthonormé**, $\vec{u}(x\ ;y)$ et $\vec{v}(x'\ ;y')$ sont orthogonaux si, et seulement si, $xx' + yy' = 0$.

Remarque

Le vecteur nul $\vec{0}$ est orthogonal à tout vecteur du plan.

2 Applications

EXO 1 Dans un repère, $(O\ ;\vec{i}, \vec{j})$ orthonormé, on donne :
$A(-3\ ;1)$, $B(4\ ;2)$, $C(5\ ;0)$ et $D(3\ ;4)$.

1. Les vecteurs $\overrightarrow{AB}$ et $\overrightarrow{CD}$ sont-ils colinéaires ?
2. Les vecteurs $\overrightarrow{BC}$ et $\overrightarrow{AD}$ sont-ils orthogonaux ?

Solution

1. $\overrightarrow{AB}(7\ ;1)$, $\overrightarrow{CD}(-2\ ;4)$.
$xy' - x'y = 7 \times 4 - (-2) \times 1 = 28 + 2 = 30 \neq 0$.
Donc les vecteurs $\overrightarrow{AB}$ et $\overrightarrow{CD}$ ne sont pas colinéaires.

2. $\overrightarrow{BC}(1 ; -2)$, $\overrightarrow{AD}(6 ; 3)$.
$xx' + yy' = 1 \times 6 + (-2) \times 3 = 6 - 6 = 0$.
Donc les vecteurs $\overrightarrow{BC}$ et $\overrightarrow{AD}$ sont orthogonaux.

Dans les deux cas :
- déterminer les coordonnées de chacun des vecteurs ;
- utiliser la propriété du cours pour vérifier ;
- conclure.

EXO 2 **Dans un repère, $(O ; \vec{i}, \vec{j})$ orthonormé, on donne : $\vec{u}(-3 ; 5)$, $\vec{v}(2m ; -3)$ et $\vec{w}(1 + 4n ; 2)$ où m et n sont des réels.**
1. Existe-t-il un réel m pour lequel $\vec{u}$ et $\vec{v}$ sont colinéaires ?
2. Existe-t-il un réel n pour lequel $\vec{u}$ et $\vec{w}$ sont orthogonaux ?

Solution

1. • $\vec{u}$ et $\vec{v}$ sont colinéaires si, et seulement si, $(-3) \times (-3) - 5 \times 2m = 0$, c'est-à-dire $9 - 10\,m = 0$ d'où $m = \frac{9}{10}$.

• En remplaçant m par $\frac{9}{10}$, on peut affirmer que les vecteurs $\vec{u}(-3 ; 5)$ et $\vec{v}\left(\frac{9}{5} ; -3\right)$ sont colinéaires.

Dans les deux cas :
- utiliser la propriété du cours pour obtenir une équation ;
- résoudre cette équation ;
- conclure.

2. • $\vec{u}$ et $\vec{w}$ sont orthogonaux si, et seulement si, $(-3) \times (1 + 4n) + 5 \times 2 = 0$.
C'est-à-dire $-3 - 12n + 10 = 0$ d'où $n = \frac{7}{12}$.

• En remplaçant n par $\frac{7}{12}$, on peut affirmer que les vecteurs $\vec{u}(-3 ; 5)$ et $\vec{w}\left(\frac{10}{3} ; 2\right)$ sont orthogonaux.

Mémo'Quiz

Dans un repère $(O ; \vec{i}, \vec{j})$ orthonormé, on donne :
A(1 ; 4), B(6 ; 2), C(– 3 ; 2), D(– 2 ; 3), E(0 ; 8), F(7 ; – 2).

1. $\overrightarrow{AB}$ et $\overrightarrow{CD}$ sont :
❑ colinéaires ❑ orthogonaux ❑ ni l'un, ni l'autre

2. $\overrightarrow{AB}$ et $\overrightarrow{CF}$ sont :
❑ colinéaires ❑ orthogonaux ❑ ni l'un, ni l'autre

3. $\overrightarrow{AB}$ et $\overrightarrow{DE}$ sont :
❑ colinéaires ❑ orthogonaux ❑ ni l'un, ni l'autre

→ corrigés p. 96

Exprimer un vecteur en fonction de deux autres

27

Lue Relue Acquise

1 L'essentiel du cours

Ce qui est présenté ici est, comme tout le reste, au programme de 1re S. Mais son utilité apparaîtra plus clairement en Terminale S (lors de la recherche d'équations paramétriques ou de coplanarité dans l'espace).

Définition : $\vec{u}$ et $\vec{v}$ sont deux vecteurs non colinéaires du plan.
On dit qu'un vecteur non nul $\vec{w}$ **s'exprime en fonction des vecteurs $\vec{u}$ et $\vec{v}$** lorsque :
il existe deux réels k et k' tels que $\vec{w} = k\vec{u} + k'\vec{v}$.

- **Illustration**

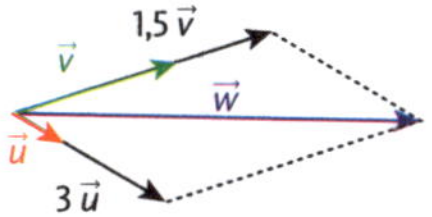

Ici $\vec{w} = 3\vec{u} + 1{,}5\vec{v}$.

Propriétés :
- On peut toujours trouver une telle relation entre trois vecteurs (dès que deux ne sont pas colinéaires).
- Si $\vec{w}$ s'exprime en fonction de $\vec{u}$ et $\vec{v}$, alors $\vec{u}$ s'exprime en fonction de $\vec{v}$ et $\vec{w}$...

- **Caractérisation analytique :**

Dans un repère, dire que $\vec{w} = k\vec{u} + k'\vec{v}$

est équivalent à $\begin{cases} x_{\vec{w}} = k \times x_{\vec{u}} + k' \times x_{\vec{v}} \\ y_{\vec{w}} = k \times y_{\vec{u}} + k' \times y_{\vec{v}} \end{cases}$.

Remarque
Cette condition mène à la résolution d'un système de deux équations à deux inconnues k et k'.

2 Application

EXO **Dans un repère, on donne $\vec{u}(3\,;4)$, $\vec{v}(-1\,;1)$ et $\vec{w}(-5\,;1)$.**
1. Exprimer $\vec{w}$ en fonction de $\vec{u}$ et de $\vec{v}$.
2. En déduire une expression de $\vec{u}$ en fonction de $\vec{v}$ et $\vec{w}$.

Solution

1. • $\vec{u}(3\,;4)$ et $\vec{v}(-1\,;1)$.
Donc $xy' - yx' = 3 \times 1 - (-1) \times 4$
$= 3 + 4 = 7 \neq 0$.
Donc $\vec{u}$ et $\vec{v}$ ne sont pas colinéaires.

• Vérifier que $\vec{u}$ et $\vec{v}$ ne sont pas colinéaires : utiliser la fiche 26.

Exprimer un vecteur en fonction de deux autres

- $\vec{w}$ s'exprime en fonction de $\vec{u}$ et de $\vec{v}$ équivaut à :
il existe des réels k et k' tels que :

$$\begin{cases} -5 = k \times 3 + k' \times (-1) \\ 1 = k \times 4 + k' \times 1 \end{cases}$$

$$\begin{cases} 3k - k' = -5 \\ 4k + k' = 1 \end{cases}$$

$$\begin{cases} 3k - k' = -5 \\ 7k = -4 \end{cases}$$ (en additionnant les deux équations)

$$\begin{cases} 3k - k' = -5 \\ k = -\dfrac{4}{7} \end{cases}$$

$$\begin{cases} 3 \times \left(-\dfrac{4}{7}\right) - k' = -5 \\ k = -\dfrac{4}{7}. \end{cases}$$

$$\begin{cases} -\dfrac{12}{7} + 5 = k' \\ k' = -\dfrac{4}{7} \end{cases}$$

$$\begin{cases} k' = \dfrac{23}{7} \\ k = -\dfrac{4}{7}. \end{cases}$$

- Ainsi, $\vec{w} = -\dfrac{4}{7}\vec{u} + \dfrac{23}{7}\vec{v}$.

> • Utiliser la caractérisation analytique du cours.
> • Résoudre le système d'inconnues k et k'.
> • Conclure.

2. De la relation du 1., on déduit que :
$7\vec{w} = -4\vec{u} + 23\vec{v}$ donc $4\vec{u} = 23\vec{v} - 7\vec{w}$.

Ainsi, $\vec{u} = \dfrac{23}{4}\vec{v} - \dfrac{7}{4}\vec{w}$.

> Utiliser le résultat du **1** et isoler le vecteur $\vec{u}$.

Mémo'Quiz

Dans un repère, on donne $\vec{u}(2\,;5)$, $\vec{v}(3\,;-4)$ et $\vec{w}(-9\,;35)$.

1. $\vec{u}$ et $\vec{v}$ sont colinéaires. ❑ Vrai ❑ Faux

2. $\vec{w} = 2\vec{u} - 3\vec{v}$. ❑ Vrai ❑ Faux

3. $\vec{w} = 3\vec{u} - 5\vec{v}$. ❑ Vrai ❑ Faux

4. $\vec{v} = 0{,}6\vec{u} - 0{,}2\vec{w}$. ❑ Vrai ❑ Faux

→ corrigés p. 96

Déterminer l'équation réduite

28

Lue Relue Acquise

1 L'essentiel du cours

A Équation réduite d'une droite

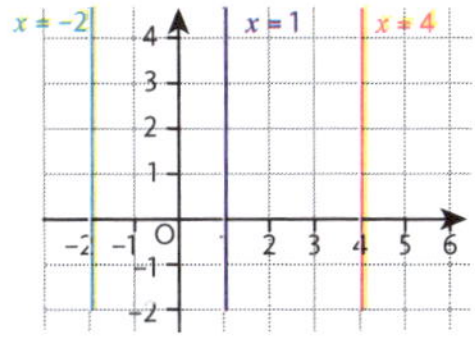

• Parallèle à l'axe des ordonnées

Toute droite du plan parallèle à l'axe des ordonnées a une équation réduite de la forme $\boldsymbol{x = k}$.

• Non parallèle à l'axe des ordonnées

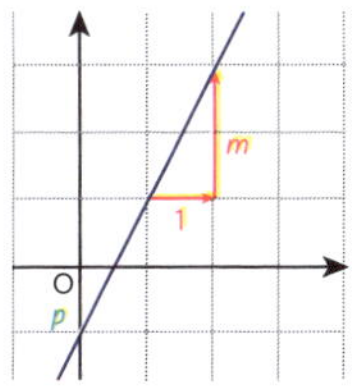

Toute droite du plan non parallèle à l'axe des ordonnées a une équation réduite de la forme $\boldsymbol{y = mx + p}$.

Définitions :

- m est appelé **coefficient directeur** (ou pente) de la droite.
- p est appelé **ordonnée à l'origine** de la droite.

B Recherche de l'équation de (AB)

Méthode 1 : Lire sur le graphique la valeur de m et celle de p.

Méthode 2 : Calculer m grâce à la formule :

$$m = \frac{y_B - y_A}{x_B - x_A} ;$$

puis utiliser un point de la droite pour trouver p :

$A(x_A ; y_A) \in (AB)$ équivaut à $y_A = m \times x_A + p$.

Méthode 3 : Utiliser deux points de la droite pour obtenir un système de deux équations d'inconnues m et p.

$$\begin{cases} A(x_A ; y_A) \in (AB) \\ B(x_B ; y_B) \in (AB) \end{cases} \text{ équivaut à } \begin{cases} y_A = m \times x_A + p \\ y_B = m \times x_B + p \end{cases} \text{ ; puis on résout.}$$

Astuce du prof

On peut, bien entendu, suivant les cas, penser à croiser ces méthodes pour plus d'efficacité.

2 Applications

EXO 1 **Dans un repère, tracer les droites $\mathcal{D}_1$ d'équation $x = 3$ et $\mathcal{D}_2$ d'équation $y = \frac{1}{2}x + 2$.**

Solution

Pour $\mathcal{D}_2$: Si $x = 1$, alors $y = \frac{1}{2} \times 1 + 2$ donc $y = 2{,}5$. D'où $A(1 ; 2{,}5) \in \mathcal{D}_2$.

• Pour $\mathcal{D}_1$ c'est immédiat : placer 3 sur l'axe des abscisses et tracer la droite parallèle à (Oy).

Déterminer l'équation réduite

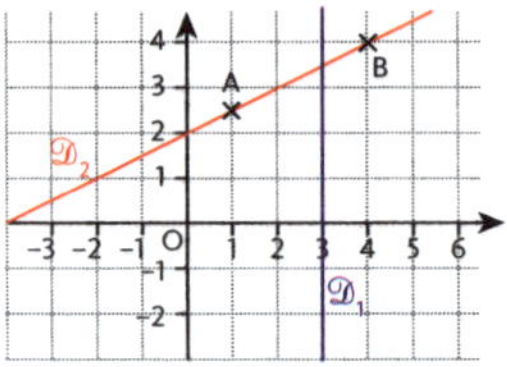

• Pour $\mathcal{D}_2$, on peut utiliser m et/ou p et/ou chercher deux points de $\mathcal{D}_2$ (en choisissant x au hasard et en déduisant y).

Si $x = 4$, alors $y = \frac{1}{2} \times 4 + 2$.

Donc $y = 4$. D'où $B(4\,;4) \in \mathcal{D}_2$.

EXO 2 **Dans le repère ci-contre, on a tracé la droite $\mathcal{D}_3$. Chercher son équation.**

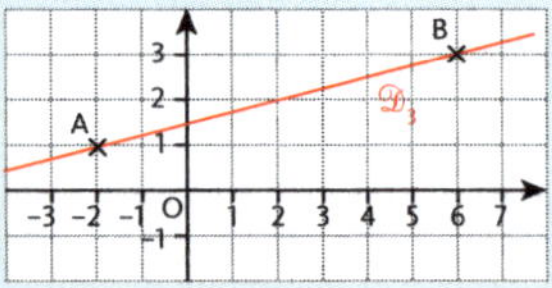

Solution

$\begin{cases} A(-2\,;1) \in \mathcal{D}_3 \\ B(6\,;3) \in \mathcal{D}_3 \end{cases}$ équivaut à $\begin{cases} 1 = m \times (-2) + p \\ 3 = m \times 6 + p \end{cases}$ $\begin{cases} -2m + p = 1 \\ 6m + p = 3 \end{cases}$

$\begin{cases} -2m + p = 1 \\ -8m = -2 \end{cases}$ $\begin{cases} -2m + p = 1 \\ m = \frac{1}{4} \end{cases}$ $\begin{cases} -2 \times \left(\frac{1}{4}\right) + p = 1 \\ m = \frac{1}{4} \end{cases}$ $\begin{cases} -\frac{1}{2} + p = 1 \\ m = \frac{1}{4} \end{cases}$

$\begin{cases} p = \frac{3}{2} \\ m = \frac{1}{4} \end{cases}$.

Ainsi, $\mathcal{D}_3 : y = \frac{1}{4}x + \frac{3}{2}$.

Mémo'Quiz

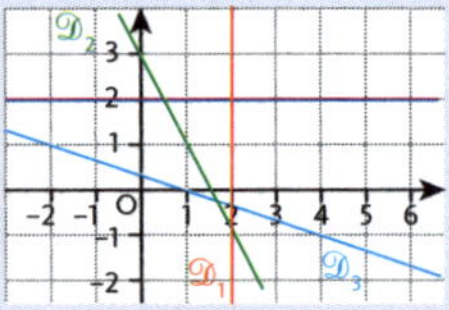

1. La droite $\mathcal{D}_1$ a pour équation :
❑ $x = 2$ ❑ $y = 2$ ❑ $x = -2$

2. La droite $\mathcal{D}_2$ a pour équation :
❑ $y = 3x - 2$ ❑ $y = -3x + 2$ ❑ $y = -2x + 3$

3. La droite $\mathcal{D}_3$ a pour équation :
❑ $x = 2$ ❑ $y = 2$ ❑ $y = 0$

→ corrigés p. 96

Déterminer une équation cartésienne

29

Lue Relue Acquise

1 L'essentiel du cours

A Équations cartésiennes d'une droite

Toute droite $\mathscr{D}$ du plan admet une équation du type :

$$ax + by + c = 0.$$

Réciproquement, l'ensemble des points $M(x\,;y)$ du plan qui vérifie cette équation est une droite $\mathscr{D}$.

Remarque
Une droite admet une seule équation réduite (voir fiche 28) et une infinité d'équations cartésiennes.

Définition : $ax + by + c = 0$ est **une équation cartésienne** de la droite $\mathscr{D}$.

B Vecteurs directeurs, vecteurs normaux

Définitions :
- $\vec{u}$ est appelé **vecteur directeur** d'une droite $\mathscr{D}$ lorsque $\vec{u}$ et $\mathscr{D}$ ont la même direction.
- $\vec{n}$ est appelé **vecteur normal** à une droite $\mathscr{D}$ lorsque $\vec{u}$ et $\mathscr{D}$ ont des directions orthogonales.

Remarque
Toute droite admet une infinité de vecteurs directeurs et une infinité de vecteurs normaux.

Illustration

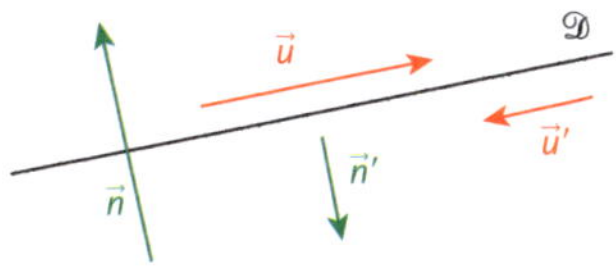

$\vec{u}$ et $\vec{u}'$ vecteurs directeurs de $\mathscr{D}$;
$\vec{n}$ et $\vec{n}'$ vecteurs normaux à $\mathscr{D}$.

Propriétés : $\mathscr{D}$ est la droite d'équation cartésienne $ax + by + c = 0$.
- $\vec{u}(-b\,;a)$ est un vecteur directeur de $\mathscr{D}$.
- $\vec{n}(a\,;b)$ est un vecteur normal à $\mathscr{D}$.

C Recherche d'une équation cartésienne

Méthode 1 : Utiliser la propriété pour trouver a et b ; puis un point de la droite pour trouver c.
Méthode 2 : Utiliser deux points de la droite pour obtenir un système de deux équations d'inconnues a et b (après avoir choisi c).

$$\begin{cases} A(x_A\,;y_A) \in (AB) \\ B(x_B\,;y_B) \in (AB) \end{cases} \text{ équivaut à } \begin{cases} ax_A + by_A + c = 0 \\ ax_B + by_B + c = 0 \end{cases}.$$

Astuce du prof
$\vec{u} = \overrightarrow{AB}$ est un vecteur directeur de la droite (AB).

2 Applications

EXO 1 **Dans un repère, tracer la droite $\mathcal{D}$ d'équation cartésienne $2x + 4y - 4 = 0$.**

Solution

Pour $x = -2$:
$2 \times (-2) + 4y - 4 = 0$
donne $-4 + 4y - 4 = 0$
donc $y = 2$.

Pour $x = 3$:
$2 \times 3 + 4y - 4 = 0$
donne $y = -0{,}5$.

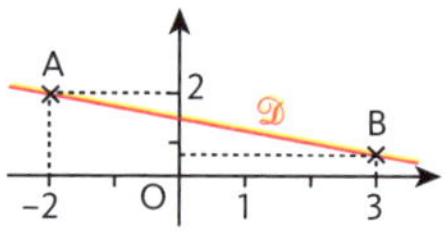

- Choisir deux valeurs au hasard pour x.
- En déduire les valeurs de y correspondantes.
- Placer les deux points obtenus dans un repère et tracer la droite.

Donc $\mathcal{D}$ passe par les points A(−2 ; 2) et B(3 ; −0,5).

EXO 2 **Déterminer une équation cartésienne de la droite $\mathcal{D}$ de vecteur directeur $\vec{u}(-2\,;3)$ et passant par le point A(−4 ; 1).**

Solution

- $\vec{u}(-2\,;3)$ est un vecteur directeur de la droite $\mathcal{D}$:
$ax + by + c = 0$, donc d'après la propriété, on peut choisir :
$-2 = -b$,
c'est-à-dire $b = 2$ et $a = 3$.
Ainsi $\mathcal{D}$ a pour équation $3x + 2y + c = 0$.
- De plus A(−4 ; 1) $\in \mathcal{D}$ équivaut à
$3 \times (-4) + 2 \times 1 + c = 0$ donc $c = 10$.
- Une équation cartésienne de $\mathcal{D}$ est $3x + 2y + 10 = 0$.

- Utiliser la propriété du paragraphe **B** du cours afin d'appliquer la méthode 1 : identifier a et b.
- Traduire A $\in \mathcal{D}$ par une condition sur c et calculer c.
- Conclure.

Mémo'Quiz

Une équation cartésienne de la droite $\mathcal{D}$:

1. **de vecteur directeur $\vec{u}(5\,;4)$ et passant par A(−1 ; −1) est $4x - 5y - 1 = 0$.**
❑ Vrai ❑ Faux

2. **de vecteur normal $\vec{n}(1\,;-3)$ et passant par B(4 ; 1) est $x - 3y + 2 = 0$.**
❑ Vrai ❑ Faux

3. **passant par les points A(−1 ; −1) et B(4 ; 1) est $2x - 5y - 3 = 0$.**
❑ Vrai ❑ Faux

→ corrigés p. 96

Étudier le parallélisme, l'orthogonalité

30

☐ Lue ☐ Relue ☐ Acquise

1 L'essentiel du cours

A Deux vecteurs

Dans un repère, on donne deux vecteurs $\vec{u}(x\,;y)$ et $\vec{v}(x'\,;y')$.

Propriétés :

- $\vec{u}$ et $\vec{v}$ colinéaires équivaut à $xy' - x'y = 0$.
- Dans un repère **orthonormé** :
$\vec{u}$ et $\vec{v}$ orthogonaux équivaut à $xx' + yy' = 0$.

Remarque

Ces propriétés ont été vues à la fiche 26.

B À l'aide des équations réduites

Dans un repère, on donne les droites $\mathcal{D} : y = mx + p$ et $\mathcal{D}' : y = m'x + p'$.

Propriétés :

- $\mathcal{D} // \mathcal{D}'$ équivaut à $m = m'$.
- Dans un repère **orthonormé** :
$\mathcal{D} \perp \mathcal{D}'$ équivaut à $m \times m' = -1$.

Astuce du prof

- $\vec{u}(1\,;m)$ est un vecteur directeur de $\mathcal{D}$.
- $\vec{n}(-m\,;1)$ est un vecteur normal de $\mathcal{D}$.

C À l'aide des équations cartésiennes

Dans un repère, on donne les droites $\mathcal{D} : ax + by + c = 0$ et $\mathcal{D}' : a'x + b'y + c' = 0$.

Propriétés :

- $\mathcal{D} // \mathcal{D}'$ équivaut à $ab' - a'b = 0$.
- Dans un repère **orthonormé** :
$\mathcal{D} \perp \mathcal{D}'$ équivaut à $aa' + bb' = 0$.

Rappel

- $\vec{u}(-b\,;a)$ est un vecteur directeur de $\mathcal{D}$.
- $\vec{n}(a\,;b)$ est un vecteur normal de $\mathcal{D}$.

2 Applications

EXO 1 **Dans un repère orthonormé, on donne $\mathcal{D} : y = 4x - 7$. Déterminer l'équation réduite de la droite Δ passant par A(2 ; 4) et orthogonale à $\mathcal{D}$.**

Solution

- On pose $\Delta : y = m'x + p'$.
- $\Delta \perp \mathcal{D}$ équivaut à $4 \times m' = -1$, donc $m' = -\frac{1}{4}$.

> - Noter $y = m'x + p'$ l'équation de Δ.
> - Traduire la condition d'orthogonalité (paragraphe B) pour trouver m'.
> - Traduire la condition $A \in \Delta$ pour trouver p'.
> - Conclure.

- $A(2\,;4) \in \Delta$ équivaut à $y_A = m' \times x_A + p'$
c'est-à-dire $4 = -\frac{1}{4} \times 2 + p'$ d'où $4 = -\frac{1}{2} + p'$.
donc $p' = \frac{9}{2}$.
- Ainsi, Δ a pour équation $y = -\frac{1}{4}x + \frac{9}{2}$.

EXO 2 **On travaille dans un repère orthonormé.**
Montrer que la droite $\mathcal{D}$ d'équation cartésienne $3x - 5y + 4 = 0$ est orthogonale à la droite $\mathcal{D}'$ d'équation cartésienne $10x + 6y + 1 = 0$.

Solution

$\vec{u}(5\,;3)$ est un vecteur directeur de $\mathcal{D}$ et $\vec{u}'(-6\,;10)$ est un vecteur directeur de $\mathcal{D}'$.
$\mathcal{D} \perp \mathcal{D}'$ équivaut à $\vec{u}$ et $\vec{u}'$ orthogonaux.
Or, en utilisant la propriété 2 du paragraphe **A** :

$$xx' + yy' = 5 \times (-6) + 3 \times 10 = 0.$$

Donc $\vec{u}$ et $\vec{v}$ sont orthogonaux et $\mathcal{D} \perp \mathcal{D}'$.

> On peut :
> – soit identifier des vecteurs directeurs ou normaux et utiliser la propriété du paragraphe **A** ;
> – soit utiliser la propriété du paragraphe **C**.

Mémo'Quiz

On travaille dans un repère orthonormé.

1. $\mathcal{D}_1 : y = 3x - 1$ et $\mathcal{D}_2 : y = \frac{1}{3}x - 1$.
❑ $\mathcal{D}_1 // \mathcal{D}_2$ ❑ $\mathcal{D}_1 \perp \mathcal{D}_2$ ❑ $\mathcal{D}_1$ et $\mathcal{D}_2$ ne sont ni l'un, ni l'autre.

2. $\mathcal{D}_3 : 2x + 4y - 5 = 0$ et $\mathcal{D}_4 : -x - 2y + 1 = 0$.
❑ $\mathcal{D}_3 // \mathcal{D}_4$ ❑ $\mathcal{D}_3 \perp \mathcal{D}_4$ ❑ $\mathcal{D}_3$ et $\mathcal{D}_4$ ne sont ni l'un, ni l'autre.

3. La droite $\Delta // \mathcal{D}_1$ et passant par $A(2\,;1)$ a pour équation :
❑ $y = 3x - 5$ ❑ $y = -\frac{1}{3}x - 5$ ❑ $y = 3x + 5$

4. La droite $\Delta' \perp \mathcal{D}_1$ et passant par $A(2\,;1)$ a pour équation :
❑ $y = -\frac{1}{3}x - 5$ ❑ $y = 3x - 5$ ❑ $y = -\frac{1}{3}x + \frac{5}{3}$

→ corrigés p. 96

Donner la mesure principale d'un angle

31

Lue Relue Acquise

1 L'essentiel du cours

A Angle orienté

Définition : Un **cercle trigonométrique** est un cercle de rayon 1 et dont le sens de parcours est orienté dans le sens inverse des aiguilles d'une montre.

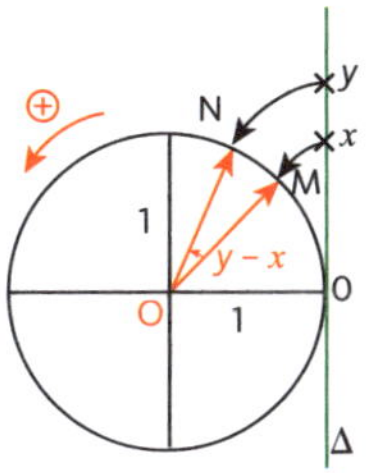

On place deux réels x et y sur la droite Δ ci-contre. En enroulant cette droite Δ autour du cercle trigonométrique, on définit deux point M et N du cercle.

Définition : Les **mesures**, en radians, de l'**angle orienté** $(\overrightarrow{OM}, \overrightarrow{ON})$ sont les réels : $y - x + 2k\pi$ avec $k \in \mathbb{Z}$.

Remarque

En ajoutant ou en soustrayant 2π, on fait un tour de plus ou un tour de moins (mais on revient au même point), d'où le « $2k\pi$ ».

Lorsque $\vec{u}$ et $\vec{v}$ sont deux vecteurs quelconques, on se ramène à la définition précédente en posant $\vec{u} = \overrightarrow{OA}$, $\vec{v} = \overrightarrow{OB}$, $\vec{u}' = \overrightarrow{OM}$ et $\vec{v}' = \overrightarrow{ON}$.
On a $(\vec{u}, \vec{v}) = (\overrightarrow{OM}, \overrightarrow{ON})$.

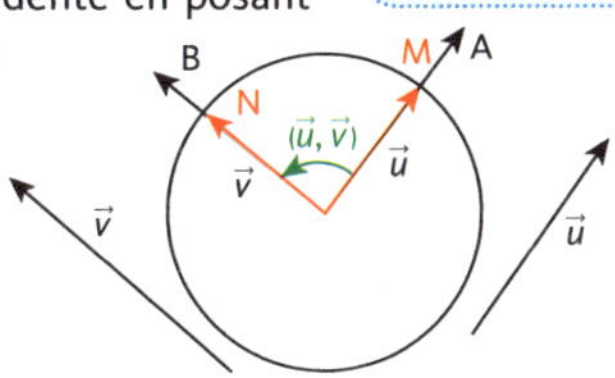

B Mesure principale

Définition : Parmi toutes les mesures d'un angle orienté (qui diffèrent de $2k\pi$), une seule est comprise dans l'intervalle $]-\pi ; \pi]$.
C'est la **mesure principale**.

C Propriété des angles

Propriétés : Pour tous vecteurs $\vec{u}, \vec{v}, \vec{w}$:
- Relation de Chasles : $(\vec{u}, \vec{v}) + (\vec{v}, \vec{w}) = (\vec{u}, \vec{w})$
- $(\vec{v}, \vec{u}) = -(\vec{u}, \vec{v})$
- $(-\vec{u}, -\vec{v}) = (\vec{u}, \vec{v})$
- $(\vec{u}, -\vec{v}) = (\vec{u}, \vec{v}) + \pi$

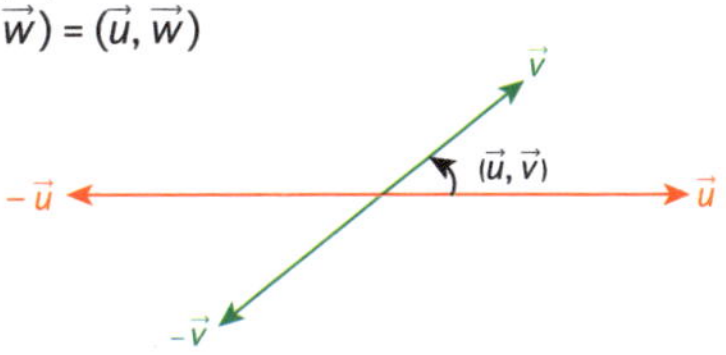

2 Applications

EXO 1 **Donner la mesure principale des angles $\frac{7\pi}{3}$ et $-\frac{214\pi}{5}$.**

Solution

- $\frac{7\pi}{3} = \frac{6\pi}{3} + \frac{\pi}{3} = 2\pi + \frac{\pi}{3} = \frac{\pi}{3} + 2\pi.$

Or $\frac{\pi}{3} \in]-\pi\,;\pi].$

Donc $\frac{\pi}{3}$ est la mesure principale de $\frac{7\pi}{3}$.

- $-\frac{214\pi}{5} = -\frac{210\pi}{5} - \frac{4\pi}{5} = -42\pi - \frac{4\pi}{5} = -\frac{4\pi}{5} + (-21) \times 2\pi.$

Or $-\frac{4\pi}{5} \in]-\pi\,;\pi]$. Donc $-\frac{4\pi}{5}$ est la mesure principale de $-\frac{214\pi}{5}$.

> Il s'agit de faire apparaître $k \times 2\pi$ dans les mesures données (c'est-à-dire d'ajouter ou de soustraire des tours de cercle) afin d'obtenir une mesure qui appartienne à $]-\pi\,;\pi]$.

EXO 2 **On donne $(\vec{u}, \vec{v}) = \frac{\pi}{3}$ et $(-\vec{v}, -\vec{w}) = \frac{\pi}{4}$.**

1. Calculer $(\vec{u}, \vec{w})$.

2. Calculer $(-\vec{w}, \vec{u})$.

Solution

1. $(-\vec{v}, -\vec{w}) = (\vec{v}, \vec{w})$.

Or $(\vec{u}, \vec{w}) = (\vec{u}, \vec{v}) + (\vec{v}, \vec{w})$

donc $(\vec{u}, \vec{w}) = \frac{\pi}{3} + \frac{\pi}{4} = \frac{5\pi}{12}$.

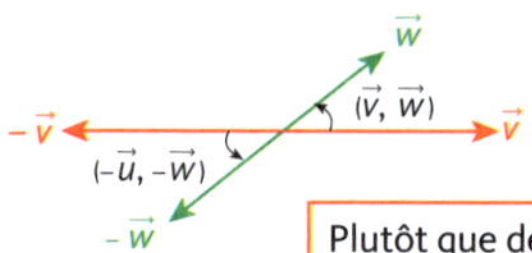

2. $(-\vec{w}, \vec{u}) = \pi - (\vec{u}, \vec{w})$

$(-\vec{w}, \vec{u}) = \pi - \frac{5\pi}{12}$

$(-\vec{w}, \vec{u}) = \frac{7\pi}{12}$.

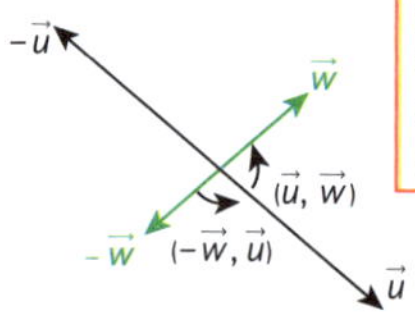

> Plutôt que de retenir par cœur toutes les propriétés du paragraphe **C**, il est vivement conseillé de faire de petits schémas.

Mémo'Quiz

1. La mesure principale de $\frac{17\pi}{4}$ est : ❑ $\frac{\pi}{4}$ ❑ $-\frac{\pi}{4}$ ❑ $\frac{3\pi}{4}$

2. La mesure principale de $-\frac{19\pi}{4}$ est : ❑ $\frac{\pi}{4}$ ❑ $-\frac{\pi}{4}$ ❑ $-\frac{3\pi}{4}$

ABC est le triangle ci-contre :

3. $(\overrightarrow{AC}, \overrightarrow{AB})$ est égale à : ❑ $-\frac{\pi}{5}$ ❑ $\frac{\pi}{5}$ ❑ $\frac{4\pi}{5}$

4. $(\overrightarrow{BA}, \overrightarrow{CA})$ est égale à : ❑ $-\frac{\pi}{5}$ ❑ $\frac{\pi}{5}$ ❑ $\frac{4\pi}{5}$

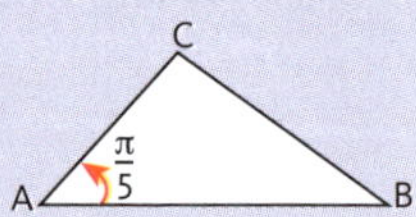

→ corrigés p. 96

Calculer un cosinus, un sinus

32

☐ Lue ☐ Relue ☐ Acquise

1 L'essentiel du cours

A Cosinus, sinus d'un angle orienté

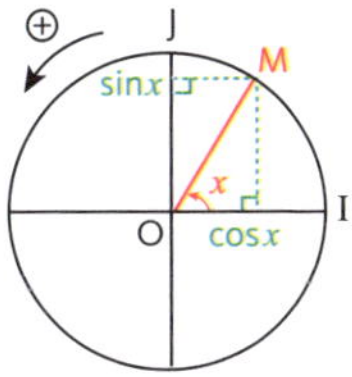

Définitions : M est un point du cercle trigonométrique tel que $(\overrightarrow{OI}, \overrightarrow{OM}) = x$.

- **cos x** est l'abscisse de M ;
- **sin x** est l'ordonnée de M.

Propriétés 1 :

- $-1 \leqslant \cos x \leqslant 1$
- $-1 \leqslant \sin x \leqslant 1$
- $\cos(x + 2k\pi) = \cos x$, $k \in \mathbb{Z}$
- $\sin(x + 2k\pi) = \sin x$, $k \in \mathbb{Z}$.
- $\cos^2 x + \sin^2 x = 1$.

B Angles associés

Propriétés 2 :

- $\cos(-x) = \cos x$
  $\sin(-x) = -\sin x$
- $\cos(\pi - x) = -\cos x$
  $\sin(\pi - x) = \sin x$
- $\cos(\pi + x) = -\cos x$
  $\sin(\pi + x) = -\sin x$

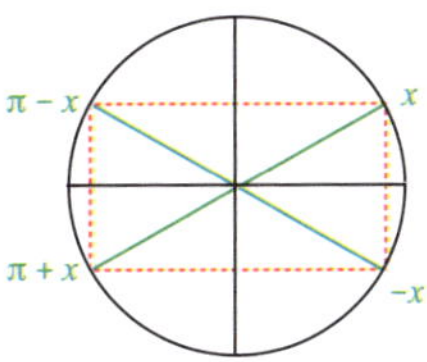

Réflexe à avoir

Il est vivement conseillé de comprendre ces propriétés et de savoir faire de petits schémas rapides pour les retrouver, mais de ne pas les apprendre par cœur.

Propriétés 3 :

- $\cos\left(\frac{\pi}{2} - x\right) = \sin x$
  $\sin\left(\frac{\pi}{2} - x\right) = \cos x$
- $\cos\left(\frac{\pi}{2} + x\right) = -\sin x$
  $\sin\left(\frac{\pi}{2} + x\right) = \cos x$

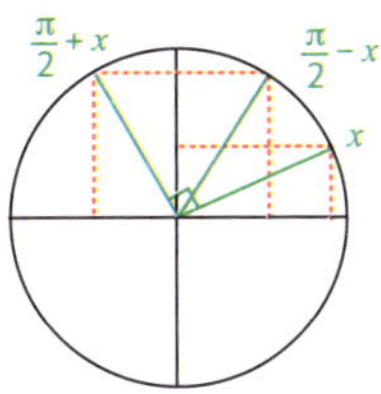

2 Applications

EXO 1 On donne $\cos\frac{\pi}{8} = \frac{\sqrt{2+\sqrt{2}}}{2}$.

Déterminer la valeur exacte de $\sin\frac{\pi}{8}$.

Solution

$\cos^2\frac{\pi}{8} + \sin^2\frac{\pi}{8} = 1$

Utiliser la formule reliant cosinus et sinus : $\cos^2 x + \sin^2 x = 1$; penser à vérifier le signe de la valeur cherchée.

$\left(\dfrac{\sqrt{2+\sqrt{2}}}{2}\right)^2 + \sin^2\dfrac{\pi}{8} = 1,$

donc $\sin^2\dfrac{\pi}{8} = 1 - \dfrac{2+\sqrt{2}}{4} = \dfrac{4-2-\sqrt{2}}{4} = \dfrac{2-\sqrt{2}}{4}.$

Or, $\sin\dfrac{\pi}{8} > 0$ car $0 < \dfrac{\pi}{8} < \pi.$

Donc $\sin\dfrac{\pi}{8} = \dfrac{\sqrt{2-\sqrt{2}}}{2}.$

EXO 2 **On donne $\cos\dfrac{\pi}{8} = \dfrac{\sqrt{2+\sqrt{2}}}{2}$ et $\sin\dfrac{\pi}{8} = \dfrac{\sqrt{2-\sqrt{2}}}{2}$.**
Utiliser les angles associés pour déterminer $\cos\dfrac{9\pi}{8}$ et $\cos\dfrac{5\pi}{8}$.

Solution

$\dfrac{9\pi}{8} = \dfrac{8\pi}{8} + \dfrac{\pi}{8} = \pi + \dfrac{\pi}{8}.$

Or, $\cos\left(\pi + \dfrac{\pi}{8}\right) = -\cos\dfrac{\pi}{8}$

$= -\dfrac{\sqrt{2+\sqrt{2}}}{2}.$

Donc $\cos\dfrac{9\pi}{8} = -\dfrac{\sqrt{2+\sqrt{2}}}{2}.$

$\dfrac{5\pi}{8} = \dfrac{4\pi}{8} + \dfrac{\pi}{8} = \dfrac{\pi}{2} + \dfrac{\pi}{8}.$

Or, $\cos\left(\dfrac{\pi}{2} + \dfrac{\pi}{8}\right) = -\sin\dfrac{\pi}{8} = -\dfrac{\sqrt{2-\sqrt{2}}}{2}.$

Donc $\cos\dfrac{5\pi}{8} = -\dfrac{\sqrt{2-\sqrt{2}}}{2}.$

Faire apparaitre π ou $\dfrac{\pi}{2}$ dans les angles proposés afin d'utiliser les angles associés.

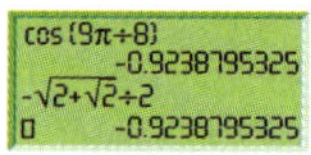

Il est conseillé de vérifier la cohérence des résultats à la calculatrice.

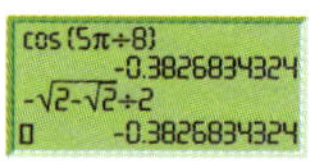

Mémo'Quiz

On donne $\sin x = \dfrac{3}{8}$ et $-\dfrac{\pi}{2} < x < \dfrac{\pi}{2}$.

1. $\cos x$ est égal à $\dfrac{\sqrt{55}}{8}$. ❑ Vrai ❑ Faux

2. $\cos\left(\dfrac{\pi}{2} + a\right) + \sin a = 0$. ❑ Vrai ❑ Faux

3. $\cos(\pi + b) + \cos(-b) = 0$. ❑ Vrai ❑ Faux

4. $\sin\left(\dfrac{\pi}{2} + a\right) + \sin\left(\dfrac{\pi}{2} - a\right) = \cos a$. ❑ Vrai ❑ Faux

→ corrigés p. 96

Résoudre des équations trigonométriques

33

Lue Relue Acquise

1 L'essentiel du cours

a désigne un réel fixé et x désigne l'inconnue.

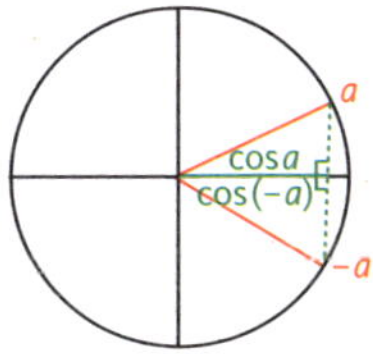

A Équation avec des cosinus

Propriété : $\cos x = \cos a$ équivaut à :

$x = a + 2k\pi,\ k \in \mathbb{Z}$

ou $x = -a + 2k\pi,\ k \in \mathbb{Z}$

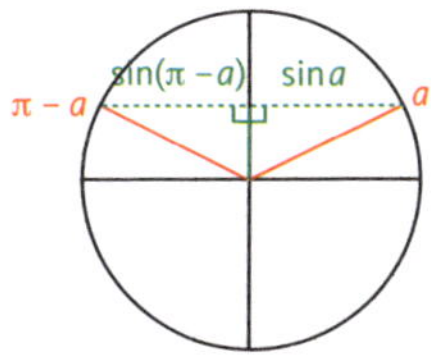

B Équation avec des sinus

Propriété : $\sin x = \sin a$ équivaut à :

$x = a + 2k\pi,\ k \in \mathbb{Z}$

ou $x = \pi - a + 2k\pi,\ k \in \mathbb{Z}$.

C Équations mêlant cosinus et sinus

Pour les équations du type $\cos x = \sin a$ ou $\sin x = \cos a$, on utilise les formules des angles associés (voir fiche 32) pour se ramener au A ou B.

Piège à éviter

Il faut être attentif : pour une résolution dans $\mathbb{R}$, il faut indiquer tous les angles (penser à $+ 2k\pi$) ; sinon, il ne faut prendre que les angles des intervalles indiqués : voir exos 1 et 2.

2 Applications

EXO 1 **Résoudre dans $\mathbb{R}$ l'équation $\cos 4x = \cos \frac{\pi}{3}$.**

Solution

$\cos 4x = \cos \frac{\pi}{3}$ équivaut à

$4x = \frac{\pi}{3} + 2k\pi,\ k \in \mathbb{Z}$ ou $4x = -\frac{\pi}{3} + 2k\pi,\ k \in \mathbb{Z}$

équivaut à

$x = \dfrac{\frac{\pi}{3} + 2k\pi}{4},\ k \in \mathbb{Z}$ ou $x = \dfrac{-\frac{\pi}{3} + 2k\pi}{4},\ k \in \mathbb{Z}$

> Utiliser la propriété du paragraphe A. La résolution se fait dans $\mathbb{R}$, donc il faut penser au « $+ 2k\pi,\ k \in \mathbb{Z}$ ».

équivaut à $x = \frac{\pi}{12} + \frac{k\pi}{2}, k \in \mathbb{Z}$ ou $x = -\frac{\pi}{12} + \frac{k\pi}{2}, k \in \mathbb{Z}$.

EXO 2 **Résoudre dans $\left]-\frac{3\pi}{2} ; \frac{\pi}{2}\right]$ l'équation $\sin x = \cos\frac{\pi}{10}$.**

Solution

- $\cos\frac{\pi}{10} = \sin\left(\frac{\pi}{2} - \frac{\pi}{10}\right) = \sin\left(\frac{5\pi}{10} - \frac{\pi}{10}\right) = \sin\frac{2\pi}{5}$.
- Donc $\sin x = \cos\frac{\pi}{10}$ équivaut à

$\sin x = \sin\frac{2\pi}{5}$ équivaut à

$x = \frac{2\pi}{5} + 2k\pi, k \in \mathbb{Z}$ ou $x = \pi - \frac{2\pi}{5} + 2k\pi, k \in \mathbb{Z}$

équivaut à

$x = \frac{2\pi}{5} + 2k\pi, k \in \mathbb{Z}$ ou $x = \frac{3\pi}{5} + 2k\pi, k \in \mathbb{Z}$.

- Or $\frac{2\pi}{5} \in \left]-\frac{3\pi}{2} ; \frac{\pi}{2}\right]$; mais $\frac{3\pi}{5} \notin \left]-\frac{3\pi}{2} ; \frac{\pi}{2}\right]$

$$\frac{3\pi}{5} - 2\pi = \frac{3\pi}{5} - \frac{10\pi}{5}$$
$$= -\frac{7\pi}{5} \in \left]-\frac{3\pi}{2} ; \frac{\pi}{2}\right].$$

Les solutions, dans l'intervalle $\left]-\frac{3\pi}{2} ; \frac{\pi}{2}\right]$, de l'équation sont $\frac{2\pi}{5}$ et $-\frac{7\pi}{5}$.

> - Se ramener à une équation du type $\sin x = \sin a$ ou $\cos x = \cos a$ à l'aide des angles associés.
> - Utiliser la propriété du paragraphe **B**.
> - Vérifier que les solutions trouvées sont dans l'intervalle proposé ; si ce n'est pas le cas : ajuster en ajoutant ou en retranchant 2π.

Mémo'Quiz

1. $\cos x = \cos\frac{\pi}{8}$ a pour solutions dans $\mathbb{R}$:
$x = \frac{\pi}{8} + 2k\pi, k \in \mathbb{Z}$ et $x = \frac{7\pi}{8} + 2k\pi, k \in \mathbb{Z}$.

❑ Vrai ❑ Faux

2. $\cos x = \cos\frac{\pi}{8}$ a pour solutions dans $]0 ; 2\pi]$: $\frac{\pi}{8}$ et $\frac{15\pi}{8}$.

❑ Vrai ❑ Faux

3. $\cos x = \sin\frac{\pi}{7}$ a pour solutions dans $\mathbb{R}$:
$x = \frac{5\pi}{14} + 2k\pi, k \in \mathbb{Z}$ et $x = -\frac{5\pi}{14} + 2k\pi, k \in \mathbb{Z}$.

❑ Vrai ❑ Faux

➜ corrigés p. 96

Utiliser les différentes expressions

34

Lue Relue Acquise

1 L'essentiel du cours

A Définition et expressions

$\vec{u}$ et $\vec{v}$ sont deux vecteurs non nuls tels que $\vec{u} = \overrightarrow{OA}$ et $\vec{v} = \overrightarrow{OB}$.
H est le projeté orthogonal de B sur (OA).

Remarque

Si $\vec{u} = \vec{0}$ ou $\vec{v} = \vec{0}$ alors $\vec{u} \cdot \vec{v} = 0$.

Définition : Le réel noté $\vec{u} \cdot \vec{v}$, appelé **produit scalaire de $\vec{u}$ par $\vec{v}$**, est défini par :

- $\vec{u} \cdot \vec{v} = OA \times OH$ si $\overrightarrow{OA}$ et $\overrightarrow{OH}$ ont même sens.
- $\vec{u} \cdot \vec{v} = -OA \times OH$ si OA et OH sont de sens contraire.

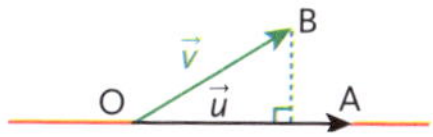

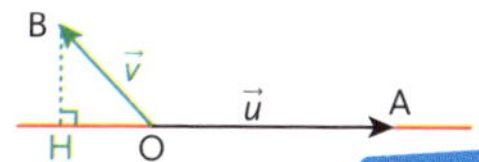

Propriété 1 : $\vec{u} \cdot \vec{v} = \|\vec{u}\| \times \|\vec{v}\| \times \cos(\vec{u}, \vec{v})$.

Notation

$\|\vec{u}\|$ désigne la norme de $\vec{u}$, c'est-à-dire sa longueur.

Propriété 2 : Dans un repère **orthonormé**, on donne $\vec{u}(x\,;y)$ et $\vec{v}(x'\,;y')$.
$\vec{u} \cdot \vec{v} = xx' + yy'$.

Vocabulaire

$\vec{u}^2 = \vec{u} \cdot \vec{u} = \|\vec{u}\|^2$ est appelé **carré scalaire** de $\vec{u}$.

B Propriétés de calcul

Pour tous vecteurs $\vec{u}$, $\vec{v}$, $\vec{w}$ et tout réel k.

- $\vec{u} \cdot \vec{v} = \vec{v} \cdot \vec{u}$
- $\vec{u} \cdot (\vec{v} + \vec{w}) = \vec{u} \cdot \vec{v} + \vec{u} \cdot \vec{w}$
- $(k\vec{u}) \cdot \vec{v} = k(\vec{u} \cdot \vec{v})$

2 Applications

EXO 1 **Dans le repère orthonormé ci-contre, on donne A(−3 ; 3), B(7 ; 6), C(8 ; −2).
Déterminer une mesure, arrondie au centième de radians, de l'angle orienté $(\overrightarrow{AB}, \overrightarrow{AC})$.**

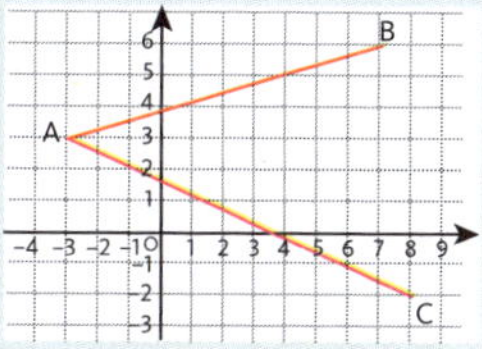

Solution

- On calcule $\overrightarrow{AB} \cdot \overrightarrow{AC}$ grâce à la propriété 2 : $\overrightarrow{AB}(10\,;3)$ et $\overrightarrow{AC}(11\,;-5)$.

Donc $\overrightarrow{AB} \cdot \overrightarrow{AC} = 10 \times 11 + 3 \times (-5) = 95$.

Utiliser les différentes expressions

- On calcule $\|\overrightarrow{AB}\|$ et $\|\overrightarrow{AC}\|$ pour pouvoir utiliser la propriété 1 :
$\|\overrightarrow{AB}\| = \sqrt{10^2 + 3^2} = \sqrt{109}$;
$\|\overrightarrow{AC}\| = \sqrt{11^2 + (-5)^2} = \sqrt{146}$.
- Or $\overrightarrow{AB} \cdot \overrightarrow{AC} = \|\overrightarrow{AB}\| \times \|\overrightarrow{AC}\| \times \cos(\overrightarrow{AB}, \overrightarrow{AC})$

donc $\cos(\overrightarrow{AB}, \overrightarrow{AC}) = \dfrac{\overrightarrow{AB} \cdot \overrightarrow{AC}}{\|\overrightarrow{AB}\| \times \|\overrightarrow{AC}\|}$

$= \dfrac{95}{\sqrt{109} \times \sqrt{146}} \approx 0{,}753.$

> Il faut utiliser l'expression la plus appropriée du produit scalaire :
> – la propriété 1 lorsqu'on connaît ou qu'il faut calculer un angle ;
> – la propriété 2 lorsqu'on dispose d'un repère orthonormé ;
> – la définition sinon.

D'où, (grâce à la calculatrice) $(\overrightarrow{AB}, \overrightarrow{AC}) \approx 0{,}72$ rad.

EXO 2 **$\vec{u}$ et $\vec{v}$ sont deux vecteurs.
On sait que $\|\vec{u}\| = 3$, $\|\vec{v}\| = 2$ et $\vec{u} \cdot \vec{v} = -5$. Calculer $(4\vec{u} - \vec{v})^2$.**

Solution

$$\begin{aligned}(4\vec{u} - \vec{v})^2 &= (4\vec{u} - \vec{v}) \cdot (4\vec{u} - \vec{v}) \\ &= 4\vec{u} \cdot 4\vec{u} + 4\vec{u} \cdot (-\vec{v}) + (-\vec{v}) \cdot 4\vec{u} + (-\vec{v}) \cdot (-\vec{v}) \\ &= 16\vec{u}^2 - 4\vec{u} \cdot \vec{v} - 4\vec{v} \cdot \vec{u} + \vec{v}^2 \\ &= 16\vec{u}^2 - 8\vec{u} \cdot \vec{v} + \vec{v}^2 \\ &= 16\|\vec{u}\|^2 - 8\vec{u} \cdot \vec{v} + \|\vec{v}\|^2 \\ &= 16 \times 3^2 - 8 \times (-5) + 2^2 \\ &= 188.\end{aligned}$$

> Utiliser la notation du carré scalaire et les propriétés de calcul.

Mémo'Quiz

Le repère ci-contre est orthonormé.

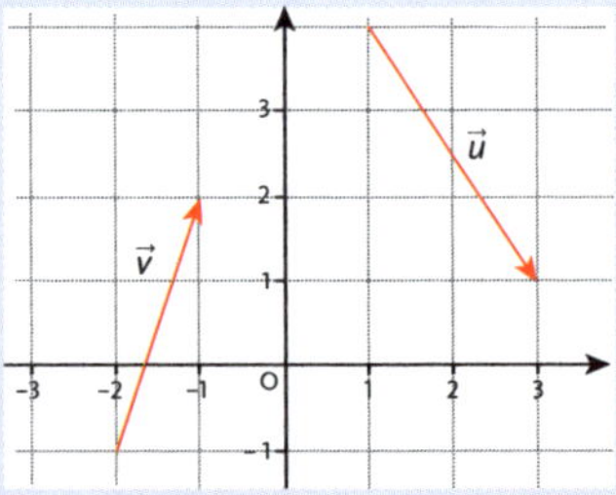

1. $\vec{u} \cdot \vec{v}$ **est égal à :**

❑ –7 ❑ 3 ❑ 7

2. $\vec{v} \cdot \vec{u}$ **est égal à :**

❑ –7 ❑ 3 ❑ 7

3. $\|\vec{u}\|$ **est égal à :**

❑ 13 ❑ –5 ❑ $\sqrt{13}$

4. $\vec{u}^2$ **est égal à :**

❑ 13 ❑ –5 ❑ $\sqrt{13}$

5. $(\vec{u}, \vec{v})$ **est environ égal à :**

❑ 0,91 rad ❑ $\frac{\pi}{2}$ rad ❑ 2,2 rad

→ corrigés p. 96

Utiliser le produit scalaire pour démontrer

35

Lue Relue Acquise

1 L'essentiel du cours

A Critère d'orthogonalité

Propriété : $\vec{u}$ et $\vec{v}$ sont orthogonaux si, et seulement si, $\vec{u} \cdot \vec{v} = 0$.

Rappel

$\vec{0}$ est orthogonal (et colinéaire) à tout vecteur.

B Vecteur directeur, vecteur normal

On travaille dans un repère $(O ; \vec{i}, \vec{j})$ orthonormé.

- **Équation réduite**

$\mathcal{D}$ d'équation réduite $y = mx + p$ admet pour :
– vecteur directeur $\vec{u}(1 ; m)$;
– vecteur normal $\vec{n}(-m ; 1)$.

- **Équation cartésienne**

$\mathcal{D}$ d'équation cartésienne $ax + by + c = 0$ admet pour :
– vecteur directeur $\vec{u}(-b ; a)$;
– vecteur normal $\vec{n}(a ; b)$.

Piège à éviter

La condition « orthonormée » n'est pas utile pour les vecteurs directeurs, mais elle est indispensable pour les vecteurs normaux et le produit scalaire.

C Relations métriques dans le triangle

Théorème : I milieu de [AB].
Pour tout point M du plan :
$MA^2 + MB^2 = 2MI^2 + \frac{1}{2}AB^2$.

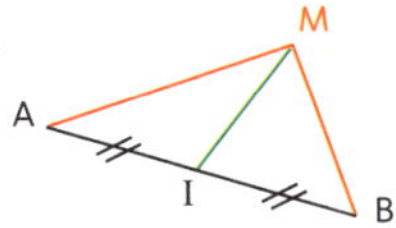

Gagnez des points

La démonstration de ce théorème, appelé théorème de la médiane est exigible en 1re S : elle est présentée en fiche 37.

Formule d'Al-Kashi :
Pour tout triangle ABC, on a :
$a^2 = b^2 + c^2 - 2bc\cos\widehat{A}$.

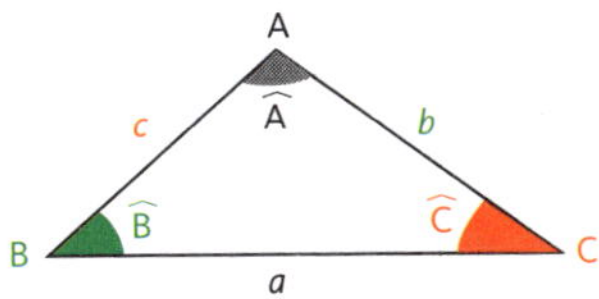

Formules d'aire et de sinus :
Pour tout triangle ABC, on a :

- $\mathcal{A}(ABC) = \frac{1}{2}bc\sin\widehat{A}$;
- $\frac{abc}{2 \times \mathcal{A}(ABC)} = \frac{a}{\sin\widehat{A}}$.

Remarque

Pour toutes ces formules, on peut remplacer *a* par *b* ou par *c* et $\widehat{A}$ par $\widehat{B}$ ou par $\widehat{C}$.

2 Applications

EXO 1 **ABC est le triangle ci-contre dans lequel I est le milieu de [AB]. Calculer la longueur CI de la médiane issue de C.**

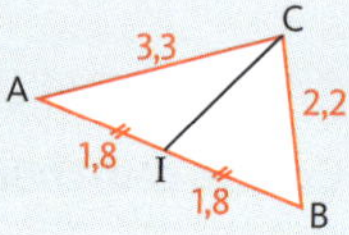

Solution

D'après le théorème de la médiane :

$CA^2 + CB^2 = 2\ CI^2 + \frac{1}{2} AB^2$ équivaut à

$3{,}3^2 + 2{,}2^2 = 2CI^2 + \frac{1}{2} \times 3{,}6^2$ équivaut à $15{,}73 = 2CI^2 + 6{,}48$ d'où $2CI^2 = 9{,}25$.

Finalement, $CI = \sqrt{4{,}625}$.

Utiliser le théorème de la médiane : ici M = C.

EXO 2 **EFG est un triangle tel que EF = 5, EG = 2,4 et $\widehat{E} = \frac{\pi}{3}$ rad. Calculer FG, puis l'aire du triangle EFG.**

Solution

- D'après la formule d'Al-Kashi :

$FG^2 = EF^2 + EG^2 - 2\ EF \times EG \times \cos \widehat{E}$

$FG^2 = 5^2 + 2{,}4^2 - 2 \times 5 \times 2{,}4 \times \cos \frac{\pi}{3}$.

$FG^2 = 18{,}76$. Finalement, $FG = \sqrt{18{,}76}$.

- $\mathscr{A}(EFG) = \frac{1}{2} \times EF \times EG \times \sin \widehat{E}$.

$\mathscr{A}(EFG) = \frac{1}{2} \times 5 \times 2{,}4 \times \sin \frac{\pi}{3} = 3\sqrt{3}$.

Utiliser la formule d'Al-Kashi en posant : $\widehat{A} = \widehat{E}$; a = FG ; b = EF et c = EG.

Mémo'Quiz

Dans cet exercice, plusieurs réponses sont possibles. $\mathfrak{D}$ (resp. $\mathfrak{D}'$) a pour vecteur directeur $\vec{u}$ (resp. $\vec{u}'$) et pour vecteur normal $\vec{n}$ (resp. $\vec{n}'$).

1. $\mathfrak{D} // \mathfrak{D}'$ équivaut à : ❑ $\vec{u}$ et $\vec{u}'$ colinéaires ❑ $\vec{u} \cdot \vec{u}' = 0$ ❑ $\vec{u} \cdot \vec{n}' = 0$

2. $\mathfrak{D} \perp \mathfrak{D}$ équivaut à :
❑ $\vec{n} \cdot \vec{n}' = 0$ ❑ $\vec{u} \cdot \vec{u}' = 0$ ❑ $\vec{u}$ et $\vec{n}'$ colinéaires

3. ABC est triangle tel que $AC = 2\sqrt{3}$, AB = 4, $\widehat{A} = \frac{\pi}{6}$ rad.

L'aire du triangle ABC est égale à : ❑ $2\sqrt{3}$ ❑ $4\sqrt{3}$ ❑ 12

4. La longueur BC est égale à :
❑ $28 - 8\sqrt{3}$ ❑ 2 ❑ environ 3,76

→ corrigés p. 96

Déterminer une équation de droite, de cercle

36

Lue Relue Acquise

1 Les méthodes à connaître

A Déterminer une équation cartésienne de droite

$(O ; \vec{i}, \vec{j})$ est un repère dans lequel une droite $\mathscr{D}$ passe par le point $A(x_A ; y_A)$, a pour vecteur directeur $\vec{u}(x_{\vec{u}} ; y_{\vec{u}})$ et pour vecteur normal $\vec{n}(x_{\vec{n}} ; y_{\vec{n}})$.

Méthode 1 : En utilisant la colinéarité

$M(x ; y) \in \mathscr{D}$ équivaut à $\overrightarrow{AM}$ et $\vec{u}$ colinéaires

équivaut à $x_{\overrightarrow{AM}} \times y_{\vec{u}} - x_{\vec{u}} \times y_{\overrightarrow{AM}} = 0$

équivaut à $(x - x_A) \times y_{\vec{u}} - x_{\vec{u}} \times (y - y_A) = 0$.

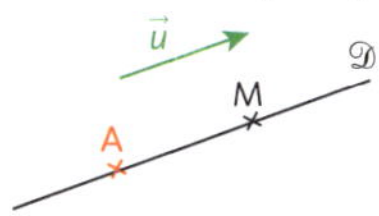

Astuce du prof

$\overrightarrow{AB}$ est un vecteur directeur de la droite (AB).

Remarque

Ici, le repère $(O ; \vec{i}, \vec{j})$ doit être orthonormé.

Méthode 2 : En utilisant le produit scalaire

$M(x ; y) \in \mathscr{D}$ équivaut à $\overrightarrow{AM}$ et $\vec{n}$ orthogonaux

équivaut à $\overrightarrow{AM} \cdot \vec{n} = 0$

équivaut à $x_{\overrightarrow{AM}} \times x_{\vec{n}} + y_{\overrightarrow{AM}} \times y_{\vec{n}} = 0$

équivaut à $(x - x_A) \times x_{\vec{n}} + (y - y_A) \times y_{\vec{n}} = 0$.

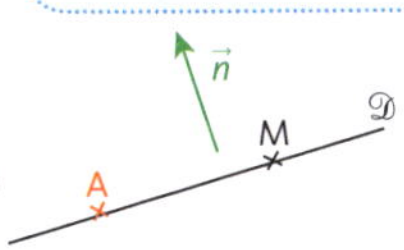

Méthode 3 : En utilisant la méthode fiche 29.

B Déterminer une équation de cercle

$(O ; \vec{i}, \vec{j})$ est un repère orthonormé dans lequel un cercle $\mathscr{C}$ a pour centre $I(x_I ; y_I)$, pour rayon R et pour diamètre [AB].

Méthode 1 : En utilisant le centre et le rayon

$M(x ; y) \in \mathscr{C}$ équivaut à $IM = R$

équivaut à $IM^2 = R^2$

équivaut à $(x - x_I)^2 + (y - y_I)^2 = R^2$.

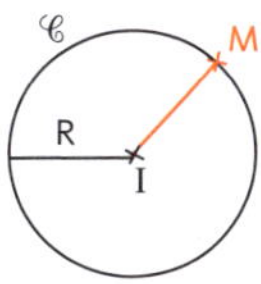

Méthode 2 : En utilisant le diamètre

$M(x ; y) \in \mathscr{C}$ équivaut à ABM triangle rectangle en M

équivaut à $\overrightarrow{AM} \cdot \overrightarrow{BM} = 0$

équivaut à $(x - x_A)(x - x_B) + (y - y_A)(y - y_B) = 0$.

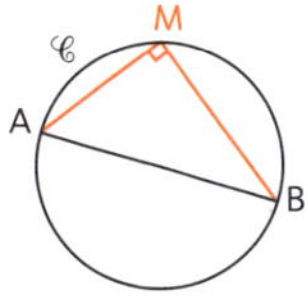

2 Application

EXO Dans un repère orthonormé, on donne A(2 ; 3), B(−1 ; 4).

1. Déterminer une équation cartésienne de la droite (AB).

2. Déterminer une équation cartésienne de la médiatrice Δ de [AB].

3. Déterminer une équation du cercle $\mathscr{C}$ de diamètre [AB].

Solution

1. $\overrightarrow{AB}(-3\,;1)$ et $\overrightarrow{AM}(x-2\,;y-3)$.
$M(x\,;y) \in (AB)$ équivaut à $\overrightarrow{AM}$ et $\overrightarrow{AB}$ colinéaires
équivaut à $x_{\overrightarrow{AM}} \times y_{\overrightarrow{AB}} - x_{\overrightarrow{AB}} \times y_{\overrightarrow{AM}} = 0$
équivaut à $-3(y-3) - (x-2) \times 1 = 0$
équivaut à $-x - 3y + 11 = 0$.
$(AB) : -x - 3y + 11 = 0$.

$\overrightarrow{AB}$ est un vecteur directeur de (AB). On détermine les coordonnées des vecteurs $\overrightarrow{AM}$ et $\overrightarrow{AB}$, puis on utilise la méthode 1 du paragraphe **A**.

2. I milieu de [AB] a pour coordonnées $\left(\frac{1}{2}\,;\frac{7}{2}\right)$.
$\overrightarrow{IM}\left(x-\frac{1}{2}\,;y-\frac{7}{2}\right)$.
$M(x\,;y) \in \Delta$ équivaut à $\overrightarrow{IM} \cdot \overrightarrow{AB} = 0$
équivaut à $\left(x-\frac{1}{2}\right) \times (-3) + \left(y-\frac{7}{2}\right) \times 1 = 0$.
$\Delta : -3x + y - 2 = 0$.

$\overrightarrow{AB}$ est un vecteur normal de la médiatrice Δ de [AB] et I milieu de [AB] est un point de Δ. On utilise la méthode 2 du paragraphe **A**.

3. $M(x\,;y) \in \mathscr{C}$ équivaut à $\overrightarrow{AM} \cdot \overrightarrow{BM} = 0$
équivaut à $(x-2) \times (x-(-1)) + (y-3) \times (y-4) = 0$
équivaut à $(x-2)(x+1) + (y-3)(y-4) = 0$
équivaut à $x^2 - x - 2 + y^2 - 7y + 12 = 0$.
$\mathscr{C} : x^2 + y^2 - x - 7y + 10 = 0$.

[AB] étant le diamètre du cercle, on utilise la méthode 2 du paragraphe **B**.

Mémo'Quiz

Dans un repère orthonormé, on donne E(5 ; −3), F(4 ; 1) et I le milieu de [EF].

1. $4x + y - 17 = 0$ est une équation cartésienne de la droite (EF). ❑ Vrai ❑ Faux

2. $3x - y + 5 = 0$ est une équation cartésienne de la médiatrice de [EF]. ❑ Vrai ❑ Faux

3. $x^2 + y^2 - 9x + 2y + 17 = 0$ est une équation du cercle de diamètre [EF]. ❑ Vrai ❑ Faux

4. $(x-5)^2 + (y+3)^2 = 25$ est une équation du cercle de centre E et de rayon R = 5. ❑ Vrai ❑ Faux

→ corrigés p. 96

Connaître les démonstrations essentielles

37

Lue Relue Acquise

1 Des formules de trigonométrie

Propriété : Pour tous réels a et b, $\cos(a-b) = \cos a \times \cos b + \sin a \times \sin b$.

Démonstration

Sur le cercle trigonométrique, on place les points A d'angle a et B d'angle b.

Dans le repère orthonormé $(O\,;\vec{i},\vec{j})$:

A$(\cos a\,;\sin a)$ et B$(\cos b\,;\sin b)$.

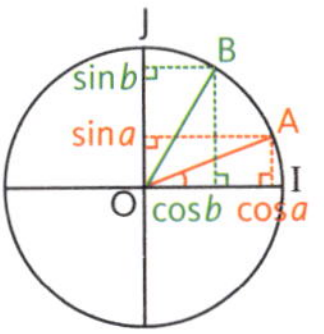

D'une part,

$\overrightarrow{OA}\cdot\overrightarrow{OB} = \cos a \times \cos b + \sin a \times \sin b$

et d'autre part,

$\overrightarrow{OA}\cdot\overrightarrow{OB} = \|\overrightarrow{OA}\| \times \|\overrightarrow{OB}\| \times \cos(\overrightarrow{OA},\overrightarrow{OB})$

$= 1 \times 1 \times \cos(b-a)$

$= \cos(a-b)$

Ainsi, $\cos(a-b) = \cos a \times \cos b + \sin a \times \sin b$.

Propriétés : Pour tous réels a et b,

- $\cos(a+b) = \cos a \times \cos b - \sin a \times \sin b$.
- $\sin(a+b) = \sin a \times \cos b + \sin b \times \cos a$.
- $\sin(a-b) = \sin a \times \cos b - \sin b \times \cos a$.

Démonstration

- *On utilise la formule de* $\cos(a-b)$ *en remplaçant b par $-b$.*
Or, $\cos(-b) = \cos b$ *et* $\sin(-b) = -\sin b$.
Ainsi, $\cos(a-(-b)) = \cos a \times \cos(-b) + \sin a \times \sin(-b)$
d'où, $\cos(a+b) = \cos a \times \cos b - \sin a \times \sin b$.

- *On utilise les angles associés :*
$\sin x = \cos\left(\frac{\pi}{2} - x\right)$ *(avec $x = a+b$) et la formule de* $\cos(a-b)$
(avec $a \to \frac{\pi}{2} - a$).

Ainsi, $\sin(a+b) = \cos\left(\frac{\pi}{2} - (a+b)\right)$

$\sin(a+b) = \cos\left(\left(\frac{\pi}{2} - a\right) - b\right)$

$\sin(a+b) = \cos\left(\frac{\pi}{2} - a\right)\cos b + \sin\left(\frac{\pi}{2} - a\right)\sin b$

$\sin(a+b) = \sin a \times \cos b + \sin b \times \cos a$.

- *On procède comme précédemment en remplaçant b par $-b$ dans la formule de* $\sin(a+b)$.

2 Théorème de la médiane

Théorème : A et B sont deux points du plan et I le milieu de [AB].
Pour tout point M du plan, $MA^2 + MB^2 = 2MI^2 + \frac{1}{2}AB^2$.

Démonstration

1. *À l'aide de la relation de Chasles, faire apparaître le vecteur $\overrightarrow{MI}$ dans $MA^2 + MB^2$.*

$$\begin{aligned} MA^2 + MB^2 &= \overrightarrow{MA}^2 + \overrightarrow{MB}^2 \\ &= (\overrightarrow{MI} + \overrightarrow{IA})^2 + (\overrightarrow{MI} + \overrightarrow{IB})^2 \\ &= (\overrightarrow{MI}^2 + 2\overrightarrow{MI} \cdot \overrightarrow{IA} + \overrightarrow{IA}^2 + \overrightarrow{MI}^2 + 2\overrightarrow{MI} \cdot \overrightarrow{IB} + \overrightarrow{IB}^2 \\ &= 2\overrightarrow{MI}^2 + 2\overrightarrow{MI} \cdot (\overrightarrow{IA} + \overrightarrow{IB}) + \overrightarrow{IA}^2 + \overrightarrow{IB}^2. \end{aligned}$$

2. *Simplifier $\overrightarrow{IA} + \overrightarrow{IB}$ et $IA^2 + IB^2$.*

$\overrightarrow{IA} + \overrightarrow{IB} = \vec{0}$ *car I est le milieu de* [AB].

$IA = IB = \frac{AB}{2}$ *donc* $IA^2 = IB^2 = \frac{AB^2}{4}$

d'où $IA^2 + IB^2 = \frac{1}{2}AB^2$.

Finalement, $MA^2 + MB^2 = 2\overrightarrow{MI}^2 + 2\overrightarrow{MI} . \vec{0} + \frac{1}{2}\overrightarrow{AB}^2 = 2MI^2 + \frac{1}{2}AB^2$.

Remarque

Dans les exercices de type ROC (Restitution Organisée de Connaissances), il est fréquent que des questions intermédiaires soient posées (comme c'est le cas ici) afin de faciliter la démonstration.

3 Relation d'Al-Kashi

Propriété : Avec les données de la figure ci-contre :

$$a^2 = b^2 + c^2 - 2bc \cos \widehat{A}.$$

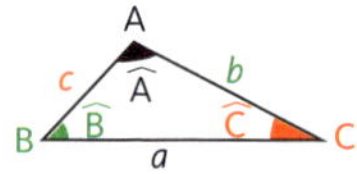

Démonstration

1. *À l'aide de la relation de Chasles, faire apparaître les vecteurs $\overrightarrow{AB}$ et $\overrightarrow{AC}$ dans BC^2.*

$BC^2 = \overrightarrow{BC}^2 = (\overrightarrow{BA} + \overrightarrow{AC})^2 = \overrightarrow{BA}^2 + 2\overrightarrow{BA} \cdot \overrightarrow{AC} + \overrightarrow{AC}^2$.

2. *Utiliser l'expression du produit scalaire avec le cosinus pour conclure.*

$$\begin{aligned} \overrightarrow{BA} \cdot \overrightarrow{AC} &= \|\overrightarrow{BA}\| \times \|\overrightarrow{AC}\| \times \cos(\overrightarrow{BA}, \overrightarrow{AC}) \\ &= BA \times AC \times \cos(-\overrightarrow{AB}, \overrightarrow{AC}) \\ &= c \times b \times (-\cos \widehat{A}) \end{aligned}$$

Ainsi, $BC^2 = \overrightarrow{BA}^2 + 2 \times c \times b \times (-\cos \widehat{A}) + \overrightarrow{AC}^2$

finalement, $a^2 = c^2 - 2cb \cos \widehat{A} + b^2$

$a^2 = b^2 + c^2 - 2bc \cos \widehat{A}$.

Remarque

- $(-\vec{u}, \vec{v}) = -\pi + (\vec{u}, \vec{v})$

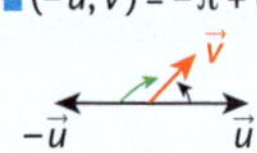

- $\cos(-\pi + x) = -\cos x$.

Étudier les variations d'une suite

38

Lue Relue Acquise

1 L'essentiel du cours

A Généralités sur les suites

Définition : Une **suite *u*** est une application définie sur l'ensemble $\mathbb{N}$ (ou un sous-ensemble de $\mathbb{N}$).

$$u : \mathbb{N} \mapsto \mathbb{R}$$
$$n \mapsto u_n$$

Vocabulaire

n est appelé **rang** et u_n est appelé **terme de rang n**.

- **Suite définie explicitement**

Une suite u est définie par une formule explicite lorsque u_n est exprimé à l'aide de n uniquement.

Exemples : Pour $n \in \mathbb{N}$, $u_n = 2^n$, $v_n = -3n^2 + 4$.

- **Suite définie par récurrence**

Une suite est définie par une relation de récurrence quand son premier terme est donné et que l'on dispose d'une relation entre le terme de rang $n + 1$ et le terme de rang n.

Exemple : $\begin{cases} u_0 = 2 \\ u_{n+1} = 3u_n + 1, \text{ pour tout } n \text{ de } \mathbb{N}. \end{cases}$

B Sens de variation d'une suite

Définitions : Une suite u définie sur $\mathbb{N}$ est dite :
- **croissante** sur $\mathbb{N}$ lorsque, pour tout n de $\mathbb{N}$, $u_{n+1} \geqslant u_n$;
- **décroissante** sur $\mathbb{N}$ lorsque, pour tout n de $\mathbb{N}$, $u_{n+1} \leqslant u_n$;
- **constante** sur $\mathbb{N}$ lorsque, pour tout n de $\mathbb{N}$, $u_{n+1} = u_n$.

C Les méthodes à connaître pour étudier les variations

Méthode 1 : Signe de $u_{n+1} - u_n$

Étudier le signe de la différence $u_{n+1} - u_n$.

Remarque

En effet, $u_{n+1} - u_n \geqslant 0$ équivaut à $u_{n+1} \geqslant u_n$ équivaut à u croissante.

Méthode 2 : Avec une fonction

Lorsque $u_n = f(n)$ avec f fonction définie sur $[0 ; +\infty[$ (ou un sous-ensemble de $[0 ; +\infty[$) : les variations de u suivent celles de f.

Piège à éviter

Cette méthode 2 ne convient pas si $u_{n+1} = f(u_n)$.

Méthode 3 : Comparaison de $\dfrac{u_{n+1}}{u_n}$ et 1

Lorsque, pour tout n, $u_n > 0$, comparer $\dfrac{u_{n+1}}{u_n}$ et 1.

Remarque

En effet, $\dfrac{u_{n+1}}{u_n} \geqslant 1$ équivaut à $u_{n+1} \geqslant u_n$ équivaut à u croissante.

2 Application

EXO **Étudier les variations des suites ci-dessous en utilisant la méthode demandée.**

1. $\begin{cases} u_0 = 3 \\ u_{n+1} = -2u_n^2 + u_n - 3, \text{ pour tout } n \text{ de } \mathbb{N}. \end{cases}$ **(méthode 1)**

2. **Pour tout n de $\mathbb{N}$, $v_n = \sqrt{n}$. (méthode 2)**

3. **Pour tout n de $\mathbb{N}$, $w_n = 3^n$. (méthode 3)**

Solution

1. Pour tout n de $\mathbb{N}$:

$$\begin{aligned} u_{n+1} - u_n &= -2u_n^2 + u_n - 3 - u_n \\ &= -2u_n^2 - 3. \end{aligned}$$

Or $-2u_n^2 \leqslant 0$ et $-3 < 0$ donc $u_{n+1} - u_n < 0$, ce qui équivaut à $u_{n+1} < u_n$.
Ainsi, u est décroissante sur $\mathbb{N}$.

- On écrit u_{n+1}.
- On effectue la différence : $u_{n+1} - u_n$.
- On détermine (quand c'est possible) son signe ; puis on conclut.

2. On note f la fonction racine carrée définie sur $[0\,;+\infty[$.

$$f : [0\,;+\infty[\to \mathbb{R}$$
$$x \mapsto f(x) = \sqrt{x}.$$

Pour tout n de $\mathbb{N}$, $v_n = f(n)$. Or f est une fonction croissante sur $[0\,;+\infty[$ (voir fiche 2), donc v est une suite croissante sur $\mathbb{N}$.

- Si la suite est définie explicitement : on identifie la fonction f.
- On étudie (si on ne les connaît pas directement) les variations de f ; puis on conclut.

3. Pour tout n de $\mathbb{N}$, $w_n > 0$.

Or $w_{n+1} = 3^{n+1}$, donc $\dfrac{w_{n+1}}{w_n} = \dfrac{3^{n+1}}{3^n} = \dfrac{3^n \times 3}{3^n} = 3$.

Ainsi, $\dfrac{w_{n+1}}{w_n} > 1$ d'où $w_{n+1} > w_n$.

Finalement, w est croissante sur $\mathbb{N}$.

- On vérifie que la suite est strictement positive.
- On exprime w_{n+1}.
- On forme le quotient $\dfrac{w_{n+1}}{w_n}$ et on le compare (quand c'est possible) à 1 ; puis on conclut.

Mémo'Quiz

1. **Pour tout n de $\mathbb{N}$, $u_n = 3 \times 0{,}2^n$. u est croissante sur $\mathbb{N}$.** ❑ Vrai ❑ Faux

2. **Pour tout n de $\mathbb{N}^*$, $v_n = \dfrac{10}{n}$. v est décroissante sur $\mathbb{N}^*$.** ❑ Vrai ❑ Faux

3. $\begin{cases} w_1 = -1 \\ w_{n+1} = w_n(5w_n + 1), \text{ pour tout } n \text{ de } \mathbb{N}^*. \end{cases}$ ❑ Vrai ❑ Faux

w est croissante sur $\mathbb{N}^*$.

→ corrigés p. 96

Utiliser la structure « Pour »

39

Lue Relue Acquise

1 L'essentiel du cours

A Écriture d'un algorithme

Un algorithme est une suite finie d'opérations ou d'instructions permettant de résoudre un problème. En 1re S, il faut être capable d'en lire et d'en écrire. Le cadre ci-dessous décrit l'écriture générale d'un algorithme.

Entrées
On déclare les variables utilisées par la suite.
Initialisation
Lorsque nécessaire, on affecte une valeur à certaines variables.
Traitement
On effectue des calculs, on utilise des structures logiques (si... alors... sinon... ; tant que... faire ; pour i allant de ... à ...)
Sortie
On affiche le résultat voulu.

B La structure « Pour »

On fait **répéter une action** un nombre de fois décidé à l'avance.

Cette structure est particulièrement adaptée aux suites.

Remarque

On connaît ici le nombre d'itérations, c'est-à-dire le nombre de fois où l'action est répétée. Ce qui n'est pas le cas pour la structure « Tant que ».

2 Applications

EXO 1 u est la suite définie sur $\mathbb{N}$ par :

$$\begin{cases} u_0 = 3 \\ u_{n+1} = 2u_n - 5, \text{ pour tout } n \text{ de } \mathbb{N}. \end{cases}$$

1. Faire fonctionner « à la main » l'algorithme ci-contre.

2. Que calcule cet algorithme ?

```
Entrée
  u et i désignent des nombres
Initialisation
  u prend la valeur 3
Traitement
  Pour i allant de 1 à 4, faire
  | u prend la valeur 2u – 5
  Fin Pour
Sortie
  Afficher u
```

Solution

1. Au départ : u prend la valeur 3 (c'est u_0).
À l'étape 1 : i prend la valeur 1 (c'est $n = 1$) et u prend la valeur $2 \times 3 - 5 = 1$ (c'est u_1).
À l'étape 2 : i prend la valeur 2 (c'est $n = 2$) et u prend la valeur $2 \times 1 - 5 = -3$ (c'est u_2).
À l'étape 3 : i prend la valeur 3 (c'est $n = 3$) et u prend la valeur $2 \times (-3) - 5 = -11$ (c'est u_3).

À l'étape 4 : *i* prend la valeur 4 (c'est $n = 4$) et *u* prend la valeur $2 \times (-11) - 5 = -27$ (c'est u_4). Finalement $u = -27$.

2. Cet algorithme calcule $u_4 = -27$.

EXO 2

u est la suite définie sur $\mathbb{N}^*$ par $\begin{cases} u_1 = 3 \\ u_{n+1} = u_n - 2, \text{ pour tout } n \text{ de } \mathbb{N}^*. \end{cases}$

Écrire un algorithme qui permet de calculer :

$$S = u_1 + u_2 + u_3 + ... + u_{10}.$$

Solution

Algorithme	Commentaires
Entrée S, *u* et *i* désignent des nombres	On déclare les variables.
Initialisation *u* prend la valeur 3 S prend la valeur 0	On initialise $u = u_1$ et la somme S vaut 0 au départ.
Traitement Pour *i* allant de 1 à 10, faire | S prend la valeur S + *u* | *u* prend la valeur *u* – 2 Fin Pour	On fait effectuer 10 itérations. u_1 $u_1 + u_2$ $u_1 + u_2 + u_3$ ⋮
Sortie Afficher S	On demande d'afficher le résultat de la somme.

On obtient $S = -60$.

Mémo'Quiz

v est la suite définie sur $\mathbb{N}$ par $\begin{cases} v_0 = 5 \\ v_{n+1} = 2v_n - 7, \text{ pour tout } n \text{ de } \mathbb{N}. \end{cases}$

Voici un algorithme qui permet de calculer $S = v_0 + v_1 + ... + v_5$.

Entrée
S, *v* et *i* désignent des nombres
Initialisation
v prend la valeur [A]
S prend la valeur 0
Traitement
Pour [B] faire
| S prend la valeur [C]
| *v* prend la valeur [D]
Fin Pour
Sortie
Afficher S

Dans cet algorithme :

1. **le cadre A doit être complété avec :**
❑ 0 ❑ 5

2. **le cadre B doit être complété avec :**
❑ *i* allant de 1 à 5 ❑ *i* allant de 0 à 5

3. **le cadre C doit être complété avec :**
❑ S + 2*u* – 7 ❑ S + *u*

4. **le cadre D doit être complété avec :**
❑ 2*v* – 7 ❑ S + *u*

5. **la valeur de S affichée en sortie est :**
❑ – 57 ❑ – 84

➜ corrigés p. 96

Comprendre la notion de limite

40

Lue Relue Acquise

1 L'essentiel du cours

A Suite de limite finie

Définition : Une **suite u a pour limite le nombre réel ℓ** lorsque tout intervalle ouvert contenant ℓ contient tous les u_n à partir d'un certain rang.

Remarque
La limite d'une suite s'étudie toujours lorsque n tend vers $+\infty$.

Interprétation graphique

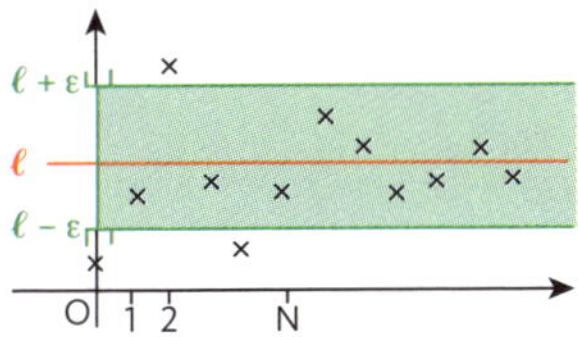

Notation
On écrit $\lim\limits_{n \to +\infty} u_n = \ell$.

$]\ell - \varepsilon\,;\,\ell + \varepsilon[$ représente un intervalle ouvert contenant ℓ.
Les points ont pour coordonnées $(n\,;\,u_n)$; N est le rang à partir duquel tous les $u_n \in\,]\ell - \varepsilon\,;\,\ell + \varepsilon[$.

Exemples : $\lim\limits_{n \to +\infty} \frac{1}{n} = 0$; $\lim\limits_{n \to +\infty} \frac{1}{n^2} = 0$; $\lim\limits_{n \to +\infty} \frac{1}{\sqrt{n}} = 0$.

B Suite de limite infinie

Définition : Une **suite u a pour limite $+\infty$** (resp. $-\infty$) lorsque tout intervalle du type $]A\,;\,+\infty[$ (resp. $]-\infty\,;\,A[$) contient tous les u_n à partir d'un certain rang.

Interprétation graphique

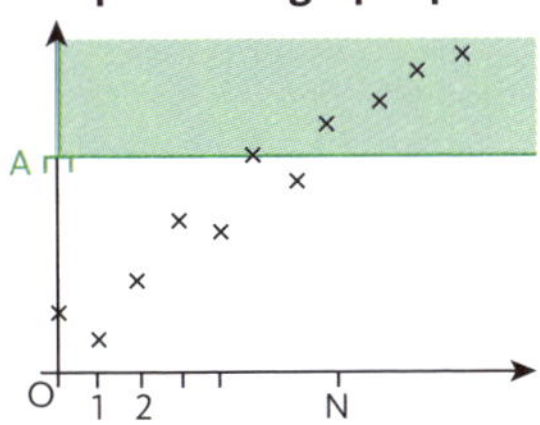

Notation
Suivant les cas, on écrit
$\lim\limits_{n \to +\infty} u_n = +\infty$ ou
$\lim\limits_{n \to +\infty} u_n = -\infty$.

À partir du rang N, tous les $u_n \in\,]A\,;\,+\infty[$.

Exemples : $\lim\limits_{n \to +\infty} n = +\infty$; $\lim\limits_{n \to +\infty} n^2 = +\infty$; $\lim\limits_{n \to +\infty} \sqrt{n} = +\infty$.

2 Applications

EXO 1 ***u* est la suite définie sur ℕ par $u_n = 3n^2 - 10$.**
1. À l'aide de la calculatrice, déterminer le rang N à partir duquel : a. $u_n > 500$. b. $u_n > 5\,000$.
2. Conjecturer la limite de la suite *u*.

Solution

1. a.

n	u(n)
11	353
12	422
13	497
14	578
15	665

n = 14

b.

n	u(n)
39	4553
40	4790
41	5033
42	5282
43	5537

n = 41

Utiliser les rabats de couverture pour paramétrer la suite dans la calculatrice.

N = 14 car pour tout $n \geqslant 14$, $u_n > 500$.

N = 41 car pour tout $n \geqslant 41$, $u_n > 5\,000$.

2. On conjecture que $\lim\limits_{n \to +\infty} u_n = +\infty$ car il semble que u_n peut être rendu aussi grand que l'on veut.

EXO 2 ***v* est la suite définie sur ℕ* par $v_n = 2 + \dfrac{5}{n}$.**
Utiliser la définition du cours pour montrer que $\lim\limits_{n \to +\infty} v_n = 2$.

Solution

Soit $\varepsilon > 0$.
$v_n \in \,]2 - \varepsilon\,;\, 2 + \varepsilon[$ équivaut à
$2 - \varepsilon \leqslant 2 + \dfrac{5}{n} \leqslant 2 + \varepsilon$ équivaut à
$0 \leqslant 2 + \dfrac{5}{n} \leqslant 2 + \varepsilon$ (car $2 + \dfrac{5}{n} > 0$) équivaut à
$0 \leqslant \dfrac{5}{n} \leqslant \varepsilon$ (car $\dfrac{5}{n} > 0$) équivaut à $n \geqslant \dfrac{5}{\varepsilon}$.

On choisit un écartement infiniment petit $\varepsilon > 0$ et on construit l'intervalle $]\ell - \varepsilon\,;\, \ell + \varepsilon[$.
On regarde à quelle condition sur *n*, les u_n se trouvent dans cet intervalle.

Ainsi, quel que soit le $\varepsilon > 0$ choisi (aussi petit que l'on veut), il suffit de prendre l'entier N situé « juste après » $\dfrac{5}{\varepsilon}$ pour que : pour tout $n \geqslant$ N, $v_n \in \,]2 - \varepsilon\,;\, 2 + \varepsilon[$. Ainsi, $\lim\limits_{n \to +\infty} v_n = 2$.

Mémo'Quiz

_w_ est la suite définie par $\begin{cases} w_0 = 5 \\ w_{n+1} = 3w_n - 1, \text{ pour tout } n \text{ de } \mathbb{N}. \end{cases}$

1. $w_n > 100$ dès que $n \geqslant 3$. ❏ Vrai ❏ Faux

2. $w_n > 10\,000$ dès que $n \geqslant 10$. ❏ Vrai ❏ Faux

3. On peut conjecturer que $\lim\limits_{n \to +\infty} w_n = 50$. ❏ Vrai ❏ Faux

→ corrigés p. 96

Étudier la limite d'une suite

41

Lue Relue Acquise

1 L'essentiel du cours

A Règles opératoires

ℓ et ℓ' désignent des nombres réels.

Notation

F.I. signifie « forme indéterminée ». Il s'agit de cas où l'on ne peut pas trouver la limite directement et où il faut utiliser d'autres méthodes.

- **Limite d'une somme**

$\lim\limits_{n\to+\infty} u_n$	ℓ	ℓ	ℓ	$+\infty$	$-\infty$	$+\infty$
$\lim\limits_{n\to+\infty} v_n$	ℓ'	$+\infty$	$-\infty$	$+\infty$	$-\infty$	$-\infty$
$\lim\limits_{n\to+\infty} u_n + v_n$	$\ell+\ell'$	$+\infty$	$-\infty$	$+\infty$	$-\infty$	F.I.

- **Limite d'un produit**

$\lim\limits_{n\to+\infty} u_n$	ℓ	$\ell\neq 0$	0	$\pm\infty$
$\lim\limits_{n\to+\infty} v_n$	ℓ'	$\pm\infty$	$\pm\infty$	$\pm\infty$
$\lim\limits_{n\to+\infty} u_n \times v_n$	$\ell\times\ell'$	∞*	F.I.	∞*

* signifie que l'on détermine le signe avec les règles usuelles (+ par + donne + ; + par – donne – ; ...).

Remarque

Il faut avoir en tête quelques limites usuelles : $\lim\limits_{n\to+\infty} n^3 = +\infty$; $\lim\limits_{n\to+\infty} \frac{1}{n^2} = 0$; ...

- **Limite d'un quotient**

$\lim\limits_{n\to+\infty} u_n$	ℓ	$\ell\neq 0$	$\pm\infty$	0	$\pm\infty$	ℓ
$\lim\limits_{n\to+\infty} v_n$	ℓ'	0	0	0	$\pm\infty$	$\pm\infty$
$\lim\limits_{n\to+\infty} \frac{u_n}{v_n}$	$\frac{\ell}{\ell'}$	∞*	∞*	F.I.	F.I.	0

B Suites n'admettant pas de limites

Certaines suites ne tendent pas vers une limite finie ℓ, ni vers $-\infty$ ou $+\infty$.
On dit qu'elles n'admettent pas de limite.

Exemples : $u_n = (-1)^n$; $v_n = (-3)^n$; $w_n = \cos n$; $t_n = \sin n$.

Réflexe à avoir

Ces cas, très utiles pour fournir des contre-exemples, sont à connaître.

2 Applications

EXO 1 **Déterminer la limite des suites définies sur ℕ* par :**

1. $u_n = 2n^3 - \frac{5}{n}$. **2.** $v_n = \frac{3+n^2}{9-\frac{1}{n}}$.

Solution

1. $\lim\limits_{n\to+\infty} n^3 = +\infty$ donc $\lim\limits_{n\to+\infty} 2n^3 = +\infty$;

$\lim\limits_{n\to+\infty} \frac{1}{n} = 0$ donc $\lim\limits_{n\to+\infty} -\frac{5}{n} = 0$.

Ainsi, d'après le premier tableau, $\lim\limits_{n\to+\infty} u_n = +\infty$.

2. $\lim\limits_{n\to+\infty} n^2 = +\infty$, donc $\lim\limits_{n\to+\infty} 3 + n^2 = +\infty$;

$\lim\limits_{n\to+\infty} \frac{1}{n} = 0$ donc $\lim\limits_{n\to+\infty} 9 - \frac{1}{n} = 9$.

Ainsi, d'après le troisième tableau, $\lim\limits_{n\to+\infty} v_n = +\infty$.

- Décomposer chaque suite.
- Étudier la limite de chacune des composantes.
- Utiliser les tableaux du A afin de conclure.

EXO 2 **Déterminer $\lim\limits_{n\to+\infty} \frac{u_n}{v_n}$ dans chacun des cas suivants.**

1. Pour tout n de ℕ, $u_n = n^2$ et $v_n = n^3$.
2. Pour tout n de ℕ, $u_n = n^3$ et $v_n = n^2$.
3. Pour tout n de ℕ, $u_n = 5n^2$ et $v_n = n^2$.

Solution

1. Pour tout n de ℕ*, $\frac{u_n}{v_n} = \frac{n^2}{n^3} = \frac{1}{n}$.

Donc $\lim\limits_{n\to+\infty} \frac{u_n}{v_n} = 0$.

2. Pour tout n de ℕ*, $\frac{u_n}{v_n} = \frac{n^3}{n^2} = n$.

Donc $\lim\limits_{n\to+\infty} \frac{u_n}{v_n} = +\infty$.

3. Pour tout n de ℕ*, $\frac{u_n}{v_n} = \frac{5n^2}{n^2} = 5$. Donc $\lim\limits_{n\to+\infty} \frac{u_n}{v_n} = 5$.

Effectuer le quotient $\frac{u_n}{v_n}$ et simplifier afin d'étudier sa limite.

Dans cet exercice, toutes les suites u et v tendent vers $+\infty$ et suivant les cas, la limite du quotient diffère. Cela illustre la notion de F.I. du troisième tableau.

Mémo'Quiz

1. $\lim\limits_{n\to+\infty} -5n^4 - 2n^3 + 100 =$ ❑ 100 ❑ $+\infty$ ❑ $-\infty$

2. $\lim\limits_{n\to+\infty} \frac{2}{n^3} - \frac{1}{n^2} + \frac{3}{n} =$ ❑ 0 ❑ 2 ❑ $+\infty$

3. $\lim\limits_{n\to+\infty} \left(2 - \frac{3}{n}\right)\left(4 + \frac{9}{n}\right) =$ ❑ −27 ❑ 2 ❑ 8

→ corrigés p. 96

Lever une forme indéterminée

42

Lue Relue Acquise

1 L'essentiel du cours

Les paragraphes A et B de la fiche 41 ont mis en évidence des cas où les calculs usuels ne permettent pas de trouver la limite d'une suite. Cette fiche présente certaines techniques qui permettent de lever une forme indéterminée, c'est-à-dire de trouver la limite.

A Polynôme en *n*

Propriété : La limite d'une suite exprimée sous forme d'un polynôme en n est donnée par la limite de son terme de plus haut degré.

Exemple : $\lim\limits_{n \to +\infty} 5n^4 - 3n^2 + 7n + 9 = \lim\limits_{n \to +\infty} 5n^4 = +\infty$.

Vocabulaire

Un **polynôme** en n est une somme d'expressions du type $a \times n^k$ avec $k \in \mathbb{N}$.

B Théorèmes de comparaison

Propriétés : u et v sont deux suites telles que, à partir d'un certain rang, $u_n \leqslant v_n$.

- Si $\lim\limits_{n \to +\infty} u_n = +\infty$ alors $\lim\limits_{n \to +\infty} v_n = +\infty$.
- Si $\lim\limits_{n \to +\infty} v_n = -\infty$ alors $\lim\limits_{n \to +\infty} u_n = -\infty$.

Théorème des gendarmes : u, v et w sont trois suites telles que, à partir d'un certain rang, $u_n \leqslant v_n \leqslant w_n$.

Si $\lim\limits_{n \to +\infty} u_n = \lim\limits_{n \to +\infty} w_n = \ell$, alors $\lim\limits_{n \to +\infty} v_n = \ell$.

Illustration graphique

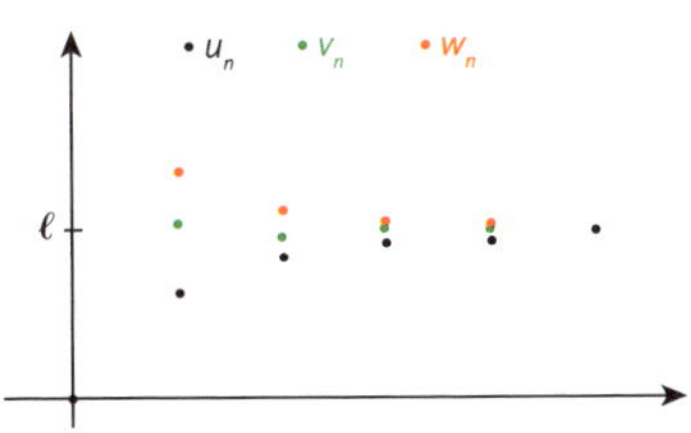

Réflexe à avoir

Le théorème des gendarmes comporte deux gendarmes et ces deux gendarmes ont la même limite.

2 Applications

EXO 1 **Déterminer $\lim\limits_{n\to+\infty} \dfrac{5n^3-2n+7}{12+8n-n^2}$.**

Solution

$\lim\limits_{n\to+\infty} 5n^3-2n+7 = \lim\limits_{n\to+\infty} 5n^3$.

$\lim\limits_{n\to+\infty} 12+8n-n^2 = \lim\limits_{n\to+\infty} -n^2$.

Donc $\lim\limits_{n\to+\infty} \dfrac{5n^3-2n+7}{12+8n-n^2} = \lim\limits_{n\to+\infty} \dfrac{5n^3}{-n^2} = -\infty$.

- Utiliser la propriété sur les polynômes avec le numérateur puis avec le dénominateur.
- Conclure en effectuant le quotient.

EXO 2 **u et v sont les suites définies sur $\mathbb{N}$ par $u_n = 4n$ et $v_n = \sqrt{16n^2+1}$. Montrer que, pour tout n de $\mathbb{N}$, $u_n \leqslant v_n$. Déduire la limite de v.**

Solution

Pour tout n de $\mathbb{N}$, $16n^2+1 \geqslant 16n^2$

donc $\sqrt{16n^2+1} \geqslant \sqrt{16n^2} = 4n$ ainsi, $v_n \geqslant u_n$.

Or $\lim\limits_{n\to+\infty} u_n = +\infty$ donc $\lim\limits_{n\to+\infty} v_n = +\infty$.

Utiliser la croissance de la fonction racine carrée.

On reconnaît les hypothèses de la propriété du **B**.

EXO 3 **Utiliser le théorème des gendarmes pour déterminer $\lim\limits_{n\to+\infty} \dfrac{3\sin n}{n}$.**

Solution

Pour tout n de $\mathbb{N}^*$, $-1 \leqslant \sin n \leqslant 1$

donc, $-3 \leqslant 3\sin n \leqslant 3$

ainsi, $-\dfrac{3}{n} \leqslant \dfrac{3\sin n}{n} \leqslant \dfrac{3}{n}$.

Or, $\lim\limits_{n\to+\infty} -\dfrac{3}{n} = 0$ et $\lim\limits_{n\to+\infty} \dfrac{3}{n} = 0$.

Donc, d'après le théorème des gendarmes, $\lim\limits_{n\to+\infty} \dfrac{3\sin n}{n} = 0$.

- Chercher un encadrement (entre deux gendarmes).
- Vérifier que les gendarmes ont la même limite.
- Conclure.

Mémo'Quiz

1. $\lim\limits_{n\to+\infty} 5n^4-4n^5 =$ ❑ 1 ❑ $-\infty$ ❑ $+\infty$

2. $\lim\limits_{n\to+\infty} \dfrac{7n^2-2n+1}{3n^2-4n+3} =$ ❑ $+\infty$ ❑ $\dfrac{7}{3}$ ❑ $\dfrac{1}{3}$

3. $\lim\limits_{n\to+\infty} \dfrac{2+5\cos n}{n} =$ ❑ 0 ❑ 2 ❑ 5

→ corrigés p. 96

Écrire un algorithme

43

Lue Relue Acquise

1 L'essentiel du cours

A Écriture d'un algorithme

Entrée
On déclare les variables utilisées par la suite.
Initialisation
Lorsque nécessaire, on affecte une valeur à certaines variables.
Traitement
On effectue des calculs, on utilise des structures logiques (si ... alors ... sinon ... ; tant que ... faire ... ; pour *i* allant de ... à ...).
Sortie
On affiche le résultat voulu.

B Les structures utilisées pour les suites

• La structure « Pour »

Elle est utile pour déterminer la valeur d'un terme (par exemple u_{100}), d'une suite définie par récurrence, mais également pour calculer une somme de termes (par exemple $u_0 + u_1 + ... + u_{100}$) : voir fiche 39.

Remarque
La valeur de u_{100} (par exemple) peut également être trouvée grâce à la calculatrice : voir rabats de couverture.

• La structure « Tant que »

Elle est utile pour déterminer un rang n à partir duquel u_n est inférieur ou supérieur à une certaine valeur.

2 Application

EXO ***u* est la suite définie sur ℕ par :**

$$\begin{cases} u_0 = 0{,}01 \\ u_{n+1} = \dfrac{1}{n+1} + u_n + 1, \text{ pour tout } n \text{ de } \mathbb{N}. \end{cases}$$

1. Montrer que la suite *u* est croissante sur ℕ.
2. Écrire un algorithme qui indique le rang N à partir duquel $u_n \geqslant 100$.

Solution

1. Pour tout n de $\mathbb{N}$:

$$u_{n+1} - u_n = \frac{1}{n+1} + u_n + 1 - u_n$$

$$= \frac{1}{n+1} + 1.$$

Or $\frac{1}{n+1} \geqslant 0$ et $1 > 0$ donc $u_{n+1} - u_n > 0$.

Ainsi, $u_{n+1} > u_n$.

La suite u est donc croissante sur $\mathbb{N}$.

Appliquer la méthode 1 proposée en fiche 38. Attention, la méthode 2 ne convient pas car on a $u_{n+1} = f(u_n)$ (suite définie par récurrence) et non pas $u_n = f(n)$ (suite définie explicitement).

2.

Entrée
u et *i* désignent des nombres
Initialisation
i prend la valeur 0
u prend la valeur 0,01
Traitement
Tant que $u < 100$, faire
| *u* prend la valeur $\frac{1}{i+1} + u + 1$
| *i* prend la valeur $i + 1$.
Fin tant que
Sortie
Afficher *i*

On cherche un rang N à partir duquel une certaine condition est réalisée, on utilise donc la structure « Tant que ».
La suite *u* est croissante, on sait donc qu'il existe un rang *n* à partir duquel la condition fixée par le « Tant que » ne sera pas vérifiée.

On trouve N = 95.
Ainsi, pour tout $n \geqslant 95$, $u_n \geqslant 100$.

Mémo'Quiz

u est la suite définie sur $\mathbb{N}$ par $u_n = 3 \times 1{,}02^n$.

1. **$u_{100} = 3\,000$.**

❑ Vrai ❑ Faux

2. **Pour écrire un algorithme qui calcule $u_0 + u_1 + ... + u_{100}$, on utilise la structure « Tant que ».**

❑ Vrai ❑ Faux

3. **Pour écrire un algorithme qui calcule le rang N à partir duquel $u_n \geqslant 10$, on utilise la structure « Tant que ».**

❑ Vrai ❑ Faux

4. **Cet algorithme affiche N = 61.**

❑ Vrai ❑ Faux

→ corrigés p. 96

Utiliser les suites arithmétiques

44

Lue Relue Acquise

1 L'essentiel du cours

A Formule de récurrence

Définition : Une **suite** u est dite **arithmétique de raison** r lorsque, pour tout n de $\mathbb{N}$: $u_{n+1} = u_n + r$.

Remarque

r peut être positif ou négatif.

B Représentation graphique

Dans un repère, les points $M(n\,;u_n)$ sont alignés : **croissance linéaire**.

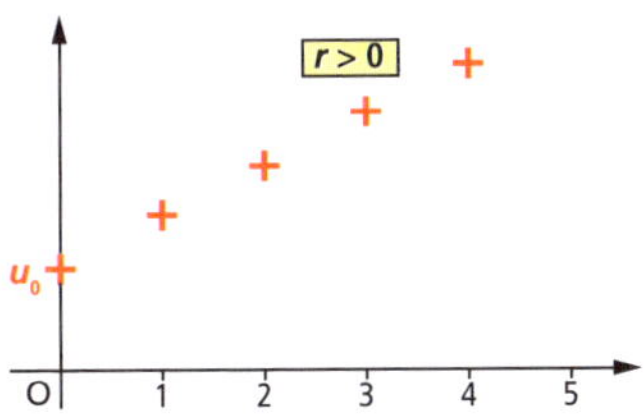

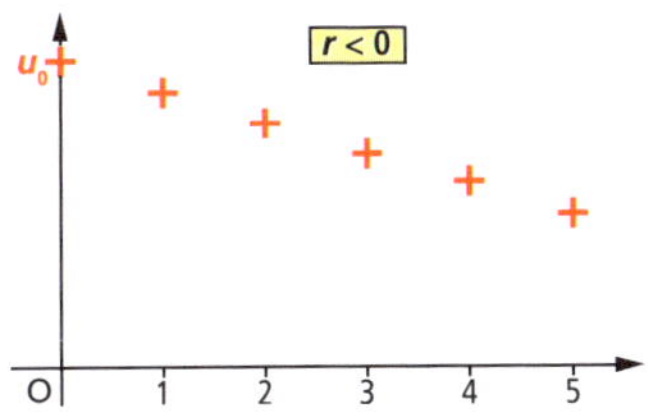

C Formule explicite

Propriété : Pour tout n, p de $\mathbb{N}$, $u_n = u_p + (n - p) \times r$.

D Variation et limite

Propriétés :

- Lorsque $r > 0$, u est croissante sur $\mathbb{N}$ et $\lim\limits_{n \to +\infty} u_n = +\infty$.
- Lorsque $r < 0$, u est décroissante sur $\mathbb{N}$ et $\lim\limits_{n \to +\infty} u_n = -\infty$.

2 Applications

EXO 1 Montrer que, pour tout n de $\mathbb{N}$, $1 + 2 + 3 + ... + n = \dfrac{n(n+1)}{2}$.

Solution

$$\begin{aligned} & S = 1 + 2 + ... + (n-1) + n \\ \oplus\ & S = n + (n-1) + ... + 2 + 1 \\ \hline & 2S = [1+n] + [2 + (n-1)] + ... + [(n-1) + 2] + [n+1] \\ & 2S = \underbrace{(n+1) + (n+1) + ... + (n+1) + (n+1)}_{n \text{ fois}} \end{aligned}$$

Donc $2S = n \times (n+1)$, d'où $S = \dfrac{n(n+1)}{2}$.

Cet exercice fait partie des démonstrations à connaître en 1re S, exigibles par votre professeur.

Utiliser les suites arithmétiques

EXO 2 **Les suites ci-dessous sont-elles arithmétiques ?**
Pour tout n de $\mathbb{N}$, $u_n = 3n - 5$ et $v_n = n^2 + 4$.

Solution

- Pour tout n de $\mathbb{N}$, $u_{n+1} = 3(n+1) - 5 = 3n - 2$.
Ainsi, $u_{n+1} - u_n = (3n - 2) - (3n - 5) = 3$ (qui ne dépend pas de n), donc u est arithmétique de raison $r = 3$.

- Pour tout n de $\mathbb{N}$, $v_{n+1} = (n+1)^2 + 4 = n^2 + 2n + 5$.
Ainsi, $v_{n+1} - v_n = (n^2 + 2n + 5) - (n^2 + 4) = 2n + 1$ (qui dépend de n), donc v n'est pas arithmétique.

> • Exprimer u_{n+1}.
> • Effectuer la différence $u_{n+1} - u_n$. Si cette différence est indépendante de n, alors u est arithmétique de raison $r = u_{n+1} - u_n$; sinon, elle n'est pas arithmétique.

EXO 3 **En 2010, un client a décidé de placer un capital de 10 000 € à taux simple de 3 %, c'est-à-dire 3 % du capital initial.**

1. Modéliser la situation à l'aide d'une suite.

2. Calculer le capital disponible pour le client en 2027.

Solution

1. • $u_0 = 10\,000$. C'est le capital, en euros, disponible en 2010.

• On note u_n le capital, en euros, disponible en $2010 + n$.

• Taux simple à 3 %, donc le capital augmente chaque année de 3 % du capital initial : $u_{n+1} = u_n + \frac{3}{100} \times u_0$.

u suite arithmétique de raison $r = \frac{3}{100} \times u_0 = 300$.

> • Indiquer ce que représente u_n, préciser l'unité utilisée.
> • Déterminer le premier terme de la suite.
> • Lorsqu'il s'agit d'une suite arithmétique ou géométrique, préciser sa raison.

2. Pour $n = 17$,
$u_{17} = u_0 + 17 \times r = 10\,000 + 17 \times 300$.
En 2027, le client disposera de 15 100 €.

> Utiliser la formule explicite.

Mémo'Quiz

1. u définie sur $\mathbb{N}$ par $u_n = 5n + 7$ est arithmétique de raison 5. ❑ Vrai ❑ Faux

2. $u_{17} = 92$. ❑ Vrai ❑ Faux

3. $1 + 2 + 3 + ... + 100 = 5\,050$. ❑ Vrai ❑ Faux

→ corrigés p. 96

Utiliser les suites géométriques

45

Lue Relue Acquise

1 L'essentiel du cours

A Formule de récurrence

Définition : Une **suite** u est dite **géométrique de raison q** lorsque, pour tout n de $\mathbb{N}$, $u_{n+1} = u_n \times q$.

Remarque

En 1re S, $q > 0$.

B Représentation graphique

Dans un repère, les points $M(n\,;u_n)$ suivent une **courbe exponentielle**.

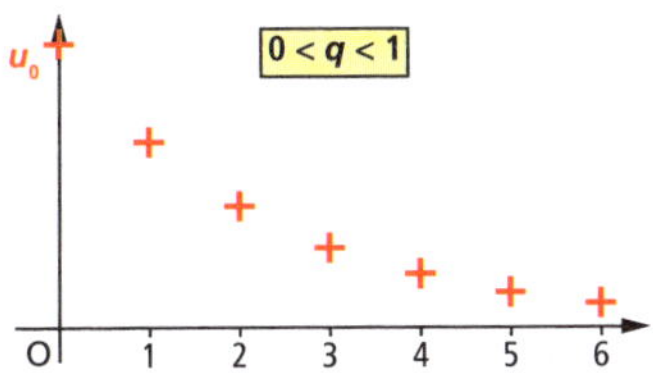

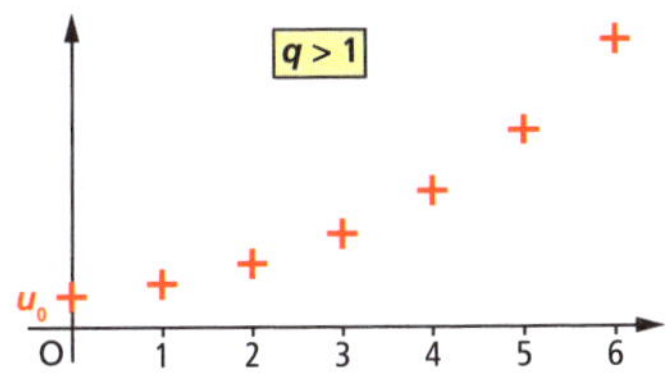

C Formule explicite

Propriété : Pour tout n, p de $\mathbb{N}$, $u_n = u_p \times q^{n-p}$.

D Variation et limite

Propriété : u est la suite définie sur $\mathbb{N}$ par $u_n = q^n$.

- Lorsque $q > 1$, u est croissante sur $\mathbb{N}$ et $\lim\limits_{n \to +\infty} u_n = +\infty$.
- Lorsque $0 < q < 1$, u est décroissante sur $\mathbb{N}$ et $\lim\limits_{n \to +\infty} u_n = 0$.

Remarque

Si $q = 1$, alors u est constante égale à 1.

2 Applications

EXO 1

Montrer que, pour tout n de $\mathbb{N}$, $1 + q + q^2 + ... + q^n = \dfrac{1-q^{n+1}}{1-q}$, avec $q > 0$.

Solution

$$\begin{array}{rl} & S = 1 + q + q^2 + ... + q^n \\ \ominus & q \times S = q + q^2 + ... + q^n + q^{n+1} \\ \hline & S - qS = 1 + (q-q) + (q^2 - q^2) + ... + (q^n - q^n) - q^{n+1} \end{array}$$

$S - qS = 1 - q^{n+1}$

Donc $S(1-q) = 1 - q^{n+1}$. Ainsi, $S = \dfrac{1-q^{n+1}}{1-q}$.

Cet exercice fait partie des démonstrations à connaître en 1re S, exigibles par votre professeur.

EXO 2 **Les suites ci-dessous sont-elles géométriques ? Pour tout n de $\mathbb{N}$, $u_n = 3 \times 2^n$ et $v_n = 3 + 2^n$.**

Solution

- Pour tout n de $\mathbb{N}$, $u_{n+1} = 3 \times 2^{n+1}$.

Ainsi, $\frac{u_{n+1}}{u_n} = \frac{3 \times 2^{n+1}}{3 \times 2^n} = 2$ (qui ne dépend pas de n), donc u est géométrique de raison $q = 2$.

- Pour tout n de $\mathbb{N}$, $v_{n+1} = 3 + 2^{n+1}$.

Ainsi, $\frac{v_{n+1}}{v_n} = \frac{3 + 2^{n+1}}{3 + 2^n}$ (qui ne se simplifie pas et dépend de n), donc v n'est pas géométrique.

> • Exprimer u_{n+1}.
> • Effectuer le quotient $\frac{u_{n+1}}{u_n}$: si ce quotient est indépendant de n, alors u est géométrique de raison $q = \frac{u_{n+1}}{u_n}$; sinon elle n'est pas géométrique.

EXO 3 **En 2010, un client a décidé de placer auprès de sa banque un capital de 10 000 € à taux composé de 3 %.**

1. Modéliser la situation à l'aide d'une suite.

2. Calculer le capital disponible pour le client en 2027.

Solution

1. • On note v_n le capital, en euros, disponible en 2010 + n.

• $v_0 = 10\,000$ le capital, en euros, disponible en 2010.

• Le capital augmente de 3 % chaque année : $v_{n+1} = \left(1 + \frac{3}{100}\right) \times v_n$.

Donc v est une suite géométrique de raison $q = 1 + \frac{3}{100} = 1{,}03$.

> • Indiquer ce que représente v_n, préciser l'unité utilisée.
> • Déterminer le premier terme de la suite.
> • Lorsqu'il s'agit d'une suite arithmétique ou géométrique, préciser sa raison.

2. Pour $n = 17$, $v_{17} = v_0 \times q^{17-0} = 10\,000 \times 1{,}03^{17} \approx 16\,528{,}5$.
En 2027, le client disposera d'environ 16 528,5 €.

Mémo'Quiz

1. u définie sur $\mathbb{N}$ par $u_n = 5 \times 0{,}2^n$ est :
- ❑ arithmétique de raison 0,2
- ❑ géométrique de raison 0,2
- ❑ ni arithmétique ni géométrique

2. u_{17} est environ égal à : ❑ 17,3 ❑ $6{,}55 \times 10^{-12}$ ❑ $3{,}28 \times 10^{-11}$

3. $1 + 1{,}2 + 1{,}2^2 + 1{,}2^3 + ... + 1{,}2^{10}$ est environ égal à :
❑ 32,15 ❑ 25,95 ❑ 7,43

→ corrigés p. 96

Corrigés

1. **1.** solutions $-\sqrt{3}$ et $\sqrt{3}$ **2.** $[\sqrt{5}\,;+\infty[$ **3.** $[0\,;9[$ **4.** $(1-\sqrt{2})^2 < (1-\sqrt{3})^2$

2. **1.** Faux **2.** Vrai **3.** Faux **4.** Vrai **5.** Vrai **6.** Faux

3. **1.** décroissante sur $\mathbb{R}$ **2.** décroissante sur $]-\infty\,;0[$
3. croissante sur $]-\infty\,;0]$ et décroissante sur $[0\,;+\infty[$

4 **1.** a pour solutions 1 et -2 **2.** a pour solution 5 **3.** n'a pas de solution
4. $3\,(x+2)\,(x-5)$

5. **1.** Vrai **2.** Faux **3.** Faux **4.** Vrai

6. **1.** Vrai **2.** Faux **3.** Vrai

7. **1.** $f'(-1) = -3$ **2.** $g'(3) = -12$ **3.** $h'(2) = -\frac{5}{4}$

8. **1.** Faux **2.** Vrai **3.** Vrai **4.** Vrai **5.** Faux

9. **1.** $y = x - 1$ **2.** $y = 16x + 20$ **3.** $x = 0$

10. **1.** $x \in]-\infty\,;3]$ **2.** $x \in]-\infty\,;3[$ **3.** $x \in \left]-\infty\,;-\frac{4}{5}\right] \cup \left]3\,;+\infty\right[$
4. $x \in]-\infty\,;-3] \cup [-2\,;1]$

11. **1.** Faux **2.** Faux **3.** Vrai

12. **1.** deux extremums locaux **2.** égal à -27 et atteint en 3

13. **1.** $x^3 - 2 > 0$ **2.** $x - 0{,}01$ **3.** 1,25

14. **1.** Faux **2.** Vrai **3.** Faux **4.** Vrai **5.** Vrai **6.** Vrai

15. **1.** 0,6 **2.** 0,4 **3.** 0,9 **4.** 0,5

16. **1.** 79 **2.** 6,64 **3.** 110,8 **4.** 10,53

17. **1.** 6 × Random **2.** 5 **3.** afficher Gagné

18. **1.** Vrai **2.** Faux **3.** Vrai

19. **1.** 0,1 **2.** 2,4 **3.** Faux **4.** 5,5

20. **1.** tirer une boule rouge **2.** 0,25 **3.** 5 valeurs **4.** $\mathcal{B}\left(4\,;\frac{1}{4}\right)$

21. **1.** 6 **2.** 0,45 **3.** 0,4 **4.** 8×10^{-5}

22. **1.** $P(X \leqslant 2)$ **2.** 0,00066 **3.** 0,106 **4.** 0,0085

23. **1.** pachyderme **2.** 0,08 **3.** 70 **4.** $\mathcal{B}(70\,;0{,}08)$

24. **1.** $[0{,}13\,;0{,}27]$ **2.** Vrai

25. **1.** Vrai **2.** Faux **3.** Vrai **4.** Vrai

26. **1.** ni l'un, ni l'autre **2.** colinéaires **3.** orthogonaux

27. **1.** Faux **2.** Faux **3.** Vrai **4.** Vrai

28. **1.** $x = 2$ **2.** $y = -2x + 3$ **3.** $y = 2$

29. **1.** Vrai **2.** Faux **3.** Vrai

30. **1.** $\mathcal{D}_1$ et $\mathcal{D}_2$ ne sont ni l'un, ni l'autre **2.** $\mathcal{D}_3 // \mathcal{D}_4$ **3.** $y = 3x - 5$
4. $y = -\frac{1}{3}x + \frac{5}{3}$

31. **1.** $\frac{\pi}{4}$ **2.** $-\frac{3\pi}{4}$ **3.** $-\frac{\pi}{5}$ **4.** $\frac{\pi}{5}$

32. **1.** Vrai **2.** Vrai **3.** Vrai **4.** Faux

33. **1.** Faux **2.** Vrai **3.** Vrai

34. **1.** -7 **2.** -7 **3.** $\sqrt{13}$ **4.** 13 **5.** 2,2 rad

35. **1.** $\vec{u}$ et $\vec{u}'$ colinéaires ; $\vec{u} \cdot \vec{n}' = 0$ **2.** $\vec{n} \cdot \vec{n}' = 0$; $\vec{u} \cdot \vec{u}' = 0$ **3.** $2\sqrt{3}$ **4.** 2

36. **1.** Vrai **2.** Faux **3.** Vrai **4.** Vrai

37. Pas de Mémo'Quiz

38. **1.** Faux **2.** Vrai **3.** Vrai

39. **1.** 5 **2.** i allant de 0 à 5 **3.** $S + u$ **4.** $2v - 7$ **5.** -84

40. **1.** Vrai **2.** Vrai **3.** Faux

41. **1.** $-\infty$ **2.** 0 **3.** 8

42. **1.** $-\infty$ **2.** $\frac{7}{3}$ **3.** 0

43. **1.** Faux **2.** Faux **3.** Vrai **4.** Vrai

44. **1.** Vrai **2.** Vrai **3.** Vrai

45. **1.** géométrique de raison 0,2 **2.** $6{,}55 \times 10^{-12}$ **3.** 32,15

Réalisation éditoriale : Roseline Messager, Marielle Muret-Baudoin
Conception graphique intérieur : Julie Lannes
Schémas : Linéale
Composition : Linéale
Couverture : Noir & Blanc

N° d'éditeur : 10243828 - Linéale - Février 2018
Imprimé en France par Loire Offset Titoulet
N° d'imprimeur : 201801.0011

TOI. MOI. MAINTENANT OU JAMAIS

EMILY BLAINE

TOI. MOI. MAINTENANT OU JAMAIS

roman

&H

HARPERCOLLINS FRANCE

83-85, boulevard Vincent-Auriol, 75646 PARIS CEDEX 13.
Service Lectrices — Tél. : 01 45 82 47 47

www.harlequin.fr

ISBN 978-2-2803-9527-4

PARTIE I

Jérémiah

3 juillet 2015

Aux yeux de tous, ma vie est simple, ma vie est parfaite.

Si c'était vraiment le cas, je ne serais pas ici aujourd'hui, armé d'une lampe-torche, couvert de poussière et à deux doigts de tuer mon frère. J'ai passé les deux derniers jours dans ce grenier. Deux jours pendant lesquels je me suis replongé dans mon passé, j'ai analysé chacune de mes erreurs et j'ai fouillé dans mes souvenirs.

— Et tu es certain de l'avoir gardé ? me demande Théo pour la troisième fois.

— Continue de chercher. C'est forcément ici.

Il ouvre un carton et le vide consciencieusement, feuilletant rapidement les cahiers et les classeurs.

— Comment as-tu pu avoir un B à un devoir de littérature ? s'enquiert mon frère avec étonnement.

Je ne prends pas le temps de lui répondre et je lui arrache des mains le classeur. C'est là. C'est forcément là.

Ça doit être là.

— Evidemment, marmonne mon frère. Charlotte.

A l'instant où il prononce son prénom, je pousse un cri de joie. Je me redresse et, oubliant la faible hauteur de plafond, je me cogne douloureusement la tête contre une poutre. Je jure et j'entends mon frère rire comme un damné. Il a toujours aimé se moquer de moi.

Peu importe. J'ai trouvé ce que je cherchais. J'oriente la lampe vers la feuille que j'ai arrachée au classeur. Je reconnais l'écriture fine de Charlotte et je retrouve sa liste. La liste de ce qu'elle voulait faire avant ses trente ans, quelques vœux jetés sur une page de bloc-notes, qui résument à eux seuls la fille dont je suis tombé amoureux il y a plus de dix ans. Le souvenir de cette soirée-là me fait sourire.

— On a fini ? demande mon frère.

— Ouais. Merci de ton aide.

— Il va quand même falloir que tu m'expliques.

Il se redresse péniblement, pendant que je lui tends sa canne. Pliés en deux, nous regagnons le long couloir du quatrième étage de la maison. Il est vide depuis des lustres ; ma chambre est au troisième, celle de Théo au premier. Mon frère descend l'escalier en clopinant, et je retourne dans ma chambre, heureux comme un pape.

Lorsque je pénètre quelques heures plus tard dans la salle de réception pour y retrouver Théo, la fête a déjà commencé. Je reste à l'écart, observant d'un œil distrait le ballet des serveurs et le travail des cuisiniers. Le brouhaha des conversations est à peine couvert par la musique d'ambiance. Des rires fusent, les bouchons de champagne sautent. La décoration florale est somptueuse, sans pour autant masquer le cachet de la pièce.

J'ai des souvenirs uniques dans cette salle. Tous liés à Charlotte, évidemment. Contrairement à ce qui a été écrit sur les invitations, cette soirée n'est pas pour nos camarades de lycée, ni pour promouvoir la Fondation. Cette soirée est le fruit d'une dizaine de coups de fil et d'un entretien avec une organisatrice d'événements mondains recommandée par mon frère. Un prétexte pour voir Charlotte et pour me retrouver presque en tête à tête avec elle.

Car la soirée n'est que pour elle. Pour moi. Pour nous.

Je joue avec le collier, je triture la liste. La dernière fois que j'ai vu Charlotte… C'est un souvenir que je tente d'oublier depuis dix ans. En vain.

Je risque un œil vers la piste de danse. Elle est là. Ce n'est pas vraiment une surprise, mais cela me procure la dose de confiance dont j'avais besoin. Je sors de ma cachette et admire la façon dont mon frère la fait danser. Il a toujours su comment la faire rire.

La bretelle de sa robe noire glisse sur son bras ; elle est aussi jolie que dans mon souvenir. Le tissu tombe parfaitement sur sa silhouette, révélant ses jambes fines. Ces dix ans de séparation ne semblent pas avoir eu de prise sur elle. Ses cheveux sont juste plus longs et plus foncés et elle a abandonné sa silhouette d'adolescente pour des courbes féminines et sensuelles. Ses yeux verts pétillent de bonne humeur. Je fourre le collier et sa liste dans la poche de ma veste.

Je ne sais pas encore comment je vais parvenir à la convaincre et je sais encore moins comment elle va réagir.

Peu importe. Cette soirée, elle, est sur ma propre liste. Charlotte est sur ma liste.

Je salue Summer d'un hochement de tête. Elle m'adresse un clin d'œil complice qui me fait sourire.

Charlotte tourne dans les bras de mon frère, se laissant porter par la musique comme jamais elle ne l'a fait avec moi. Avec moi, Charlotte a toujours été sur la défensive, prête à parer à mes attaques, doutant de toutes mes propositions. A l'inverse, elle fait totalement confiance à Théo, il la rassure, parvient à décrypter ses réactions. La relation de mon frère avec Charlotte m'a fait découvrir la jalousie. Ce soir, je constate qu'elle est toujours là, amère et acérée.

— Je te trouve plutôt élégant… et vraiment doué pour

me faire danser, dit-elle soudain à mon frère. Personne n'y est jamais parvenu.

— Personne ? répond Théo.

— Personne. Pas même ton frère !

Elle a raison. Charlotte n'a jamais su danser avec moi. Peut-être que je devrais le rajouter sur ma liste.

A cet instant, je le sais : c'est maintenant ou jamais. Je m'avance jusqu'à être juste derrière elle et déclare d'une voix décidée :

— Je veux bien une seconde chance.

Elle se retourne et me regarde.

— Pour… Pour la… danse ?

Elle bégaye, rougit, semble mortifiée. Je tire ma main de ma poche, libérant ainsi sa liste et son collier.

— La danse, pour commencer.

Ma propre liste, écrite après une longue soirée de beuverie, est pliée en quatre dans mon portefeuille. Je me suis promis de la réaliser avec elle.

Et je commence ce soir.

#1 TE RETROUVER.

C'est fait.

Charlotte

Un mois plus tôt

Comme je l'avais supposé, la salle de cours était presque vide. A peine une vingtaine d'étudiants occupaient les gradins, assis en grappes de trois ou quatre. La plupart riaient et discutaient ensemble. Je remontai jusqu'au cinquième rang de l'amphithéâtre, à l'écart des autres, m'installai sur le banc et ouvris mon bloc-notes. Le Pr Tate n'était pas encore arrivé, me laissant ainsi quelques instants pour relire mes dernières notes de cours. Le droit constitutionnel ne m'avait jamais passionnée et je devais admettre un certain nombre de lacunes. Avec l'examen du barreau qui se profilait, j'avais choisi de venir à ce cours du soir à l'université en espérant qu'il m'aiderait à me sentir à l'aise avec cette partie du droit que je ne maîtrisais pas suffisamment.

Je fronçai les sourcils en consultant mes dernières notes. Mes yeux me piquaient de fatigue et mon ventre gargouillait. Je n'avais avalé qu'un frugal petit déjeuner et je savais déjà que mon dîner ne se composerait que d'un sandwich avalé sur le pouce devant mes livres de droit. C'était ainsi depuis presque six mois : un rythme de vie infernal et des horaires avec lesquels je jonglais, pour, je l'espérais, enfin obtenir le précieux sésame qui me permettrait de plaider devant une cour.

La porte de la salle grinça et le Pr Tate apparut, vêtu de son habituel jean et de sa veste en cuir craquelé. Lui comme moi détonnions dans cette salle : il n'avait rien du cliché du vieux professeur soporifique et bedonnant ; le Pr Tate était volontiers iconoclaste, nous forçant à nous poser des questions sur la légitimité de certaines décisions de justice. Quant à moi, je ne ressemblais pas aux autres étudiantes : j'étais plus âgée et j'avais choisi de suivre ce cours pour combler mes lacunes en droit constitutionnel. Mon diplôme, je l'avais déjà obtenu cinq ans plus tôt. Si j'avais démissionné de mon poste d'assistante juridique dans un cabinet prestigieux, c'était pour passer l'examen du barreau, examen que j'avais loupé de peu lorsque je l'avais tenté après mon diplôme.

Je poussai un long soupir et balayai des yeux les étudiants autour de moi. Il fallait être fou à lier pour choisir de reprendre des études.

A mon inscription, au début de l'année, le Pr Tate avait montré un véritable intérêt concernant mes motivations et nous nous étions trouvé de nombreux points communs, notamment sur notre parcours universitaire. Au cours de l'année, il m'avait aidée sur certains points complexes de droit constitutionnel.

Parfois, quand la fatigue prenait le pas sur le reste, j'en venais à douter de ma présence ici. Ce que je redoutais par-dessus tout, c'était que mes efforts ne soient réduits à néant : si je loupais l'examen du barreau, tout cela n'aurait servi à rien. Je refusais de l'envisager. Je ne pouvais pas échouer.

Je rongeai nerveusement mon pouce, replongeant dans mes écrits. Le regard de Tate balaya la salle, s'arrêtant furtivement sur moi. Comme à son habitude, il me salua d'un hochement discret de la tête. Je lui répondis de la même façon, souriant en le voyant tâter ses poches à la recherche d'un stylo. Son regard se porta de nouveau vers ses étudiants et il interpella l'un d'eux :

— Carl ? Stylo !

Le dénommé Carl fit voltiger son stylo dans les airs et le Pr Tate le rattrapa avec facilité, dans un petit bond acrobatique. Quelques applaudissements mi-admiratifs, mi-moqueurs se firent entendre, et le Pr Tate, avec son humour habituel, y répondit par une petite courbette. Il ouvrit son sac usé jusqu'à la corde, en sortit quelques livres, puis son carnet de notes.

— Autant vous le dire : j'ai passé un week-end désastreux à relire vos copies.

Je me raidis sur le banc, mon attention désormais tout acquise au jeune quadra aux cheveux ras et à la barbe naissante qui se tenait devant nous.

— Pour la plupart, vous manquez cruellement d'argumentation, de liant. Débiter tout un tas d'articles de loi ne fera pas de vous un bon avocat. Vous devez croire... ou du moins faire penser au jury que vous croyez à ce que vous dites.

Il grimpa les premières marches de la travée de gauche et distribua les copies, en commentant, tour à tour et pour chacun, les devoirs qu'il rendait. Je retins ma respiration, espérant que ce que j'avais fait avait réussi à le convaincre. Au fur et à mesure des cours, j'avais développé une admiration et un respect sans faille pour le Pr Tate. Il respirait la droiture, aimait de toute évidence le droit et ses méandres. Loin d'être docte dans son enseignement, il nous encourageait à réfléchir à notre propre vision de la justice.

Il distribua la dernière copie, puis pivota vers moi. Je tapais nerveusement de mes doigts contre la table et je trépignais presque sur place, à la fois excitée et effrayée par ce qu'il allait me dire.

— Charlotte, mes excuses, j'ai oublié votre copie à la maison, je vous la rendrai la semaine prochaine.

— Mais...

— Et je vous la commenterai, bien évidemment. Elle était tout à fait surprenante. A tout point de vue, ajouta-t-il, énigmatique.

M'aurait-il fiché son poing en plein estomac que je n'aurais pas été plus sonnée. Mon cœur battait la chamade et une pointe de déception me transperça. J'avais tellement travaillé sur ce sujet, j'avais tellement eu envie de l'épater à travers ce devoir, qu'attendre une semaine de plus me paraissait d'une cruauté sans nom. Je hochai difficilement la tête, encaissant l'information. Tate dévala les marches, puis se tourna vers l'assistance, un sourire sadique sur les lèvres.

— Bien. Reprenons. Lors du dernier cours, nous avions évoqué les origines du droit constitutionnel, évidemment liées à notre Constitution. Qui peut me donner la seconde source de ce droit ?

Un silence surnaturel s'abattit dans la salle. Les étudiants plongèrent le nez dans leurs notes, évitant à tout prix le regard scrutateur du professeur.

— Bien. Charlotte peut-être ?

— La jurisprudence, répondis-je d'une voix étranglée.

— Exactement. La jurisprudence ! La jurisprudence enrichit les décisions de justice et permet de faire évoluer la législation. Qui peut me citer un cas concret ? Carl ?

Le stylo que Carl lui avait prêté vola de nouveau

dans les airs et s'écrasa sur la tête du pauvre étudiant. J'étouffai un rire, en secouant la tête. Parfois, dans cette salle, je me sentais atrocement vieille, en décalage, voire à contre-courant. Mon positionnement dans l'amphithéâtre était représentatif de ma dissonance avec le monde étudiant : j'étais seule, sur mon habituel cinquième rang, face au Pr Tate, pendant que les autres occupaient les ailes, en petits groupes.

— Alors, Carl ?

— La jurisprudence Miranda[1] ? tenta Carl, avec hésitation.

— Tous ces téléfilms policiers servent donc à quelque chose ! La jurisprudence Miranda, messieurs et mesdemoiselles, vous autorise à garder le silence si jamais vous vous faites arrêter pour tentative d'homicide sur un membre du corps professoral, plaisanta-t-il en nous désignant de l'index. Ce qui est important dans cette décision de justice, c'est qu'elle a finalement renforcé le sixième amendement.

Il parlait avec passion, agitant les bras pour appuyer ses propos. C'était dans ces moments-là qu'on voyait qu'il plaidait plus qu'il n'enseignait.

— Sixième amendement, qui définit donc...

— Les droits de l'accusé au sujet des poursuites pénales, termina une voix féminine sur la droite.

— Parfait, Mary. A mon avis, vous regardez ces fameux téléfilms avec Carl, non ?

La jeune étudiante gloussa ; soit elle sortait effectivement avec Carl, soit... soit elle minaudait devant Tate. Au vu de son visage énamouré, la seconde option était la plus probable.

— Le sixième amendement est donc la base de

1. Les droits Miranda se manifestent par la prononciation d'un avertissement lors de l'arrestation d'un individu, lui signifiant notamment son droit de garder le silence et le droit de bénéficier d'un avocat.

notre système judiciaire, reprit Tate en nous tournant le dos.

Sur le tableau, à la craie, il écrivit les mots « sixième amendement », tout en le récitant religieusement, d'une voix profonde et presque déférente.

— ... et d'être assisté d'un conseil pour sa défense, finit-il en pivotant vers nous. C'est sur ce dernier point que portent les droits Miranda, sur l'obligation d'être assisté par un avocat pour se défendre.

— Il existe pourtant des cas où ces droits ne sont pas respectés, lançai-je.

Tate planta son regard dans le mien, surpris de se faire contredire en plein cours magistral. J'étais un peu choquée par mon aplomb, mais je savais que ce culot nouvellement trouvé et exposé à la face du monde n'était que la conséquence directe de la déception de ne pas avoir eu ma copie. Face au silence de la salle, je me redressai et me raclai la gorge.

— Ce que je veux dire, c'est qu'elle est tout à fait contournable, fis-je remarquer.

— C'est là tout l'intérêt du droit, apprendre à contourner les règles.

Il s'assit sur son bureau et, d'un geste de la main, m'invita à poursuivre. Son regard noisette pétillait d'amusement. Je savais qu'il contrerait mes arguments. Et je savais qu'il jubilait à l'idée de notre passe d'armes. J'avais été plutôt discrète dans cet amphithéâtre depuis le début de l'année, mon changement de comportement devait donc le surprendre. Mais je décidai de jouer le jeu et, tout en triturant mon stylo entre mes mains, je me lançai :

— Donc, pour vous, l'argument de la sécurité publique est juste un contournement de la règle ?

— Cet argument est à usage très limité et souvent a posteriori d'un acte criminel déjà commis, précisa-t-il.

— C'est un argument qui a de l'écho auprès d'un jury de citoyens lambda.

— Quand il a été démontré, c'est vrai, admit-il. Mais dans le cas de suspicion d'actes terroristes, vous aurez du mal à dénoncer les droits Miranda. Ils sont inscrits dans les gènes de la justice de pays. Il n'y a rien de pire, aux yeux d'un jury, que le déni des libertés individuelles.

— Parce que vous parlez au nom de l'accusé, quand je vous parle du droit des victimes.

De nouveau, il sembla épaté par ma remarque. Cela me ragaillardit et je pris un peu plus confiance en moi. J'étais réservée et rarement à l'aise devant un public, mais quand une cause me tenait à cœur, je savais la défendre, passant outre à mon côté introverti.

— Le droit des victimes est de connaître la vérité, non ? continuai-je. Et donc de faire parler l'accusé.

— C'est un point de vue qui se défend. Mais dans les cas d'actes graves, comme ceux que vous avancez, je ne connais pas un avocat qui autoriserait son client à parler. Le droit au silence est, très souvent, la meilleure des défenses.

— Même si le procureur requiert la peine capitale ?

Tate croisa les bras sur sa poitrine puis, d'un air absent, il me fixa, tout en se frottant le menton. Finalement, dans un sourire, il bondit de son bureau et reprit :

— La peine de mort n'a pas démontré son efficacité sur le taux de criminalité. Et si je voulais vraiment vous pourrir la vie, je pourrais vous donner la liste interminable des recours possibles pour éviter que les coupables ne se retrouvent devant la Grande Faucheuse.

— Donc vous nous déconseillez de plaider la sécurité publique, même pour obtenir des aveux ou des informations capitales ?

— A titre personnel, oui.

— Et à titre professionnel ? demandai-je, refusant de clore le débat si facilement.

— Je dirais que refuser les droits Miranda à un individu est une erreur manifeste. Il s'agit là de nos libertés individuelles, Charlotte. Contourner ces droits, c'est être assuré du rejet de votre dossier devant la cour.

— Mais...

— Si méchant que soit le méchant, il a droit à un avocat. Et quand on y réfléchit deux minutes, cette loi assure la pérennité de votre futur métier, ironisa-t-il.

— Sauf que près de 80 % des suspects décident finalement de parler... même sans avocat.

— Ce qui assure la pérennité des procureurs dans notre pays. N'est-ce pas merveilleux ? se moqua-t-il.

Si l'assistance ne releva pas l'ironie de sa remarque, j'en compris pourtant toute la saveur. Deux ans plus tôt, alors que j'intégrais à peine le cabinet Warren & Scott, le procureur Peter Tate avait quitté avec fracas le bureau de son supérieur, refusant de plaider la peine de mort contre deux adolescents. L'affaire avait fait grand bruit, mais Tate avait toujours refusé de revenir sur sa décision. Cela participait à sa légende. Depuis, il avait reçu de nombreuses propositions de cabinets — et il aurait été sans nul doute un grand et talentueux avocat — mais il avait refusé net chacune d'entre elles, préférant devenir enseignant.

Il poursuivit son cours avec animation, nous listant patiemment les arrêts liés au droit Miranda à retenir. J'en connaissais la plupart et fus presque heureuse de ne pas devoir tous les relire. Les recherches que j'avais menées au cabinet me forçaient à plonger dans des kilomètres de jurisprudence : j'avais appris plus en trois mois là-bas qu'en presque une année d'études à l'université.

Quand, plus d'une heure plus tard, le cours toucha à sa fin, j'avais noirci une dizaine de pages de mon bloc. Mon téléphone vibra dans ma poche mais je l'ignorai, notant les dernières instructions de mon professeur, assis sur son bureau et balançant les jambes comme un enfant turbulent.

— Pour la semaine prochaine, je veux que vous étudiiez ces différents cas. Vous jetterez aussi un œil sur les évolutions des décisions de la Cour suprême. Je parle des décisions morales... ou immorales, comme le maintien de l'esclavagisme. Je pense que, là encore, nous pourrons en débattre.

Quand je relevai le regard vers lui, il était en train de réprimer un bâillement et passait une main sur sa barbe naissante. Ses yeux trouvèrent les miens et il descendit de son bureau en levant légèrement les mains, comme pour s'excuser de sa fatigue.

— Vous pouvez y aller. A la semaine prochaine !

Il rangea ses affaires pendant que je descendais d'un pas rapide la volée de marches jusqu'à la porte. Je passai devant les autres étudiants en train de discuter dans le couloir, calant mon bloc-notes contre ma poitrine, ma veste à la main. Je sortis mon téléphone de la poche arrière de mon jean, découvrant un message de Summer. Elle était installée à notre bar habituel, avec Gemma, Kyle et David, et des bières.

Je remontai un long couloir, croisant quelques professeurs, avant de déboucher dans le hall majestueux de l'université Columbia. Je bifurquai et me retrouvai finalement à l'extérieur, sur une petite place encore baignée de la lumière orangée du soleil couchant. En face de moi, une allée bordée d'arbres traversait le campus sur toute sa longueur. Le bar n'était qu'à deux pâtés de maisons de l'université et je décidai de m'y rendre à pied. Une soirée, entre amis, loin des cours et de mes projets professionnels ne me ferait pas de mal.

— Charlotte ? Charlotte !

Je me tournai, en reconnaissant la voix du Pr Tate. Il courait vers moi, son sac à la main, visiblement essoufflé. Quand il arriva à ma hauteur, je remarquai qu'il avait ouvert le haut de sa chemise blanche et qu'il portait son cuir sur l'avant-bras.

— Vous êtes pressée ? demanda-t-il, hors d'haleine.

— Je dois rejoindre des amis, mais j'ai quelques minutes.

Je calai mon sac à dos sur l'épaule, scrutant mon interlocuteur. Il fouilla dans son sac et avec un sourire triomphant, me remit ma copie.

— Votre travail, Charlotte. De l'excellent travail, très au-dessus de ce que j'ai lu chez les autres étudiants.

— Je ne ressemble pas vraiment aux autres étudiants, lui fis-je remarquer.

— Certes. Mais votre argumentation était construite et étayée. J'ai été plutôt agréablement surpris. Je ne m'attendais pas à ça de vous.

Cela me piqua au vif. Je pris un instant de réflexion pour me composer un visage neutre. Ce n'était pas le moment de faire des vagues. Je rangeai la copie dans mon sac et remerciai mon professeur. J'étais sur le point de reprendre mon chemin, quand il m'interpella de nouveau.

— Je vais marcher avec vous, j'aimerais que nous parlions.

— De quoi voulez-vous parler ?

Il fit quelques pas avec moi, redressant nerveusement sa veste sur son bras et les yeux rivés au sol, comme s'il cherchait ses mots.

— Charlotte, je sais que vous voulez tenter l'examen du barreau d'ici un mois. Pour être franc, je pense que vous avez toutes les compétences pour l'obtenir haut la main et devenir une grande avocate.

— Merci, murmurai-je.

— En fait, je le pense depuis environ trente minutes. Avant, je vous trouvais éteinte, presque transparente. Mais il faut croire que les droits Miranda vous fascinent.

J'étouffai un rire nerveux, puis chassai une mèche échappée de ma queue-de-cheval. Je savais que j'étais en retrait, mais l'entendre de la bouche de Tate me donna la sensation de prendre un uppercut violent. Je marchai en silence, Tate à mes côtés, cherchant à reprendre mes esprits.

— Le droit me fascine. Et c'est parce que vous me trouviez éteinte que vous ne m'avez pas rendu ma copie en même temps qu'aux autres ?

— En partie. Je voulais en parler avec vous. Et pas devant ces sombres crétins qui usent leurs fonds de pantalon dans la salle de cours.

— Je dois donc me sentir privilégiée, ironisai-je.

— En effet. Et je suis ravi de vous faire cours, surtout après avoir lu votre copie, qui m'a redonné foi en l'enseignement. Savez-vous ce que vous voulez faire après votre examen ?

— Prendre des vacances, ris-je. Avoir une vie normale. Oublier tout ce que j'ai appris en droit constitutionnel uniquement pour passer ce fichu barreau.

Il éclata de rire avec moi et, soudain, l'ambiance saturée de tensions sembla s'alléger. Peut-être était-ce la douce lumière du crépuscule, ou moi qui reprenais enfin le contrôle sur ma fatigue et ma susceptibilité.

Tate planta son regard dans le mien, puis il redevint sérieux.

— C'est un plan sympa. Et après ça ?

— Warren & Scott auront sûrement des dossiers à me confier.

— Ce sont vos anciens employeurs ?

— Oui, j'ai encore de bons contacts avec le cabinet et je pense que je peux retrouver un poste là-bas.

— En tant qu'assistante juridique pour un sombre avocat spécialiste du patrimoine et de la finance ?

Il arqua un sourcil moqueur. De toute évidence, il cherchait à me déstabiliser. Je n'avais pas encore réellement pensé à mon avenir en tant qu'avocate. Pour l'instant, mon seul objectif était d'obtenir le barreau.

— Le cabinet gère aussi du droit civil, me défendis-je en resserrant mes doigts autour de mon sac.

— Je vous parle de dossiers intéressants, Charlotte. De droit pénal, de droit familial d'envergure. Vous méritez mieux qu'un cabinet austère où vous vivoterez. Y avez-vous réfléchi ? Je veux dire, *vraiment* réfléchi.

— Je veux être avocate, dis-je avec force, sans comprendre son allusion. Je le veux depuis presque dix ans.

— Je n'en doute absolument pas. Mais savez-vous vers quoi vous voulez vous orienter ? Plutôt du côté des gentils ou plutôt du côté des méchants ?

— Définissez qui est le gentil et qui est le méchant, plaisantai-je.

— La réponse que j'attendais, rit-il à son tour. Ecoutez Charlotte, j'ai montré votre copie à une amie. Elle est avocate dans un cabinet riquiqui et qui ne porte que son seul nom. Elle est très loin des prestigieux Warren & Scott, mais je pense que vous devriez la rencontrer.

Je m'arrêtai au milieu de l'allée, surprise de la tournure de notre conversation. Il y a encore moins d'une heure, il me trouvait transparente, et voilà maintenant qu'il me recommandait auprès d'une autre avocate ! Je secouai la tête, tentant de comprendre son raisonnement.

— Donc, vous me trouvez fade et sans intérêt, mais vous pensez tout de même que je devrais rencontrer votre amie pour… pour quelle bonne raison, d'ailleurs ?

— Elle cherche une nouvelle associée. Je lui avais parlé de vous, mais, vous avez raison, je n'étais pas certain de miser sur le bon cheval. Mais aujourd'hui, vous m'avez surpris. Vous avez contré mes arguments, mieux qu'aurait pu le faire un avocat confirmé.

— Je crois que c'était simplement de la provocation, avouai-je. J'étais vexée de ne pas avoir ma copie.

— Je sais. Je l'ai vu sur votre visage, mais vous avez été remarquable. Charlotte, si vraiment c'est une carrière d'avocate que vous souhaitez, je suis certain que vous pourrez faire vos premières armes dans ce cabinet. Warren & Scott vous refileront des dossiers sans intérêt pendant quelques années avant de comprendre votre potentiel. Vous perdrez votre temps. Claire est une grande avocate et…

— Claire ?

— Claire Thomson, précisa-t-il.

— Claire Thomson ?

Ma voix n'était qu'un murmure, pendant que Tate acquiesçait en silence. Le vent souffla légèrement dans les arbres, faisant voler quelques mèches de cheveux sur mon visage. Je les repoussai doucement, craignant presque de regarder mon professeur. Claire Thomson était médiatiquement très connue depuis qu'elle était parvenue à faire libérer un homme emprisonné, à tort, dans le couloir de la mort.

— Claire est une vieille amie et elle souhaiterait discuter avec vous. Le salaire est minable, les bureaux sont minuscules et vous devrez certainement faire vos comptes rendus vous-même, mais...

Soudain, un rire tonitruant m'échappa. La fatigue me submergea et je perdis tout contrôle. Les larmes aux yeux, je perçus le regard sidéré de Tate qui, bras croisés, attendait que je me calme.

— Claire... Claire Thomson veut me voir, *moi* ? résumai-je entre deux éclats de rire.

— En effet.

— C'est une blague ? Vous testez mon sens de l'argumentation ou ma capacité à conserver mon sang-froid ?

Je le fixai, éberluée. Tate haussa les épaules, partagé entre stupeur face à mon fou rire et sérieux. Quand, enfin, je retrouvai mes esprits, j'essuyai les larmes qui roulaient sur mes joues. Je me raclai la gorge et pris une profonde inspiration.

— Donc, Claire Thomson cherche une nouvelle associée et... pardon, mais je veux m'assurer d'avoir tout compris, et elle veut me rencontrer.

— C'est ça. Dois-je lui dire que vous préférez Warren & Scott ?

— Non ! criai-je presque. Non, je... Bien sûr, je vais la rencontrer. Je... Je... Mon Dieu, je me sens... idiote, soupirai-je, exaspérée par mon comportement puéril.

— Qu'elle veuille vous voir ne signifie aucunement que vous serez prise, me rappela-t-il.

— Evidemment.

— Mais je dois vous prévenir qu'il y a une bouteille d'excellent bourbon en jeu entre Claire et moi, et je serai assez déçu de la perdre.

Un sourire flotta sur ses lèvres puis, avec une pointe d'humour dans la voix, il ajouta :

— Mais n'y voyez aucune pression, bien entendu.

— Je vous offre une deuxième bouteille si l'entretien est concluant. Qu'en dites-vous ?

— Je dis que j'aimerais avoir plus d'élèves comme vous. Voici la carte de Claire, elle attend votre coup de fil.

— Vous étiez donc certain que j'allais accepter ? m'étonnai-je en prenant la carte d'entre ses doigts.

— Je préfère croire que je vous ai convaincue par mon incroyable sens de l'argumentation. J'ai des vieux restes de mon passé de procureur.

— Etiez-vous donc le méchant ou le gentil ? souris-je.

J'étais déjà admirative de son travail en tant que professeur mais maintenant, j'étais aussi sous le charme de l'homme prévenant et drôle qui se tenait devant moi. Dans un élan d'affection, je le pris maladroitement dans mes bras, et le remerciai dans un chuchotis avant de le libérer. Il serra mes mains dans les siennes.

— Continuez à travailler, Charlotte. Et si vous m'offrez un Elijah Craig[1] de vingt-trois ans d'âge, vous serez, jusqu'à la fin de ma vie, mon étudiante favorite !

— Je vais tenter de m'en souvenir. Je dois y aller.

— Bonne soirée, Charlotte. A la semaine prochaine.

Il pressa de nouveau mes mains entre les siennes, puis rebroussa chemin, regagnant d'un pas rapide l'université. Je fixai la carte de Claire Thomson toujours entre mes mains, sans vraiment y croire.

1. Bourbon haut de gamme, connu notamment car ce fut le premier whisky vieilli en fût de chêne.

Puis, lentement, je pris conscience de ce qui venait de se passer et, comme n'importe quel étudiant l'aurait fait après une telle proposition, j'émis un petit couinement et tapai furieusement des pieds sur le sol. Le vent souffla de nouveau, soulevant ma chevelure emmêlée. Je jetai un coup d'œil à droite puis à gauche et, comme je l'avais fait des centaines de fois depuis dix ans, je levai le visage vers le ciel, fermai les yeux et savourai l'instant de pure sérénité qui m'enveloppait.

— Merci, maman, chuchotai-je.

Après avoir quitté le campus, un sourire géant fixé aux lèvres, je marchai rapidement vers le Roof Empire. Sur le chemin, je m'arrêtai devant une vitrine pour rectifier ma tenue. Avec la légère brise, mes cheveux, déjà habituellement indisciplinés, étaient désormais indomptables. Je rassemblai ma tignasse châtaine dans une queue-de-cheval, laissant s'échapper quelques mèches ondulées autour de mon visage et, surprise par un frisson désagréable, j'enfilai ma veste. Je savais que je n'étais pas au top de la beauté : mon visage était marqué par la fatigue, mon teint grisâtre. Pour compenser, je tirai sur mon haut froissé qui laissait entrevoir le haut de ma poitrine et défis un deuxième bouton, espérant que Kyle apprécierait cette touche de sensualité. Mon jean slim noir était neuf — merci, Summer — et mettait mes quelques courbes en valeur.

Ma relation avec Kyle avait été chamboulée par mon choix de passer l'examen du barreau. Aussi, je voulais que cette soirée soit l'occasion de faire une trêve. Une trêve, en attendant que je prenne une décision définitive quant à mon avenir avec lui. J'appliquai du gloss sur mes lèvres, pinçai doucement mes joues pour leur donner un peu de couleur et, d'un pas vif, remontai la 116e Rue.

A mon arrivée au Roof Empire, celui-ci était bondé. Malgré la nuit tombante, l'air était encore doux. Derrière le comptoir, je reconnus Anita, qui m'adressa un petit signe de la main. Ce bar, c'était son bébé. Au rez-de-chaussée, les petites tables rondes en bois étaient surmontées d'imposants luminaires et les murs en brique participaient à l'atmosphère chaleureuse. Au fond de la salle, des tables plus grandes et des canapés Chesterfield parachevaient le décor, rappelant une ambiance proche des années de la prohibition.

Je grimpai l'escalier de fer forgé en colimaçon, croisant quelques clients et parvenant finalement sur le toit. En dix ans, Anita avait aménagé un grand espace qui offrait une vue spectaculaire sur l'Hudson. Elle avait installé de grandes tables, autour desquelles les clients s'asseyaient sur des bancs. Des guirlandes lumineuses flottaient dans les airs et Anita avait ajouté depuis quelques mois une sono, qui diffusait des morceaux de jazz et de musique douce.

Je repérai immédiatement la chevelure rousse et ingérable de Gemma, avant de trouver le brushing impeccable de Summer, qui était toujours tirée à quatre épingles, même pour aller acheter en catastrophe une bouteille de lait. Summer était au bout de la première grande table, à proximité de la balustrade qui dominait la rivière. Gemma était assise sur sa gauche, riant aux éclats, un cocktail de couleur rose à la main.

— Je croyais que vous en étiez aux bières ? dis-je en surgissant derrière elles.

— La situation nécessitait un cosmopolitan ! répondit Summer en levant son verre dans ma direction.

Elle réduisit l'espace entre Gemma et elle, me laissant un peu de place pour m'asseoir sur le même banc qu'elles. Du regard, je cherchai les garçons dans la foule, tout en posant mon sac au sol. Summer m'adressa un léger coup de coude dans les côtes puis, d'un mouvement de tête, elle désigna un coin sur sa droite.

— Je crois qu'ils n'en pouvaient plus de nos discussions de filles, ils ont préféré s'isoler, m'expliqua finalement Summer.

— Et donc vous noyez votre chagrin dans un cliché new-yorkais ? m'amusai-je.

— Charlotte, je suis célibataire, nous sommes à New York, j'ai mis mon soutien-gorge qui me fait des nichons d'enfer et les seuls hommes qui m'ont abordée sont David et Kyle : mon frère et ton petit ami. Comment pourrais-je ne pas boire ? me répondit Summer.

— Soit. Quelle est ton excuse à toi ? m'enquis-je auprès de Gemma.

— La même chose, soupira-t-elle en reprenant une gorgée de son cocktail. Sans le soutien-gorge de compétition. Ce qui fait que mes chances déjà minimes de me faire draguer sont désormais inexistantes.

Désabusée, elle lorgna son décolleté et poussa un profond soupir. Elle finit son verre d'un trait et, avant même de l'avoir reposé, héla la serveuse et fit pirouetter son index pour commander une nouvelle tournée.

— J'en prendrai un aussi, annonçai-je.

— Quelle est ton excuse ? s'étonna Summer, en arquant un sourcil.

— J'ai eu une conversation palpitante avec Tate, souris-je, ravie.

Gemma se tordit presque le cou, cherchant à

trouver mon regard. Elle avait eu l'occasion de croiser Tate en venant me chercher à Columbia. Alors que nous quittions le campus, nous avions croisé mon professeur, à califourchon sur sa moto, sanglant son casque. Il m'avait adressé un vague salut de la tête. Gemma s'était cramponnée à mon bras, nous faisant arrêter dans l'instant, totalement séduite. Désormais, elle entretenait une nouvelle légende urbaine : Tate était sa destinée et elle finirait par le séduire, quitte à utiliser l'hypnose.

— Charlotte, les règles sont claires : tu es casée, tu n'as pas le droit de convoiter un autre homme. Tate, en particulier, me rappela-t-elle.

— Ah oui ? Je ne devrais pas t'en parler mais il m'a fait une proposition totalement indécente.

Taquiner Gemma était un de mes passe-temps favoris. Elle était d'une crédulité sans bornes, avalant avec une facilité déconcertante toutes les bêtises qu'on pouvait lui raconter. Lui aurais-je dit que Brad Pitt voulait faire de moi sa maîtresse officielle qu'elle m'aurait crue dans la seconde.

— Et il t'a fait cette proposition avec ce décolleté aguicheur sous les yeux ? demanda Summer en désignant mon haut.

— Sans. Et je n'étais même pas coiffée, plaisantai-je.

— Mais que fait donc cette serveuse avec notre commande ? râla Gemma. J'ai besoin de ce cocktail !

J'éclatai de rire, suivie par Summer. Elle me connaissait depuis le lycée et savait que, même si la proposition de Tate avait été réellement indécente, voire tendancieuse, je n'aurais jamais accepté. Tate, si séduisant fût-il, me laissait de marbre. Notre relation était platonique et limitée à notre lien étudiant/professeur.

La serveuse surgit finalement, déposant nos verres

devant nous. Je réglai les trois boissons et demandai à la jeune femme d'apporter deux bières à Kyle et David qui étaient plus loin.

— A ma vie amoureuse, laminée par une moto et... Tate, lança Gemma avec un soupir las.

— Tu n'es pas amoureuse de lui, intervint Summer en riant.

— Je suis amoureuse de lui. Je l'ai vu et je l'ai su : cet homme est destiné à me kidnapper sur sa moto et à m'entraîner dans un road-trip au soleil couchant.

— Combien de verres a-t-elle bus ? m'enquis-je auprès de Summer.

— Juste deux. Mais je crois qu'elle a eu une journée difficile avec les enfants, m'expliqua mon amie dans un chuchotis.

Gemma était institutrice dans une école privée huppée de New York. Elle enseignait dans une classe de maternelle, où elle devait canaliser une trentaine d'enfants débordant d'énergie. La joie d'avoir trouvé un poste laissait maintenant place à de la lassitude. Elle prit une nouvelle gorgée de son cocktail, puis pivota et me fixa, étrécissant les yeux.

— Alors, cette proposition ? demanda-t-elle.

— Claire Thomson souhaite me rencontrer, lâchai-je en tentant de paraître détachée.

Summer recracha une partie de son cocktail, puis planta son regard dans le mien pour s'assurer qu'il ne s'agissait pas d'un mensonge. En constatant mon sourire, elle cria de joie et enroula ses bras autour de mon cou pour me serrer contre elle.

— C'est génial ! s'enthousiasma-t-elle.

Une seconde paire de bras m'entoura et me serra fortement. Je devinais le parfum de Gemma autour de moi et parvins à emmêler mes doigts aux siens.

— Tu es juste contente parce que Tate est toujours disponible ? demandai-je en riant.

— Evidemment. Il ne me viendrait pas à l'idée d'être heureuse pour une fille qui a un mec irrésistible, un jean fabuleux et une splendide carrière en vue, railla-t-elle.

Mes amies se détachèrent de moi, Gemma changea de place et je me retrouvai coincée entre mes deux meilleures amies, oubliant finalement à quel point j'étais fatiguée en arrivant ici. En trois minutes de conversation, elles avaient déjà réussi à me faire rire et me galvaniser.

— Raconte ! s'écria Summer.

— Tout le monde se calme, pondérai-je. Claire Thomson souhaite simplement me rencontrer.

— Cette femme a l'air géniale, dit Gemma d'un air pensif. Ce qu'elle a fait pour ce type dans le Tennessee est extraordinaire. J'ai entendu dire qu'elle allait demander l'abrogation officielle de la peine de mort à New York.

J'acquiesçai, sirotant lentement mon cosmopolitan. Je savais que travailler avec Claire Thomson serait une formidable opportunité de carrière. Je comprenais maintenant qu'elle serait aussi une très belle rencontre humaine.

— Si elle souhaite te voir, c'est forcément pour te proposer un poste dans son cabinet, reprit Summer.

— Et il faut que tu acceptes ! Même s'il s'agit juste de lui tenir la porte ou de lui faire le café. Tu ne peux pas refuser une telle opportunité, renchérit Gemma.

— Avant toute chose, il faut que j'aie mon examen du barreau. Je la rencontrerai ensuite et...

— Minute ! intervinrent d'une même voix Gemma et Summer.

Je les fixai tour à tour, interloquée. Elles posèrent leurs verres déjà presque vides et se consultèrent du regard. Summer héla de nouveau la serveuse.

— Trois cosmos, double vodka. Et apportez-nous de quoi manger un peu, commanda-t-elle.

Dès que la serveuse tourna le dos, elle vida le reste de son verre, le repoussa un peu plus loin. Elle appuya son coude sur la table, cala son menton dans le creux de sa main et me fixa.

— Elle a oublié, soupira-t-elle dramatiquement.

— J'ai oublié quoi ?

— Elle a oublié, confirma Gemma.

— Les vacances : Gemma, toi, moi et l'Italie pendant deux semaines, énuméra Summer en comptant sur ses doigts.

— Oh. Ça.

— Oui, ça ! Et il n'est pas question que tu annules pour un entretien chez Claire Thomson ! s'exclama Summer. Je te connais : elle va vouloir te recruter à l'instant où tu ouvriras la bouche. Elle te dira quand pouvez-vous commencer et tu diras un truc idiot comme...

— ... « Maintenant », finit Gemma.

Le souvenir de ma conversation avec Tate me revint. Je lui avais effectivement parlé de la perspective de prendre des vacances et de retrouver une vie normale. Mais dès que le nom de Claire Thomson avait surgi dans la conversation, ces beaux projets avaient disparu, engloutis par la perspective de travailler avec une femme aussi brillante.

— Tout est réglé et réservé depuis des semaines, je t'interdis de nous faire faux bond ! me rappela Summer.

— Et si je n'ai pas le choix ? tentai-je.

— Tu as le choix : le rendez-vous n'est pas encore

fixé. Elle peut bien attendre deux semaines et que tu aies pris cinq kilos en Italie en te gavant de pâtes. S'il te plaît, Charlotte, c'est peut-être nos dernières vacances entre nous.

— Pourquoi ce serait nos dernières vacances ?

— Parce que tu as Kyle et un potentiel boulot de rêve. D'ici six mois, tu quitteras l'appartement et tu auras la bague au doigt. Tu te marieras fin juillet, tu tomberas enceinte en novembre et ensuite… ensuite…

— … Ensuite, on viendra squatter chez toi pour maudire ta vie parfaite, poursuivit Gemma. Tu ne peux pas nous planter pour ces vacances, gémit-elle. S'il te plaît, Charlotte, tu vas avoir toute la vie pour faire… ta vie. Laisse-nous ces deux semaines.

Elle pencha la tête sur son épaule, optant pour la mine de chien battu la plus triste possible. Un rire m'échappa quand, en pivotant vers Summer, je constatai qu'elle avait la même moue. J'abandonnai toute tentative d'argumentation et levai les mains devant moi en signe de reddition.

— D'accord, d'accord.

— Génial !

Mes deux amies se félicitèrent, se tapant dans les mains avec une joie non dissimulée. Je levai les yeux au ciel : comment avais-je fait pour avoir les deux meilleures copines les plus opiniâtres qui soient ? Summer était mon amie depuis le lycée, depuis le jour même de mon arrivée au lycée de Norview. Avec deux pères militaires, nous nous étions vite trouvé des points communs. Brune, plus grande que moi, et nettement plus extravertie, elle avait opté pour des études d'économie et de finances, pendant que je me débattais en droit. Elle travaillait désormais dans une entreprise de cosmétiques de luxe.

Nous avions rencontré Gemma lors d'une séance

de lessive à la laverie au coin de notre rue. Nous avions sympathisé à l'instant où Gemma, consternée, avait découvert une chaussette bleue — chaussette de son ex-petit ami — au milieu de son linge blanc. Ou plutôt bleu ciel, depuis.

Gemma était petite, ronde, rousse, et entretenait la certitude qu'on lui avait jeté un sort au-dessus de son berceau et qu'elle était condamnée à finir seule. Enfin, maintenant, elle était certaine que Tate finirait par la remarquer.

— Tu passes ton examen et on part quinze jours après, se réjouit Summer.

La serveuse apporta trois nouveaux verres et nous portâmes un toast aux vacances à venir. Ma tête commençait à bourdonner agréablement. En la compagnie de Gemma et Summer, tout me semblait beaucoup plus facile à gérer. Elles allégeaient ma vie, m'évitant de trop gamberger sur ce qui me tourmentait.

— Et évidemment, entre-temps, tu trouves le moyen de me présenter officiellement à Tate.

— Tu n'es pas assez grande pour aller de toi-même te présenter ?

— Il va me prendre pour une cinglée, s'alarma Gemma.

— Tu es cinglée, contra aussitôt Summer. Mais si ce type est vraiment ta... comment dis-tu déjà ?

— Sa destinée, murmurai-je en portant mon verre à mes lèvres.

— S'il est vraiment « ta destinée », gloussa-t-elle en mimant les guillemets, il doit tomber à genoux devant toi et jurer qu'il sait faire la lessive.

J'éclatai de rire, puis me servis dans l'assiette de tacos que la serveuse avait apportée. Gemma piocha une crevette, la plongea dans du guacamole, tout en méditant sur les dernières paroles de Summer.

— C'est un minimum, dit-elle finalement, avant de gober sa crevette. Je ne supporterai pas une nouvelle vague de bleu ciel.

Summer et moi éclatâmes de rire, en comprenant que la réponse de Gemma était à peine une plaisanterie. Elle sirotait lentement son verre, perdue dans ses pensées, piochant d'un air absent des chips et des crevettes.

— Est-il au moins célibataire ? me demanda Gemma subitement.

— Comment veux-tu que je le sache ?

— Rappelle-moi ton futur métier ? Ah oui, avocate. Tu es donc programmée pour poser ce genre de questions en ayant l'air innocent et désintéressé.

— Il va croire que je le drague ! m'exclamai-je dans un rire. Sur ce coup-là, Gemma, il faut que tu gères ta destinée toute seule !

— Ce n'est pas le plan, dit-elle en secouant la tête. Le plan, c'est qu'il vienne me trouver et qu'il tombe à mes genoux !

— Si on tend l'oreille, on peut entendre le cri de protestation de une ou deux suffragettes, railla Summer. Tu devrais...

Sa voix s'éteignit brutalement et son regard fixa une silhouette qui venait d'apparaître sur la terrasse. Summer cligna à peine des yeux, sa main soudain crispée autour de son verre. Elle le porta à ses lèvres, le finit d'un trait, le reposa, puis agrippa mon bras.

— Ce n'est pas une bonne idée, soufflai-je en suivant des yeux l'homme qu'elle regardait.

Je ne le voyais que de dos. Sa haute stature et ses larges épaules étaient mises en valeur par une chemise cintrée. Son jean noir tombait impeccablement. Même au milieu de la foule, impossible de ne pas remarquer William. Imposant, charismatique, il respirait la confiance en lui. Il salua quelques personnes, avant de s'arrêter au milieu d'un groupe de jeunes femmes.

J'entendis Summer soupirer, à la fois d'envie et de lassitude. William et Summer avaient vécu une histoire mouvementée et heurtée, où ils se battaient tous les deux pour avoir l'ascendant l'un sur l'autre. Depuis leur rupture officielle, chaque fois que William apparaissait, Summer perdait le contrôle et était prête à faire table rase de leurs disputes passées. Elle, pourtant si rationnelle et réaliste, basculait à chaque fois dans un monde de souvenirs enjolivés.

— Commandons une autre tournée, proposai-je pour détourner son attention.

— Charlotte, tu es la voix de la raison, gloussa Gemma près de moi, avant de claquer des doigts pour faire venir la serveuse.

— Summer, c'est toi qui as rompu avec lui. Il faut que tu cesses de te lamenter sur votre histoire.

— C'est toi qui dis ça ?

Son regard furieux et son ton sec m'estomaquèrent. Je la fixai quelques secondes, refoulant l'amertume qui montait. A mon tour, je vidai mon verre, puis sentis la main de Summer sur mon bras.

— Ce n'est pas ce que je voulais dire. Pardon. C'est juste que... je ne suis plus moi-même quand je le vois.

Je lui adressai un faible sourire, toujours sous le choc de sa remarque. Summer m'avait vue dans mes pires moments, elle m'avait vue en larmes et anéantie à la suite d'une rupture pourtant prévisible. Je n'avais sûrement pas le droit de juger son comportement ce soir.

— Je sais. Ce n'est pas grave, balayai-je rapidement avec un rire faux. Peut-être devrais-tu exhiber ton soutien-gorge de chasse sous ses yeux. Tu sais, pour le faire regretter.

— Déjà fait, soupira-t-elle, son regard rivé sur son ex. Je suis passée prendre David à la caserne. William était là, il m'a tout juste fait un signe de tête pour me saluer.

Elle haussa les épaules, soudainement attristée. Je posai ma main contre la sienne en signe de réconfort. La Summer que je connaissais ne se laissait jamais abattre, elle allait de l'avant, ne voyant que le verre à moitié plein. La voir si défaite me touchait.

— Cosmo ! hurla Gemma tandis que de nouveaux verres se matérialisaient devant nous.

Nous portâmes un nouveau toast et l'ambiance s'allégea. Summer nous régala de quelques-unes de ses anecdotes croustillantes de bureau — une salle de réunion curieusement fermée à l'heure du déjeuner et des rumeurs sur la prochaine égérie de la marque — pendant que nous sirotions nos verres.

— A qui devons-nous notre miraculeuse tournée de bières ? fit une voix derrière moi.

David contourna la table et s'installa face à moi. Gemma se leva et s'assit près de lui, laissant ainsi la place à Kyle. Ce dernier m'adressa un petit sourire discret, avant de saisir ma main sur la table et de caresser le creux de ma paume.

— Je savais que les bières allaient vous faire revenir parmi nous, dit Gemma en souriant.

— Comme si on vous avait manqué, railla David.

— Enormément, j'ai noyé mon chagrin dans la vodka, ajouta-t-elle en levant son verre vers lui.

— Ton chagrin ou ton décolleté ?

— Tu l'as remarqué ? s'écria-t-elle en bombant fièrement les seins.

— Il faudrait être aveugle. Dans une dimension parallèle, j'aurais pu te draguer.

Il lui adressa un clin d'œil complice et porta sa

bouteille de bière à ses lèvres. David et sa sœur Summer avaient le même regard : bleu azur, avec une pointe persistante de tristesse. Une cicatrice barrait son sourcil droit. Ses épaules larges et musclées lui donnaient un air rassurant, malgré une vieille brûlure sur l'avant-bras.

— Tu aurais pu ? répéta-t-elle, d'une voix étranglée. Attends, je suis une fille bien, j'ai un boulot, des super seins, une tolérance à l'alcool supérieure à la moyenne et un paquet de préservatifs dans mon sac à main. Et tu « aurais pu » ?

— Je te connais, Gemma. Et je connais ta cuisine diabolique et je sais que tu ronfles.

— Uniquement quand j'ai trop bu.

David leva un sourcil moqueur, puis éclata de rire, en voyant Gemma avaler une gorgée de son cosmo en le fusillant du regard. Gemma et David étaient comme chien et chat. Mais, quand l'un des deux n'était pas là, l'ambiance n'était définitivement pas la même. Je soupçonnais, par ailleurs, que les sentiments de David étaient plus profonds qu'une simple amitié.

— David, sois charitable avec elle et cesse de l'allumer, intervint Summer. Pour un pompier, je t'assure que c'est plutôt mal venu.

— Dit la fille qui s'est pavanée à la caserne.

— Je suis seulement venue te chercher, contra-t-elle d'une voix ferme.

— C'est ça. Dans cette mystérieuse dimension parallèle, dit-il en riant.

— Ce n'est pas parce que tu es mon frère que je ne peux pas t'en coller une !

— Non, c'est simplement parce que je fais le double de ton poids, le tout en muscles. Je présume que tu es... bredouille ?

Instantanément, nos regards convergèrent vers

William. Il était toujours au milieu de ce groupe de femmes, mais ses yeux étaient fixés sur Summer. Il lui adressa un petit mouvement de la tête. Trois nouveaux cosmopolitans apparurent sur notre table et William leva sa bière dans notre direction.

— Peut-être pas, s'amusa Summer.

Elle murmura un merci à l'intention de William, puis détourna le regard, pivotant vers nous.

— Je suis la seule à penser que c'est une mauvaise idée ? demandai-je en finissant mon verre.

— Pour ta migraine demain matin, certainement, fit Kyle à mes côtés.

L'esprit délicieusement embrumé par l'alcool, je ne compris pas s'il plaisantait ou non. Ses yeux noisette me sondaient, comme s'il cherchait à percer mes secrets les plus profonds. Systématiquement — et ce soir ne dérogeait pas à la règle — je fuyais son regard, incapable de le soutenir. Il passa une main nerveuse dans sa chevelure blonde et soupira.

A quel moment était apparu cet air défait sur son visage ? A quel moment étions-nous devenus ce couple fade et éteint ?

— Ne blâme pas la migraine, c'est comme ça que tout a commencé entre nous, lui fis-je remarquer en saisissant un verre.

L'alcool me rendait courageuse. Ou peut-être inconsciente. Je m'étais promis de faire des efforts, de limiter nos disputes sans intérêt, mais je refusais de me laisser dicter mon comportement. Je refusais qu'on ne me laisse pas le choix. Je bus une gorgée de ma boisson. Je sentais déjà l'élan désagréable de la désapprobation émaner de Kyle.

A notre rencontre, tout avait été tellement simple. Kyle m'avait abordée dans une pharmacie, un dimanche matin pluvieux. Après avoir discuté avec moi des vertus du paracétamol, il m'avait invitée à prendre un café.

Puis à déjeuner.

Puis à passer la journée avec lui.

C'était le premier homme que je laissais entrer dans ma vie depuis des mois. Le premier homme qui m'avait soutiré un véritable sourire. Le premier homme qui était parvenu à me faire oublier pendant une journée Jérémiah. Cette pensée nostalgique me tira un sourire. Parfois, Jérémiah surgissait dans mon esprit et, par un mécanisme étrange que je refusais d'analyser, me faisait me sentir mieux.

— Certes, admit-il. Je devrais bénir la migraine, tu as raison.

Il porta ma main à sa bouche et déposa un baiser dans ma paume. Un nouveau sourire apparut sur mes lèvres et je me laissai aller contre Kyle. Ma tête sur son épaule, il embrassa mes cheveux, puis entoura ma taille de son bras pour m'attirer un peu plus contre lui.

— Que dirais-tu de partir en week-end ? me proposa Kyle à voix basse. Juste toi et moi.

— Les Hamptons ? m'enquis-je en relevant les yeux vers lui.

— Mes parents sont en Europe. On pourrait aller à Green Bay, passer un peu de temps près du lac et...

— Dans le Michigan ?

Je m'écartai vivement de lui. Je croisai le regard inquiet de Gemma. Elle savait que ma relation avec Kyle était fragile. Elle pencha doucement la tête, m'interrogeant silencieusement. Je poussai un soupir. Faire des efforts, garder le sourire, nous donner une chance.

— Il faut que j'y réfléchisse. Je n'ai pas eu mon

planning au café. Et j'ai pas mal de retard dans mes révisions.

— Prends ton temps.

Son sourire sans âme me glaça. Ces trois petits mots, en apparence innocents et prévenants, cachaient mal l'amertume et l'agacement de Kyle. Depuis le début de notre relation, il m'autorisait à prendre mon temps. Nous allions à mon rythme, un rythme lent et indécis, qui me permettait de panser mes plaies et mon chagrin. Je décidai de changer de conversation, espérant restaurer une ambiance plus légère.

— Et ta journée ?

— Bien. Rien de particulier.

Je captai un échange de regards entre Kyle et David et fronçai les sourcils. Je n'aimais pas ce que je ressentais actuellement, cette désagréable sensation qu'on vous cache quelque chose. Ou peut-être étais-je trop soupçonneuse ?

— C'était quoi ça ? demandai-je.

— Ça quoi ? fit David, en prenant un air innocent.

— Ce regard bizarre entre vous deux.

Mes yeux passèrent de David à Kyle, mais aucun d'eux ne sourcilla. Je tentai d'arracher ma main à celle de Kyle, mais il la retint et entrelaça nos doigts fermement. Summer entama une conversation avec son frère et Gemma, mais je les entendais à peine. Mon regard se porta sur nos deux mains, puis sur mon petit ami.

— Viens, murmura-t-il en se redressant.

Sa voix respirait l'urgence et j'eus la sensation que mon cœur était en train de dégringoler au fond de mon estomac. Je me levai de table, lançai un vague signe de la main à Summer, puis tentai de suivre le pas vif de Kyle.

Il nous entraîna à l'écart des tables, à l'extrémité

de la terrasse, dont la vue donnait sur l'Hudson. L'air s'était rafraîchi et je me surpris à frissonner. Pendant une courte seconde, je me demandai si c'était vraiment le vent… ou Kyle et son attitude glaçante avec moi. Un ricanement m'échappa, presque involontairement.

— Qu'y a-t-il ? demanda-t-il.

— Tu ne m'as même pas embrassée !

En quelques mots, ma promesse de faire des efforts pour sauver notre histoire s'était désagrégée, disparaissant au-dessus de New York et des lumières de la ville. Si Kyle remarqua mon amertume, il ne m'en fit pas la remarque. Il libéra ma main et agrippa mes hanches pour m'attirer brutalement contre lui. Il plaqua durement ses lèvres contre les miennes, ses doigts se faufilèrent sous mon haut, caressant la peau de mon dos et réveillant mon corps engourdi de fatigue. Il glissa sa langue dans ma bouche et son baiser s'adoucit. Il était beaucoup plus tendre, comme s'il cherchait à se faire pardonner son comportement. Passé le moment de surprise, j'enroulai mes bras autour de sa nuque et répondis ardemment à son baiser.

En une seconde, j'oubliai notre relation chancelante et la foule du bar. Il n'y avait plus que son corps qui épousait tendrement le mien et ses doigts qui effleuraient ma peau. Je frissonnai de nouveau, puis Kyle s'écarta doucement de moi. Il souda son front au mien et m'offrit un éblouissant sourire.

— Que fais-tu avec un crétin comme moi ? murmura-t-il.

— Je t'aime, paraît-il, répondis-je avec nonchalance.

— Tu ne verrais donc aucune objection à ce que je t'enlève à tes amies pour la nuit ?

— Des projets, monsieur Mitchell ?

— Des tas. Dont un dont j'aimerais te parler.

— Tu m'invites à passer la nuit chez toi pour me... parler ?

Je ne me rappelais plus du nombre de cosmopolitans que j'avais bus, mais l'alcool coulait dans mes veines, me faisant réagir comme une adolescente sous l'emprise des hormones. Cela me rendait plus courageuse avec Kyle, comme si les barrières que je m'imposais habituellement étaient en train d'exploser.

— Tu passes beaucoup trop de temps avec Gemma, sourit Kyle. Très joli décolleté au passage.

Il baissa les yeux sur ma poitrine, avant de nicher sa tête dans mon cou. Il déposa de petits baisers sur ma peau, tirant légèrement sur le tissu de mon haut pour découvrir mon épaule. Je pressai mon corps contre le sien, grisée par l'alcool et par le désir naissant dans le creux de mes reins. Après presque deux ans de relation et une récente période de turbulences, ce soir marquerait peut-être un nouveau départ pour Kyle et moi.

Du moins, j'espérais m'en convaincre.

— Allons chez toi, murmurai-je.

Je le repoussai doucement, lui adressai un sourire de séductrice, puis pris sa main dans la mienne. Nous retournâmes à la table et je ne m'étonnai pas de trouver William assis près de Summer. Leur histoire était un éternel recommencement, que j'avais renoncé à comprendre.

— Vous rentrez déjà ? demanda Gemma.

Je récupérai mon sac et ma veste, puis fouillai dans mon portefeuille à la recherche d'un billet de cinquante dollars pour régler nos consommations. Mais Kyle fut plus rapide et de la poche arrière de son jean, sortit de l'argent et le posa sur la table.

— Je te la ramène demain matin, assura Kyle à Summer en entourant ma taille de son bras.

— J'y compte bien. Et surtout, soyez sages ! hurla Summer pendant que nous fendions la foule vers la sortie.

Je lui adressai un rapide signe de la main, puis dévalai l'escalier vers le rez-de-chaussée. La voiture de Kyle était garée dans une impasse adjacente. Avant de l'ouvrir, il me plaqua contre la portière et m'embrassa, comme jamais il ne l'avait fait. J'étais à bout de souffle, le corps brûlant de désir, mes pensées négatives totalement noyées dans ce baiser passionné. Kyle glissa ses mains sous mon haut et les remonta le long de ma colonne, me faisant me cambrer un peu plus contre lui.

Haletant, il s'écarta de moi et à la lueur blafarde du lampadaire qui éclairait l'impasse son visage m'apparut. Pendant une seconde, je mis son teint blême sur le compte de cette lumière crue, mais en sondant son regard, je compris.

Ce baiser, cet élan de désir, ces mains qui parcouraient mon corps, ce n'était en rien de la passion et encore moins de l'amour. Cette façon de me serrer contre lui, cette énergie soudaine et inexplicable : rien de tout cela ne lui ressemblait. Une forme de panique me saisit, incontrôlable et violente.

— On y va ? proposa-t-il en ouvrant la portière derrière moi.

Sans rien dire, assommée par ce baiser dévastateur et par l'alcool, je m'installai dans la voiture. Mon corps tremblait toujours. J'aurais aimé croire que ce baiser n'était que passion ou désir fulgurant mais, malgré moi, je réalisai qu'il s'agissait de désespoir, d'une volonté farouche de sauver ce qui ne pouvait l'être. Lui comme moi assistions, impuissants, au naufrage de notre couple.

*
* *

Dans la voiture, bercée par une musique de jazz triste et laconique, je jetai plusieurs fois un coup d'œil vers mon petit ami. Le visage de Kyle était serein. Je ne l'avais jamais réellement vu en colère et j'admirais presque sa capacité à garder son sang-froid en permanence. Il m'adressa un regard et, malgré tous mes efforts, je n'y vis rien : ni étincelle de joie, ni amusement. Kyle était là, doux, prévenant, mais il était comme éteint. Je n'avais jamais été d'une nature très courageuse, mais ce soir, peut-être que l'un de nous devait prendre ses responsabilités. Quand Kyle sentit mon regard sur lui, il tourna la tête et m'adressa un sourire. Il prit ma main dans la sienne, la porta à ses lèvres et l'embrassa avec une tendresse douloureuse.

— Fatiguée ? demanda-t-il, soucieux.

— Un peu.

Mon mensonge passa inaperçu. J'en voulais à Kyle de faire l'autruche et de refuser de voir ce qui occupait pourtant tout l'espace dans cette voiture : le ressentiment, l'amertume et ce désir envolé dès que nous avions claqué la portière.

Kyle habitait un appartement luxueux, avec vue sur Central Park. Son père, fondateur d'un fonds de pension florissant, lui avait fait ce généreux cadeau après qu'il avait obtenu son diplôme. Le gardien vint m'ouvrir la portière et, très vite, Kyle retrouva ma main et me fit traverser le hall en marbre pour gagner l'ascenseur. Dans la petite cabine, il éteignit son portable. De nouveau, l'atmosphère changea. Après le désir fugace au bar et le doute dans la voiture, je faisais face à la nervosité de Kyle. Son regard ne m'inspirait pas la confiance habituelle. Sa respiration était lourde, erratique. Il frotta les mains contre son jean. Puis, il se plaça devant moi et, de l'index, il me força à soutenir son regard.

— Tu sais que je t'aime, n'est-ce pas ?

Sa voix éraillée et incertaine trahit un peu plus son agitation. Mon cœur cogna plus fort dans ma poitrine. J'avais un mauvais pressentiment. Ce même pressentiment qui m'avait saisie au bar lorsque j'avais remarqué cet échange de regards entre David et mon petit ami.

— Oui, chuchotai-je en ravalant mon angoisse.

— Et tu sais que je ferais tout pour toi, n'est-ce pas ? Tout.

L'air se raréfia brutalement dans l'ascenseur. J'eus la soudaine sensation qu'on me comprimait la poitrine. Kyle me fixait, attendant une réponse acceptable de ma part. Je ne savais plus où j'en étais ; tétanisée, nerveuse, j'avais soudain une furieuse envie de fuir cet endroit. Je pris une profonde inspiration et posai une main apaisante sur le torse de Kyle.

— Au sujet du Michigan, j'ai… j'ai juste besoin de m'organiser. Je dois appeler le café et… voir pour mes cours.

— Je sais. Tu me diras quand tu seras prête.

Il repoussa une mèche de cheveux derrière mon oreille, camouflant dans ce geste affectueux une nouvelle contrariété. L'ascenseur s'arrêta après une secousse et les portes s'ouvrirent dans un pénible silence. Je sortis de la cabine, Kyle sur mes talons, sa main posée délicatement dans le bas de mon dos.

— Mais tu pourrais aussi cesser de travailler, suggéra-t-il doucement.

— Tu sais que je ne veux pas vivre sur l'assurance de ma mère.

Ma voix était cassante et sévère. Nous avions déjà

eu cette conversation une dizaine de fois. Ce soir, je n'étais pas en état pour subir un nouvel assaut de Kyle sur le sujet.

— Ce n'est pas ce que je te demande, assura-t-il dans un sourire confiant.

Il déposa un baiser furtif sur mes lèvres, puis ouvrit la porte de son appartement. Il s'effaça, me laissant entrer la première. J'eus un moment de stupéfaction en contemplant le couloir devant moi.

— Après toi, chuchota mon petit ami.

Il posa ses mains sur mes épaules et m'aida à retirer ma veste. Tremblante et prise au piège, j'avançai doucement, foulant la moquette épaisse de couleur crème, recouverte de pétales de roses rouge vif. Mon cœur tambourinait à m'en faire mal, les larmes me piquaient les yeux et mon corps, totalement engourdi, bougeait, sans que je le commande vraiment.

Le chemin de pétales menait au grand salon. Si Kyle vivait ici, il n'y avait pourtant aucun élément de décoration qui lui correspondait. Deux grandes bibliothèques en acajou trônaient contre le mur, dominant l'imposant canapé en cuir beige et le tapis blanc. Une table basse, des guéridons, eux aussi en acajou, et des bibelots en porcelaine achevaient la décoration.

L'endroit était éclairé faiblement par un halogène et deux petites lampes. Sur la table basse, des petites bougies éteintes entouraient une bouteille de champagne hors de prix et des verres en cristal.

— Kyle, c'est…

— Assieds-toi.

Je m'exécutai et mon petit ami s'installa près de moi, son corps touchant le mien. Il prit la bouteille de champagne et d'un geste expert dévissa le muselet. La bouteille s'ouvrit dans un « pop » et Kyle nous servit. Il me tendit une coupe, son regard brillant d'espérance. Je devais avoir une mine désastreuse, ravagée par la panique et par ce pressentiment affreux qui me taraudait.

Il n'y avait rien de pire que d'assister à une catastrophe en étant incapable de l'éviter.

— A nous, dit-il, en faisant tinter son verre contre le mien.

— A nous, dis-je d'une voix hésitante. Qu'est-ce que...

— Je savais que tu refuserais d'aller dans le Michigan, alors j'ai pris les devants et j'ai fait quelque chose ici.

— Je n'ai pas refusé ! m'écriai-je, sur la défensive.

— Je sais. Mais je devais vraiment te parler.

Il prit ma main froide dans la sienne et la fixa de longs instants. J'attendais qu'il parle, incapable d'articuler le moindre son.

— Mon père va se retirer.

Si j'en avais eu la force, j'aurais crié de surprise, de peur, d'affolement. Mais j'avais la gorge bien trop nouée pour réagir. Je resserrai ma main autour de ma coupe à l'instant où Kyle relevait ses yeux vers les miens.

— Il m'a demandé officiellement de prendre sa succession. Un conseil d'administration doit valider le sujet d'ici à la fin de l'été.

— C'est... une très bonne nouvelle.

Oui, une très bonne nouvelle, si je parvenais à me convaincre que les pétales de roses et le champagne n'étaient là que pour faire joli.

Une très bonne nouvelle, si on oubliait que le fonds de pension que détenait son père avait son siège au Texas et que nous habitions New York.

Si Kyle détecta mes craintes, il ne le montra pas. Au

contraire, mes quelques mots bredouillés semblaient l'encourager.

— Oui, c'est inespéré surtout. Je pensais que papa ne lâcherait rien avant au moins deux ans, dit-il en riant.

Même son rire sonnait faux et creux à mes oreilles. Cela me fascinait qu'on puisse se mentir à ce point, qu'on puisse croire à l'impossible et s'y raccrocher de toutes ses forces en se disant que ces efforts-là suffiraient.

— Ecoute, Charlotte, je sais que dernièrement notre relation a été compliquée. Je sais qu'entre ton travail et tes études j'ai peut-être été trop exigeant. Mais je t'aime. Je t'aime et je ferais tout pour toi. Je bénis chaque jour cette rencontre à la pharmacie, je bénis chaque jour où ton regard se pose sur moi, et dans ces moments-là, plus rien n'existe réellement.

En quelques secondes, sur ce canapé, j'avais complètement dégrisé. J'avalai difficilement ma salive, tentant de retirer ma main de celle de Kyle. Soudain, il glissa du canapé, mit un genou à terre et tira un écrin de sa poche.

Je ne sentais plus mon corps, ne sentais plus la main de Kyle dans la mienne. Il n'y avait que le vide et la peur panique d'assister à cette scène. J'aimais Kyle, mais je n'étais pas prête pour cette vie : je n'étais pas prête à l'épouser, à devenir la femme d'un riche financier, à tenir un rôle bienveillant dans l'organisation de galas et autres dîners au country club.

— Plus rien n'existe. Rien, sauf toi. Charlotte, veux-tu m'épouser ?

Il ouvrit délicatement l'écrin, laissant apparaître une bague splendide ornée d'un diamant étincelant. Kyle m'observait, impatient et heureux. Je posai ma main libre sur l'écrin pour le refermer et, les larmes aux yeux, je parvins à secouer difficilement la tête.

— Je ne peux pas faire ça, murmurai-je. Pas comme ça, pas par obligation.

— Par obligation ?

— L'aurais-tu fait si ton père ne t'avait pas proposé la succession ?

Il se rassit près de moi, avec un visage de cendre et sa déception en étendard. Je m'en voulais de lui faire du mal, mais notre couple n'en était déjà plus un. Je ne pouvais pas lui faire croire que nous avions un avenir.

— Charlotte, je t'aime. Et c'est uniquement pour cette raison que je veux t'épouser.

— Je ne peux pas renoncer maintenant à mes études, Kyle.

— Je te laisserais passer l'examen du barreau. Le mariage peut attendre un an, deux ans. Peu importe, si cela peut te rendre heureuse, je le ferai et...

— Et nous finirons par nous haïr, terminai-je avec amertume. *Je* finirai par te haïr. Ma vie est ici, mes amies sont ici. Je dois normalement décrocher un entretien avec Claire Thomson, c'est inespéré pour moi.

Kyle libéra ma main et la colère se peignit sur son visage. Il réagissait enfin, il comprenait maintenant qu'il s'agissait d'une erreur. Je reposai ma coupe sur la table.

— Il n'y a pas de retour en arrière possible, dit-il doucement. Je t'aime, Charlotte, mais je ne peux pas refuser l'offre de mon père.

— Je sais. Je n'aurais jamais le courage de te demander un truc pareil.

— Mais tu y as pensé ?

Cette conversation ne menait nulle part. Kyle

cherchait un moyen de contourner mon refus, quitte à négocier un accord bancal et injuste pour lui.

— Pas une seconde, assurai-je. Je ne te demanderais jamais de revenir en arrière. Regarde-nous, nous sommes en train de nous perdre. Depuis quelque temps, c'est tendu entre nous, on se parle à peine, on se dispute pour…

— Des tas de couples se disputent, me coupa-t-il.

— Pas pour des broutilles. Eviter le sujet ne le rend pas moins réel.

— Que veux-tu alors ? Du temps ?

— Ça ne fonctionne pas comme ça. Ce n'est pas un accord à l'amiable qu'il faut négocier.

— Je ne cherche pas à négocier. Je cherche à te garder, Charlotte. Si tu as besoin de temps pour réfléchir, pour finir tes études… ou pour te trouver, je peux te l'accorder.

— Il ne s'agit pas de moi, Kyle. Il s'agit de ce que nous sommes en train de devenir. Je t'aime, mais je n'aime pas ce que nous devenons. Je n'aime pas l'idée d'être la seule à douter de nous. Tu ne peux pas absorber éternellement mes doutes.

Je me levai finalement du canapé, à la fois soulagée d'avoir réussi à mettre des mots sur ce qui me hantait depuis des semaines, mais aussi triste d'avoir trop attendu. Avec cette demande en mariage, Kyle avait mis son cœur à nu. En refusant, j'avais piétiné ce même cœur.

Je quittai le salon, hagarde et à bout de forces. Mon corps me picotait et mon cœur était comme éteint, battant au ralenti. J'atteignais l'entrée quand la voix brisée de Kyle me parvint :

— Charlotte ?

Je restai silencieuse, espérant éviter une nouvelle discussion. J'étais épuisée et je devais encore rentrer chez moi et trouver la force d'oublier cet immense gâchis.

— Je déménage à la fin de l'été. Si d'ici là tu changes d'avis, tu sais où me trouver.

Sans même s'en rendre compte, Kyle reprenait ses habitudes : il me donnait le choix, m'offrait du temps, il encaissait mes doutes et cherchait à me réconforter. La plupart des femmes auraient trouvé ça héroïque, adorable, ou d'un romantisme fou. Personnellement, je ne le supportais plus. J'aurais aimé qu'il se rebelle, qu'il crie, voire même que nous ayons une bonne fois pour toutes une vraie dispute.

— Je ne changerai pas d'avis, assurai-je en récupérant ma veste et mon sac. Ni sur le mariage ni sur nous.

Je quittai son appartement sans un regard en arrière. En repassant devant le gardien, je risquai un faible sourire. A sa mine étonnée, je compris qu'il avait sûrement été mis dans la confidence de cette demande et de cette soirée.

— Voulez-vous que je vous appelle un taxi ?

— Non. Je vais rentrer à pied.

Il opina faiblement, sans vraiment être rassuré par ma réponse. Quand je sortis de l'immeuble, la brise fraîche de la nuit caressa mon visage. J'essuyai vivement une larme orpheline, puis levai les yeux vers le ciel de New York.

Je savais que ma mère aurait adoré Kyle. La seule chose qui me rassurait, c'est qu'elle m'aurait détestée d'avoir accepté sa demande à contrecœur. Elle aurait pesté contre mon manque de courage, elle m'aurait sermonnée avec une ironie certaine sur ma capacité à ruiner ma propre vie.

Et dans un geste tendre, elle m'aurait embrassé les cheveux et recommandé, une fois de plus, d'être prête à vivre une vie hors du commun. Ce souvenir nostalgique me tira tout juste un sourire. Quelques gouttes de pluie mouillèrent mon visage et, après un dernier coup d'œil vers l'immeuble de Kyle, je remontai la rue pour rentrer chez moi.

Je franchis le seuil de mon appartement avec les cheveux humides et mon jean trempé à hauteur des chevilles. L'appartement était minuscule, mais nous avions deux chambres, séparées par la salle de bains. Les trois pièces donnaient dans le salon, attenant à la cuisine, et actuellement illuminé par un halogène. J'entendis le bruit de la douche et découvris que Summer n'avait pas dérogé à son habitude de jeter sa veste sur le canapé, plutôt que de la ranger. Une pile de courrier trônait sur la table basse, de la vaisselle sale jonchait le bar et le plan de travail, et l'ordinateur de Summer était posé, allumé, sur son fauteuil fétiche : un cabriolet en cuir marron élimé jusqu'à la corde, mais qu'elle chérissait plus que tout.

Je retirai mon manteau, le suspendis derrière la porte et en profitai pour faire de même avec la veste de Summer. J'entrepris d'empiler la vaisselle sale pour la déposer dans l'évier, puis ouvris le réfrigérateur en espérant trouver de quoi grignoter. Malheureusement pour moi, il n'y avait plus qu'une pomme fripée et un bagel datant de plusieurs jours.

— On a besoin de faire des courses, lança Summer dans mon dos.

Je sursautai de surprise, mon cœur tambourinant dans ma poitrine. Je pivotai et trouvai ma meilleure amie assise sur le canapé, frictionnant avec énergie sa longue chevelure brune.

— Je pensais que tu passais la soirée chez Kyle ?

— J'ai changé d'avis. Et William ?

— Quoi, William ?

— Tu n'es pas rentrée avec lui ?

— Je ne rentre pas avec un homme parce qu'il m'a offert un cocktail. D'autant plus s'il s'agit d'un ex, ajouta-t-elle avec un clin d'œil complice.

Elle se releva du canapé, resserra son peignoir bleu nuit autour de sa taille, puis regagna la salle de bains.

— J'ai commandé une pizza, cria-t-elle.

— Génial !

Ma voix était faible et éteinte. Une sensation d'épuisement m'étreignit et, brutalement, la perspective de faire la vaisselle ne m'attirait plus du tout. Je voulais fermer les yeux, dormir, et oublier cette soirée. Summer réapparut dans l'encadrement de la porte, ses cheveux enturbannés dans une serviette et son visage recouvert d'un masque à l'argile verdâtre.

Elle plissa le nez et le masque se craquela légèrement sur son visage.

— Ce truc doit reposer cinq minutes, dit-elle, les dents serrées en désignant son visage. Donc, dans cinq minutes et dix secondes, tu me racontes ce que tu fiches ici.

Pour s'assurer du timing, elle tourna la molette du minuteur et le posa sur le bar. Je fis couler l'eau, attrapai l'éponge et décidai finalement de noyer mes pensées tourmentées dans un travail utile et qui nécessitait peu de réflexion. J'étais certaine d'avoir pris la bonne décision en quittant Kyle ; malgré cela, il y avait ce doute horrible qui, à l'image d'un petit diablotin sur mon épaule, me susurrait à l'envi que j'avais commis une grosse erreur. Pourtant, c'était ce que je voulais : retrouver ma liberté, vivre ma vie comme je l'entendais.

Avoir une vie hors du commun.

Le minuteur carillonna en un son strident et Summer réapparut, le visage parfaitement net. Elle retrouva son fauteuil préféré, posa son ordinateur sur ses jambes repliées et fit claquer sa langue contre son palais.

— Alors, raconte. Je te laisse avec un Kyle à deux doigts de te violer dans ce bar, et tu reviens avec une mine fantomatique.

Les mains toujours dans la vaisselle, je poussai un profond soupir avant de répondre :

— Il m'a demandée en mariage.

Un silence inédit s'abattit dans l'appartement. Clouer le bec de Summer était rare et pendant un court instant, je me demandai si elle m'avait entendue. Je risquai un œil derrière moi, découvrant Summer stupéfaite, blafarde et bouche bée.

— Et j'ai refusé, ajoutai-je.

— Quel crétin, grogna-t-elle finalement. Je lui avais pourtant dit que tu n'étais pas prête.

— Tu étais au courant ?

— Il m'en a parlé très vaguement. J'ai cru qu'il prenait simplement la température, je n'ai pas songé une seconde qu'il passerait à l'acte !

J'abandonnai la casserole que je rinçais et m'essuyai les mains en fusillant Summer du regard. Aussitôt, elle leva les mains devant elle, pour s'excuser.

— J'ai vraiment cru qu'il ne le ferait pas. Je lui ai dit de ne pas le faire, se défendit-elle. Il m'a dit qu'il t'aimait, que voulais-tu que je réponde à ça ?

— J'aurais aimé que tu m'en parles. Ça m'aurait évité de lui briser le cœur ce soir.

— Il s'en remettra !

— J'ai rompu, Summer.

— Oh ! murmura-t-elle en s'enfonçant un peu plus dans son fauteuil.

Je défis ma queue-de-cheval et me déchaussai tout en allant dans la salle de bains. Soudain, la tristesse de ma relation avortée avec Kyle avait disparu, laissant place à une forme de colère contre Summer. Je savais pourtant que j'avais tort de m'en prendre à elle.

— Je ne pensais pas que ça irait jusque-là, dit-elle finalement, embarrassée.

— Tu ne pensais même pas que nous passerions le deuxième rendez-vous, raillai-je, en me brossant furieusement les cheveux devant le miroir.

— Ce n'est pas ce que je veux dire et tu le sais !

Je retournai au salon, tentant de poser des mots sur les émotions contradictoires qui me tourmentaient. La colère, l'amertume, le soulagement, la crainte ricochaient les uns sur les autres et torturaient mon esprit.

— Tu le savais, n'est-ce pas ?

— Quoi donc ? demanda-t-elle.

— Que je n'étais pas vraiment heureuse avec lui, que ça ne finirait pas bien.

— J'espérais pour toi que cela finirait bien. Kyle est sympa, drôle, prévenant, c'était exactement l'homme qu'il te fallait après...

— Après Jérémiah ?

— Après la débâcle qu'a provoquée Jérémiah, corrigea-t-elle.

— Ce n'était pas totalement sa faute.

— Vraiment ? Dois-je comprendre que toutes ces larmes versées et ces soirées à t'entendre pleurer votre histoire n'étaient que de l'autoflagellation ?

Son sourire chaleureux atténua modestement les souvenirs désagréables et amers qu'elle venait de réveiller. J'avais enfoui au plus profond de moi toutes traces de mon histoire avec Jérémiah. Maintenant qu'elle en parlait, je me revoyais, assise sur mon lit, dans la maison de mes parents, pleurant à chaudes larmes et vidée de toute énergie. Mon corps, mon âme, mon cœur n'étaient que miettes et douleur. J'avais mis des semaines à retrouver une raison de me lever le matin.

— J'étais malheureuse, murmurai-je.

— Tu étais en miettes. Tu étais une ombre. Et je ne pensais pas que cela allait durer si longtemps.

— Ça n'a pas duré *si* longtemps, niai-je avec véhémence.

— Non, c'est vrai, admit-elle. Mais cela t'a marquée aussi sûrement que la mort de ta mère. Il y a eu Jérémiah, puis le grand vide que tu as comblé avec les études et le travail... et ensuite, il y a eu Kyle. Il t'a ramenée parmi nous, il te faisait rire. J'étais heureuse pour toi.

Sa voix s'éteignit lentement, dans une forme de lassitude triste. Elle repoussa son ordinateur et se leva pour me faire face.

— Alors, oui, quand il m'a parlé de cette demande, je lui ai dit que tu n'étais pas prête. Mais il t'aime.

— Peut-être que ce n'était pas suffisant, expliquai-je dans un murmure. Peut-être que je n'étais pas prête pour qu'il m'aime.

— Tout le monde est prêt à ça ! s'exclama-t-elle dans un rire. La différence, c'est que toi tu veux *ça*, expliqua-t-elle en levant la main au-dessus de ta tête. Tu veux...

— Un truc hors du commun, finis-je pour elle.

— Exactement. Alors que Kyle te proposait un truc au ras des pâquerettes. Soyons honnêtes, Jérémiah t'a complètement détraquée. Parce que Jérémiah, lui, il était là.

Elle se haussa sur la pointe des pieds dans une grimace comique et leva la main aussi haut que possible. Elle attendit que j'acquiesce avant de baisser son bras et de me lancer son regard « tu vois, j'ai toujours raison ».

Summer me connaissait mieux que personne et elle avait raison en parlant de la trace indélébile qu'avait laissée Jérémiah. Je ne l'avais pas vu depuis dix ans et pourtant, son souvenir persistait, année après année. Aussi tenace qu'une encoche profonde dans le tronc d'un chêne.

— Possible, marmonnai-je en haussant les épaules.

— C'est la première fois que tu l'admets, s'amusa-t-elle en se réinstallant sur le canapé.

— Peut-être parce que c'est la première fois que je refuse une demande en mariage ?

— Probable. Mais Kyle t'a fait du bien, quoi que tu en penses, il a réparé ton cœur en miettes.

— C'est justement pour ça que j'ai refusé : on ne se marie pas avec quelqu'un par gratitude... ou par peur de finir seule en peignoir un vendredi soir devant une pizza trois fromages.

Summer m'adressa un regard en biais, avant de saisir un coussin et de me le lancer au visage en riant. Je l'esquivai adroitement.

— Le sarcasme est bon signe, dit-elle finalement en concentrant son attention sur l'écran de son ordinateur. Mais j'ai commandé une pizza au saumon !

— Je vais prendre une douche.

Summer m'appela alors que je refermais la porte coulissante derrière moi. Je l'entrebâillai pour passer la tête et vis ma meilleure amie qui m'adressait un sourire doux et prévenant.

— Tu n'es pas faite pour le ras des pâquerettes.

— Toi non plus, répondis-je avec sincérité.

— Et je tenais à te dire que ce jean noir te va parfaitement !

Je pouvais toujours compter sur Summer pour tuer un moment d'émotion. Elle n'aimait pas les scènes larmoyantes et n'avait jamais versé une larme devant un film poignant.

— Merci pour ça aussi, dis-je dans un sourire heureux. Que dirais-tu d'un peu de shopping demain ?

Elle arqua un sourcil soupçonneux à mon intention. Summer n'avait jamais compris mon peu d'intérêt pour le shopping, et les vêtements en particulier. Ce que je portais était pratique au possible, bon marché... et invariablement déformé par des lavages successifs ou taché de café.

— Tu viens de rompre avec Kyle et tu veux faire du shopping ? s'étonna-t-elle.

— Je finis mon service à 14 heures, viens me prendre au café avec Gemma. Je ne tiens pas à me morfondre ici. J'ai besoin d'air et de me changer les idées.

— D'accord.

Après ma douche, mes idées étaient moins sombres. Je brossai mes cheveux avec application, remarquant mon regard moins terne et ma mine détendue. Mon histoire avec Kyle m'avait tellement minée et tourmentée pendant des semaines que, maintenant qu'elle était terminée, j'avais la sensation qu'une immense chape de plomb avait été retirée de mes épaules. J'étais apaisée.

J'enfilai un short de sport trop large et un vieux T-shirt gris. Machinalement, je passai mes doigts le long de ma clavicule, esquissant un sourire. D'une certaine manière, Summer avait raison : Jérémiah avait laissé sa trace dans ma vie.

Quand je revins dans le salon, Summer avait ses lunettes sur le nez et tapait furieusement sur son clavier, un air concentré sur le visage. La pizza avait été livrée et attendait sur la table basse.

— Je vais finir par quitter ce job, marmonna Summer alors que j'installais deux assiettes.

— Ça fait des semaines que tu dis ça.

— Tu as mis trois mois à quitter Kyle, ne me juge pas !

Je m'emparai de la pile de courrier et le triai. J'empilai les factures sur ma droite et les autres enveloppes, principalement pour Summer, sur ma gauche. Cette dernière éteignit finalement son ordinateur et, à son tour, consulta le courrier, avant de l'abandonner.

— Je regarderai ça plus tard. Je meurs de faim.

Elle prit une part de pizza et la dévora en moins de dix secondes. J'éclatai de rire en la voyant s'essuyer la bouche avec délicatesse. Summer alluma la télévision et opta pour une chaîne musicale.

— Raconte-moi, dis-je finalement. Pour William.

Elle leva les yeux au ciel et se lança dans le récit de sa soirée avec lui. Je dévorai ma part de pizza en l'écoutant. Elle n'avait plus cette aigreur contenue dans la voix dès qu'il s'agissait de lui. Depuis qu'ils avaient rompu, elle était calme, posée, presque rationnelle.

A la fin de notre conversation, et après que Summer m'eut redemandé si je voulais toujours faire du shopping le lendemain, je décidai d'aller me coucher. Pour la première fois depuis des semaines, j'avais l'esprit léger. Quitter Kyle avait été une bonne décision.

— Et le grand café pour Connie, annonçai-je en tendant un gobelet fumant à l'intéressée.

Elle me remercia à peine et, le téléphone vissé à l'oreille, sortit du café aussi vite que possible.

La fin de mon service approchait et la foule se densifiait. Je risquai un œil vers la porte, attendant Summer et Gemma, en vain. J'essuyai mes mains sur mon tablier et rinçai les quelques ustensiles qui traînaient sur mon plan de travail. Erik me tendit un gobelet vide en me commandant un cappuccino.

Avec trois ans d'ancienneté dans ce café, j'étais désormais la vétérante. Je formais les nouveaux et parvenais à monter des plannings qui satisfaisaient la majorité des étudiants qui travaillaient ici. Je lançai le café et réchauffai le lait à l'aide de la buse assourdissante.

— Cappuccino pour... Kyle, annonçai-je en lisant le prénom inscrit sur le gobelet.

— Salut.

Je relevai les yeux sur mon ex-petit ami. Mon cœur cogna dans ma poitrine et coinça mon souffle quelque part dans mes poumons. Etais-je prête pour cette confrontation ?

Je ne pouvais pas être insensible à sa déception, mais je savais que j'avais fait le bon choix. Et cette certitude m'empêchait de tomber dans la tristesse.

— Salut, répondis-je, embarrassée.

— Je... Je voulais voir si tu allais bien.

A son teint blafard et ses cernes sous les yeux, je compris que lui n'allait pas bien. J'eus un pincement au cœur en songeant que j'avais détruit une partie de ses espoirs pour l'avenir.

— Je vais bien, assurai-je.

— Ton planning était toujours affiché à l'appartement et j'ai vu que tu finissais bientôt. J'ai pensé qu'on pourrait...

— Kyle, s'il te plaît. Ne rends pas les choses encore plus compliquées.

— Tu es celle qui rend les choses compliquées, dit-il d'une voix froide. J'ai toujours été là pour toi.

— Je ne te l'ai jamais demandé.

Deux personnes patientaient derrière Kyle. Je m'emparai de leurs gobelets et préparai leurs boissons. J'espérais ainsi qu'il comprendrait que je n'avais pas envie de parler avec lui.

Je n'en avais plus envie. Je n'avais plus envie d'être protégée, d'être aimée, d'être couvée par cet homme. J'étouffais. Je rêvais d'une relation pleine de surprises, et non rythmée par une routine digne de celle de ses parents.

— Ça ne peut pas s'arrêter comme ça, Charlotte.

— Ça doit s'arrêter comme ça. Maintenant, laisse-moi travailler.

— S'il te plaît, Charlotte.

Je l'ignorai, me concentrant sur mon travail, avant de tendre les deux boissons aux clients suivants. Je leur adressai un sourire crispé, avant de reporter mon attention sur Kyle.

— Pars d'ici, lui intimai-je. Je... Je ne tiens pas à briser en plus notre amitié, sachant que nous finirons par nous revoir grâce à David ou à Summer.

— Alors, c'est ce que nous sommes ? Des amis ?

— C'est ce que nous devons être.

Il encaissa ma réponse, serrant le gobelet brûlant entre ses mains. Quand il releva les yeux vers moi, ils brillaient de rage contenue et de dépit. Il posa brutalement sa boisson sur le bar. Les clients autour de nous sursautèrent et nous observèrent avec curiosité.

— Nous avions toute une vie devant nous, reprit-il.

— Une vie qui ne convenait qu'à toi.

— Tu as la trouille.

Sa conclusion me figea sur place. Je n'avais pas envisagé notre rupture comme une fuite. Au contraire, c'était de poursuivre notre relation qui aurait été une échappatoire. Il m'offrait quelque chose de simple, de facile et de rassurant dans ma vie qui ressemblait au chaos depuis des années.

— Non, Kyle. Ce n'est pas une question de peur. C'est moi, je ne peux pas être... protégée de tout comme tu le fais. Soyons lucides, tu voulais plus, mieux, une vie entière et moi... moi, je ne sais pas encore ce que je veux vraiment faire de ma vie. En refusant ta demande, je nous préserve d'un immense gâchis.

Ma voix apaisante ne parvint pas à le calmer. D'un geste colérique, il renversa sa boisson, indifférent aux regards attentifs autour de nous.

— Tu es à l'origine de ce gâchis.

Il quitta le café en bousculant la plupart des clients qui patientaient à la caisse et manqua de heurter Summer qui ouvrait la porte au même moment. J'épongeai le cappuccino qui gouttait au sol, ravalant les larmes qui me montaient aux yeux. Après avoir nettoyé les dégâts, je repris mon service, enchaînant les boissons et les sourires forcés auprès des clients.

— Il est 14 h 02, tu devrais déjà être dehors à faire chauffer ta carte bleue, lança Summer.

— Je sais, je sais.

Mes mains tremblaient toujours de la petite scène rageuse de Kyle. Aussitôt, Summer posa une de ses mains sur la mienne et, en un regard, elle me rassura.

— Ras des pâquerettes ? Tu te rappelles ?

— Oui. C'est juste... J'ai été surprise.

— N'était-ce pas justement ce que tu lui reprochais ?

Un rire m'échappa, malgré moi. Cette fois, Kyle avait effectivement été remarquable.

— Filons d'ici, proposai-je en retirant mon tablier.

— Enfin une parole sensée ! Gemma nous rejoint.

En moins de cinq minutes, j'avais quitté le café et je remontais maintenant l'avenue bondée, accrochée au bras de Summer. Nous écumâmes les magasins, Summer me conseillant sur le choix de mes tenues.

— Cette robe sera parfaite pour l'Italie, commenta-t-elle quand je sortis de la cabine.

La robe, en tissu léger de couleur bleue, m'arrivait au-dessus du genou. Les larges bretelles et le col rond l'assagissaient. Devant le miroir, je fis la moue, pas réellement convaincue.

— Tu n'es plus inquiète au sujet de mon hypothétique vie d'épouse et de mère ? demandai-je.

— J'aurais sûrement été plus inquiète si tu avais dit oui à Kyle. Mais je vais être franche, le type qui finira par te passer la bague au doigt a intérêt à avoir un sacré pedigree...

— ... Et une ceinture noire de karaté, termina Gemma en s'effondrant dans un des fauteuils de la zone d'essayage. Jolie, cette petite robe, pourquoi n'ai-je pas tes jambes déjà ?

— Parce que tu as un paquet de chips à la main ? tentai-je.

Summer le lui arracha d'un geste vif et adressa un sourire plein de provocation à Gemma. Cette dernière resta muette, puis fronça les sourcils de désapprobation.

— J'ai passé une journée horrible, j'ai couru à la salle de gym, je me suis étalée sur le tapis de course, je suis allée faire des courses dans un hypermarché bondé de familles nombreuses et de gamins hurlants... Je mérite ce paquet de chips, déclara-t-elle en récupérant son trophée.

— Charlotte a refusé la demande en mariage de Kyle, annonça tranquillement Summer, nullement émue par la tirade de notre amie.

Gemma se tourna vers moi, ses yeux incrédules cherchant une confirmation.

— *Tu* mérites ce paquet de chips, conclut-elle en me désignant de la main. Que s'est-il passé ?

— Il a tenté sa chance, résuma Summer.

— De toute évidence, mais je pensais que... enfin que, lui et toi, ça collait.

— Eh bien, ça ne colle plus, expliquai-je. Ça faisait quelques semaines que nous nous disputions pour des bêtises. Et ce n'est pas vraiment la vie dont je rêve.

— Est-ce que tu es en train de me dire que tu as rompu avec Kyle ?

— Oui.

— Avec Kyle ? répéta-t-elle, incrédule. Kyle comme dans... « Pour notre troisième rendez-vous, Kyle m'a emmenée en haut de l'Empire State Building et nous nous sommes embrassés. » Ce Kyle-là ?

— Il est disponible, si tu veux, gloussa Summer.

Je ris en remarquant qu'elle était parvenue, à notre insu, à récupérer le paquet de chips des mains de Gemma. Elle en grignota une distraitement, pendant que le regard de Gemma, stupéfait, les yeux ronds de surprise, passait successivement d'elle à moi.

— Et... Enfin, tu vas bien ?

— C'est elle qui a proposé de faire du shopping, intervint Summer sans me laisser le temps de répondre.

— Oh. Difficile de savoir si ça va ou non, alors ?

— Soit elle ne va pas bien et elle ment très bien, soit...

— Elle va bien et...

— Je vais bien, les coupai-je. Je devais rompre avec Kyle. Ce n'était pas juste de le laisser attendre ou, pire, de le laisser espérer. Et, de toute évidence, finis-je en admirant ma robe dans le miroir, nous n'avions pas les mêmes envies.

Mes yeux s'attardèrent de nouveau sur ma clavicule. Je passai le doigt sous la bretelle de la robe et effleurai la marque blanche à peine visible. Un sourire nostalgique, un peu idiot et irrépressible se dessina sur mes lèvres. Depuis quelques semaines, je me laissais souvent emporter par les souvenirs de Jérémiah et je ne parvenais pas à m'expliquer pourquoi.

— Tout va bien ?

La vendeuse interrompit ma rêverie. Je secouai la tête pour retrouver mes esprits, pivotant vers mes amies pour avoir leurs avis sur ma robe.

— Trop sage, jugea Summer.

— Trop... bleue, ajouta Gemma.

La vendeuse me présenta aussitôt deux autres robes, moins formelles et un peu plus audacieuses que la première. Après deux essayages infructueux, la troisième robe — noire, évasée et laissant apparaître le début de mon décolleté — remporta finalement les suffrages. J'achetai aussi un tailleur classique, en vue de mon entretien avec Claire Thomson, et quelques hauts légers, qui seraient sûrement utiles en vacances.

Après que j'eus réglé mes achats, nous rentrâmes à l'appartement. Summer ouvrit pendant que je la suivais, mes paquets à la main. Notre courrier avait été glissé sous la porte.

— Tu peux ramasser le courrier ? demandai-je à Gemma en me dirigeant vers ma chambre.

J'y posai mes sacs et me débarrassai de mes chaussures l'instant suivant. Summer s'affaira à remplir le réfrigérateur de nos quelques courses alimentaires, pendant que Gemma épluchait le courrier.

— Une pour toi et une pour Summer, résuma-t-elle en nous tendant nos lettres respectives.

Elles étaient identiques en tout point : du format au papier épais de l'enveloppe. Je tressaillis en voyant le tampon dans le coin gauche et relevai les yeux vers Summer. Elle haussa les épaules et décacheta la sienne avec précaution.

— Si vous me dites que c'est Poudlard, je ne vous croirai pas une seconde, dit Gemma en riant, nous fixant alternativement.

— C'est presque ça, commenta-t-elle. Tu devrais ouvrir la tienne, Charlotte.

— Je crois savoir ce que c'est, murmurai-je.

— Et l'ouvrir n'y changera rien, souligna Summer.

Je m'exécutai donc, sous les yeux de mes deux meilleures amies. Summer souriait largement, scrutant ma réaction. Quand je sortis le carton de l'enveloppe, mon cœur s'arrêta pendant une fraction de seconde.

— C'est... Norview, parvins-je à dire entre deux respirations saccadées.

— Norview ? Votre lycée ? s'anima Gemma.

— Gagné ! s'amusa Summer. La promotion 2005 est priée de revenir sur les lieux du crime.

Le carton me tomba des mains et glissa sur le comptoir, pendant qu'une sensation désagréable de malaise m'étreignait. Gemma battit des mains, ravie de l'information, et récupéra le carton.

— Pendant le week-end du 4 Juillet, annonça Gemma. Ça va être génial, tu crois que je peux venir ?

— Tu peux être mon invitée, acquiesça Summer. En plus, ça les fera jaser. Ils vont croire que je suis devenue lesbienne !

— On pourra partir quelques jours et profiter de la côte.

— Charlotte a toujours la maison de ses parents là-bas, ça semble une bonne...

— Non ! les coupai-je.

— Non ? répondirent mes amies en écho.

— Non. Je n'irai pas.

Pour éviter d'affronter leurs regards, je me précipitai vers le réfrigérateur et sortis quelques aliments pour cuisiner.

— Des pâtes, ça vous va ? demandai-je.

— Pourquoi ne veux-tu pas y aller ? s'enquit Gemma.

— Je ne vois pas bien ce que j'y ferais. Revoir tous ces gens... Raconter sa vie... C'est à celui qui a la plus belle voiture ou à celle qui a les enfants les plus magnifiques. Rien que d'y penser, ça m'agace, râlai-je.

— Tu vois : là, elle va mal et elle ment, souffla Summer, sur un ton de conspiratrice à Gemma.

— Je vois, je vois. Charlotte ?

— Et j'ai plein de travail : des révisions, encore des révisions et l'examen du barreau. Ce n'est pas vraiment le moment d'aller faire la fête.

— C'est justement le moment ! s'écria Gemma. Tu es seule, tu bosses comme une folle depuis des semaines. Une pause ne te fera pas de mal.

Je m'activai dans la petite cuisine, ignorant le regard de mes amies. Je devais tenir. Je devais mentir. Encore un peu, encore quelques minutes, et elles oublieraient cette invitation.

— Une pause, non. Mais Jérémiah, certainement, déclara Summer.

— Qui est Jérémiah ? intervint Gemma.

— Ça n'a rien à voir avec lui, m'énervai-je, en découpant rageusement une tomate. Rien du tout !

— Elle ment encore, commenta Gemma dans mon dos. Qui est Jérémiah ?

— Une très longue histoire qui a très mal fini, résuma Summer.

— Oh. C'est ce type qui...

— Oui, c'est lui, la coupai-je. C'est lui qui m'a brisé le cœur, ricanai-je, avec amertume.

Je me tournai vers mes amies, énervée par leur comportement, agacée par le mien, les larmes au bord des yeux et incapable de réfléchir rationnellement.

— D'ailleurs, si on y pense, il m'a brisée tout court. Je n'ai donc pas particulièrement envie de le revoir.

— Le revoir ? s'esclaffa Summer. Attends, il va y avoir au moins trois cents personnes à ce truc !

Je me retins d'éclater d'un rire acerbe. Même au milieu d'une foule de cinq mille personnes, Jérémiah et moi nous serions retrouvés. Quelque chose en moi m'attirait vers lui et, malgré mes efforts, j'étais impuissante à lutter contre. C'était là, ancré, puissant, indélébile, aussi marquant que cette cicatrice. Si j'avais fait le choix de m'éloigner, c'était justement pour cette raison : pour créer une distance suffisamment grande pour l'oublier.

— C'est non, Summer. Je n'irai pas. Mais allez-y si vous voulez, je peux vous prêter la maison et...

— Hors de question : si tu ne viens pas, je n'y vais pas.

— Bien.

Je retournai à la découpe de mes légumes, soulagée de mettre un terme à cette conversation grotesque. Ma colère s'apaisait doucement, mais mon souffle était toujours court et mes pensées dispersées.

— Charlotte, soyons lucides, jamais Jérémiah ne participerait à un tel... truc, de toute façon. Il n'a déjà pas fait la remise de diplômes.

Mon couteau glissa et je me coupai l'index. Je laissai échapper un juron et suçotai le bout de mon doigt en ronchonnant contre ma maladresse.

— Il n'est pas du genre... mondain ? demanda Gemma.

— Il n'est pas du genre... tout court. Jérémiah est à part. Allez, Charlotte, viens ! Et, si par un curieux hasard il est là, on fera tout pour déguerpir dans la minute, promit-elle.

— Hors de question. Regarde l'enveloppe, lui intimai-je.

— Quoi, l'enveloppe ?

Elle s'en saisit et sa motivation s'effaça un peu en voyant le tampon dans le coin. Mes lèvres se retroussèrent dans un sourire victorieux. Sur ce coup-là, elle ne pouvait rien dire.

— Qu'est-ce qu'elle a, cette enveloppe ? fit Gemma en prenant la mienne. C'est quoi ce truc, la Fondation Montgomery ?

— Ce sont eux qui organisent la réunion, murmura Summer.

— Et ?

— Et il s'appelle Jérémiah Montgomery, conclus-je en appuyant volontairement sur son nom.

Gemma siffla d'appréciation, avant de m'adresser un sourire :

— Tu seras une avocate hors pair, avec ce genre d'effet de manches !

— La flatterie ne me fera pas changer d'avis.

— Ne me reproche pas d'essayer. Il y a encore cinq minutes, je voulais y aller pour me soûler à l'œil, maintenant, je suis vraiment curieuse de savoir qui est ce type !

— Ce type est mon passé, répondis-je, exaspérée. Franchement, tu ne perds rien à ne pas le connaître.

— Si c'était vraiment le cas, tu n'en ferais pas toute une histoire, intervint Summer.

En une seconde, j'eus la sensation d'être tombée dans un guet-apens. Je me tournai vers Summer, réalisant avec amertume qu'elle m'avait amenée tranquillement là où elle voulait.

— Si Jérémiah est ton passé et donc... sans importance, dirons-nous, lança-t-elle avec désinvolture, je ne vois vraiment pas où est le problème.

Gemma opina furieusement, piquée de curiosité à l'idée de rencontrer Jérémiah. Je serrai les poings, pendant que Summer, tel un vautour alléché par un cadavre, tournait autour de moi.

— Il est sans importance, dis-je d'un ton sec.

— Bien. Donc, on peut y aller, conclut-elle.

Mon cœur battait la chamade, rien qu'à la perspective de retourner là-bas. Je n'y avais plus mis les pieds depuis des années. Je ne parvenais pas à me résoudre à vendre la maison. J'esquissai un bref sourire, ravalant la colère sourde qui me gagnait peu à peu. Me fâcher avec Summer ne changerait rien.

Dans le fond, elle avait raison : Jérémiah ne pouvait plus me toucher. Ni me blesser, ni interférer dans ma vie comme il l'avait fait dix ans auparavant.

En tout cas, il ne devait plus.

— Gemma, tu es des nôtres ? demanda Summer.

— Tu oses demander ? Après ce teasing sur Jérémiah, le fantôme du passé de Charlotte ?

— Très drôle, raillai-je en retournant à ma préparation en cuisine.

Soudain, je sentis les bras de Summer m'entourer les épaules et elle me serra contre elle avec affection.

— Ça va être une soirée géniale. On sera ensemble, tu ne risques rien.

Elle mit l'invitation en face de mon visage, mes yeux retrouvant immédiatement le cachet rouge vif de la Fondation Montgomery. Je ne savais pas ce que je craignais vraiment : revoir Jérémiah ou constater son absence. Ma colère s'estompa dans l'instant, remplacée par de l'appréhension et de l'angoisse. Mes yeux me piquaient, mon cœur était rongé par l'amertume. Je détestais qu'après si longtemps et malgré la distance il ait encore autant d'impact sur moi.

— Attendez une seconde, dit Gemma brutalement.

Nous pivotâmes d'un même mouvement, le bras de Summer toujours autour de mes épaules. Gemma jouait avec l'enveloppe, la faisant tourner entre ses mains.

— Jérémiah... Jérémiah Montgomery ?

Le regard de Gemma s'illumina comme un sapin de Noël et elle s'approcha de nous, nous fixant alternativement.

— Ce n'est pas le Jérémiah Montgomery qui...

— Fait les gros titres de la presse people ? finis-je, agacée.

— Le pilote ? fit notre amie d'une voix blanche.

— Le seul et l'unique, bougonnai-je.

— Tu es sortie avec Jérémiah Montgomery ! hurla finalement Gemma, presque hystérique.

— On devrait peut-être lui servir un verre, non ? me proposa Summer.

— Il n'y a aucune chance qu'il vienne à cette soirée, prévins-je Gemma calmement.

— Comment peux-tu être si détendue alors que tu es sortie avec Jérémiah Montgomery ? Ce type est...

— Ce type était un adolescent pénible et récalcitrant quand je suis sortie avec lui ! Sers-lui un verre, intimai-je à Summer, et donne-moi ça !

J'arrachai mon enveloppe des mains de Gemma. Je tirai le carton-réponse et pivotai vers Summer.

— Tu as un stylo ?

Je ne sais comment, elle en sortit un de la poche arrière de son jean et me le tendit avec un sourire triomphant. Je lui adressai un regard mauvais et remplis rapidement le carton-réponse. Je cochai le « oui », puis le tendis à Summer.

— Je compte sur toi pour le retourner ?

— Evidemment !

Nouveau sourire ironique, plein de malice et de contentement. Pendant un court instant, j'eus un affreux doute. Summer était contente d'elle, mais il y avait autre chose, une forme de satisfaction intense, doublée d'excitation mal contenue. Avant que je puisse la questionner, elle sautilla jusqu'au salon, glissa mon coupon et le sien dans une enveloppe et, tout en me regardant, appliqua consciencieusement un timbre sur l'enveloppe scellée.

— Et maintenant on dîne, lança-t-elle.

— Et, non, je ne parlerai pas de Jérémiah, précisai-je à Gemma.

— Tu n'es pas drôle ! bouda mon amie.

La semaine suivante, je tentai, en vain, de joindre Claire Thomson pour caler un entretien avec elle. Je laissai un message sur son répondeur, bafouillant mon nom et expliquant maladroitement comment j'avais eu ses coordonnées. Particulièrement honteux pour une future avocate amenée à plaider devant une cour !

En attendant qu'elle me recontacte, je me plongeai dans mes révisions, avalant chaque jour des pages et des pages de Code constitutionnel. J'eus deux appels de Kyle. Un premier où, visiblement ivre, il me suppliait de revenir ; un second, le lendemain, où il s'excusait.

Si j'avais espéré que notre relation amoureuse s'éteigne au profit de l'amitié, j'avais eu tort. Kyle était anéanti de tristesse. Incapable de comprendre pourquoi j'avais refusé sa demande, il n'avait pas vu que notre relation était bancale.

Lui, fort, confiant et prévenant d'un côté.

Moi, incertaine, effrayée et culpabilisant de ne pas être celle qu'il aurait aimé que je sois.

Alors que j'étais en pleine lecture de la jurisprudence Monroe, mon téléphone vibra. Je jetai un œil à l'écran, espérant qu'il ne s'agissait pas d'un nouvel appel désespéré et larmoyant de Kyle. J'avais épuisé mon capital empathie et compréhension pour la semaine. Mais le numéro qui s'affichait était inconnu. Je repoussai mes livres et, tout en décrochant, je me levai et décidai de m'octroyer une pause.

— Bonjour, pourrais-je parler à Charlotte Parker ?

— C'est moi, dis-je en portant une bouteille d'eau à mes lèvres.

— Bonjour, Charlotte, je suis Claire Thomson. Vous avez laissé un message sur mon répondeur.

— Euh... oui, balbutiai-je.

— Peter Tate m'a transmis vos coordonnées et j'aimerais que nous discutions un moment, vous et moi.

Je manquai d'avaler de travers, prise par surprise. Je reposai ma bouteille avec précaution sur le plan de travail, m'essuyai la bouche d'un revers de manche et tentai de retrouver mes esprits.

— Euh... oui, bien sûr.

— Bien. Pete m'a dit que vous révisiez actuellement l'examen du barreau.

— En effet, marmonnai-je, les jambes flageolantes.

— Ce truc est impossible, dit-elle en riant. Mais vous ne pouvez rien faire sans ! Je suis assez prise, mais que diriez-vous d'un déjeuner le 8 ou le 9 ? J'aimerais laisser passer les festivités du 4 Juillet pour être tranquille au cabinet.

— Je... euh... Oui, évidemment. Avec plaisir.

Je ne savais pas ce qui me surprenait le plus : son ton si amical et chaleureux, ou le fait qu'elle me propose un déjeuner. Même en travaillant pendant près de deux ans pour Warren & Scott, je n'avais jamais eu l'occasion de déjeuner avec mon titulaire. Je m'assis sur l'accoudoir du fauteuil, digérant lentement les informations.

— Disons le 9 juillet à 12 heures au Tavola, cela vous va ? C'est tout près de Columbia. Vous aimez la cuisine italienne ?

— J'adore ça, souris-je.

— Parfait. Je pourrais prendre des pâtes avec un million de calories sans culpabiliser.

— Sans problème ! m'esclaffai-je. Le 9 à 12 heures sera parfait.

— Je vous laisse travailler. A très bientôt, Charlotte !

Elle raccrocha sans que j'aie le temps de répondre, me laissant complètement hébétée au milieu de l'appartement. Je fixai le téléphone de longues minutes, avant de réagir et de m'offrir une danse de la joie improvisée autour de la table basse.

Claire Thomson voulait me voir... et ce premier entretien ressemblait déjà à un aboutissement dans ma carrière.

Le début du mois de juillet arriva à toute vitesse : plongée dans mes révisions, je ne voyais plus le temps passer. Aussi, quand le week-end du 4 Juillet se profila, Summer me cueillit presque par surprise.

Alors que j'étais à la bibliothèque de Columbia en pleine analyse d'un arrêt de la cour de New York, Summer apparut devant moi, s'assit en face et jeta son sac et sa paire de talons aiguilles bruyamment sur la table. Je levai les yeux vers elle, remarquant au passage les mines courroucées des autres étudiants.

— Qu'est-ce que tu fais ici ? chuchotai-je.

— Je tente de discuter avec ma meilleure amie, celle qui est planquée sous les livres depuis plus de deux semaines.

Je haussai les épaules, avant de replonger dans ma lecture. Summer poussa un soupir à fendre l'âme, récoltant des grognements mécontents. Elle reprit ses chaussures et, dans un geste souple, les renfila. Je la fixai, médusée par son aplomb, et proprement abasourdie quand elle adressa un clin d'œil à un jeune étudiant.

— Tu dois être en déficit de vitamine D avec ce manque de lumière ! reprit-elle.

— Tu déranges tout le monde, lui fis-je remarquer.

Elle posa sa main sur mon livre, m'empêchant ainsi de poursuivre.

— Sortons d'ici, proposa-t-elle.

— J'ai du travail, Summer. Je dois finir ce pavé ce soir pour être dans les temps ! Et, ensuite, je dois aller au café prendre mon service.

Je repoussai sa main et tirai un peu plus le livre vers moi. Relevant les yeux vers elle, j'ajoutai :

— On pourra parler demain.

Elle grimaça, partagée entre contrariété et lassitude. Soudain, *Blame it on the Boogie* résonna et des soupirs agacés lui firent écho.

— Pardon, s'excusa-t-elle à voix basse en tirant son téléphone de son sac.

Elle faisait un vacarme effroyable dans la majestueuse bibliothèque, haute de plafond et richement décorée, et dans laquelle le moindre son ricochait contre les murs, puis sur les étagères, et se retrouvait amplifié par l'écho. Faire tomber un stylo dans cette pièce était presque un motif d'exclusion.

Aussi, lorsque, devant mon air ébahi, Summer décrocha, je compris que ma séance de révisions serait écourtée.

— Gemma, je te rappelle. Je suis à la bibliothèque et il y a tout un tas de gens qui n'apprécient pas de me voir, expliqua ma meilleurc amie à haute voix.

— Summer ! grondai-je, les dents serrées.

Je refermai violemment mon livre et rassemblai mes affaires, sous les regards outrés des autres étudiants. Je baissai les yeux, honteuse, avant de mettre mes affaires en vrac, dans mon sac. Je contournai la table et attrapai Summer par le coude pour la traîner à l'extérieur du bâtiment.

— Oui, oui, elle a l'air tout à fait d'accord, répondit-elle.

J'avançai à grandes enjambées, pendant que Summer faisait claquer ses talons sur le parquet. De toutes les situations embarrassantes que j'avais pu vivre, celle-ci était sûrement la pire. Ma meilleure amie posa sa main sur le micro du téléphone et m'interrogea :

— Elle me demande si Tate était là ?

— Ce n'est vraiment pas le moment, grinçai-je, en colère.

Je poussai la grande et lourde porte en bois et, d'un geste vif, fit sortir Summer et ses talons de la bibliothèque.

— Mais qu'est-ce qui te prend ? criai-je.

— Aux grands maux, les grands remèdes. On ne t'a pas vue depuis des jours !

— Et ça justifie tout ce cinéma ? Les talons ? Le clin d'œil ? Le téléphone ?

— Le téléphone n'était pas prévu dans le plan,

mais je dois admettre que Gemma a un certain sens du génie !

Je soupirai, ma colère contre elle bouillonnant dans mes veines. Jamais Summer ne m'avait fait un coup pareil. Ça ressemblait plus à Gemma de surjouer la provocation. Je passai mes deux mains sur mon visage, la fatigue resurgissant brutalement.

— Tu es exténuée, Charlotte. Tu as besoin d'une pause, d'un verre et d'un déjeuner avec ta meilleure amie.

Elle enroula son bras autour du mien, et nous remontâmes le couloir. Ses talons claquaient toujours sur le marbre, pendant que je traînais les pieds, peu motivée.

— On peut se faire un sandwich ? proposai-je.

— Il fait un temps superbe : prenons des salades et allons déjeuner sur les marches.

La bibliothèque de l'université était un bâtiment monumental, garni de colonnes et de marches imposantes en granit. Dès que les beaux jours se profilaient, les marches étaient prises d'assaut par les étudiants. Summer acheta deux salades au café jouxtant la bibliothèque et nous fit asseoir en haut de l'escalier.

De notre place, nous dominions l'Upper Campus et ses pelouses verdoyantes. Les partiels étaient terminés pour la plupart des étudiants, mais le campus restait animé.

— Quel temps superbe ! s'exclama Summer. J'espère qu'il fera aussi beau ce week-end. On pourra prendre ta voiture et longer l'océan.

Je grignotai ma salade en opinant faiblement. J'étais toujours la tête dans mes cours. Même si le soleil réchauffait mon visage, je n'avais qu'une hâte : écourter cet intermède et retourner travailler.

— Charlotte ?

— Oui ?

— Tu n'écoutes pas un traître mot, n'est-ce pas ?

— Que... Pardon, tu disais ?

— On pourra prendre ta voiture, répéta Summer avec patience.

— Pour ?

— Ce week-end.

— Ce week-end ? fis-je sans comprendre.

— Ne me dis pas que tu as oublié !

Je cherchai dans les tréfonds de ma mémoire : avions-nous prévu quelque chose ? Je haussai les épaules et vis Summer grimacer d'exaspération.

— On a prévu de passer le week-end dans la maison de ta mère, me rappela-t-elle.

— Oh. Oui. Bien sûr !

— Pour la soirée du lycée, ajouta-t-elle.

— Oh.

A cet instant, tout me revint, l'invitation, la soirée, la perspective de revoir Jérémiah, me percutant aussi fort qu'un boulet de canon. Je posai ma salade avec précaution près de moi et m'essuyai la bouche. Dans un sourire, Summer porta l'estocade :

— Tu sais, la Fondation...

— ... Montgomery, finis-je pour elle. C'est bon, ça me revient.

En une seconde, j'en avais oublié mes révisions et mon examen à venir. Mon cœur battait de manière chaotique et mon estomac était tombé au niveau de mes pieds. Je frottai nerveusement mes mains contre mon jean élimé, fuyant le regard scrutateur de Summer. Je savais ce qu'elle cherchait à faire.

— Donc ? fit Summer.

— Oui, oui, on prend ma voiture. J'emporterai des cours avec moi et...

— Hors de question !

— Parce que ?

— Parce que c'est le week-end et que tu as besoin d'une pause. Tu as besoin de prendre l'air, de... respirer, proposa-t-elle. C'est peut-être le dernier week-end où tu pourras te vider la tête. Après ça, promis, je te laisse tranquille, jusqu'au jour de l'examen.

Je soupirai, agacée et terriblement fatiguée. Depuis combien de temps n'avais-je pas fait une nuit complète et reposante ? Summer attendait ma réponse mais, d'expérience, je savais qu'elle était pugnace et incroyablement têtue.

— D'accord, abdiquai-je. Mais il va falloir me dire pourquoi tu tiens tant à toute cette histoire de fête du lycée.

— Pour leur montrer que j'ai toujours la même silhouette dix ans après !

J'éclatai de rire, Summer arquant un sourcil et bombant la poitrine avec une fierté non dissimulée.

— Et ça nous fera une pause, ajouta-t-elle. Ça fait une éternité que nous ne sommes pas allées dans la maison de ta mère.

— En fait, tu es nostalgique de cette période !

— Tout était tellement plus simple. On faisait le mur, on allait sur la plage, on se fichait bien des... plans stratégiques, des budgets correctifs et des marges brutes.

— Journée difficile ? m'enquis-je.

— Pas plus que les autres. Mais en venant ici, j'ai pris conscience qu'on était beaucoup plus drôles à l'époque du lycée et même de l'université !

— Et fauchées ! ajoutai-je.

— Ne ruine pas le truc ! rit-elle. Donc, on part ce soir.

— Ce soir ? Non mais attends, j'ai encore des révisions ! m'écriai-je.

— Il faut qu'on parte ce soir. Demain, il y aura une circulation monstre ! Et on pourra dormir demain matin, comme ça. La soirée débute vers 20 heures.

Je poussai un soupir contrarié. Summer avait tout planifié et me mettait de nouveau devant le fait accompli. Le souvenir de sa manœuvre de manipulation pour que j'accepte de participer à cette soirée me revint en tête. Elle avait ce même sourire ravi, cette même étincelle diabolique dans le regard.

— Tu me caches quelque chose, dis-je avec assurance.

— Moi ?

Je penchai la tête avec indulgence. Summer savait mentir, mais là, elle surjouait honteusement. Mes doutes se confirmaient.

— Crache le morceau !

— Je t'assure que je ne te cache rien, Charlotte. Je suis tout simplement ravie de retourner au lycée !

— Ravie de retourner au lycée ? Tu te fiches de moi ?

— Absolument pas ! Je suis vraiment contente. On va passer une super soirée. Et je suis certaine que la Fondation Montgomery sait recevoir.

— Tu te laisses corrompre par des petits-fours et un peu d'opulence ?

— Comme tu me vois, un homme pourrait me séduire avec un hot-dog et une cravate douteuse. J'ai besoin de ce week-end avec ma meilleure amie !

Sa vulnérabilité me toucha et je m'en voulus presque de l'avoir soupçonnée. Je terminai ma salade rapidement et me relevai.

— Il faut que j'y retourne. A quelle heure ce soir ?

— Disons 18 heures. Tu as fait ton sac ?

Je grimaçai, avant de secouer la tête. Summer soupira, mais elle ne parut pas réellement surprise.

Elle se leva à son tour, épousseta sa petite jupe courte et me prit furtivement dans ses bras.

— 18 heures ! me rappela-t-elle. Tu fais ton sac et on part. Avec un peu de chance, on y sera avant minuit.

Ses talons à la main, elle dévala pieds nus quelques marches du majestueux escalier.

— Oh ! Charlotte ? m'interpella-t-elle alors que je me dirigeais de nouveau vers la bibliothèque.

— Oui ?

— Promets-moi de faire un effort. Pour ce week-end.

— Bien sûr !

— Parce que la Charlotte du lycée était vraiment plus drôle !

— Je sais. C'est promis.

Elle m'adressa un petit signe de la main furtif et descendit le reste des marches. De mon côté, mon sac sur le dos, je regagnai la bibliothèque, songeant à notre conversation.

C'était vrai : au lycée, les choses étaient vraiment plus simples.

Quand je passai les doubles portes en bois, un sourire nostalgique et heureux flottait sur mes lèvres. Finalement, la perspective de ce week-end ne me tourmentait plus autant.

— Je ne suis pas en retard ! hurlai-je en entrant en trombe dans l'appartement.

— Parce que tu vis dans le fuseau horaire de L.A. ! cria Gemma en retour, hilare.

— Je vais prendre une douche !

Je posai mes livres sur le bar et retirai mon pull avant même d'entrer dans la salle de bains. Summer me suivit du regard, tout en avalant un copieux sandwich au pastrami. Elle engloutit rapidement sa bouchée, posa son dîner improvisé et tapota sa montre :

— Tu as dix minutes ! me rappela-t-elle sournoisement.

— Et tu as un truc entre les dents ! contrai-je avec une joie enfantine.

Elle referma aussitôt la bouche et se saisit d'un couteau pour admirer son reflet. Elle passa sa langue sur ses dents, marmonnant. J'en profitai pour m'esquiver dans la salle de bains, ignorant les rappels à l'ordre de mes deux meilleures amies.

Après ma douche, je me décidai finalement à préparer mon sac. Inconsciemment, j'avais repoussé l'échéance, cherchant ainsi à contenir la vague de souvenirs qui affluait. Depuis ma conversation sur les marches de la bibliothèque avec Summer, les images de ma mère, de notre vie de famille bancale et de Jérémiah surgissaient inopinément. Cela me tirait invariablement un sourire heureux, suivi d'un pincement au cœur. D'une certaine manière, j'étais nostalgique, mais je redoutais de tomber nez à nez avec Jérémiah. Je n'étais pas prête à l'affronter, pas prête à lui parler, pas prête à soutenir son regard. J'avais déjà toutes les peines du monde à faire face aux photos de lui qui s'étalaient dans la presse...

Je frottai ma chevelure humide avec une serviette et me débarrassai de mon peignoir. J'enfilai un vieux jean et le premier T-shirt que je trouvai. Je rassemblai mes cheveux dans une pince et parvins à éviter mon reflet pâle et ma mine fatiguée dans le miroir.

Je fourrai presque l'intégralité de ma petite armoire dans mon sac : des jeans, des pulls, quelques shorts et une robe suffisamment habillée pour la soirée. A cette époque de l'année, même si les températures étaient douces, la météo près de l'océan pouvait virer en une heure. J'ajoutai une paire de baskets en toile, ma paire d'escarpins et mes affaires de toilette.

Dans un soupir de lassitude, j'arrachai le carton d'invitation de la soirée, coincé dans un angle de mon miroir. Mes yeux fixèrent le « Montgomery », inscrit délicatement dans l'en-tête, en lettres dorées.

Comment Summer était-elle parvenue à me convaincre d'y participer ? Je n'avais jamais aimé les soirées mondaines... encore moins celles qui consistaient à comparer votre vie à celles de vos acolytes du lycée. Mon bilan n'était pas reluisant : de nouveau étudiante, de nouveau célibataire, de nouveau contrainte de travailler dans un café pour boucler mes fins de mois.

Et la simple idée — peu probable, certes — de revoir Jérémiah me tétanisait. Mais je devais admettre que Summer avait raison : Jérémiah n'était pas un mondain, il n'avait sûrement aucune nostalgie du lycée et était bien trop indépendant et rebelle pour participer à cette soirée. L'imaginer en costume trois pièces et en cravate pour l'occasion me tira un rire.

Hautement improbable et résolument comique.

Et avec un peu de chance, il serait même dans un autre Etat, sur un circuit de courses, à se pavaner avec une femme à chaque bras.

Je glissai l'invitation dans mon sac à main, fermai ma petite valise et rejoignis Summer et Gemma qui patientaient dans le salon.

— Prête ? me lança Summer dans un sourire entendu.

— Absolument pas !

— Rappelle-toi : on y va pour se détendre et se ioder les neurones.

— J'ai respecté ma promesse : je n'ai pas pris de livres de cours, assurai-je.

— On va peut-être réussir à la dévergonder, rit Gemma en donnant un coup de coude à Summer.

Puis celle-ci esquissa un sourire énigmatique qui, à nouveau, me fit douter des motivations de ma meilleure amie. Mais avant que je ne puisse me poser plus de questions, son sourire se transforma en moue dubitative :

— Avec ce jean élimé et son T-shirt délavé ? s'interrogea Summer.

— Si je n'apporte pas mes bouquins, tu ne te sers pas de ton expertise dans la mode ! ripostai-je, un peu vexée.

Gemma m'arracha mon sac des mains, coupant court à la conversation. Elle plaça les clés de ma voiture dans le creux de ma paume, puis enroula son bras autour du mien.

— Allons-y ! On se débarrassera de ce T-shirt hideux sur place !

— Mon T-shirt n'est pas hideux !

— C'est un véritable tue-l'amour, Charlotte !

— Je ne vais pas à Norview pour trouver l'amour ! lui rappelai-je.

— Tant mieux ! A mon avis, tu trouveras nettement mieux, intervint Summer en ouvrant la porte.

Gemma me tira dans le couloir, ne me laissant pas le temps d'analyser ce que Summer venait de dire. Je captai un regard complice entre mes deux meilleures amies, et Gemma changea radicalement de conversation.

— Tu as mangé ?

— Euh non... Mais je pensais que vous...

— Juste un en-cas. Mais j'ai faim ! me coupa Summer.

Elle saisit deux petites valises et nous rejoignîmes l'ascenseur antédiluvien. A nous trois et nos sacs, nous remplissions le petit espace. Les portes se refermèrent dans un craquement inquiétant et, comme à chaque fois que j'étais dans cet ascenseur, j'espérai qu'il arriverait à destination sans faillir.

— Chez Silvio ? proposa Summer.

— Parfait. Et ça aidera Charlotte à se remplumer !

— C'est un jeu entre vous ? dis-je en riant. A celle qui m'ennuiera le plus ?

— Tu entres dans du 36, c'est toi qui m'ennuies, riposta Gemma. La dernière fois que je suis entrée dans du 36, j'étais... au collège. Et l'uniforme taillait grand, ajouta-t-elle en levant les yeux au ciel.

— Passe le barreau, tu verras, c'est un excellent régime !

— Mon métier consiste à faire coller des gommettes à des gamins de quatre ans ! Je n'ai pas le dixième de ce qu'il y a là-dedans !

Elle tapota ma tempe de l'index, avec un sourire attendri. L'ascenseur s'arrêta dans un à-coup, avant d'émettre un grincement sinistre. Nous nous regardâmes toutes les trois, entre terreur et stupéfaction.

— Un jour, cet ascenseur nous tuera, marmonna Summer.

Elle sortit de la cabine, traînant sa valise derrière elle. Je me calai mon sac sur l'épaule, suivie par Gemma. Ma petite voiture, une vieille Ford bleue à la carrosserie ternie et au nombre de bosses incalculable, nous attendait. Ironiquement, je songeai que ma voiture, en retournant à Norfolk, allait elle aussi renouer avec son passé.

Après un dîner pantagruélique, nous prîmes la route en direction de Norfolk. Au bout d'une heure, Gemma avait sombré dans le sommeil, vautrée sur la banquette arrière avec sa veste en jean en guise d'oreiller. Summer restait silencieuse et s'extasia seulement quand l'océan apparut à l'horizon. Alors, elle descendit la vitre — qui émit un grincement de révolte — et tendit son bras, puis son visage vers l'extérieur. Ses cheveux flottèrent au vent et le parfum de l'océan, mélange de sel, d'iode et de souvenirs heureux, emplit l'habitacle.

Norfolk avait été notre dernier point de chute avec mes parents. Après une multitude de déménagements, liés à mon militaire de père, ce dernier avait promis que nous étions ici pour de bon. A la fin de sa carrière, il était devenu instructeur, nous assurant ainsi une stabilité inédite.

Norfolk était une ville de garnison, vivant au rythme des départs en opération et des retours héroïques de ses soldats. A la demande de ma mère, mon père avait pourtant accepté de vivre en dehors de la zone résidentielle réservée aux militaires. A l'époque, déjà, maman ne supportait plus ce vase clos étouffant. Mes parents avaient donc acheté une petite maison sur Lenox Avenue. Pour autant, le décor était identique : une grande rue desservait une multitude de maisons proprettes, au gazon impeccable et dotées d'une balancelle sous un porche. Ici et là fleurissait le drapeau américain.

— Génial, non ? fit Summer avec un sourire béat sur les lèvres.

— Génial, approuvai-je.

Le long de la côte, la route était sinueuse. J'en connaissais chaque virage et chaque bosse. Je gardai mon regard fixé sur la route quand nous passâmes devant l'endroit, sur la gauche, où la barrière de sécurité était enfoncée. Apparemment, personne n'avait jugé utile de la redresser. La tôle était rouillée, attaquée par le sel marin. Plus loin, la barrière s'affaissait encore dans le sable. Cette fois, cela me fit sourire.

Quand je croisai le regard pétillant de Summer, je compris que le même souvenir nous revenait.

— Il faudra aller vérifier, dit-elle en riant.

— Evidemment ! On arrive, soufflai-je.

La maison que m'avait laissée ma mère était une vieille baraque grinçante qui donnait la sensation qu'au premier coup de vent elle finirait par s'envoler. Elle dénotait dans l'image de perfection du quartier. Pourtant, elle avait tenu bon face aux tempêtes océaniques et, à l'instar du bon vin, la maison semblait embellir avec le temps. Un porche courait sur toute la façade. La peinture blanche était craquelée ; si j'en avais eu le temps, je l'aurais repeinte. Les volets bleus en bois étaient clos. La pelouse et les parterres de fleurs que chérissait ma mère hurlaient leur souffrance. Là encore, j'envisageai brièvement d'arranger les choses, mais je n'étais là que pour ce court weekend, alors qu'il m'aurait fallu un été entier pour tout remettre en état.

Je garai ma vieille voiture dans l'allée, pendant que Summer tentait de réveiller Gemma, engloutie dans un profond sommeil. Dès qu'une de ses paupières se souleva, elle grogna, avant de réaliser que nous étions à destination.

— Pour cette nuit, on se servira des sacs de couchage. Je n'ai pas le courage de faire les lits, dis-je en sortant de la voiture.

— Pas de souci !

J'admirais la capacité de Gemma à être réveillée et disponible en moins de deux minutes ; personnellement, il m'en fallait au minimum quinze plus deux bonnes tasses de café pour être efficace. Elle sortit les sacs du coffre et me lança mon sac de couchage. Je déverrouillai la porte, qui s'ouvrit dans un couinement sinistre.

— Je vais réenclencher le disjoncteur et la chaudière. Vous pouvez vous installer dans le salon, j'irai dans ma chambre.

Eclairée par mon téléphone, je parvins à rétablir l'électricité, puis la chaudière. Summer m'indiqua qu'elle s'occupait des thermostats, pendant que Gemma retirait méthodiquement les draps blancs qui couvraient les meubles et les protégeaient de la poussière. Il était près de minuit quand je gagnai ma chambre. L'odeur de renfermé et de poussière me saisit à la gorge. J'ouvris la grande fenêtre qui donnait dans le jardin, esquissant un faible sourire en songeant au nombre de fois où je l'avais enjambée pour retrouver Jérémiah. Au bout de dix minutes, je la refermai et je me pelotonnai dans mon sac de couchage. Quand je regardai l'heure avant de sombrer dans le sommeil, il était près de 2 heures.

3 juillet 2015

A mon réveil, j'avais la sensation d'avoir enfin passé une vraie bonne nuit de repos. Comme si, en venant ici, j'avais oublié les tourments de l'examen du barreau. Il y avait quelque chose de résolument apaisant dans cette maison. Je retrouvai mes amies au salon, occupées à découvrir les derniers meubles et à aérer la maison.

— On va devoir petit-déjeuner dehors. On pourra en profiter pour se balader, proposa Summer.

— Bien sûr.

Je souriais, mais la perspective d'affronter les habitants de Norfolk ne me plaisait guère. Systématiquement, je récoltais des regards compatissants, des sourires tristes et cette sensation diffuse d'être une étrangère à peine tolérée. La mort de ma mère et la désertion de mon père avaient marqué durablement les esprits : j'étais soit la pauvre orpheline, soit la fille d'un traître. Merci, papa.

Quand nous fûmes prêtes, je nous conduisis dans le centre-ville. A cette période de l'année, les touristes n'avaient pas encore pris d'assaut Norfolk. Les bateaux étaient à quai et les boutiques désertes. Au gré des vitrines, je tombai sur des affiches mettant à l'honneur Jérémiah, l'enfant du pays, devenu idole du Nascar. Avec un brin d'ironie, je songeai qu'il devait se ficher éperdument d'être à l'honneur ici. Il avait toujours rêvé de quitter ce pauvre bled, comme il disait, et il y était parvenu avec une belle réussite.

En entrant dans le seul café ouvert à cette heure, nous surprîmes des regards étonnés sur nous. Entre Gemma et sa chevelure rousse flamboyante et Summer et son look très — trop — new-yorkais pour cette ville, nous ne passions pas inaperçues. Lorsque nous commandâmes, il y eut un instant de flottement. La propriétaire des lieux me dévisageait effrontément et, de toute évidence, cherchait dans sa mémoire le lien entre cette ville et moi.

— On aimerait commander, fit finalement Summer d'une voix dure.

— Oh ! j'y suis. Vous êtes là pour la soirée à la Fondation ! s'exclama la femme.

— Nous sommes là pour prendre un petit déjeuner, renchérit Summer.

Je plongeai le nez dans le menu, priant pour qu'elle ne déclenche pas d'esclandre. Je n'avais pas besoin de nouvelles casseroles. Les miennes — du moins, celles de mon père — me suffisaient amplement. La femme haussa les épaules et prit finalement notre commande.

— Chaleureux, le bled, railla Gemma.

— Ils ne sont pas tous comme ça, protestai-je.

— Non, certains sont pires, précisa Summer en ricanant.

— Parlez-moi de Montgomery.

Je levai les yeux au ciel. Gemma vouait un fantasme nourri — un de plus — à Jérémiah. Si j'avais volontairement caché mon ancienne relation avec lui, c'était pour éviter les questions. Maintenant, je n'avais plus le choix, je devais en affronter quelques-unes. Summer prit le journal local et l'ouvrit à la première page.

— Jérémiah était avec moi en littérature. C'était il y a des siècles, éludai-je. C'est juste une soirée de lycée ! lui fis-je remarquer en haussant les épaules. Je suis venue ici pour me changer les idées, pas pour replonger dans cette vieille histoire.

— C'est donc plus moche que ce que j'imaginais, conclut Gemma.

— Moche ? Non. Douloureux, violent, navrant et dévastateur, oui, absolument, corrigeai-je un peu sèchement. Je ne veux pas en reparler. C'est...

— ... dans le journal, interrompit Summer.

Elle me tendit l'article qui annonçait, en effet, la soirée de célébration de ce soir. Une photo de la résidence Montgomery, une grande bâtisse très Nouvelle-Angleterre en brique rouge, parachevait l'article. Ma gorge s'asséchа à la mention de la présence « très probable » de Jérémiah.

— Tu n'as pas le droit de changer d'avis, me prévint Gemma.

— Tu sais comme moi que c'est certainement faux, lançai-je à Summer. Jérémiah ne ferait pas ce genre de choses.

— Non. Mais tu es là et, pour toi, il ferait ce genre de choses.

— On devrait plutôt débattre de ce qu'il n'a *pas* fait pour moi.

— Ne m'amène pas sur ce terrain. Tu sais que je n'ai jamais approuvé votre... rupture.

L'arrivée de nos cafés coupa court à cette conversation. Gemma changea rapidement de sujet et, deux heures plus tard, nous en étions à tenter de lui trouver une paire d'escarpins acceptables pour cette soirée.

Nous passâmes le reste de la journée à nettoyer l'intérieur de la maison, dépoussiérant les pièces et aérant les chambres. En fin de journée, prise de nostalgie, je m'installai sur la balancelle de ma mère. Le léger bercement me fit fermer les yeux et, soudain, j'eus la sensation qu'elle était près de moi, encore là, à me tenir la main et à m'encourager. Une sensation de bien-être et de sérénité m'étreignit. Depuis combien de temps ne m'étais-je pas sentie si... libre ?

La brise fraîche de l'océan caressait mon visage, un silence presque absolu régnait dans le quartier, c'était parfait.

Jusqu'à ce que Summer surgisse.

— Mais qu'est-ce que tu fabriques ? Viens te coiffer !

Je soulevai une paupière, éclatant de rire en découvrant Summer, enroulée dans une serviette-éponge, trois gros rouleaux dans les cheveux et le sèche-cheveux à la main. Elle semblait hystérique et excitée comme une puce.

— Je vais d'abord aller prendre une douche, dis-je aussi doucement que possible.

Cela ne fit que décupler son impatience. Summer bondit, me saisit par la main et m'attira à l'intérieur de la maison.

— Tu as dix minutes !

Sous le jet, l'angoisse refit son apparition et me

picota la peau. Malgré tous mes efforts, l'article de ce matin me revenait sans cesse en tête.

Et s'il était là ?

Et s'il venait à cette soirée ?

Je poussai un profond soupir, le cœur au bord des lèvres. Revoir Jérémiah signifiait trop de choses. La plaie de notre rupture n'était pas complètement cicatrisée. Le jour où j'étais finalement partie, mon cœur avait implosé en un millier de morceaux. Et je n'étais pas du tout certaine de les avoir tous recollés.

Et quand bien même, mon cœur n'était plus intact, mais fragilisé à jamais.

Summer prit un temps infini pour me sécher les cheveux, mais je la remerciai intérieurement de ne pas faire de commentaire. Le reflet dans le miroir suffisait à m'inquiéter. J'étais pâle et incapable de desserrer les lèvres. Mon cœur battait la chamade et mon ventre faisait le yoyo, remontant dans ma gorge avant de redescendre, à toute vitesse, jusque dans mes pieds.

J'enfilai finalement ma tenue, une robe en soie noire que je portais très rarement et qui tombait juste au-dessus du genou. Devant le miroir, j'ajustai difficilement les bretelles. Celle de droite glissait sans cesse de mon épaule et je renonçai à avoir l'air détendu. J'étais nerveuse, paniquée et au bord de l'évanouissement. Ce n'était plus du trac, c'était une trouille effrayante qui me dominait.

— Prête ? fit Gemma en passant la tête dans l'entrebâillement de la porte.

— Non. Mais si je ne viens pas, Summer est capable de me traîner par les cheveux jusque là-bas !

— Absolument ! hurla cette dernière du salon.

— Je suis incapable de conduire, murmurai-je.

Mes mains tremblaient et mes jambes flageolaient

de manière incontrôlable. Gemma prit mes mains dans les siennes et tenta de me rassurer :

— Pense... New York, pense barreau. Pense Tate. Ah non, ne pense pas à lui, lui, il est à moi, me rappela-t-elle dans un sourire.

A mon tour, j'esquissai un faible sourire, ravalant une nouvelle bouffée d'inquiétude. J'en aurais ricané si j'en avais eu la force : Jérémiah avait encore cet insidieux pouvoir sur moi ; il s'incrustait sous ma peau, dévorait mes pensées et me laissait hors d'haleine.

— Tu vas y arriver, ma belle. Tu vas entrer dans cette salle de réception, tu vas aller au bar, tu vas commander une vodka et tu vas la boire cul sec !

— Tu veux vraiment que je me donne en spectacle ?

— Je veux que le monde voie la Charlotte drôle et courageuse que je côtoie tous les jours. Et si ça peut t'aider, au cas où tu te fais pipi dessus, je pourrai te prêter ma petite culotte !

— Tu es une véritable amie, gloussai-je.

— Culotte dans laquelle tu pourras mettre ton fessier et très certainement un de ces porte-avions amarrés au port.

— Tu n'es pas grosse, Gemma !

— C'est ça. Et la Terre n'est pas ronde ! Allez, viens. Summer est à deux doigts d'appeler la Garde nationale pour nous escorter au plus vite là-bas !

— J'ai entendu ! hurla l'intéressée.

— Et ? criai-je à mon tour.

— La Garde est occupée, et on est en retard !

De nouveau, j'éclatai de rire. J'étais reconnaissante envers Gemma de détendre l'atmosphère. Elle hocha la tête, m'offrit un sourire éblouissant, puis rentra exagérément le ventre.

— Je peux tenir deux heures comme ça, très facilement, expliqua-t-elle.

— Tu n'es pas grosse, lui répétai-je.

— On peut en parler dans la voiture ? cria Summer. On est en retard, les filles ! On va louper le discours d'ouverture.

Summer nous poussa jusqu'à la voiture et m'arracha les clés des mains. Ma pauvre Ford démarra dans un ronflement sinistre, accompagné d'un nuage de fumée peu rassurant. Elle allait me la tuer ! Sur le chemin, Summer nous fit chanter — « brailler » serait plus honnête — les Beatles. C'est donc en fredonnant *Get Back* que nous parvînmes devant la Fondation Montgomery.

Une longue rangée de véhicules nous précédait. Comme à leur habitude, les Montgomery n'avaient pas lésiné sur les moyens : des lampions illuminaient l'allée qui conduisait à la salle de réception et un éclairage éblouissant mettait la demeure en valeur. Mon ventre se tordit de nouveau. Depuis mon départ de Norfolk, j'avais tout fait pour éviter d'affronter mon passé. Et maintenant, je n'avais plus le choix. Mon passé tout entier tenait dans une salle de réception très certainement surchauffée et décorée à outrance.

— Ça déconne pas, murmura derrière moi une Gemma épatée.

— Ils ne font jamais dans la simplicité, acquiesçai-je. Regarde, il y a des voituriers, c'est absolument ridicule !

— Ne fais pas la rabat-joie, me gronda Summer. Et remonte cette fichue bretelle !

— Je n'y peux rien, elle glisse.

J'enroulai mon étole autour des épaules à l'instant où ma portière s'ouvrit. Un voiturier tendit sa main, m'aidant à sortir de mon véhicule.

— Bonsoir, mademoiselle. Puis-je voir vos invitations ?

— Euh... oui. Summer ?

Habillée d'une robe couleur champagne, toute en drapé et perles, cette dernière contourna la voiture et dégaina les invitations de sa minuscule pochette en soie. Gemma avait opté pour une robe rouge, mettant en valeur sa peau blanche et sa chevelure spectaculaire. Toutes deux m'agrippèrent un bras et nous remontâmes l'allée. Pendant les quelques secondes du trajet, je tentai de reprendre mon souffle et de refréner les battements frénétiques de mon cœur.

En vain.

Comme je l'avais prédit, la salle de réception était spectaculaire. Une grande banderole souhaitait la bienvenue aux lauréats de 2005. Sur un des murs avaient été collées des dizaines de vieilles photos : la remise des diplômes évidemment, mais aussi la pièce de théâtre et les matchs de l'équipe de football.

Sur la gauche, un bar de plusieurs mètres avait été monté. A intervalles réguliers se tenait un serveur, mains dans le dos, attendant qu'on le sollicite. Au fond de la salle, une haute estrade dominait la piste de danse. Un micro sur pied y avait été installé, sûrement pour le discours d'ouverture.

— Bordel, ils ne plaisantent pas quand ils font des réceptions ! jura Gemma.

Une foule diffuse se déhanchait sur la piste de danse, pendant que de petits groupes s'étaient formés autour des tables. Rien n'avait changé depuis le lycée : les adhérents du club d'échecs n'avaient toujours pas percé le cercle des pom-pom girls. Je reconnus certains visages et hochai poliment la tête quand on me saluait.

— Il n'est pas là, me souffla Summer à l'oreille.

— Je sais.

Je l'avais su à la seconde où j'étais entrée dans la salle. Il n'y avait pas cette tension, cette attraction inéluctable qui me ramenait toujours à lui. S'il avait été ici, mon corps l'aurait senti. S'il avait été ici, je l'aurais repéré aussitôt.

— Trouvons une table, le discours est prévu dans quelques minutes, me prévint Summer.

Installée à une des tables les plus éloignées de l'estrade, je scrutai nerveusement l'entrée de la salle. De nouveau, des visages familiers, des sourires forcés, des regards curieux.

Mais pas de Jérémiah. Et je ne savais pas si je le regrettais ou non.

La salle se remplit rapidement, et je fus étonnée de voir tout ce monde. Apparemment, la nostalgie des années lycée avait fait son effet. Les Montgomery avaient largement prévu de quoi restaurer leurs convives en petits-fours et champagne et Summer se chargea d'aller nous chercher des coupes et rapporta même une bouteille à table.

L'alcool m'aida à me détendre.

Il n'était pas là...

Il n'était pas là.

Il n'était pas là, et cela aurait dû suffire à me faire passer une bonne soirée. Pourtant, une pointe de panique persistait dans le creux de mon estomac. Tout allait un peu trop bien.

— Bonsoir à tous !

Le silence se fit aussitôt autour des tables et les visages se tournèrent vers l'estrade. Un homme d'une quarantaine d'années se tenait devant le micro, mains dans le dos, un air solennel sur le visage.

— Merci à tous d'être venus... ou d'être revenus, plutôt, fêter les dix ans de la promotion 2005. Je vous remercie d'accueillir chaleureusement votre hôte, Théodore Montgomery.

Des applaudissements retentirent, et Summer m'adressa un sourire lumineux. Pourtant, quand Théodore Montgomery monta sur scène, je me figeai, paralysée par le plus désagréable des souvenirs. Au nom de Théodore Montgomery, j'avais tout de suite pensé au patriarche — le grand-père de Jérémiah —, un homme sévère et hautain qui, dix ans auparavant, ne m'avait inspiré que peu de sympathie. Je me souvenais encore de son regard glacial et méprisant quand Jérémiah me l'avait présenté.

Mais ce n'était pas ce Théodore. Devant le micro, et devant plus de cinq cents personnes, se tenait Théo : le petit-fils du patriarche, le grand frère de Jérémiah. Plus vieux que lui de cinq ans, élancé et carré, il se tenait debout dans un équilibre précaire, vacillant sur ses jambes. Il se maintint grâce à une canne en bois et passa une main nerveuse sur son visage. Il redressa le micro, évitant avec précaution de croiser les regards de ses invités.

Quand, finalement, il releva la tête vers le public, j'eus un hoquet de surprise. Une cicatrice barrait sa joue droite de haut en bas, s'arrêtant juste sous son œil. Il me sembla entendre le public frissonner, alors qu'un sourire franc mais déformé s'étirait sur les lèvres de Théo.

Des larmes de joie me montèrent spontanément aux yeux. J'étais tellement heureuse de le revoir après... après le cataclysme Jérémiah. Il en portait lui aussi les traces, à même le corps.

Summer plaqua sa main sur mon avant-bras, me faisant ravaler mon émotion.

— Ça va ? demanda-t-elle dans un murmure.

— Il est...

— Abîmé. De toute évidence.

Le regard de Théo flotta sur les convives et s'arrêta finalement sur notre table. Son regard vert s'éclaira et il se racla la gorge.

— Bonsoir à tous.

Sa voix rauque vibra dans les haut-parleurs. De nouveau, il s'appuya lourdement sur sa canne et tira un papier de sa poche.

— Je n'ai jamais été bon pour les discours, s'excusa-t-il. Merci à tous d'être là ce soir. La Fondation Montgomery se fait une joie de vous recevoir dans cette grande salle de réception.

— Qui est-ce ? murmura Gemma près de moi.

— Le grand frère de Jérémiah. Il doit avoir... trente-cinq ans, soufflai-je en cherchant dans mes souvenirs.

— Handicapé ?

— Accidenté. Je ne pensais pas que... J'ai l'impression de voir un revenant, dis-je finalement.

Summer avait les yeux rivés sur lui, écoutant religieusement son discours. Personnellement, j'étais loin, perdue dans mes souvenirs, ceux qui dataient de dix ans et qui se tenaient maintenant ironiquement devant moi, derrière un micro. Je parvins à dominer le déferlement d'émotions qui me saisit : le soulagement rivalisait avec la joie, la joie succédait à la panique absolue de croiser Jérémiah. J'étais épuisée.

— Comme vous le savez peut-être, la Fondation est très engagée auprès des enfants malades et a décidé de soutenir le programme « Maintenant ou jamais ». Ce projet consiste à réaliser les vœux des enfants gravement touchés par la maladie et qui n'auront peut-être pas la chance d'assister à leur remise de diplômes.

Un silence tendu lui répondit, certains triturant nerveusement leurs serviettes entre leurs mains.

— Mon but n'était pas de plomber l'atmosphère, sourit Théo. Si vous souhaitez apporter votre pierre et votre argent à l'édifice, une urne est à votre disposition dans le hall.

Il replia son papier dans sa poche et releva les yeux vers la foule. De nouveau, il s'arrêta sur notre table, ancrant son regard dans le mien. En dix ans, je n'avais jamais retrouvé ce vert clair ailleurs. Dans mon souvenir, Théo était séduisant et bien plus serein que son frère. Aujourd'hui, il semblait diminué physiquement, mais quelque chose dans son sourire me rassura. Il allait bien.

— A titre personnel, je tiens à vous remercier d'être venus ce soir. Ce qui est curieux avec le lycée, c'est qu'on souhaite toujours le quitter quand on y est… et qu'ensuite on le regrette avec des trémolos dans la voix. Pourtant, il y a des visages qu'on apprécie toujours de revoir.

Il hocha imperceptiblement la tête dans ma direction à l'instant où une larme traîtresse roulait sur ma joue. Si j'avais été seule avec lui, je l'aurais pris dans mes bras pour le remercier d'être toujours fidèle à lui-même. Mon cœur cognait dans ma poitrine, menaçant d'exploser. Pour un peu, j'en aurais eu un fou rire. Summer pivota vers moi et ses yeux embués la trahirent : elle aussi était heureuse de le voir.

— J'aurai sûrement l'occasion de parler un peu plus avec chacun de vous. En attendant, je vous suggère le saumon fumé, particulièrement délicieux. Je vous remercie de nouveau d'être venus si nombreux et je vous souhaite une bonne soirée.

Il boitilla jusqu'à une volée de trois marches pour descendre de l'estrade et disparut derrière une porte de service. La musique reprit, les conversations redémarrèrent, les verres tintèrent. Le choc de l'apparition de Théo n'avait pas fait long feu.

— C'était surprenant, dit finalement Summer en pivotant pour nous faire face.

— Il a gardé des séquelles.

— Il est en vie. Je crois que le reste n'a pas vraiment d'importance.

Summer leva son verre dans ma direction, m'invitant à faire de même. Gemma nous imita et nous trinquâmes au temps qui passe et aux miracles de la médecine. Au fur et à mesure de la soirée, je parvins finalement à me détendre et à oublier mes réserves. A notre table défila un nombre important de nos anciens camarades, nous demandant invariablement la même chose : ce que nous faisions et si nous étions mariées. Voilà à quoi tenait l'accomplissement idéal : un boulot de rêve et un mariage heureux. J'étais hors sujet.

Les filles m'entraînèrent sur la piste de danse, où je me déhanchai mollement, faisant preuve de retenue, pendant que Gemma s'agitait comme un diable sortant de sa boîte. Elle ignora les regards sur elle, jouant avec son corps et le rythme de la musique. Quand celle-ci changea pour quelque chose de plus doux, Gemma fit la moue et regagna sa place avec un air renfrogné.

— M'accorderais-tu cette danse ? fit une voix rauque derrière moi.

— Théo !

Je me jetai dans ses bras, manquant de le faire tomber à la renverse. Toute la joie que j'avais ressentie en le revoyant derrière ce micro s'exprimait maintenant.

— Eh bien ! Quel accueil, rit-il en me serrant contre lui d'une main maladroite.

— Ça me fait tellement plaisir de te voir, chuchotai-je à son oreille.

— De me voir en vie, tu veux dire ?

— De te voir ici. A l'annonce de ton nom, je m'attendais à voir ton grand-père.

— Il est mort, depuis presque deux ans. Je suis donc désormais le seul Théodore Montgomery dans cette ville. Alors, cette danse ?

— Bien sûr ! Enfin... tu peux ? m'enquis-je en désignant la canne.

— Je peux.

Un serveur se matérialisa près de nous et prit la canne entre ses mains. Théo ajusta son équilibre, puis cala un bras autour de ma taille et son autre main dans le creux de la mienne.

— Tu sais danser, évidemment ? demanda-t-il dans un rire.

— C'est maintenant que tu t'en inquiètes ?

J'entourai ses épaules de mon bras, le serrant un peu plus contre moi. Une seconde plus tard, Théo me faisait virevolter avec une aisance incroyable.

— Je suis ravi de te voir, me confia-t-il après quelques instants de silence. J'étais pourtant certain que tu jetterais l'invitation à la poubelle.

— Je ne vais pas te mentir : j'y ai pensé. Mais Summer m'a convaincue de venir.

— Tu es toujours amie avec Summer ?

— Nous vivons ensemble à New York.

— Tu es donc arrivée là où tu souhaitais aller ?

— En tout cas, je travaille pour. Je dois passer l'examen du barreau d'ici peu.

— Le barreau ? s'étonna-t-il.

— Le barreau. Tu sembles surpris !

— Oui, je pensais que... enfin... que... je ne sais pas. Peut-être que j'ai mal compris à l'époque. En tout cas, tu es éblouissante.

Il me fit tourner entre ses bras, avant de me plaquer

contre son torse musclé. Un sourire satisfait orna ses lèvres et il soupira lourdement. Un doux parfum de nostalgie m'étreignit. Summer avait eu raison de me traîner ici.

— Et mon frère est un crétin égocentrique. Comment a-t-il pu te laisser filer ?

— Je cours plus vite que lui.

Théo arqua un sourcil soupçonneux et je me repris. J'étouffai un rire et rivai mon regard à celui de mon partenaire de danse.

— A pied, je veux dire. J'ai toujours été meilleure que lui ! Loin d'un volant, il n'est pas si exceptionnel, gloussai-je.

— Tu veux briser le mythe ?

— Les journaux se chargent de le monter de toutes pièces. Je tente de ramener un peu de réalité dans tout ça.

— Tu as raison.

De nouveau, je pivotai dans ses bras, impressionnée par son talent pour la danse malgré son handicap. Il me rattrapa adroitement, ma robe se soulevant doucement. Quand je lui fis face de nouveau, son regard pétillait de malice et cela suffit à me faire rire.

— Tu es très doué pour la danse, le complimentai-je.

— Cela fait partie de ma rééducation.

Son sourire triste me glaça. Je repoussai les images de l'accident mais, malgré tout, il me semblait encore entendre le vacarme insupportable de la tôle froissée. L'odeur de la fumée âcre, les sirènes des pompiers, la fuite à travers les dunes. J'avais refoulé toutes ces images, pour mieux oublier Jérémiah.

— Je vais bien, me rassura Théo. Mon genou est mort, mais j'ai gardé ma jambe.

La cicatrice sur son visage déformait son sourire,

mais il semblait effectivement serein et apaisé. Loin du provocateur d'antan.

— Et mon niveau de danse s'est amélioré grâce à la Fondation. Je participe à de nombreuses soirées de charité.

— Tu as finalement repris les rênes ?

— Uniquement parce que je ne pouvais pas reprendre un volant. Je boite, j'ai une canne et une cicatrice qui terrifie les enfants à Halloween. Je ne pouvais pas prétendre à mieux.

La tristesse voila son visage abîmé et je décidai de vite changer de conversation. Je voulais que cette soirée reste légère et replonger dans notre passé n'était pas une bonne idée.

— Je te trouve plutôt élégant... et vraiment doué pour me faire danser. Personne n'y est jamais parvenu.

— Personne ? répéta-t-il, stupéfait.

— Personne. Pas même ton frère !

Au même instant, Théo me fit de nouveau tourner sur moi-même, et je me retrouvai le dos contre son torse, son bras autour de ma taille.

— Je veux bien une seconde chance, lança l'homme que je découvris devant moi.

— Pour... Pour la... danse ? bégayai-je d'une voix d'outre-tombe.

— La danse, pour commencer.

Il esquissa un sourire sublime et d'un geste affectueux remonta ma bretelle récalcitrante sur mon épaule. Le contact de sa peau contre la mienne me paralysa.

Il était là.

— Jérémiah, chuchotai-je, hagarde.

— Charlotte.

Il hocha la tête et tendit la main pour m'inviter à danser.

— Une joie de te revoir hanter les lieux, ajouta-t-il.

PARTIE 2

Jérémiah

4 juillet 2015

— Et dire que je n'ai pas voulu la croire quand elle m'a dit que tu retenais sa voiture en otage ! lance Théo.

Je m'acharne à réajuster l'embrayage de la Ford de Charlotte. Elle est la seule femme que je connaisse qui ne roule pas dans une automatique. Et parce qu'elle a hérité cette voiture de sa mère, je sais qu'elle refusera net de l'apporter à la casse.

C'est pourtant là où elle devrait être.

— Tu as dormi ici ?

Je soupire lourdement, essuie mes mains sur ma chemise de gala — désormais ruinée — et m'agrippe au bas de caisse pour m'extraire de sous la voiture. Depuis le chariot sur lequel je suis allongé, je découvre mon frère appuyé sur le capot, sirotant un café. Il me tend la main pour m'aider à me relever, puis secoue la tête.

— Cela répond à ma question.

— Oui, j'ai dormi ici. Et non, je n'étais pas avec une fille, dis-je en m'installant au volant de la Ford.

Je la démarre et tends l'oreille pour détecter un éventuel son suspect. Théo m'imite. Il a toujours été meilleur que moi pour la mécanique. Je l'interroge du regard ; il se contente de froncer les sourcils.

— Accélère, m'intime-t-il.

Je baisse les yeux vers le tableau de bord. L'aiguille fait un bond sur le compteur. Théo est concentré, son front est plissé, ses lèvres pincées. Ainsi, on détecte à peine sa cicatrice. Il fait claquer sa langue contre son palais.

— Une durit ? proposé-je.

— Sûrement.

Il pose son mug sur le toit de la voiture, la contourne et d'un geste me demande d'actionner le levier pour ouvrir le capot. Il observe ce qu'il y a en dessous tandis que j'accélère à intervalles réguliers, attendant la confirmation de ce que je soupçonne.

Quand Théo réapparaît, ses mains sont noires de graisse et de poussière. Une impression de déjà-vu me saisit et me fait sourire.

— Idéalement, il faudrait changer la durit, commente-t-il en rabattant violemment le capot.

— Idéalement, il faudrait carrément qu'elle change de voiture !

— Certes. Elle était furieuse contre toi.

— Pour la voiture ?

— J'ai dit « contre toi », pas « à cause de la voiture ».

Je sors de l'habitacle, prends le mug de mon frère et bois une gorgée de son café. Ma nuit a été blanche et mon esprit hanté par les souvenirs de ma dernière année au lycée. Charlotte est dans chacun d'eux, comme si, avant elle, rien n'avait réellement existé.

Après elle non plus, d'ailleurs.

Notre mode de fonctionnement n'a pas vraiment changé : elle sait me remettre sur le droit chemin et je lutte, désespérément, pour l'en faire sortir, pour lui éviter une vie ordinaire et sans saveur.

— Alors ? demande-t-il après un court silence.

— Alors quoi ?

— Tu m'as demandé d'organiser cette fichue soirée à la maison, tu m'as traîné dans le grenier pour retrouver ton classeur de littérature, tu mets Charlotte en rogne et tu m'obliges à la faire raccompagner chez elle en voiture. Je pense que je mérite au moins une explication.

— Elle a changé, dis-je simplement.

— En dix ans, tout le monde change, ricane-t-il.

De l'index, il désigne sa balafre sur la joue et cogne, du bout de sa canne, son genou en titane.

— Je la veux. Je veux que Charlotte me revienne.

Mon frère éclate de rire, pendant que je replonge dans son mug. Le café est froid et me fait grimacer.

— Tu plaisantes ? demande-t-il.

— Je n'ai jamais plaisanté quand ça concernait Charlotte.

— Est-ce que tu as au moins songé à lui demander son avis ?

— Oui. Parce que je suis poli.

Il éclate de nouveau de rire.

— Je comprends maintenant pourquoi elle était si en colère. Tu devrais laisser tomber, Charlotte est définitivement trop bien pour toi.

— Tu crois que je ne le sais pas ?

Mon amertume me surprend presque. Théo et moi avons toujours eu une relation fraternelle forte. Il est honnête et franc, je suis fonceur et parfois stupide, mais nous nous complétons. Il analyse mieux les situations quand, moi, je me contente d'agir de manière impulsive.

— Je dois aller à une réunion du conseil d'administration, m'informe-t-il. Tu veux venir ?

Je hausse les épaules. J'ai donné procuration à mon frère concernant les décisions prises par la Fondation. Ses choix sont rarement mauvais, je lui fais confiance et je n'ai aucune envie d'affronter les vingt membres du conseil, tous décrépits et condescendants. Il récupère son mug d'entre mes mains.

— Oublie-la, me conseille mon frère.

— Hors de question.

Il quitte le garage, dépité. Mon entêtement l'a parfois laissé perplexe, et souvent rendu dingue. Longtemps, il a été comme moi : tête brûlée, têtu, fou furieux. Mais du jour au lendemain, après l'accident, il est devenu posé, calme et philosophe.

Il a raison : en dix ans, les gens changent.

Je m'essuie les mains sur ma chemise et ressors la liste de Charlotte, fourrée dans la poche de ma veste. Cette dernière m'a servi d'oreiller cette nuit, pendant que je rêvassais, allongé sur mon chariot de mécanicien.

Je ne peux m'empêcher de hausser les sourcils en relisant son premier souhait. Pourtant, l'adrénaline court déjà dans mes veines.

Je déplie ma propre liste et souris largement au souvenir de la soirée d'hier.

#2 DANSER AVEC TOI.

C'est fait.

Charlotte

16 octobre 2004

Au moins, cette chambre au rez-de-chaussée était suffisamment grande pour que je puisse y installer un bureau inclinable et créer un espace réservé pour mon atelier. J'espérais juste que nous resterions ici suffisamment longtemps. Papa avait juré que c'était notre dernier déménagement, il avait promis que je terminerais mon année scolaire ici.

C'était la troisième fois en six mois qu'il faisait cette promesse. Chicago, Washington, et maintenant Norfolk.

En plaisantant, ma mère avait dit qu'à ce rythme nous finirions à Cuba pour les vacances d'été. Personnellement, je n'avais plus envie de rire. Je voulais une vie normale, des amis — peut-être même un petit ami — et pouvoir raconter plus tard que j'avais des souvenirs du lycée.

Pour l'instant, mes souvenirs ressemblaient à un amoncellement de cartons, à des camions de déménagement et à des vêtements entassés dans une valise — depuis mes douze ans, je refusais obstinément de ranger mes affaires avant d'avoir passé trois mois complets au même endroit.

Aujourd'hui, c'était la rentrée.

Ma seconde rentrée de l'année. L'avantage des villes de garnison, c'est que ce genre d'événements passe quasiment inaperçu.

Devant mon miroir en pied, je m'habillai d'un jean bleu, d'un débardeur et d'un gilet gris. Je brossai mes cheveux encore humides de ma douche. Puis, je rassemblai ma tignasse dans une queue-de-cheval, pris mon sac dans lequel je glissai un bloc-notes et deux crayons, avant de récupérer mon emploi du temps posé sur mon chevet et de gagner la cuisine.

— Bonjour, chérie, m'accueillit ma mère.

— Papa est déjà parti ?

— Il avait un briefing très tôt.

Elle ouvrit un carton — apparemment son troisième depuis ce matin — et, délicatement, déballa un lot d'assiettes. Maman avait revêtu sa tenue de combat : un vieux survêtement grisâtre et, sur sa tête, un foulard noir qui maintenait ses cheveux en arrière. Quand elle releva la tête vers moi, je remarquai les petites rides autour de ses yeux, rapidement estompées par son sourire.

— Bien dormi ?

— Pas suffisamment. On a du café ? demandai-je en ouvrant un placard.

— Sur ta gauche, je n'ai pas encore tout déballé, prends un verre.

La cuisine était spacieuse et confortable. Je me servis un grand verre de café et m'assis autour de l'îlot central pour me remémorer mon programme. Je devais commencer ma journée par un cours de géométrie, puis un cours d'histoire. Je poussai un long soupir. Cette journée n'était pas commencée que j'avais hâte qu'elle s'achève.

— Tu veux que je te prépare quelque chose pour ce midi ?

— J'irai à la cafétéria, maman. Ne t'en fais pas pour moi.

Je portai mon verre à mes lèvres, observant ma mère d'un œil distrait. A chaque déménagement, elle faisait montre d'une énergie sans bornes. Dans chaque maison, elle cherchait à recréer un cocon protecteur. Aucun état d'âme, aucune colère, aucune lassitude : ma mère, en épousant mon père, avait fait une croix sur ses propres émotions.

— Ils ont l'habitude, reprit ma mère. Quasiment tous les enfants de cette ville ont un père ou une mère militaire.

— Je ne suis plus une enfant, maman.

— Je sais. J'ai justement retrouvé tes dossiers d'inscription pour l'université. Ils sont dans le salon.

Elle m'adressa un sourire complice, rangeant méticuleusement les assiettes dans un placard au-dessus de sa tête. J'avalai lentement mon café, me décidant finalement à aider ma mère à finir au moins ce carton avant d'aller au lycée.

— Je vais aller faire des courses ce soir. On peut y aller ensemble, quand tu sors du lycée. J'ai repéré une boutique de beaux-arts qui pourrait te plaire.

— Tu cherches à m'amadouer ? plaisantai-je.

— Je cherche à t'encourager. Par ailleurs, j'ai récupéré ce vieux meuble qui...

— Quel vieux meuble ? la coupai-je.

Maman se contenta d'un sourire énigmatique. Elle savait qu'elle piquerait ma curiosité facilement. Elle continua sa tâche, vidant avec énergie le carton de verres. Soudain, je compris.

— Non ? Tu... Tu as acheté le meuble Art déco ?

— Possible, marmonna-t-elle sans pouvoir retenir son sourire.

— Mais... Mais tu disais qu'il était trop cher et que...

— Il est aussi possible que j'aie acheté le fauteuil blanc que tu avais repéré.

Je poussai un cri strident, étreignant ma mère avec force. Elle éclata de rire et me tapota le dos affectueusement. Je devais être la seule adolescente du pays à être si heureuse de retaper un meuble... et un fauteuil. Avant notre déménagement ici, maman et moi avions repéré une boutique, perdue dans Washington, qui regorgeait de vieux meubles et d'antiquités. J'avais alors craqué sur un vieux bureau, style Art déco, qui avait bien besoin d'être nettoyé et rénové. Du bois, du cuir, de l'inox, des lignes épurées... tout ce que j'aimais dans ce style. Mais ma mère avait été catégorique, c'était bien trop cher.

Il fallait croire qu'elle avait changé d'avis et l'effet de surprise décuplait ma joie.

— Ça doit être livré aujourd'hui, m'annonça-t-elle en s'écartant de moi.

— Tu es... c'est... bon sang, c'est génial ! m'exclamai-je.

— J'ai pensé que cela pourrait être un bon sujet pour tes admissions à l'université. Enfin, si tu penses être dans les temps.

— Dormir est surfait de toute façon, plaisantai-je.

— Donc c'est bon pour ce soir ? Tu m'accompagnes ?

— J'ai plutôt intérêt ! m'esclaffai-je en prenant mon sac à dos. Je finis à 17 heures.

— Ton militaire de père déteint sur toi, me fit remarquer ma mère.

Je haussai les épaules, peu convaincue. Ma relation avec mon père était superficielle, et ma mère avait appris à compenser la faiblesse de mon lien avec lui. Toujours parti, en mission, en reconnaissance, en réunion... que sais-je. Mon père était un fantôme, que ma mère aimait plus que tout. Cela me dépassait. Pouvait-on aimer à ce point ?

— Tu veux que je vienne te chercher ? demandai-je.

— Je me débrouillerai avec la voisine pour te rejoindre là-bas.

— Je file, dis-je, avant de déposer un baiser tendre sur sa joue. A ce soir !

— Bonne journée, mon cœur.

La journée, ma mère me prêtait sa voiture. Elle ne la gardait que rarement, à l'occasion d'un rendez-vous chez le médecin ou pour vaquer à des occupations purement administratives. La Ford était un peu vieillotte, avait des difficultés récurrentes à démarrer du premier coup et des traces de rouille un peu partout, mais elle roulait et m'offrait un peu d'indépendance.

Je me garai à l'extrémité du parking du lycée, déjà bien rempli. Autour de moi, des voitures rutilantes... et d'autres, beaucoup plus modestes. Au moins, ici — par rapport à Washington et au lycée huppé que j'avais intégré pendant quelques semaines — les autres élèves semblaient vivre dans la réalité.

Pourtant, le lycée de Norview n'avait pas l'air si différent des deux derniers que j'avais fréquentés. Le bâtiment principal était immense, blanc et visiblement tout neuf. Une arche permettait d'accéder à une petite cour intérieure, puis à l'intérieur du bâtiment. Ici et là, des pom-pom girls, des joueurs de foot, parfois des regards curieux... Rien de bien nouveau.

Je devais d'abord me rendre dans le bureau de la conseillère pour les présentations d'usage. Mon emploi du temps m'avait été transmis par mail et je devais encore récupérer mon numéro de casier et remettre mon dossier scolaire. Un grand corridor courait à travers le bâtiment, blanc, immaculé et bordé de casiers rouge vif à gauche et à droite. Je me sentais minuscule et perdue. Un grand brun me bouscula violemment, s'excusant en pirouettant sur lui-même avant de reprendre sa course.

— Bordel de merde, jurai-je en prenant conscience de la taille de ce lycée.

Le bureau de la conseillère était heureusement l'un des premiers sur la droite. Je m'y engouffrai, manquant de percuter un autre élève en retard, qui cavalait vers sa salle de cours.

— Bonjour, dis-je prudemment en entrant dans la pièce.

Une jeune femme brune à l'air jovial m'adressa un sourire aimable. Habillée d'un tailleur noir, les cheveux maintenus dans une queue-de-cheval, elle m'inspira immédiatement confiance. Je lui tendis mon dossier scolaire, puis d'un geste de la main elle m'invita à m'asseoir.

— Vous devez être... Charlotte, fit-elle en jetant un regard à son agenda ouvert. Je suis Connie Barton, votre conseillère pédagogique.

— Enchantée, marmonnai-je.

Elle parcourut mon dossier, hochant fréquemment la tête.

— Quatre lycées en deux ans.

— Une performance, ironisai-je.

— La plupart des élèves ici sont dans le même cas que vous. Je suis certaine que vous vous ferez vite des amis.

Qu'avaient-ils tous à m'assurer la même chose ? Au mieux, je me ferais quelques amis... au pire, je passerais le reste de l'année ici, en comptant les jours jusqu'à l'arrivée des vacances d'été. Vu la taille de ce lycée, mon arrivée passerait inaperçue. A cause du métier de mon père, j'avais très vite appris à ne pas m'attacher. Cela me convenait : affronter des éventuels adieux avant le départ vers l'université m'effrayait.

Elle fronça les sourcils puis, de sa main parfaitement manucurée, souleva le premier feuillet de mon dossier.

— Vous avez d'excellentes notes, en particulier en arts plastiques ? s'enquit-elle sans lever les yeux vers moi.

— Arts appliqués. J'étudiais ça en option dans mon dernier lycée.

Je resserrai la main autour de la bretelle de mon sac, toujours calé sur mon épaule. J'espérais que ce lycée offrirait quelque chose d'approchant.

— J'aimerais continuer, ajoutai-je. Pour les inscriptions à l'université.

— Malheureusement, nous n'avons rien ici qui se rapproche de ce que vous faisiez à Washington. Au vu de vos notes, je vous suggère d'opter pour des cours renforcés de littérature.

Je poussai un vague soupir. Bien sûr, je pouvais travailler à la maison, je pouvais retaper le meuble que maman m'avait acheté mais j'aurais apprécié l'appui d'un professeur.

— Ai-je vraiment le choix ? demandai-je, défaite.

— La plupart des élèves ont fait leur choix à la rentrée, et donc la majorité des cours sont complets. La littérature vous conviendra certainement. Avez-vous entamé des démarches pour l'an prochain ?

— J'ai commencé, mais je dois présenter un projet décoratif pour finaliser le dossier.

— Parfait. Nous pourrons en reparler le moment venu. Avec vos parents, peut-être ?

J'ignorai sa question. Maman avait toujours géré ma scolarité seule. Papa viendrait, au mieux, à la remise des diplômes, avant de filer à l'anglaise vers une nouvelle mission.

— Avez-vous des questions ?

— Euh... oui. Pardon, mais le lycée semble vraiment immense et je me demandais...

— Il y a près de quatre cents lycéens en dernière année, comme vous.

Voilà pourquoi elle était certaine que j'allais me faire des amis : les statistiques parlaient pour elle. Parmi ces quatre cents âmes, j'en trouverais bien une ou deux pour me tenir compagnie. Ma conseillère m'adressa un sourire réconfortant pendant que je me levais.

— Voici quelques documents administratifs à faire remplir par vos parents. Avez-vous votre emploi du temps ?

Je hochai la tête, observant mon interlocutrice qui contournait son bureau pour me guider vers la porte.

— Je vous accompagne, proposa-t-elle. Vous avez la semaine pour acheter vos livres de cours. Votre casier est le 2529, au deuxième étage.

Ses talons claquaient dans le couloir désormais vide. Les autres élèves avaient regagné leur salle de cours et je me surpris à accélérer le pas derrière elle pour suivre son rythme. Au hasard des couloirs, je tentai de me repérer, retenant un numéro de salle ou le nom d'une aile. En vain. Comme à chaque rentrée, une boule d'angoisse se forma dans le creux de mon ventre.

Nouvelle rentrée, nouvelles têtes... nouvelle histoire.

Nous prîmes sur la gauche, grimpant quelques marches, avant de bifurquer dans un nouveau et terrifiant corridor. La conseillère me devançait de quelques mètres, confiante et déterminée. J'avais la sensation de me liquéfier à chacun de ses pas. Elle repéra un groupe d'élèves dans le couloir et d'un claquement de doigts attira leur attention.

— Quelle est votre excuse, cette fois, Jérémiah ?

— Il m'a fallu faire un choix entre être à l'heure et prendre mon livre, expliqua le jeune brun appuyé nonchalamment contre le mur.

— Et ce choix s'est porté sur ?

— Je n'ai pas su choisir, madame.

Il haussa les épaules avec un sourire provocant. Je retins un rire, fascinée par son attitude désinvolte. Quand, finalement, il me repéra, il se redressa et pencha la tête sur le côté.

— Nouvelle ? s'enquit-il.

— Jérémiah, dans mon bureau, intervint la conseillère. Nous allons encore avoir une explication sur votre comportement.

— Tu as ton livre ?

Je secouai frénétiquement la tête, incapable d'articuler le moindre son. J'étais en train de me rendre absolument ridicule devant lui. Je serrai mon sac à m'en faire mal. Je me trouvais tellement godiche. De toute évidence, il avait plus de dix-huit ans. Ses cheveux bruns retombaient en mèches sur son front, masquant son regard. Son T-shirt usé mettait en valeur son torse et s'accordait avec un jean encore plus élimé.

— Et son comportement à elle ? lança-t-il avec une pointe de défi dans la voix.

La conseillère l'ignora, pendant que, pour une raison inexplicable, je me dandinais sur mes pieds, terriblement mal à l'aise. Cela ne ressemblait pas au stress habituel. Je baissai les yeux, sentant le regard du garçon posé sur moi. Quand je relevai la tête, la conseillère s'adressa à moi :

— Vos deux premières heures de cours sont ici.

Présentez-vous à votre professeur. Si vous avez besoin de quoi que ce soit aujourd'hui, n'hésitez pas à venir me voir.

J'opinai faiblement, tétanisée. Je m'avançai vers la porte, m'attardant sur la poignée plus longuement que nécessaire.

— Jérémiah, suivez-moi. Voyons ce que nous pouvons faire pour résoudre votre... indécision, poursuivit la conseillère.

— Me renvoyer ? tenta le garçon.

— Ai-je l'air d'être d'humeur charitable ?

— Vous l'avez bien été avec la nouvelle, grommela-t-il.

Elle ignora sa dernière remarque et ses talons résonnèrent de nouveau dans le couloir. Le garçon brun — Jérémiah, donc — la suivit d'un pas nonchalant, son sac à dos apparemment vide traînant au sol. J'étais hypnotisée, admirant sa silhouette carrée et masculine. Quand il se tourna vers moi, je manquai de défaillir.

— Bye, la nouvelle, lança-t-il.

Je tournai la poignée de la porte, menaçant dans mon élan trop énergique et légèrement agacé de dégonder la porte. Je trébuchai en entrant dans la salle et il me sembla entendre un ricanement s'élever dans le fond du couloir. Mon sac glissa de mon épaule : je n'avais plus la force de le retenir. En deux secondes de face-à-face avec Jérémiah, j'avais épuisé mon énergie.

— Euh... bonjour, marmonnai-je. Je suis Charlotte Parker.

— Nouvelle ? me coupa le professeur.

— Oui.

— Trouvez une table et installez-vous.

Son indifférence me piqua au vif, mais je n'osai pas

répondre. Je repérai une table au fond de la salle et me dirigeai vers elle.

Oui, c'était l'avantage des villes de garnison, je passais vraiment inaperçue.

Le cours de littérature parut durer une éternité. De toute évidence, le Pr Robins vouait une adoration sans bornes à Shakespeare, déclamant ses vers et s'extasiant sur son génie. J'avais déjà eu l'occasion d'étudier son œuvre, aussi, je passai la plus grande partie du cours à regarder par la fenêtre, admirant le ciel qui se couvrait peu à peu. Quand la sonnerie annonça la fin du cours, je poussai un soupir de soulagement.

La classe se vida en quelques secondes et se déversa dans le couloir. Mon prochain cours était dans quinze minutes. Je profitai de ce temps libre pour chercher mon casier, perdu au milieu d'autres.

2522... 2525...

— 2529, soufflai-je, presque soulagée de l'avoir trouvé.

Mon sac sur le dos, je tentai de soulever le loquet. Il résista, certainement grippé. Je m'acharnai de longues minutes, ignorant les quelques rires moqueurs qui me parvenaient. Quand, enfin, je parvins à le soulever et réussis à déloger le pêne, le loquet m'échappa et retomba sur le bout de mon doigt. Je retins un cri de douleur, secouant ma main en tous sens pour calmer le fourmillement désagréable qui engourdissait mon bras.

Pourtant, je n'abandonnai pas et tentai de nouveau ma chance, soulevant le loquet. Soudain, une main puissante s'abattit sur la tôle du casier, me faisant bondir, pendant que la porte s'ouvrait dans un lent grincement.

— Tu vas finir par te faire mal, la nouvelle.

Je tournai la tête et découvris le regard pétillant de Jérémiah. Apres notre première et furtive conversation dans le couloir, le revoir si près de moi me tétanisa. Ma respiration resta bloquée dans mes poumons et j'ouvris la bouche sans réussir à parler.

— Ça fait cinq minutes que je te regarde t'acharner.

— Oh.

Enfin un son ! Et maintenant que je respirais, le sang affluait à mes joues. Je me sentais ridicule et idiote... et il continuait à me dévisager en souriant, comme si la situation l'amusait particulièrement.

— Je t'en prie, dit-il en masquant mal son rire.

— Je n'avais pas besoin de ton aide, me défendis-je finalement.

— Acharnée et combative. Peut-être que je devrais me méfier ?

— Peut-être que tu devrais retrouver ton livre de littérature.

Il éclata de rire au milieu du couloir bondé d'autres élèves, et aussitôt je me sentis encore plus ridicule. Je claquai la porte de casier violemment et décidai de l'ignorer. Qu'avait-il à vouloir me déstabiliser ?

Je remontai le long couloir, en direction de mon prochain cours. Les mathématiques étaient ma bête noire et je ne pouvais pas me permettre d'arriver en retard.

— Tu pourrais au moins me dire ton prénom ! hurla Jérémiah derrière moi.

Je baissai la tête, embarrassée. Je n'étais pas du genre à attirer l'attention. Je voulais juste finir mon année et partir d'ici au plus vite. Je risquai un coup d'œil par-dessus mon épaule, trouvant dans l'instant les yeux noirs de Jérémiah. Il arqua un sourcil, fier d'être parvenu à contrer ma stratégie de l'ignorance.

J'esquissai un bref sourire, consternée d'être si faible.

— Bye, la nouvelle !

Le cours de mathématiques fut une véritable torture. Le professeur ignora ma présence dans sa classe et sembla se souvenir de moi uniquement quand je trouvai miraculeusement la solution de l'équation. Jérémiah n'était pas dans ce cours et j'en fus presque soulagée. Il aurait sûrement trouvé un moyen de me mettre mal à l'aise et de me déconcentrer. Sa seule proximité suffisait à me faire perdre mes moyens.

Après le cours, je déambulai, un peu perdue dans les couloirs, à la recherche de la cafétéria. En suivant la foule, je parvins à m'y faufiler. Je poussai un profond soupir en avisant les grandes tables rondes, quasiment toutes occupées. Je n'avais parlé à personne — hormis Jérémiah, et encore, ce n'était pas une véritable conversation — et j'allais devoir partager un bout de table avec une dizaine d'inconnus. Génial. *Merci, papa, de me faire subir ce genre de choses.*

Armée de mon plateau, je pris une salade verte et me dirigeai vers les plats chauds. Frites, purée, légumes verts...

— Du poisson, s'il vous plaît.

— Ne me dis pas que tu es végétarienne, soupira une voix que je connaissais bien maintenant.

Jérémiah se tenait derrière moi, son plateau à la main. Il grimaça en observant les plats proposés.

— C'est suicidaire de prendre du poisson ici... Et si tu es végétarienne, je dois t'avouer que tu baisses sérieusement dans mon estime.

— Tu n'as personne d'autre à ennuyer ? râlai-je en saisissant mon assiette de poisson.

— Si, mais ils sont déjà tous à table.

Sans demander mon avis, ni celui de la personne qui me suivait, il posa son plateau près du mien et demanda de la viande. Je le fixai, stupéfaite.

— Tu es très impoli, lui fis-je remarquer.

— Dit la fille qui n'a pas daigné me donner son prénom.

— Tu as pris la place de quelqu'un.

— Et cela ne la dérange pas, n'est-ce pas ? demanda-t-il en pivotant vers l'intéressée.

Cette dernière secoua la tête avec vigueur avant de lui adresser un sourire éblouissant. J'émis un grognement désapprobateur, tirant mon plateau vers les desserts.

— Tu es quoi ? Une sorte de superstar du lycée ?

— Jérémiah Montgomery, déclama-t-il en tendant sa main vers moi.

Ses yeux pétillaient d'amusement, comme si la situation était particulièrement divertissante pour lui. J'adressai un regard blasé à sa main, avant de diriger mon attention vers un yaourt. Soudain, je sentis un souffle dans mon cou et Jérémiah posa sa main sur la mienne, couvrant ainsi mon dessert.

— Tu sais, la situation pourrait devenir gênante si tu passes ton temps à m'ignorer, chuchota-t-il à mon oreille.

— Et donc, tu vas retenir mon dessert en otage pour que je coopère ?

— C'est une idée.

Je tirai sur mon dessert, mais les doigts de Jérémiah se refermèrent plus fermement sur les miens, m'empêchant de le prendre. Je lui adressai un regard noir, mais il ne cilla pas. Ses yeux sombres me scrutaient avec intérêt et, pendant deux courtes secondes, le monde entier disparut. Ses doigts caressèrent ma peau avant de libérer mon yaourt.

Je fis glisser mon plateau jusqu'à la caisse, suivie par Jérémiah, enfin silencieux. Je réglai mon repas et me précipitai dans la salle, trouvant un recoin pour me cacher. Jérémiah ne me suivit pas et j'en fus soulagée. A l'usure, il aurait fini par me faire céder à son charme démoniaque et je ne voulais pas être le sujet d'amusement de la semaine.

Pourtant, quand il s'installa à l'une des tables à l'opposé de la mienne, mon ventre se tordit. D'un mouvement de tête, il me désigna à l'ensemble de la tablée, et tous les regards convergèrent vers moi.

Je déjeunai seule, grignotant ma salade et ignorant mon poisson. Avant de partir, je vérifiai mon emploi du temps : deux heures d'histoire pour finir la journée.

Ça ne pouvait pas être pire.

— C'était long, hein ? m'interpella une voix féminine. Baker fait toujours dans le détail pour nous expliquer la guerre d'Indépendance.

— J'ai trouvé ça plutôt intéressant, dis-je en me dirigeant vers mon casier.

Je voulais réessayer de l'ouvrir seule, loin des regards des autres lycéens qui filaient déjà à toutes jambes vers la sortie.

— Je m'appelle Summer. Tu es la nouvelle, c'est ça ?

Je resserrai mon sac à dos autour de mon poing, maudissant Jérémiah. Maintenant que j'y repensais, Summer était à sa table ce midi. Dotée d'une impressionnante chevelure brune, elle portait un jean replié sur ses chevilles et un débardeur noir qui mettait en valeur ses formes. Je me sentis misérable avec mon haut usé et mon jean trop large.

— Nouvelle, tout court. Pas « *la* nouvelle », grommelai-je.

— Tant que tu ne donneras pas ton prénom, il continuera à t'appeler comme ça.

— C'est son passe-temps d'ennuyer les nouvelles ?

— Pas vraiment. Tu devrais te sentir flattée, rit-elle.

— Pour l'instant, je me sens plutôt harcelée. Ça l'amuse en plus.

— Ça l'agace plutôt, crois-moi.

Nous atteignîmes mon casier, Summer sur mes talons. Je jetai mon sac au sol, fronçai les sourcils, puis tentai de soulever le loquet. Ma compagne d'histoire s'adossa au casier près du mien, admirant d'un œil circonspect mon acharnement à ouvrir ce fichu casier récalcitrant.

— Père militaire ? m'interrogea-t-elle.

— Gagné.

— Le mien est au milieu du Pacifique sur un porte-avions. Tu vis dans la zone réservée ?

— Non.

Les dents serrées, j'essayai de soulever le loquet. Mais je devais me faire une raison, ce truc était coincé. Je poussai un profond soupir, mélange de fatigue et de lassitude. Je tournai la tête vers Summer, qui esquissait un sourire. Je devais avoir l'air ridicule à m'acharner sur cette porte.

— Mon père est instructeur sur la base aéronavale. C'est mon troisième déménagement en huit mois. Et je m'appelle Charlotte, débitai-je, à bout de forces.

— Bienvenue à Norview.

— Désolée d'avoir été...

— Distante ? Mesquine ? Boudeuse ?

— Et tout cela en une seule journée ? ironisai-je.

— Jérémiah ne tarit pas d'éloges sur toi.

— Parce que j'ai pris du poisson à la cantine ?

— Aussi, rit-elle.

Je ne pus m'empêcher de m'esclaffer. Le couloir était désert et nos rires ricochèrent sur les casiers et résonnèrent dans le corridor. C'était libérateur de parler enfin à quelqu'un sans être dans l'affrontement, de discuter simplement. Après cette première journée chaotique, entre les cours et les sensations inédites et violentes qu'avait provoquées chacune de mes rencontres avec Jérémiah, j'appréciais ce moment de calme.

Le silence s'installa pour quelques minutes et je saisis de nouveau le loquet de mon casier, toujours sans succès. Summer réajusta la bandoulière de sa sacoche sur son épaule. Elle se dandina sur ses pieds, avant de se lancer :

— Maintenant qu'on est amies et tout, est-ce que cela te dérangerait de me passer tes notes du cours d'histoire ?

— Je me disais aussi...

— Peut-être que j'aurais dû commencer par t'inviter pour la soirée ?

Son sourire était large et franc. Summer m'avait sûrement accostée pour mes notes, mais rien ne l'obligeait à m'inviter pour la soirée.

— Peut-être, oui. Mais j'ai des projets pour ce soir. Je dois rejoindre ma mère pour faire quelques courses et ensuite...

— Aucun problème, ça sera pour une autre fois. Et pour tes notes ?

J'extirpai mon classeur de mon sac et lui tendis deux feuilles. Summer les parcourut rapidement avant de soupirer.

— Aussi barbant que dans mon souvenir, railla-t-elle. Merci en tout cas, je te les rends demain.

— Sans problème.

Elle les glissa dans son sac et me salua rapidement, quittant le couloir à grandes enjambées. Enfin seule, j'avais désormais tout loisir pour m'acharner sur mon fichu casier. Le loquet ne coopérait toujours pas… et mes doigts rougissaient à vue d'œil. C'était un cauchemar.

Et le cauchemar vira en pure terreur quand une main frappa le haut de mon casier, qui finit par s'ouvrir. Je n'eus même pas besoin de me tourner pour savoir que Jérémiah était derrière moi, me surplombant de toute sa hauteur : son parfum épicé flottait autour de moi.

— Merci, marmonnai-je.

Il passa près de moi et s'adossa au casier sur ma droite. J'ouvris en grand la porte, cherchant à éviter son regard, que je devinais fixé sur moi. J'inspectai inutilement l'intérieur du casier, tout en réfléchissant à comment prendre la fuite.

— Tu comptes te cacher à l'intérieur ? demanda-t-il finalement.

— Tu parles à une fille qui est mesquine, distante et désagréable ? rétorquai-je.

— Pour l'instant, je parle à une porte.

Brutalement, il m'arracha la porte des mains et la claqua violemment. Je sursautai, et il me sembla que la rangée entière de casiers vibrait sous l'impact. Je serrai les poings, ravalant la subite colère qui m'envahissait. De quel droit me parlait-il ainsi ?

— Voilà qui est mieux, dit-il en souriant.

— Tu as failli me coincer la main, râlai-je. Pourquoi ne me laisses-tu pas tranquille ?

— Pourquoi ferais-je un truc pareil ? s'étonna-t-il.

— Parce que je te le demande !

— Je n'ai pas pour habitude de faire ce qu'on me demande. Et qui ouvrirait ton casier si jamais je te laissais tranquille ?

— Je me débrouillerais.

Pour asseoir mon argumentation, je tapai violemment sur la porte, priant de toutes mes forces pour qu'elle s'ouvre. Malheureusement pour moi, elle résista. Jérémiah gloussa, puis se redressa. Il s'approcha de moi, me paralysant un peu plus, et planta son regard sombre et prédateur dans le mien. Le souffle court, les pieds comme englués dans le sol, je soutins son regard, évitant de fixer son T-shirt tendu sur ses pectoraux.

Sans détacher ses yeux des miens, il frappa la porte du casier, qui s'ouvrit dans un couinement de coopération.

— Et j'ai dit « boudeuse », chuchota-t-il à mon oreille.

Il se décala, me laissant finalement respirer. J'avais la gorge sèche et mon estomac faisait un yoyo désagréable entre mon ventre et mes pieds. Je saisis mon sac, déchirai une feuille, la pliai et la coinçai avec précaution entre la porte et la paroi du casier. Fière de moi, je retrouvai le regard amusé de Jérémiah.

— Tu ruines notre relation, dit-il en riant.

— Depuis quand avons-nous une relation ?

— Depuis que je t'ai vue dans ce couloir ce matin.

— C'est ça... J'ai illuminé ta journée ? me moquai-je.

— C'est une habitude chez toi de te sous-estimer ?

— Je ne me sous-estime pas, mais je n'arrive pas à déterminer tes motivations : soit tu me dragues, soit tu cherches une tête de Turc.

Un sourire énigmatique flotta sur ses lèvres et il se frotta pensivement le menton. J'arquai un sourcil, attendant une réponse. Il saisit son sac à dos et s'approcha de nouveau de moi. Je reculai d'un pas, mon dos heurtant bruyamment mon casier.

Ses yeux scrutèrent mon visage et descendirent lentement de mon regard à mes lèvres, jusqu'à ma gorge. Je posai mes mains à plat contre le casier froid, à l'instant où Jérémiah appuya sa main gauche sur le métal tout près de ma tête. Quand il avança son visage, sa bouche devenant dangereusement proche de la mienne, ma respiration se coupa. Le cœur battant, je compris où il voulait en venir. Il tira alors la feuille de papier que j'étais parvenue à coincer et la fourra dans la poche arrière de son jean. J'écarquillai les yeux, stupéfiée par son aplomb.

— Puisqu'il faut définir les choses, disons que je te drague alors, lâcha-t-il.

Il s'écarta de moi, prit son sac et, d'un pas nonchalant, remonta le long couloir en direction de la sortie. J'étais hagarde et totalement paralysée, sous le choc. Je n'avais jamais eu d'interactions aussi intenses, qui plus est avec un garçon. Mon expérience avec le sexe opposé était d'ailleurs proche du néant absolu. Quand, finalement, je retrouvai mes esprits — partis vagabonder sur une autre planète — et me baissai pour attraper mon sac, Jérémiah pivota vers moi, marchant à reculons.

— Bye, la nouvelle !

Quand je me relevai, je me cognai violemment la tête contre la porte de mon casier, qui venait, comme par enchantement de s'ouvrir. J'étouffai un juron et me décidai à quitter le lycée, partagée entre agacement et incompréhension.

Je remontai le long couloir et débouchai finalement sur le parking. Il était presque vide, hormis un groupe que je reconnus immédiatement. Ils riaient bruyamment mais, quand je passai près d'eux, un silence monacal régna instantanément. J'échangeai un bref regard avec Jérémiah, puis accélérai le pas vers ma voiture.

Je priai pour qu'elle démarre du premier coup. Je ne supporterais pas une nouvelle humiliation. Surtout devant lui. Quand la Ford se mit à ronronner dès que je tournai la clé dans le contact, le soulagement m'envahit. Je me risquai à sourire bêtement et à respirer normalement. Pourtant, au fond de moi, les mots de ce garçon me hantaient encore.

Il me draguait...

Le trajet jusqu'au centre commercial ne fut pas assez long pour m'éclaircir l'esprit. C'était à la fois ma pire... et ma meilleure rentrée. J'en ris toute seule dans la voiture, avant de réaliser qu'il me faudrait encore affronter Jérémiah, demain. Et après-demain. Et jusqu'à la fin de l'année.

Pour un peu, j'aurais prié pour déménager de nouveau.

Je me garai sur l'immense parking du centre commercial. Je repérai la boutique de beaux-arts, puis envoyai un message à ma mère pour qu'elle me rejoigne. J'avais besoin d'un tas de produits pour nettoyer le meuble et pour le poncer. Travailler sur le sous-main en cuir me demanderait du temps et des recherches. Sans un cours spécialisé, je ne savais pas si je m'en sortirais.

La boutique était petite, mais bien rangée. Je trouvai de quoi protéger le sol de ma chambre et me décidai pour du papier ponce. Pour le reste, je devais d'abord réexaminer le meuble en détail avant de décider des travaux à effectuer. Au fond du magasin, une petite bibliothèque regorgeait de livres en tout genre. Je me plongeai dans un ouvrage sur la période Art déco, cherchant un modèle proche de celui qui devait m'attendre à la maison.

— Tu trouves ton bonheur ?

La voix de ma mère me fit sursauter. Le livre m'échappa des mains, mais je parvins à le rattraper.

— Je t'ai fait peur ? plaisanta ma mère.

— J'étais dans mes pensées. Est-ce que le meuble a été livré ?

— Tout est dans ta chambre.

Ma mère était tout sourire et, dans un geste affectueux, elle enroula son bras autour du mien. Je nous dirigeai vers la caisse et y posai mes articles.

— Raconte-moi ta journée, proposa ma mère.

— Oh. Rien à dire, tu sais. C'est la routine. Nouveau lycée, nouveaux élèves. J'ai la semaine pour acheter mes livres.

— Tu me donneras la liste, je m'en occuperai demain. Je t'accompagnerai au lycée et viendrai te chercher en fin de journée. Tu t'es fait des amis ?

— Maman, c'était ma première journée, soupirai-je. Ce lycée est immense et la moitié des élèves vivent dans la zone réservée. Mon arrivée est un non-événement.

J'occultai volontairement le dossier « Jérémiah ». Si ma mère apprenait qu'un garçon m'avait parlé, elle me cuisinerait jusqu'au nouvel an. Maman rêvait d'avoir une véritable adolescente à la maison, avec des amis par dizaines, un petit ami rebelle (mais pas trop) et des crises de nerfs absurdes. Mais elle n'avait que moi : passionnée par la décoration, volontiers taciturne et solitaire. Cela expliquait la pointe de déception qui habitait son regard.

— J'ai sympathisé avec une fille. Elle s'appelle Summer. Elle est en cours d'histoire avec moi.

— Tu l'inviteras à la maison, proposa aussitôt ma mère. Ou on ira déjeuner en ville à l'occasion.

J'opinai en silence. Summer avait déjà son cercle d'amis. Tout ce qui l'intéressait, c'étaient mes notes d'histoire et percer un mystère que Jérémiah avait créé de toutes pièces autour de moi. D'ici quelques jours, quand l'attrait de la nouveauté se serait estompé, elle m'ignorerait.

Après avoir réglé mes achats, nous quittâmes le magasin et j'accompagnai ma mère au supermarché. A l'en croire, papa devait être avec nous peu avant la fin de la semaine et elle voulait fêter l'événement comme si c'était Noël avant l'heure.

Quand enfin nous parvînmes à la caisse, je trépignais presque. J'avais hâte de m'enfermer dans ma chambre et de passer mes mains sur le cuir de mon nouveau fauteuil. Je voulais m'user les doigts et les paumes à poncer un meuble du siècle dernier. En sortant du magasin, le vrombissement intempestif d'un moteur me fit froncer les sourcils. Ma mère babillait toujours, quelques mètres devant moi, me récitant encore et encore ce qu'elle voulait faire à dîner pour mon père. Mais je ne l'écoutais pas. Soudain, le vrombissement s'accentua et une voiture zigzagua dangereusement dans le parking. Elle remonta l'allée centrale, traversa un parterre, manqua de faucher un Caddie vide, avant de faire un demi-tour acrobatique et de se diriger vers moi. Je reculai d'un pas, pensant être protégée sur le trottoir.

Mon idée me parut totalement absurde quand la vitre se baissa, révélant un Jérémiah très fier de sa prouesse.

— Salut, la nouvelle.

— Tu ne veux pas me lâcher ?

— Quel intérêt aurais-je à le faire ?

Je pestai et repris ma marche. J'espérais rejoindre la voiture au plus vite. Au loin, je vis ma mère pivoter dans ma direction. Un sourire ravi s'étira sur ses lèvres et cela me donna une raison de plus de détester Jérémiah. Ce dernier gara sa voiture au milieu de l'allée, indifférent à la gêne qu'il allait provoquer pour les autres et, en trois enjambées, effaça la distance entre nous.

— Laisse-moi t'aider.

Il prit le sac en papier que je tenais dans mes bras, puis enroula son bras autour de ma taille, comme si je lui appartenais. Je me décalai, le cœur affolé et la gorge sèche.

— Oh ! pour ta gouverne, je te drague toujours, sourit-il avec arrogance.

— Et pour ta gouverne, je ne suis pas intéressée.

— Tu mens très mal.

— J'ai déjà un petit ami.

— Tu mens très très mal, rit-il, l'œil pétillant.

— Comment sais-tu que je mens ?

— Tu te pinces les lèvres et tu te tritures les doigts. Où est ta voiture ?

— Ma mère est là-bas.

Il traversa le parking, le sac solidement calé entre ses bras musclés, pendant qu'à ses côtés je tentais de suivre le rythme. J'essayais de canaliser mes émotions, mon esprit naviguant entre consternation et peur panique. Je ne savais plus quoi dire, ni quoi faire pour me débarrasser de lui.

Et le pire, c'est que je ne savais pas si j'avais vraiment envie de me débarrasser de lui.

— Que dirais-tu si je t'invitais à une soirée ce soir ?

— Je dirais non.

— Sans une bonne excuse pour agrémenter ta réponse ?

— Genre quoi ? Une allergie aux crétins arrogants ?

— Bonne nouvelle : aucun crétin arrogant dans mes soirées. C'est un code de conduite auquel je ne déroge jamais.

— Parce que tu as un code de conduite ?

— Tu serais surprise. J'attends toujours la bonne excuse.

— Nous sommes un soir de semaine. Et j'ai encore des cartons à défaire.

— Ça me va.

— Ça te va ?! m'esclaffai-je.

Nous atteignîmes la voiture et j'ouvris le coffre. Ma mère était au volant et me décocha un regard empli de joie au travers du rétroviseur. Elle jubilait comme si elle venait de gagner au loto. *Oh, maman, si tu savais...*

— Tes excuses ne sont pas en lien avec moi. Ce qui veut dire que, quand tu auras défait tes cartons et d'ici à samedi soir, je pourrai de nouveau t'inviter et tu ne pourras pas refuser.

— Et pourquoi pas ?

— Parce que tu ne veux pas.

J'éclatai de rire, stupéfiée par son arrogance. Il était tellement confiant, tellement entreprenant, que je ne savais plus quoi répondre. Il se pencha vers moi et, dans un murmure, ajouta à mon oreille :

— Et je le sais parce que tu te pinces les lèvres.

Ma mère tenta de démarrer la voiture, qui toussota en retour. Je soupirai pour la millième fois de la journée. Jérémiah s'écarta de moi et, à son regard, je compris que je n'en avais pas fini avec lui.

Il s'approcha de moi, ancra ses yeux dans les miens et interpella ma mère :

— Votre démarreur est en train de lâcher. Soulevez le capot, je vais vous arranger ça.

— Tu t'y connais en mécanique ? lui demandai-je, épatée.

Il haussa les épaules, puis contourna la voiture pour se pencher sur le moteur. Je le suivis, sans comprendre pourquoi. J'imitai sa position : mes mains sur le rebord de la voiture, mon dos voûté sur le moteur plein de crasse et de graisse.

— Sors avec moi samedi, murmura-t-il en triturant une jauge.

— Pourquoi ? soufflai-je.

— Pourquoi pas ? On ne t'a jamais dit que tu étais plutôt agaçante ?

— Je présume qu'il s'agit d'une question rhétorique ? Et qu'est-ce qu'on ferait samedi ?

— Eh bien... Toi, je ne sais pas, mais moi je risque de passer la soirée à chercher de t'embrasser.

Il se décala et s'adressa à nouveau à ma mère.

— Démarrez pour voir.

Cette dernière acquiesça et, dans la seconde qui suivit, la voiture démarra, pétaradant légèrement avant de ronronner.

— Merci ! cria ma mère à travers la vitre.

Jérémiah fit claquer le capot de la voiture et frotta ses mains sales contre son jean. Je jetai un coup d'œil vers ma mère, qui assistait au spectacle de ma déconfiture.

Il me draguait. Soit.

Il m'agaçait. Bon.

Et maintenant, il voulait m'embrasser. Merde.

— Alors ? Qu'en dis-tu ?

— Tu ne connais même pas mon prénom ! Et... Disons que je préférerais qu'on soit amis.

— Je te propose le plan A et tu prends le plan B ?

— Je n'ai pas d'amis ici et j'aimerais bien m'en faire. Donc, je suis d'accord pour samedi, s'il s'agit d'une soirée entre amis.

Je mentais. Je mentais comme je n'avais jamais menti, avec force et conviction. Je contrôlai mes mains, gardai le sourire et évitai le regard pénétrant de Jérémiah. Il fit la moue, pesant le pour et le contre de ma proposition. Puis, il tendit sa main dégoûtante vers moi.

— Bien. Amis, alors.

— Amis, confirmai-je en prenant sa main dans la mienne.

D'un geste vif, il m'attira à lui et me serra contre son torse musclé. J'étouffai un cri de surprise, la honte m'avalant toute crue en sentant le regard de ma mère sur nous. J'étais mortifiée.

— Je finirai par t'embrasser, chuchota-t-il. Je te le promets.

La paume de sa main glissa contre la mienne et nos doigts s'entremêlèrent une courte seconde. Je frissonnai et passai une main nerveuse dans mes cheveux. Je fuyais son regard, les yeux rivés au sol, me sentant à la fois stupide et à la fois... bouleversée.

— Tu as de la graisse, juste là, dit-il en désignant ma joue.

Je frottai mon visage à m'en faire mal, avant de contourner la voiture. En deux enjambées, Jérémiah me dépassa et m'ouvrit la portière côté passager. Il salua poliment ma mère pendant que je fixais un point entre mes pieds.

— Je suis un ami de votre fille, nous suivons le même cours de littérature.

— Quand il y va..., intervins-je, sans pouvoir me retenir.

— J'irai, désormais.

Ma mère ignora mon commentaire, subjuguée par Jérémiah et son regard noir. Elle souriait béatement, ses yeux passant de moi — absolument consternée — à Jérémiah — fier comme un paon.

— Je vous conseille d'apporter votre voiture au garage. Je viendrai prendre votre fille chez vous demain matin pour aller au lycée.

— Pardon ? fis-je, soudainement alerte.

— Quelle merveilleuse idée ! gloussa ma mère. Merci encore pour votre aide.

— Avec plaisir. Bye, la nouvelle, ajouta-t-il à voix basse.

Jérémiah fit claquer la portière et s'écarta de la voiture. Un début de panique commença à m'envahir. Cette conversation n'était pas terminée. Je n'avais pas donné mon accord pour quoi que ce soit. Et surtout pas pour être conduite au lycée par Jérémiah.

— Il est charmant.

Le coup d'œil que me jeta ma mère ne laissait aucun doute sur ce qu'elle imaginait.

— Il est un peu agaçant, rétorquai-je.

La voiture de Jérémiah passa devant nous, manquant d'emboutir un arbre. Son bolide fonça dans l'allée et déboucha sur une grande avenue, avant de disparaître dans la circulation. Je me renfrognai dans mon fauteuil, la tête appuyée contre la vitre.

— Tu devrais lui donner sa chance, dit finalement ma mère après un long silence.

— Et pour quelle raison ?

— Si tu ne vis rien d'inoubliable maintenant, quand le vivras-tu ?

Je me redressai péniblement, bougonnant contre ma malchance. Evidemment, j'étais tombée sur le garçon le plus insistant, le plus pénible et le plus arrogant qui soit. Ma mère cautionnait, bien sûr. Elle aurait fait n'importe quoi pour que j'entre dans « sa » normalité. Je fixai mes mains, sales, pleines de graisse et de poussière, à l'odeur douteuse de cambouis.

De retour à la maison, je ne parvenais toujours pas à m'expliquer pourquoi je souriais stupidement.

*
**

— Charlotte ? Tu vas être en retard, cria ma mère dans le couloir.

— J'arrive.

Je me plantai devant le miroir. J'avais opté pour un jean noir et un pull large, qui glissait sur mon épaule, malgré toutes mes tentatives pour l'ajuster. Je me sentais nerveuse et, depuis mon réveil, je cherchais comment j'allais pouvoir affronter Jérémiah, seul à seule dans l'espace confiné de sa voiture.

Le simple fait qu'il vienne me chercher pour aller au lycée — un véritable cliché — me faisait lever les yeux au ciel.

Je gagnai la cuisine, rejoignant ma mère qui, tout sourire, me tendit un mug de café. De toute évidence, mon père n'était pas rentré de la nuit. Le silence s'installa entre ma mère et moi. Je tentai de ne pas laisser entrevoir ma nervosité, mais mon cœur battait à une cadence infernale dans ma poitrine et mon café, que j'adorais habituellement, me retourna l'estomac. Je me fustigeai d'être aussi gourde. Tout ça pour un malheureux tour en voiture. Ridicule.

Quand on toqua à la porte, je bondis et me précipitai pour aller ouvrir. Jérémiah se tenait devant moi, habillé d'un jean bleu foncé et d'un sweat noir avec une capuche, qu'il enleva en me voyant. Il m'adressa un sourire irrésistible et tout mon corps se mit à trembler. Je m'accrochai à la poignée de la porte pour ne pas flancher.

— Je crois que c'est la première fois que je viens chercher une fille dont je ne connais pas le prénom.

— Maman, je vais au lycée. A ce soir ! dis-je en refermant la porte derrière moi.

— A la réflexion, je crois que c'est la première fois que je viens chercher une fille... tout court.

— C'est un défi que tu te lances ?

— C'est toi, le défi. Un très beau défi.

Son aveu, murmuré d'une voix douce, et sa sincérité me tirèrent un sourire heureux. Peu à peu, je le sentais, mes défenses s'effritaient. Peu à peu, Jérémiah parvenait à me toucher.

— N'en fais pas trop. Tu as pensé à ton livre de littérature ?

— Je n'ai pensé qu'à ça ! répondit-il en arquant un sourcil ravageur. Monte, indiqua-t-il en ouvrant la portière de son bolide.

— Jolie voiture, le complimentai-je en riant.

— C'est pour aller avec la fille qui monte dedans.

— C'est assez minable comme compliment, lui fis-je remarquer.

— Je sais. Je débute, laisse-moi ma chance.

Il contourna le véhicule et s'installa derrière le volant. Je bouclai ma ceinture, pendant que Jérémiah déboîtait sur la route en direction du lycée. Le trajet fila en une seconde et mon preux chevalier nous gara devant l'entrée du lycée. Dès qu'il ouvrit la porte, les bavardages des élèves nous parvinrent et notre petite bulle de silence éclata.

— Pas de tapis rouge ? me moquai-je en descendant de la voiture.

— La nouvelle est donc snob. Dois-je prendre des places à l'Opéra pour samedi ?

— L'Opéra le plus proche est à New York, précisai-je.

— En effet.

— Je vais faire comme si tu plaisantais.

Il enroula son bras autour de ma taille, m'attirant contre lui dans un geste possessif. Je m'écartai aussitôt, mal à l'aise.

— Je ne plaisantais pas quand je disais que je te draguais.

— Je sais. Je compte d'ailleurs utiliser cette information à mon avantage. Tu veux me rendre service ?

— Tout ce que tu veux !

— Viens m'aider à ouvrir mon casier.

Un sourire lumineux barra son visage et fit s'emballer mon pauvre cœur déjà tachycarde. Je devais admettre que Jérémiah était très fort en drague.

Il était nettement moins fort en littérature, cours pendant lequel il soupira un nombre incalculable de fois. Je l'observai du coin de l'œil, tournant la tête dès qu'il devinait mon regard sur lui. Je pris quelques notes et tentai de me concentrer sur le cours, mais dévisager Jérémiah était nettement plus passionnant : j'étais fascinée par ses traits parfaitement dessinés et virils, et par le fait que, chaque fois qu'il passait sa main dans ses cheveux, son front se plissait sous l'effet de la réflexion.

A la fin du cours, il se leva d'un bond et me rejoignit alors que je quittai la salle. Un autre élève l'interpella, mais il l'ignora, plongeant son regard sombre dans le mien. Mon ventre fit une étrange pirouette et je luttai pour garder mes mains dans mes poches. A chaque sourire de Jérémiah, à chacun de ses regards, je me sentais embrumée, presque ivre et chancelante sur mes jambes.

— On se retrouve à la cafétéria ? Je te garde une place.

— Tu n'as pas besoin de faire tout ça. Je peux tout à fait manger sans toi.

— Je sais que tu peux. C'était une proposition purement égoïste.

Il se pencha vers moi, provoquant une vague de panique dans tout mon corps. Quand ses lèvres caressèrent ma joue, je fermai les yeux, enveloppée dans une spirale d'émotion inédite. Soudain, tout disparut autour de moi et l'air se chargea d'électricité. Je ne sentais plus mes jambes, je ne respirais plus, je percevais à peine les battements frénétiques de mon cœur. Il déposa un baiser léger comme une caresse sur ma joue et s'écarta de moi.

Je clignai des yeux, rattrapée par la réalité du lycée. Le sang me monta au visage et je baissai la tête, honteuse et cramoisie.

— A ce midi, alors ?

Je hochai la tête et me raclai la gorge. J'avais envie de me terrer dans un trou de souris, maudissant mon inexpérience avec les garçons. A dix-sept ans, j'aurais dû savoir gérer le flot d'émotions violentes qui m'envahissait. J'aurais dû savoir comment repousser un garçon aussi arrogant que Jérémiah. J'aurais dû savoir dire « non » à toutes ses propositions.

Au moins pour me protéger, au moins pour me concentrer sur ma dernière année de lycée.

J'avais tout un tas de raisons de m'éloigner de Jérémiah. Un tas.

D'abord, j'avais un plan : réussir à intégrer l'université et oublier ma vie entassée dans des cartons de déménagement. Je n'avais donc pas besoin de m'encombrer d'un mec comme lui. Mais, surtout, je ne comprenais pas pourquoi il s'était entiché de moi. Cette histoire n'avait aucun sens et devenait même suspecte.

Pourtant, la simple perspective de sentir de nouveau sa peau contre la mienne réduisait en cendres toutes mes objections.

— Bye, la nouvelle.

Je me tournai vers lui et lui offris un sourire timide. J'étais toujours sous le choc de son étreinte furtive et je sentais mes joues chauffer. Ma gorge était sèche et j'étais incapable de formuler une pensée cohérente.

Je devais me reprendre.

*
* *

A l'heure du déjeuner, je gagnai la cafétéria. Je jetai un coup d'œil circulaire sur les tables, constatant que Jérémiah n'était pas arrivé. J'étais donc libre de m'installer où bon me semblait. Cette liberté inattendue soulagea la tension qui m'habitait. Je trouvai la table la plus isolée et manquai de m'étouffer avec un morceau de pain quand Summer surgit et s'installa face à moi.

Elle me tendit deux feuilles, que je reconnus comme étant mes cours d'histoire.

— Merci, marmonnai-je en mastiquant une bouchée.

— Merci à toi. Dis-moi, une folle rumeur court à ton sujet.

— Ah bon ?

Je haussai les épaules. Je n'avais jamais été friande de potins, encore moins de rumeurs. Pour moi, il s'agissait de beaucoup d'agitation pour pas grand-chose.

— La rumeur dit que tu serais arrivée avec Jérémiah ce matin.

— Et ?

— Je précise que la rumeur dit que tu serais arrivée avec Jérémiah ce matin *dans sa voiture.*

— La rumeur est très précise, me moquai-je. Pourquoi n'irais-tu pas vérifier auprès de l'intéressé ?

— Tu es l'intéressée, rit-elle en jouant avec sa longue chevelure.

— Ma voiture est en panne, il a voulu se montrer courtois.

— Courtois ?

Elle partit dans un rire bruyant et tous les visages se tournèrent vers notre table. Je baissai la tête, refusant de me donner en spectacle une fois encore. Les dents serrées, je lui intimai de se calmer, en vain.

— On parle de Jérémiah Montgomery, le type qui,

en une nuit, est parvenu à habiller tous les arbres du lycée avec du papier toilette.

— J'aurais peut-être dû demander un dossier complet, plaisantai-je.

— Et il m'aurait fallu au moins un mois pour tout t'expliquer. Donc, cette rumeur est avérée.

— Totalement, assurai-je.

— Quoi qu'elle ait dit sur moi, ne la crois pas, fit la voix de Jérémiah derrière moi.

Je sursautai de surprise et écarquillai les yeux en le voyant saisir une chaise et s'y installer à califourchon. Il poussa volontairement Summer pour avoir de la place et m'adressa un regard lourd de reproche.

— On devait manger ensemble ! lança-t-il en piochant une frite dans mon assiette.

— Est-ce que je dois vous laisser ? demanda Summer.

Mon « non » fusa au même instant que le « oui » de Jérémiah. Un sourire flamboyant étira ses lèvres et j'eus la sensation de me ratatiner sur ma chaise.

— Tu peux rester, dis-je finalement à Summer.

Elle *devait* rester, songeai-je au même moment. Jérémiah soupira, apparemment contrarié par mon initiative. Il passa tout le déjeuner à picorer dans mon assiette, sans que je trouve la force de l'en empêcher. J'étais comme... envoûtée, hypnotisée par l'intensité de ses regards et désarmée par sa capacité à prendre à revers toutes mes remarques.

— Tu cours samedi ? lui demanda finalement Summer.

— Non. Je sors avec... la nouvelle, rit-il en me jetant un regard amusé.

— Tu sors ? répéta Summer, ébahie.

— Oui, confirma-t-il.

— Donc, tu ne cours pas ?

J'assistai à leur échange sans rien dire. Summer avait l'air épatée, voire même abasourdie. Jérémiah semblait, lui, plutôt agacé, et fronça les sourcils. Il tira nerveusement sur les manches de son sweat et en tritura pensivement les extrémités.

— Tu cours ? intervins-je finalement.

— A l'occasion.

A son air triomphant, je me doutais qu'il me mentait. Jérémiah était grand et musclé. Son sweat révélait le carré de ses épaules. Il posa ses avant-bras sur la table et se pencha vers moi pour me proposer :

— On pourra courir ensemble si tu veux.

— Tout dépend, tu es plutôt marathon ou sprint ?

— Sprint, définitivement, assura-t-il, énigmatique.

— Je crois que…

Mais Summer n'eut pas le temps de finir sa phrase. Jérémiah leva sa main pour l'interrompre avant de se redresser. Pour la première fois depuis notre rencontre, je découvrais un tatouage sur l'intérieur de son bras, représentant une panthère. Il avait certainement dû falsifier sa pièce d'identité pour pouvoir se faire tatouer. Ses yeux sombres sondèrent les miens, faisant vibrer tout mon corps. Entre lui et moi n'existait plus que ce crépitement intense, ce magnétisme puissant qui faisait battre mon cœur bien trop vite.

— Elle a ses secrets, j'ai les miens.

— Je n'ai pas de secrets, répondis-je, véhémente.

— Ton prénom ?

— Ce n'est pas un secret. Juste une manière intéressante de t'agacer.

— Et une manière qui fonctionne, gloussa Summer.

Jérémiah pencha la tête et se saisit de mon yaourt.

— On se voit plus tard, dit-il avant de déposer un baiser furtif sur mon front.

— En cours ? demandai-je.

— Je ne te drague pas à ce point ! Je viendrai te récupérer à la fin de la journée. Bye, la nouvelle.

Il se volatilisa dans l'instant. J'étais bouche bée, tandis que Summer terminait son déjeuner sans sourciller. Des dizaines de questions me brûlaient les lèvres, mais je savais que les réponses de Summer généreraient encore plus d'interrogations.

Je suivis distraitement les cours de l'après-midi. Je passai mon temps à regarder dehors, à observer le ciel se couvrant peu à peu, annonçant un week-end à la météo morose. Je me demandais ce que faisait Jérémiah et me repassais en boucle la conversation du déjeuner. J'avais loupé quelque chose, il me manquait une pièce — au moins une — du puzzle Jérémiah.

A la fin des cours, je rejoignis mon casier et le lorgnai d'un air dubitatif. Je devais pouvoir ouvrir ce truc sans lui. Malheureusement, au bout de dix minutes d'acharnement et de babillage de Summer sur son programme du week-end, j'abandonnai. Je poussai un long soupir, devinant au même instant un souffle chaud sur ma nuque.

Il était là et tout mon corps se tendit aussitôt d'anticipation. Tout mon être réclamait son contact ; ma tête était lourde, mes pensées évanouies, et ma respiration se coupa quand il enroula un bras autour de ma taille.

— Admets-le, tu ne peux rien faire sans moi, chuchota-t-il à mon oreille.

Il frappa le haut du casier, qui s'ouvrit dans son typique grincement de douleur. Le corps de Jérémiah était trop près du mien, je suffoquai, incapable de dire ou de faire quoi que ce soit. Ses mains glissèrent sur moi avant de me libérer.

— Tu sèches souvent les cours ? demandai-je.

— Je ne sèche pas. Je sélectionne. C'est tout à fait différent.

— Ton examen est sélectif lui aussi ?

Il tapa doucement de son index contre ses lèvres, en pleine réflexion.

— La nouvelle n'approuve pas, commenta-t-il, un peu surpris.

— La nouvelle ne sortira pas avec un type qui se fiche de son avenir.

— Je ne me fiche pas de mon avenir. Si tu veux un mec qui suit les cours, sors avec un type du club d'échecs.

Je haussai les épaules, essayant d'ignorer son sarcasme. Je ne savais pas s'il était réellement surpris de ma remarque ou s'il en jouait. Je rangeai mes livres dans mon casier, recherchant mes notes de l'après-midi. Je les tendis à Summer, qui me remercia chaleureusement en m'étreignant. Jérémiah se racla la gorge et Summer déguerpit l'instant suivant en me souhaitant un bon week-end.

— Je te raccompagne, proposa-t-il finalement.

Dans la voiture, le silence était pesant. Jérémiah gardait les yeux braqués sur la route, pendant que je cherchais un moyen d'alléger l'atmosphère. Je n'avais que peu de temps jusqu'à la maison et mon esprit embrumé refusait de coopérer. Les mains serrées sur le volant, il finit par se tourner vers moi.

— C'est ce que tu veux ? demanda-t-il sèchement.

— Quoi donc ?

— Un type du club d'échecs ?

— Tu joues aux échecs ?

Ma question le désarçonna et il manqua de griller un feu rouge. Dans un crissement de pneus, il freina au dernier moment. Il tapota de ses doigts sur le volant, défiant le feu rouge du regard. Quand il passa au vert, il enclencha brutalement la première et je me retrouvai plaquée sur mon siège.

— Non. Je ne joue pas aux échecs, dit-il finalement en se garant devant chez moi.

— Je ne veux pas d'un joueur d'échecs, avouai-je dans un murmure.

— Je te suffis, donc ?

J'éclatai de rire, soulageant ainsi la tension désagréable qui régnait dans la voiture. Jérémiah me considérait avec curiosité. Ne comprenait-il pas l'ironie de la situation ? Avec lui, je me sentais constamment submergée, aspirée dans un monde que je ne maîtrisais pas et qui me faisait perdre mes moyens.

— Tu es… amplement suffisant pour moi.

— Bien. Parce que je te drague toujours.

— Je sais.

Je sortis de la voiture et remarquai du mouvement à la fenêtre. Ma mère devait être en train de se régaler du spectacle. J'entrais enfin dans sa normalité en fréquentant un garçon qui était… au-delà de toute normalité. Jérémiah me saisit par le poignet et m'attira à lui.

— 20 heures, samedi ? Je t'emmène dîner.

D'un geste doux, il remonta mon pull pour couvrir mon épaule, puis me libéra.

— Bye, la nouvelle.

— C'est Charlotte, murmurai-je.

Stupéfiée par mon aveu, Jérémiah me dévisagea pendant un court instant, avant de m'offrir un sourire qui fit faire des bonds à mon estomac.

— Alors, à samedi, Charlotte.

Quand je passai le seuil de la porte, un sourire niais barrait mon visage. Ma mère m'accueillit d'un regard entendu.

— Je ne te demande pas si tu as passé une bonne journée ?

— Maman, c'est juste un ami !

— Super. Tu pourras dire à ton ami que la voiture est immobilisée une semaine. Tu crois que ça le dérangera de te conduire au lycée ?

Nouveau regard entendu. Et nouveau sourire niais.

— En fait, quand il ne s'agit pas des cours, tu es terriblement ponctuel, fis-je remarquer à Jérémiah.

Ce dernier tenait ma portière, habillé d'un jean noir et d'une chemise bleu nuit. Il était très élégant et, pendant une seconde, le souvenir de notre conversation sur l'Opéra me revint. Je chassai vite l'idée. Hautement improbable, ricanai-je intérieurement.

— Je dirais plutôt que, dès qu'il s'agit de toi, je suis à l'heure.

Je secouai la tête et grimpai dans la voiture. Ce n'était pas celle qu'il conduisait habituellement, mais un modèle de sport de couleur noire.

— Tu as combien de voitures au juste ? m'enquis-je dès qu'il fut installé derrière le volant.

— Celle-ci est la mienne. Celle de cette semaine, c'est une voiture que j'ai réparée pour un ami de mon frère.

Le moteur vrombissait sous mes fesses et j'eus toutes les peines du monde à retenir un fou rire nerveux. Jérémiah était extrêmement à l'aise au volant et doté de réflexes impressionnants. Personnellement, je calais au moins une fois par semaine avec la Ford.

— Donc tu as un frère ?

— Oui. Il s'appelle Théo. Il a cinq ans de plus que moi.

— A l'université alors ?

— Non, rit-il. Mais mon grand-père aurait aimé, crois-moi. Comment se fait-il que tu ne vives pas dans la zone réservée ?

— Ma mère a fait du chantage à mon père, je crois. Son patriotisme a ses limites. Où va-t-on ?

— Tu verras.

— Est-ce que nous serons seuls ?

Ma question sembla le surprendre. Il ralentit légèrement et me jeta un coup d'œil.

— Que veux-tu dire par là ?

— Eh bien, tu as l'air d'avoir pas mal d'amis au lycée, donc je me demandais si c'était une soirée entre nous ou s'il y aurait...

— Vu les efforts que j'ai dû faire pour te soutirer cette soirée, je ne compte pas la partager, soupira-t-il. Je ne compte pas te partager, ni ce soir ni à un autre moment.

— Oh. Euh... D'accord.

Il bifurqua sur la droite, nous dirigeant vers l'océan. La nuit tombait sur l'horizon, parant le ciel de tons turquoise et rosés. Ma gorge était sèche de nervosité et je glissai mes mains sous mes cuisses pour masquer leur tremblement.

— C'est bien que tu aies mis un jean. On va passer un peu de temps dehors.

— On ne devait pas aller dîner ?

— Si. Au fait, tu n'es pas réellement végétarienne, n'est-ce pas ?

— Non, pas réellement.

Quand nous arrivâmes à destination, la grande roue qui surplombait la plage ne laissait aucun doute sur notre activité de la soirée. Je sortis de la voiture et regardai Jérémiah en faire autant puis enfiler une veste en cuir. Quand il se tourna vers moi, mon cœur s'emballa. Jérémiah était séduisant — et il le savait

— mais réaliser à cet instant qu'il passait la soirée avec *moi* brouilla mes repères habituels.

En temps normal, je me contentais de me mêler à la foule. J'attirais plus l'attention par mes silences que par mon physique. Devenir la coqueluche — ou la tête de Turc, j'hésitais toujours sur mon statut — de la star du lycée était une expérience inédite et tentante. Mais mon temps ici étant limité, pourquoi ne pas en profiter un peu ?

Quand il approcha de moi, un sourire irrésistible accroché aux lèvres, il semblait à la fois soulagé et soucieux.

— Si tu continues à m'observer comme ça, tu vas foutre en l'air mon plan parfait.

— Ton plan parfait ?

— Celui qui consiste à te faire passer une bonne soirée et à t'embrasser d'ici environ — il consulta sa montre — une heure ou deux.

— Et si je ne suis pas d'accord ?

— Pour le baiser ou pour le timing ?

— Les deux !

— Tu pourrais au moins me laisser ma chance.

— Au nom de quoi ?

— Je sais embrasser, se vanta-t-il en nous dirigeant vers l'entrée du parc d'attractions.

J'éclatai de rire, ébahie par ce nouvel accès d'arrogance. Il arqua un sourcil et hocha la tête, sûr de lui, ce qui me fit redoubler de rire. Comment son ego parvenait-il à tenir dans son corps ? Un vrai mystère.

— C'est de notoriété publique, tu sais, en ville. Je suis un professionnel du baiser.

— Ben voyons, ironisai-je. Et tu as embrassé combien de filles au juste ?

D'un air pensif, il commença à compter sur ses doigts,

avant de hausser les épaules. Je lui frappai doucement l'avant-bras, laissant échapper un « goujat » hilare.

— Ce qui compte, ce n'est pas le nombre de filles que j'ai embrassées avant toi.

— Je ne veux rien savoir !

— Ce qui compte, c'est qu'il n'y a plus que toi que je veux embrasser.

— Ça risque de prendre beaucoup de temps.

— La soirée ne fait que commencer.

Il entoura ma taille de son bras tatoué et m'entraîna en direction d'une attraction spectaculaire et proprement effrayante. Le grand huit montait à une hauteur effarante, avant de retomber en piqué sur une quinzaine de mètres. D'ici, même avec la musique hurlante, je percevais les cris des pauvres âmes actuellement sur les rails.

— Hors de question, dis-je en me détachant de Jérémiah.

— Quoi ? Tu n'aimes pas un peu de vitesse ?

— Un peu ? Je... Ce truc me file une peur bleue.

— Tu as tort. Tu ressens l'adrénaline jusque dans tes cheveux.

Je l'observai, sous le choc. Il parlait avec animation, une lueur de joie et d'excitation éclairant son regard sombre. Une nouvelle salve de cris nous parvint et un sourire heureux se dessina sur ses lèvres.

— Je ne monterai pas dans ce truc, dis-je en secouant la tête.

— De quoi as-tu peur ?

— De tout. La vitesse, la hauteur... Tu n'as pas le contrôle de ce truc, tu ne sais pas ce qui peut se passer, énumérai-je à toute allure.

— Je te tiendrai la main, proposa-t-il. Je t'assure qu'il ne se passera rien.

Il réduisit l'espace entre nous, s'approchant tout

contre moi. Il caressa ma joue du bout de ses doigts et plongea son regard sincère dans le mien. Je frissonnai, partagée entre la peur panique de l'attraction et la peur panique... de Jérémiah.

— Je peux te jurer qu'il ne t'arrivera rien.

J'aurais pu jurer qu'il ne parlait plus de l'attraction. Malgré la foule, malgré le bruit, il n'y avait plus que lui. Lui et son regard sombre ancré dans le mien, le contact furtif de ses doigts sur ma peau et l'attraction indéniable de nos deux corps.

— Le tour va bientôt se terminer, dit-il dans un murmure.

— Non, fis-je avec fermeté. Mais vas-y, toi, si tu veux... mourir dans ce truc, finis-je, tétanisée.

— C'est avec toi ou pas du tout. Tu ne prends jamais de risques dans la vie ?

— Je suis ici avec toi ce soir, c'est déjà beaucoup.

Il acquiesça et replaça son bras autour de moi. Il déposa un baiser chaste sur ma tempe et mon cœur s'emballa dans l'instant. Je lui adressai un faible sourire et il réitéra son geste. L'arrogance avait disparu, au profit d'une forme de tendresse que je n'aurais jamais soupçonnée chez lui.

— Allons voir autre chose.

— Mais...

— Avec toi ou pas du tout, répéta-t-il. Je comprends, je t'assure.

— Ah oui ?

— Oui. Vitesse, hauteur, perte de contrôle, peur de l'inconnu, je connais, je t'assure. C'est toi mon grand huit.

Mon sourire s'élargit et Jérémiah me resserra contre lui. Le froid se faufilait sous mon pull, mais c'était sans importance. Je ne réagissais plus aux éléments extérieurs. Il n'y avait que lui, que son corps élancé et musclé, étroitement collé au mien. Il n'avait même plus besoin de me draguer, mes faibles défenses avaient cédé et mon corps se rendait à l'ennemi.

— Viens par là, dit-il avec enthousiasme après quelques minutes de silence.

— On ne gagne jamais à ces trucs, protestai-je.

Jérémiah ignora mon commentaire et m'entraîna dans une zone de jeux où des dizaines de machines émettaient une cacophonie de bips. A l'aide d'une pince, on pouvait attraper de tout : des peluches, des miniradios, des bonbons, des bijoux fantaisie. Quelques personnes gravitaient dans la zone, observant d'un œil circonspect les machines une à une avant de se décider.

— Celle-là ! cria Jérémiah, sûr de lui.

Je levai les yeux au ciel en constatant qu'il avait opté pour les bijoux.

— Aucune chance que tu y arrives, dis-je alors qu'il mettait une pièce dans la machine.

— On parie ?

A son regard confiant, je sus que parier serait inutile. Il m'adressa un clin d'œil et la machine se mit en route. Il descendit la pince, la referma aussitôt et, sous mon regard stupéfait, parvint à saisir une petite boîte. Je collai le nez à la machine, épatée.

— Tu disais ? fanfaronna Jérémiah.

— Rien.

La petite boîte tomba dans la trappe et Jérémiah lâcha la pince. Il récupéra son lot, l'ouvrit et me tendit le bijou : un collier en métal bon marché, avec une petite cage en guise de pendentif. Je le trouvai magnifique et souris, heureuse. Jérémiah me le glissa autour du cou, avant de tirer légèrement dessus. Son visage se retrouva à quelques centimètres du mien, son regard noir d'encre rivé au mien.

— Et tu le gardes, me prévint-il.

— Sinon quoi ? soufflai-je, haletante.

— Sinon, je n'ouvrirai plus ton casier jusqu'à la fin de l'année.

J'esquissai une moue, faisant mine de peser naïvement le pour et le contre de sa menace. Il esquissa un sourire dévastateur et relâcha le collier.

— D'accord, dis-je finalement.

— J'aurais dû négocier un baiser.

— Trop tard.

— Je vais t'en attraper un autre.

Il se dirigea avec un sérieux édifiant vers une nouvelle machine et j'eus tout juste le temps de l'empêcher d'introduire une nouvelle pièce. Je glissai ma main dans la sienne et parvins à le faire sortir de la zone.

— Viens, on va manger, proposai-je.

A la fin de la soirée, après deux hot-dogs et un paquet de pop-corn, Jérémiah me raccompagna chez moi. Sur le trajet, je tripotai nerveusement mon collier. C'était là que tout allait se jouer, c'était en arrivant devant chez moi qu'il finirait par m'embrasser. J'étais prête mais, surtout, j'avais le trac. Mon corps s'affolait déjà quand Jérémiah était à proximité, alors j'étais convaincue qu'il finirait par s'enflammer au premier vrai contact. Bercée par la musique en sourdine et perdue dans mes pensées, je ne réalisai pas tout de suite que nous étions dans ma rue.

— Je... J'ai passé une très bonne soirée, avouai-je. Merci. Et merci pour le collier.

— Je t'en prie. On pourrait se refaire une soirée, non ? Chez moi ?

— Oh... Euh... Oui. Enfin...

Je paniquai. Que ferions-nous chez lui ? J'avais déjà des difficultés à être seule avec lui au lycée, je n'étais pas certaine de survivre sur son territoire. Pourtant, j'étais curieuse. La décoration de sa chambre m'en apprendrait plus sur lui en quelques secondes qu'une soirée entière passée en sa compagnie.

— Ou on pourrait se faire un film ? proposa-t-il en voyant mon embarras.

— Oui. Excellente idée ! Cinéma ! C'est très bien ! Il faut que j'y aille.

J'ouvris la portière, mais Jérémiah me retint par le poignet. Dans l'étroit habitacle, je me retrouvai face à lui, à bout de souffle et tétanisée. Son regard scruta le mien, avant de se braquer sur mes lèvres.

— J'ai très envie de t'embrasser, mais je veux que tu en aies envie aussi.

— Je... J'ai...

— Non. Pas comme ça. Je veux que tu en crèves d'envie, que ce soit... que ce soit le grand huit pour toi aussi.

Il porta ma main à ses lèvres et déposa un baiser dans le creux de ma paume. Mon corps entier vibra à son contact et je me retrouvai à bout de souffle, comme si j'avais couru des kilomètres. La compagnie de Jérémiah Montgomery se révélait particulièrement éprouvante.

— Mais je te drague toujours, me signala-t-il.

— Je m'en doutais un peu.

— Mais ça risque de prendre un peu de temps, concéda-t-il.

J'opinai, ma main serrée à m'en faire mal autour de mon pendentif. Jérémiah me sondait de son regard noir, son visage à peine éclairé par le lampadaire. Il était irrésistible et magnétique et je commençais à m'habituer aux soubresauts de mon estomac dès que j'étais en sa présence. Mieux que ça, j'appréciais ces soubresauts. Je sortis finalement de la voiture et me penchai à la vitre.

— Oh… Au fait, est ce que tu pourras m'accompagner au lycée la semaine prochaine. Apparemment, la voiture va…

— Rester au garage pour une semaine, acheva-t-il pour moi.

— Tu es au courant ?

— Oui, répondit-il, énigmatique. Je connais le garagiste, et il me devait un service.

J'écarquillai les yeux pendant que le sourire de Jérémiah s'élargissait. Il finit par éclater d'un rire franc et sonore qui le rendit encore plus beau. Puis il fit vrombir le moteur, signifiant ainsi la fin de la soirée.

— Bye, la nouvelle.

Hébétée, je restai sur le bord de la route pendant cinq bonnes minutes, avant de monter dans ma chambre avec un sourire à m'en faire mal aux joues.

3 juillet 2015

Jérémiah était très élégant dans son costume bleu nuit. Il n'avait pas mis de cravate et sa chemise ouverte révélait la base de son cou. Il était rasé de frais et la seule odeur de son parfum me ramena dix ans en arrière, à l'époque où son sourire suffisait à m'empêcher de respirer convenablement. Ses traits s'étaient durcis, la ligne de sa mâchoire était nette, comme si son visage avait été sculpté. Ses épaules étaient plus larges, sa carrure — certainement le résultat de séances de musculation — beaucoup plus imposante. La confiance et l'assurance qu'il affichait plus jeune étaient encore plus présentes, y compris dans sa façon féline et conquérante de se mouvoir. Vieillir lui allait bien, c'en était presque agaçant.

Je plaçai ma main dans la sienne et, aussitôt, ses doigts se refermèrent sur les miens. Il me tira vivement contre lui, calant son bras autour de ma taille.

— Alors comme ça, je n'ai jamais su te faire danser ? chuchota-t-il à mon oreille.

— Tu n'as jamais essayé, répondis-je sèchement.

— Il est temps de réparer cette lamentable erreur.

Soudain, il me lâcha, puis me fit tournoyer sur moi-même, avant de m'attirer contre son torse. Je plaquai ma main contre son cœur, esquissant, malgré moi et toute ma bonne volonté, un sourire.

— Détends-toi, m'intima-t-il.

Il entoura ma taille de son bras et, pendant quelques minutes, nous dansâmes l'un contre l'autre. Je tentai de préserver une précieuse et ridicule distance entre lui et moi, mais mon corps était toujours aussi inexorablement attiré vers le sien. En dix ans, Jérémiah n'avait pas réellement changé. Ses traits s'étaient durcis, son regard semblait encore plus noir et profond qu'avant, ses mains étaient toujours aussi chaudes et un peu calleuses. Ses cheveux étaient plus courts et sa chemise dissimulait mal un début de tatouage. Je m'agrippai à son épaule, envahie par des sensations diffuses et contradictoires.

Une partie de moi détestait Jérémiah et craignait de l'affronter.

L'autre partie jubilait, prise dans une frénésie nostalgique et incandescente.

Deux minutes de danse, trois banalités échangées, et je me retrouvais propulsée dix ans auparavant, avec mes jeans trop grands et ma naïveté adolescente.

Je sentais son souffle dans mon cou et son regard

sur moi. Je fixai la foule autour de nous, remarquant qu'elle s'était largement écartée, créant un espace rien que pour Jérémiah et moi.

— Prête ?

De nouveau, il me propulsa en avant, me faisant tournoyer entre ses mains expertes, avant de me faire basculer en arrière. Son bras se resserra autour de ma taille et il m'attira au plus près de lui, son corps épousant parfaitement le mien.

— Tu as appris à danser ? demandai-je, hors d'haleine.

— C'est exactement comme piloter.

Sa main glissa sur mes côtes, avant de redescendre lentement vers mes hanches. Ma poitrine se soulevait sporadiquement et j'eus le souffle quasiment coupé quand il plongea ses yeux dans les miens.

— Tout est question de vitesse et d'accélération.

Sa main glissa encore plus bas, longeant ma cuisse, avant de remonter dans le bas de mon dos.

— Et je sais parfaitement maîtriser les courbes, ajouta-t-il dans un murmure à mon oreille.

Je tentai de le repousser, mais il me retint contre lui et reprit notre danse, son corps moulé au mien.

— Je ne pensais pas que tu viendrais, avouai-je finalement.

— J'ai changé mes plans à la dernière minute.

— Pas de conquêtes à ramener dans ta garçonnière ce soir ? m'enquis-je d'un ton dur.

— La soirée vient à peine de commencer, je n'ai pas encore eu le temps de faire mon choix.

Il parcourut la salle du regard, ce qui m'agaça encore un peu plus. Jérémiah savait qu'il plaisait aux femmes — il l'avait toujours su — et il en profitait honteusement. Une pointe de jalousie me piqua le creux de l'estomac. Je songeai à toutes ces femmes, à cette facilité avec laquelle il les séduisait et les affichait dans la rubrique people des magazines. A une époque, ce sourire irrésistible n'avait été que pour moi.

— Alors ? fis-je, faussement intéressée par sa prospection.

— Alors, tu es la seule à avoir dansé avec moi.

— La soirée vient à peine de commencer.

— Je ne parlais pas de ce soir. Tu es la seule à avoir dansé avec moi.

Son ton sérieux me surprit d'autant plus qu'il avait lui-même instauré cette ambiance légère entre nous. La musique cessa et je me détachai de Jérémiah. Un trop bref sourire éclaira son visage et il s'éclipsa, me laissant hagarde au milieu de la piste. Je retournai à ma table en titubant et m'assis lourdement sur ma chaise.

Gemma m'adressa un regard compatissant, avant de verser du champagne dans une coupe. Elle garda la coupe pour elle et me donna la bouteille.

— A ce stade, une pauvre coupe ne te suffirait pas. Bois.

Je pris le temps de verser du champagne dans ma coupe, tremblant de tous mes membres. Bon sang, mais qu'est-ce qui m'arrivait ? J'étais parvenue à survivre dix ans sans lui, et voilà que, en une soirée, cette décennie et mes bonnes résolutions disparaissaient. Dix ans, et rien n'avait changé : j'étais toujours aussi faible devant lui.

— Quand j'étais au lycée, je n'avais que des crétins ou des mecs avec de l'acné, commença Gemma. Explique-moi comment tu es tombée sur lui ?

— C'est plutôt l'inverse, souris-je. C'est lui qui m'est tombé dessus.

Le souvenir nostalgique de notre rencontre me

revint. En dix ans, Jérémiah n'avait pas perdu une once de son arrogance. Summer dansait avec Théo et m'adressa un clin d'œil. Je compris qu'elle n'était pas étrangère à toute cette mise en scène. Une explication s'imposerait à notre retour à New York. Je terminai ma coupe d'un trait et me redressai, cherchant à rassembler mes pensées.

— Je vais aller… prendre l'air, dis-je à Gemma.

— Tu es certaine que ça va ?

— Je… J'ai juste besoin de respirer une minute.

Je cavalai jusqu'à la sortie et accueillis avec soulagement la pluie fine qui tombait dans la cour. Je repérai un banc et retirai mes talons pour traverser la pelouse humide à grandes enjambées. Les gouttes de pluie trempaient ma robe mais, après ma discussion avec Jérémiah, j'avais besoin de souffler, besoin de reprendre mes esprits.

— La dernière fois que tu as fait ça, tu as fini clouée au lit pendant trois jours, fit la voix de Jérémiah derrière moi.

— Tu n'as aucune idée de quand j'ai fait ça pour la dernière fois, ripostai-je durement.

Je l'entendis soupirer, puis il me contourna et se plaça devant moi. Il retira sa veste et la posa délicatement sur mes épaules.

— Tu ne devais pas être là, dis-je finalement. Tu devais être… sur un circuit, ou avec une fille ou… Dieu sait où. Mais pas ici.

J'avais digéré nos retrouvailles. Maintenant, j'étais en colère. Je refusais qu'il me gâche la soirée. Je refusais qu'il agisse comme si tout était normal entre nous. Rien n'avait jamais été normal entre nous.

— Tu étais ici, comment veux-tu que j'aille ailleurs ?

— Ça fait dix ans que tu es ailleurs.

— Et ça fait dix ans que je te cherche.

Je relevai les yeux vers lui, ravalant un rire amer et un sarcasme désagréable. Jérémiah haussa un sourcil de stupéfaction.

— Tu m'as cherchée dix minutes et ensuite tu es passé à autre chose, ricanai-je.

— A quel point tu m'en veux ?

— Je ne t'en veux plus depuis longtemps.

— Je préférerais que tu m'en veuilles.

— Pourquoi ?

— Pour avoir une bonne raison de me battre. J'étais sérieux tout à l'heure : je veux une seconde chance.

J'éclatai d'un rire joyeux et puissamment libérateur. Je levai mon visage vers la pluie, puis fis glisser la veste de Jérémiah pour la lui rendre. Je me redressai et plongeai mon regard dans celui de mon ex-petit ami.

— Je n'ai plus dix-sept ans. Une vie entière s'est passée et je ne compte pas retourner en arrière.

— Et je ne compte pas te laisser partir comme la dernière fois, Charlotte.

— Tu es simplement nostalgique. Cela te passera d'ici quelque temps.

— Je n'aurais jamais cru t'entendre dire ça un jour. Tu n'es pas... nous ne sommes pas quelque chose qui passe en quelques jours.

— Nous ne sommes plus du tout, contrai-je, cinglante. Qu'espérais-tu au juste ? Qu'en une danse et deux murmures je tombe dans tes bras ?

— A vrai dire, c'était le plan A.

Son aveu me prit de court, mais je me surpris à répondre à son sourire. Il haussa les épaules, désinvolte. En dix ans, il n'avait rien changé à son comportement. Arrogant, séducteur, irrésistible, charmeur. La liste était longue.

— Mais je savais que le plan A allait foirer, reprit-il.

— Très perspicace.

— Je me suis dit que c'était maintenant ou jamais, que je devais te parler et tenter de recoller les morceaux.

— Recoller les morceaux ? répétai-je. Tu es venu ici ce soir pour recoller les morceaux ?

— C'est ça. Et pour constater que le dernier régime de Missy James est un échec.

Cette seule remarque aurait dû suffire à me faire sortir de mes gonds. Mais, même à fleur de peau, je ne parvenais pas à évacuer ma rage contre lui.

— Tu es un sale type, dis-je finalement.

Il ravala un rire et enfonça ses mains dans ses poches. Je croisai les bras sur ma poitrine, espérant garder un air revêche, malgré le début d'un sourire.

— Je l'ai toujours été. Tu es probablement la seule à me l'avoir jamais dit. Et la seule à avoir fait de moi un type correct pendant quelque temps.

— Tu me donnes beaucoup de mérite. On ne peut pas forcer les gens à changer.

— Tu voulais me changer ? demanda-t-il avec curiosité.

Ce fut à mon tour d'étouffer un rire. Une vague de souvenirs heureux me revint en mémoire. Jérémiah était imprévisible, et pour rien au monde je n'aurais aimé qu'il change.

Je m'approchai de lui et attrapai les revers de sa veste. Pour une raison inexplicable, des larmes menaçaient de couler. La fatigue, la nostalgie, les souvenirs, la maison de ma mère : revenir ici n'était sûrement pas une bonne idée. Revoir Jérémiah avait fait céder mes dernières résistances.

— J'ai été contente de te revoir, murmurai-je d'une voix étranglée.

— Moi aussi. Tu trembles de froid, tu ne veux pas qu'on rentre ?

Un frisson glacé me parcourut et j'acquiesçai. Nous nous précipitâmes à l'intérieur, nous retrouvant dans un vestibule au sol marbré et aux murs blancs. Nous étions trempés tous les deux et le bout de mes doigts tendait vers le bleu. Jérémiah prit mes mains entre les siennes et entreprit de les réchauffer en soufflant dessus. Sa prévenance me toucha et, pendant un instant, j'en oubliai presque que nous n'étions pas seuls. J'arrachai mes mains des siennes et les cachai dans mon dos tout en m'écartant de lui.

— Merci, murmurai-je. Je... Je vais retourner à ma table et profiter de la soirée.

— Avec un peu de chance, Théo pourra encore danser avec toi, plaisanta Jérémiah.

— Peut-être, oui.

Je remontai le long couloir qui menait à la salle de réception. De toute évidence, les Montgomery avaient entrepris des travaux d'envergure pour rénover cette partie de leur vaste demeure. Derrière moi, les pas de Jérémiah me parvinrent. Il m'attrapa par le poignet et me força à lui faire face. Ce nouveau contact, ma peau contre la sienne, m'acheva. Mon corps me picotait agréablement, parcouru par une surprenante vague de désir. C'était encore là, entre nous, ce crépitement, cette intensité, ce bouillonnement sous ma peau quand il me touchait, cette façon dont mon corps rendait les armes dès qu'il s'agissait de lui.

— Tu restes quelques jours ? On pourrait aller prendre un café ? proposa-t-il.

— C'est le plan B ?

— Oui. Alors ?

— Je ne sais pas.

— C'est juste un café, Charlotte. Après tout ce que nous avons vécu, un café n'est vraiment pas grand-chose.

— Tu as raison, abdiquai-je finalement. Vers 11 heures ?

— Je viendrai te chercher.

— Je ne suis plus au lycée. Donne-moi l'adresse et je te rejoindrai.

— Tu ne pourras pas.

De sa poche intérieure, il sortit une petite pièce blanche et crasseuse. Je compris instantanément ce qu'il avait fait : il avait fouiné sous le capot de ma voiture pour m'empêcher de l'utiliser et surtout pour me retenir ici. Je fulminai, il avait gagné au moins sur ce point. Il savait, comme depuis le jour de notre rencontre, comment me faire sortir de mes gonds en moins de dix secondes.

— Mais pourquoi as-tu fait ça ? m'énervai-je.

— Pour que le plan B fonctionne. Je la replacerai demain, après notre café.

— Je croyais justement que ce n'était « que » un café ?

— C'est ce que j'ai dit. Mais je n'ai jamais dit que c'était ce que je pensais.

J'enrageai un peu plus. Comment osait-il ? Je n'avais aucune idée de comment j'allais rentrer ce soir avec les filles. Je tournai les talons, me mordant les joues pour éviter de laisser échapper une insulte. Pourtant, il la méritait. Mes talons claquaient sur le marbre, résonnant dans tout le couloir. Des regards curieux se tournèrent vers moi. Jérémiah éclata de rire derrière moi, avant de m'interpeller.

— Quoi encore ? bouillonnai-je.

— Pour ta gouverne, je te drague.

Il tourna les talons et se dirigea vers le jardin, pendant que je pestais contre moi-même. J'allais devenir avocate, et je n'étais toujours pas capable de tenir tête à ce type. Cela me rendait folle. Dans un soupir, je regagnai la salle, affichant un sourire de façade jusqu'à la fin de la soirée.

A la fin de la soirée, Théo avait eu la gentillesse de nous mettre une voiture à disposition. Ma vieille Ford était donc restée chez les Montgomery. Théo n'avait pas semblé surpris de ma demande. Il avait échangé un regard furtif et lourd de sous-entendus avec Summer et je m'étais demandé combien de personnes avaient comploté contre moi.

Et maintenant... Maintenant, j'étais dans mon lit à fixer stupidement le plafond. La pluie tombait toujours, tapant contre le carreau de ma chambre. Je me décidai à me lever, lasse d'attendre que le sommeil me surprenne. Vêtue d'un pyjama léger, je m'enroulai dans ma couverture et marchai sur la pointe des pieds jusqu'à la cuisine. Gemma dormait dans l'ancienne chambre de mes parents et Summer occupait le canapé du salon. A sa respiration, je compris qu'elle dormait paisiblement.

Je refermai la porte de la cuisine derrière moi et me préparai un thé. Armée de mon mug, je sortis de la maison et m'assis sur la balancelle abritée par le porche. Le bruit de la pluie chassa mes idées sombres. Revenir dans cette maison me faisait systématiquement penser à ma mère. Et ce soir... la présence de Jérémiah m'avait totalement déstabilisée. Au bout de dix ans, je ne pensais pas qu'il pouvait encore m'affecter autant. Je resserrai la couverture autour de moi et entourai mon mug chaud des deux mains. Comme je le faisais régulièrement, je fermai les yeux et pris une profonde inspiration. Habituellement, je pensais à ma mère et cela ne durait que quelques minutes : ici, j'avais la sensation qu'elle était encore là, hantant les lieux, s'assurant que j'avais bien écouté ses conseils. J'aurais aimé qu'elle soit là, ce soir, pour me dire quoi faire.

— Tu me manques, maman, murmurai-je. Dis-moi ce que je dois faire.

J'avais tout fait pour oublier Jérémiah, j'avais remisé tous mes souvenirs au fond de ma mémoire en me promettant de ne pas y retourner. Ce soir, tout rejaillissait — le bon comme le mauvais — et Jérémiah, fidèle à lui-même, me surprenait de nouveau.

— Bon sang, Charlotte, tu vas attraper la mort ici, chuchota Summer.

Pieds nus, elle avait simplement enfilé sa veste et claquait des dents. Pourtant, elle s'assit près de moi, captura le mug coincé entre mes mains et le porta à ses lèvres. J'étalai la couverture sur nos jambes et Summer me rendit ma tasse en grimaçant.

— De l'eau chaude, râla-t-elle. Je croyais que c'était un chocolat !

— Désolée. J'avais envie d'un thé. Tu devrais retourner te coucher.

— Et louper ce moment merveilleux où ma meilleure amie m'avoue pourquoi elle rôde sous ce porche en pleine nuit ?

— Je n'avais pas sommeil.

— Je reformule : et louper ce moment merveilleux où ma meilleure amie m'avoue pourquoi elle n'a pas sommeil ?

— Tu sais pourquoi, répondis-je en levant un sourcil.

Elle prit une mine faussement offensée, avant de se draper dans un voile d'innocence virginale. J'éclatai de rire et elle m'adressa un regard empli de curiosité.

— Tu vois, ça, dit-elle en me désignant de l'index, tu ne l'avais pas fait depuis des semaines.

— Rire ?

— Rire à t'en faire mal aux côtes !

— Je sais que tu es de mèche avec Jérémiah pour cette soirée.

— Absolument pas, assura-t-elle.

— Non ?

— Non. Je suis de mèche avec Théo, avoua-t-elle. Est-ce que tu m'en veux ?

Elle reprit mon thé et fit de nouveau la moue en buvant une gorgée. La pluie s'abattait sur le porche et de petits filets d'eau coulaient devant nous, détrempant la pelouse desséchée et mal entretenue.

— Non, soupirai-je. C'est juste que... J'ai été surprise.

— Nous avons tous été surpris. Théo pensait que Jérémiah ne viendrait finalement pas. Il a une course la semaine prochaine à l'autre bout du pays.

— Evidemment, soupirai-je. Rien n'a vraiment changé depuis dix ans. Lui, les voitures... Je dois aller boire un café avec lui à 11 heures.

— Voilà donc ce qui t'empêche de dormir. C'est juste un café, reprit ma meilleure amie en haussant les épaules.

— Il a démonté ma voiture pour s'assurer que j'allais venir.

Summer tenta de réprimer un rire, mais c'était trop difficile pour elle. Elle se pinça les lèvres en voyant que je ne cillais pas, puis se reprit.

— C'est mal. Très mal, dit-elle entre deux rires.

Puis elle rit franchement, à s'en plier en deux, rompant le silence apaisant de la nuit. Quand elle se redressa, elle écrasa une larme au coin de ses yeux et retrouva enfin son sérieux.

— C'est Jérémiah. Il ne pouvait tout simplement pas demander comme tout le monde, dis-je finalement.

— Que ferais-tu avec un type qui fait comme tout le monde ?

— Je me reposerais. Et je ne serais pas toujours sur mes gardes à me demander ce qu'il va encore faire pour me rendre dingue !

— Oui. Tu t'ennuierais, donc ! Mauvais choix.

Je replongeai dans mon mug de thé, quasiment vide. Summer me donna un léger coup de coude, me sortant de mes pensées.

— C'est juste un café, Charlotte.

— Non. Il veut... Il veut une seconde chance.

Summer me fixa avec curiosité, comme si une seconde tête était en train de pousser sur mon épaule.

— Je suis parvenue à te faire taire, c'est une première, me moquai-je.

— J'assimile l'information, expliqua-t-elle. Je sais que ce genre de soirées peut provoquer ce type d'événements. C'est le côté nostalgique, c'était mieux avant, et tout ça. Mais là... Et tu en penses quoi ?

— Je n'en pense rien. C'est même... Ce n'est pas du tout en réflexion. J'ai prévu de passer deux jours ici et de repartir. Il n'est pas question de refaire les mêmes erreurs. On appelle ça l'expérience, rappelai-je à Summer.

— Moi j'appelle ça le goût de reviens-y, contra-t-elle, assurée.

— Tu prends son parti ?

— Bien sûr que non. Mais... J'ai envie de dire... Je ne sais pas... Pourquoi pas ?

— Parce que Jérémiah Montgomery fait partie de mon passé. J'ai une vie à moi maintenant, une vie que je maîtrise.

— Une vie où tu viens t'asseoir en pleine nuit, sous la pluie, avec un thé infect sur une balancelle.

— Tu es aussi sur cette balancelle, lui fis-je remarquer.

— Parce que je n'ai pas un Jérémiah Montgomery

pour m'empêcher de dormir. Crois-moi, j'aimerais, et pour d'autres raisons, dit-elle en riant.

C'était ce que j'aimais avec Summer : son goût immodéré pour la dérision. Même les sujets sérieux ou tortueux devenaient une source inépuisable de blagues pour elle. Elle était l'optimiste de service, la fille qui voyait le verre toujours à moitié plein.

— Va prendre ce café avec lui. Tu te tortures pour rien : il veut une seconde chance, et toi tu as ta vie. Vous finirez bons amis, voilà tout.

Elle se leva de la balancelle et frissonna. Elle se frictionna vigoureusement les bras et ouvrit la porte de la maison pour s'y réfugier.

— J'ai les pieds gelés. Tu devrais rentrer et dormir un peu. De toute façon, ce café sera forcément meilleur que cette eau chaude que tu t'entêtes à boire juste pour avoir l'air élégante.

— Je suis élégante, répondis-je en me redressant.

Summer me toisa, alors que j'étais enroulée dans ma couverture miteuse, vestige des années 1970. Je n'avais pas pris le temps de me démaquiller, mes cheveux partaient dans tous les sens et, épuisée, je devais avoir un teint terreux.

— Bon, peut-être pas tout de suite mais, d'habitude, si. Bonne nuit !

— Bonne nuit, répondit Summer, déjà emmitouflée sur le canapé. Tu sais, si tu lui donnais une seconde chance, je pourrais récupérer ta chambre et ne pas dormir sur ce canapé défoncé.

Je pris le premier coussin que je vis et le lui lançai au visage. Elle rit, pendant que je regagnais ma chambre. Ma discussion avec Summer avait eu le mérite de me rendre le sourire. Mais le sommeil n'était toujours pas au rendez-vous. Je passai devant le minuscule bureau de ma mère, puis revins sur mes pas. J'abandonnai la couverture dans le couloir et entrai dans la pièce. L'odeur de vernis et de lustrant m'agressa immédiatement. J'allumai la lumière et mes yeux trouvèrent le coin de la pièce.

Je soulevai le drap, retrouvant le meuble Art déco que maman m'avait offert pour ma rentrée à Norview. Je passai ma main sur le bois, refoulant les souvenirs de ma mère. Dormir était désormais exclu. Je fouillai la pièce à la recherche de papier ponce et, en silence, commençai à travailler sur le meuble.

— Charlotte ? Charlotte ?

J'ouvris les yeux brutalement et fus immédiatement aveuglée par la lumière du jour. Gemma était au-dessus de moi et me secouait l'épaule pour me réveiller. Je m'étais endormie sur le meuble, la tête sur le sous-main en cuir. Mes muscles ankylosés se révoltèrent quand je me redressai prudemment.

— Quelle heure est-il ? marmonnai-je.

— Pratiquement 11 heures. Jérémiah est en bas, il t'attend.

— Où est Summer ?

— Dans la cuisine, pourquoi ?

— Pour la tuer ! Et tu m'aideras à cacher son corps dans le jardin !

Gemma esquissa un sourire, et soudain je compris. Et dire que je les considérais comme des amies...

— Tu es dans le coup, toi aussi ?

— Elle m'a dit qu'elle ne voulait pas que tu t'angoisses inutilement !

— Evidemment, elle préfère donc que je me ridiculise devant lui. Ma vie est un perpétuel recommencement, ronchonnai-je.

Je recouvris le meuble, me promettant de le

rapporter à New York dès que j'aurais les moyens de le faire transporter. Gemma me précéda dans le couloir et nous parvînmes finalement dans le salon. Jérémiah était assis sur le canapé, une tasse à la main. Il détailla ma tenue et je passai une main sur mon visage fatigué.

Je sentis les restes de mon mascara sous mes doigts et jurai devant Dieu de me démaquiller tous les soirs à partir de maintenant.

— Désolée, j'ai trop dormi, m'excusai-je en fonçant vers la cuisine.

— Summer m'a fait patienter. Tu es magnifique.

— Tu mens.

— Un peu.

Gemma passa à mes côtés et tendit sa main vers Jérémiah. Je fronçai les sourcils, tentant d'évaluer mes chances d'être encore plus humiliée par mes amies. Elles ne reculaient devant rien pour me mettre mal à l'aise.

— Je crois que nous n'avons pas eu l'occasion d'être présentés. Je m'appelle Gemma.

— Gemma, opina-t-il en prenant sa main dans la sienne. Jérémiah Montgomery. Je suis ravi. Que faites-vous dans la vie ?

— Je suis institutrice.

— Vraiment ? J'adore les enfants !

— Tu mens encore ! criai-je en me dirigeant vers la cuisine.

A ma grande stupéfaction, j'entendis Jérémiah et Gemma rire au même moment. Summer était cachée derrière l'îlot. En me voyant surgir dans la pièce, elle leva les mains devant elle.

— Tu avais besoin de dormir. Tiens, prends ça. C'est de l'eau chaude, expliqua-t-elle en me voyant sentir le contenu du mug. Tu sais comment tu t'habilles ?

— Je ne rentrerai pas dans ce jeu-là, dis-je immédiatement en riant. Tu l'as dit toi-même, c'est juste un café.

— D'accord. Donc, on fait comme si c'était sans importance ?

— C'est vraiment sans importance. On rentre demain, lui rappelai-je.

Je regagnai le salon où Jérémiah et Gemma étaient en pleine conversation. Ce dernier leva les yeux vers moi et j'eus la sensation désagréable de déranger.

— Je vais me préparer, j'ai besoin de quinze minutes.

— Bien. Tu aimes toujours la nourriture chinoise ?

— Quel rapport avec le café ?

— Aucun. Je t'invite à déjeuner.

— J'ai dit oui pour un café, pas pour un déjeuner.

— Et je n'ai toujours pas réparé ta voiture, riposta-t-il en sortant la bougie de sa poche. On déjeune, s'il te plaît, demanda-t-il dans un murmure.

Gemma profita de notre échange pour prendre la poudre d'escampette et filer dans la cuisine. Une fois que je fus seule dans la pièce avec lui, l'atmosphère devint encore plus lourde et pesante. Je n'aimais pas la façon dont il retournait la situation.

— Un café, et rien d'autre, dis-je d'une voix forte et convaincue. Tu peux garder ma voiture si ça te chante, mais je ne déjeunerai pas avec toi parce que tu as décidé que nous devions le faire.

J'espérais avoir été ferme. J'espérais avoir été convaincante. Mais ce que je n'espérais pas, c'était voir un sourire repentant s'afficher sur le visage de Jérémiah.

— Bien. Un café alors.

Je manquai d'en lâcher mon mug. Je pouvais compter sur les doigts d'une seule main les fois où

Jérémiah avait abdiqué devant moi. Hébétée, je le dévisageai, avant de me ressaisir.

— Je vais... sous... Je vais prendre une douche, dis-je finalement, sous le choc.

— Je t'attends ici.

Sous la douche, ma colère contre Summer et ma stupéfaction à la suite de la réaction de Jérémiah disparurent. Je m'attendais désormais à tout. J'avais eu gain de cause sur le café, mais il m'avait fallu rassembler toute ma fierté et tout mon self-control pour y parvenir. Je doutais de pouvoir réitérer l'exploit. Par ailleurs, je savais déjà que Jérémiah finirait par me faire regretter cet élan de bravoure.

Malgré ma courte nuit, j'avais une mine plutôt correcte. Mes mains, en revanche, étaient très abîmées, conséquence directe de mes deux ou trois heures de ponçage intensif. Une belle ampoule ornait ma paume droite et le bout de mes doigts était éraflé. Je me séchai rapidement les cheveux, enfilai un jean et un chemisier et retournai au salon. Jérémiah, Summer et Gemma étaient en grande conversation, riant aux éclats. Quand j'apparus, il se leva d'un bond.

— Après toi, dit-il en désignant la porte.

A l'extérieur, un bolide argenté nous attendait. Je levai les yeux au ciel, pendant que Jérémiah m'ouvrait galamment la portière.

— C'est la moins voyante du garage. Et elle est fournie par mon sponsor.

— Qu'as-tu fait de ta Mustang noire ?

— Elle est en panne. J'attends une pièce pour la faire réparer. J'espérais l'avoir pour ce week-end, mais mon fournisseur est un menteur invétéré.

— C'est sûrement un signe, souris-je.

— Je demande à voir.

Il s'installa au volant de sa voiture et fit aussitôt vrombir le moteur. Malgré moi, un large sourire barra mon visage. C'était une des choses que j'associais à Jérémiah : le ronflement puissant d'un moteur, qui provoquait toujours chez moi une décharge d'adrénaline.

— Prête ?

— Je crois.

— Je ne parlais pas vraiment du café.

— Moi non plus.

La seconde suivante, j'étais propulsée au fond de mon siège. Jérémiah profitait de la longue ligne droite pour accélérer au maximum. Je me cramponnai au siège, plus surprise qu'effrayée. Avec moi dans l'habitacle, il n'avait jamais pris de risques inconsidérés. Pourtant, quand nous gagnâmes la longue route qui longeait l'océan pour rejoindre le centre, il accéléra de nouveau, le moteur ronfla encore plus fort et j'en eus le souffle coupé.

Quand nous y parvînmes, Jérémiah ralentit et gara sa voiture dans une petite rue. Je savais déjà où nous allions. Avec un peu de chance, et même un 4 Juillet, le café de Rhonda serait ouvert. Je sortis de la voiture et luttai contre un frisson désagréable quand une bourrasque iodée me frappa le visage. Apparemment, la météo était toujours aussi mauvaise.

— Chez Rhonda ? demanda Jérémiah.

— Chez qui d'autre ?

Quand j'entrai dans le café, je fis un bond en arrière de dix ans. Rien n'avait changé. Chaque cadre, chaque table, chaque distributeur de serviettes était à la même place. J'étais certaine qu'en allant voir les annonces je trouverais encore celle de Summer, quand elle cherchait à se faire de l'argent avec du baby-sitting.

— Je prendrai un double expresso, commanda Jérémiah. Et un cappuccino sans sucre et double dose de crème.

Il coula un regard vers moi et je ne pus m'empêcher de réagir. Jérémiah cherchait à marquer des points, à prouver qu'il me connaissait parfaitement.

— Annulez le cappuccino, je prendrai aussi un double expresso.

Quand Jérémiah m'adressa un sourire en coin, il me sembla entendre résonner la cloche d'un ring de boxe. Sur ce round, je gagnais.

— C'est de bonne guerre, dit-il en réglant les consommations.

— En dix ans, certaines choses ont changé.

— Pas toutes, j'espère. Allons nous asseoir.

Nous gagnâmes le fond de la salle et je ravalai un rire en constatant que même la vieille banquette en tissu noir était toujours là. Elle dessinait un demi-cercle autour d'une table en bois sombre et, avec Jérémiah, c'était *notre* table.

— La dernière fois que nous sommes venus ici...

— Tu m'as demandé de choisir, finit Jérémiah à l'instant même où le souvenir de cette conversation me revenait. De choisir entre toi et les voitures.

— C'est vrai, murmurai-je en m'asseyant.

Il s'installa près de moi, accoudé à la table, le regard perdu vers le comptoir. Une jeune fille brune préparait nos cafés. Nous étions seuls dans la petite salle, la ville profitant d'une grasse matinée en ce jour férié.

— Tu as raison, reprit Jérémiah en pivotant vers moi, certaines choses ont changé. Maintenant, mon choix serait différent.

— Tu cherches à m'émouvoir ? souris-je.

— Reprenons : tu as refusé le plan A, tu as refusé

ma proposition de déjeuner, tu as critiqué ma voiture et tu as changé ta commande de café. Comment pourrais-je émouvoir une fille qui a un cœur de pierre ?

Je lui assenai une tape amicale sur le bras.

— Et en plus, une fille qui me frappe ? ajouta-t-il dans un rire.

La serveuse apporta les boissons. Elle dévisagea Jérémiah et, quand ce dernier la remercia pour son café, elle rougit massivement. Dans ses yeux, une lueur de fascination et une pointe d'espérance. Je connaissais ce regard : je l'avais eu bien avant elle. Je secouai la tête et bus une gorgée de mon café pendant que la jeune fille retournait à son comptoir en heurtant une table sur son chemin.

— Ton charme agit toujours, commentai-je.

— Toujours. Sauf sur toi visiblement.

— Pourquoi t'acharnes-tu alors ?

— Parce que je te drague, plaisanta-t-il.

— Sérieusement ?

— Tu veux la version sérieuse ? demanda-t-il en portant sa tasse à ses lèvres.

Son regard sombre plongea dans le mien et, dans l'instant, mon corps se transforma en coton, et l'air en concentré d'électricité. Comment faisait-il ça ? Au bout de dix ans, j'aurais dû savoir lui résister, j'aurais dû savoir comment maîtriser l'affolement de mon cœur et ma respiration saccadée. Je me trouvais ridicule, surtout après m'être moquée de la serveuse.

— C'est le problème avec toi, Jérémiah, je ne sais jamais sur quel pied danser. Je ne sais jamais si tu plaisantes ou pas. Donc, oui, sérieusement, répétai-je en baissant les yeux.

— Sérieusement, il n'y a que toi. C'est pour ça que je m'acharne. Parce qu'il n'y a que toi qui me pousses à m'acharner. Il n'y a que toi pour me faire venir à la soirée d'hier.

Je relevai les yeux vers lui. Il était si sincère que cela atomisa mes faibles résistances.

Et cela devait être un simple café...

— Ecoute, je ne sais pas ce que tu espères de moi, mais j'ai une vie à New York maintenant. Et toi, une vie sur les circuits.

— Ce n'est pas incompatible.

— J'ai changé. Tout a changé. J'ai décroché un entretien pour travailler avec une grande avocate, j'ai mon appartement avec Summer. Je suis venue ici uniquement pour lui faire plaisir, pas pour... revivre une vague histoire.

— Vague ? Je préfère spectaculaire. Ou inoubliable. Mieux : éternelle.

— Le résultat est le même : je ne suis pas venue ici pour toi !

— Pas de petit ami ?

— Je te demande pardon ?

— Eh bien, dans ta nouvelle vie, il y a le boulot, il y a Summer... mais il n'y a pas de petit ami.

— Non.

J'entendis Jérémiah éclater de rire à l'instant où je replongeai le nez dans ma tasse. J'enrageai contre moi-même. J'étais tellement désarmée face à lui, incapable de prévoir ses attaques vicieuses. J'aurais dû lui mentir. Au moins pour gagner aussi ce round.

— Et toi ? repris-je.

— Pour la petite amie ?

— Pour ta vie maintenant, de manière générale.

— Pas de petite amie, répondit-il sans développer le reste. C'est compliqué avec mon métier.

— Donc c'est compliqué pour les autres, mais pas « incompatible » pour moi ?

— Je te l'ai dit : maintenant, mon choix serait différent.

— Tu arrêterais les courses ? m'écriai-je dans un couinement affreux.

— Charlotte, tu peux me demander n'importe quoi, je le ferai dans l'instant. Il y a dix ans, j'étais juste trop stupide pour avoir le courage de le faire. C'est pour ça que je veux une seconde chance avec toi.

Un soupir m'échappa. Je sentais que cette conversation ne menait nulle part. Jérémiah idéalisait une relation vieille de dix ans ; moi, j'avais juste envie de rentrer à New York et d'avaler un livre de droit tout entier pour oublier ce séjour. Il plongea la main dans sa poche et en tira une feuille de papier un peu jaunie.

— Est-ce que tu te souviens de ça ? s'enquit-il.

La feuille était pliée en quatre et semblait avoir été arrachée à un bloc-notes d'étudiant. Quand je tentai de l'attraper, Jérémiah l'attira près de lui et secoua la tête.

— Ça ne fonctionne pas comme ça, petite curieuse.

— Je n'ai aucune idée de ce que c'est, comment veux-tu que je devine ? m'agaçai-je.

— Est-ce que tu te souviens de ce qu'on a fait le soir de la représentation ?

— Celle du lycée ? Vaguement.

— Vaguement ? Bon sang, Charlotte, je suis vexé ! s'esclaffa-t-il.

— Laisse-moi réfléchir deux secondes. Donc, il y a eu la représentation. Ensuite, je crois que nous sommes rentrés chez toi, non ?

— En effet.

Attendre de l'aide de Jérémiah était vain. Il me laissait joyeusement patauger dans mes souvenirs flous, me scrutant avec une désarmante intensité. Il jubilait. Je savais qu'il s'agissait d'une forme de tactique : beaucoup de mes souvenirs avec Jérémiah étaient de beaux souvenirs.

— Oh. Et… Attends, c'est ce soir qu'on s'est… qu'on a…

— Qu'on a…

— C'est ce soir-là qu'on a fait l'amour ! m'écriai-je.

— Oui. Et à l'époque, toute la ville n'était pas au courant, se moqua Jérémiah en désignant la serveuse qui avait les yeux rivés sur moi.

J'éclatai de rire, avant de froncer les sourcils. Toute cette histoire ne me disait pas ce qu'était cette feuille que Jérémiah gardait mystérieusement devant lui.

— On a fait autre chose, ce soir-là. Et c'est pour cette chose en particulier que je veux une seconde chance.

— Je croyais que c'était pour nous deux ?

— Aussi. Mais si je t'ai fait venir ici, c'est pour te parler de ça. Et, ça — il agita le papier devant moi — te concerne en premier lieu. C'est ta liste.

— Comment ça, « ma » liste ? Ma liste de quoi ?

— Ta liste d'objectifs, ta liste de projets pour ton avenir, tes souhaits, tes rêves. Ta liste.

Je cessai de jouer nerveusement avec ma tasse et la posai sur la table. Jérémiah était incroyablement sérieux. Je cherchai dans le tréfonds de ma mémoire, mais cette histoire de liste ne me revenait absolument pas. J'avais volontairement écarté la grande majorité de mes souvenirs de ma dernière année de lycée. Maintenant, je le regrettais un peu.

— Je ne m'en souviens pas, avouai-je finalement.

— Pas du tout ?

— Tu me prends à froid. Mais là, tout de suite, non, rien ne me revient. Qu'est-ce que j'ai écrit ?

Jérémiah fit claquer sa langue contre son palais et esquissa un sourire victorieux. Il savait qu'il avait piqué ma curiosité, et il savait que cela me rendrait dingue de ne pas deviner.

— Je la garde. Elle est très instructive.

— Ne sois pas ridicule, j'ai écrit ce truc à dix-huit ans, ce n'était certainement pas sérieux.

— Qui a dit que ça devait l'être ? Je cherche à retrouver la véritable Charlotte, celle qui est enfouie sous son métier d'avocate et sa vie new-yorkaise.

— La véritable Charlotte se retient de te planter ici avec ton café et la serveuse, rétorquai-je sèchement. Je ne vois même pas pourquoi nous parlons de ça. Qu'est-ce que…

Ma voix s'éteignit quand il prit un objet dans sa poche et le posa avec précaution sur la table. Quand il leva la main, révélant le bijou fantaisie qu'il m'avait offert dix ans auparavant, mon cœur tressauta et ma gorge ne fut plus qu'un aride désert.

— Voilà pourquoi, expliqua-t-il d'une voix douce.

— Tu l'as gardé ?

— Je l'ai retrouvé récemment. Maintenant, je cherche à t'émouvoir.

— C'est… réussi, dis-je d'une voix étranglée.

D'un clignement de paupières, je refoulai les larmes qui perlaient. Il n'y avait que Jérémiah pour me faire passer d'un sentiment extrême à un autre : de la colère à la joie en une seconde. J'adorais ce bijou. J'aimais moins ce qu'il symbolisait et ce que Jérémiah voyait en ce collier.

— Je veux ma seconde chance. Je te veux toi et je veux qu'on accomplisse cette liste.

— Comment ça « on » ?

— Toi et moi.

— Pourquoi ferais-je un truc pareil ?

— Pour ne pas mourir idiote ? Pour me faire

plaisir ? Pour toi ? Pour nous peut-être ? Oh ! non : pour t'émouvoir et faire frémir ton cœur de pierre !

Un rire presque méchant m'échappa. J'avais pourtant imaginé tous les scénarios possibles en recroisant le chemin de Jérémiah. J'avais pensé m'effondrer, pleurer ou fuir à toutes jambes. Mais jamais je n'aurais pensé être aussi estomaquée par son aplomb.

— Et tu penses que je vais accepter un truc pareil ?

— Je pense, oui. Tu récupères le collier et je t'aide à réaliser un des souhaits de cette liste.

— C'est ridicule.

— Quand ton vœu est réalisé, tu me rends le collier.

— Je te rends le collier ? Et pourquoi je ne le garderais pas ?

— Si tu le gardes, tu me gardes aussi. Donnant, donnant.

Je me levai de table, toujours sous le choc de sa proposition. Dans le top 10 de ses plans tordus, je devais admettre que celui-ci tenait une bonne place. Jérémiah reprit le bijou et ma petite liste, et les glissa dans sa poche.

— Je vais rentrer. J'ai promis à Summer que nous irions à la plage cet après-midi.

— Réfléchis-y. Que risques-tu ? A la fin de la liste, tout s'arrêtera.

— Jérémiah, tout s'est arrêté il y a dix ans. Et j'ajouterai que tout s'est arrêté parce que tu en as fait le choix. J'ai mis des mois à m'en remettre, tu ne peux pas réapparaître maintenant, et faire comme si ce... jeu était une bonne idée.

— Il ne s'agit pas d'un jeu, il s'agit de toi.

Je me penchai en avant, appuyai mes mains sur la table et rassemblai toute ma conviction.

— C'est non, assurai-je. Je ne veux plus replonger là-dedans, en particulier avec toi. Tu vis dans le souvenir d'une fille que je ne suis plus. Je suis une nouvelle Charlotte, une fille à des kilomètres de celle que tu as connue. Je ne suis plus la fille qui a écrit cette liste.

Dans un élan de tendresse inexplicable, je posai mes lèvres sur son front et l'embrassai avec douceur. Ce seul contact m'embrasa et j'eus la sensation qu'un feu ardent ravageait mon cœur. Quitter Jérémiah la première fois m'avait brisée, et le quitter aujourd'hui réveillait cette douleur que j'étais finalement parvenue à faire taire. La pointe de la détresse me piquait déjà le creux de l'estomac et, si je ne quittais pas ce café maintenant, je finirais par flancher.

Flancher pour lui.

Flancher pour le jeu.

Et laisser tout ce que j'avais reconstruit s'effondrer sans même un regard.

— Prends soin de toi, murmurai-je.

— Réfléchis-y, Charlotte. S'il te plaît. C'est sûrement la dernière chance que tu as de réaliser une partie de tes rêves.

— Le principe des rêves, Jérémiah, c'est souvent de ne pas les réaliser.

— Qui est le crétin qui t'a dit ça ? râla-t-il.

— Je crois bien que c'est mon père.

— Tu es pourtant bien *ma* Charlotte.

— Je l'ai été, c'est vrai, admis-je.

— Tu l'es toujours. Quelque part, au fond de toi, je sais que tu es là. Je veux juste retrouver cette fille-là et m'assurer que tout va bien pour elle.

Je quittai notre table sans un regard de plus pour lui. J'étais forte, j'étais confiante et je trouverais bien un moyen de rentrer chez moi, maintenant que j'étais à pied. La voix profonde de Jérémiah sembla résonner dans toute la rue :

— Bye, la nouvelle.

Et malgré moi, je souris comme une imbécile.

J'avais marché pendant presque deux heures pour rejoindre la maison. Voir l'océan avait toujours eu un effet apaisant sur moi. Après seulement trente minutes de tête-à-tête avec Jérémiah, je me sentais bouleversée, comme si une tornade avait tout emporté, notamment mes convictions profondes et ma confiance.

Le soleil revenait lentement sur la côte, réchauffant agréablement mon visage. La proposition de Jérémiah me hantait.

Sur le papier, c'était sûrement une proposition idéale, parfaite et unique.

En réalité, cela risquait de mettre en péril tout ce pour quoi j'avais travaillé.

Et rien qu'à l'idée de lui laisser les commandes, j'étais au bord de la panique.

Je retrouvai Summer et Gemma dans le salon, en train de grignoter un sandwich au poulet. Elles avaient revêtu des shorts en jean et le haut de leur maillot de bain, ce qui annonçait donc une virée probable à la plage. Après la pluie glaciale de la nuit dernière, c'était presque miraculeux.

— Tu as faim ? me demanda Gemma alors que je m'effondrais comme une masse sur le canapé.

— Pas vraiment.

— Alors, ce café ? s'enquit Summer.

— Long et... surréaliste, je crois. Nous sommes allés chez Rhonda et j'ai eu la sensation d'être propulsée dix ans en arrière.

— Je crois que ce week-end tout entier nous propulse dix ans en arrière.

— Peut-être. C'était vraiment bizarre.

Gemma se pinçait les lèvres, se retenant de me bombarder de questions. Régulièrement, sa nature curieuse prenait le pas sur ses bonnes manières. Mais j'étais trop perdue dans mes propres pensées pour lui accorder une quelconque information.

— Je vais aller me faire un sandwich, finalement.

— Laisse, j'y vais, proposa Summer. Tu as deux minutes pour rassembler tes esprits et nous raconter comment Jérémiah a fait pour te retourner le cerveau si facilement !

— Il ne m'a pas retourné le cerveau, protestai-je alors qu'elle se volatilisait vers la cuisine.

Elle se contenta de répondre par un rire tonitruant, qui me tira malgré tout un sourire. Gemma semblait trépigner sur son siège, me fixant comme si j'étais un oracle tout-puissant. J'eus pitié d'elle : Summer savait tout ou presque sur Jérémiah et moi, tandis que Gemma tentait de remplir les blancs.

— Pose ta question, soupirai-je.

— Tu es sortie combien de temps avec lui ?

— Quelques mois. C'était pendant ma dernière année de lycée.

— Et c'est toi qui as rompu ?

Le ton de sa voix ne me permettait pas de savoir si c'était un reproche ou un élan de stupéfaction.

— Je n'avais pas dit « une » question ?

— Oh ! arrête ! Je découvre que ma meilleure copine est sortie avec Jérémiah Montgomery, sois indulgente !

— Oui, j'ai rompu. Mais c'était... consensuel.

— Absolument pas ! s'écria Summer en me tendant mon sandwich. Tu es en train de refaire l'histoire en te donnant le rôle de la victime.

— Je suis la seule à avoir pleuré, lui rappelai-je.

— C'est invérifiable.

— Jérémiah ne pleure pas. Il n'est sûrement pas biologiquement équipé pour ! m'esclaffai-je.

— Il pleure, je t'assure. Je l'ai vu. Mais ce n'est pas le sujet. Raconte-nous le café, m'encouragea-t-elle.

Toujours sous le choc de sa révélation — Jérémiah avait pleuré ? — j'eus un moment de flottement. A quel moment avait-il pu verser une larme ? Et était-ce pour moi ? Non, c'était impossible.

— Avant de vous raconter, j'aimerais que vous soyez honnêtes avec moi sur un sujet.

Gemma et Summer se consultèrent du regard, puis haussèrent les épaules. Depuis mon entretien avec Jérémiah, une question me revenait sans cesse.

— C'est surtout pour toi, Summer : est-ce que tu trouves que j'ai... changé ? Je veux dire depuis le lycée.

— Evidemment. Tout le monde change, ça s'appelle l'évolution.

— Non, je veux dire, est-ce que j'ai changé au point de devenir une autre ? J'ai tout fait pour oublier le lycée, entre mon père, Jérémiah et maman, c'était une année que je préférais laisser derrière moi. Et je me demandais...

— Oui. Tu as changé.

Le jugement implacable de Summer me paralysa. Elle ne donnait généralement son avis que quand elle était sûre d'elle. Son ton ironique et humoristique habituel avait disparu.

— Je te l'ai dit l'autre jour. Je t'ai dit que je voulais retrouver la Charlotte du lycée.

— En même temps, tu as vécu tout un tas d'événements désagréables, pondéra Gemma.

— Ce tas d'événements n'est qu'un amas d'excuses, objecta Summer. Tu n'es plus toi-même... Ou alors, tu n'étais pas toi-même au lycée. Te faire rire est devenu tellement rare, tu es bien trop... sérieuse, même pour moi.

— C'est pour ça que tu m'as fait venir ici ?

— Pour que tu sortes de tes bouquins, pour que tu respires un peu.

— Et Jérémiah s'est incrusté dans ce plan parfait ?

— Jérémiah m'a appelée il y a quelques semaines, il paraissait sincère. Il voulait te parler, te voir. J'ai refusé... mais ensuite Théo m'a appelée. Tu ne peux pas m'en vouloir pour ça.

Un silence pesant et inédit s'installa entre nous trois. Au loin, on devinait le bruit régulier des vagues et le couinement plaintif de la balancelle. J'avais la sensation d'être en train de me dissoudre. Mon corps tout entier me lâchait, sous le choc de cette conversation. En un instant, les dix dernières années de ma vie défilèrent.

Jérémiah.

La fac.

Le cabinet.

Le retour à la fac.

Kyle.

Et Jérémiah.

La boucle était parfaite. Surtout quand vous preniez conscience de cette boucle assise dans l'ancien salon de vos parents. Une sorte de retour à la case départ.

— Il veut une seconde chance, murmurai-je finalement.

— Ce n'est pas surprenant.

— Il a une liste.

— Une liste ? répéta Gemma. Quel genre de liste ?

— Le genre que tu fais quand tu as dix-huit ans, une liste... une liste de choses à accomplir dans ma vie. J'ai fait cette liste et il l'a retrouvée, et maintenant, il voudrait... il voudrait qu'on réalise la liste, débitai-je, incrédule.

Summer et Gemma échangèrent un nouveau regard, avant d'éclater de rire. Gemma se reprit la première et abandonna son sandwich sur la table basse.

— Théo, son frère, il est libre ou pas ? Parce que franchement, les Montgomery ont l'air terribles !

— Ce n'est pas une plaisanterie ! intervins-je.

— Non, bien sûr. C'est... C'est... En fait, je ne sais pas trop ce que c'est, éluda Gemma. Aide-moi un peu, toi ! dit-elle, agacée, en se tournant vers Summer.

— Tu veux vraiment mon avis ? me demanda-t-elle.

— Oui. Je ne sais plus trop quoi penser.

— Je trouve que c'est une idée géniale. Un peu cinglée, certes, mais géniale. On a tous fait ce genre de listes et elles finissent toujours aux oubliettes.

— Et il y a quoi sur cette liste ? s'enquit Gemma.

— Aucune idée, j'ai tout oublié. J'avais même oublié qu'elle existait.

Je mordis dans mon sandwich, dépitée. J'avais oublié la liste. M'en souvenir n'aurait pas changé grand-chose à ma décision, mais au moins, j'aurais su ce à quoi j'échappais.

— Moi, j'ai dû mettre : aller à Paris, devenir riche, ce genre d'âneries. Peut-être me marier, réfléchit Gemma à voix haute.

— Faire du bateau ! s'exclama Summer. Oui, j'ai mis ça. Et... entrer chez Tiffany[1] et commander la parure la plus chère ! Franchement, si tu ne veux pas de ta liste, laisse-moi parler de la mienne à Jérémiah, proposa Summer dans un rire.

— Mais ce n'est pas drôle ! soupirai-je. Et de toute façon, je refuse de rentrer dans ce jeu.

1. Boutique de luxe de joaillerie, spécialisée dans le diamant.

Mes amies se regardèrent, déçues et consternées. A croire que je venais de casser leur jouet préféré en proférant des insultes sataniques. Depuis quand ma vie était devenue si intéressante ?

— Il va quand même falloir que tu trouves une sacrée bonne raison, dit Gemma.

— La raison fait 1,85 mètre, a des cheveux bruns, des yeux noirs et une arrogance qui dépasse les frontières de l'Etat. J'ai déjà vécu ça et je ne suis pas prête à replonger là-dedans.

— Dans quoi au juste ? Votre histoire est terminée, tu ne risques rien.

Je lançai un regard sévère à Summer. Mon cœur était encore fragile. Le confier à Jérémiah, même en restant amie avec lui, était bien trop dur. Je n'en avais pas la force.

— J'ai une vie. Il ne peut pas débarquer ainsi et s'attendre à ce que j'accepte tout.

— Alors pourquoi en parlons-nous ? s'interrogea Summer en mordant dans son sandwich. Pourquoi avons-nous cette conversation au sujet d'un truc que tu ne veux pas faire ?

Parfois, je détestais Summer. Sa logique mathématique venait à bout de tous nos débats. Je cherchai du soutien auprès de Gemma, mais elle haussa de nouveau les épaules.

— Tu sembles avoir pris ta décision, dit-elle finalement. Il y a la liste et il y a Jérémiah. Je n'ai pas encore compris ce qui te posait le plus de problèmes, mais j'ai saisi que tu ne voulais ni de l'un ni de l'autre. Mais si tu veux vraiment mon avis, sache que je suis profondément jalouse d'une fille à qui on vient littéralement de proposer de réaliser ses rêves.

Summer approuva dans un grognement.

— Et j'ajoute, reprit cette dernière, que je ne vois

pas en quoi cela serait si dramatique que tu retombes amoureuse de lui.

— Ce n'est pas prévu, assenai-je durement.

— Oh. Si ce n'est pas prévu, alors... Bon, et si on allait à la plage ? Charlotte, va mettre ton bikini et fais en sorte de retrouver ta bonne humeur.

— Je suis de bonne humeur, grognai-je.

— Non. Tu es... une fille au régime à qui on tend un bon vieux paquet de chips. Tu veux résister, tu le veux vraiment. Et puis, tu te dis : oh, ce n'est qu'une chips après tout...

— Tu compares Jérémiah à un paquet de chips ? gloussai-je.

— Non, je parle du paquet de chips que Gemma planque dans son dos !

Elle leva les yeux au ciel, faussement exaspérée, puis, dans un claquement de doigts, m'intima de déguerpir vers ma chambre pour me changer. J'enfilai mon bikini, mon esprit encore embrumé par la remarque de Summer : pourquoi en parler ? J'avais pris ma décision à l'instant où Jérémiah avait fait cette proposition.

Pas de liste.

Pas de Jérémiah.

Et on rentre demain.

Une nouvelle boucle parfaite, songeai-je en fermant la porte de la maison derrière moi.

Je n'avais jamais eu l'occasion de voir le feu d'artifice de Norfolk : j'étais arrivée au lycée bien après le 4 Juillet et repartie bien avant, l'année suivante. Pendant notre après-midi plage, Summer m'avait convaincue d'aller sur le port en soirée pour assister aux festivités. Après la pluie de la nuit dernière, la météo était enfin plus clémente. Une brise chaude faisait légèrement tanguer les quelques bateaux amarrés et le ciel était tellement clair qu'on pouvait y distinguer facilement les étoiles.

Gemma nous avait déniché une petite table dans un des nombreux cafés qui bordaient le port. Malgré ses suppliques, le gérant avait refusé de lui servir un cosmopolitan. Ici, c'était bière et éventuellement whisky. Depuis, Gemma serinait à l'envi qu'elle souhaitait retourner à la civilisation au plus vite.

Je partageais son souhait : je voulais rentrer et replonger dans mes livres. Je voulais rentrer et oublier le petit intermède Jérémiah. Je voulais reprendre le contrôle de ma vie. J'avais la sensation désagréable que tout m'échappait depuis que nous avions reçu ce fameux carton d'invitation pour la soirée.

Et je devais préparer mon entretien avec Claire Thomson — encore un phénomène qui m'avait totalement échappé.

— Peut-être que je devrais vendre cette maison, pensai-je à voix haute. Je ne viens pratiquement plus ici de toute façon.

— Il te faudra sûrement l'accord de ton père.

— Maman m'a légué la maison, papa n'a plus rien à voir avec ça. Ni avec ma vie, de toute façon.

— Vends-la et tu le regretteras dans la seconde, promit Summer en portant sa bouteille de bière à ses lèvres.

— Tu as bien vendu la maison de tes parents.

— Pour rembourser mon prêt étudiant. Et sincèrement, je n'avais aucun bon souvenir dans cette maison.

Son visage se rembrunit et, dans un élan de compassion, je posai ma main sur la sienne.

— Je sais. Ce n'est pas ce que je voulais dire.

— Je n'avais pas besoin de cette maison, je porte

mes cicatrices en moi maintenant. Toi, en revanche, c'est différent : cette maison t'apaise.

Elle m'adressa un faible sourire et je m'en voulus immédiatement d'avoir abordé le sujet. Summer ne parlait jamais de son passé. Elle ne parlait jamais de son père et n'avait pas connu sa mère. Son frère avait quitté la maison dès qu'il avait fini le lycée. Beaucoup lui en auraient voulu d'avoir abandonné le navire, mais Summer avait compris qu'il s'agissait de survie. Leur père était d'une violence incontrôlable avec David. A leurs yeux, que je souhaite vendre la maison de ma mère était incompréhensible.

— Peut-être, éludai-je.

La foule se densifia sur la jetée. Je promenai mon regard sur les passants. La vie était si calme ici. New York était toujours en ébullition, en mouvement. La nuit n'était jamais silencieuse. Ici, après 3 heures, il ne se passait plus rien.

Je ricanai presque : maintenant, il ne se passait plus rien.

— Pourquoi tu ris ? m'interrogea Gemma.

— Je me disais que c'était calme. Calme, maintenant, je veux dire, ajoutai-je en adressant un clin d'œil à Summer.

— La police doit s'ennuyer, c'est certain, approuva-t-elle. De toute façon, si nous n'étions pas parties, ils auraient fini par nous chasser, plaisanta-t-elle.

— Je me sens vieille, soupirai-je. Etre adulte, ça craint.

— Amen, murmura Gemma en faisant tinter sa bouteille contre la mienne.

Trois nouvelles bouteilles se matérialisèrent sur notre table, servies par le gérant qui adressa un coup d'œil sévère à Gemma.

— Nous n'avons rien commandé, protesta-t-elle, uniquement pour l'agacer davantage.

— Vous, non. C'est sur la note des Montgomery, grommela-t-il.

Je pivotai, le cœur battant, et trouvai Théo accoudé au bar, levant un verre à notre intention. Je cherchai son frère du regard. En vain. J'étais à la fois déçue et soulagée. Si je pouvais éviter une nouvelle conversation surréaliste avant de partir, cela m'arrangeait. Mais, quelque part, me confronter à Jérémiah me rendait plus forte. Je fis signe à Théo de nous rejoindre.

— Bonsoir, mesdemoiselles, sourit-il en s'installant difficilement entre Summer et moi.

Il étira sa jambe handicapée sous la table, grimaçant un peu. Il balada son regard sur moi, s'attardant sur mon cou, avant de m'adresser un sourire heureux qui déforma son visage et atténua la vilaine balafre barrant sa joue.

— J'ai mal à un genou que je n'ai même plus, s'amusa-t-il. Je ne pensais pas vous revoir.

— Nous repartons demain, annonçai-je. Nous sommes venues pour le feu d'artifice.

— La Fondation devra organiser un autre dîner pour vous attirer par ici ?

— Pourquoi pas ? C'est Charlotte qu'il faut convaincre, c'est elle qui nous héberge, dit Summer.

— Tu réalises que la demeure Montgomery dispose d'une vingtaine de chambres et que je pourrais tout à fait t'héberger ? riposta Théo.

— Ça ressemble à une proposition indécente.

— Te concernant, Summer, je ne suis qu'indécence.

Gemma et moi échangeâmes un regard. Nous nous sentions brutalement de trop. Je ne savais pas si Théo plaisantait ou non. Quand Summer éclata de rire, la tension dans l'air disparut aussitôt.

— Que penserait donc ta mère de tout ça ? Toi, le seigneur de la ville, qui hébergerais la pauvre fille d'un alcoolique ?

— Je tente de te faire croire au prince charmant ! s'écria-t-il, faussement vexé. Et ma mère me ferait signer un contrat de mariage, avant de s'enfuir sur son balai.

— Tu as donc d'excellents rapports avec ta mère, conclut Gemma en riant.

— Excellents. Tant qu'ils sont rares et limités au strict minimum. La plupart du temps, elle vote contre moi au conseil d'administration.

— Tu es venu seul ? demandai-je subitement.

La question me brûlait les lèvres depuis que je l'avais vu au bar. Je devais savoir, j'avais besoin de savoir si je reverrais Jérémiah ou non.

— Oui. Mais quelque chose me dit qu'il n'est pas bien loin, sourit-il.

L'instant suivant, j'entendis un vrombissement puissant de moteur. La foule s'écarta dans un murmure, laissant passer la voiture argentée et m'as-tu-vu de Jérémiah. Je ravalai un sourire nerveux avant de réaliser que, oui, j'étais contente de le voir. Il se gara le long du quai et les passants lorgnèrent aussi sa voiture. Quand il en sortit, son regard trouva immédiatement le mien.

J'entendis Gemma s'étouffer dans sa bière, avant qu'elle ne m'adresse un coup de coude et un regard consterné.

— Bordel de merde ! jura-t-elle entre ses dents. Il ne manque que la rose entre les dents.

— Ce n'est que de l'esbroufe, pondérai-je aussitôt.

— Eh bien, il m'esbroufe quand il veut !

Jérémiah se faufila dans la foule, venant dans notre direction. Arrivé à notre table, il saisit une chaise et s'y installa à califourchon, ne laissant pas d'autre choix à Gemma que de se décaler pour lui faire de la place.

— Salut, fit-il en rivant ses yeux aux miens.

— Tu veux une bière ? C'est ma tournée, annonça Théo.

— C'était vraiment nécessaire la voiture et tout ce cirque ? l'attaquai-je.

— Tu désapprouves ? J'aurais bien pris ton tacot, mais j'avais peur de l'achever.

— Tu l'as réparé, j'espère ?

— J'ai remis la bougie en place. J'en ai profité pour te bichonner l'embrayage, ça patinait un peu.

— Je ne t'avais rien demandé.

— Mais tu n'as pas à demander, ça me fait plaisir.

Son sourire cachait quelque chose. Je le sentais au plus profond de moi. Jérémiah ne faisait jamais les choses par pure gentillesse. Il cherchait encore à prendre le contrôle de la situation. Cela expliquait mon élan de colère : je voulais avoir le dessus, je voulais lui montrer que je pouvais lui donner du fil à retordre.

— Merci, dis-je, de mauvaise grâce.

— Mais je t'en prie. Tu rentres toujours demain ?

— Oui. Pourquoi ?

— Pour savoir de combien de temps je dispose. Tu es une sorte de... contre-la-montre.

Je sentais le regard des trois autres sur moi. Si j'avais parlé aux filles de la liste, je n'étais pas certaine de vouloir remettre le sujet sur le tapis, avec Théo comme témoin supplémentaire. Soudain, les réverbères s'éteignirent, suivis par les lumières des commerces alentour.

Une première fusée décolla dans un sifflement, avant d'exploser au-dessus de nos têtes. Mon cœur battait la chamade et je luttais de toutes mes forces contre l'attraction électrique qui crépitait entre Jérémiah et moi. Le silence régnait sur le port, entrecoupé de cris de joie et de bravos. Pourtant, tout cela me semblait lointain, extérieur. Il n'y avait plus que notre petite bulle fragile et cabossée : lui et moi, ensemble, les yeux rivés sur le ciel.

J'entendis Summer rire et, dans la pénombre, je devinai que Théo lui parlait à l'oreille. Jérémiah bougea et posa sa main près de la mienne.

Les explosions se poursuivirent, parant le ciel de bleu, de jaune et de scintillements dorés. A la lumière de chaque fusée qui explosait, je devinais le profil de Jérémiah. La gorge serrée, je serrai les poings. Je n'aurais jamais imaginé que cela serait aussi dur d'être avec lui. La tristesse refaisait surface, submergeant tout sur son passage, fendillant mon armure et révélant l'ancienne Charlotte, que je détestais presque tant elle était fragile et faible.

Après dix minutes d'explosions, trois nouvelles salves de fusées retentirent, annonçant le début du bouquet final. Mon calvaire allait enfin cesser. Le souffle court, je tentai de me concentrer sur le ciel, mais même les couleurs ne m'enchantaient plus. Je fermai les yeux, perdue, avant de sentir la main de Jérémiah se glisser dans la mienne. Il la serra une courte seconde, avant de me libérer. Je gardai les yeux fermés, perdue dans le tumulte de mes sentiments. Pourquoi cela me faisait-il autant de bien qu'il me touche ? Pourquoi agissait-il comme un baume apaisant sur mes blessures ?

Le feu d'artifice se termina en apothéose, provoquant des applaudissements. Gemma avait un sourire d'enfant plaqué sur les lèvres, sa contrariété de début de soirée apparemment oubliée.

Les lumières se rallumèrent et Jérémiah se pencha à mon oreille.

— Bye, la nouvelle, chuchota-t-il.

Avant que je puisse répondre, il se leva et traversa la terrasse à grandes enjambées pour retrouver sa voiture. Hébétée et à bout de souffle, je le suivis du regard. Ma main me brûlait encore du contact de la sienne. Je trouvai le regard de Gemma et, avec sa franchise habituelle, elle m'acheva :

— Fais-le.

De quoi parlait-elle ? De le suivre ? D'accepter cette idée de liste ? De faire comme si tout était normal entre lui et moi ? De perdre le fameux contre-la-montre ?

Un crissement de pneus déchira les murmures de la foule et Jérémiah disparut.

Après un dernier verre, et alors que je luttais contre un début de migraine, Théo nous raccompagna à la maison. Le nez collé à la vitre, je n'écoutais même plus la conversation — de toute évidence hilarante — entre Summer et Théo. Ces deux-là jouaient avec le feu depuis toujours. Amis ou plus, personne — et surtout pas eux — ne le savait vraiment.

— Arrête-toi ! hurla Summer, nous faisant sursauter. Je veux vérifier si c'est toujours là ! Viens, Charlotte.

Elle ouvrit ma portière et me tira hors de la voiture. J'eus toutes les peines du monde à la suivre et compris enfin où elle voulait en venir quand elle s'agenouilla de l'autre côté de la barrière.

— Il faut qu'on vérifie, s'amusa-t-elle en creusant le sable.

— A mon avis, c'est toujours là, pourquoi veux-tu vérifier ?

— Je refuse de croire que tout ait changé en notre absence !

Je me surpris à gratter le sable avec elle, relevant les yeux furtivement vers Théo et Gemma qui nous regardaient, abasourdis. Après quelques secondes, la marque apparut, toujours bien présente. Summer avait embouti la voiture de son père à cet endroit, dans un acte ultime de vengeance contre lui. Puis, armée d'un flacon de vernis à ongles, elle avait dessiné le contour de son pouce dans la tôle. Je l'avais imitée ce soir-là.

C'était notre dernière soirée à Norfolk et nous pleurions toutes les deux de tristesse.

— C'est toujours là, triompha-t-elle avec émotion.

— Certaines choses ne changent pas, marmonna Théo.

Il leva les yeux sur la route et son regard vira, passant de l'amusement à la colère. Summer se redressa, épousseta grossièrement son jean et enroula son bras autour de celui de Théo.

— Rentrons, je t'offre un dernier verre, beau gosse.

En un sourire, Summer était parvenue à le ramener parmi nous. J'admirais la façon dont elle gérait la situation. Rien ne l'embarrassait, rien ne flétrissait sa bonne humeur.

— Laisse-moi appeler mon avocat et régler cette histoire de contrat prénuptial.

— Vivons dans le péché pour le moment. Tu tiens vraiment à cette histoire de mariage ?

— C'est pour l'héritage. Tu comprends, le balai de ma mère se transmet à la génération suivante.

— Je ne suis pas une fichue sorcière comme ta mère ! s'exclama-t-elle dans un rire.

— Ah non ? Alors comment expliquer que je suis totalement sous ton charme ?

Le rire de Summer cessa dans la seconde. Gemma et moi nous faufilâmes vers la voiture, vaguement conscientes que nous dérangions. Summer esquissa un bref sourire, avant de lever les yeux au ciel, nullement impressionnée.

— Tu as vraiment besoin d'un verre, dit-elle en riant. Viens.

A la maison, Gemma et Summer sortirent des bières du réfrigérateur. Je m'éclipsai vers ma chambre, à la recherche d'un sweat. Dans le couloir, j'entendis Théo imiter sa mère et les filles rire à gorge déployée. Cette normalité — le feu de camp sur la plage en moins — me tira un sourire heureux. Pourtant, lorsque j'entrai dans ma chambre, l'air frais de la pièce me saisit.

La fenêtre était ouverte, la lumière de mon bureau allumée et, sur mon lit, un jean et un sweat avaient été déposés. J'approchai de la fenêtre et tendis la tête vers l'extérieur à la recherche de l'intrus.

Ce n'est qu'en voyant le collier sur le rebord de la fenêtre que je compris que Jérémiah s'était introduit dans ma chambre. La chaîne était oxydée, la cage un peu ternie mais, malgré tout, je trouvai le collier magnifique. Sur mon bureau, j'aperçus un mot, écrit à la va-vite.

MAINTENANT OU JAMAIS. METS UN JEAN, SOIS PRÊTE À 1 HEURE.

Je jetai un coup d'œil à ma montre, il me restait cinq minutes. Mon regard passa nerveusement de la fenêtre à la porte. Le cœur affolé, je me débarrassai de ma jupe pour me glisser dans le jean déposé sur mon lit et enfilai un sweat. Devant le miroir, j'ajustai mes cheveux trop longs, fis couler une goutte de parfum dans le creux de ma gorge et pris le bijou dans le creux de ma main. Les phares d'une voiture éclairèrent la cour et, en un instant, je fus catapultée dix ans en arrière.

J'enjambai le rebord de la fenêtre et sautai sur la pelouse. Plus rien n'existait : ni ma raison — probablement muselée par mon accès de folie — ni les filles, dont les éclats de rire me parvenaient toujours.

Rien d'autre que lui. Uniquement lui, comme dix ans plus tôt.

J'arrachai presque la portière, grimpai dans la voiture et adressai un sourire à Jérémiah.

— Faisons cette fichue liste, dis-je en glissant le collier autour de mon cou.

— Juste pour cette nuit ?

— Je déciderai à la fin de la nuit s'il y aura une prochaine fois.

— Comme si la question se posait.

— Où va-t-on ?

— Tu verras.

J'étouffai un rire et Jérémiah accéléra, propulsant la voiture à une vitesse folle sur la route que j'avais empruntée dix minutes avant avec son frère.

— Si tu me disais au moins combien il y a de vœux sur cette liste ? demandai-je après un court silence.

— Je croyais que tu voulais la nuit pour te décider ?

— J'ai besoin de plus de détails pour me décider.

— Tu veux dire que, si la liste fait deux éléments, le sujet est clos ?

— Tu ne m'aurais pas autant... harcelée pour deux souhaits, n'est-ce pas ?

— Non.

Un bref sourire éclaira son visage, puis il secoua la tête.

— J'oublie parfois à quel point tu me connais. La liste ne fait pas deux vœux.

— Combien alors ? Cinq ? Huit ? Quinze... Non, pas quinze quand même ! m'écriai-je en le voyant sourire.

— Ne compte pas sur moi pour te répondre.

— Et je dois compter sur toi pour quoi au juste ?

— Fais-moi confiance. Tu portes le collier, ton destin est donc entre mes mains. Quand tu l'enlèveras, tu pourras... reprendre ta vie.

— Jusqu'à la prochaine fois ?

— Jusqu'à la prochaine fois, approuva-t-il.

— Et tu y gagnes quoi, toi, au juste ?

— Du temps avec toi. Et je ne te cache pas que t'embrasser figure toujours en haut de ma liste.

— Ta liste ? Tu as une liste aussi ?

La voiture s'arrêta. Je n'avais même pas réalisé que nous étions arrivés à destination. Jérémiah coupa le moteur et sortit de la voiture. Il ouvrit ma portière et me fit descendre.

— Je ne me souvenais pas que tu étais galant, ironisai-je.

— Tourne-toi. J'ai été galant et puis, un jour, j'ai arrêté.

— Un jour ? Comme ça ?

— Oui. Le jour où je t'ai invitée chez moi et où tu m'as laissé glisser ma main dans ta culotte. Après ça, j'ai décidé que la galanterie était tout à fait accessoire.

Il posa un bandeau sur mes yeux et approcha sa bouche de mon oreille.

— Ce que j'y gagne, c'est toi, Charlotte. Je te veux encore plus qu'il y a dix ans et je ne pensais même pas que c'était possible. Fais-moi confiance et laisse-toi porter. Et si, après ça, tu ne retombes pas amoureuse de moi, je jure... de redevenir galant.

— Plus de main dans aucune culotte alors ? ris-je.

— J'espère que tu n'as pas retenu que cette histoire de culotte.

— Non... pas que, admis-je dans un sourire.

— Bien. Maintenant, donne-moi la main et... détends-toi.

Sa paume épousa la mienne et son pouce me caressa

tendrement. Nous fîmes quelques mètres. Je tendis l'oreille, à la recherche d'un indice sur l'endroit où nous étions. Il était tard maintenant, j'éliminai donc les boutiques, restaurants et bars. Je n'entendais pas le ressac des vagues et le sol était dur sous mes pieds : j'exclus aussi la plage.

Puis, une odeur familière et sucrée me parvint.

— Où sommes-nous ? demandai-je, de plus en plus curieuse.

Le bandeau se volatilisa et je me trouvai devant une de mes plus grandes terreurs. Je reculai d'un pas, heurtant le torse musclé de Jérémiah. Je savais maintenant, j'en prenais douloureusement conscience, que l'idée de réaliser cette liste était mauvaise. On écrit toujours des choses stupides à dix-huit ans.

— C'est le premier élément de ta liste : faire du grand huit.

— Je n'ai pas pu écrire ça.

— Si, tu l'as écrit. Et maintenant, on va le faire.

L'ensemble de la fête foraine était plongé dans le noir. A l'instant où j'allais opposer cet argument, le grand huit s'illumina et une musique joyeuse et rythmée résonna autour de nous.

— Jérémiah, je ne peux pas faire ça. Ça me fiche la trouille, je suis capable de tomber dans les pommes.

— On va monter dans ce truc. Le tour dure deux minutes max, je t'assure que tu seras encore vivante après. Tu seras juste un peu... décoiffée, dit-il en prenant une mèche de mes cheveux entre ses doigts.

— Je... Je ne crois pas que...

— J'aime bien tes cheveux comme ça. Ils sont plus longs qu'avant.

Si je n'avais pas été tremblante de peur, je lui aurais rétorqué que le principe premier des cheveux était de pousser. Mais j'étais terrorisée. La simple idée de monter dans ce truc me rendait malade et entraînait mon estomac au fond de mes pieds.

— Tu as le collier, tu dois le faire, Charlotte. Ta peur est dans ta tête uniquement. La vitesse te semble plus effrayante de l'extérieur ; quand tu es dedans, c'est tout à fait différent.

— Jérémiah, je...

— Je t'assure qu'il ne t'arrivera rien.

Ces mots, même prononcés dix ans plus tard, résonnaient toujours agréablement. La voix de Jérémiah n'avait pas changé : pleine d'assurance, de tendresse parfois, rarement rocailleuse. Cette voix savait m'apaiser.

Il entoura ma taille de ses bras et nous nous dirigeâmes vers l'entrée de l'attraction. Dans la petite cabine, l'homme aux manettes m'adressa un sourire effrayant, qui me fit trembler encore plus. Je n'osais imaginer combien Jérémiah avait donné à cet homme pour qu'il ouvre son attraction au milieu de la nuit.

— Et garde les yeux ouverts, tu verras l'océan.

— N'en rajoute pas, grognai-je.

Je grimpai dans l'objet de tous mes cauchemars. Jérémiah abaissa la barrière de sécurité, qui s'enclencha dans un bruit sourd. Mes mains trouvèrent les poignées et je les serrai à m'en faire mal. Mon ex-petit ami souriait largement et je devinais même une pointe de moquerie dans le fond de son regard.

— Tu es adorable, murmura-t-il en saisissant ma main gauche.

— Je vais te tuer.

— Tu vois, tu es déjà sous mon charme. Allons-y.

Il adressa un signe de la main au forain et, lentement, le wagonnet commença à rouler. L'ascension était vertigineuse et, dans le silence de la nuit, tous les grincements étaient amplifiés. Le vent soufflait doucement dans mes cheveux, pendant que j'avais le cœur au bord des lèvres. Pourquoi avais-je accepté de le rejoindre cette nuit ? Pourquoi avais-je sauté de la fenêtre comme si ma vie en dépendait ?

Cela me sembla durer une éternité avant que nous soyons parvenus au sommet. Une éternité pendant laquelle j'eus le temps de réciter les droits Miranda qui me seraient énoncés dès que j'aurais étranglé Jérémiah de mes propres mains.

— Bordel de merde, jurai-je en défiant des yeux la descente effroyable qui s'étalait désormais devant mes yeux.

— Crie, ça te fera respirer, me conseilla Jérémiah.

Je n'eus pas le temps d'ouvrir la bouche. Le wagonnet s'élança dans le vide, dévalant la pente à toute allure. Je fermai les yeux et baissai le visage, incapable d'affronter la vitesse. Mon corps n'était plus que de la gelée et ma main broyait celle de Jérémiah. Une courbe, puis une autre... toujours plus vite.

Je hurlai de terreur, haletante et pétrifiée. Nous allions tellement vite que j'en perdais mes repères, incapable de savoir à quel moment j'avais la tête en bas. Alors que nous ralentissions, Jérémiah parvint à libérer sa main et à dégager les cheveux qui masquaient mon visage.

— Ça va ? hurla-t-il.

Je hochai frénétiquement la tête, ravalant difficilement ma salive à l'instant où nous montâmes encore cette fameuse pente. On allait faire un second tour. Je n'allais pas y survivre.

— Laisse-toi porter. Je t'assure que ça va beaucoup moins vite que ce que tu imagines.

— Ce n'est pas la vitesse, murmurai-je d'une voix étranglée.

— Je sais. Mais il faut apprendre à oublier le

contrôle parfois, Charlotte. Lève les bras et sens le vent entre tes doigts.

— Tu es complètement malade.

— Je n'ai jamais dit le contraire. Oh ! tu sais quoi ? demanda-t-il alors que nous atteignions le sommet de la pente.

— Non, quoi ?

— Je te drague toujours.

La descente fut infernale. Je ne sais comment, je parvins à lever les bras au-dessus de ma tête. Mes yeux restèrent résolument clos. Je n'étais pas prête à affronter le danger. Mais mon corps se détendit, et chaque courbe, chaque à-coup me sembla moins violent à encaisser qu'au premier tour. La peur était toujours là, luttant avec une forme d'euphorie.

A la fin du tour, alors que nous enchaînions les loopings, un éclat de rire m'échappa. Jérémiah hurla un « Fantastique ! » à travers la nuit. Depuis combien de temps ne m'étais-je pas sentie si libre ? Perdre les pédales avait au moins cet intérêt.

Quand le wagonnet revint à son départ, j'étais à bout de souffle. J'avais sûrement retenu ma respiration pendant toute l'expérience. Jérémiah souleva la barrière de sécurité et m'aida à descendre. Je tremblais encore de tous mes membres et mes jambes menaçaient de céder. Mon estomac était porté disparu, mon cœur battait à un rythme inquiétant et saccadé, qui ressemblait à une cavalcade. Jérémiah déposa sa veste sur mes épaules. Son parfum flotta autour de moi, comme un cocon protecteur et rassurant.

— Je ne te propose pas de manger quelque chose, plaisanta Jérémiah.

— Tu mériterais que... que...

— Tu as adoré ça, ça se voit sur ton visage.

— Je dois être de la couleur d'un lavabo.

— Un très joli lavabo, précisa-t-il. Viens, je te raccompagne chez toi. Tu as l'air épuisée.

— C'était intense, admis-je.

— Pour moi aussi. Comme à chaque fois que je suis avec toi.

J'avais envie de me moquer de lui, d'ironiser sur cet élan mélodramatique de romantisme écœurant, mais la sincérité dans son regard me fit immédiatement changer d'avis. Si j'étais honnête avec moi-même, je devais admettre qu'être avec Jérémiah me donnait la sensation d'avoir une vie démultipliée, comme si, brutalement, tous mes sens étaient aiguisés et que je pouvais percevoir des choses normalement invisibles.

J'étais encore tremblante et quasiment à bout de forces quand Jérémiah se gara devant chez moi. La maison était plongée dans l'obscurité, pourtant, la voiture de Théo était toujours là.

Les dix ans que j'avais oubliés se rappelaient à nous. Nous étions au milieu de la nuit. Après avoir lutté pour ne pas recroiser le chemin de mon premier amour, je luttais maintenant pour trouver comment sortir de cette voiture.

— Je te ramène ta voiture demain matin, dit-il finalement. Promets-moi d'être prudente sur la route.

— C'est toi qui me demandes ça ?

— Je suis toujours prudent. J'ai juste une vision plus téméraire des événements, mais tout est toujours très précis.

— Si tu le dis. Merci en tout cas.

— Je savais que tu serais contente de le faire. C'était sur ta liste.

— J'ai eu la peur de ma vie, mais... c'était grisant.

Et, à ce sujet, je ne suis pas certaine de vouloir continuer ça.

— Ça ? La liste ?

— La liste. Nous. Peu importe. Tu parviens à me faire faire n'importe quoi pendant un simple week-end. J'ai un examen à passer, un entretien à préparer et ce n'est pas le moment de...

Il posa son index sur mes lèvres, me faisant taire dans l'instant. Son regard doux plongea dans le mien et, délicatement, il me retira le collier avant de le mettre dans la poche de son jean.

— Arrête de te triturer les mains, je t'ai déjà dit que tu mentais très mal.

— Tu m'as dit que je pourrais arrêter quand je le voulais.

— Oui. Et tu le veux, là, maintenant ?

— Je...

— Dis-moi : est-ce que tu veux t'arrêter là, maintenant ?

Un soupir m'échappa. Fuir le regard inquisiteur de Jérémiah était impossible. Il sondait le fond de mon âme, en connaissait les moindres recoins et mes ridicules cachettes.

— Non, murmurai-je.

— Bien.

— Mais je rentre à New York.

— Je sais. Une chance que ta liste ne soit pas trop géographique.

La lumière du porche s'alluma et Summer sortit, entourée d'une couverture, les cheveux ébouriffés. Théo apparut derrière elle. Ils s'étreignirent amicalement, puis dirigèrent leur attention sur notre voiture.

— Elle va me bombarder de questions.

— Je sais. Je vais probablement bombarder mon frère de questions aussi. Avec Summer ? Vraiment ?

Théo gagna son véhicule et nous dépassa à faible allure. J'ouvris la portière et sortis finalement de la voiture. Cela me demanda une force surhumaine. J'avais moi aussi envie de poser à Jérémiah une multitude de questions, de savoir comment nous allions faire, de connaître la liste. Mais je savais qu'il ne dirait rien.

— Sois prudent. Pour ta prochaine course, ajoutai-je.

— Sois tranquille. Bye, la nouvelle.

— Tu connais mon prénom depuis un bail maintenant.

— Tu seras toujours la nouvelle à mes yeux. Dors bien.

Il disparut dans la seconde. J'avais encore mon stupide sourire, celui que seul Jérémiah savait m'arracher. Quand je pivotai pour gagner la porte d'entrée, Summer m'attendait, bras croisés, prête à en découdre.

— Je suis prête à boire de l'eau chaude pour les détails !

— Je vais dormir.

— Qu... Quoi ? Mais c'est hors de question ! hurla-t-elle. Charlotte, Joséphine, Mary Parker, tu vas tout de suite me donner des détails.

— Joséphine, Mary ? souris-je.

— Je sais, ce ne sont pas tes autres prénoms, mais je ne m'en souviens plus et je trouve que ça donne toujours plus d'impact à un ordre.

— J'invoque les droits Miranda, dis-je en rentrant dans la maison.

— Quoi ? Mais non ! Tu n'as aucunement le droit de garder le silence ! cria-t-elle en me suivant.

— La ferme, Summer ! grogna Gemma sur le canapé.

Je me réfugiai dans ma chambre, indifférente aux récriminations de Summer. Je n'avais pas envie de partager mes états d'âme avec elle. Pas ce soir, pas en ce qui concernait Jérémiah. Son mot était toujours sur mon bureau. Je le repliai et le glissai dans mon sac.

J'abandonnai sa veste sur mon lit et me couchai aussitôt. Pour la première fois depuis des semaines, ma nuit fut reposante : ni insomnies ni larmes.

Le retour à New York s'était déroulé dans le calme. Summer avait finalement accepté mon silence. Gemma avait profité d'une pause pour me glisser un « je suis très fière de toi », agrémenté d'un clin d'œil complice.

Je me replongeai dans mes livres avec frénésie, à défaut de ma concentration habituelle. Le souvenir de mon week-end resurgissait régulièrement : depuis ma danse avec Jérémiah jusqu'au grand huit. Sa veste reposait sur une patère dans ma chambre. Le parfum avait disparu, seule persistait une présence envoûtante, une chaleur même, que je n'arrivais pas à définir.

Quelques jours après notre retour, je me surpris à suspendre mes révisions pour regarder sa course à la télévision. Jérémiah aimait la vitesse, l'adrénaline et la victoire. A en croire les pronostiqueurs, il avait de bonnes chances cette année de gagner le championnat. Pourtant, après quinze minutes de course, j'éteignis la télévision. Je tremblais de tous mes membres dès qu'il y avait un accrochage, redoutais les dépassements et menaçais de déchiqueter un coussin, tellement j'angoissais pour lui.

Ce sport était inhumain pour les proches. Pour moi, c'était insupportable.

Je retournai donc à mes révisions, l'esprit encombré d'images horribles où Jérémiah tenait malheureusement le premier rôle.

Summer rentra deux heures plus tard, le bruit de ses talons résonnant dans tout l'appartement. La voisine du dessous allait encore râler. Elle toqua à la porte de ma chambre.

— Courrier pour toi et pizza pour nous trois, intéressée ?

— Gemma est là ?

— Elle a pris l'escalier. Elle est au régime.

De concert, nous levâmes les yeux au ciel. Nous retenions toutes les deux un « encore ? » incrédule. Quand Gemma entra dans l'appartement, elle avait le visage rouge et le souffle court. Summer était au téléphone, en pleine commande de nos pizzas. Je triais le courrier et Gemma s'assit près de moi et s'éventa avec sa main.

— Au moins 204 calories, s'extasia-t-elle.

— Oui, supplément fromage et olives, précisa Summer au téléphone en fixant Gemma.

— Prends une salade ! s'écria cette dernière.

— Et vous ajouterez une boîte de nuggets. Evidemment, une boîte de vingt-quatre !

— Je te hais, siffla Gemma en plissant les paupières.

Summer lui envoya un baiser et un clin d'œil digne d'une pin-up pour toute réponse. Leurs babillages n'existèrent plus dès l'instant où je tombai sur une petite enveloppe jaune. Dessus, mon prénom écrit de la main de Jérémiah.

— C'était dans la boîte ? demandai-je à Summer, qui venait de raccrocher.

— Oui. C'est lui ?

Je déchirai l'enveloppe et trouvai une carte. Au dos, une date, une heure, le collier et son ultime recommandation :

MAINTENANT OU JAMAIS.

Gemma lut par-dessus mon épaule, sa respiration redevenue miraculeusement normale.

— La veille de ton anniversaire, Summer ? s'enquit-elle.

En une seconde, je revécus le grand huit de la semaine précédente : une très longue montée, pour une descente fulgurante.

Maintenant ou jamais.

Peut-être que « jamais » était le plus raisonnable.

PARTIE 3

Jérémiah

5 juillet 2015

Théo a toujours été un horrible lève-tôt. Aussi, je ne suis pas surpris lorsque je le trouve assis au bar, à lire le journal tout en buvant son café.

Il lève les yeux vers moi et secoue la tête. Mon sourire s'élargit. Théo pense que je suis incapable de reconquérir Charlotte. Il est persuadé qu'elle n'est qu'un défi pour moi, alors qu'elle est tellement plus que ça.

— Je n'arrive pas à y croire. Je pensais que Charlotte était beaucoup plus intelligente, dit-il en replongeant le nez dans son journal.

— Elle l'est.

— Sauf avec toi.

— Sauf avec moi. Elle est d'accord pour faire le reste de la liste.

— Elle est d'accord parce qu'elle n'a aucun souvenir de cette liste.

— Elle est d'accord parce qu'elle fait cette liste avec moi. Et c'est ce qui compte à mes yeux, qu'elle soit avec moi.

Théo relève la tête et m'observe. La lumière des spots de la cuisine n'éclaire qu'une partie de son visage, la partie où sa cicatrice déforme sa joue. Il refuse de se faire opérer pour s'en débarrasser. Pendant longtemps, j'ai cru que c'était sa manière de me rappeler mes erreurs et de me faire culpabiliser. Désormais, je sais que cette cicatrice lui rappelle chaque jour qu'il est en vie.

Ses yeux sont vert clair, presque transparents. Quand mon frère me regarde ainsi, je sais qu'il est sérieux.

Je sais qu'il tient à Charlotte, qu'il aime Summer et qu'il tuerait quiconque leur ferait du mal, moi compris. Le jour où Charlotte m'a quitté, il m'a mis son poing en pleine figure. Mais c'était mon cœur en miettes qui me faisait un mal de chien.

— Un passage au conseil ? Les gens commencent à se demander si tu es toujours en vie, lance-t-il.

— Une décision qui mérite ma voix ?

— La restauration de la salle de théâtre.

— Je passerai alors.

Mon frère hausse les sourcils. Il est surpris mais ne commente pas, de peur que je change d'avis. La gestion de la Fondation est un sujet difficile entre nous. Après l'accident, il a décidé d'en faire une priorité. Après l'accident, je ne voulais surtout pas remettre les pieds ici.

— Le vote est à 11 heures, précise-t-il.

— Je serai là. Tu as les dossiers ?

— Tu me demandes les dossiers ?

— Oui. Tu les as ?

— Charlotte est donc en train de réussir là où tout le monde a échoué : elle te transforme en un homme responsable. Elle déteint enfin sur toi !

J'éclate de rire. Mon frère ne connaît pas le contenu de la liste. S'il savait que j'ai réussi à traîner Charlotte dans des montagnes russes cette nuit, il changerait d'avis sur la douce jeune femme qu'il croit connaître.

Avec moi, elle est elle-même : drôle, aventureuse et loin de cette vie parfaitement minutée qu'elle s'est construite et qu'elle s'est persuadée de vouloir.

— Je ne vois pas ce qu'il y a de drôle !

— C'est moi qui déteins sur elle, crois-moi.

— Je préfère ignorer ça ! Je file à la Fondation, je compte sur toi.

— Ne t'en fais pas, je serai là.

Il m'offre une accolade fraternelle.

Je sors la liste jaunie de la poche de mon jean et lis le prochain vœu. Celui-ci est simple. Tellement simple qu'elle aurait pu le faire bien avant que je ne revienne dans sa vie.

Cette pensée m'est désagréable. Je veux être le seul dans sa vie, le seul qui compte, le seul avec qui elle aura ces souvenirs.

Je relis le vœu que nous avons exaucé hier et souris largement en me remémorant cette nuit.

#3 TE FAIRE PERDRE LE CONTRÔLE.

C'est fait.

Charlotte

25 octobre 2004

— Charlotte ? Charlotte ?

La voix de Summer me fit relever le nez de mon livre. Je me retournai et sentis son bras s'enrouler autour du mien. Je me tendis presque aussitôt. Je n'avais jamais été une grande adepte des amitiés féminines qui oscillaient entre soirées pyjama-confidences et sorties shopping.

Pourtant, la bonne humeur de Summer était communicative. Je lui adressai un sourire en guise de bonjour. Son large pull en laine glissait sur son épaule et elle sautillait gaiement à mes côtés. J'enviais Summer pour sa confiance en elle et son allure. Elle était toujours impeccable, ses longs cheveux bruns aux reflets auburn mettaient en valeur ses yeux bleu océan. Je me sentais un peu godiche et quelconque quand elle était près de moi.

— Bon week-end ? l'interrogeai-je.

— J'ai révisé comme une folle pour l'interro d'histoire. Rien de bien palpitant. Et toi ?

— J'ai préparé mes inscriptions universitaires.

— Littérature ? s'enquit-elle en désignant mon livre.

— Beaux-arts.

— Je suis impressionnée. Peinture ? Sculpture ?

— Restauration, expliquai-je. Je retape des meubles, je suis plutôt dans la décoration.

Elle se pencha vers moi et j'eus un hoquet de stupéfaction en la voyant renifler mes cheveux. Elle grimaça, avant de claquer la langue de désapprobation. J'accélérai le pas, slalomant entre les autres lycéens dans cet interminable corridor.

— C'était donc ça que je sentais, commenta-t-elle.

A mon tour, je pris une mèche de mes cheveux et la portai à mon nez. Je ne sentais rien. Je haussai les épaules. J'aurais pu ignorer sa remarque mais, si j'étais honnête, je devais admettre que cela me vexait un peu. Je rangeai mon livre dans mon sac et, dans un geste nerveux, rassemblai ma chevelure dans un chignon improvisé, maintenu par deux crayons.

— Très artiste, ironisa Summer. Tout comme ton pull.

— Qu'est-ce qu'il a, mon pull ?

— Il crie sa souffrance. Et tes cheveux ont besoin... de ressembler à quelque chose.

Je m'arrêtai net dans le couloir, pesant avec précaution mes mots. Je ne tenais pas à me mettre à dos la seule fille qui me parlait dans ce lycée. Summer retira son bras enroulé autour du mien et ouvrit la bouche, prête à reprendre notre conversation.

— Je ne fais pas ça, la prévins-je.

— Ça ?

— Les trucs de filles. Le shopping, le coiffeur. Je... Je me contente de m'habiller et de me coiffer comme je le veux. Et si je sens le vernis, franchement, je m'en fiche. Je n'ai pas prévu de plaire à qui que ce soit.

— Je disais ça comme ça. Pour parler. Tu as l'air sur la défensive et je voulais juste briser la glace.

— Je ne suis pas sur la défensive ! m'écriai-je.

Summer arqua un sourcil dubitatif, avant d'éclater de rire. Malgré moi, je me surpris à rire aussi. Elle tira sur le bord de mon pull, puis fit la moue.

— Il devait être bien... avant les cinquante lavages en machine.

— Il est toujours très bien, assenai-je en repoussant sa main. Parlons d'autre chose.

— Jérémiah ? tenta-t-elle.

— Essaye encore, lui conseillai-je dans un demi-sourire.

— Je suis certaine que je pourrais t'apprendre un tas de choses sur lui.

— J'en sais suffisamment, assurai-je.

C'était un énorme mensonge. Depuis notre soirée ensemble, une liste interminable de questions me taraudaient. Mais je voulais ses réponses à lui, pas une compilation des rumeurs et on-dit de la ville. Je savais que Jérémiah pouvait faire preuve de sincérité et j'étais plus avide de cet aspect de sa personnalité que de tout le reste.

— Tu n'es pas un tout petit peu curieuse ? Allez, demande-moi !

— Bien. Puisque tu brûles d'envie de me fournir des informations : qu'as-tu prévu pour l'an prochain ?

— Fuir d'ici, répondit-elle avec un sérieux inédit. Crois-moi, je compte les jours.

Elle serra ses livres un peu plus fort contre sa poitrine et m'adressa un faible sourire. Puis, d'un geste de la main, elle balaya le sujet.

— Mais avant, il faut que je parvienne à débiter tout ce que je sais sur la guerre d'Indépendance. Tu as beaucoup révisé ?

— Un peu. C'est un thème que j'ai déjà travaillé l'an dernier.

Nous atteignîmes mon casier et je fronçai les sourcils. Allais-je enfin parvenir à en ouvrir la porte sans me faire mal ? Summer s'adossa au mur juste à côté et, à son sourire, je compris qu'elle aussi voulait assister au moment mémorable où je réussirais à maîtriser ce bout de ferraille.

Je tirai sur le loquet qui, comme je m'en doutais, refusa de coopérer. Je soupirai lourdement et posai ma tête contre le métal. Je me sentais impuissante. Je pivotai et m'appuyai contre mon casier. Du regard, je cherchai Jérémiah.

— Inutile, il ne viendra pas ce matin, intervint Summer. Il n'assiste jamais au cours de trigonométrie.

— Sa fameuse sélection, me rappelai-je. Personne ne lui dit rien ?

— C'est un Montgomery, glousse Summer en guise d'explication.

— Et ?

— Et tu finiras par comprendre. On devrait y aller. On partagera mon livre, si tu veux.

Elle se redressa et se dirigea vers notre premier cours. Maintenant, j'avais vraiment envie de lui poser tout un tas de questions sur Jérémiah. Par acquit de conscience, je tapai violemment sur la porte de mon casier, espérant un miracle.

Hormis un silence général et des ricanements, mon geste fut sans effet.

— On se rejoint à la cafétéria ? proposa Summer.

— Oui, je dois faire un crochet par la bibliothèque.

Nous partîmes dans des directions opposées et, en passant devant mon casier, je remarquai qu'une feuille blanche avait été glissée pour bloquer la serrure. Je tirai avec précaution la porte, réprimant un sourire heureux.

Mon casier s'ouvrait. Il était donc là.

Je m'aperçus que je souriais surtout pour la seconde raison.

Je récupérai mes livres pour l'après-midi et me débarrassai de mes cours de la matinée. Je bloquai de nouveau la porte de mon casier avec la petite feuille cartonnée, tournai les talons et me heurtai à un torse.

— Salut.

En une fraction de seconde, le couloir rapetissa et l'air disparut de mes poumons. Jérémiah se tenait devant moi, vêtu d'un jean usé, d'un T-shirt gris et les cheveux encore humides de sa douche matinale.

— Salut, soufflai-je en baissant les yeux vers le sol.

Instinctivement, je reculai. Je voulais échapper au phénomène gravitationnel déroutant qui m'attirait inévitablement vers lui. De l'index, Jérémiah me força à relever les yeux vers lui. Quand son regard trouva le mien, mon corps fut parcouru de fourmillements agréables.

Il était là.

— Salut, répéta-t-il d'une voix douce.

— Salut.

— Avoue que je t'ai manqué ce matin.

— Mon casier était bloqué, répondis-je. Pour une fois, tu aurais pu m'être utile.

— Certes. Mais j'aurais alors loupé le magnifique sourire que j'ai aperçu tout à l'heure quand tu as pu finalement ouvrir la porte.

— Ce sourire n'était que pour la porte.

— Je suis le seul à l'avoir vu. Ce sourire n'appartient donc qu'à moi.

Il rétrécit l'espace déjà infime entre nous deux et appuya sa main contre mon casier, à proximité de mon visage. Il me surplombait d'une tête et je me sentis soudain minuscule. J'étais incapable de respirer convenablement et aligner deux mots me demandait un suprême effort.

— Il faut qu'on reparle de cette soirée cinéma, décréta-t-il.

— Oui. Si tu veux.

— Si je veux ? Tu te ramollis ou je suis vraiment bon ?

— Ni l'un ni l'autre : je dois aller déjeuner et tu me mets en retard.

— Evidemment.

— Alors on dit vendredi soir ? proposai-je.

A son sourire, je sus que je n'étais pas parvenue à canaliser mon enthousiasme. Je me forçai à soutenir son regard, tentant de passer pour une fille équilibrée et rationnelle.

— Et pourquoi pas ce soir ?

— Et pourquoi pas vendredi soir ? répondis-je en écho.

— Et pourquoi pas les deux ?

— Parce que j'aime te contrarier.

— Je sais, soupira-t-il. Tu as un vrai talent pour ça, c'est indéniable.

— Ah oui ?

— Oui.

Il approcha sa bouche de mon oreille. Mon corps se tendit aussitôt et je serrai les poings à m'en faire mal. J'aurais pu le toucher, j'aurais pu poser mes mains sur son torse, voire même agripper ses hanches, mais ma toute petite et vacillante volonté m'ordonnait de me retenir.

— Qu'est-ce que tu fais ? murmurai-je, paniquée.

Il retira les deux crayons qui maintenaient mes cheveux, puis passa ses doigts dans les mèches. Il s'écarta, ravi de constater l'effet dévastateur que ce simple toucher avait sur moi : je tremblais et les battements de mon cœur devaient s'entendre de l'autre côté du lycée.

— Je cours vendredi soir. Tu veux venir ? proposa-t-il.

— Pour... Pour te regarder ?

— Et m'encourager. Si tu dis oui tout de suite, tu as une toute petite chance d'avoir le temps de déjeuner.

— Donc film ce soir et course vendredi ? récapitulai-je.

Je réprimai un sourire ravi. Jérémiah arborait ce sourire irrésistible qui rendait toute résistance inutile.

— D'accord pour le film, dis-je finalement en m'écartant des casiers.

Je contournai Jérémiah, mon sac calé sur l'épaule. Si je parvenais à terminer cette conversation sans perdre le contrôle, je n'aurais pas tout raté. Mon corps m'obéissait, mais cela me coûtait en concentration.

— Et pour vendredi ?

— On verra, dis-je en haussant les épaules.

Il rit aux éclats, pendant que je refoulais un fou rire nerveux. J'étais pivoine, épuisée, tremblante, et mon cœur était sur le point d'exploser, mais j'y étais arrivée. J'étais parvenue à survivre à cette conversation. Je fis deux pas sur la droite, décidée à rejoindre Summer.

— Charlotte ? m'interpella-t-il.

Je me retournai, toujours sous l'effet planant de notre conversation.

— Mets ton collier.

Sous mes yeux ébahis, il tira sur le carton qui bloquait la porte de mon casier, le glissa dans la poche arrière de son jean, et partit dans la direction opposée.

— Quel petit con, grognai-je.

— Je sais, répondit-il en m'adressant un clin d'œil. Bye, la nouvelle !

La cafétéria était presque vide quand j'y arrivai. Summer m'adressa un signe pendant que je garnissais mon plateau. J'étais en retard et énervée. Et tout ça, grâce à une seule et même personne.

— Et la bibliothèque ? m'interrogea Summer.

— Que... Quoi ?

— Tu ne devais pas aller à la bibliothèque ?

— Si. J'ai oublié.

— Tu as oublié ? Mais comment...

— J'ai parlé avec Jérémiah, avouai-je, penaude.

Summer se mordit les lèvres, mais je voyais à quel point elle se retenait de rire et de se moquer de moi. Elle posa sa main sur la mienne et reprit son sérieux.

— C'est un mec bien.

— C'est un crétin arrogant et prétentieux.

— Aussi. Mais il est vraiment... généreux. Tu peux lui faire confiance, assura-t-elle.

— Ben voyons. Je suis nouvelle, mais je ne suis pas stupide. Combien de filles ont déjà succombé à Jérémiah-je-sais-embrasser-Montgomery ?

— Sincèrement, tu te trompes sur lui. Je pense que tu lui plais vraiment, justement parce que tu ne cherches pas à lui plaire.

— Génial. Donc, je garde mon pull pour ce soir ou j'opte pour autre chose ?

— Ce pull mérite certainement une sépulture décente, rit-elle. Je peux passer chez toi avec quelques vêtements si tu veux. On peut même faire des trucs de filles !

— C'est officiel, je déteste cette journée ! grognai-je avant de croquer dans ma pomme.

Le cours de littérature était le dernier de la journée. A ma grande surprise, je trouvai Jérémiah devant mon casier, plongé dans le livre que nous étudiions en cours. Il leva les yeux vers moi, esquissa un sourire bref mais superbe, et parvint à me faire ravaler le début de sarcasme qui me brûlait les lèvres.

Il frappa le haut de mon casier qui, habitué à son seigneur et maître, s'ouvrit.

— Que nous vaut l'honneur de ta présence ? demandai-je en prenant mon livre.

— J'avais envie de te parler.

— Pendant le cours de littérature ?

— Non.

Je mis une seconde à comprendre où il voulait en venir.

— Je ne sélectionne pas mes cours, répondis-je finalement.

— Avoue que cela te tente.

— Sécher les cours n'est pas vraiment mon style.

— Je parlais de passer du temps ensemble.

— Ce n'est pas ce qu'on est en train de faire en ce moment même ? Et on se voit ce soir, non ?

— L'attente me paraît interminable, répondit-il avec un sérieux désarmant.

Je refermai doucement mon casier, en prenant soin de le bloquer de nouveau avec une feuille de papier repliée. Jérémiah me regarda faire, goguenard. Reprendre le contrôle de cette serrure récalcitrante était important pour moi : d'une part, je voulais prouver à Jérémiah que je n'étais pas une pauvre âme perdue ; d'autre part, j'étais certaine qu'un jour ou l'autre il finirait par se lasser de nos petites discussions animées et disparaîtrait de ma vie aussi vite qu'il y était apparu.

Je passai près de lui, espérant malgré tout qu'il viendrait en cours.

— Est-ce que je pourrai au moins t'embrasser ce soir ? demanda-t-il.

— Non !

— Te prendre la main alors ?

— Non plus ! dis-je en riant.

— Qu'est-ce que je peux espérer alors au juste ?

— On partagera le pop-corn, répondis-je en franchissant le seuil de la classe.

J'étais assez fière d'avoir tenu le choc. Fière d'être parvenue à cacher mes mains moites et mes jambes vacillantes et, surtout, fière d'avoir eu enfin le dernier mot. Pourtant, à l'instant où je m'asseyais derrière ma table, je vis Jérémiah franchir la porte. La stupéfaction était de toute évidence générale, car le professeur le suivit du regard, la bouche ouverte.

— Monsieur Montgomery, à quoi devons-nous le plaisir de vous voir dans ces lieux ?

— A elle, lâcha-t-il en me désignant du menton.

— Je me disais aussi ! répliqua le professeur.

Jérémiah s'assit près de moi, sortit un stylo de la poche de son jean et ouvrit son livre. Ma petite fierté s'était envolée et je me ratatinai sur ma chaise. Le professeur entama son cours, revenant sur les derniers éléments étudiés et les axes majeurs abordés par Shakespeare dans son œuvre.

J'observai le profil de Jérémiah. Il était concentré sur notre professeur, les traits tendus, les poings serrés sur la table. Je remarquai une petite coupure dans le creux de son cou.

— Je suis très têtu, murmura-t-il finalement. J'ai

dit que je voulais t'embrasser et je le ferai, promit-il sans détourner son regard du professeur.

— Je... Jérémiah, je ne comprends pas ce que tu me veux. Est-ce que je suis... un jeu pour toi ? Un défouloir ?

— Je te veux. Toi.

— Pour faire une encoche supplémentaire sur ta tête de lit ?

— Non, répondit-il sèchement, à voix haute.

Toute la classe se tourna vers nous. Je m'excusai platement et le cours reprit. Jérémiah s'approcha un peu plus de moi et notre conversation à voix basse reprit :

— Non, répéta-t-il. Qu'y a-t-il de si dur à comprendre ? Tu me plais et j'ai envie de passer du temps avec toi.

— Oh ! je sais, triomphai-je finalement. Je suis un pari !

Le visage de Jérémiah se rembrunit aussitôt. Son regard noir me toisa avec incrédulité. Il serra ses poings un peu plus durement, puis repoussa brutalement sa chaise qui crissa sur le sol. Il ramassa son livre, se leva et traversa la salle sous le regard consterné de notre professeur. Puis Jérémiah claqua la porte avec force et, pendant une seconde, je me demandai si je ne devais pas le suivre.

Le cœur battant, je scrutai la porte dans l'espoir de le voir revenir. Mais j'abandonnai vite. Je fronçai les sourcils et plongeai dans mon livre dans le but d'affronter la vague de culpabilité qui me rongeait. J'étais allée trop loin.

Les mots de Summer me revinrent. Peut-être devais-je lui faire confiance ? Peut-être devais-je admettre que l'image que j'avais de lui était fausse ? Peut-être qu'il voulait vraiment passer du temps avec moi ?

A la fin des cours, je constatai que la feuille qui maintenait mon casier ouvert avait disparu. Un soupir, à la limite du couinement, m'échappa. Je tapai deux fois sur mon casier, m'acharnai sur le loquet, avant d'abandonner. Mon dernier coup fut de colère.

Quand une main s'abattit lourdement sur le fer, toute la ligne des casiers vibra de protestation. Je reconnus ce tambourinement dans ma poitrine, ce même point douloureux dans l'estomac, cette sensation désagréable d'avoir le cœur compressé. Jérémiah était là.

— Tu es revenu, murmurai-je, soulagée.

— Tu es là. Où pourrais-je aller ?

Je lui tournai le dos, incapable d'affronter son regard. Je redoutais ses reproches. Je devais m'excuser. Mon corps me brûlait et j'étais déjà à bout de souffle. Cette journée avait été un vrai marathon émotionnel, j'étais épuisée. La gorge sèche, je tentai de trouver les mots pour faire amende honorable.

— Excuses acceptées, chuchota-t-il à mon oreille.

Son souffle chatouilla la peau de mon cou et il posa une main sur ma hanche. Je tremblai de tout mon corps : c'était la première fois de ma vie qu'un garçon me touchait autant — aussi bien physiquement qu'émotionnellement — et cela me bouleversait.

— J'adorerais partager le pop-corn, ajouta-t-il. Et sentir ta peau.

Je ne sais comment, il parvint à glisser son index sous mon pull et effleura un carré de peau au niveau de ma ceinture. Je me figeai sous le frisson électrique qui me parcourut.

— Mais commençons par le pop-corn. Et fais-moi confiance.

— D'accord, chuchotai-je.

— Tu n'es ni un jeu, ni un pari, ni... ni une putain

d'encoche sur ma tête de lit. Je te veux, et ça ne changera pas. Je te veux dans mon monde, Charlotte. Parce que dès que je te vois, tu le rends un peu moins triste et un peu plus lumineux.

Il colla son corps au mien, sa main se resserra sur ma taille et nous ne fîmes plus qu'un, moulés l'un contre l'autre.

A cet instant, je pris conscience qu'il y aurait un avant et un après Jérémiah. Je sus que mon corps garderait la mémoire du sien, que ma peau ne réagirait plus qu'au contact de la sienne, que mon cœur ne battrait qu'à la cadence du sien.

— On dit 21 heures ? demanda-t-il. Je passerai chez toi.

Je hochai la tête et Jérémiah me libéra de son étreinte. Je tirai nerveusement sur mon pull et chassai mentalement la nuée de papillons qui hantait ma cage thoracique. Je pivotai à temps pour voir Jérémiah s'éloigner à grandes enjambées dans le couloir.

Pendant un instant, je me demandai si j'avais rêvé cette scène : deux minutes de pure sincérité et d'aveux, au milieu d'un couloir grouillant de lycéens. Mon livre m'échappa des mains et Jérémiah se détourna furtivement pour m'adresser un clin d'œil.

— Bye, la nouvelle ! lança-t-il.

Je levai la main deux secondes trop tard ; Jérémiah bifurquait déjà sur la droite pour s'échapper du lycée, me laissant hébétée au milieu du couloir.

— Et il faut le nouer comme ça, devant, m'expliqua Summer en enroulant un long ruban de soie autour de ma taille.

Je regardai mon reflet dans le miroir en pied. Summer avait apporté suffisamment de vêtements pour tenir dix jours. Un amas de hauts, de gilets et de chemisiers s'étalait sur mon lit. J'en étais à mon quatrième essayage et, cette fois, cela me plaisait. Ce n'était ni aguichant, ni transparent, ni un pousse-au-crime. Ce cache-cœur était parfait.

— J'aime bien, dis-je en me tournant en tous sens.

— Tu es sûre que tu ne veux pas d'une jupe ?

— Jérémiah m'a juste invitée au cinéma.

— Tu vois, le « juste » est de trop dans ta phrase. On parle de Jérémiah. D'ailleurs, j'aimerais bien savoir pourquoi il a quitté le cours de littérature si brutalement.

— Je l'ai mis en colère.

— Il faut que tu apprennes à lui faire confiance, tu sais.

— Je ne le comprends pas. Je veux dire… Bon sang, qu'est-ce que j'ai pu lui faire pour qu'il s'attache autant à moi ?

— Tu devrais lui poser la question. Jérémiah est un de mes amis et c'est sûrement le mec le plus loyal que je connaisse. Tu devrais… te laisser porter.

— Chérie ? hurla ma mère. Jérémiah est arrivé !

Bon sang. Calme-toi, maman !

Sa voix révélait une joie débordante et un enthousiasme sidérant. Je pris le collier que Jérémiah m'avait offert et le plaçai autour de mon cou, glissant la petite cage à l'intérieur de mon décolleté. Jérémiah semblait attacher une importance démesurée à cet objet et j'étais prête à lui faire plaisir, surtout après ma bévue de l'après-midi.

Certains auraient sûrement dit que j'agissais par culpabilité. En fait, je mettais ce collier uniquement pour lui montrer que j'apprenais à lui faire confiance. Jusque-là, je n'avais fait que reculer devant lui, je lui devais au moins ce premier pas.

Je les rejoignis dans le salon, morigénant du regard ma mère, qui était à deux doigts de sautiller de bonheur sur le tapis. Ça faisait une éternité que je ne l'avais pas vue si heureuse et j'eus presque un pincement au cœur.

— Je vous la ramène vers 23 heures, annonça Jérémiah.

Je levai les yeux au ciel. Avec un regard et une voix veloutée, il venait de se mettre ma mère dans la poche. Si papa avait été là, il aurait certainement fait subir un interrogatoire en règle à Jérémiah.

— Aucun problème. Encore merci pour les fleurs !

— Tu as apporté des fleurs ?

Ma voix oscillait entre stupéfaction et ironie. J'entendis Summer ravaler un rire, pendant que le regard de Jérémiah glissait sur moi, détaillant mon visage, avant de descendre sur mon cou. Le sourire qui s'étira sur ses lèvres fut éblouissant et fit s'envoler une nouvelle nuée de papillons dans le creux de mon ventre. Summer gloussa de nouveau puis elle se racla la gorge, certainement consciente du silence pesant qui nous entourait. Nous étions au milieu du salon de mes parents, et même dans cette pièce, je ne parvenais pas à contenir l'électricité dans l'air et l'intense — et embarrassante — attraction qui existait entre Jérémiah et moi.

— Je vais rentrer. J'ai emprunté la voiture de mon père et il va en avoir besoin, expliqua soudain Summer.

— Il faut qu'on y aille aussi, enchaîna Jérémiah.

— Oui, ne soyez pas en retard, nous encouragea maman.

Le comportement de ma mère devenait gênant. Elle ouvrit la porte, laissant Summer rejoindre son véhicule. Jérémiah posa sa main dans le bas de mon dos et m'entraîna vers sa voiture. Je sentais le regard de ma mère vrillé sur ma nuque.

— Tu as apporté des fleurs ? répétai-je, méfiante.

— Elles étaient pour toi, mais je n'ai pas eu le courage de la contredire, répondit-il sur le même ton.

— Tu m'as apporté des fleurs ?! m'exclamai-je, ébahie.

— Il m'arrive parfois de suivre les règles.

— Vraiment ?

Il m'ouvrit la portière et étrécit le regard. Ses pupilles sombres s'ancrèrent aux miennes et il se pencha vers moi.

— Tu doutes encore de moi ? s'enquit-il.

— Tu es imprévisible.

— Et toi, tu es très jolie.

Du bout de l'index, il effleura le triangle de peau que révélait le cache-cœur de Summer. Mes nerfs se réveillèrent brutalement, pendant que mon cœur battait furieusement dans ma poitrine. Il dégagea la petite cage de sa cachette et la fit passer par-dessus le tissu.

— Encore plus jolie maintenant. Allez, monte avant que ta mère ne scande mon prénom façon pom-pom girls.

Je jetai un coup d'œil vers la maison. Maman était sous le porche, guettant fébrilement la scène devant elle. Je souris à Jérémiah et m'installai dans la voiture.

— Un peu de musique ? proposa-t-il en démarrant.

J'opinai doucement. J'étais tendue : c'était mon premier rendez-vous officiel avec un garçon... et il avait fallu que je tombe sur le type le plus imprévisible de la ville. J'aurais peut-être dû sortir avec un gars du club d'échecs. Au moins, je n'aurais pas été tout le temps sur la défensive, en attendant la première attaque.

Peut-être que je devais simplement briser la glace, surtout après le fiasco du cours de littérature. Mais Jérémiah me prit de court.

— Ta mère m'a dit que tu avançais sur tes inscriptions pour l'an prochain.

— Oui. Je... J'ai encore ma présentation de projet à faire.

— Et tu vises quelle université ?

— Berkeley, Brown, Yale.

Je tournai la tête, admirant son profil. Ses doigts pianotaient au rythme de la musique sur le volant, pendant qu'il hochait la tête. Je me triturai les mains, curieusement mal à l'aise de parler de mon avenir. Cela me semblait encore trop loin. Et en parler avec lui était encore plus improbable.

— Evidemment, il faut que j'obtienne une bourse, ajoutai-je.

— Et pour quelle matière ?

— Oh. Histoire de l'art, architecture. Je ne suis pas encore tout à fait décidée.

— Nous avons donc un point commun.

— Sur les beaux-arts ?

— Non. Sur l'indécision.

— A propos de ton université ou de ta filière ?

— Si seulement. Tu veux une liste ? s'amusa-t-il.

— Fais-moi rêver.

— Eh bien, les inscriptions, bien sûr. La filière, évidemment. Le film qu'on va regarder ce soir. Si je vais t'embrasser pendant ou juste après, quand les lumières se rallumeront. Si je dois me mettre aux échecs ou à la photo. Et maintenant que j'y pense, si je vais vraiment parvenir à te faire rêver. Tu peux ajouter : mon rôle au sein de ma famille, ce que je mangerai demain au petit déjeuner et, évidemment, si je vais parvenir à escalader ta fenêtre en pleine nuit pour passer la nuit avec toi, débita-t-il d'une traite.

— Wow.

— Oui. Wow, approuva-t-il. Note bien que tu peux m'aider sur certains sujets.

Il quitta la route des yeux pendant une courte seconde pour m'adresser un sourire. J'en oubliai aussitôt mon trac et me détendis d'un coup. La franchise de Jérémiah était déconcertante, son aplomb irrésistible. Je répondis à son sourire, avant de me frotter pensivement le menton.

— Si tu veux mon avis, évite les échecs, dis-je finalement.

— Et pour le reste ?

— Pour le film ? Je te laisse décider. Il faut bien que tu t'entraînes. Et concernant ma fenêtre, je suis au rez-de-chaussée.

— J'étais à peu près certain que l'accès à ta fenêtre ne serait pas l'obstacle principal.

— Y a-t-il réellement quelque chose que tu considères comme un obstacle ?

— Pas vraiment, avoua-t-il. Je te l'ai dit, je suis têtu. Je finirai par faire toutes ces choses, y compris me glisser dans ta chambre.

— Depuis cette histoire de collier, je refuse de parier quoi que ce soit contre toi.

— Peur de perdre ? s'enquit-il.

Dans son regard se disputaient la provocation et le désir. Ce qui était troublant avec Jérémiah, c'était que même quand je pensais avoir le dessus, même quand je pensais avoir démêlé le vrai du faux — l'individu du personnage —, une nouvelle facette de son caractère apparaissait et anéantissait mes efforts.

Dans sa voix, je percevais une pointe de sincérité. Je pris une profonde inspiration et me jetai dans le vide.

— Hâte de perdre, murmurai-je.

Sur son visage, je distinguai clairement la stupéfaction. Un sourire de satisfaction souleva ses lèvres et, alors que nous atteignions la grande route qui longeait la plage, il accéléra brutalement.

Nous traversâmes le centre-ville à vitesse réduite, mais sans nous arrêter devant le cinéma. Pendant un instant, je crus que Jérémiah cherchait une place pour se garer, mais le centre-ville s'éloigna derrière nous.

— On ne devait pas aller voir un film ?

— Si.

— Et on ne vient pas de passer devant le cinéma ?

— Si.

— Es-tu délibérément... obtus ?

Il me répondit d'un sourire, celui-là même qui rendait mon cerveau parfaitement inopérant. N'avait-il aucune idée de ce qu'il était indécemment beau ? Je refoulai le sentiment de panique qui me tordait l'estomac et tentai de prendre un air décontracté.

— On passe par chez moi.

— Une raison particulière ? demandai-je.

— Il te faut une raison pour tout ?

— Pas pour tout, mais en l'occurrence nous devions aller voir un film.

— Ça ne change pas le plan initial, je t'assure. Fais-moi confiance.

Il captura ma main, et un irrépressible couinement honteux m'échappa ; puis il la porta à sa bouche et l'embrassa doucement. Je me décomposai de plaisir sur le siège passager.

Sentir sa peau sur la mienne était phénoménal.

Sentir sa bouche contre ma peau était à la fois prodigieux et cruel.

J'en voulais plus.

Il desserra son emprise sur mes doigts, mais ne me lâcha pas.

— Je savais bien que je finirais par t'embrasser ce soir, murmura-t-il.

— En effet.

Ma voix était enrouée, mes joues rouge pivoine et mon corps frémissait de l'intensité électrique et inévitable qui habitait la voiture. L'air s'était raréfié, le monde était en train de se recroqueviller sur lui-même et d'ici peu, je perdrais le contrôle.

— C'est un bon début, ajoutai-je, mortifiée par ma spontanéité.

— Ce n'est que le début, corrigea-t-il.

Prononcé de sa voix chaude et assurée, cela sonnait comme une promesse.

En arrivant devant la grille majestueuse de la propriété des Montgomery, j'eus un moment d'égarement. Je fixai, estomaquée, la longue allée couverte de gravillons beiges et blancs. De part et d'autre, de grands arbres au feuillage jaune et orangé formaient une arche superbe. A la faveur de la tombée de la nuit, la lumière tamisée rendait les lieux magiques.

— Tu habites ici ? demandai-je à Jérémiah.

— Oui. Résidence Montgomery, expliqua-t-il en saisissant le code d'entrée sur un clavier.

— C'est magnifique... et un peu gênant, ajoutai-je, mal à l'aise.

— Gênant ?

— Tu es entré chez moi.

Nous remontâmes l'allée. Le domaine des Montgomery était superbe et bien entretenu. Les pelouses étaient vertes, impeccables. Les parterres étaient nets. Même le gravier crissait à peine sous les pneus de la voiture.

Les arbres formaient un rideau végétal qui se levait au fur et à mesure que nous avancions dans l'allée et la demeure apparut bientôt. Spectaculaire fut le premier mot qui me vint à l'esprit.

— Ce n'est qu'une maison, éluda Jérémiah.

— Non ! m'écriai-je. Ma maison est une maison. Ta maison est… Disons que ma maison tient dans l'aile droite de la tienne.

— Crois-moi, je préfère mille fois être chez toi. Tout ça, c'est du vent.

Il se gara devant la demeure, que j'admirais toujours, la bouche ouverte. Jérémiah ouvrit ma portière, reprit ma main dans la sienne, et m'attira vers l'imposante bâtisse. Un escalier en pierre nous mena jusqu'à la porte principale. A l'intérieur, les lumières étaient toutes allumées, réchauffant le couloir aux couleurs sombres. Tout était silencieux et la décoration imposante étouffait toute étincelle de vie.

Je n'eus pas le temps d'admirer les quelques tableaux qui ornaient les murs car Jérémiah me guida jusqu'à l'escalier et nous le montâmes.

— Mon arrière-arrière-grand-père a fait fortune dans le pétrole, expliqua-t-il.

— C'est très impressionnant.

Ma main glissa sur la rampe d'escalier, propre et cirée. Je me sentais minuscule dans cette maison, étouffée par les murs et la décoration omniprésente.

— Mon grand-père gère les affaires de la Fondation. Théo et moi reprendrons les rênes à son décès.

— Et tes parents ?

— Mon père est mort depuis longtemps. Ma mère est… particulière. Et ce n'est pas une Montgomery, juste une pièce rapportée. La Fondation est gérée par les Montgomery exclusivement. On a encore un étage.

— On va où au juste ?

— J'oubliais qu'il te fallait une raison à tout. Nous allons dans ma chambre.

— Oh.

— Et tu veux la raison ?

— Je n'en suis pas certaine, dis-je en souriant.

Il m'adressa un clin d'œil complice, qui désamorça le début de tension entre lui et moi. Nous parvînmes sur un palier et il ouvrit une porte.

— Entre, m'intima-t-il.

Il posa sa main dans le bas de mon dos et me poussa presque à l'intérieur. Du pied, il referma la porte derrière lui, puis, me prenant par surprise, il enroula ses bras autour de ma taille pour m'attirer contre lui. Mon dos heurta son torse et il nicha sa tête dans le creux de mon cou, inspirant longuement. J'étais paralysée par ce rapprochement soudain. La chaleur du corps de Jérémiah me consumait doucement.

Je m'étais sentie seule pendant des années, et maintenant Jérémiah était là, autour de moi, contre moi, m'offrant ce dont mon corps manquait.

Après de longues minutes pendant lesquelles ma respiration n'était plus qu'un maigre filet d'air, il me libéra de son étreinte.

— C'était pour quoi, ça ? haletai-je.

— J'en étais certain. Je savais que tu allais demander une explication rationnelle.

— Je n'ai pas franchement l'habitude de me faire étreindre de la sorte.

— Et d'une, tu m'en vois sincèrement ravi. Et de deux, je pense qu'il faut que tu admettes une part d'irrationnel dans notre relation.

Il s'allongea sur son lit, les mains croisées derrière sa tête, me laissant stupidement plantée dans son immense chambre.

— C'est toi, la part d'irrationnel, me moquai-je.

— Certaines choses ne s'expliquent pas. Je voulais te prendre dans mes bras, je voulais sentir ton parfum et, pour être tout à fait honnête, je voulais même te retirer ce joli gilet.

— C'est un cache-cœur, corrigeai-je, agacée.

— Très à propos, donc.

Il me fixa de longs instants. J'étais figée au même endroit depuis que j'étais entrée dans sa chambre. Les yeux rivés au sol, je n'osais même pas découvrir la pièce. Lorsque je me décidai à arracher mon regard à la contemplation du parquet, je trouvai instantanément celui de Jérémiah et cela m'impressionna un peu plus.

— Qu'est-ce qu'on fait ici ? demandai-je finalement.

— J'avais juste envie de te voir ici, dans cette pièce.

J'étais partagée entre incrédulité et fou rire. Il se redressa sur ses avant-bras et me détailla longuement. C'était pire que d'être nue.

— Tu veux prendre une photo ? Ou que j'écrive sur un des murs « Charlotte est venue ici » ?

Son visage s'éclaira et il bondit de son lit. Il se dirigea vers son bureau, farfouilla dans deux tiroirs avant d'en sortir un marqueur noir. A son sourire, je redoutais le pire.

— C'était une blague, dis-je alors qu'il s'approchait de moi.

— Recule. Contre la porte.

— Quoi ? paniquai-je.

— Ton dos. Contre la porte.

Je trébuchai mais m'exécutai, sans vraiment comprendre où il voulait en venir. Quand mes épaules heurtèrent la porte, je me sentis brutalement désarmée. Pourtant, lorsque ses pupilles sombres trouvèrent les miennes, je sus que je n'avais pas à être inquiète.

— Qu'est-ce que tu vas faire ? demandai-je.

— Je vais... marquer ce moment au marqueur. Tes pieds contre la porte, s'il te plaît.

Il m'observa pendant de très longues secondes. La tension entre nous était insoutenable. Mon sang bouillait dans mes veines, pendant que je cherchais à anticiper son prochain geste.

Du bout du pied, il me fit écarter un peu les jambes, puis il se mit à genoux devant moi. Il arracha le capuchon de son feutre avec ses dents et leva les yeux vers moi.

— Ne bouge pas, m'intima-t-il.

Je cessai de respirer à l'instant où il commença à tracer ma silhouette contre la porte. Il plaça la pointe du feutre à l'extérieur de ma cheville droite, remonta lentement le long de mon mollet, effleura mon genou, puis il suivit la ligne de ma cuisse. Il atteignit ma hanche et se redressa. Nos regards se croisèrent furtivement. Si j'y discernai l'étincelle de la victoire, Jérémiah dut voir l'ombre de la panique dans le mien.

Je serrai les poings, luttant contre les sensations inédites et puissantes qui me submergeaient sans même qu'il me touche. Le désir brûlait dans le creux de mes reins, mon corps était à sa merci, prêt à rendre les armes.

Son feutre glissa ensuite à l'intérieur de ma jambe, pour rejoindre mon pied. Satisfait de son travail, il agrippa ma cheville gauche et reprit son tracé, faisant une pause à chaque étape stratégique : mon mollet, mon genou et le haut de ma cuisse. Le souvenir de la proposition de Summer — mettre une jupe — me revint. En jupe, ici et avec lui, je n'aurais jamais tenu le choc. Le tissu épais du jean absorbait son contact qui me coupait pourtant le souffle.

Jérémiah se redressa et m'offrit un petit sourire

ravi et victorieux. Il jubilait de mes réactions incontrôlables. Malgré tous mes efforts, il devait sentir lui aussi cette électricité crépitante, cette chaleur incandescente, cette fichue attraction.

— Tu veux retirer ton cache-cœur ?

— Qu… Quoi ?

— Je ne veux pas l'abîmer. Il est plutôt joli.

Il prit le ruban de soie entre ses mains et tira doucement dessus. Son regard s'ancra dans le mien, cherchant mon approbation. J'avais la gorge bien trop sèche pour répondre et me contentai d'acquiescer.

Il défit le nœud de l'index et ouvrit ainsi le vêtement. Puis, il le repoussa de mes épaules et, tout en s'assurant que je ne ruinais pas son œuvre improvisée contre la porte, le fit glisser sur mes bras. Je me retrouvais devant lui en débardeur, haletante, les joues rouges et incapable de réfléchir.

Je repositionnai mes bras contre le bois et Jérémiah reprit son tracé le long de mon côté gauche. Ma taille, mes côtes, puis la ligne de mon bras. Pour se maintenir, il appuya sa main à proximité de ma tête. Ma poitrine se soulevait de manière chaotique, révélant ma nervosité.

— Je ne suis pas habitué à ce silence, Charlotte.

— Je ne suis pas habituée à être prise pour modèle, dis-je dans un souffle.

Le marqueur atteignit la courbe de mon épaule et le souffle chaud de Jérémiah se mêla au mien. Il était calme, à mille lieues de mon état émotionnel. Cela m'horripilait. Songer que je n'étais sûrement pas la première à être physiquement si proche de lui m'agaçait encore plus.

— A quoi penses-tu ? s'enquit-il alors que le marqueur glissait au-dessus de ma tête.

— Au nombre de filles qui sont venues ici.

Son visage s'éclaira d'un sourire entendu.

— Il y en a eu. Mais il n'y a que toi dessinée sur ma porte.

— Je suis une sorte d'expérience ?

— Si on veut. En fait, je veux pouvoir m'allonger sur mon lit et te revoir dans cette pièce.

— C'est un peu bizarre.

Je tressaillis en sentant son doigt effleurer délicatement mon épaule. La fine bretelle de mon débardeur glissa et, lentement, Jérémiah se pencha pour déposer un baiser sur mon épaule. Mon estomac fit un bond et mon cœur tressauta dans ma poitrine. Instinctivement, je m'écartai de la porte pour chercher le contact de son corps contre le mien.

— Ce n'est pas bizarre, murmura-t-il sur ma peau. Je veux me souvenir de ce moment-là, ce moment où tu ne te retiens plus.

Il termina son dessin au marqueur, longea mon bras droit, puis mes côtes. Je fermai les yeux, enregistrant ses mouvements, son parfum, le contact léger et trop furtif de ses doigts sur moi. Mon épaule me picotait, mon corps tout entier était en manque. J'en voulais plus.

— Terminé, chuchota-t-il. Viens par là.

Il entremêla ses doigts aux miens et me fit reculer pour admirer son travail. Il arborait un sourire heureux et satisfait. J'avais envie d'éclater de rire, mais je me contentai de serrer un peu plus fort sa main.

— Très réussi, le complimentai-je.

— J'ai une Charlotte dans ma chambre, s'amusa-t-il.

— C'est vraiment la chose la plus bizarre que j'aie jamais faite.

Il se tourna vers moi, son regard passant de mes yeux à mes lèvres. Mon corps tout entier se tendit d'anticipation. Je voulais ce baiser maintenant. Je voulais en finir, je voulais découvrir le sens de son tatouage, je voulais le toucher et sentir les aspérités de sa peau, je voulais me perdre une bonne fois pour toutes entre ses bras et contre son corps.

— J'aime t'avoir dans ma chambre, avoua-t-il. Ta simple présence rend ma vie beaucoup plus simple et beaucoup plus supportable.

— On se connaît à peine, contrai-je faiblement.

Il prit le pendentif entre ses doigts et tira légèrement dessus pour m'attirer contre lui. Mes mains trouvèrent sa taille, pendant que ses lèvres venaient caresser mon cou. Son parfum épicé m'enveloppa, ses bras entourèrent mes hanches et, quand je relevai les yeux vers les siens, sa bouche ne fut plus qu'à quelques millimètres de la mienne.

— Je te veux, Charlotte. Je veux te sentir contre moi, t'entendre murmurer mon prénom et écouter battre ton cœur. Tu peux trouver ça bizarre, mais ça ne changera pas.

Il s'écarta de moi. J'étais à bout de souffle. Quand Jérémiah faisait preuve d'une telle sincérité, le monde entier autour de moi disparaissait. Il retira mes mains de sa taille et je me sentis brutalement vidée de mes forces. Qu'avais-je fait de mal pour ne pas mériter ce baiser ? Qu'avais-je dit pour être repoussée maintenant ?

— OK... Bizarre n'est peut-être pas le bon mot, dis-je, guidée surtout par ma frustration.

— Bizarre n'est certainement pas le bon mot. Je peux t'en proposer plein d'autres : évident, simple, bouleversant, inévitable, élect...

— Inédit, le coupai-je.

Il eut un moment d'arrêt, comme s'il se creusait les méninges à la recherche d'une définition acceptable.

— Inédit ? répéta-t-il.

— Inédit.
— Inédit comme dans...
— Inexpérimentée. Débutante, si tu préfères.

Son visage se voila de stupeur. Un ange passa. Puis un deuxième. Et j'étais même certaine qu'un troisième n'allait pas tarder à apparaître. C'était certainement le moment le plus gênant de toute ma vie. Je jetai un coup d'œil vers la porte, calculant rapidement mes chances de fuir d'ici en conservant un peu de dignité.

— Ecoute, tu devrais peut-être me raccompagner chez moi.

— Et pourquoi ferais-je ça ?

— Parce que... Parce que je me sens humiliée et que tu ne fais rien pour me mettre à l'aise. Mon père... On a souvent déménagé, je n'ai jamais voulu, ni eu l'occasion de me lier à quelqu'un. Et toi, tu es...

— Je suis quoi ? demanda-t-il en réduisant l'espace entre nous.

— Tu n'es pas prévu dans le plan.

— Le plan ?

— Tu sais, études, diplômes et université. Tu n'apparais pas dans le plan.

— Ce plan est plutôt merdique, commenta-t-il.

— Quel est ton plan à toi ?

— Mon plan est juste en face de moi et te ressemble beaucoup. Mon plan est de vivre comme je l'entends.

Il prit mon visage en coupe et me força à soutenir son regard. Je me sentis encore plus vulnérable que lorsque j'étais contre la porte. Je frissonnai à son contact et ses yeux pétillèrent d'excitation. Parfois, j'oubliais à quel point Jérémiah avait confiance en lui.

— Tu n'imagines pas combien je crève d'envie de t'embrasser ici et maintenant. Tu mérites d'être embrassée, Charlotte.

— Mais ?

— Mais je t'ai promis un film et j'aurais l'impression d'abuser de la situation. Regarde si tu vois quelque chose qui te plaît, je vais nous chercher à boire.

Il m'embrassa tendrement sur le front. Ce geste me fit l'effet d'une douche froide. La frustration, l'embarras... et maintenant l'incompréhension. Jérémiah passa à mes côtés, ramassa mon cache-cœur gisant au sol, et le posa sur mes épaules.

— Attends, tu as dit quoi ?

— Que je crevais d'envie de t'embrasser ?

Son sourire éblouissant me fit momentanément perdre le fil de ma réflexion.

— Non. Pour... Pour le film ?

— Ah. Que tu choisisses quelque chose qui te plaît !

— On ne devait pas aller au cinéma ?

— Je n'ai jamais dit ça. J'ai parlé de se faire un film et tu as suggéré de partager du pop-corn.

Dans sa bouche, ma suggestion devenait presque obscène. Je renfilai nerveusement mon cache-cœur et jetai un coup d'œil circulaire dans la pièce. Se pouvait-il qu'il y ait une salle de cinéma au sein de la résidence Montgomery ?

— Installe-toi sur le lit, je reviens.

Je n'eus pas le temps de réagir que déjà il quittait sa chambre. Je me retrouvai seule au milieu de la pièce, regardant le lit comme s'il était une arme de destruction massive, à deux doigts de me pulvériser. Après quelques secondes, je me décidai à explorer les lieux. Jérémiah possédait une chambre très grande — sûrement trois fois plus grande que la mienne — et sous les combles. Son lit était coincé sous le mur mansardé. En face, et juste à côté de la porte, se tenait une étagère avec une télévision et une ribambelle de DVD. J'inspectai les titres rapidement —

essentiellement des films de science-fiction —, avant de diriger mon attention sur son bureau.

Ses livres de cours étaient ouverts et je fus surprise de trouver le brouillon d'un début de dissertation de littérature. Je me plongeai dans la lecture, m'étonnant de certains bons arguments.

— Ne pique pas mes idées, fit soudainement la voix amusée de Jérémiah.

Je sursautai de surprise et reculai. Il posa sur le bureau un verre de jus de fruits tandis qu'il portait un second verre à ses lèvres.

— Je croyais que tu sélectionnais ?

— En effet. J'aime surprendre. Et j'ai quand même besoin de mon diplôme pour rassurer ma famille. Une préférence pour le film ? s'enquit-il en se tournant vers l'étagère recouverte de DVD.

— Pas vraiment.

Il finit par choisir un film, l'inséra dans le lecteur et récupéra nos verres. Je m'assis sur le lit, toute raide et mal à l'aise. Je me demandais si cela serait toujours comme ça, si la présence de Jérémiah persisterait à me rendre stupide et incapable de réagir. Je m'adossai à sa tête de lit mais, mal installée, passai la main sous l'un de ses oreillers pour le caler dans mon dos. Je dénichai un livre et le sortis de sa cachette.

— *Roméo et Juliette* ? m'étonnai-je à voix haute.

— C'est pour le cours de littérature. On monte la pièce.

— Pour surprendre ?

— Pour mon diplôme. La plupart des profs me fichent la paix. Mais pour la pièce, c'était une exigence de mon grand-père pour faire perdurer l'aura des Montgomery.

— Tu laisses quelqu'un te dicter quelque chose ?

— Parfois.

— Et tu joues Roméo ?

J'étais admirative rien qu'à l'idée qu'il soit capable de débiter un tel texte devant une foule de parents, professeurs et lycéens moqueurs. Personnellement, cela me fichait une peur bleue. La foule, les regards... Même seule dans ma chambre, je ne chantais pas.

— Ah non, pas du tout ! s'esclaffa-t-il. Je fais les lumières, mais j'ai besoin de bien connaître le texte.

— Tu as besoin de points en littérature ?

— J'ai besoin d'essence pour ma voiture. Le lycée me fiche la paix si je participe à ce genre de trucs. Et si le lycée me fiche la paix, mon grand-père me laisse vivre ma vie.

— Quand est prévue la pièce ?

— Pendant les vacances de Noël. Enfin, si on arrive au bout des répétitions.

— Oh. Dommage. On passe toujours les fêtes chez ma tante, je manquerai donc ça !

— Je te garderai un brin de gui, promit-il dans un sourire. Bien, et si j'allais faire du pop-corn pour regarder un film avec ma future petite amie ?

Il arqua un sourcil provocant. Je croisai les bras sur ma poitrine et posai le livre sur son chevet.

— Je devrais peut-être te laisser, si cette fameuse future petite amie se pointe à l'improviste.

— A l'improviste est l'expression qui convient. Et je crois que nous sommes toujours en pourparlers sur notre... statut.

— Je crois surtout que les pourparlers n'ont même pas commencé, souris-je.

De retour quelques minutes plus tard, il s'installa près de moi et fronça les sourcils.

— Tu es bien trop loin, viens par ici.

Il tapota l'espace entre ses jambes et, devant mon

hésitation, esquissa un sourire. Il posa le bol de pop-corn sur le lit et se tourna vers moi.

— Il te faut une explication ?

— Parce que tu as une explication pour ça ? m'étonnai-je.

— Je te veux près de moi, Charlotte. Je veux te sentir contre moi. Je regrette déjà de t'avoir rendu ton, euh, cache-cœur, parce que j'aime en particulier la façon dont ta peau réagit quand je te touche. Sincèrement, si tu restes aussi loin de moi, je vais être frustré. Et agacé. Et je vais certainement être encore plus pénible que je ne le suis déjà au lycée avec toi. Crois-moi, c'est possible, ajouta-t-il en voyant mon air dubitatif.

J'étais déjà convaincue avant même qu'il se lance dans sa liste d'explications. Dans un sourire, je m'installai entre ses jambes. Jérémiah soupira de satisfaction et je me laissai aller contre son torse. Ses mains entourèrent ma taille et il déposa un baiser derrière mon oreille. Ses lèvres traînèrent sur ma peau, glissant sur mon cou. Entre ses mains, j'étais à sa merci. Mon corps répondait fiévreusement à ses caresses, en exigeant toujours plus.

Jérémiah éteignit la lumière et l'obscurité décupla mes sensations. La chaleur de son corps attisait le désir bouillonnant dans le creux de mes reins. Ses mains restèrent pourtant immobiles sur ma taille, mais sa bouche dévora ma peau et me frustra un peu plus. J'en oubliai de suivre le film, perdue dans mes sensations.

Au bout d'une heure, Jérémiah s'écarta subitement de moi. Sur son bureau, son téléphone s'illuminait et vibrait. Il ralluma la lumière et je clignai plusieurs fois des paupières pour m'habituer à cette soudaine luminosité.

— Il faut que je réponde, dit-il sèchement.

— Bien sûr !

Je me redressai et trouvai la télécommande pour mettre le film en pause. Jérémiah s'éloigna à l'autre bout de la chambre et sa conversation me parvint à peine. Il prenait soin de parler à voix basse et de me tourner le dos. Pourtant, à la tension qui habitait son corps, je compris que ce coup de fil était loin de lui plaire.

— Bien. Reste où tu es, je viens te chercher. Théo n'est pas là ce soir, mais...

Il se tut pendant qu'une voix de femme, à l'autre bout du combiné, vociférait. Jérémiah lâcha un soupir de lassitude, puis se tourna finalement vers moi avant de répondre d'un ton sec :

— J'arrive. Reste où tu es.

Il raccrocha et se pinça les lèvres, embarrassé.

— Je vais te raccompagner, annonça-t-il sans plus d'explications.

— Rien de grave, j'espère ?

— Non. La routine. Viens, on y va.

En quelques instants et un coup de téléphone, notre soirée et l'ambiance avaient été ruinées. Jérémiah fuyait mon regard et je ne savais pas si c'était parce qu'il était agacé par la tournure des événements ou contrarié par mes questions.

Dans la voiture, l'ambiance confina au froid sibérien. La nuit était tombée et nous roulions dans un silence religieux en direction de chez moi. Des dizaines de questions me taraudaient. Je parvins à me contenir, mais quand il se gara devant chez moi et ne m'adressa même pas un regard, je renonçai.

— Est-ce que tu veux m'en parler ?

— Ça ne te concerne pas.

— Ça concerne notre soirée, lui rappelai-je.

— Nous aurons d'autres soirées. Rentre chez toi, elle m'attend.

— Elle ?

— Oui, elle. Descends de cette voiture. Je t'expliquerai plus tard.

Je m'exécutai, ravalant l'amertume et la colère qui me rongeaient depuis que nous avions quitté sa chambre. Avant de refermer la portière, mue par un instinct revanchard, je retirai le collier et l'abandonnai sur le siège passager. Jérémiah me dévisagea, son regard était dur et ses traits tendus.

— Charlotte, reprends ce collier !

— Donne-moi une explication.

— Je n'ai pas le temps pour une de tes fichues explications ! Prends ce collier et rentre chez toi. On se voit demain.

Je reculai, claquai rageusement la portière et remontai l'allée à toute vitesse. Je n'eus même pas besoin de me retourner pour vérifier la réaction de Jérémiah : un crissement de pneus m'informa qu'il était déjà parti. J'entrai dans la maison sur la pointe des pieds mais maman, évidemment, attendait dans le salon.

— Alors, cette soirée ?

— Ecourtée, résumai-je en m'asseyant près d'elle.

— Ton cache-cœur est à l'envers.

Elle haussa un sourcil curieux. Je sentais qu'elle brûlait de me poser tout un tas de questions. Mais j'étais trop en colère pour lui donner satisfaction. Le ton sec et colérique de Jérémiah bourdonnait encore à mes oreilles. Machinalement, je portai la main à mon cou, à la recherche de mon pendentif.

Absent.

— Je vais me coucher. Je partirai tôt demain pour le lycée.

— Bonne nuit, chérie.

Ma nuit fut affreuse. Je revoyais le regard froid de Jérémiah me foudroyer. Des frissons me parcoururent en songeant à la manière dont j'avais pris la fuite. Je me sentais idiote d'avoir réagi comme une pauvre fille maladivement jalouse, mais je trouvais scandaleux qu'il ne m'ait fourni aucune explication. S'il voulait que je lui fasse confiance, il devait me parler.

Même « d'elle ».

— Chérie ? Tu vas être en retard ! hurla ma mère.

Je tirai mes cheveux en arrière, les réunissant dans une pince. Mon reflet dans le miroir ne me plaisait pas. Je me trouvais pâle, fade, quelconque. J'avais des cernes et j'étais agacée, bougonne, toujours sous le coup de ma soirée écourtée.

Au contraire de Summer, je ne me maquillais pas. Autant je pouvais passer des heures à travailler sur un meuble et à en peaufiner les détails, autant me mettre en valeur m'inspirait au mieux une grimace.

Je retirai mon sweat-shirt trop large et enfilai un des chemisiers que Summer m'avait laissés. D'après elle, j'étais une cause perdue pour la mode. D'après moi, la mode était une cause perdue. Pourtant, en le boutonnant, je remarquai qu'il mettait en valeur la petite courbe de ma poitrine. Il dévoilait ma gorge et j'eus une pensée pour le collier : j'allais devoir affronter les conséquences de ma réaction instinctive.

J'ajustai mon haut, défis finalement ma pince et pris une profonde inspiration. Je ne m'étais jamais sentie aussi ridicule, habillée comme une fille qui voulait ressembler... à une fille, mais il fallait bien affronter cette nouvelle journée.

Je rejoignis la cuisine et trouvai ma mère attablée

à l'îlot. Elle lisait le journal, tout en sirotant son habituelle tasse de thé. Mon café fumait encore. Je m'installai sur le tabouret et ma mère releva les yeux.

— Très joli, commenta-t-elle.

— C'est... Juste un vieux truc que Summer m'a prêté. Pour changer.

— Tu sais que, si tu veux faire les boutiques avec Summer, je peux te donner de l'argent.

— Je sais, maman. C'est juste comme ça, éludai-je. Des nouvelles de papa ?

— Toujours en mission, soupira-t-elle. Moi qui pensais bêtement qu'il serait plus présent en étant instructeur. Peu importe, dit-elle finalement en se forçant à sourire. Pourras-tu voir avec ton ami s'il peut t'amener au lycée demain ? J'ai besoin de la voiture.

— Je demanderai à Summer.

— Pas à Jérémiah ? s'enquit ma mère avec un sourire entendu.

— Je préfère éviter de lui fournir un alibi pour pourrir mes journées.

Ma mère étouffa un rire, avant de désigner d'un mouvement de tête mon chemisier. Je baissai les yeux, doutant finalement de mon initiative. Ce truc ne me ressemblait absolument pas et je n'étais pas vraiment à l'aise.

— Il n'a pas besoin d'alibi, il a ça.

— Tu crois que je devrais me changer ? m'inquiétai-je.

— Je crois que tu dois faire ce dont tu as envie. D'ici quelques mois, tu seras à l'université et tu devras prendre tes décisions toute seule.

— Toute seule ? Tu rigoles ? Je vais t'appeler toutes les dix minutes !

Elle rit à son tour, pendant que je finissais mon café d'un trait. Elle replia son journal et vida son thé dans l'évier. Je l'embrassai tendrement sur la joue et saisis mon sac pour rejoindre le lycée.

En arrivant au lycée, je fus soulagée de ne pas croiser Jérémiah. Avec un peu de chance, il aurait peut-être choisi de « sélectionner » certains de ses cours aujourd'hui. Je secouai la tête et rivai mes yeux au sol. Je n'arrivais pas à déterminer si j'étais en colère contre lui ou en colère contre moi.

J'avais été stupide d'exiger une explication.

Et lui... lui avait été comme à son habitude : une seconde, charmant, la seconde suivante, imbuvable. Imprévisible.

Je me retrouvai devant mon casier. Un soupir m'échappa. Je devais vraiment trouver un moyen d'ouvrir cette porte sans qu'il surgisse derrière moi pour m'aider. Je frappai sur le haut de mon casier, mais rien ne se passa. De lassitude, je jetai mon sac à dos au sol.

A la seconde où je maudissais Jérémiah, mon père et l'univers tout entier, je sentis cette délicieuse crispation de mes muscles. Jérémiah était là, juste derrière moi.

— Salut, murmura-t-il derrière moi.

— Salut.

Il tapa le coin supérieur de la porte de mon casier et celle-ci s'ouvrit dans un grincement. Je pris mon livre de littérature, mes notes d'histoire et les fourrai dans mon sac. Ignorer Jérémiah était douloureux. Mon corps tout entier se révoltait à l'idée de ne pas pouvoir le toucher.

— Tu vas en littérature ? demanda-t-il.

— Oui.

— Tu as décidé de... bouder ?

Dans sa voix, je devinais les prémices d'un sourire moqueur. Je refermai violemment mon casier et remontai le couloir, sans prendre le temps de lui adresser un regard.

— Donc, tu boudes. Bien.

— Je ne boude pas. Je t'ignore.

— A cause d'hier soir ?

— A ton avis ?

— Wow, fit-il, surpris.

Je m'arrêtai net, à deux pas de la porte de mon cours. Jérémiah écarquilla les yeux, sur la défensive. Si j'étais très en colère contre lui, il semblait sincèrement touché par ma réaction. Ses traits étaient tirés et il serrait la lanière de son sac à dos un peu trop fort.

— Wow ? Tu ne trouves rien de mieux à dire que « wow » ?

— Je crois que c'est la première fois que quelqu'un est fâché contre moi.

Les élèves se faufilèrent entre Jérémiah et moi, inconscients d'interrompre notre conversation. Cela m'agaçait encore plus. Devions-nous vraiment avoir ce genre de conversation en public ?

— Je crois que tu ne devrais pas en être fier ! lui fis-je remarquer.

— Je ne le suis pas. J'étais en colère.

— Contre moi ?

— Bien sûr que non ! J'étais en colère qu'on gâche notre soirée.

Il prit ma main et m'attira de l'autre côté du couloir, loin des oreilles curieuses des autres lycéens. Nos corps se touchaient presque et, quand il plongea son regard dans le mien, mon monde chavira. Ma colère était toujours là, mais une vague de désir brut et violent l'engloutit.

— Je pensais tout ce que je t'ai dit hier soir. Je

te veux, Charlotte, je veux être avec toi. Mais je ne pouvais pas faire autrement.

— Explique-moi, alors !

— Je ne veux pas t'entraîner là-dedans. Et de toute façon, ce n'est pas mon histoire, je n'ai aucun droit de te la raconter.

— En revanche, tu as le droit de me déposer chez moi comme une malpropre ?

— Je suis désolé, murmura-t-il, en posant sa main sur ma joue.

Il souda son front au mien et répéta ses excuses. Je vacillai sur mes jambes, submergée par le contact de sa peau contre la mienne. Mon cœur tressauta dans ma poitrine, pendant que je luttais contre l'envie de me blottir contre lui.

— Et maintenant, j'ai envie de t'embrasser, avoua-t-il.

— Tu as loupé ta chance hier soir.

— Je sais. Je m'en veux. Mais je ne vais quand même pas t'embrasser ici au milieu de ce couloir.

— Pourquoi pas ? protestai-je dans un souffle.

— Parce que t'enlever ce chemisier en public serait certainement mal vu. Barton approche.

Il s'écarta vivement et le monde autour de nous réapparut. Les talons de la conseillère claquaient dans le couloir. Elle s'arrêta devant moi, m'adressa un sourire poli et toisa Jérémiah.

— Charlotte, je voulais justement vous voir.

— J'ai un cours.

— Je vous excuserai auprès du professeur de littérature. J'aimerais parler de vos projets pour l'an prochain.

J'acquiesçai, sans être vraiment ravie d'avoir une autre conversation sérieuse ce matin. La conseillère me tourna le dos, me donnant ainsi l'ordre implicite de la suivre. Une main ferme agrippa mon coude et me força à pivoter. Jérémiah souriait largement, ignorant la présence de notre conseillère. Ses yeux trouvèrent les miens et mon estomac fit sa petite pirouette habituelle.

Malgré toute ma bonne volonté, malgré ma colère, malgré son manque d'explications, l'attraction était plus forte que jamais, elle s'insinuait sous ma peau, me faisant vibrer.

— Donne-moi une autre chance.

— Pour le film ?

— Non. Pour le baiser, sourit-il. Ça sera dévastateur.

Sa main s'égara de nouveau sur ma joue. Il m'attira contre lui et ancra son regard sincère dans le mien, perdu.

— Tu viens toujours vendredi ?

— Il faut que j'y aille !

— Viens vendredi, s'il te plaît.

— Tu vas encore fuir plus vite que ton ombre ? demandai-je dans un petit sourire.

— On peut fuir ensemble, si tu veux, proposa-t-il. Oui, madame Barton ? dit-il sans cacher son agacement d'être de nouveau dérangé.

Du coin de l'œil, je vis la conseillère froncer les sourcils et mettre les poings sur ses hanches. Elle semblait particulièrement mécontente, mais je ne parvins pas à déterminer si c'était contre Jérémiah ou contre moi.

— Je dois lui parler de son avenir. Peut-être devrais-je aussi en parler avec vous, proposa la conseillère.

— J'ai déjà une très bonne idée de son avenir, répondit-il à la conseillère.

Son regard revint sur moi. Je haussai les épaules. Son sourire en disait plus que n'importe quel discours. Je ne savais pas ce que Jérémiah imaginait exactement mais, de toute évidence, il avait un avis arrêté sur la question.

— J'ai deux ou trois pistes, ajouta-t-il en s'approchant un peu plus de moi.

— Je parlais de *votre* avenir, Jérémiah. L'université, les études. Ça vous parle, au moins ?

Il lâcha mon regard et fixa avec intensité la conseillère. Il me sembla entendre Barton se racler la gorge, avec embarras.

— Je suis au regret de vous informer que je ne suis pas intéressé. Tu viens en cours ? Je t'accompagne, proposa-t-il.

— Je dois lui parler. Pars devant, je te rejoins.

— Certaine ?

— Oui. Vas-y. Garde-moi une place, ajoutai-je pour tempérer son agacement.

Jérémiah m'attira contre lui et déposa un baiser tendre sur mon front. Baiser qui me sembla durer une éternité et qui me fit perdre toute conscience du monde autour de moi. Son pouce caressa furtivement ma peau et je sentis le sang affluer massivement vers mon visage.

— Dévastateur, murmura-t-il contre ma peau.

J'opinai faiblement, incapable même de penser. La voix de ma conseillère me tira de ma bulle. Jérémiah traversa le couloir, rejoignant la petite foule qui gagnait la salle de cours. Le cœur battant, je ravalai un rire heureux. Il était aussi agaçant qu'attachant. Lutter m'épuisait.

Soudain, alors que je suivais la conseillère, sa voix résonna dans le couloir.

— Bye, la nouvelle ! cria-t-il.

Je virai cramoisie et rivai mes yeux au sol. J'entendis des rires fuser. Jérémiah avait encore trouvé la meilleure solution pour me ramener sur terre : me rappeler mon statut de 1) nouvelle, 2) tête de turc de l'idole du lycée, 3) fille sans intérêt. Au moins, maintenant, j'étais revenue à la réalité.

La conseillère me fit entrer dans son bureau et, dans un silence pesant, elle s'assit, puis me pria de m'installer à mon tour.

— Jérémiah Montgomery est un ami ? s'enquit-elle brutalement.

— Nous avons quelques cours en commun.

— Vous semblez proches. Charlotte, vous êtes une fille plutôt sérieuse, je ne saurais que trop vous recommander de vous éloigner de Jérémiah.

— Vous vouliez me parler de mon avenir, je crois, lui rappelai-je.

Elle soupira et ouvrit mon dossier scolaire. Je me tenais sur le bord de la chaise, prête à bondir hors de la pièce à la première occasion. Sa remarque sur Jérémiah m'avait agacée. Que savait-elle au juste de lui ?

— Bien, Charlotte. Avez-vous avancé sur votre projet pour vos dossiers ?

— Pas suffisamment. J'ai commandé du matériel pour finir la rénovation du meuble, ça prend un peu de temps.

— D'accord. Cependant, je vous encourage fortement à vous impliquer au sein d'un projet plus... scolaire.

Elle s'enfonça un peu plus sur sa chaise et jaugea ma réaction. Elle prit une feuille de mon dossier et la parcourut rapidement.

— Vous avez fréquenté de nombreux établissements, mais vous n'avez jamais montré aucune implication dans un projet.

— Genre... l'annuaire ?

Ma voix n'était plus qu'un murmure. Mes nombreux déménagements et la carrière de mon père m'avaient rendue solitaire. Je n'aimais pas les groupes, je n'aimais pas les travaux en groupe, je refusais l'idée même d'appartenir à un club.

— L'annuaire, oui. Ou pourquoi pas le journal du lycée ? Nous avons aussi quelques clubs qui pourraient vous plaire.

Je devais avoir l'air paniqué, car la conseillère se leva et changea d'attitude. Elle s'assit sur le coin de son bureau et m'adressa un sourire chaleureux.

— Charlotte, vous postulez auprès d'universités élitistes et très demandées. Je veux juste que vous mettiez toutes les chances de votre côté. Vous devez faire la différence et montrer que travailler en équipe, mener un projet en groupes ne vous effraie pas.

— Mais c'est faux, cela m'effraie ! m'écriai-je.

— Calmez-vous. Je ne vous demande pas de vous investir tous azimuts. Je veux juste que vous y pensiez sérieusement.

En trois minutes de conversation, mon rêve, que je pensais réalisable, devenait inaccessible. J'étais à terre, partagée entre consternation et colère. Je me redressai péniblement de ma chaise et ma conseillère ouvrit la porte de son bureau.

— Littérature ?

— Oui.

Les couloirs du lycée étaient vides. Le silence n'était troublé que par le claquement des talons aiguilles de la grande inquisitrice. J'étais encore sous le choc, et je m'imaginais déjà dans l'équipe d'organisation du bal de fin d'année. Rien que l'idée me collait la nausée.

Je ne relevai les yeux qu'en entrant dans la classe. Comme prévu, la conseillère m'excusa, avant de disparaître. Jérémiah était assis au fond de la classe, mais contrairement à ce qu'il m'avait assuré, il n'y avait pas de place près de lui.

Cette nouvelle contrariété me prit par surprise. Soudain, il était de la première urgence que je sois près de lui. C'était ridicule, et sûrement la conséquence des avertissements de la conseillère — m'enjoignant de m'éloigner de lui — et de la perspective effrayante de travailler en équipe.

Jérémiah fronça les sourcils en remarquant mon air dépité. Je m'assis au premier rang et, maussade, assistai au cours.

Quand la cloche sonna enfin, Jérémiah se matérialisa près de moi en une seconde.

— Je te laisse le choix : soit je crève les pneus de sa voiture, soit je mets du sucre dans son réservoir.

— Tu maltraiterais une voiture ?

— Je maltraiterais toute personne qui te rend malheureuse.

— Tu as cours dans deux minutes... et moi aussi. On se voit ce midi.

— Charlotte ! cria-t-il alors que je sortais de la classe.

Mais je l'ignorai, toujours tracassée par mes dossiers d'inscription. Je passai ma matinée dans un état second. Je retournai le problème dans tous les sens, je ne me voyais pas participer à l'annuaire... ou pire encore à l'organisation de la soirée de fin d'année. Le souvenir de ma conversation de la veille avec Jérémiah ralluma l'espoir. Avec un peu de chance, la pièce de théâtre avait peut-être encore besoin de volontaires. Au moins, avec lui dans l'équipe, j'étais un peu plus confiante.

Mais en consultant la liste punaisée sur le grand panneau d'affichage dans le couloir, la déception réapparut, encore plus forte.

— Merde, soufflai-je.

Le papier, barré de rouge vif, indiquait « complet »

et, juste en dessous, la date de la prochaine répétition, vendredi, était soulignée deux fois.

Alors que je rangeai mes livres dans mon casier, toujours habitée par la morosité, la porte se referma brutalement et fit trembler les murs. Les murmures dans le couloir cessèrent dans la seconde, et je pivotai vers Jérémiah, exaspérée par cet inutile coup d'éclat.

— Ce pauvre casier n'a rien fait, lui fis-je remarquer.

— Bien. Au moins, je ne suis pas transparent à tes yeux. Parle-moi. Qu'est-ce qu'elle t'a dit ?

— De ne plus te fréquenter.

Pour la première fois depuis notre rencontre, je vis Jérémiah blêmir. Il réduisit l'espace entre nous, m'emprisonnant entre son corps et mon casier.

— Si tu ne veux plus me voir à cause d'hier, trouve au moins une meilleure excuse.

— Le monde ne tourne pas autour de toi, m'énervai-je. Et si jamais ça t'intéresse, je me laisse rarement dicter mes choix.

— Tu ne comptes pas... couper les ponts ?

— Où est donc passée ta belle assurance ? m'enquis-je en réprimant un sourire.

Je posai une main apaisante sur son torse. Ses yeux affolés me scrutaient, son sourire arrogant avait disparu et tout son corps tremblait de tension et de rage. De toute évidence, notre soirée écourtée l'avait tourmenté plus que je ne l'imaginais.

— Tu me fais perdre les pédales, murmura-t-il. Et ça aussi, c'est la première fois que ça m'arrive.

— Barton m'a parlé de mes dossiers d'inscription. Il faut que je trouve une activité de groupe.

— C'est ça qui te tourmente ? s'étonna-t-il.

— Elle a été plutôt explicite. Sans cette activité, aucune chance que j'intègre les universités les plus prestigieuses.

Jérémiah haussa les épaules, nullement inquiet. Soudain, des bribes de notre discussion matinale me revinrent. Il était à mille lieues de tout ça. Son avenir, ses inscriptions, sa vie tout entière étaient un immense point d'interrogation.

— Peut-être que je devrais faire comme toi et juste… ne rien faire.

— Je n'ai jamais dit que je n'allais rien faire. J'ai dit que j'étais indécis. Mais si ça te tente, on peut ne rien faire ensemble.

J'eus du mal à réprimer un rire. Jérémiah venait donc de retrouver son assurance et sa pointe d'arrogance habituelle. Jamais je ne lui avouerais que cette proposition était très tentante.

— Je suis même allée voir pour participer à la pièce.

— C'est complet, grimaça Jérémiah.

— Je sais.

— On va trouver une solution.

— Tu vas faire quoi ? Maltraiter une voiture ? plaisantai-je.

Son corps se détendit finalement et il prit ma main dans la sienne. Son sourire s'élargit et il repoussa une mèche de cheveux de mon visage. Ce furtif contact fit aussitôt tambouriner mon cœur.

— Commençons par aller manger.

Au regard qu'il m'adressa, je sus qu'il avait déjà trouvé une solution.

A la fin de la journée, et alors que Jérémiah avait choisi de snober les cours de l'après-midi, je fus surprise de trouver Summer m'attendant près de la voiture. Je ne l'avais pas vue de la journée et, entre la conseillère et Jérémiah, je n'avais pas eu le temps de m'en inquiéter.

En me voyant approcher, elle se redressa et ramena ses cheveux en arrière. Ce n'est qu'en parvenant à hauteur de ma voiture que je repérai un bandage à son poignet. Puis, je relevai les yeux vers son visage et découvris, avec stupeur, sa lèvre supérieure gonflée et un début d'hématome couvrant sa mâchoire gauche.

— Salut, souffla-t-elle.

Je jetai mon sac dans le véhicule et scrutai son visage à la recherche d'autres traces de coups. Elle dut le deviner car elle dégagea une mèche de cheveux de son front et révéla une blessure sur l'arcade sourcilière.

— Je me demandais si tu pouvais me passer tes cours de la journée.

— Euh…

— D'habitude, je les demande à Jérémiah, mais je n'ai pas vu sa voiture. Et…

— Il n'a pas suivi les cours cet après-midi, la coupai-je.

Sa soudaine et factice animation s'évapora. Elle tentait de donner le change, de faire comme si tout allait bien, alors que son regard fuyant la trahissait. Je compris au bout d'un instant qu'elle surveillait la foule. Ce que j'avais pris pour de l'animation était de l'inquiétude.

— Tu veux monter dans la voiture ? Je te passerai mes cours à la maison.

— Je ne sais pas si…

— Monte !

Elle s'exécuta finalement, mais jeta un dernier coup d'œil anxieux aux élèves éparpillés à la sortie du lycée. Ce n'est qu'après plusieurs minutes qu'elle se détendit et m'adressa un sourire.

— Tu as mis le chemisier ?

— Je… Oui. Je me suis dit que ça changerait.

— C'est peut-être le moment de te présenter des excuses.

— A quel sujet ?

— Eh bien, pour hier soir.

Je freinai brutalement, manquant de griller un stop. Summer étouffa un juron, son corps basculant en avant, jusqu'à ce que la ceinture le retienne. Quand je redémarrai, elle éclata de rire — sûrement de nervosité — pendant que je resserrais les mains sur le volant.

— Je ne pensais pas qu'il tiendrait sa langue, reprit Summer.

— Il ne m'a rien dit, confirmai-je.

— Quand je te disais que c'était un mec bien.

— Si tu le dis, marmonnai-je.

J'étais à des années-lumière d'imaginer que Summer se cachait derrière le « elle ». Je brûlais de lui poser des questions, mais j'étais encore sous le choc de sa révélation.

— Jérémiah m'aide, chuchota-t-elle finalement.

— Il t'aide ?

— A m'enfuir. Tout ça, expliqua-t-elle en désignant successivement ses blessures, c'est habituel. C'est la routine de mon père : il rentre à la maison, il empeste l'alcool, il trouve un prétexte et il se défoule sur moi.

Sa voix se brisa et un silence étouffant s'installa entre nous. Je la vis essuyer une larme qui roulait sur sa joue. Je comprenais maintenant pourquoi son projet tenait en un seul mot : fuir.

— Ecoute, je savais que vous étiez ensemble hier soir, mais il cognait contre la porte et je n'avais pas d'autre solution.

— Tu aurais dû appeler la police.

— Mon père est militaire, la police ferme les yeux.

— Et ta mère ?

— Les antidépresseurs la maintiennent dans une bulle de joie perpétuelle.

Je lui adressai un regard désolé, mais elle haussa les épaules, comme si ce n'était rien alors que c'était intolérable de l'imaginer vivre ainsi.

— Ma famille craint, résuma-t-elle.

Je garai la voiture devant chez moi, partagée vis-à-vis des sentiments que m'inspiraient les confidences de Summer : j'étais triste pour elle, mais honteusement jalouse du lien qu'elle avait avec Jérémiah.

— Et alors ? Comment fait-il ? demandai-je, curieuse.

— Je saute par la fenêtre et Jérémiah m'amène chez lui. Je dors dans son lit et...

— Tu dors dans son lit ? l'interrompis-je.

— Il dort dans une autre chambre, précisa-t-elle. Au réveil, il me ramène à la maison. Ce matin, il m'a conduite à l'hôpital, il avait peur que mon poignet soit cassé, mais il est juste foulé.

Elle esquissa un sourire forcé. J'assimilai lentement les conséquences de son secret. Ses recommandations sur Jérémiah me revinrent, comme un boomerang. Elle lui faisait confiance aveuglément, elle lui avait avoué son affreux secret. Et lui... lui l'aidait.

— Je n'avais pas d'autre solution. J'avais vraiment peur et je n'ai que Jérémiah pour m'aider.

— Il était furieux, souris-je.

— Je sais. Tu passes avant tout pour lui. Enfin, avant presque tout.

— Presque ?

— Presque, assura-t-elle. Bon, tu me les prêtes, tes cours ? Si je veux me tirer d'ici, il faut vraiment que j'obtienne ce diplôme.

Elle sortit de la voiture et je la suivis, calant la lanière de mon sac sur l'épaule. Ma mère nous accueillit avec sa bienveillance et son sourire habituels. Summer riva ses yeux au sol, prenant soin de masquer ses blessures avec sa longue chevelure.

— Un nouvel essayage ? s'enquit ma mère.

— Non. J'ai invité Summer à passer la nuit ici, cela ne t'ennuie pas ?

Mon amie releva brutalement le visage, son regard ne reflétant que de la gratitude. Elle hocha imperceptiblement la tête et murmura un merci.

— Aucun problème. En revanche, tu vas donc devoir demander à Jérémiah de te conduire demain au lycée. J'ai besoin de la voiture, me rappela-t-elle.

— Je vais l'appeler. Des nouvelles de papa ?

— Il doit rentrer vendredi.

— Oh. Je... Enfin... on a prévu de sortir.

— On fait une soirée filles, renchérit Summer en entourant mon bras du sien. Pyjama, *Dirty Dancing* et des tonnes de bonbons, vous ne pouvez pas lui faire louper ça !

Elle fit une moue boudeuse et ma mère leva les yeux au ciel. Je me doutais que le laïus de Summer ne l'avait pas convaincue, mais elle voulait tellement que je me fasse des amis qu'elle ne ruinerait pas mes plans.

— Je me débrouillerai avec ton père, abdiqua-t-elle.

— Super ! cria Summer en m'entraînant en direction de ma chambre.

J'eus à peine le temps de saisir mon sac. Summer claqua la porte derrière nous, gloussant de joie. Je jetai mon sac sur mon lit, pendant que mon amie s'installait sur ma chaise de bureau.

— Une soirée filles ? dis-je, sans cacher la curiosité dans ma voix.

— Tu vas adorer, j'en suis certaine.

Le reste de la semaine fila sans que je m'en rende compte.

Evidemment, je n'avais pas résolu le sujet « travail en groupe ».

Evidemment, après nous avoir accompagnées chaque jour en cours, Jérémiah estima qu'il avait mieux à faire de son temps.

Evidemment, je ne lui dirais jamais que, chaque soir, j'avais, au cas où, laissé la fenêtre de ma chambre légèrement ouverte.

Evidemment, je n'avouerais pas non plus que je l'avais maudit chaque matin pour ne pas avoir osé me rejoindre, pour avoir les pleins pouvoirs sur la porte de mon casier et pour être si présent malgré son absence.

Le vendredi soir, je laissai ma mère en pleine préparation d'un dîner pour fêter le retour de mon père et pris la voiture pour rejoindre Summer chez elle. Pénétrer dans la zone réservée me rappela de vieux souvenirs. Il y avait toujours ces drapeaux plantés devant chaque maison, ce même alignement parfait des façades, cette atmosphère pesante où chaque véhicule, chaque nouvelle tête est scrutée. Cela ne me manquait pas.

Summer m'attendait devant chez elle. Je me garai, captant du coin de l'œil un mouvement furtif à la fenêtre. Les dents serrées, elle grimpa dans ma voiture.

— Filons d'ici, m'intima-t-elle avant même d'avoir claqué la portière.

— Tout va bien ?

— Tout ira bien d'ici quelques minutes, assura-t-elle.

— J'espère bien, car je ne sais toujours pas où on va.

Je redémarrai et rebroussai chemin. Dès que nous fûmes hors de la zone réservée, Summer reprit des couleurs et ses mains cessèrent de malmener son gilet. Elle se détendit et m'adressa un sourire contrit.

— Désolée. J'étouffe dans cette maison. Amène-nous sur la route qui longe la plage.

— La route ?

— La route, au niveau du ponton qui mène à la plage.

La nuit tombait lentement, colorant le ciel de touches roses et bleu marine. L'océan scintillait, la plage était déserte et l'air iodé me parvenait par la vitre ouverte. Un sourire naquit sur mes lèvres. Pour la première fois depuis longtemps, je me sentais à ma place quelque part.

— Chouette, hein ? s'enquit Summer.

— Ouais.

— Après, on finit la soirée sur la plage. Avec l'hiver qui approche, les belles soirées vont se raréfier.

Elle poussa un soupir las. Ces soirées représentaient certainement une forme de liberté pour Summer. D'ici quelques semaines, elles devraient toutes les passer avec son père.

Soudain, je repérai un attroupement, assez important pour barrer la route. D'un geste de la main, Summer m'indiqua où me garer. Une ribambelle de voitures stationnaient au bord de la route. Nous approchâmes, guidées par le son étouffé de la musique. Les basses résonnaient dans l'air, faisant vibrer le sol sous mes pieds. Je reconnus quelques têtes du lycée, sans vraiment pouvoir les identifier. Plus nous avancions, plus les conversations s'élevaient et, quand, finalement, la dernière grappe de lycéens s'écarta, je découvris ce qui les excitait tant.

Jérémiah était là, parlant avec animation avec un autre garçon. Comme s'il avait deviné ma présence, il se tourna vers moi et s'écarta de la voiture contre laquelle il était appuyé. Il avança vers moi, provoquant cette invariable tension agréable dans tout mon corps. Au crépuscule, il me semblait encore plus grand, plus félin. Sa démarche assurée me troubla et son regard ancré dans le mien me fit frissonner des pieds à la tête.

Il m'avait manqué.

— Salut, murmura-t-il.

— Salut. Donc tu cours ? demandai-je en souriant.

— Très vite et au volant de ce bolide.

— Tu aurais pu me le dire. Je me sens... idiote.

Derrière moi, j'entendis des élèves parier, misant leur argent de poche sur la victoire de Jérémiah. La foule bouillonnait d'excitation, la température avait brutalement grimpé de plusieurs degrés, et je me surpris à relever les yeux vers le bolide de Jérémiah.

Ma poitrine se comprima douloureusement à l'idée de le savoir lancé à toute allure dans cette voiture. Jérémiah capta mon regard et un sourire amusé s'étira sur ses lèvres.

— Tu veux monter ?

Le son de sa voix rauque me fit frémir. Il arqua un sourcil, pendant que je tentais de retrouver mon souffle. Quand il me regardait ainsi — avec ardeur et désir — j'étais impuissante. Le souvenir de notre soirée dans sa chambre me revint et, sans vraiment le réaliser, je réduisis un peu plus l'espace entre nous.

Je sentais son souffle sur ma peau et mon corps vibrait et quémandait le contact du sien. Jérémiah tira sur l'élastique de ma queue-de-cheval et passa une main dans mes cheveux. Un soupir d'aise m'échappa et ma gorge s'assécha quand je croisai son regard brillant. Je ne l'avais encore jamais vu ainsi.

Chez Jérémiah, je connaissais la détermination, l'agacement et l'amusement. Mais le garçon qui se tenait devant moi n'était qu'adrénaline et instinct. Même son odeur était différente : plus épicée, attisant mes sens et bouleversant mes repères habituels.

— Summer m'a expliqué, murmurai-je.

— J'ai donc droit à ma seconde chance ?

— Tout le monde a toujours le droit à une seconde chance.

Il claqua sa langue contre son palais et secoua la tête de désapprobation. Il enroula son bras autour de ma taille et m'attira contre lui.

— Je veux être le seul, chuchota-t-il.

Il caressa ma joue de sa main, puis passa son pouce sur mes lèvres entrouvertes. Mon cœur cessa de battre pendant une seconde, comme foudroyé.

— Avant la fin de la soirée, je vais sûrement t'embrasser, dit-il dans un sourire tendre. Plusieurs fois.

Mon cœur explosa en minuscules morceaux qui se diffusèrent dans chaque terminaison nerveuse de mon corps. Je voulais ce baiser maintenant. Tout de suite.

— Je commencerai par ici, continua-t-il en pressant mes lèvres. Puis, je descendrai jusque-là.

Son index glissa sur mon cou et dessina une boucle chaude sur ma peau jusqu'à la naissance de mon décolleté. Mes muscles se tendirent et une chaleur intense brûla au creux de mes reins.

— C'est juste une proposition. Tu as le temps de la course pour prendre la fuite.

— Tu risques de me courir après si je fais ça, non ?

— Je te promets de te courir après, quoi que tu fasses, s'esclaffa-t-il. Ce soir, demain, et tous les autres jours.

Le garçon avec qui il discutait à mon arrivée cria le prénom de Jérémiah et ce dernier se détacha de moi avec une pointe de regret dans le regard.

— Fais attention à toi, soufflai-je, un peu inquiète.

— Non, toi, fais attention à toi. Tu as trois minutes. Bye, la nouvelle, lança-t-il en marchant vers la ligne de départ.

Le monde réapparut autour de moi, les conversations m'assaillirent et Jérémiah grimpa dans sa voiture. Le moteur émit un rugissement puissant et il tendit sa main par la fenêtre, offrant un billet de 100 dollars au garçon à qui il parlait. Summer saisit mon bras et me fit reculer. Une deuxième voiture apparut, rouge sang, dont le moteur faisait lui aussi un bruit tonitruant.

Les deux pilotes s'alignèrent sur une ligne tracée à la craie sur le macadam, faisant tour à tour gronder leur bolide. J'observai la scène avec fascination. Entre les deux voitures, le garçon leva les bras, entama un lent décompte et, à trois, baissa brutalement les bras. Les pneus crissèrent sur la route et les pilotes s'élancèrent dans cette interminable ligne droite.

La décharge d'adrénaline qui m'envahit me surprit. Je suivis des yeux la voiture de Jérémiah autant que possible, avant qu'elle ne disparaisse à l'horizon. Mon cœur palpitait au rythme des hurlements de la foule. Le souffle court, je me tordis les mains. Je n'avais jamais été aussi anxieuse de ma vie et je ne savais même pas si c'était pour lui, pour le baiser... ou pour sa promesse de me courir après.

— Au carrefour, ils font demi-tour et reviennent ici, m'expliqua Summer en hurlant par-dessus la foule en transe.

— Tu as parié ?

— Comment crois-tu que je finance tous ces vêtements ? Jérémiah n'a perdu aucune course en un an. Il finira par être repéré par un type qui gère une écurie.

Au loin, j'entendis un nouveau crissement de pneus

et m'affolai. Et s'il lui arrivait quelque chose ? Et s'il perdait le contrôle ? Mais avant que je ne puisse imaginer le pire, une paire de phares réapparut au bout de la route.

— C'est lui ! cria Summer avec excitation.

Ce n'est qu'en voyant plus distinctement la voiture que ma respiration reprit un rythme normal. Je croisai les bras nerveusement contre ma poitrine, fixant l'horizon à l'instant où son poursuivant apparaissait. Jérémiah accéléra et entama une série de zigzags pour l'empêcher de le dépasser. La route tremblait sous mes pieds, le vacarme était assourdissant et, soudain, la foule explosa de joie. Jérémiah venait de passer la ligne d'arrivée et exécutait un demi-tour acrobatique.

— Il n'a jamais été aussi vite ! s'exclama Summer derrière moi.

Mon cœur non plus, songeai-je, pantelante.

Jérémiah sortit de la voiture, me chercha un court instant du regard et, d'un pas conquérant, avança vers moi, indifférent à la foule qui le félicitait. J'étais à la fois excitée par ce que je venais de voir et terriblement captivée par son visage déterminé. J'avais encore le souffle court et mes jambes flageolaient. Peu à peu, la liesse de la foule ne devint qu'un simple bourdonnement. Jérémiah entoura ma taille de ses bras, me souleva et, enfin, s'empara de ma bouche.

Je me cramponnai à ses épaules, tandis qu'une de ses mains remontait le long de ma colonne et se perdait dans ma chevelure. Sa langue caressa mes lèvres et, l'instant suivant, se faufila dans ma bouche. Un gémissement s'étrangla dans ma gorge. Dans cette position, j'avais la sensation de léviter et mon estomac se recroquevilla sur lui-même. Jérémiah vibrait contre moi, respirait contre moi, prenait possession de mon corps, inconscient de l'effet qu'il me faisait. J'entourai sa nuque de mes mains, tentant de répondre avec la même ferveur à son baiser. Il grogna dans ma bouche, enfonça ses doigts dans mes cheveux et intensifia notre baiser.

Il resserra sa prise autour de moi, fit danser sa langue contre la mienne et cela me fit oublier la vie que j'avais eue avant lui. Puis, avec douceur, il me reposa au sol et s'écarta de moi, haletant. Une pointe de désir illumina son regard, pendant que je mordais mes lèvres gonflées. Il fourra sa main dans sa poche et en tira mon collier. Il le passa autour de mon cou et m'attira contre lui en capturant le pendentif dans son poing.

— Et ne le retire plus jamais, m'intima-t-il.

9 juillet 2015

— Charlotte ? Charlotte ?

Je pivotai, mon sac à dos vissé sur mon épaule. J'étais en retard pour mon rendez-vous avec Gemma : nous avions prévu de nous rejoindre ici et de prendre un café avant mon déjeuner avec Claire Thomson.

— Bon sang, vous avez l'air exténuée ! s'exclama le Pr Tate.

— Merci, charmante entrée en matière, ricanai-je. Ravie de vous voir moi aussi.

— Les juges ont toujours trouvé ma spontanéité désopilante.

— Vous les agaciez, lui rappelai-je.

— Et moi qui voulais vous distiller quelques conseils pour l'examen !

— Vous n'êtes plus mon professeur depuis le dernier cours d'hier soir. Et vous n'êtes plus non plus la personne qui me donne des migraines en glissant dans une même phrase « base-ball » et « loi antitrust ».

— Le droit constitutionnel est passionnant, Charlotte. Croyez-moi.

Je levai les yeux au ciel, nullement convaincue. Je parlais en connaissance de cause : j'engloutissais des kilomètres de droit constitutionnel, d'arrêts en tout genre et de jurisprudence, pour mieux les recracher le jour de mon examen.

— Ça vous ennuie si on marche ? J'ai rendez-vous avec une amie.

— Absolument pas.

— Vos conseils portaient sur l'examen ?

— En partie. Travaillez sur les revirements de la Cour suprême. Les examinateurs adorent que les étudiants théorisent sur ce monde des possibles.

Je réfléchissais à toute vitesse, m'inquiétant du nombre d'arrêts incontournables de la Cour suprême.

— Ne vous ennuyez pas à tout retenir, c'est impossible. Ce que vous devez retenir, c'est l'implication politique de ces arrêts.

— Vous voulez que je théorise sur l'arrêt Sandford ? Personnellement, je suis contre l'esclavage.

— Mais vous avez pourtant passé la nuit dans la bibliothèque, non ?

— C'était facile !

— Certes. Mais c'est exactement ce qu'on vous demande : parez les coups de votre adversaire. Evidemment que vous êtes contre l'esclavage, mais la Cour suprême y était favorable et cela a fortement influencé la politique de notre pays.

— Alors quoi ? Je dois refaire le monde ? Je dois faire comme si la Cour suprême n'avait pas tranché ?

— Au contraire, vous devez vous en servir. Pensez aux revirements, Charlotte. Mettez-leur le nez dans leurs contradictions.

Il souriait d'un air machiavélique. Pendant un moment, je me demandai pourquoi il avait choisi le droit. Il semblait passionné, mais prenait un malin plaisir à le déstructurer et à l'interpréter.

— Le droit est toujours en mouvement, Charlotte. Appliquez ce simple principe et vous aurez votre examen.

— C'est le principe que vous appliquez vous-même ?

— Je reprendrai l'exercice du droit quand il aura suffisamment évolué.

— Hey, Charlotte ! chantonna la voix de Gemma.

— Votre amie est arrivée. Je vais vous laisser.

Gemma avançait vers nous d'un pas décidé. Habillée d'une longue jupe fluide et d'un haut noir qui découvrait ses épaules, elle dégageait une allure bohème. Elle avait lâché sa longue chevelure rousse.

— Laissez-moi vous la présenter.

Et laissez-moi demander une tonne de services en retour à Gemma.

— Vous déjeunez avec Claire aujourd'hui, je crois ?

— En effet. Au Tavola.

— Ouh. Voilà donc le premier test.

— Le restaurant ?

— La nourriture. Claire se fie énormément aux assiettes de ses invités. Si vous prenez du poisson, vous perdrez son estime.

Je me mordis la joue, avant d'éclater franchement de rire. Le souvenir de mon premier jour au lycée de Norview resurgit brutalement dans mon esprit : Jérémiah et sa remarque sur mon supposé végétarisme.

Gemma parvint à notre hauteur à l'instant où

je me calmais enfin. J'étais épuisée et incapable de contenir mes émotions.

— Bonjour, lança-t-elle dans un sourire lumineux.

— Gemma, je te présente le Pr Peter Tate. Il me donnait des cours sur le droit constitutionnel jusqu'à hier soir.

— Enchantée, roucoula-t-elle en tendant sa main et en battant des cils.

Je me pinçai les lèvres, retenant un nouveau rire.

— Professeur Tate...

— Peter. Appelez-moi Peter avant que je ne mette des pantalons en velours côtelé informes et qui sentent l'antimite.

— Donc, Peter. Voici Gemma, une de mes meilleures amies. Gemma est une sorte de... collègue.

— Oh. Vous enseignez à l'université ? s'enquit mon ancien professeur avec curiosité.

— Presque. Maternelle. Collage, gommettes et graphisme sont mes spécialités.

Il prit la main de Gemma dans la sienne et lui adressa un sourire époustouflant. Voilà comment cet homme était parvenu à gagner tant de procès : il charmait son auditoire en une seconde. Cette poignée de main me parut interminable et ce n'est qu'en voyant Peter dégager difficilement sa paume que je compris que Gemma était hors de contrôle.

Dans la série « les moments embarrassants de la vie de Charlotte »...

— Bien. Nous allons y aller, proposai-je. Peter, merci encore pour votre aide.

— Je vous en prie. Tenez-moi au courant pour Claire. Elle est redoutable, mais fond devant un moelleux au chocolat. Et pensez à ce que je vous ai dit sur les revirements de la Cour suprême et leurs contradictions.

Il m'adressa un clin d'œil complice et, mal à l'aise, se contenta d'offrir un bref hochement de tête à Gemma. Il descendit d'un pas vif l'allée protégée du soleil matinal par le feuillage des arbres.

— Dans trois secondes, il se retourne, annonça mon amie.

— Gemma, tu lui as foutu la trouille.

— Trois...

— Allons prendre ce café, je suis attendue ensuite.

— Deux...

— Gemma !

— Un.

Le miracle n'eut pas lieu et Gemma poussa un soupir à fendre l'âme. Le vent souffla dans ses cheveux et elle bougonna en tentant de les remettre en place. J'enroulai mon bras autour du sien et lui proposai la seule chose qui était capable de lui remonter le moral :

— Je t'offre un cookie au chocolat blanc.

— Et tu crois que mon cœur brisé ira mieux avec un cookie au chocolat blanc ?

— Je le crois, oui, souris-je.

— Tu me connais trop bien. Allons-y, avant que tu t'effondres de fatigue dans cette allée. Ça ferait mauvais genre.

Nous rejoignîmes le café en face de l'université. A cette heure matinale, il était presque vide. Je m'installai à une table, pendant que Gemma commandait nos boissons.

— Je pense que tu as tort de t'acharner sur Tate. Tu vas perdre ton temps, la prévins-je tandis qu'elle s'asseyait face à moi.

— Ça prendra le temps qu'il faut, mais je te jure que cet homme sera à moi un jour ou l'autre. Il est sur ma liste.

— Ta liste ?

— Tu crois être la seule à avoir une liste ?

— Non, Gemma.

— Non quoi ?

— Non, je ne parlerai pas de cette histoire.

— Oh ! je t'en prie, ne fais pas ta fille blasée. Il y a un type dans le pays qui a ta liste et qui a promis de la réaliser. Ce n'est pas... rien. C'est...

— C'est dangereux, soufflai-je en prenant mon gobelet entre mes mains. Jérémiah est dangereux. Je ne suis toujours pas certaine d'avoir eu raison d'accepter qu'il revienne dans ma vie. Je ne sais pas si j'y arriverai une deuxième fois.

— A quoi ? A gérer ton deuxième... euh... vœu ? hésita-t-elle.

— Une deuxième rupture. Jérémiah n'est plus le même qu'au lycée. Il est pilote professionnel, il sort avec une multitude de filles. Franchement, pourquoi me mettre dans un tel guêpier ?

Gemma porta son gobelet à ses lèvres, mais rien qu'à son regard je savais qu'elle souriait. Elle secoua doucement la tête et avala sa gorgée de café.

— Tu te poses réellement la question ? s'enquit-elle.

Son sourire s'élargit. Elle posa ses avants-bras sur la table et se pencha vers moi.

— Quand vous avez dansé ensemble à la soirée, tu t'en souviens ?

— Oui, soufflai-je, un peu inquiète.

— Mais je suis certaine que tu ne te souviens pas de la chanson ? Tu ne te souviens pas que vous avez tournoyé ensemble, seuls, sur cette piste.

— Seuls ?

— Seuls. Jérémiah a pris ta main et la foule s'est écartée. Tout le monde le voyait, Charlotte. Tout le monde voyait ce qui était en train de se passer.

Gemma me fixa un long instant, comme si elle

attendait que je digère l'information et que je formule la conclusion. Je savais ce qui s'était passé ce soir-là : un élan nostalgique, une bouffée de joie et de soulagement en voyant Théo et une sourde colère en constatant que Jérémiah était présent. Rien n'avait de sens… et j'étais tellement fatiguée.

— Tu devrais aller te reposer, me conseilla Gemma.

— Je ne suis plus amoureuse de lui depuis au moins dix ans, dis-je finalement.

Le soulagement que j'attendais à la suite de cette affirmation ne vint pas. Je passai une main sur mon visage en grognant de frustration. Quand je croisai de nouveau le regard de Gemma, elle souriait largement, avec une fierté non dissimulée.

— Quoi ? fis-je, agacée.

— Rien. Tu devrais vraiment bosser les revirements de la Cour suprême.

Elle esquiva adroitement le sachet de sucre que je lui lançai. Le regard toujours rivé sur moi, elle porta son café à ses lèvres. Mes yeux piquaient de fatigue, mon cerveau était englué dans une liste interminable d'arrêts jurisprudentiels et mon corps réclamait un moment de répit. Pourtant, mon cœur s'affolait dans ma poitrine. Je tournai mon visage vers la fenêtre et pris une profonde inspiration.

C'était là, en moi. Lui, notre histoire… cette fameuse liste. Je n'étais pas prête à me jeter dans le vide en espérant ne pas m'écraser au sol. Le projet de Jérémiah était à la fois excitant et effrayant. Je savais où il voulait en venir. Il voulait sa seconde chance.

Et je devais admettre qu'il était assez persuasif pour me faire flancher.

— Je dois y aller, soupirai-je. Je vais tenter de paraître fraîche devant Claire Thomson.

— Tu pars au meilleur moment ! se lamenta Gemma. Je voulais te parler de cette liste.

— Tu veux que je te donne le numéro de Jérémiah ? plaisantai-je. Il n'y a que lui qui pourrait vraiment t'en parler.

— Tu dois forcément te souvenir de quelque chose.

— Gemma, j'ai tout fait pour oublier cette partie de ma vie. Tout. J'ai oublié cette liste et je suis obligée de croire Jérémiah sur parole, car je n'ai aucune idée de ce que j'ai pu écrire.

— Réfléchis-y, dit-elle d'une voix douce.

— C'est une perte de temps.

— Charlotte, tu as choisi de faire cette liste pour retrouver celle que tu étais au lycée. Tu te laisses porter par la surprise. Si tu te souviens au moins d'un vœu, tu auras le choix.

— Je ne comprends pas, dis-je en secouant la tête.

— Soit tu fais la liste... pour accomplir ce qui est écrit dessus, soit tu fais la liste pour être avec Jérémiah. Te souvenir de son contenu pourrait changer beaucoup de choses. Cela élimine Jérémiah de l'équation : tu n'as même plus besoin de lui pour réaliser tes vœux.

Je dévisageai Gemma, perdue entre stupéfaction et admiration. Je resserrai ma prise autour de mon mug. En une seconde, ma repartie d'avocat avait disparu. Je m'enfonçai un peu plus sur ma chaise, incapable de réfléchir.

— Je sais, je suis brillante, triompha Gemma.

— Et moi, je suis attendue, annonçai-je en me levant de table.

— Charlotte !

— Gemma, j'ai un entretien professionnel et un examen du barreau d'ici trois jours. Jérémiah est le cadet de mes soucis.

— Mais...

— Stop, lui intimai-je. Jérémiah n'est pas ma fichue destinée. Nous avons rompu il y a dix ans et je peux t'assurer que rien n'a changé.

Gemma m'appela de nouveau, mais je décidai de quitter le restaurant. Ce n'est qu'en atteignant le métro que ma respiration redevint normale. Dans la rame, je me frayai un chemin dans la foule et trouvai un recoin où m'adosser. Mon reflet dans la vitre m'effraya presque.

Mentir à Gemma m'avait achevée.

Je tirai nerveusement sur les pans de ma veste. Le serveur avait proposé de m'apporter de l'eau, mais j'avais refusé. J'avais la gorge serrée et je tapais furieusement du pied. Le restaurant se remplissait peu à peu et s'animait. Situé en face du tribunal, le Tavola regorgeait d'avocats et de juges. Claire Thomson y avait visiblement ses habitudes car, à mon arrivée, on m'avait directement dirigée vers une table coincée dans l'angle, donnant sur la rue.

Quand finalement, elle entra dans le restaurant, je me levai de table et tendis une main tremblante vers elle.

— Charlotte Parker ? s'enquit-elle avec un grand sourire.

— Ravie de vous rencontrer, débitai-je.

Elle prit ma main dans la sienne et m'invita à m'asseoir. Elle était chic, vêtue d'un tailleur gris à fines rayures. Ses ongles étaient faits, sa chevelure, maintenue par une pince discrète, encadrait ses yeux bleus perçants. Elle était impressionnante de confiance en elle.

— Je n'ai que trente minutes pour manger, on

va donc commander tout de suite si cela ne vous ennuie pas.

Un serveur se matérialisa à notre table. Claire commanda des lasagnes à la bolognaise gratinées au four. Le souvenir de ma conversation avec Tate me revint et je l'imitai. Le sourire qui se dessina sur ses lèvres n'était qu'approbation.

— J'ai lu votre dernière copie, Charlotte. Vous m'avez vraiment impressionnée.

— Oh. Merci.

— Peter ne tarit pas d'éloges sur vous et votre travail. Alors, de deux choses l'une : soit il cherche à justifier son changement de carrière, soit vous êtes vraiment brillante.

— Je suis bosseuse, si c'est vraiment votre question.

— Parfait. Quand est l'examen ?

— Dans trois jours.

— D'où cette petite mine. Vous n'avez sûrement pas dormi la nuit dernière. D'où vous vient cette vocation pour le droit ?

Nos assiettes furent servies et Claire attaqua rapidement son plat. Elle leva les yeux vers moi, puis se pinça les lèvres, un peu embarrassée.

— Je n'ai rien mangé depuis hier midi. Allez-y, je vous écoute, m'encouragea-t-elle.

— J'ai suivi des cours à l'université de Virginie pendant quatre ans. Puis j'ai intégré le cabinet Warren & Scott en tant qu'assistante juridique.

— Ça ne répond pas vraiment à ma question.

— Mon père est le colonel Parker, avouai-je dans un souffle.

Claire reposa sa fourchette dans la seconde et me dévisagea, comme si j'étais une espèce rare vouée à l'extinction. Elle passa sa serviette sur sa bouche, but une gorgée d'eau et posa ses coudes sur la table, visiblement intéressée.

— Le déserteur ? s'enquit-elle.

— La plupart des gens l'appellent le « traître », soulignai-je.

— La haute trahison n'a jamais été retenue contre lui. Je me fie aux faits. Cela explique en effet votre... vocation. J'espère que vous n'avez pas pour projet de le réhabiliter.

— Non. Il fait partie de ces causes indéfendables. J'ai coupé les ponts avec lui, mais cette histoire m'a rendue curieuse du droit.

— Et vous ne passez le barreau que maintenant ?

— Je n'étais pas mûre pour plaider. Je le suis maintenant. J'ai quitté Warren & Scott et j'ai pris des cours du soir. Si vous m'offrez l'opportunité de travailler avec vous, je suis certaine d'être à la hauteur. Et, autant être honnête avec vous, j'aimerais vraiment que Peter gagne cette bouteille.

Un bref sourire éclaira son visage. Elle recommença à manger et un lourd silence s'imposa à notre table. Je n'avais plus faim soudainement.

— J'ai ce cas en ce moment, avec cet homme qui est accusé de viol sur une gamine qu'il a séquestrée pendant des mois.

Elle releva les yeux vers moi, comme si elle était en train de mesurer ma réaction. Elle jaugeait mes états d'âme, du moins, elle tentait de savoir si j'en avais.

— J'ai suivi l'affaire dans les médias, dis-je, en alerte.

— Et ?

— Et je pense qu'il peut échapper à la peine de mort.

Elle arqua un sourcil, surprise par ma réponse. Je

piochai dans mon assiette, savourant cette minuscule victoire.

— Je sais que vous avez pris cette affaire justement pour défendre cette cause, repris-je.

— En effet. Que proposez-vous ?

— Jurisprudence Kennedy. La Louisiane a dû revenir sur sa décision : le viol d'un mineur n'était pas un motif valable pour la peine de mort.

— Intéressant. Mais les chances que cela fonctionne sont minces.

— A-t-il été examiné par un médecin ? demandai-je.

— Les troubles mentaux n'excusent pas le viol.

— Non, mais la cour de Floride a estimé qu'un retard mental interdisait la peine capitale. Votre client est illettré, issu d'une famille pauvre, a-t-il seulement une notion du bien et du mal ?

— Peter vous a transmis sa science de la jurisprudence, on dirait.

— Ce ne sont que quelques pistes. Vous pourriez plaider le huitième amendement sur les crimes cruels, mais je ne pense pas que cela fonctionnerait.

— Parce que son crime est encore plus cruel, conclut-elle.

Elle posa ses couverts et essuya sa bouche dans sa serviette. Elle appela le serveur, sonnant ainsi la fin de notre entretien et la fin du déjeuner. J'avais à peine entamé ma part de lasagnes.

— J'ai un autre rendez-vous à l'autre bout de la ville, annonça-t-elle. Et je pense que je vais devoir acheter cette fichue bouteille à Peter.

Je retins un sourire victorieux. Claire régla l'addition et se leva de table.

— Passez votre barreau et venez me voir au cabinet en milieu de semaine. J'aimerais que nous reparlions de ce cas.

— Vraiment ? m'écriai-je.

— Disons mercredi soir. Vous avez déjà ma carte. A mercredi, Charlotte, et bonne chance pour votre examen !

— Merci beaucoup.

Elle se volatilisa si rapidement que je doutai même qu'elle ait entendu mes remerciements. Je suivis sa silhouette mince qui traversait l'avenue en courant, avant de piquer distraitement ma fourchette dans mes lasagnes.

Malgré ma fatigue, malgré ma journée d'examen, malgré mes muscles endoloris, je courais dans les couloirs. Après un an de travail acharné et de recherches nocturnes en bibliothèque, c'était enfin terminé. L'examen était derrière moi et j'avais un bon pressentiment sur le résultat final.

Je devais retrouver Gemma et Summer au bar et j'avais hâte de fêter la fin de mon année de calvaire. Je dévalais les marches à toute allure, soulagée, heureuse et libérée de cette charge.

Pourtant, je me figeai net quand je découvris Jérémiah en bas des marches. Le soleil amorçait sa lente descente et le ciel avait une couleur bleu azur qui se teintait progressivement en marine.

Il se tenait contre sa voiture, une paire de lunettes de soleil accrochée à son T-shirt. Ses bras étaient croisés sur sa poitrine et j'entrevis un tatouage qui serpentait jusqu'à son biceps droit.

Sur le gauche, rien qu'un nombre, le « 52 », le matricule de sa voiture.

Un sourire s'étira lentement sur ses lèvres. Il fallait être aveugle pour ne pas succomber dans l'instant.

Aveugle, ou immunisée. J'étais dans la seconde catégorie.

— J'en ai d'autres dans le dos, lança-t-il, amusé.

— Qu'est... Qu'est-ce que tu fais ici ?

— Summer m'a dit que c'était ton examen et donc...

— Non... Je veux dire, tu n'es pas censé être à l'autre bout du pays pour une course ? Tu n'as pas une séance d'essais ou...

— Si. Je l'ai annulée.

— Tu plaisantes ?

— Non. C'est un jour important pour toi, Charlotte, je voulais être là pour te féliciter.

Je le dévisageai, hagarde et sous le choc. En une phrase, il venait de mettre à terre toutes mes défenses. Il était là... pour moi. Mon cœur prit un rythme fou et ma gorge se serra. J'étais fatiguée et je n'avais plus la force de lui répondre.

— Je pensais que... Enfin, je croyais qu'on ne se reverrait que la semaine prochaine.

— Et pourquoi ?

— C'est... Mon anniversaire n'est que la semaine prochaine et c'est la date que tu as mentionnée sur la carte.

Il éclata de rire et secoua la tête. Il ouvrit la portière avant de sa voiture et d'un geste du bras m'invita à m'y asseoir.

— J'avais oublié à quel point tu avais besoin d'une explication pour tout.

— Tu veux que je monte dans cette voiture ?

— J'aimerais bien, oui.

— Et où irions-nous ?

— Je ne te fais pas monter dans la voiture pour atteindre une destination, juste pour passer du temps avec toi.

— Est-ce que ça fait partie de la liste ?

Il fronça les sourcils et sembla réfléchir intensément à ma question. Puis, il haussa les épaules et fit pianoter ses doigts impatiemment sur le toit de la voiture.

— Si tu as quelques jours devant toi, ça peut, répondit-il finalement. A toi de voir.

— Ce n'était pas... Ce n'est pas ce que nous avions convenu.

— Je sais. Et tu sais très bien à quel point je déteste qu'on me bride. En particulier quand toi, tu poses les limites.

— Et tu sais à quel point je déteste qu'on me force la main. En particulier quand toi, tu t'imposes dans ma vie.

— Il y a certaines choses contre lesquelles on ne peut pas lutter.

Il claqua la portière et, en deux pas, se retrouva face à moi. Je fermai les yeux, embarquée dans son monde, voulant à tout prix lui résister, mais réalisant peu à peu que c'était peine perdue. C'était là, puissant et insoutenable, une attraction invisible qui éradiquait toute forme de pensées rationnelles.

— Tomber amoureux de toi fait partie de ces choses. Je te veux dans ma vie, Charlotte.

Le brouhaha de la foule sembla disparaître, comme effacé. Mon sac glissa de mon épaule, ma fatigue s'évapora ; soudain, je ne ressentais plus que le désir qui dévorait mon corps. Je craignais qu'il ne me touche et, en même temps, je le voulais plus que tout. Je me languissais du contact de sa peau contre la mienne, de la pointe d'adrénaline qui guidait sa vie et affolait la mienne.

— Ce... Ce n'est pas le moment, murmurai-je. Je ne peux pas... Tu fais toujours tes courses.

— Demande-moi d'abandonner et je le ferai, promit-il d'une voix chaude.

Je rouvris les paupières, trouvant son regard sombre et sérieux qui sondait le mien. Mon corps se tendit et mes yeux se voilèrent sous mes larmes contenues.

— Demande-le-moi, Charlotte. Pour toi, je le ferai.

— Jamais je ne te demanderai ça, ce serait injuste pour toi.

— Personne n'a jamais dit qu'on devait être juste.

— Moi, je le dis. Jamais je ne te demanderai d'abandonner la course pour moi. C'est ta passion et on ne peut pas lutter contre ça.

— Bien. Comme tu veux. Et pour ta gouverne, là, je lutte pour ne pas t'embrasser.

— Tu luttes donc contre certaines choses.

— Oui. Tu m'apprends la frustration. Ce n'est pas un sentiment plaisant, mais tu craqueras la première.

— On parie ? raillai-je, avec une assurance qui me surprit.

Il éclata d'un rire franc et heureux qui me tira un sourire. Quand Jérémiah riait, vous ressentiez immédiatement sa joie. Il avait ce même rayonnement et ce même charisme qu'à dix-sept ans. Il charmait en un sourire et séduisait en un regard ; même moi, même aujourd'hui, je devais l'admettre.

A ma grande surprise, il entoura mes épaules de son bras et me fit avancer jusqu'à sa voiture. Il ouvrit la portière et je me décidai à m'y installer, sans rechigner. Puis il se pencha vers moi et prit ma main pour en embrasser la paume.

— Comment disais-tu déjà ? m'interrogea-t-il. Ah oui... « j'ai hâte de perdre », murmura-t-il d'une voix chaude.

Il claqua la portière et il me sembla que mon corps frissonnait d'excitation au même moment.

Jérémiah avait refusé de me dire où nous allions. Je l'avais bombardé de questions, mais il était resté muet, s'autorisant parfois à me rire au nez ouvertement. J'avais toujours détesté quand il faisait ça. Aujourd'hui ne faisait pas exception et l'irritation se mêlait à l'excitation de savoir où il nous conduisait.

Quand, finalement, il se gara devant un immeuble de la Cinquième Avenue, ma curiosité se transforma en inquiétude. Très galamment, il m'ouvrit la portière et tendit sa main pour m'aider à me lever.

— Où sommes-nous ? demandai-je, nerveuse.

— Chez moi.

— Tu as un appartement à New York ?

— Deux, en fait. Mais celui-ci est beaucoup plus grand et j'ai une terrasse.

— Et ton ego tient là-dedans ? me moquai-je.

— J'ai cassé des murs, sourit-il en m'entraînant dans le hall.

Il jeta les clés de sa voiture au gardien, lui recommandant d'être prudent, puis appela l'ascenseur. Je tapai du pied avec impatience, me mordant la langue pour ne pas reprendre mon flot de questions. Jérémiah souriait et me regardait du coin de l'œil. Je sentais sa jubilation emplir la petite cabine.

— Bienvenue chez moi, lança-t-il en ouvrant la porte de son appartement.

Les lieux étaient plongés dans le noir et Jérémiah appuya sur le premier interrupteur. La lumière inonda l'entrée et je me dirigeai vers le salon. Soudain, la grande pièce s'illumina et je vis surgir Gemma et Summer de derrière le canapé.

— Surpriiise ! hurlèrent-elles en brandissant chacune une bouteille de champagne dans leurs mains.

— Mais...

— Surpriise ! firent les voix masculines de Théo et de David.

Je sursautai, une main posée sur mon cœur battant la chamade. Un bouchon de bouteille sauta et, avant que je m'en rende compte, j'avais une coupe à la main et Summer me serrait dans ses bras.

— Tu as réussi ! s'exclama-t-elle.

Elle fit tinter son verre contre le mien et me prit de nouveau dans ses bras. Je me demandai vaguement si elle n'avait pas déjà bu un ou deux verres. Mais Summer rayonnait de joie, me félicitant à l'envi d'être parvenue au bout du périple du barreau. A son tour, Gemma me félicita, suivie par David et Théo. Leurs sourires étaient communicatifs et je me surpris à me détendre.

Nos verres tintèrent de nouveau les uns contre les autres et Gemma poussa le volume de la musique. Elle dodelina de la tête et chaloupa des hanches en approchant de moi. Elle prit ma main et j'eus à peine le temps de confier ma coupe à David qu'elle m'entraînait déjà au milieu du salon dans une chorégraphie douteuse, me faisant rire aux éclats.

Alors qu'elle grimpait sur la table basse, je croisai le regard sombre de Jérémiah. Appuyé contre le mur, il m'observait avec amusement, se caressant pensivement les lèvres de son index. Je murmurai un faible « merci », auquel il répondit d'un hochement de tête.

Je ne parvenais pas à détacher mon regard du sien. Jérémiah me captivait : à la fois égoïste et généreux, arrogant mais prévenant, proche mais inatteignable. Pourtant, quelque chose dans son regard me troubla. Je pouvais y entrevoir de l'amusement, certes, mais aussi un soupçon de tristesse qui effrita mon sourire.

Puis, je compris. Ce n'était pas de l'amusement, mais plutôt du soulagement, comme s'il était heureux d'assister au spectacle, d'être simplement présent. Heureux, et pourtant, une pointe de tristesse errait dans ses yeux. Il me sembla que mon cœur s'arrêtait de battre, pendant que mon corps se contractait, saisi d'une peur irrationnelle. Cette tristesse me rappela celle de ma mère. Celle que j'avais lue lorsque, tandis que nous étions toutes les deux assises sur la balancelle, elle m'avait regardée avec amour et des larmes dans les yeux. Quelques semaines plus tard, elle était morte. Envisager que Jérémiah soit malade m'était insupportable.

La musique ne devint plus qu'un bourdonnement, les rires de Gemma s'envolèrent et, en une seconde, plus rien d'autre n'exista que Jérémiah et son air mélancolique. Je devais m'assurer que tout allait bien, que j'avais simplement mal interprété son attitude.

Je pris deux coupes propres, me saisis d'une bouteille de champagne et avançai vers lui.

— Il faut fêter ça ! lançai-je gaiement.

— Viens.

Il me prit la bouteille et entrelaça ses doigts aux miens. En un instant, son attitude avait changé. Son regard sombre n'avait plus cette pointe de tristesse et son sourire habituel était revenu. Il m'entraîna dans un couloir, puis me désigna un escalier en colimaçon.

Je grimpai les quelques marches et parvins sur le toit aménagé de l'immeuble new-yorkais. Je me figeai à la vue de la ville illuminée, avant de sentir la main de Jérémiah dans le bas de mon dos.

— Ouvrons cette bouteille, proposa-t-il d'une voix chaude.

Le bouchon sauta et aussitôt, le liquide moussa et déborda. Je glissai un verre près du goulot, manquant de mouiller mon jean et mes chaussures.

— A ta brillante réussite, Charlotte, dit-il en levant son verre vers moi.

— Merci. Mais techniquement, je n'ai pas encore l'examen.

— Juste un détail.

— En tout cas, merci pour la petite fête improvisée. C'était très sympa de ta part.

— Mais je suis un mec sympa ! s'exclama-t-il, faussement vexé.

— Je regrette que cette vue ne fasse pas partie de la liste, souris-je. Ça aurait été plus facile à encaisser que le grand huit.

Mon regard parcourut la ville étendue à nos pieds. Pour la première fois depuis que je vivais ici, je me sentais seule au monde. Je pivotai vers Jérémiah, devinant son regard brûlant dans mon dos. Il m'observait encore, il étudiait mes mouvements. Un sourire énigmatique flotta sur ses lèvres, puis il approcha de moi.

— La réponse est cinq, dit-il d'une voix douce.

— Cinq ?

— Sur ta liste, il y a cinq vœux. Et pour te donner la réponse que tu attendais la dernière fois : oui, même pour deux vœux, je me serais battu pour les réaliser avec toi.

— Pour avoir ta seconde chance ? souris-je.

— Aussi. Et pour te voir heureuse. Mais après ce que je viens de voir, je me demande si cette liste est une bonne idée.

— Et qu'as-tu vu ce soir ?

— J'ai vu une fille plutôt jolie faire la fête avec ses amis. J'ai vu une fille qui rayonne de bonheur. J'ai vu une fille qui accomplit ses rêves.

— Et ?

— Et je suis retombé amoureux d'elle instantanément.

Mes jambes vacillèrent et mon souffle se coupa. Je me composai un visage que j'espérais serein, mais mon regard fuyant devait me trahir.

— Dernièrement, j'ai tenté de regarder une de tes courses à la télévision.

— C'est toujours plus impressionnant que...

— J'ai tenu deux minutes. Deux minutes de terreur où je m'inquiétais pour toi. Jérémiah, j'ai appris à vivre sans toi, à faire ma vie, à oublier notre histoire. Je pourrais certainement retomber amoureuse de toi, mais l'idée de savoir que tu risques ta vie me rend malade. Je ne suis pas comme toi, dopée à l'adrénaline et persuadée que je n'ai rien à perdre.

— Je sais ce que je pourrais perdre, chuchota-t-il. Et je sais ce que j'ai perdu. J'arrêterai la course, je... je vendrai mes voitures. Je peux devenir un de ces types chiants à mourir qui siègent au conseil d'administration de la Fondation.

— Et me faire culpabiliser toute ma vie ?

— Toute ta vie ?

Le sourire ravi qui s'étira sur ses lèvres me fit presque regretter d'avoir parlé sans réfléchir.

— Donc on resterait ensemble aussi longtemps ? demanda-t-il.

— Pas si tu deviens un autre homme ! Pas si tu n'es pas « toi ».

— Donc, tu ne veux pas être avec moi à cause de mon métier, mais tu ne veux pas que j'arrête mon métier pour être avec toi.

Il passa une main lasse sur son visage, assimilant lentement sa conclusion. En dix ans, rien n'avait changé : la même impasse et la même douleur qui comprimait ma poitrine. Quand ses yeux retrouvèrent les miens, ils étaient indéchiffrables. Nous nous fixâmes un long moment, conscients de revivre, spectateurs impuissants de notre propre existence, le même instant douloureux où nos chemins allaient se séparer.

— Dans ce cas, je te rends ceci, dit-il finalement.

Il me tendit une feuille de papier pliée en quatre, puis mon collier. Un froid puissant s'insinua sous ma peau. Je tremblais de tous mes membres et j'étais incapable d'articuler le moindre son. Jérémiah prit ma main et la referma sur ses deux cadeaux d'adieu.

— C'est ta liste. Garde-la.

— Quoi ? Mais... non... Ce n'est pas...

La panique me gagnait maintenant. Je ne voulais pas qu'il parte. Je ne voulais pas qu'il me rende ma liste. Je ne voulais pas m'écrouler ici, en pleine nuit, entourée par le silence et le cerveau bourdonnant d'alcool.

— Je voulais réaliser la liste pour te rendre heureuse. Mais puisque tu es heureuse, tu n'as pas besoin de moi dans ta vie.

— Jérémiah, ce n'est pas... On peut rester amis et...

— Amis ? Charlotte, je suis peut-être une tête brûlée, mais j'ai mes limites en termes de torture ! C'est sans toi ou avec toi, pas à côté. Je lutte pour ne pas t'embrasser ici et maintenant. Je ne pourrai pas lutter tout le temps, surtout si je reste près de toi.

Il s'éloigna en direction de l'escalier, me laissant hagarde sur le toit, mes cheveux voletant autour de moi à cause du vent.

Quand j'avais quitté Jérémiah, mon cœur avait implosé. Il avait été soufflé de l'intérieur, détruit, balayé, puis aspiré dans un trou noir. Je me souvenais des larmes, de mes nuits blanches, de ma mine fantomatique dans le miroir. J'étais perdue, seule, incapable de reprendre pied.

Mais ce soir, c'était encore pire. Au lycée, j'avais laissé Jérémiah mener la danse. Ma seule initiative avait été notre rupture, que j'avais complètement assumée. Ce soir, c'était lui qui me laissait conduire, lui qui me donnait le choix, lui qui s'éloignait et qui refusait même l'idée de rester dans ma vie.

La douleur qui m'étreignait était aiguë et violente, déferlant en vagues de plus en plus fortes et me faisant presque tituber. Comme l'aurait fait un anesthésiant, elle engourdissait mes membres et rongeait ma rationalité.

Etais-je vraiment prête à le laisser partir encore une fois ?

Etais-je prête à sentir de nouveau le vide qui creusait mon cœur ?

Je serrai le poing un peu plus fort et décidai de lâcher les freins de mon grand huit personnel. Il était temps d'affronter la descente vertigineuse, la vitesse et le virage trop serré.

— Attends ! criai-je. Je veux faire cette liste.

Il pivota et son regard incertain fit écho au mien. Je marchai dans sa direction et, à mon tour, plaçai ma liste et mon collier dans le creux de sa main.

— Quand je l'ai écrite, j'étais avec toi. Donc, si je dois la faire, il faut que ce soit avec toi, expliquai-je.

La surprise se peignit sur son visage, remplacée rapidement par un voile de doute. Il revint vers moi, son regard noir et déterminé plongé dans le mien. Pendant une courte seconde, j'eus une sensation de déjà-vu : sa démarche, sa confiance, son regard hypnotisant et cette attraction familière qui me liait à lui. Tout me revenait, resurgissant des méandres enfouis de mon cerveau.

— Tu te souviens du soir où j'ai découvert comment tu « courais » ?

— Je me souviens de chaque minute de cette soirée, répondit-il en braquant les yeux sur mes lèvres. Cette soirée a changé ma vie.

— Tu as promis de me courir après si...

— ... si tu prenais la fuite, finit-il pour moi. Cette promesse tient toujours.

— Je veux faire cette liste et je veux la faire avec toi. Alors disons que je te laisse trois minutes, le temps pour moi de descendre rejoindre les autres dans ton salon, pour que tu te décides.

— C'est déjà décidé, sourit-il.

— Et je ne parle que de la liste, précisai-je. Juste la liste, rien de plus.

Rien de plus. Je n'avais aucune idée de ce que je faisais, je me laissais guider par mon instinct et par les réactions confuses de mon corps, tiraillée entre le besoin de garder Jérémiah dans ma vie et la crainte de ce qui pourrait advenir. Peut-être s'agissait-il d'une erreur, mais je devais la faire : je devais apprendre à gérer l'irrationnel, à dompter mes peurs, à ouvrir les yeux sur ce qui m'entourait. J'avais besoin de temps et Jérémiah fonçait à une cadence folle. Je devais le tempérer... le temps d'aller aussi vite que lui, d'accélérer suffisamment pour pouvoir suivre son rythme fou.

— Rien de plus ? répéta-t-il.

— Je ne peux rien te promettre. Je veux juste... Je ne veux pas que tu partes en me laissant avec cette liste. Elle t'appartient autant qu'à moi. On verra où cela nous mène.

— Je veux plus que cette liste.

— Je sais. J'ai juste besoin... de temps. Cela nous évitera sûrement de refaire les mêmes erreurs.

Son corps se tendit, mais je parvins à prendre sa main et à y glisser ma liste et le collier. Mon cœur battait la chamade et mon corps me faisait mal de lui résister, mais rien n'avait changé entre nous.

Rien, sauf l'existence de cette liste qui, pour une raison que je n'arrivais pas à déterminer, me poussait à accepter Jérémiah dans ma vie.

— Tu as trois minutes, tu peux encore prendre la fuite. Maintenant ou jamais, chuchotai-je, avant de déposer un baiser furtif sur sa joue.

D'un pas lourd, je rejoignis l'escalier et claquai la porte derrière moi. Mes jambes tremblaient, de peur, d'excitation et de froid. Je l'avais fait. J'avais défié Jérémiah. J'étais parvenue à le faire douter de ses propres choix.

Au salon, Théo et Summer dansaient l'un contre l'autre, pendant que Gemma discutait avec David. Je m'installai près d'eux et me mêlai à la conversation, tentant d'ignorer les trépidations de mon cœur. Je me retins de fixer le couloir et de guetter Jérémiah. David remplit mon verre, Gemma me fit rire aux éclats et je regardai pendant de longues secondes Summer et Théo. J'enviai presque la sérénité de leur danse, moi qu'une tempête intérieure bouleversait.

Puis je sentis ce tiraillement familier. Il était là. Son parfum rôdait autour de moi. Je devinai son souffle dans mon cou, et sa main agrippa ma hanche.

— Maintenant, alors, murmura-t-il contre ma nuque.

Je hochai imperceptiblement la tête, ravie de le sentir si près de moi. Ma peur s'était envolée dès que j'avais compris qu'il était revenu. Ses lèvres caressèrent ma nuque et glissèrent sur la courbe de mon épaule. Je frissonnai et fermai les yeux, m'enfermant dans notre bulle habituelle. Tout mon corps se contracta, surpris par la vague puissante de désir qui parcourait mon dos.

Comme lui, je n'avais eu que trois minutes. Trois

minutes pour croire à mes mensonges, trois minutes pour faire comme si mettre de l'espace entre Jérémiah et moi était réaliste, trois minutes pour me rendre compte que j'avais perdu la bataille depuis longtemps.

Je n'avais pas la force ni l'envie de le repousser. J'avais eu tellement peur qu'il abandonne la liste, qu'il m'abandonne de nouveau, que le sentir si près de moi me rassurait.

— Je sais à quoi tu penses, dit-il dans un souffle.

— Non, je ne crois pas.

Ma voix tremblait et je me revis à dix-sept ans, inexpérimentée et naïve devant lui. En une parole, Jérémiah parvenait à me faire perdre mes moyens. Je devinais son sourire dans mon cou et, comme à chaque fois que mon corps ne répondait plus qu'à la voix de Jérémiah, j'abandonnai la lutte.

— Si. Je sais. Et je suis d'accord, ça sera dévastateur.

Le lendemain, je passai la journée à dormir. La fatigue que j'avais accumulée et que j'étais parvenue à repousser pendant des semaines m'avait finalement submergée.

Le jour suivant, je revis Claire Thomson dans son cabinet et nous finalisâmes notre prochaine collaboration. Ma mission porterait essentiellement sur les recherches juridiques et les éléments de jurisprudence liés à la peine de mort. Pour fêter cela, elle m'invita à boire un verre dans un bar huppé et hanté par d'autres avocats.

L'ambiance feutrée et un peu guindée me mit mal à l'aise, mais l'arrivée de Peter Tate pour nous tenir compagnie finit par m'aider à me détendre. Ce dernier taquina Claire au sujet de la fameuse bouteille qu'elle lui devait.

— Alors, Charlotte, qu'allez-vous faire de vos vacances ? Je présume que Claire ne va pas vous exploiter dès demain.

Ma nouvelle patronne lui donna un coup de coude dans les côtes, avant de lui adresser un sourire complice.

— Claire me laisse libre jusqu'en septembre. J'ai prévu de passer du temps en Italie avec des amies.

— Oh ! avec l'amie que vous m'avez présentée la dernière fois ?

— En effet. Et avec Summer. Ne me demandez pas ce qu'on va faire, je n'ai pas eu mon mot à dire sur le périple en question !

— La prochaine fois, on parie un voyage à Rome, Peter ! plaisanta Claire.

— Et nous ferons ainsi courir les rumeurs les plus folles sur nous ! renchérit mon ancien professeur.

Je les fixai tour à tour, sans vraiment comprendre leur échange. Il y avait définitivement quelque chose entre eux, mais je ne captais pas la tension sexuelle qui régnait habituellement autour d'un couple.

— Nous ne sommes pas ensemble, précisa Tate. Mais nous adorons le faire croire autour de nous.

Ils reprirent leur conversation, oubliant presque ma présence. Je me sentais de trop, mal à l'aise et définitivement pas à ma place dans ce bar. Une dizaine d'hommes en costume occupaient le bar, des verres à la main. Dans la seconde salle, des rires fusèrent soudain et, parmi les éclats de voix des clients, je captai le nom de Jérémiah.

Je tournai mon attention vers la télévision coincée dans un angle de la pièce, branchée sur la chaîne d'information en continu. Mes doigts se crispèrent autour de mon verre : à l'écran, une voiture de Nascar flambait au milieu de la piste. Quand je vis le numéro « 52 » apparaître dans la fumée, mon cœur s'arrêta net.

— Vous vous intéressez au Nascar ? m'interrogea brutalement Peter.

— Je... Non... Enfin, j'ai fréquenté le même lycée que Jérémiah Montgomery. Il semble être impliqué dans un accident.

Je sentis les regards curieux de Claire et Peter sur moi, mais j'étais incapable d'alimenter une conversation normale. Le bruit de la foule dans le bar n'était plus qu'un bourdonnement désagréable, auquel se mêlait le tambourinement chaotique de mon cœur.

Le commentateur apparut à l'écran, me privant des images que je voulais absolument voir. Sans le son, je n'avais aucune idée de ce qui était en train de se passer. Je tentai de contenir la panique qui me gagnait. Le souffle court, je tendis le cou vers l'écran, espérant en voir plus. Les images du circuit refirent leur apparition, montrant un carambolage impliquant au moins cinq voitures. Un incendie s'était déclaré sur deux d'entre elles, dont celle de Jérémiah. Je serrai mon verre à m'en faire mal, les larmes au bord des yeux. Enfin, des ambulances et des véhicules de pompiers surgirent sur le circuit et masquèrent les voitures accidentées.

Pendant plusieurs interminables minutes, je ne distinguai plus rien sur l'écran hormis la fumée et l'agitation des secours. La course était arrêtée et la chaîne profita de cette interruption pour diffuser en boucle les images de l'accident sous tous les angles possibles. Je ne sentais plus mes jambes et je tirai un tabouret pour m'asseoir avant de m'effondrer.

Le direct reprit et, soudain, une silhouette se dégagea de l'amas de voitures carbonisées. J'abandonnai mon verre et croisai mes mains, priant silencieusement pour que Jérémiah soit ce pilote.

La silhouette retira son casque et, finalement, Jérémiah apparut à l'écran. Malgré son visage noir de fumée et l'état irrécupérable de sa voiture, il arborait un sourire fier. Il leva un pouce à l'intention de la caméra et le soulagement me gagna aussitôt tandis qu'un rire nerveux m'échappait. Jérémiah salua la foule, affichant un visage arrogant. Je m'étais décomposée, envisageant le pire pendant de longues minutes, et lui fanfaronnait d'être un survivant. Je détestais qu'il aime autant la vitesse. Je détestais qu'il l'aime au point de risquer sa vie.

Pourtant, le voir en vie me fit sourire comme jamais. Mon corps se détendit brutalement tandis qu'il soulevait sa casquette et désignait du doigt une petite brûlure sur son front.

— Un jour ou l'autre, sa voiture lui servira de cercueil, commenta Claire.

— C'est sa passion, le défendis-je dans un sourire. Une passion dévorante et dangereuse, mais ça fait partie de lui.

— Vous êtes toujours en contact ?

— Plus ou moins, éludai-je.

La date de la prochaine course s'afficha sur l'écran. Je savais déjà que ce dimanche-là, je trouverais une excuse pour fuir l'appartement et ne pas être tentée de me faire du mal à le regarder courir. Je n'étais pas prête et je n'étais pas certaine de l'être un jour.

J'avais consciencieusement enfermé dans un coin de mon cerveau les souvenirs affreux de l'accident qui avait tout changé entre nous. Pourtant, chaque jour, la cicatrice sur ma clavicule suffisait à me le rappeler.

Ce soir-là, il aurait pu y laisser la vie.

Ce soir-là, j'avais décidé de le quitter.

— Je vais rentrer, je suis crevée, m'excusai-je.

— Vous ne voulez pas un autre verre ? proposa Claire.

— Vraiment, non. Je vais rentrer. Merci pour tout.

Je quittai le bar dans la foulée. Oui, j'étais fatiguée. Oui, l'alcool me grisait un peu. Mais c'était surtout de voir Jérémiah impliqué dans cet accident et de l'imaginer dans cette voiture en flammes qui m'avait bouleversée.

J'eus à peine le temps de glisser ma clé dans la serrure que la porte s'ouvrit. Summer me saisit le bras et me fit asseoir sur le canapé, sans même me laisser le temps de me débarrasser de ma veste ou de mon sac.

— Tu as forcément la réponse, dit-elle en s'installant face à moi.

Gemma, assise près d'elle, hocha la tête frénétiquement. Je retirai ma veste, abandonnai mon sac et me redressai pour aller chercher une bouteille d'eau.

— Ne bouge pas, et explique-nous ça !

Summer posa une boîte à chaussures sur la table basse et me fixa comme si j'étais porteuse du secret de l'immortalité. Je cherchai du secours auprès de Gemma, mais cette dernière regardait fixement la boîte, comme si elle voulait la déplacer par la pensée.

— Je dirais bien que c'est une boîte à chaussures, répondis-je.

— On le sait, merci ! Ce qu'on ne comprend pas, c'est ce qu'il y a dedans.

— Et pourquoi, moi, je le comprendrais ?

— Ça vient de Jérémiah.

Cette seule information suffit à capter mon entière attention. Je soulevai le couvercle de la boîte, découvrant un sachet de pièces de dix cents. Je le retirai de la boîte et découvris en dessous une enveloppe avec mon prénom.

— Bon sang, ouvre cette enveloppe ! On cherche depuis deux heures à comprendre pourquoi Jérémiah t'envoie des pièces, râla Gemma.

— C'est en rapport avec la liste ? demanda Summer.

— Comment veux-tu que je le sache ?

Ces deux derniers jours, j'avais tenté de replonger dans les souvenirs de cette fameuse soirée chez Jérémiah. La pièce de théâtre, sa chambre, nos deux corps enlacés... Mais impossible de me rappeler de ce que j'avais écrit, et cela m'agaçait de plus en plus.

Je sortis une carte de visite de l'enveloppe — carte de Jérémiah — avec, au dos, juste une mention manuscrite :

UN INDICE, POUR LA SEMAINE PROCHAINE.

— C'est un indice, expliquai-je.

— Un indice ? répéta Summer, visiblement déçue.

— Il t'envoie des pièces et c'est un indice, répéta Gemma.

— Je suis fatiguée, les filles. Est-ce qu'on peut en reparler demain ?

— Bien sûr que non ! s'exclama Summer. Et dis-nous ce que vous avez fait à Norfolk pour ton premier vœu !

— Pourquoi je ferais ça ?

— Ça nous donnerait sûrement une piste pour lever ce mystère-là.

— Et si je ne veux pas lever le mystère ?

Ma riposte prit Gemma et Summer de court. Parmi toutes leurs hypothèses, elles n'avaient sûrement pas prévu que j'aimais l'effet de surprise. Contrairement à elles, l'indice n'attisait pas ma curiosité. Au contraire, il me donnait la sensation de partager un secret inviolable avec Jérémiah. Gardant la carte entre les mains, je profitai de l'instant de stupéfaction pour échapper à l'interrogatoire de mes amies et me levai du canapé.

— Charlotte, tu ne peux pas nous faire ça ! Tu dois bien te souvenir de quelque chose.

— En rapport avec des pièces ? Non, vraiment rien. Et avec Jérémiah, je m'attends à tout.

— Il t'emmène à Vegas ! s'enthousiasma brutalement Gemma. Pour jouer aux machines à sous, compléta-t-elle en me voyant blêmir.

— Je ne vois vraiment pas pourquoi on ferait ça, inter-vins-je prudemment. Je n'ai jamais rêvé d'aller à Vegas... et encore moins de perdre de l'argent dans une machine à sous.

J'avais oublié la liste mais tout de même, je savais ce que je n'avais pas pu y inscrire. Summer fixait toujours le sac comme si, par magie, il allait lui révéler la clé de l'énigme. Jérémiah serait tellement fier de se savoir le centre de notre conversation.

— Il y a au moins cinquante dollars dans ce truc, estima-t-elle. Et pourquoi dans une boîte à chaussures ?

— Parce que c'est plus pratique, suggérai-je.

— Peut-être qu'il va t'offrir une paire de chaussures hors de prix, proposa Gemma.

— On parle de Charlotte, elle est allergique à toute forme de mode. Aucune chance qu'elle ait pu écrire ça sur sa liste. En revanche, sur la mienne... Et s'il te remboursait quelque chose ?

— Dans ce cas, je lui aurais demandé l'argent directement, sans passer par une liste. Je vais me coucher, les filles. Vous pouvez déblatérer sur cette boîte pendant des heures, je n'en sais pas plus que vous.

— Et pourquoi pas pour les mettre dans un juke-box ? s'interrogea Gemma.

— Tu vis dans les années 1950 ? objecta Summer.

— Bonne nuit ! lançai-je en riant.

Je pris une douche tout en entendant Gemma et Summer se perdre en hypothèses et se chicaner pour déterminer laquelle d'entre elles avait l'idée la plus improbable. Apparemment, le juke-box tenait le haut de l'affiche.

Dans mon lit, et malgré la fatigue, je luttai pour trouver le sommeil. La carte de Jérémiah était à mon chevet et, après avoir passé vingt bonnes minutes à la fixer, je me décidai à prendre mon ordinateur.

L'appeler, vu l'heure, était exclu.

Mais lui envoyer un message était sans risque. J'avais une excuse parfaite : la bonne réception de son colis surprise.

De : Charlotte Parker
A : Jérémiah Montgomery
Le : 14 juillet 2015 à 23 h 34

Jérémiah,
Je ne sais comment te remercier pour avoir su occuper de manière intéressante et constructive mes deux amies.
Summer et Gemma bavassent devant un sachet de pièces de dix cents, envisageant entre autres une virée à Vegas et l'achat d'une paire de chaussures de luxe.
Si l'indice visait à attiser ma curiosité, c'est loupé.
Prends soin de toi. En particulier au volant.
Charlotte, qui chausse du 38 (au cas où !).

Je refermai l'ordinateur, un peu apaisée. Je remontai la couette sur moi et m'endormis enfin, un sourire aux lèvres.

*
* *

A mon réveil, l'appartement était beaucoup plus calme. Summer était partie faire son footing habituel, et Gemma était rentrée chez elle. Le salon n'était pas en miettes, preuve que leur conversation n'avait pas trop dégénéré.

Je me fis un café et lançai mon ordinateur. Dans quinze jours, nous serions en Italie et j'avais tout de même envie de faire quelques recherches sur Rome. Summer entra dans l'appartement à l'instant où je portais mon mug à mes lèvres.

— Je pensais te trouver au fond de ton lit.

— Je pensais trouver du sang sur les murs, souris-je.

— Nous n'avons pas résolu le mystère, mais je sais qu'un jour tu m'en parleras.

— Vraiment ? Et pourquoi ?

— Parce que tu finiras par redevenir rationnelle et tu t'interrogeras sur Jérémiah et toi, un peu comme les gens s'interrogent sur le bien et le mal.

— Je ne suis donc pas rationnelle ?

— Pas en ce moment, et pas quand tu es avec lui. Mais je trouve ça plutôt sympa de retrouver la Charlotte irrationnelle. Elle est beaucoup plus drôle.

— Eh bien... merci, raillai-je.

Mon ordinateur me signala l'arrivée d'un nouveau message. Le nom de Jérémiah me fit immédiatement oublier les remarques de Summer.

De : Jérémiah Montgomery
A : Charlotte Parker
Le : 15 Juillet 2015 à 09 h 14

Charlotte,
Oublie les chaussures.
Je ne cherchais pas particulièrement à attiser ta

curiosité. Mon but est de t'attiser toi et de faire en sorte de te rendre heureuse.
Je suis toujours prudent. En particulier quand je pense à toi.
Prépare-toi à passer un moment… dévastateur.
Jérémiah, qui jure de t'embrasser mercredi.

— Tout va bien ? s'enquit Summer. Tu es bien silencieuse.

— Oui. Oui, ça va.

Je refermai le portable d'un geste sec. Je savais que jusqu'à mercredi j'aurais un sourire niais sur les lèvres.

Et je savais que mercredi je laisserais Jérémiah m'embrasser.

L'avantage de passer l'examen du barreau, c'est que jusque-là j'avais eu l'esprit constamment occupé par des textes de jurisprudence et des articles de lois. J'avais eu un rythme, un planning.

Désormais, j'avais tout loisir de penser à Jérémiah et à cette liste énigmatique. Gemma avait proposé l'hypnose pour me rafraîchir la mémoire. J'avais refusé net. J'aurais aimé me souvenir de cette liste, mais l'inconnu m'aidait à ne pas être trop tendue à l'idée de réaliser mes vœux.

Du moins, c'est l'excuse farfelue que j'avais servie à Gemma. Elle ne m'avait pas crue, mais avait assez d'affection pour moi pour faire comme si.

J'avais tout de même pris le temps de renvoyer un message à Jérémiah quelques jours après sa réponse.

De : Charlotte Parker
A : Jérémiah Montgomery
Le : 19 juillet 2015 à 12 h 01

Jérémiah,

En guise d'indice, j'aurais préféré un dress code. Une femme a besoin d'un minimum d'informations pour être à son avantage, en particulier quand elle s'en remet à un type imprévisible et qui a failli se faire tuer au 125e tour.
Et tu te dis prudent ? Mes fesses !

Charlotte, carrément fâchée.

De : Jérémiah Montgomery
A : Charlotte Parker
Le : 19 juillet 2015 à 12 h 15

Charlotte,
Dans mon souvenir, tes fesses sont délicieuses. Du coup, pour le dress code, je dirais bien nue, mais je suis à peu près certain que franchir la porte de ton immeuble sera impossible.
Impossible ou indécent.
Viens comme tu en as envie. Je sors avec toi, pas avec tes vêtements. Ce qui te donne donc une excuse supplémentaire pour être nue.

Jérémiah, qui sait que tu l'allumes.
P-S : je viendrai te chercher vers 20 heures, sois à l'heure.

Sur le coup, son mail m'avait fait éclater de rire. Mais maintenant que je devais me préparer pour notre soirée, il me collait un début de migraine : j'étais tombée dans le piège de Jérémiah en cherchant, en vain, à quoi pouvaient servir ces pièces. Je poussai un soupir à fendre l'âme, debout, en peignoir devant mon armoire. Aujourd'hui, la météo avait été loin d'être estivale : de la pluie, de la grisaille et un froid terrible qui s'insinuait même dans vos os. Mettre une robe était exclu.

— Je t'ai rapporté mon haut, fit la voix de Summer derrière la porte. Je peux entrer ?

— Entre.

Elle s'installa sur le lit, et adressa un sourire à mon reflet dans le miroir. Elle ruminait toujours sur l'indice du sac de pièces. Elle avait épuisé son stock — assez maigre — de théories, et rongeait son frein, persuadée qu'à l'arrivée de Jérémiah elle aurait sa réponse.

— J'ai demandé un dress code à Jérémiah.

— Il t'a répondu ?

— Oui. A sa façon. Je ne sais pas quoi mettre, soupirai-je de nouveau. Un jean peut-être ?

— Et tes ballerines, conseilla-t-elle en me tendant un chemisier fluide en soie ivoire.

— Wow ! C'est le haut que tu as payé une fortune ? m'enquis-je, surprise.

— J'espère bien un retour sur investissement. J'ai un rencard en fin de semaine.

Je me débarrassai de mon peignoir et enfilai mon jean devant Summer. Je pivotai devant le miroir plusieurs fois, vérifiant la tenue de mes « délicieuses fesses ». Mes sous-vêtements étaient basiques, de couleur ivoire, et n'appelaient pas particulièrement à la luxure.

— Avec qui sors-tu ? demandai-je en enfilant le haut de Summer.

— William. Oui, oui, je sais ce que tu penses.

— Je n'ai rien dit ! m'exclamai-je. Mais je pensais que tu avais fait un trait sur lui.

— Et je pense sincèrement que j'ai besoin d'une thérapie pour gérer mes relations avec les hommes. Mon père a laissé des traces plus profondes que je ne l'imaginais.

Elle se leva et, avec douceur, retira la pince de mes cheveux, laissant cascader les mèches sur mes épaules. De nouveau, elle m'offrit un sourire chaleureux.

— Ça me rappelle la première fois où je suis venue chez toi, avant que tu sortes avec Jérémiah. Ça fait une éternité !

— Oui. Nous avions fini par regarder un film chez lui.

Soudain, un souvenir précis resurgit. Allongée sur le lit de Jérémiah, j'écris ma liste sur son bloc-notes. Il m'écoute en jouant distraitement avec mes cheveux, quand je tente de m'appliquer avec sérieux.

Je me souviens de son sourire, de son regard, du contact léger de ses doigts contre ma tempe.

— Ça va ? demanda Summer.

— Je me souviens. Je me souviens du soir où nous avons fait cette liste.

Ma voix s'étrangla dans ma gorge et un frisson courut sur mon échine. Ce simple souvenir me bouleversait et j'écrasai une larme au coin de mon œil. J'étais assaillie par les sensations, avalée dans cette bulle de bonheur que Jérémiah et moi avions formée dix ans auparavant, et mon cœur s'affolait, comme si je me réveillais enfin après un cauchemar horrible.

— Tu es certaine que ça va ? De quoi te souviens-tu ?

Je secouai la tête, puis fronçai les sourcils. Je voulais retenir ce morceau de souvenir, mais il m'échappait, il me glissait entre les mains et un brouillard épais le recouvrait déjà. C'était terriblement frustrant.

— Ça va bien se passer, me rassura Summer. Pour être honnête, je suis épatée par la façon dont tu gères cette histoire.

— Je ne crois pas gérer quoi que ce soit ! Je... Je veux juste faire cette liste.

— Avec lui. Tu veux faire cette liste avec lui.

— S'il est à l'heure, oui, souris-je en jetant un coup d'œil à ma montre.

Au même instant, la sonnerie de la porte de l'appartement retentit. Summer arqua un sourcil, pendant qu'un sourire triomphant s'étirait sur ses lèvres. Même à distance, Jérémiah parvenait à me contredire.

— Pour toi, il est toujours à l'heure.

— Il a seulement dix ans de retard, lui fis-je remarquer avec ironie.

— Un détail, un détail, éluda-t-elle en quittant ma chambre.

Je glissai le collier autour de mon cou, fixant mon reflet dans le miroir en pied. Mes yeux brillaient d'excitation et mon teint était lumineux, enfin débarrassé de ces cernes énormes. Je réajustai la cage nichée dans mon décolleté et pris une profonde inspiration.

— Allons-y, faisons cette liste, dis-je pour m'encourager.

— Charlotte ! Tu vas être en retard ! me cria Summer.

Un sourire s'étira sur mes lèvres. J'avais de nouveau dix-sept ans.

Je sortis de la chambre et retrouvai Jérémiah et Summer qui discutaient dans le salon. Summer tenait des fleurs à la main. J'adressai un regard surpris à Jérémiah. Il haussa les épaules, dépité, me faisant éclater de rire. Ma nervosité s'évapora en un instant. Jérémiah approcha de moi et détailla ma tenue.

— Désolée, je n'ai pas suivi à la lettre tes instructions.

— Aucun problème. Les préliminaires seront juste un peu plus longs, concéda-t-il dans une moue irrésistible de séducteur.

— C'est le haut de Summer. Si tu l'abîmes, elle peut te tuer à mains nues.

Il réduisit l'espace entre nous et planta son regard

dans le mien. Il portait un T-shirt noir, qui révélait ses avant-bras et ses tatouages. Son jean brut lui allait impeccablement et je remarquai le Perfecto jeté sur le canapé. Une barbe légère ornait le bas de son visage et ses yeux d'encre brillaient d'excitation. Le crépitement reprit, intense, claquant dans l'air comme autant d'avertissements. Le bon sens aurait été de reculer, de baisser les yeux ou peut-être d'éclater de rire devant son air si sérieux. Mais il y avait ce lien puissant et indéfectible entre nous, un lien qui m'attachait de plus en plus à lui, un lien que nous seuls pouvions comprendre et sentir. Ma peau me picotait et ma respiration devint laborieuse.

Jérémiah plongea la main dans la poche de son jean et en sortit deux billets de cent dollars.

— Ça ira comme dédommagement, Summer ?

— Je ne vais pas réellement te tuer, répondit-elle en riant.

— Certes. Mais je risque réellement d'abîmer ce joli… vêtement.

Il posa les deux billets sur la table près de lui. Je croisai furtivement le regard éberlué de ma colocataire. Je trépignais presque d'excitation et d'anticipation à l'idée de découvrir mon vœu, passant d'un pied à l'autre.

— Allons-y, nous avons un horaire à respecter, reprit Jérémiah.

— Je… Je vais prendre ma veste et les pièces.

— Les fameuses pièces, railla Jérémiah. Tu as percé le mystère, Summer ?

— Non, ronchonna-t-elle.

— Charlotte m'a parlé de deux options, quelque part entre une paire de chaussures et Vegas.

Un silence surnaturel s'abattit dans notre petit salon. Summer échangea un regard avec moi, stupéfaite. J'enfilai ma veste et fis mine d'ignorer la scène. Je glissai le sachet de pièces dans mon grand sac, puis calai ce dernier sur mon épaule.

— Je suis prête, lançai-je avec une désinvolture feinte qui me fit grimacer.

— Tu peux oublier la première option, dit Jérémiah.

— Donc, pas les chaussures.

— Non.

— Et la seconde ? demanda Summer hâtivement.

Mon cœur battait à une cadence folle dans ma poitrine. Je voulais savoir ce que Jérémiah mijotait : je n'étais qu'impatience et curiosité. J'avais pourtant dit à Summer que l'indice ne me tourmentait pas et je m'étais promis de ne pas me retourner le cerveau pour retrouver les éléments de cette liste. J'avais été... raisonnable et confiante.

Deux mots qui n'appartenaient pas au monde de Jérémiah.

— La seconde option est tentante, répondit-il.

Ses yeux amusés trouvèrent les miens, absolument paniqués. Je me jurai d'ouvrir le prochain indice dans l'intimité de ma chambre. Summer était bien trop enthousiasmée par cette histoire pour être... raisonnable. D'ailleurs, qui était raisonnable autour de moi ?

— Et la seconde option nous attend pour passer une bonne soirée, précisa Jérémiah.

Il me rejoignit, m'offrit sa main, paume ouverte vers moi, et risqua un sourire, qui anéantit toute pensée cohérente.

— Allons faire cette liste, me proposa-t-il alors que j'entrelaçais nos doigts.

*
* *

— Donc, on ne va pas à Vegas ? demandai-je après quelques minutes de silence dans la voiture.

— Non. Ce n'est pas ce que j'ai prévu pour ce soir. Mais je peux toujours changer mes plans.

— Tes plans ? Je crois que c'est la première fois que j'entends ce mot dans ta bouche.

— Réaliser tes rêves demande un peu d'organisation et une ou deux nuits blanches. Mais je trouve que cela en vaut la peine. Je trouve que tu en vaux la peine.

Je baissai les yeux sur mes mains jointes. Cette soirée était un cap à franchir : je devrais décider si je laisserais Jérémiah se réinstaller dans ma vie ou si, au contraire, je tirerais un trait définitif sur notre histoire.

— Je t'ai donné un sac entier de pièces, je n'ose même pas t'offrir un penny pour tes pensées, dit Jérémiah avec humour.

— Je me disais que tu étais incroyablement prudent.

Ses mains se resserrèrent sur son volant et il jeta un coup d'œil vers moi. Son regard sombre se braqua sur mes mains, puis sur ma bouche. Il arqua un sourcil, me faisant clairement comprendre qu'il savait que je mentais.

Comment faisait-il pour me connaître aussi bien ?

— A quoi pensais-tu, réellement, Charlotte ?

— Au soir de l'accident, avouai-je finalement.

— Curieux, moi j'appelle ça le soir où tu es partie.

La pointe d'amertume dans sa voix ne m'échappa pas. Je fixai son profil, espérant qu'il en dise plus. Nous n'avions pas reparlé de notre rupture et mon instinct me forçait à l'évoquer. Quoi qu'il se passe ce soir, nous ne pouvions pas faire comme si n'avions pas déjà un passé commun.

Nous avions commis des erreurs, j'avais souffert, il avait tourné la page. Finalement, les seules traces visibles de cette soirée, c'était le visage marqué de Théo et ma cicatrice sur la clavicule.

— Ma vie était un champ de ruines, murmurai-je. Je n'avais plus rien.

— Tu m'avais moi. J'aurais été là pour toi, Charlotte. Pour tout : pour les frais de justice de ton père, pour les soins médicaux de ta mère. J'aurais tout fait pour toi.

— Je devais affronter tout ça !

— Personne n'a dit que tu devais l'affronter seule. C'était mon rôle de t'aider, c'était mon rôle de te rendre heureuse. Et je compte reprendre ce rôle dès ce soir, parce que je t'aime.

Son aveu me coupa le souffle. L'air se raréfia dans la voiture, pendant que je regardais la route devant moi, sans vraiment la voir. Je pouvais reprocher tout un tas de choses à Jérémiah, mais que ce soit dans les moments heureux ou même au volant de sa voiture, il était toujours d'une profonde sincérité.

— Tu crois que je ne suis pas heureuse ? demandai-je d'une voix étranglée.

— Tu crois que je fais cette liste uniquement pour te reconquérir ?

— C'est ce que tu m'as dit : que tu voulais une seconde chance avec cette liste.

— J'aurais pu avoir ma seconde chance avec des fleurs et un simple dîner.

— Je suis un peu plus exigeante qu'il y a dix ans, ripostai-je, vexée.

— Quand une chose est évidente, elle s'impose. Toi et moi, c'est l'évidence. Je ne vois pas pourquoi ça devrait être compliqué. Tu as toujours souhaité donner des explications à tout. Un jour ou l'autre, tu devras admettre que certaines choses relèvent de l'inexplicable.

Il m'adressa un clin d'œil complice, évacuant ainsi la tension qui s'était installée dans la voiture. Je fixai ses avant-bras tatoués, m'interrogeant furtivement sur les tatouages que je n'avais pas encore vus. J'avais quitté un Jérémiah immature et fou furieux et je retrouvais un Jérémiah philosophe et déterminé.

Il y avait pourtant une chose qui n'avait pas changé en dix ans : j'étais toujours fascinée par lui.

— Si tu me disais maintenant où on va ?

— On va faire un truc que nous n'avons jamais fait ensemble.

Devant mon visage perplexe, son sourire s'élargit. Il accéléra, slaloma entre plusieurs voitures et sembla savourer mon silence embarrassé.

— Je vais filer cet indice à Summer, ça lui donnera de quoi réfléchir, plaisantai-je.

— Ta liste est relativement simple, tu n'étais pas très extravagante à dix-huit ans.

— Je sortais avec toi. En termes d'extravagance, ça compte pour toute une vie.

— Toute une vie, soupira-t-il. J'adore t'entendre dire ça.

— Toute une vie, répétai-je dans un murmure.

Il profita d'un arrêt à un carrefour pour se tourner vers moi. Son regard d'onyx plongea dans le mien et tout mon corps se tendit d'anticipation. Les attaques de Jérémiah étaient toujours imprévisibles et efficaces.

— Ne fais pas foirer mon plan, me prévint-il. J'ai promis de réaliser ton vœu, de te ramener chez toi et de t'embrasser sur le pas de ta porte.

— Et si je ne suis pas d'accord ?

Son sourire répondit au mien. Je savais que cette conversation lui rappelait notre première sortie. Il haussa un sourcil amusé, puis posa sa main sur ma joue. Son pouce caressa ma bouche légèrement entrouverte. Ma respiration ne fut plus qu'un maigre souffle, pendant que mon cœur partait dans une course folle.

— Tu es d'accord, conclut-il avec une lueur victorieuse dans le regard.

— Alors, qu'est-ce que tu attends ?

— Toi. Je n'attends que toi, depuis dix ans. Et je crois que je peux encore attendre deux heures.

Son pouce passa subrepticement entre mes lèvres, déclenchant une vague de désir dans tout mon corps. Quand il retira sa main de mon visage, le manque me vrilla instantanément l'estomac. Cette attraction perpétuelle que je sentais à chacune de nos rencontres était désormais insoutenable. Je me consumais pour Jérémiah, tout mon corps vibrait pour Jérémiah, je vivais pour Jérémiah.

Il s'écarta, reprenant sa place derrière le volant. Malgré ses efforts pour le cacher, j'entendais sa respiration courte et je sentais la tension irradier de son corps.

— Et pour ta gouverne : je te drague, dit-il en souriant, heureux.

— C'est bien ce qui me semblait. Tu ne veux pas me donner un autre indice ?

— Non.

— Même pour me faire plaisir ?

— Tu cherches à m'amadouer ? rit-il.

— Ça marchait au lycée. Au moins pour ouvrir la porte récalcitrante de mon casier.

Il éclata d'un rire joyeux, puis secoua la tête. Sa gaieté était contagieuse, mais je ne comprenais pas pourquoi cette histoire de casier déclenchait une telle hilarité.

— J'ai moi-même trafiqué la serrure pour que tu ne puisses plus te passer de moi.

— Un coup monté ? m'étonnai-je, à la fois surprise et mortifiée de m'être fait berner.

— Je pensais que tu t'en rendrais compte.

— Monsieur Montgomery, je suis particulièrement choquée par cette façon de faire, bien loin de vos manières de gentleman de bonne famille.

Il prit le temps de sortir de l'autoroute, avant de me jeter un regard de prédateur en pleine chasse. Je m'enfonçai dans mon siège et attendis, fébrile, la réaction de Jérémiah.

— Tu réveilles mes plus bas instincts.

— Parce que c'est ma faute ?

— Avant toi, ma vie était normale. Normale et terriblement ennuyeuse, précisa-t-il. Maintenant, j'annule mes entraînements et je m'apprête à faire près de cent kilomètres pour réaliser un vœu. Voilà ce qui, moi, me choque, miss Parker. Ça, et le fait que quelqu'un ait collé le loquet de ce casier.

Un ange passa. Jérémiah retenait son sourire victorieux, pendant que je cherchais un moyen de me sortir dignement de cette situation. Ma réflexion fut vaine : même en sautant de la voiture en marche, je perdrais la face.

— Je ne vois pas de quoi tu parles, débitai-je, sans frémir.

— Je parle de l'odeur de la colle à bois, que certains décorateurs utilisent pour restaurer des meubles d'époque.

— Intéressant, marmonnai-je.

— Il faut croire que quelqu'un a des instincts encore plus primitifs que les miens.

Je tournai mon visage vers la vitre. Je n'étais pas prête à assumer mon sabotage puéril de porte de casier. Et jamais je n'avouerais que la serrure avait été réparée et que cela m'avait désespérée au point de prendre ce genre de mesures extrêmes.

— Charlotte ? m'appela Jérémiah.

— Oui.

— Je suis tombé amoureux de toi et tes bas instincts à cause de la colle à bois. Et c'est la meilleure chose qui me soit jamais arrivée, il est donc hors de question que tu en aies honte.

Il saisit ma main et la porta à sa bouche pour déposer un baiser sur ma paume. Ce seul contact suffit à me faire oublier ma contrariété et ma consternation. Les yeux de Jérémiah s'ancrèrent aux miens, et j'y lus toute sa sincérité et son indulgence. J'avais dû faire quelque chose de génial dans une vie antérieure pour avoir Jérémiah.

Ma main resta dans la sienne durant tout le trajet et cela suffit à me convaincre que j'avais fait le bon choix en lui demandant de réaliser ma liste.

— Où sommes-nous ? demandai-je alors que Jérémiah coupait le moteur.

— A destination. J'espère juste que la météo ne va pas gâcher la soirée.

Jérémiah sortit de la voiture et me rejoignit. Il déposa sa veste en cuir noir sur mes épaules et m'attirant contre son torse, me frictionna les bras avec énergie. La nuit était tombée et je frissonnai, surprise par la température. Autour de nous, de grands arbres s'élevaient, desquels gouttait de l'eau de pluie. Le vent souffla dans les feuilles et nous saisit.

— Désolé, je ne pensais pas qu'il ferait aussi froid. Ça va ? s'inquiéta-t-il.

— Oui, tout va bien. Tu vas me dire ce qu'on fait au milieu de cette forêt ?

— C'est un parc. Viens.

— Tu ne me bandes pas les yeux, cette fois ?

— Non. Je vais être clément : je t'ai déjà percée à jour pour la colle à bois, c'est une torture suffisante pour la soirée.

Il entoura ma taille de son bras et m'entraîna vers ce que je supposais être l'entrée du parc. Nous croisâmes deux autres personnes, qui dévisagèrent Jérémiah avec curiosité. Il les salua d'un mouvement de tête furtif, avant de concentrer son attention sur moi.

— Tu as les pièces ?

— Oui.

— Parfait.

Un stand apparut à quelques mètres devant nous. Derrière le comptoir se tenait une femme âgée, aux yeux bleus perçants et dont les cheveux blancs étaient maintenus dans un chignon sévère. Elle esquissa un sourire en nous voyant et Jérémiah sortit son portefeuille.

— Deux places et une couverture, s'il vous plaît, demanda-t-il. Charlotte, tu peux nous prendre de quoi grignoter pendant le film.

— On va voir un film ?

— Oui.

— Dans un cinéma ?

— Oui. En plein air.

— Et c'est ça mon vœu ? m'étonnai-je.

— Presque. Ton vœu, c'est de vider la machine.

Je le dévisageai, abasourdie. Mon regard passa de lui à la dame du guichet, sans vraiment assimiler ce qu'il venait de me dire. La veste glissa de mes épaules et, dans un réflexe inédit, je parvins à la retenir.

— Vider la machine ? répétai-je.

— La machine à bonbons est juste derrière toi,

tu as suffisamment de pièces pour la vider au moins trois fois.

Je le fusillai du regard en constatant qu'il réprimait un rire. Il se moquait ouvertement de moi. Je secouai la tête, refusant même l'idée d'acheter un seul de ces bonbons. Jérémiah croisa les bras sur sa poitrine et, de l'index, m'indiqua le collier. Je fixai pendant un court instant un de ses tatouages, représentant un dessin tribal enroulé autour de son poignet et remontant jusqu'à son biceps, comme une invitation à en savoir plus sur lui.

— Tu le portes, tu le fais.

— Mais c'est ridicule !

— Je n'ai jamais dit que ta liste était parfaitement sensée. Il y a deux ou trois choses rationnelles et le reste... Disons que le reste a visiblement été écrit sous l'influence de quelqu'un de bien.

— Impossible, j'étais avec toi. Sur ton lit, ajoutai-je avec une pointe de perfidie.

Ma remarque le désarçonna et il s'approcha de moi. Son regard noir trouva le mien, vérifiant la véracité de mon aveu. Mon corps se tendit aussitôt et ma respiration devint haletante. Je ne savais pas s'il était plus surpris par ma remarque ou par mon ton.

— Tu te souviens ? demanda-t-il.

— Oui. Uniquement de ça. De toi et moi sur ton lit. J'ai écrit ma liste sur ton bloc-notes.

— C'est ça, murmura-t-il.

Un sourire lumineux éclaira son visage. Je pensais avoir marqué un point en lui révélant que le souvenir de la rédaction de cette liste me revenait. Mais Jérémiah semblait surtout heureux et soulagé. Ses yeux pétillaient de malice.

— Tu dois quand même acheter ces bonbons, reprit-il. Tu l'as mis sur ta liste : aller au cinéma et vider le distributeur de bonbons. C'est maintenant ou jamais.

— Si je dis « jamais », tu vas faire quoi ?

— Rien. Je ne fais pas cette liste pour moi.

— Je suis habituée à ce que tu contrecarres mes plans. Normalement, tu as une parade pour tout.

— Si c'était le cas, nous n'aurions pas rompu il y a dix ans, me fit-il remarquer un peu durement.

Je poussai un profond soupir, consciente que cette conversation ne prenait pas le chemin escompté. Je ne voulais plus parler de cette fameuse journée, je ne voulais plus parler de l'accident, cela me rappelait trop de souvenirs douloureux.

— Je propose que nous ne parlions plus de cette... rupture, proposai-je, plus conciliante.

— Je propose que tu réalises ta liste. Et je propose que tu le fasses sans rechigner.

— Je n'ai pas changé à ce point ! m'esclaffai-je.

— Ça serait moins drôle si tu avais changé à ce point. Va vider ce distributeur.

— Je ne sais pas ce qui me surprend le plus : cette histoire de cinéma ou le distributeur.

— Le film commence dans dix minutes, à ta place, je ne traînerais pas.

— Tu ne m'aides pas ?

— Ta liste, ta mission. Mais je vais te regarder.

Il m'embrassa furtivement sur le front, avant de retourner au guichet et de s'y adosser. Je restai de longues secondes, perdue, fixant la machine à bonbons comme si elle était l'incarnation du démon.

Jérémiah était l'incarnation du démon.

— Faisons cette liste, bougonnai-je, mécontente.

Agenouillée devant le petit distributeur, j'ouvris le sachet de pièces. J'en glissai une dans la fente, tournai la poignée et récupérai la première boule de chewing-gum. Je la mis dans ma bouche et grognai en sentant l'acidité tapisser ma bouche. Je réitérai mon geste, encore et encore, glissant des boules dans mes poches.

Et Summer qui pensait que j'allais à Vegas. Si elle me voyait, elle m'en parlerait jusqu'à la fin des temps. Mon petit rituel près du distributeur dura dix minutes. Je consentis à m'en écarter seulement quand un client me le demanda pour se servir lui aussi. Je plaçai un maximum de boules dans les poches de la veste de Jérémiah puis, quand elles furent pleines, directement dans le sachet qui avait détenu mes pièces. Je me sentais ridicule et atrocement puérile.

Et je vais défendre un type qui risque la peine de mort, songeai-je, consternée.

J'échangeai un bref regard avec Jérémiah. Il retint difficilement un sourire et esquiva adroitement les quelques boules de chewing-gum que j'utilisai comme projectiles. Quand la dernière boule dégringola, je poussai un cri de joie. Je commençais à me demander si la femme du guichet n'était pas de mèche avec Jérémiah : elle avait sûrement rempli cette machine à ras bord juste avant notre arrivée.

— Mission accomplie, me félicita Jérémiah quand je le rejoignis.

— Avoue que tu as demandé à faire remplir ce truc avant ce soir ?

— Presque. J'ai acheté la machine cette semaine.

Il éclata de rire, fier de son initiative, et adressa un clin d'œil à la caissière. Je levai les yeux au ciel, feignant l'indignation. Mais, au fond de moi, je trouvais que c'était presque touchant et prévenant de sa part.

Les poches pleines de bonbons, nous rejoignîmes l'espace où était projeté le film. Les boules s'entrechoquaient dans mes poches et ce petit son incongru fit tourner la plupart des visages vers moi. Jérémiah étala la couverture à l'écart de la foule et m'invita à m'asseoir.

— Je peux en prendre une ?

Il glissa une main dans une poche de sa veste et mit une boule dans sa bouche. Je cherchai à retenir mon rire mais, sous son regard, c'était impossible. Il avait cette expression enfantine et heureuse d'il y a dix ans. Cette même expression qu'il arborait quand il était fier de voir un de ses traquenards se refermer triomphalement sur moi.

— Viens t'installer, proposa-t-il.

— Je peux garder ta veste ?

— Evidemment, tant qu'on partage les bonbons.

Il s'assit sur la couverture et je m'installai à côté de lui. Il leva les yeux au ciel d'agacement, se redressa, et se rapprocha pour s'installer derrière moi. Ses bras entourèrent ma taille et m'attirèrent plus près de lui, son torse musclé contre mon dos, son souffle chaud derrière mon oreille. Combien de soirées avions-nous passées dans cette position ?

Je sentais son cœur battre et résonner dans tout mon corps. Ses mains me serrèrent un peu plus fort et je m'installai plus confortablement contre lui, appréciant la chaleur de son corps contre le mien. Distraitement, je passai mon index sur un tatouage et j'en dessinai les contours, admirant la réaction de sa peau.

— S'il se met à pleuvoir, je ne pourrai rien faire, murmura-t-il.

— A mon avis, tu défies le destin en voulant nous faire assister à cette séance de cinéma.

— Je me suis dit que c'était prématuré de t'attirer dans ma chambre.

— Tu as eu peur que je prenne la fuite ?

— J'ai eu peur de vouloir t'y séquestrer.

De la main, il repoussa ma chevelure et déposa un baiser tendre sur ma nuque. Devant nous, l'écran s'éclaira et la foule se tut progressivement. Je glissai mes mains dans celles de Jérémiah et savourai la réaction de mon corps, entre pulsion irrésistible et crainte absolue.

Je ne voulais pas retomber amoureuse de Jérémiah : c'était trop dangereux, trop violent, trop risqué. Pourtant, c'était en train de se produire. Lentement, je glissais, je me laissais emporter dans sa douce folie.

Il me serra un peu plus fort contre lui et posa sa bouche près de mon oreille.

— Je crois que je préfère l'odeur des bonbons au parfum de la colle à bois.

J'eus un sourire ému et nostalgique en repensant à la recommandation préférée de ma mère : Jérémiah était définitivement hors du commun.

La pluie avait commencé à tomber au milieu du film. C'était une bruine fine qui, heureusement, n'avait pas gâché notre soirée : nous avions fini par installer notre couverture à l'abri d'un arbre. Maintenant que nous étions de retour à New York et garés devant mon immeuble, la pluie était plus drue et la route était détrempée.

Le moteur tournait toujours, la buée recouvrait progressivement les vitres. Les bonbons, qui avaient été transférés dans le sachet de pièces, reposaient sur mes genoux. Mais l'ambiance chaleureuse de la soirée avait disparu. Jérémiah semblait contrarié et distant.

— Au moins, nous avons réussi à aller au cinéma, dis-je pour détendre l'atmosphère.

— Je cours dimanche et je n'aime pas vraiment l'humidité sur la piste.

Evidemment. La course. Les voitures. La vitesse. Tout ce qui importait dans le monde de Jérémiah. Je poussai un soupir, cachant ma déception. Pendant cette soirée, j'avais oublié à quel point la course comptait pour lui, comptait plus que moi. Egoïstement, je voulais être la seule pour lui.

Je retirai le collier et le lui rendis.

— On se revoit pour le prochain vœu alors ?

— Oui.

Il serra le poing autour du collier et prit une profonde inspiration. C'en était trop pour moi. Je voulais sortir de cette voiture et oublier ce qu'il m'avait fait ressentir au cours de cette soirée. J'avais été stupide de croire qu'il avait changé.

— Bonne chance, murmurai-je.

Je sortis de la voiture, affrontant l'averse qui s'abattait violemment sur la ville. Mon jean était déjà trempé quand je grimpai la volée de marches qui menait à la porte d'entrée. Je fouillai dans mon sac, à la recherche de mes clés.

— Charlotte !

Je me retournai, observant Jérémiah, armé de sa veste en guise de protection de fortune, qui montait les marches à son tour.

— Tu vas être trempé ! criai-je.

— Rien à foutre ! Ecoute, je... Bon sang, cette pluie. Tu ne veux pas qu'on rentre pour être à l'abri ?

— Tu devrais retourner à ta voiture et aller préparer ta prochaine course, lui conseillai-je d'un ton cassant.

— Et si tu venais avec moi ?

— Je te demande pardon ?

— A la prochaine course. Je veux que tu viennes,

que tu te rendes compte de ce que c'est. Tu peux venir avec Summer et Gemma si tu veux.

— C'est sur ma liste ?

— Je me fiche de cette liste. Je veux que tu viennes. J'ai voulu te le demander toute la soirée, je n'ai juste pas trouvé comment. S'il te plaît, Charlotte.

Le haut de Summer était définitivement ruiné. Il collait désagréablement à ma poitrine, pendant que l'eau ruisselait sur mon visage. Je fixai Jérémiah, dont les cheveux mouillés retombaient sur le sien. Il était hors d'haleine et, dans son regard, je vis cette lueur familière de sincérité. Je n'entendais plus rien : mon cœur bourdonnait dans mes tempes et la pluie avait redoublé d'intensité.

Jérémiah prit mon visage entre ses mains et murmura doucement :

— S'il te plaît.

— Je ne peux pas, m'étranglai-je. Je ne peux pas te regarder sur ce circuit et avoir peur pour ta vie.

— Pourquoi ?

— Je ne peux tout simplement pas. C'est au-dessus de mes forces.

Jérémiah libéra mon visage, puis recula. La déception se peignit sur ses traits et je m'en voulus aussitôt. Il leva le bras pour me saluer et descendit l'escalier. Je me décomposai en le voyant partir et paniquai. Et la liste ? Et moi ? Et notre histoire ?

— Parce que je suis toujours amoureuse de toi ! criai-je finalement.

Jérémiah s'immobilisa et la veste qui le protégeait tomba au sol. Il se tourna vers moi, un air surpris sur le visage. Soudain, j'avais envie de tout lui dire, de lui faire comprendre pourquoi sa passion pour la course automobile et notre histoire n'étaient pas compatibles.

— Mais je refuse d'assister à ça. Je refuse de sentir mon cœur arrêter de battre parce que tu es inconscient du danger. Je ne le supporterais pas s'il t'arrivait quelque chose. Ça me tuerait.

Mes larmes roulaient sur mes joues et se mêlaient à l'eau de pluie. Jérémiah grimpa dans sa voiture et démarra en trombe, faisant crisser ses pneus sur le bitume humide. Je poussai un profond soupir, terrassée par notre conversation avortée, et m'apprêtai à déverrouiller la porte d'entrée. Un nouveau crissement de pneus déchira le silence de la nuit et un moteur vrombit à en faire trembler l'immeuble. Je me retournai et constatai, stupéfaite, que Jérémiah était revenu.

Il bondit hors de sa voiture et remonta les marches à toute vitesse, ses yeux rivés aux miens. Il prit mon visage entre ses mains et posa ses lèvres durement contre les miennes. Je hoquetai de surprise et le sachet de bonbons s'écrasa au sol. Je m'accrochai à ses bras, vacillant sur mes pieds. J'oubliai la pluie, me concentrant sur la vague de chaleur qui parcourait mes veines. Le corps puissant de Jérémiah me repoussa contre la porte, m'emprisonnant entre ses bras. Sa langue se faufila entre mes lèvres et me fit gémir quand elle trouva enfin la mienne.

Je grognai de frustration dans sa bouche. J'en voulais plus. Je voulais sentir sa peau nue contre la mienne. Jérémiah se colla à moi et approfondit son baiser, reprenant possession de mon corps. Mes jambes flageolèrent et il me retint, calant ses mains dans le creux de mes hanches. Mon cœur était comprimé dans ma poitrine, menaçant d'en sortir.

Quand il s'écarta, nous étions tous les deux à bout de souffle. Sa chemise faisait office de seconde peau, révélant un tatouage sombre qui débutait sur son épaule et courait sur son torse jusqu'à disparaître sous la ceinture de son pantalon. Je pressai ma main dessus, fascinée.

Embrasser Jérémiah avait toujours le même effet. A travers ses baisers, il me faisait oublier l'univers tout entier, anéantissait toute tentative de résistance et réveillait mon corps. Ce même corps qui reconnaissait son seul maître, celui qui y avait laissé une empreinte indélébile.

— Je tiens toujours mes promesses, chuchota-t-il. On se revoit bientôt.

Il déposa un baiser sur mes lèvres et recula de deux pas, avant de descendre les marches.

— Je te recontacte très vite. Il reste encore trois vœux sur ta liste, cria-t-il en récupérant sa veste.

— Mais... Jérémiah !

— Bye, la nouvelle.

Il grimpa dans sa voiture et m'adressa un petit signe de la main avant de partir. J'étais stupéfaite : il m'avait laissée devant cette porte, dévastée par un désir brûlant et trempée jusqu'aux os, sans même prendre le temps de réagir à mon aveu. Je lui avais dit que je l'aimais. Quand bien même ce baiser aurait dû suffire à me faire comprendre ce qu'il en pensait, je restais frustrée.

Quand j'entrai dans l'appartement, Summer était sur le canapé, son ordinateur portable sur les genoux. Elle leva les yeux vers moi, esquissa un sourire, puis secoua la tête.

— Et Gemma qui loupe cette superbe entrée, se moqua-t-elle.

— Je vais me changer.

— Alors, les pièces ?

— Je ne dirai rien, répondis-je. Oh ! et je suis désolée pour ton haut.

— Apparemment, il était plus efficace mouillé que sec !

— Apparemment !

Je me débarrassai de mes vêtements et filai sous la douche. Je cherchais encore à comprendre pourquoi Jérémiah avait pris la fuite aussi vite. J'étais frustrée par son absence, mais avec le recul, reconnaissante qu'il ait temporisé. Lui comme moi avions besoin de temps pour réapprendre à nous connaître.

Je resserrai mon peignoir autour de ma taille et retrouvai Summer. Malgré l'heure tardive, elle travaillait toujours.

— C'est pour toi, dit-elle alors que j'allais m'asseoir près d'elle.

— Pour moi ?

— Livré pendant que tu étais sous la douche, expliqua-t-elle en désignant un colis sur le bar. Il y a une carte, mais je présume qu'il est inutile de demander qui est l'expéditeur.

Je lui offris un sourire ravi qui trahit mieux que n'importe quelle parole mon état d'esprit. J'étais heureuse. Summer leva les yeux au ciel pour se moquer de moi. Elle posa son ordinateur et me rejoignit dans la petite cuisine. Je souris devant sa curiosité. Si Jérémiah m'offrait un indice dès ce soir, elle se perdrait en conjectures pendant des jours.

— C'est la même carte que la dernière fois, dis-je en ouvrant l'enveloppe.

Sauf que Jérémiah n'avait pas signé, il avait simplement écrit « Joyeux anniversaire ». Summer retira les feuilles de soie blanche qui couvraient le contenu du carton.

— Merde, murmura-t-elle en s'écartant du colis.

— Quoi ?

— Tiffany.

Elle me fixa, comme si elle craignait une réaction incontrôlable. Je reposai la carte et tentai de me composer un visage neutre. Intérieurement, je n'étais qu'une tempête d'émotions, entre excitation, crainte et adoration. Peu importe ce qu'avait mis Jérémiah dans ce colis, j'étais confiante. Cette liste, je voulais la faire. Je voulais la faire un peu plus après chaque vœu.

— Il y a un deuxième carton, découvris-je.

— Il y a une boîte de chez Tiffany et tu me parles d'un autre truc ?

J'ignorai la boîte bleue Tiffany et son ruban blanc tentant et ouvris le second cadeau, emballé dans du papier kraft. Un sourire illumina mon visage quand je reconnus le livre que nous avions étudié au lycée.

— C'est le tien ou celui de Jérémiah ? s'enquit Summer.

— C'est le sien, il avait pris ses notes dessus pour la pièce.

Je fis défiler les pages entre mes doigts, me remémorant avec nostalgie la soirée de la représentation. La couverture était abîmée, les pages jaunies, l'odeur piquante, mais il avait plus de valeur pour moi que le cadeau de chez Tiffany.

Sur la première page, je retrouvai l'écriture de Jérémiah.

MAINTENANT OU JAMAIS. TIENS-TOI PRÊTE ET FAIS-MOI CONFIANCE.

Je le relus plusieurs fois et tournai les pages suivantes, en espérant trouver un autre mot.

— C'est un indice. Pour la liste, précisai-je à Summer.

— Je me fiche de la liste. Tu as une boîte Tiffany qui crie ton nom ! trépigna-t-elle.

— D'accord, soupirai-je en posant le livre sur le bar.

Je me saisis de l'écrin et l'ouvris avec précaution. Derrière moi, Summer retenait son souffle, ses yeux dardés sur le contenu de la boîte bleue. J'éclatai de rire, en entendant Summer grommeler de désapprobation.

— Un bonbon ?! s'exclama-t-elle finalement.

— Une boule de chewing-gum, soupirai-je, extatique.

— Je présume qu'espérer une explication est inutile.

— Tu présumes bien. Bonne nuit, Summer.

— Tu as détruit mon haut ! cria-t-elle derrière moi. Tu me dois officiellement une explication !

— A demain !

— Sans moi, tu n'aurais jamais renoué avec lui, continua-t-elle.

Je fermai la porte sur Summer et ses cris véhéments puis posai le bonbon sur mon chevet et m'allongeai sur le lit avec le livre de Jérémiah. Je plongeai le nez à l'intérieur, reniflant le parfum de l'encre et du papier vieilli. En riant, je songeai qu'il avait certainement dû fouiller dans de vieux cartons pour le retrouver.

A l'instant où je relisais les premières lignes, un nouveau souvenir m'assaillit. Nous étions tous les deux sur le lit de Jérémiah. Il riait à gorge déployée, pendant que je dessinais dans un coin de la feuille.

Je me pinçai les lèvres, espérant que notre baiser fiévreux m'aiderait à me souvenir. C'était là, tout près, j'avais juste besoin d'un coup de pouce. Je devais écarter les brumes de mon cerveau capricieux.

Quand je fermai les yeux, cela me revint. Clair, net, précis.

Je me souvenais de mon troisième vœu et je fus soudainement prise d'un fou rire monumental. Je savais maintenant que j'irais au bout de cette liste :

je refusais de laisser passer une nouvelle chance avec Jérémiah.

C'était maintenant ou jamais.

Maintenant, et avec lui.

PARTIE 4

Jérémiah

22 juillet 2015

Théo est assis en face de moi. Le regard rivé sur le hublot, il se perd dans la contemplation des nuages. Il tape son stylo frénétiquement sur la tablette et ne fait même pas semblant d'être intéressé par le dossier ouvert devant lui. Quelque chose le tourmente.

— Et ce caprice te coûte combien ? demande-t-il finalement.

Il désigne l'espace autour de lui, avant que son regard amusé ne s'arrête sur moi. Je pose mes coudes sur la tablette entre nous et étudie son visage. Je me suis trompé. Ce n'est pas « quelque chose » qui le tourmente, mais « quelqu'un ».

— Tu veux vraiment savoir ou tu te renseignes ? demandé-je dans un sourire.

— Je veux savoir où cette histoire va te mener.

— A elle.

Théo réprime un rire, puis se redresse avec peine. L'altitude exacerbe les douleurs musculaires dans sa jambe. Il grimace, il la tend, serre les dents. Mais je sais qu'il ne dira rien. Je ne l'ai jamais entendu se plaindre des séquelles de l'accident. Il en rit même, parfois.

— Je ne sais pas lequel de vous deux est le plus cinglé :

toi de t'acharner, ou elle de te laisser faire. Je pensais qu'elle ferait au moins semblant de résister.

— Elle n'a jamais essayé. Même pas au lycée. Charlotte et moi sommes liés, je veux juste lui faire ouvrir les yeux sur cette évidence. Ces dix années séparés l'un de l'autre n'ont rien changé.

— En effet. Tu cours toujours.

Une turbulence nous surprend et l'avion vire sur la gauche dans un mouvement brutal. Mon verre se renverse, pendant que le contenu du dossier de Théo s'étale au sol. Mon frère ne cille pas et l'hôtesse se précipite pour ramasser ses papiers. Il la remercie d'un mouvement de tête poli mais glacial.

Je fronce les sourcils pendant que l'hôtesse nettoie frénétiquement les dégâts en épongeant la table, avec un air désolé sur le visage. Elle m'adresse un sourire — qui ressemble plutôt à une invitation à la luxure — qui me laisse indifférent.

Pendant longtemps, j'ai navigué de femme en femme, avant de réaliser que le souvenir de Charlotte était trop présent pour laisser la place à quiconque. En dix ans, j'en ai croisé des femmes superficielles, sans âme, sans émotions même ! Elles étaient là, toujours autour de moi, mais je ne ressentais rien en leur présence. La course, c'est très égocentrique : on fonce seul vers la victoire. J'ai besoin de plus. Je vibre pour autre chose. Une autre chose que seule Charlotte a su m'apporter : elle me pousse à être meilleur, à être inventif, elle me donne envie de me dépasser pour autre chose que pour les courses. Elle fait de moi un mec bien.

Dix ans, c'est le temps qu'il m'a fallu pour comprendre que ce que je cherchais, je l'avais perdu avec Charlotte. Charlotte me permet de garder la tête froide, elle me fait sourire comme nulle autre. Dix ans, c'est long. Mais en dix ans, ni sa silhouette au marqueur dans ma chambre ni mes sentiments ne se sont estompés.

Il n'y a plus que Charlotte pour moi, et réaliser sa liste, j'en suis certain, la fera revenir.

— Je suis impressionné, murmure Théo, alors que l'hôtesse s'éloigne.

Je lui adresse un regard sévère. Il lève les mains devant lui pour se défendre et rit en secouant la tête.

— J'aime Charlotte, dis-je, comme pour me justifier.

— Je sais. Mais cela ne t'autorise pas à lui faire du mal.

— Je ne veux pas lui faire du mal.

— Tu cours toujours.

Cette phrase, encore et encore. Dans la bouche de Charlotte, cela sonne comme un reproche. Dans celle de mon frère, c'est un avertissement. Il triture les feuilles devant lui, mais son regard reste rivé sur moi.

— Je ne veux pas que tu la blesses. Charlotte est une fille bien, dit-il en baissant finalement les yeux sur son dossier.

— Et donc je ne la mérite pas ?

— Absolument pas. Tu sais ce que je me suis dit le jour où tu me l'as présentée ?

— Que j'avais de la chance ?

— Que tu étais un enfoiré très chanceux. Ne lui fais pas de mal, c'est tout ce que je te demande.

Dans son regard flottent les souvenirs du passé. Théo porte les séquelles de l'accident dans tout son corps. Sa balafre déforme son visage, son genou lui fait mal, son dos est raide de douleurs. Le souvenir de Charlotte, le lendemain du drame, me revient brutalement : ses larmes, son visage ravagé, sa main qu'elle arrache douloureusement de la mienne avant de me laisser seul dans notre café.

Je ne veux plus revivre ça.

— Ce n'est pas prévu, murmuré-je.

Théo esquisse un sourire.

— Je l'aime.

Nouveau sourire de mon frère. Il m'ignore poliment, replongeant dans son dossier tandis que je songe à ma liste de vœux.

#4 T'EMBRASSER.

C'est fait.

Charlotte

30 octobre 2004

A mon retour à la maison, ma mère rangeait frénétiquement la cuisine. Sur la table, elle avait disposé des couverts pour deux personnes. Une troisième assiette, sur laquelle trônaient un verre et des couverts, avait été mise de côté. Je posai mon sac dans l'entrée et retirai mon manteau.

— Maman ?

Pour seule réponse, j'entendis un bruit de verre brisé et je me précipitai dans la cuisine. Maman était hagarde, comme paralysée, les yeux rivés sur les bris de verre éparpillés sur le sol. Son visage de cendre m'inquiéta immédiatement.

— Maman ?

Elle sursauta et ses yeux fatigués et rougis de larmes trouvèrent les miens. Elle pivota et récupéra le balai dans un des placards. Je regardai de nouveau la table. Cela suffit à me faire comprendre que mon père serait encore absent.

Parfois, je me demandais s'il avait déjà été présent. Je n'avais aucun souvenir récent dans lequel il était là. Lors de notre dernier dîner familial — il y a plus de trois mois — il nous avait annoncé sa nouvelle affectation. Avait-il une idée de ce qu'il faisait vivre à ma mère ?

— Ton père est parti en mission dans l'après-midi, m'expliqua-t-elle d'une voix étranglée.

— Je croyais qu'il devait rentrer ce matin pour une permission.

— C'est ce qu'il a fait.

Elle ramassa méticuleusement les bris de verre. Je savais qu'elle tentait de gagner du temps. Elle s'était toujours montrée indulgente et compréhensive envers le métier de mon père. C'était la première fois que je la voyais si bouleversée.

— Pour combien de temps ? demandai-je sèchement.

— Une semaine. Peut-être deux.

Il n'y avait rien de pire que de vivre avec un absent notoire. Ce « peut-être » résumait la vie que nous menions : nous l'attendions... *peut-être*. Puis nous étions déçues. Et maman était triste. Elle avait tellement bien assuré son rôle de mère et d'épouse que cette réalité ne m'avait jamais frappée auparavant. Dans cette cuisine, et en moins de cinq minutes, j'avais enfin compris que ma mère n'était pas la femme heureuse dont elle jouait le rôle.

Le silence devint insoutenable. J'approchai de ma mère et lui retirai le balai d'entre les mains. Elle les fourra dans ses poches et releva un visage incertain vers moi.

— Maman, tu devrais aller t'asseoir, je vais finir de préparer le dîner.

— Charlotte, je...

— Trouve-nous un DVD, on mangera dans le salon.

Elle soupira, mais finit par s'exécuter. Je n'avais pas trouvé de meilleure parade pour lui changer les idées. Ce n'était pas mon rôle de la conseiller sur sa relation avec mon père. Je ne comprenais pas ce qui les liait toujours : l'amour, peut-être, la loyauté, sans aucun doute pour ma mère, l'habitude, dans le pire des scénarios.

Quinze minutes plus tard, nos assiettes sur les genoux, nous regardions un vieux film des années 1950. La tristesse de ma mère était toujours présente, ses silences contrastaient avec sa joie de vivre habituelle.

— Et avec Jérémiah ? demanda-t-elle subitement.

— C'est un ami, maman.

— On ne t'a jamais dit que tu mentais très mal ?

— Si, dis-je dans un rire étouffé.

— Je croyais que c'était un « crétin agaçant » ?

— Ça n'a absolument pas changé, affirmai-je en redoublant de rire.

— Je suis certaine que c'est un garçon très bien, me rassura-t-elle.

Je risquai un regard vers ma mère. Elle n'avait aucune idée des courses clandestines qui se déroulaient chaque vendredi soir. Elle n'imaginait sûrement pas non plus que ma silhouette était dessinée dans la chambre de Jérémiah. « Un garçon très bien… » Rien n'était plus faux. Arrogant, impulsif et tête brûlée… et d'une prévenance qui le rendait à la fois touchant et paradoxal.

Et pourtant, sous ses apparences, il n'était que prévenance.

— Tes inscriptions universitaires progressent ?

Je grimaçai, avant d'avaler une rapide bouchée de mon poulet. Je n'avais toujours pas résolu le sujet de l'activité de groupe. J'évitais à dessein ma conseillère, pendant que Jérémiah fomentait un plan que je redoutais déjà.

— Peut-être que l'art n'est pas la seule spécialité que je devrais viser, dis-je finalement.

Ma mère tourna son visage surpris vers moi. Elle essuya sa bouche d'un revers de serviette et posa son assiette sur la table basse.

— Tu aimerais faire autre chose ?

— Non. C'est... Le lycée n'a pas de cours appliqué pour l'art et cela manquera dans mon dossier. Peut-être devrais-je assurer une matière en cas d'échec sur...

— C'est hors de question, me coupa ma mère.

Elle se leva du canapé et se dirigea vers la cuisine. Je la suivis du regard, pendant qu'elle ouvrait la porte du congélateur.

— Maman, je n'aurai peut-être aucune bourse.

— L'argent ne doit pas être un problème. Et l'argent ne sera pas un problème, compléta-t-elle avec conviction. Je veux que tu fasses quelque chose qui te plaît.

— La plupart des parents espèrent un métier à revenus réguliers pour leurs enfants, lui fis-je remarquer dans un rire.

— Suis-je comme la plupart des parents ? me demanda-t-elle en ouvrant un pot de glace.

— Non, mais...

— Je veux que tu aies une vie hors du commun, pas un métier qui rapporte. Même si, évidemment, l'un n'empêche pas l'autre.

Elle s'assit près de moi et me tendit une cuillère. A l'instant où j'allais plonger ma cuillère dans la crème glacée, des coups furent frappés à la porte. Je jetai un coup d'œil à l'heure. Jérémiah m'avait parlé d'une course à plus d'une centaine de kilomètres de la ville. Ma mère haussa les épaules et se leva pour aller ouvrir. Je reportai mon attention sur l'écran de télévision, goûtant la glace à la vanille et aux noix de pécan avec plaisir.

— Charlotte ! hurla ma mère.

Dans le cri de ma mère, je perçus l'affolement et l'urgence. Je jetai mon dessert sur la table et manquai de me cogner sur le canapé en me précipitant vers l'entrée. Je ravalai un cri d'effroi en découvrant Summer, le visage tuméfié et la lèvre fendue. Elle enroula ses bras autour d'elle, tentant de contenir les tremblements impressionnants qui parcouraient son corps.

J'échangeai un regard avec ma mère. A l'affolement succédait maintenant l'incompréhension.

— J'ai pris... j'ai pris ses clés, murmura finalement Summer d'une voix hésitante.

Elle rouvrit son poing et des clés de voiture glissèrent au sol. Le bruit métallique brisa le silence et me fit sursauter.

— Jérémiah ne répondait pas.

Summer releva dun visage implorant vers moi. Ses yeux bleus emplis de larmes me firent regretter l'amertume que je nourrissais contre mon père. Summer aurait sûrement préféré avoir un père absent.

— Il m'a dit qu'il ne serait pas là ce soir, confirmai-je. Avec son frère, précisai-je pour qu'elle comprenne le motif de son absence.

— Ah oui. C'est vrai.

— Viens t'asseoir. On va aller chercher de quoi te soigner.

J'osais à peine la toucher. Elle était bouleversée et paraissait à bout de forces, comme si venir ici lui avait pris le reste de son énergie. Ma mère se dirigea vers la salle de bains, pendant que Summer s'installait avec précaution sur le canapé. Son regard vide se dirigea vers mon pot de glace et elle esquissa un faible sourire.

— Summer, est-ce que tu veux me dire ce... ?

— Non, me coupa-t-elle. Partager cette histoire

ne me fera pas me sentir mieux. J'avais juste besoin de reprendre des forces avant d'y retourner.

— Il n'est pas question que je te laisse retourner chez toi, intervint ma mère.

Elle imbiba une compresse de désinfectant puis s'assit sur la table basse, face à Summer, et l'appliqua sur sa lèvre meurtrie. Mon amie grimaça et eut un geste de recul, avant de reprendre sa position.

— Va lui chercher une couverture, elle grelotte, m'ordonna ma mère.

Dans ma chambre, je vidai le haut de mon armoire, répandant mes vêtements au sol, avant de trouver une couverture suffisamment épaisse. De retour dans le salon, je la déposai sur les épaules de Summer, qui m'adressa un sourire de gratitude.

— On devrait appeler la police, suggéra ma mère.

— C'est déjà fait, répondit ma meilleure amie.

— Parfait. Ils vont donc arrêter ton père très vite, dit-elle, soulagée, en appliquant une compresse sur le nez de Summer.

— Ça fait trois ans que j'attends qu'ils arrivent.

Ma mère s'immobilisa et soupira. Je passai une main réconfortante sur le dos de Summer. La manière dont elle encaissait cette violence et cette solitude me stupéfiait. J'étais à la fois admirative et effrayée. Cette fois, elle avait réussi à s'échapper, mais je craignais que cette fuite n'engendre une nouvelle vague de violence à son retour.

— Charlotte, va me chercher mes clés, s'il te plaît.

Je dévisageai ma mère, sans comprendre.

— S'il te plaît, répéta-t-elle.

Je m'exécutai et lui rapportai son trousseau de clés, orné d'un pompon noir que j'avais fait à mes six ans, pour la fête des Mères. Elle prit la main de

Summer, déposa ses clés dans le creux de sa paume et lui fit refermer le poing.

— Tu les gardes.

— Mais...

— Tu les gardes. Et tu viens ici quand tu veux. Il y a une chambre inutilisée qui peut t'accueillir à tout moment.

— Je ne peux pas accepter.

— Je sais. Mais tu le dois. J'ai un très mauvais sommeil. Et si je sais que tu es chez toi, sans un refugc possible, je vais définitivement finir insomniaque. Alors, prends ces clés, au moins pour me permettre de dormir.

Ma mère lui adressa un sourire d'encouragement, attendant une approbation. Summer hocha la tête, pendant que ma mère, soulagée, se relevait.

— Tu veux manger quelque chose ?

Des larmes roulèrent sur les joues de Summer et elle se pinça les lèvres pour se contenir. Elle acquiesça d'un mouvement de tête. Ma mère leva les yeux au ciel :

— Ma cuisine n'est pas si dramatique que ça, tu sais !

A travers ses larmes, Summer éclata d'un rire joyeux et renifla lourdement. Elle murmura un « merci » à peine audible, que ma mère balaya d'un revers de la main. Dès que cette dernière fut hors de portée, Summer pivota vers moi. Elle prit ma main dans la sienne et m'adressa un sourire empli de gratitude.

— Merci.

— Je t'en prie. Il faut qu'on trouve un moyen de rapporter sa voiture à ton père.

— Je le ferai demain. Il finira par s'effondrer à cause de l'alcool.

— Je viendrai avec toi.

Elle arqua un sourcil, entre amusement et surprise.

Je refusais qu'elle affronte seule son retour chez elle. Mon regard s'attarda sur sa lèvre abîmée, et elle passa ses doigts dessus.

— C'est si moche que ça ?

— C'est gonflé et la coupure est profonde. Ça mettra sûrement du temps à cicatriser.

— Habituellement, il ne frappe pas le visage. Mais il a fouillé ma chambre et trouvé mon argent. Tu sais, celui que je gagne avec Jérémiah, expliqua-t-elle un ton plus bas. Il a dû croire que je me prostituais, ça l'a mis dans une rage folle.

— Et il t'a pris ton argent ?

— Tout. Jusqu'au dernier billet.

Elle haussa les épaules, comme si la situation n'avait rien de grave. Cet homme battait sa fille et volait son argent, et elle balayait le sujet avec une désinvolture inquiétante. Pourtant, Summer avait absolument besoin de cet argent pour partir et financer sa première année d'études. J'étais révoltée par l'injustice de la situation.

— Jérémiah a une course demain, je parviendrai sûrement à me refaire un peu d'argent.

— Ah oui. Demain, marmonnai-je dans une grimace.

— Tu viens ? Théo, son frère, sera là aussi.

Au timbre de sa voix — un peu aiguë et un peu excitée — je compris que Théo était un sujet autrement plus important à ses yeux que la perspective de se faire de l'argent. Hormis les quelques garçons composant la bande habituelle autour de Jérémiah, je n'avais pas vu Summer parler à d'autres garçons.

— Est-ce que Théo et toi… ?

Elle éclata d'un rire heureux, avant de secouer la tête. Cet accès de joie fendilla un peu plus sa lèvre, mais Summer semblait hermétique à la douleur quand, moi, je grimaçais rien qu'à l'idée.

— Nous sommes amis. Je crois, en tout cas. Je l'aime beaucoup, mais je le considère comme un frère. Et j'adore parier contre lui.

— Parce que tu gagnes ?

— Parce que ça l'insupporte. A croire que j'aime rendre cinglés les hommes qui m'entourent.

— Ce n'est pas drôle, Summer ! lui fis-je remarquer avec un regard sévère. Ton père t'a frappée.

— Je suis en vie. Et bientôt, je serai loin d'ici.

Ma mère réapparut dans le salon. Elle portait un plateau avec une assiette bien garnie de poulet et de pommes de terre. Elle le posa sur la table basse du salon, puis s'assit dans le fauteuil en face de nous.

— Merci, madame.

— Maggie, corrigea-t-elle. Je laisse Charlotte te donner ce qu'il faut pour prendre une douche et passer la nuit ici.

Nous restâmes silencieuses de longues minutes. Summer mangeait lentement son poulet, comme si elle craignait de faire du bruit et de troubler le silence. Ma mère était perdue dans ses pensées, son regard rivé sur la fenêtre ; l'arrivée inopinée de Summer n'avait pas effacé l'absence de mon père. Mon esprit vagabonda jusqu'à Jérémiah et je souris malgré moi.

Quand Summer repoussa son assiette, je me décidai à me lever du canapé. Il était déjà tard et les émotions de la soirée m'avaient laminée.

— Charlotte ? m'interpella ma mère alors que Summer et moi nous dirigions vers ma chambre.

— Oui ?

— J'ai besoin de la voiture demain. Peux-tu voir avec Jérémiah s'il peut vous accompagner au lycée ?

Je ravalai un sourire satisfait. De cette façon, j'étais certaine qu'il viendrait au lycée. De cette façon, j'étais certaine de l'avoir près de moi de nouveau.

A ma grande surprise, j'avais enfin accepté le fait que Jérémiah était important pour moi.

Et la place qu'il prenait dans ma vie m'inquiétait autant qu'elle me rendait heureuse.

— Je vais l'appeler, dis-je en camouflant mon excitation.

Ma mère acquiesça et je repris mon chemin vers ma chambre, un sourire radieux plus que jamais vissé sur mes lèvres.

— Tu vas finir par avoir une crampe au visage, se moqua Summer.

Je donnai à Summer un de mes pyjamas et lui indiquai où se trouvait la salle de bains. De sous mon lit, je sortis un lit pliable, puis une couette et un oreiller. Après avoir retiré mon jean et mon pull, je pivotais pour prendre mon pyjama quand je tombai nez à nez avec Jérémiah, assis sur le rebord de ma fenêtre, les pieds posés sur le radiateur. Un cri de surprise m'échappa et il esquissa un de ses irrésistibles sourires.

— Ne t'interromps surtout pas pour moi, dit-il finalement en me désignant.

Mortifiée, je réalisai que j'étais presque nue devant lui. J'arrachai mon peignoir de la chaise et l'enfilai à la hâte. Je nouai la ceinture bien trop fort, mais c'était sans importance. Jérémiah sauta du rebord de la fenêtre et, de l'index, crocheta ma ceinture pour m'attirer contre lui.

Je posai mes mains sur son torse, devinant son parfum tout autour de moi. Ses yeux pétillaient d'amusement et, sous mes paumes, ses muscles étaient tendus.

— Si ma mère te trouve ici, elle risque de t'étrangler.

— Ta mère m'adore. Et, de toute façon, pour quelle raison débarquerait-elle dans ta chambre ?

— Summer est ici.

Jérémiah se rembrunit et s'écarta de moi. Après la joie de le sentir si près, la frustration s'empara de moi. Il passa une main dans ses cheveux et sortit son portable de sa poche.

— Elle est ici, indiqua-t-il sèchement à son interlocuteur.

J'entendis des éclats de voix et un juron. La voix rauque et colérique ne laissait aucun doute : il s'agissait de Théo. Jérémiah se retourna pour me faire face et m'interrogea du regard.

— Elle est sous la douche, expliquai-je. Elle passe la nuit ici.

— Rentre à la maison, intima Jérémiah à son frère. Elle est en sécurité avec Charlotte.

Il coupa la communication et remit le portable dans sa poche. J'approchai de nouveau de lui, prudemment, craignant qu'il ne s'écarte une nouvelle fois. Jérémiah m'attira dans ses bras et m'étreignit avec force. La tête nichée contre son torse, je respirai son parfum et me laissai bercer par les battements de son cœur.

— J'allais t'appeler, murmurai-je.

Il émit un petit son, entre chuchotis et grognement, que j'interprétai comme un signe d'encouragement. Il passa une main dans mes cheveux et dégagea mon cou. Ses lèvres caressèrent la courbe de mon épaule et me firent frissonner.

— J'ai un service à te demander, continuai-je.

— Laisse-moi te déshabiller, suggéra-t-il d'une voix rauque.

Si j'en avais eu la force, je l'aurais repoussé. J'aurais trouvé refuge dans un coin de ma chambre et je lui aurais demandé de quitter les lieux. Mais, dès que Jérémiah était près de moi, ma volonté s'envolait.

— Jérémiah, ma mère est ici. Et Summer va débarquer d'une minute à l'autre.

Ses lèvres longèrent la ligne de ma mâchoire et trouvèrent les miennes. Notre baiser, après sa course, était urgent et violent ; cette fois, c'était l'inverse. Jérémiah pressa sa bouche tendrement contre la mienne, me demandant silencieusement la permission d'aller plus loin. J'entrouvris les lèvres, mais il se contenta de déposer un baiser sur ma lèvre inférieure. Il glissa une main sur ma nuque et me fit basculer la tête pour dévoiler ma gorge.

Lentement, je me laissai aller, oubliant presque que nous risquions de nous faire surprendre. Quand il défit le nœud de la ceinture de mon peignoir, j'eus un éclair de lucidité.

— Jérémiah, ce n'est pas... D'ailleurs, qu'est-ce que tu fais ici ?

Je le repoussai et, maladroitement, refermai mon peignoir sur mon corps à demi nu. Je pris une seconde pour le détailler. Il portait un sweat-shirt à capuche gris et un jean noir de créateur. Je me sentais misérable avec mon peignoir défraîchi et mes cheveux emmêlés.

— A la base, j'étais venu pour te souhaiter bonne nuit.

— A la base ?

— A la réflexion et après avoir vu tes jambes, je pense que je vais dormir avec toi.

J'éclatai de rire et cachai mon visage entre mes mains. J'avais déjà du mal à faire face à Jérémiah au lycée, alors dans ma chambre, cela devenait impossible. Je devais reprendre le contrôle de la situation. Quand je retirai mes mains, le visage de Jérémiah était désarmant de sérieux.

— Tu plaisantes, n'est-ce pas ?

— Je ne plaisante jamais avec les sujets sérieux. Mais pour être tout à fait honnête, je vais d'abord t'embrasser, ensuite te déshabiller et, vers 4 heures du matin, j'envisagerai de dormir un peu.

— Tu comptais me demander mon avis ?

— Il y a encore deux minutes, tes lèvres étaient sur les miennes. J'ai pris ça pour un « oui ».

— Ton plan était merveilleux, jusqu'à ce que tu découvres que Summer va dormir ici cette nuit.

— Mes plans sont toujours merveilleux. Summer est la parfaite excuse dont j'avais besoin pour que mon plan merveilleux le soit encore plus.

Je croisai les bras sur ma poitrine, nullement convaincue par l'excès de confiance de Jérémiah. Il pouvait dire et faire ce qu'il voulait : Summer était dans ma chambre cette nuit et ce petit détail remettait en question tous ses plans.

— Et ta course ? demandai-je, dans le vague espoir de changer de sujet.

— Gagnée. Théo a gagné la sienne aussi. J'ai quelques dollars à dépenser et je comptais t'inviter à dîner. Sauf si tu préfères réellement l'opéra, dans ce cas, je peux avoir des places pour *Le Barbier de Séville*.

— Evidemment, murmurai-je.

— Mais avant tout, je veux passer la nuit avec toi.

Je relevai les yeux vers lui. Il arborait cette mine toujours sérieuse et assurée. Il approcha de moi et prit mon visage entre ses mains. Mon cœur s'affola et une vague de panique me submergea. Son regard d'encre sonda le mien et, en une seconde, je me sentis totalement désarmée.

— C'est pour ça que j'ai gagné cette course. Parce que je voulais revenir ici au plus vite.

— Tu aurais aussi pu venir au lycée aujourd'hui, nous aurions pu nous voir.

— Certes. Mais je n'aurais alors pas assisté à ce délicieux spectacle.

Je me cramponnai à ses avant-bras, vacillant sous l'intensité de son regard. Il posa son front contre le mien, tandis que ses mains abandonnaient mon visage pour le creux de mes hanches.

— J'ai pensé à toi toute la journée, et j'ai manqué de détruire ma boîte de vitesses pour revenir ici.

— Quel sens du sacrifice, ironisai-je, le souffle court.

— J'ai imaginé comment j'allais pouvoir te déshabiller et j'ai essayé d'imaginer le contact de ta peau sous mes doigts. Je veux dormir avec toi, Charlotte.

— Pourquoi ? demandai-je.

Un sourire barra son visage. Il attendait cette question, je le savais. Malgré mes joues rouges et ma respiration chaotique, je tentai de garder un minimum de lucidité. Car à l'instant où cette part de lucidité s'évaporerait, je n'aurais plus la force de m'opposer à Jérémiah. Je n'en avais déjà plus l'envie.

— Toi et tes fichues explications rationnelles.

— Tu attendais cette question, lui fis-je remarquer.

— J'attends aussi le jour où tu ne poseras plus de questions !

— Je suis certaine que tu vas me fournir une explication tout à fait plausible. Dans tous les cas, la réponse reste la même : tu ne peux pas dormir ici cette nuit. Ni les autres nuits, ajoutai-je précipitamment.

— Et quoi que je dise, ça ne changera rien ? m'interrogea-t-il.

— Rien, assurai-je.

Il s'écarta de moi et me tourna le dos, les yeux rivés au sol. Il fit quelques pas dans ma chambre, s'attardant devant le bureau que je rénovais. Il passa ses doigts sur le bois poncé et rêche, et poussa un long soupir. Je l'observais, partagée entre inquiétude et triomphalisme : avais-je enfin réussi à clouer le bec à Jérémiah ?

Quand il se tourna vers moi, je découvris que son assurance habituelle avait disparu. Je fronçai les sourcils et fis un pas dans sa direction.

— Je ne t'ai pas tout dit, lâcha-t-il finalement.

— A quel sujet ?

— Sur la course de ce soir. J'ai gagné. Comme des centaines de fois avant. Mais, ce soir, quand je suis sorti de la voiture, tu n'étais pas là.

— Jérémiah, la course était à une bonne centaine de kilomètres. J'avais cours, je ne peux pas...

— Ce que j'essaye de te dire, c'est que j'avais besoin de te voir, me coupa-t-il, avec agitation. Vraiment besoin. C'était intolérable pour moi de ne pas te voir. Alors j'ai foncé sur la route, j'ai garé ma voiture et j'ai grimpé à ta fenêtre. Et je t'ai vue te... retirer ton jean. Maintenant, je veux cette nuit avec toi.

— C'est ça, ton explication ?

— N'attends pas du rationnel quand moi-même je ne sais pas ce qu'il se passe. Je ne peux pas dormir ici, mais ça ne nous empêche pas de dormir ensemble.

Je me figeai, assimilant lentement l'information. Si ce n'était pas « ici », c'était donc ailleurs. Et ailleurs signifiait chez lui. Ce scénario était encore plus improbable. Retourner dans sa chambre, revoir ma fichue silhouette, m'allonger dans son lit... C'était au-dessus de mes forces.

— Dormir. Ailleurs, donc, résumai-je péniblement.

— Avec moi, précisa-t-il. Dans un lit. Au chaud.

— Dormir, répétai-je.

— Te toucher, aussi. T'embrasser, sûrement. L'ordre importe peu.

Je passai une main sur mon visage. Nous y étions. J'affrontais l'instant que je redoutais depuis ma rencontre avec Jérémiah : l'instant où je n'aurais plus du tout le contrôle de la situation, l'instant où je remettrais mon destin entre ses mains en espérant qu'il en prenne soin.

— Je te ramène ici demain matin, ta mère n'en saura rien.

— Tu réalises que c'est complètement délirant ?

— Je le réalise depuis le jour de notre rencontre, Charlotte. Même au volant d'une voiture, je n'ai jamais ressenti autant d'adrénaline.

— Et je devrais accepter de passer la nuit avec toi, pour ta dose d'adrénaline ?

— Entre autres. Que tu en aies envie m'arrangerait un peu. Comme ça, je ne passerais pas pour le goujat capricieux.

— Tu es un goujat capricieux ! m'écriai-je dans un rire.

Soudain, Jérémiah me prit dans ses bras et posa sa bouche sur la mienne. Il passa sa langue entre mes lèvres et me repoussa contre un des murs de ma chambre. J'étouffai un hoquet de stupéfaction, avant de gémir en sentant son corps musclé épouser le mien. Sa langue prit possession de ma bouche, sans retenue. La conversation était terminée, et toute l'attraction et le désir que nous avions réussi à contenir explosaient maintenant. Notre baiser était heurté, avide, à m'en faire tourner la tête et flageoler les jambes. Prise d'un besoin urgent de le toucher, je ne pouvais retenir mes mains qui couraient sur tout son corps, partant de sa taille, remontant dans son dos, avant de redescendre aussi vite sur ses hanches.

Les doigts de Jérémiah attaquèrent le nœud de mon peignoir. Rapidement, il céda et les pans du vêtement s'ouvrirent sur mon corps à moitié nu. Je me cambrai de plaisir quand les paumes de Jérémiah entrèrent en contact avec ma peau. La chaleur de mon corps contrastait avec ses mains glacées. Sa bouche quitta la mienne et il s'écarta de moi brutalement, m'abandonnant, pantelante et frustrée.

Je mis un instant à reprendre mes esprits et à calmer ma respiration furieuse.

— Ça, c'est délirant, dit finalement Jérémiah.

Je me redressai, sonnée et abasourdie. Quelques minutes plus tôt, j'avais le contrôle de la situation et, en moins de cinq secondes, je l'avais perdu. C'était grisant et effrayant.

Vivre dangereusement ne faisait pas partie de mes plans. Jérémiah ne faisait pas partie de mes plans.

— Bien. D'accord, murmurai-je.

— Tu es d'accord ?! s'exclama-t-il, stupéfait.

Il était heureux comme un gosse le jour de Noël. Ses yeux brillaient de victoire et son sourire triomphant ne fit que me rappeler ma faiblesse. Je retirai mon peignoir et renfilai mon jean tout en faisant mon possible pour éviter le regard de Jérémiah. Même rhabillée, je me sentais nue et vulnérable.

— Je vais laisser un mot à Summer.

— Inutile. Je l'ai prévenue par SMS que je passerais la nuit avec toi avant même d'entrer par cette fenêtre.

Je lui lançai un regard furieux, avant de soupirer lourdement. Il savait que j'allais céder. Il l'avait su à l'instant où l'idée saugrenue de dormir avec moi cette nuit lui était venue. Il était maintenant trop tard pour contrecarrer son plan : le désir avait pris le pas sur toute rationalité.

J'enfilai un gilet à zip, glissai mon collier autour de mon cou et récupérai ma paire de baskets. Jérémiah enjamba le rebord de ma fenêtre et bondit sur la pelouse. Je l'enjambai à mon tour, consciente d'enfreindre toutes les règles. Je n'avais jamais agi comme ça et, pourtant, je n'avais jamais été aussi sûre de moi.

Jérémiah saisit ma main et m'aida à sauter sur la pelouse.

— A quel moment au juste ai-je réussi à te convaincre ?

— Le jour où on s'est rencontrés, avouai-je.

En montant dans sa voiture, je savais que cette décision allait tout changer. En passant par ma fenêtre, j'avais franchi une nouvelle limite : découcher, dans le dos de ma mère, avec un garçon que je connaissais à peine.

En passant par ma fenêtre, j'avais mis mon destin entre les mains de Jérémiah.

— Tu veux visiter ? me proposa Jérémiah en pénétrant dans le hall de son immense demeure.

Il glissa sa main dans la mienne et entrelaça fermement nos doigts. Lors de ma dernière visite, je n'avais vu que furtivement les lieux. Aujourd'hui, nous avions du temps. Mes yeux ne savaient plus où se poser : le hall était garni de vases en porcelaine de Chine, de tableaux de maîtres et de sculptures extravagantes. Le mélange de styles détonnait et ne reflétait que l'argent amassé par la famille de Jérémiah. C'était tape-à-l'œil et dégoulinant d'arrogance. Cette décoration lourde, pompeuse et m'as-tu-vu était à des années-lumière de mon cadre habituel. J'aimais la sobriété, l'élégance. Ici, tout était entassé, sans aucune nuance. Cette maison me mettait mal à l'aise et m'oppressait malgré la taille des pièces.

— Non. Je... On devrait aller dormir.

— Fatiguée ?

— Tu es un type épuisant, Jérémiah. Et nous avons cours demain.

— *Tu* as cours demain. Personnellement, j'ai quelques urgences à régler, m'expliqua-t-il alors que nous montions l'escalier monumental en bois précieux.

— Du genre ?

— Je dois fignoler ma voiture pour la course de demain.

— Oh. Genre, vidange, contrôle des freins et des durits ?

— Durit est très sexy dans ta bouche, se moqua-t-il. Tu as fait des recherches ?

Embarrassée, je baissai les yeux et me mordis la lèvre. J'avais en effet effectué quelques recherches pour tenter de comprendre le monde de Jérémiah. J'espérais passer pour une fille intéressée par son univers et voilà que je passais pour une idiote.

Il leva ma main et la porta contre ses lèvres.

— Durit, murmura-t-il contre ma peau.

Je frémis et trébuchai sur une marche. Mon embarras se transforma en mortification. Pourquoi avais-je donc décidé de passer la nuit avec lui ? Faire demi-tour semblait exclu, me terrer dans un trou, impossible. Restait à retrouver ma fierté ratatinée.

— Je me sens honoré, dit-il finalement.

— Que je fasse des recherches pour toi ?

— Que tu sois ma petite amie. J'ai presque envie de dire que tu es ma plus belle victoire.

— Presque ? m'écriai-je, entre vexation et ahurissement.

— Presque, confirma-t-il. Avec toi, la course ne sera jamais finie.

Je pouvais compter sur Jérémiah pour transformer un moment de malaise en moment... de grand malaise. Il ouvrit la porte de sa chambre, indifférent au chamboulement intérieur que je vivais. J'étais à la fois heureuse et dubitative : plus je passais du temps avec Jérémiah, plus je l'appréciais ; mais je ne comprenais pas vraiment ce qu'il me trouvait.

Il referma la porte derrière nous, libéra ma main et alluma la lampe près de son lit. Quand il pivota vers moi, son regard se porta sur mes mains que je tordais nerveusement. Je n'avais jamais été seule avec un garçon dans sa chambre.

Et surtout, je n'avais jamais passé une nuit avec un garçon.

Jérémiah m'impressionnait. Il était plus grand que moi et la seule intensité brûlante de son regard me terrassait. En sa présence, mon cœur trouvait un autre rythme, furieux et trépidant. Habituellement, j'aurais trouvé une repartie fine pour lui clouer le bec. Parfois, je parvenais à contrecarrer son arrogance en le mettant devant ses contradictions. Mais ce soir, dans cette chambre, je me sentais désarmée. Ma peau me picotait, mes nerfs étaient à vif, tout mon corps était en alerte, tendu et engourdi.

— Tu as une préférence ? demanda-t-il.

— Oh. Euh... Gauche. Le côté gauche sera parfait.

Il retira son sweat-shirt et se retrouva torse nu devant moi. Mes yeux s'attardèrent sur le dessin de ses pectoraux et ses épaules larges.

— Je vais aller prendre une douche, annonça-t-il en approchant de moi.

Il plongea son regard dans le mien et les battements de mon cœur reprirent leur course folle. Jérémiah repoussa une mèche de cheveux derrière mon oreille et, tendrement, posa sa main sur ma joue pour m'attirer à lui. Ses lèvres frôlèrent les miennes, un soupir se perdit dans le creux de ma gorge et ses doigts s'entortillèrent dans ma chevelure.

— Tiroir du haut, il y a des T-shirts.

J'opinai, incapable d'articuler le moindre son. L'air s'était subitement raréfié dans cette chambre. Jérémiah s'écarta et se dirigea vers une porte que je présumai être celle de sa salle de bains. Je m'assis sur le lit et me débarrassai de mes chaussures.

— Pour le T-shirt, c'était juste une information, pas une obligation, précisa-t-il.

Nous échangeâmes un sourire et, l'instant suivant, je devinai le bruit de la douche.

Je profitai de son absence pour explorer sa chambre. Contrairement à la première fois, son bureau était impeccablement rangé. Je repérai tout de même un bloc-notes, avec les dates de ses prochaines courses. J'esquissai un sourire en jouant avec le marqueur qui avait servi à dessiner ma silhouette. Je jetai un œil à ses CD empilés et à une photo, sur laquelle il entourait de son bras un autre garçon. Son frère, sûrement.

A court de distractions, je me dirigeai vers le fameux tiroir et me débarrassai de mes vêtements pour enfiler un des T-shirts de mon petit ami. Je me glissai sous la couette, hésitant entre prendre une pose lascive et m'enrouler dans la couette de sorte que Jérémiah ne puisse pas me toucher. Dans tous les cas, j'étais certaine de ne pas vraiment dormir.

Quand il réapparut, il portait un boxer bleu nuit. Il riva ses yeux aux miens et, sans plus attendre, me rejoignit sous la couette. Il entoura ma taille de son bras et colla son torse contre mon dos, emboîtant ainsi nos deux corps. Il passa une jambe entre les miennes et embrassa ma nuque.

— Bonne nuit, la nouvelle.

J'émis un grognement de désapprobation.

— Ici aussi, tu es nouvelle.

Les yeux clos et enveloppée dans la chaleur de Jérémiah, je sentis mon cœur s'emballer de nouveau, me donnant la sensation d'être allongée sur un lit de nuages moelleux. Un sourire fleurit sur mes lèvres : être nouvelle, ici, me plaisait.

A ma grande surprise, je m'endormis très rapidement et sereinement.

A mon réveil, Jérémiah n'était plus là. Le lit était froid et la couette avait été soigneusement remontée sur moi. Je la repoussai et m'extirpai du lit. Je tirai le T-shirt de Jérémiah sur mes cuisses puis, embarrassée de me retrouver seule, je jetai un œil autour de moi.

Illuminée par les rayons du soleil, la chambre de Jérémiah m'apparut sous un nouveau jour. Cette lumière rendait la pièce moins austère et révélait la beauté des meubles. J'approchai d'une commode et passai ma main sur le bois. Il était abîmé et le vernis s'écaillait au niveau des angles. J'agrippai la poignée du premier tiroir, tentant de l'ouvrir. Il céda de quelques centimètres et je me penchai pour examiner l'état du bois. Les planches étaient gondolées, gonflées par l'humidité et, surtout, elles avaient été rabotées outrageusement. Je tirai de nouveau sur la poignée, avec plus de force. En vain.

Soudain, un poing s'abattit sur le bois et me fit sursauter.

— C'est ton truc de t'acharner sur tout ce qui ne s'ouvre pas ?

— Je te cherchais, dis-je dans un souffle.

Jérémiah entoura ma taille de son bras puissant et m'attira contre lui. Il déposa un baiser sur ma nuque, au même endroit que la veille, ce qui me fit frissonner. Il nicha sa tête dans mon cou et respira contre ma peau.

— Salut, la nouvelle.

— Où étais-tu ?

— J'avais un coup de fil à passer. Je ne pensais pas que tu te réveillerais.

Sa main se faufila sous mon T-shirt et caressa la peau de mon ventre. Je me mordis la lèvre pour retenir un gémissement, pendant qu'une douce chaleur se propageait en moi. Jérémiah m'entraînait sur un chemin inconnu, bouleversant mes rares repères avec les garçons. Avec lui, j'oubliais toute prudence. Pourtant, un sentiment diffus d'angoisse rehaussée de désir me tenaillait l'estomac. Notre histoire allait trop vite, à l'instar de la course dont Jérémiah avait parlé. Négocier les virages, apprendre à doser les accélérations, gérer l'urgence : j'étais incapable de faire tout cela.

Enfin, avant lui, j'en étais incapable. Dans ses bras, je devenais une autre : moins sage, plus impulsive. Comme si j'avais peur de perdre du temps, comme si je devais courir à m'en brûler les poumons, comme si tout le reste de ma vie était sans importance.

Ma raison me dictait de m'éloigner de Jérémiah.

Mon corps refusait de l'écouter.

Jérémiah me fit pivoter dans ses bras. J'eus à peine le temps de constater qu'il ne portait que son boxer, avant que sa bouche avide trouve la mienne. Il tira doucement sur mon collier, m'attirant encore plus contre lui. J'enfonçai mes mains dans sa chevelure, tirai presque dessus, avant de sentir mes cuisses heurter le meuble. Je gémis de surprise, avant de sentir Jérémiah me soulever et me faire asseoir sur la commode. Il agrippa mes cuisses et écarta un peu plus mes jambes pour se coller à moi. Je posai mes mains sur son torse nu, devinant le battement frénétique de son cœur sous ma paume. Ses lèvres étaient soudées aux miennes et sa langue quémandait l'accès à ma bouche. Je n'avais jamais ressenti cette urgence et cette frénésie auparavant. Un frisson me parcourut, mélange d'inquiétude et de désir puissant. A l'instant où les mains de Jérémiah remontèrent sur mes cuisses nues, je le repoussai.

— Qu'est-ce qu'il se passe ? demandai-je, en rivant mes yeux aux siens.

— Rien.

Son regard se voila et sa bouche fondit de nouveau sur la mienne. Il voulait me faire taire, mais son corps tendu trahissait son état d'esprit. Quelque chose ne tournait pas rond, quelque chose tourmentait Jérémiah au point qu'il me mente. Ses mains glissèrent sous mon T-shirt et caressèrent mon dos.

— Je ne veux pas que tu partes, murmura-t-il finalement contre ma bouche.

— Il faut que je parte.

D'un geste souple, il me retira mon T-shirt et ma poitrine, bien trop menue à mon goût, s'écrasa contre son torse musclé. La chaleur de son corps me surprit, mais ce n'était rien face à la déferlante de sensations qui me saisissait : la crainte, l'excitation et l'interdit. Mon corps tremblait et ma tête me tournait. De Jérémiah émanait une forme d'urgence, ses gestes étaient brusques et empressés, comme s'il était au volant d'une voiture, aux aguets, prêt à en doubler une autre pour remporter la victoire.

— Est-ce que tu reviendras ? m'interrogea-t-il.

Sans attendre ma réponse, il posa une main dans le creux de mes reins et me fit me cambrer contre lui, ma tête tombant en arrière. Je me cramponnai à ses bras, pendant que sa bouche traçait un chemin brûlant de mon cou jusqu'à ma poitrine. A la surprise succéda le plaisir. Quelque chose de brut, d'insensé et d'incontrôlable, qui balaya tous mes questionnements. Ma chevelure effleura le bois de la commode et un gémissement s'étrangla dans ma gorge quand la bouche de Jérémiah se referma sur un de mes seins.

Mon corps s'enflamma et mon cœur cogna si fort qu'il me sembla l'entendre. J'étais grisée, puissamment enivrée par ce que je ressentais. Jamais un garçon ne m'avait touchée et je pouvais compter sur les doigts d'une main ceux qui m'avaient embrassée. Jérémiah ne ressemblait à aucun d'eux.

Avec lui, c'était le danger, la vitesse, l'adrénaline. Vite. Toujours plus vite. Comme si nos heures étaient comptées. Ma peau me brûlait, mon cerveau se déconnecta et je me transformai en un simple jouet heureux et alangui entre les mains de mon petit ami.

Il suça la pointe de mon sein droit longuement, avant de s'intéresser à l'autre. Je me contentai de murmurer son prénom. J'étais incapable de bouger, paralysée par mon désir débordant. Jérémiah m'attira plus près de lui et mes fesses se retrouvèrent sur le bord du meuble, dans un équilibre fragile. Contre ma cuisse, je devinais son sexe tendu, à peine retenu par son boxer.

J'ouvris les yeux, trouvant le regard plus sombre que jamais de Jérémiah. Mes doutes resurgirent aussitôt. Il y avait autre chose que le désir. De l'inquiétude, de l'appréhension. Quelque chose qui me faisait froid dans le dos et qui ne parvenait pas à se dissoudre dans notre étreinte.

— Il faut que je te ramène, murmura-t-il.

— Sinon quoi ? demandai-je en espérant qu'il se confie à moi.

— Sinon ton militaire de père va venir me faire la peau.

— Encore faudrait-il qu'il soit présent. Il a certainement dû oublier à quoi je ressemblais.

J'enroulai mes bras autour de la nuque de mon petit ami et l'attirai contre moi. Son sexe frotta contre le mien et il retint un gémissement en fermant les yeux.

— Continue et je vais achever ce meuble, me prévint-il.

— C'est donc pour ça qu'il est en si piteux état... Tes multiples conquêtes ?

La simple idée que Jérémiah soit plus expérimenté que moi m'effrayait. A ses yeux, je devais être une vraie gourde, bien trop facile à séduire : en cinq minutes, sa bouche sur mon sein m'avait bouleversée. Mais maintenant qu'il m'avait touchée, il me paraissait inconcevable de m'en passer.

— Je ne sais pas ce que tu imagines sur moi, mais c'est faux.

— Tu ne vas tout de même pas me faire croire que tu es aussi vierge que moi ?

— Non. Mais tu es la première ici. Et le jour où je te ferai l'amour, ça ne sera pas sur un meuble. Et surtout pas sur un meuble qu'a fracassé mon frère en se battant avec moi quand j'avais 14 ans.

Il me fit descendre de la commode et me tendit mon T-shirt. La frustration s'empara de moi à l'instant où je le vis disparaître dans sa salle de bains. Ce n'était pas tant qu'il s'était interrompu au milieu de notre étreinte, mais plutôt sa faculté de ne rien dire... tout en laissant croire qu'il me faisait des confidences. Irritée, j'enfilai mes vêtements à la hâte. Je rassemblais ma chevelure dans une queue-de-cheval quand Jérémiah revint dans sa chambre, prêt à me raccompagner.

— C'était chouette, dis-je alors que nous descendions l'escalier.

— « Chouette » ? s'étonna-t-il. J'ai failli te prendre ta virginité sur ce meuble et c'était seulement chouette ?

— Tu as « failli ». Donc, oui, « chouette », répondis-je en contemplant les rayons du soleil qui traversaient le grand hall de la maison, rendant l'endroit un peu plus chaleureux. Aussi chaleureux qu'un musée désert.

Il esquissa un sourire, avant de se figer net sur la dernière marche de l'escalier.

Devant nous se tenait un jeune homme un peu plus âgé que Jérémiah. Son regard était plus clair, mais les traits de son visage — nets, comme taillés par un sculpteur — ne laissaient aucun doute sur leur lien de parenté.

— Charlotte, voici mon frère. Théodore.

— Théo, corrigea-t-il.

Il frotta ses mains sur son jean déjà sale et tendit la droite vers moi.

— Enchanté, sourit-il.

— Charlotte. Ravie.

Il serra ma main furtivement, avant de passer ses doigts dans sa chevelure emmêlée et de réprimer un bâillement. Habillé d'un T-shirt froissé et d'un jean maculé de graisse, il n'en était pas moins séduisant. Il émanait de lui un sentiment de confiance, de sérénité, qu'il n'y avait pas chez Jérémiah. Théo, lui, ne semblait pas vivre comme si sa vie entière était une interminable course contre le temps et contre les autres.

— J'ai dormi avec elle, expliqua Théo.

— Avec Summer ? m'étonnai-je. Dans ma chambre ? Et si ma mère était entrée ?

Théo haussa les épaules, indifférent à ma remarque. Jérémiah enroula son bras autour de ma taille et son frère arqua un sourcil. De toute évidence, cet élan d'affection le surprenait. Je me raidis, pas vraiment à l'aise d'être scrutée par le grand frère.

— Cette planque est sûre au moins, ajouta-t-il. On verra ce soir ce que cela donne.

— Une planque ? répétai-je, stupéfaite. C'est juste ma chambre.

— Peut-être, mais son père ne viendra sûrement pas la chercher chez toi. Et ton père et le sien font partie de la même maison. Entre militaires, on ne se dénonce pas.

Je le vis serrer le poing et les traits de son visage se durcirent. En une seconde, son air détendu avait disparu. Maintenant, une lueur de rage brillait dans son regard et, d'emblée, je sus que la conversation n'irait pas plus loin. Il protégeait Summer, il veillait sur elle.

J'avais été révoltée d'apprendre que son père la maltraitait ; Théo, lui, enrageait de ne pouvoir rien faire.

— Je raccompagne Charlotte chez elle. Elle a dormi ici.

— Dans ta chambre ? Et si maman était entrée ?

Son ton ironique m'arracha un sourire. Du coin de l'œil, je vis Jérémiah lever les yeux au ciel. Apparemment, cette perspective ne l'avait pas inquiété. Je devais admettre que cela ne m'avait pas tourmentée non plus. Cette maison, si grande fût-elle, paraissait tout le temps inhabitée.

— J'ai réparé ta voiture, reprit Théo.

— Elle était en panne ? demandai-je à Jérémiah.

Théo m'adressa un regard curieux, comme s'il venait de se souvenir que j'étais là, à entendre leur conversation. Il tira un chiffon de la poche arrière de son jean et commença à se frotter les mains avec.

— Et les bougies d'allumage ? lança Jérémiah.

— J'ai fait exactement ce que tu m'as demandé. En plus, ton carburateur était mort. Tu roules comme un sauvage avec cette voiture.

— Je roule surtout beaucoup plus vite que toi, le défia Jérémiah.

— C'est un fou furieux, me dit Théo en désignant son frère. J'espère que tu parviendras à le calmer.

— Et si je ne le veux pas ? répliquai-je.

— C'est que tu es aussi cinglée que lui. Fais en sorte qu'il aille en cours, pour commencer. Et débrouille-toi pour qu'il se pointe à la remise des diplômes.

— Je suis sa copine, pas sa mère, fis-je remarquer. Si tu veux qu'il se calme, double-le lors de votre prochaine course.

Ma voix était pleine de défi. Je m'étais légèrement redressée et, du haut de ma petite marche, je surplombais tout juste Théo. Défendre Jérémiah, me ranger à ses côtés, était d'une évidence qui m'effraya presque. Loin d'être déstabilisé, Théo fit voler son chiffon sur son épaule, fourra ses mains dans les poches de son jean et esquissa un sourire.

— Félicitations, frangin, elle me plaît, la nouvelle.

J'ouvris la bouche pour répliquer et râler sur mon détestable sobriquet, mais aucun son n'en sortit. Jérémiah éclata de rire, avant de déposer un baiser sur ma tempe. Théo étouffa un petit rire et secoua la tête. Nous descendîmes de notre piédestal et nous rejoignîmes la porte d'entrée.

— Ce soir, 23 heures, frangin, lança Théo derrière nous.

— Quel est l'enjeu ? demanda Jérémiah sans même se retourner.

— Mon silence. Et ma voix au conseil.

Le corps de Jérémiah se tendit et il poussa un soupir. Il m'adressa un coup d'œil inquiet, avant de pivoter légèrement.

— J'ajoute 5 000 dollars, précisa Théo. Histoire que tu ne me laisses pas gagner !

— Par principe, je ne te laisse jamais gagner.

— Apparemment, tes principes ont du plomb dans l'aile depuis cette nuit. 23 heures, lui rappela-t-il. Viens avec la nouvelle, elle est marrante.

Le bruit de ses talons contre le marbre résonna dans toute la demeure. Je ne savais plus quoi penser de la relation de Jérémiah avec son frère. Entre l'histoire mystérieuse du meuble, cette rencontre et le défi de ce soir, j'étais perdue. Jérémiah ouvrit la porte d'entrée et nous dirigea vers le garage.

A l'intérieur, une dizaine de voitures étaient garées. Certaines avaient le capot ouvert, l'une d'elles était même soulevée par deux crics.

— Elles sont toutes à ta famille ? l'interrogeai-je.

— A Théo, en majorité. Il les retape pour les revendre. C'est son truc, la mécanique.

— Et toi, ton truc, c'est de conduire comme un furieux ?

— Oui. Et crois-moi, il est terriblement jaloux de moi.

— A cause de... euh... ton... talent pour la conduite ?

— Aussi. Mais maintenant, il est aussi jaloux à cause de toi. Tu l'as épaté, dit-il en m'ouvrant la portière de sa voiture.

Il s'installa derrière le volant et fit vrombir le moteur. Il l'écouta quelques instants, avant de sourire de satisfaction.

— Il va perdre ces 5 000 dollars à une vitesse folle, se réjouit-il.

Jérémiah me déposa à quelques mètres de chez moi ; je ne voulais pas risquer qu'on se fasse surprendre. Je remerciais le ciel d'avoir ma chambre au rez-de-chaussée.

— J'aimerais bien qu'on refasse ça, proposa Jérémiah.

— Un tour en voiture ? le provoquai-je.

— Notamment. La course est à 23 heures, on sera donc chez moi vers minuit.

— Et tu as prévu de me demander mon avis ?

— Je cherche à éviter toutes les situations déplaisantes où tu argumentes contre moi.

— Je comptais travailler sur mon meuble pour mon projet universitaire, j'ai pris un peu de retard. Je ne peux pas passer toutes mes soirées avec toi.

— Et pourquoi pas ? m'interrogea-t-il en souriant.

Il se tourna vers moi et captura mon collier entre ses doigts. Il tira légèrement dessus et mon visage s'approcha du sien. Ses yeux sombres et insondables plongèrent dans les miens. Je me pinçai les lèvres, tentant de me souvenir que, malgré cette nuit, malgré notre étreinte et malgré son arrogance, je me devais de gagner au moins cette manche.

— Viens en cours et je viendrai cette nuit.

Il étouffa un rire, puis déposa un baiser furtif sur ma bouche. Ma tentative de chantage venait de tomber à plat. Il n'avait même pas pris une seconde pour y réfléchir.

— Il faut que tu y ailles, décréta-t-il.

— Est-ce que tu viendras en cours ?

— Je dois t'amener au lycée. J'en profiterai pour régler mes affaires courantes.

— Donc, pas de cours ?

— Donne-moi une bonne raison d'y aller, me défia-t-il.

— Je te garderai une place en littérature et on pourra partager le même livre, proposai-je.

Jérémiah leva un sourcil, avant d'éclater de rire. Je me renfrognai, vexée, et croisai les bras sur ma poitrine. Mon petit ami semblait prendre un malin plaisir à se moquer de moi. Il descendit de la voiture, ouvrit ma portière et parvint à calmer le fou rire qui l'agitait. Je sortis du véhicule et m'appuyai sur le capot tiède. Jérémiah plaça ses mains sur ma taille, et son regard sincère et sérieux trouva le mien.

— Tu es une fille bien, Charlotte.

— Et c'est ça qui te fait rire ?

— Ça, et la perspective de t'entraîner sur des chemins moins sages.

— Je ne suis pas une fille si influençable.

— Tu as passé la nuit avec moi, tu as sauté par la fenêtre de ta chambre et tu finiras par venir à cette course, me rappela-t-il, un peu sournoisement. Je n'ai pas à t'entraîner vers quoi que ce soit : tu l'as en toi.

— Quoi donc ?

— La rébellion. Le désir. L'extraordinaire. La lumière. Toutes ces choses qui font que Théo est jaloux de moi. Toutes ces choses qui font que ma vie me semble plus supportable et plus facile. Toutes ces choses qui font qu'un jour, Charlotte, je t'épouserai.

Mon visage s'enflamma et je baissai la tête pour cacher mon embarras. Je n'avais pas prévu un tel virage dans notre conversation. J'en aurais presque ri, si j'en avais eu la force. Mais toute mon énergie s'était envolée, quelque part entre cette voiture et le sourire séduisant de Jérémiah.

Il déposa un baiser sur mes lèvres, avant d'approcher sa bouche de mon oreille.

— J'ai hâte, ajouta-t-il.

Quand il se recula, un frisson me parcourut. Soudain,

l'espace entre Jérémiah et moi devint insoutenable. Plus que jamais, et pour de très mauvaises raisons, je voulais qu'il vienne en cours. Je voulais l'avoir près de moi, sentir sa présence, sa chaleur contre moi.

— Tu es certain de ne pas vouloir venir ?

— Je t'amène au lycée dans trente minutes. J'ai une affaire à régler, un casier à ouvrir, et ensuite je te laisse. Je te revois ce soir.

— Et si je ne viens pas ?

— Je te revois ce soir, répéta-t-il.

Je m'écartai de la voiture, tandis que Jérémiah se réinstallait derrière le volant. Déçue, mais déterminée à ne rien lui céder, je lui adressai un vague signe de la main. Je me dirigeai vers la maison, et Jérémiah attendit patiemment que je repasse le rebord de ma fenêtre. Dès que je posai un pied dans ma chambre, il démarra en trombe. Il descendit sa vitre et, très distinctement, j'entendis sa voix :

— Bye, la nouvelle ! cria-t-il, indifférent aux regards médusés de mes voisins.

J'éclatai de rire, puis passai une main sur mon visage.

Je savais déjà que je serais avec lui la nuit prochaine.

Et les suivantes.

Je jetai un œil vers mon lit. Summer, habillée de l'un de mes pyjamas, était enroulée entre les draps. Sur le sol, je trouvai un oreiller et une couverture : les dernières traces de la présence de Théo auprès d'elle. Sur son visage, je remarquai une griffure sur sa joue. Sa lèvre arborait une teinte bleutée et, près de son œil, un hématome était apparu. Je réprimai une grimace de dégoût, puis décidai de la laisser dormir.

— Chérie ? Il faut vraiment que tu sortes du lit,

si tu veux être à l'heure au lycée, m'informa ma mère de derrière la porte de ma chambre.

Je me pinçai les lèvres pour retenir un sourire. J'étais sortie de mon lit depuis plusieurs heures et j'avais l'impression d'avoir vécu plus de choses au cours de ce laps de temps qu'en plusieurs années d'errance à travers le pays.

— Je vais prendre une douche, répondis-je à ma mère.

— Tu sens Jérémiah à des kilomètres, lança Summer, les yeux toujours clos.

— J'ai son T-shirt.

— Ce n'est pas le T-shirt. Tu sens l'adrénaline, comme lui.

— Sûrement parce que je viens de rentrer, affirmai-je à voix basse.

— Sûrement parce qu'il a réussi son coup avec toi.

Summer ouvrit un œil et tenta de sourire, malgré sa blessure. Elle grogna de douleur, passa son pouce sur sa lèvre inférieure et soupira.

— Et ça veut dire quoi « réussir son coup » ?

— Ça veut dire te faire dévier du chemin. Si tu pensais ta route toute tracée, tu peux compter sur lui pour te conduire ailleurs. Va prendre ta douche, je vais faire patienter ta mère. Tu viens à la course de ce soir ?

— J'y ferai sûrement une apparition.

— Super. Ça va être dément.

Comme prévu, Jérémiah avait ouvert mon casier et en avait coincé la serrure avec une feuille de papier repliée. Je sortis mes livres de mathématiques et d'histoire de mon sac et les échangeai contre mon bloc-notes et mon exemplaire défraîchi de *Roméo et*

Juliette. Par acquit de conscience, je jetai un coup d'œil aux alentours. J'espérai encore qu'il viendrait en cours.

A ma grande déception, je ne vis que la silhouette de notre responsable pédagogique. Elle marchait d'un pas vif dans ma direction et, mue par l'instinct de survie, je refermai violemment la porte de mon casier et calai mon sac à dos sur mon épaule.

— Charlotte ? cria-t-elle.

— Merde, jurai-je dans un murmure.

Je pivotai lentement vers elle et pris une profonde inspiration. J'avais cours dans quelques minutes, elle n'allait donc sûrement pas me retenir longtemps.

— Madame Barton ?

— Charlotte, je voulais vous parler.

— J'ai cours dans deux minutes.

— Je serai brève : il me faut votre projet pour l'université d'ici à la fin de la semaine prochaine.

Voyant mes yeux s'ouvrir comme des soucoupes, elle leva les mains devant elle. Une vague de panique me submergeait. Je tenais à ce projet, mais j'avais imaginé avoir un peu plus de temps. Devant mon visage blême, ma conseillère reprit :

— Pas le projet finalisé, évidemment. Mais au moins les grandes lignes de ce que vous comptez faire.

— Une sorte de... descriptif ?

— Exactement. J'ai besoin de compléter votre dossier et je dois m'assurer que votre projet est cohérent avec vos inscriptions. Il faut aussi que vous m'indiquiez le groupe que vous avez choisi d'intégrer.

— Un groupe ? répétai-je d'une voix blanche.

— Vous vous souvenez ? Je vous avais parlé de...

— Oui, oui, l'interrompis-je vivement.

Nerveuse, je réajustai mon sac sur mon épaule, tentant de trouver une solution. Jérémiah m'avait dit de ne pas m'inquiéter. Pourtant, plusieurs semaines s'étaient écoulées, et j'étais toujours... seule.

— Où êtes-vous inscrite ? insista-t-elle.

— Je réfléchis encore.

— Je vous donne une semaine. Après cela, je finirai par vous imposer un groupe.

— Le seul groupe qui me plaisait était celui de littérature, avec la pièce de théâtre, mais il est complet.

— Le groupe de la pièce... Celui de Jérémiah Montgomery ?

Son regard se durcit et elle approcha un peu de plus de moi. Dans sa voix, j'avais clairement perçu de la désapprobation. Mon corps se tendit un peu plus. Elle m'avait déjà alertée au sujet de Jérémiah ; elle le considérait comme une mauvaise fréquentation et n'approuverait sûrement pas ma relation avec lui.

— A quel point êtes-vous proche de lui ?

— Est-ce en lien avec mon projet universitaire ?

— Jérémiah n'est pas un garçon recommandable, Charlotte. Il est instable. Lui faire confiance n'est pas une bonne idée.

Ce n'était plus de la désapprobation, c'était de la colère. Une colère froide et contenue, mais que je ressentais jusque dans mes os. Pourtant, quand j'étais avec lui, je me sentais protégée et chérie.

— Vous êtes une fille bien, Charlotte.

Sa remarque me tira un sourire. Elle avait au moins un point commun avec mon petit ami : ils trouvaient tous les deux que j'étais une fille bien. Sauf que Jérémiah, de son propre aveu, espérait m'entraîner vers d'autres chemins.

— Jérémiah est dangereux pour vous. Il n'est pas fréquentable et ses activités ne sont pas toujours légales.

Elle fit volontairement une pause, pour me laisser le temps d'assimiler ces conseils.

— Si votre projet est juste de... de faire ce projet avec lui, je ne pourrai pas le cautionner.

— Personne ne vous demande de le cautionner, objecta une voix derrière elle.

Elle ne cilla même pas. Mon cœur s'emballa à l'instant où je vis Jérémiah rabattre la capuche de son sweat pour faire face à ma conseillère. Leur confrontation visuelle dura quelques secondes, qui me semblèrent interminables. Je n'imaginais pas Jérémiah s'opposant formellement à Barton, mais, à ses poings serrés et à ses traits tendus, je compris qu'une sourde colère le gagnait. Il la surplombait d'une dizaine de centimètres, son regard sombre habité d'une rage inédite qui me fit frémir.

— Jérémiah, j'attends toujours vos dossiers d'inscription pour l'université.

— Vous pouvez toujours attendre. On y va, Charlotte. On a cours de littérature.

Je passai près de ma conseillère, évitant sciemment de croiser son regard. En rejoignant Jérémiah, je venais de choisir un camp. S'il n'était pas judicieux de l'avis de Barton, il était dangereusement attirant pour moi. Jérémiah entoura mes épaules de son bras et déposa un baiser sur ma tempe.

— Elle a raison sur une chose : tu devrais mieux choisir tes fréquentations, plaisanta-t-il. A commencer par elle.

— Elle a raison pour mes dossiers, il faut que j'avance sur mon projet. Et il faut que je me trouve un groupe de travail.

Jérémiah hocha la tête et un sourire énigmatique fleurit sur ses lèvres. Sa colère s'était évaporée et il était redevenu lui-même, me serrant contre lui comme si j'étais un trophée inestimable, déambulant dans le couloir comme s'il était maître en son royaume. Sa seule arrogance aurait dû m'agacer. Pourtant, je devais admettre que cela le rendait de plus en plus séduisant.

— On peut savoir ce que tu fais ici ? demandai-je.

— Je m'ennuyais.

— Et tu t'es dit que venir en cours ferait passer le temps ?

— J'ai décidé de devenir un élève modèle. Tu dois déteindre sur moi.

Je lui adressai un regard dubitatif. Jérémiah pouvait sûrement interpréter une belle galerie de personnages mais l'élève modèle n'en faisait pas partie. Je n'y croyais pas une seconde.

— Je veux bien la vraie raison, dis-je, tandis que nous approchions de la salle du cours de littérature.

— Tu en es certaine ?

— Est-ce que je devrais avoir peur ?

Il me coinça contre le mur, sa main posée près de mon visage. Ma respiration s'affola et je vis quelques curieux nous observer. Mon sac glissa au sol, pendant que Jérémiah dardait son regard noir et dévastateur dans le mien. Un parfum âcre nous enveloppa. Malgré tous mes efforts — et bien trop perturbée par la proximité de Jérémiah — je ne parvins pas à mettre un nom sur cette odeur.

— Je t'ai touchée ce matin.

Un rougissement s'épanouit sur mon visage.

— Et, à ma grande surprise, cela a été plus grisant que conduire ma voiture comme un furieux. En fait, hésita-t-il, je crois que je t'aime plus que ma voiture.

Je ravalai un sourire et baissai les yeux au sol. De l'index, Jérémiah me fit relever la tête vers lui. Je me pinçai les lèvres et me redressai. J'étais à bout de souffle, et mon petit ami venait de me terrasser en une seule phrase.

— Alors ? A quel point as-tu peur ? me demanda-t-il.

— Je te l'ai déjà dit : je n'ai jamais eu peur de perdre, j'ai plutôt hâte.

— Tu es bonne joueuse, c'est bien.

— Ai-je vraiment le choix ? m'amusai-je.

— Non.

Il approcha sa bouche de mon oreille. Ses lèvres effleurèrent ma peau, provoquant une vague de frissons et de désirs dans tout mon corps. En présence de Jérémiah, je découvrais une nouvelle facette de ma personnalité : le simple contact de nos deux corps faisait bouillir le sang dans mes veines et je devenais dépendante à la sensation de liberté et de frénésie que Jérémiah provoquait en moi.

— Et honnêtement, tes fesses sont phénoménales dans ce jean, ajouta-t-il d'une voix rauque.

— Nous sommes ravis de l'apprendre, Jérémiah, fit une voix près de nous. Maintenant, si les fesses de Charlotte et vous-même voulez bien vous donner la peine d'entrer en cours.

Jérémiah glissa sa main dans la mienne et, sous les regards sidérés de nos camarades, nous entrâmes dans la salle.

Je n'avais jamais été à la fois aussi fière et aussi mortifiée d'entrer en cours de littérature. Il n'y avait que lui pour me faire ressentir ça.

A la fin du cours, dans le brouhaha habituel de la sortie des élèves, Jérémiah me retint par la main. Je me tournai vers lui et retrouvai le même regard que ce matin. Ses yeux étaient voilés d'incertitude, son expression était hésitante. Il tendit la main vers moi, prêt à dégager une mèche de cheveux de mon visage, avant de se raviser.

— Qu'est-ce qu'il se passe ? demandai-je.
— Rien.
— Jérémiah, moi aussi je sais détecter quand tu mens. Et là, tu mens !
— Est-ce que tu viendras ce soir ou pas ? s'agaça-t-il.
— Peut-être, éludai-je.
— J'aimerais vraiment que tu viennes.
— Pourquoi au juste ?
L'énervement me gagnait peu à peu. Jérémiah avait ses exigences, ses secrets, et il avait l'habitude qu'on écoute et exécute ses ordres sans les remettre en cause. Mais je refusais de lui donner gain de cause sur un sujet, quand je savais qu'il me cachait quelque chose.
— Parce que je veux que tu viennes.
— Il va falloir faire mieux, souris-je.
La classe était quasiment vide. Jérémiah répondit timidement à mon sourire, mais la tension sembla s'alléger peu à peu. Mon petit ami soupira et passa une main nerveuse dans ses cheveux.
— La course ne sera jamais terminée, lui rappelai-je.
— Je n'ai jamais autant voulu la gagner, admit-il en approchant de moi.
— Jérémiah, j'aimerais vous voir, l'interpella le professeur de littérature. Maintenant, ajouta-t-il en constatant qu'il restait planté devant moi.
— Je vais à mon casier, le prévins-je.
Je m'éclipsai de la salle, refermant la porte derrière moi. Je restai pourtant à proximité, observant le professeur de littérature qui parlait à Jérémiah, pendant que ce dernier acquiesçait. Un grand éclat de rire secoua son corps et ses traits se détendirent. Je rejoignis mon casier, toujours perplexe sur le comportement de mon petit ami. Après avoir vidé mon sac, je patientai plusieurs minutes, scrutant l'autre extrémité du couloir. En vain. Jérémiah n'apparut

pas. Summer m'accosta, mordillant sa lèvre inférieure pour mieux la cacher.

— Tu rentres ? demanda-t-elle.

— J'attendais Jérémiah, mais je vais aller rejoindre sa voiture. Tu rentres chez toi ?

— Il le faut. D'ailleurs, il faut que je te rende tes clés.

Elle fouilla dans son sac et plaça la clé que ma mère lui avait donnée la veille dans le creux de ma main. J'eus un haut-le-cœur en imaginant Summer sous la coupe de son père violent. Il restait six mois de cours, six mois à redouter les crises de son père, six longs mois à endurer, avec l'espoir de pouvoir ensuite fuir d'ici, comme elle en rêvait.

— Tu devrais la garder, suggérai-je.

— Si mon père tombe dessus, la situation sera encore pire. Je sais qu'en cas de problème je peux t'appeler et appeler Théo.

— Summer...

— Je t'assure, Charlotte. Allons au parking, Jérémiah nous rejoindra là-bas.

Elle enroula son bras autour du mien et m'entraîna vers l'extérieur. A ma grande surprise, Jérémiah était déjà sur le parking, la tête penchée sur le moteur d'une vieille Mustang. Au volant de la voiture se trouvait notre professeur de littérature. J'observai la scène pendant plusieurs minutes, abasourdie.

— Jérémiah excelle en mécanique. Tout le monde le sait, m'expliqua Summer.

— Tout le monde le sait ? Et pour les courses ?

— Beaucoup sont au courant, avoua-t-elle. C'est ce qui rend la chose encore plus excitante.

Jérémiah se redressa et frotta ses mains l'une contre l'autre. D'un geste, il intima à notre professeur de faire démarrer sa voiture. Elle toussa légèrement, et dégagea une fumée noirâtre, avant de ronronner. Summer s'adossa à la voiture de Jérémiah et me fixa.

— Ça te dérange, les courses ?

— Non. Je... Enfin... Je ne connais pas Jérémiah depuis longtemps, mais ces courses... Je trouve ça dangereux.

Summer me fixa avec ahurissement avant d'éclater d'un rire sonore. Je me renfrognai, un peu vexée par sa réaction. Je lui confiais mes doutes et elle se moquait de moi. Elle n'était sûrement pas la plus objective sur ces courses clandestines.

— Tu ne dois surtout pas t'inquiéter pour lui, m'assura-t-elle. Il sait très bien ce qu'il fait.

— Et la course de ce soir ?

— Quoi, la course de ce soir ? C'est une course comme les autres. Détends-toi, Charlotte. Tu t'inquiètes pour rien !

Soudain, une paire de bras puissants entoura ma taille et Jérémiah m'attira contre son torse. Il nicha sa tête dans mon cou, me tirant un rire sonore. Il me serra fort contre lui et respira mon parfum.

— Alors, maintenant, tu répares les voitures des profs ? lançai-je.

Jérémiah me fit pivoter dans ses bras, un air triomphant sur le visage. A son sourire suffisant et son regard étincelant de joie, je compris que son humeur avait changé.

— Je fais plus que ça, crois-moi. Elle n'était pas vraiment en panne de toute façon.

Summer ravala un sourire et échangea un regard avec Jérémiah. De toute évidence, il y avait encore certaines choses qui m'échappaient. Je scrutai son visage, à la recherche d'un éventuel et fumeux indice.

— Qu'est-ce que je loupe ? demandai-je finalement.

— J'ai une surprise pour toi.

— Une surprise ? Quel genre de surprise ?

Je me tournai vers Summer, espérant un soutien de mon amie. Elle se contenta de hausser les épaules, satisfaite d'être gardienne du secret. Je repoussai Jérémiah et, poings sur les hanches, attendis une réponse.

— Il faut qu'on rejoigne Théo, dit Jérémiah en ouvrant la portière de sa voiture.

— Théo ? Qu'est-ce que Théo vient faire dans cette histoire ?

Summer se glissa sur la banquette arrière. Tous les deux m'ignoraient superbement. Je me sentais à la fois ridicule et trahie. Je pouvais admettre un affrontement perpétuel avec Jérémiah, c'était presque un jeu dans notre relation. Mais que Summer épouse sa cause était une injustice. Elle savait que je n'avais aucune confiance en moi.

— Allez, la nouvelle, grimpe dans la voiture ! m'intima Jérémiah en me tenant la portière.

— Explique-moi d'abord où on va !

— Monte dans cette voiture ! Si tu ne le fais pas, je te mets sur mon épaule et je te porte jusqu'à chez moi.

— Tu quoi ?

— Et crois-moi, la perspective d'avoir tes fesses à quelques centimètres de mon visage m'enchante. Ne me donne pas une excuse pour le faire.

— Sinon quoi ?

Il étrécit le regard et approcha de moi. Entre nous, il y avait du défi. Mais je voulais surtout le faire parler. Je voulais savoir, et je n'aimais pas qu'on me donne des ordres sans explication.

— Sinon, je vais le faire, répondit-il. Et je grimperai les trois étages jusqu'à ma chambre. Je te poserai sur le meuble de ce matin, et, crois-moi, tu pourras lui faire tes adieux. Ensuite, je t'emmènerai à la course de ce soir et, après l'avoir gagnée haut la main, je te ramènerai dans mon lit. Et tu pourras aussi faire tes adieux à ta virginité.

Ma bouche s'ouvrit de stupéfaction mais aucun son n'en sortit. Il réduisit l'espace entre nous deux et dégagea le collier de mon décolleté pour m'attirer à lui.

— Mais si tu me le demandes gentiment, je peux aussi le faire *après* t'avoir conduit en voiture jusqu'à chez moi.

— Je... Euh... J'ai un meuble à rénover, bégayai-je, mal à l'aise.

— Bébé, j'ai beaucoup mieux à te proposer. Et je ne parle pas forcément de sexe, précisa-t-il en déposant un baiser sur ma bouche.

Je finis par monter dans la voiture, vexée de ne pas avoir eu gain de cause et médusée par la façon dont Jérémiah avait mis un terme à la conversation. Le simple fait qu'il m'appelle « bébé » m'horripilait. Je détestais qu'il me considère comme un objet décoratif. Pourtant, la promesse qu'il venait de me faire m'embrasait. Encore un paradoxe que je ne devais qu'à lui. Il s'installa derrière le volant et démarra le moteur.

— Il faut vraiment que tu cesses de demander des explications.

— Pour te faciliter la vie ?

— Notamment. Et m'éviter de penser à ta virginité. C'est trop perturbant avant une course.

Summer se racla la gorge, nous rappelant sa présence. Jérémiah l'ignora, ses yeux rivés aux miens, une main sur le volant, prêt à dégoupiller une nouvelle grenade paralysante.

— Vois ça comme une motivation pour franchir la ligne d'arrivée au plus vite, plaisantai-je.

— Alors mon adversaire n'a aucune chance.

*
* *

— C'est vraiment nécessaire ? m'agaçai-je en trébuchant pour la troisième fois.

— Oui.

Jérémiah repositionna ses mains sur mes yeux et me fit avancer lentement devant lui. Il était parvenu à me faire descendre une volée de marches, les yeux masqués par ses paumes. Après plus de dix minutes de noir absolu, la situation commençait à m'énerver. Derrière moi, Théo et Summer parlaient à voix basse. Je n'entendais pas le détail de leur conversation mais, au ton de la voix de Théo, je compris qu'il s'inquiétait aussi du retour de Summer chez elle.

— Garde les yeux fermés, murmura Jérémiah à mon oreille.

Nous fîmes encore quelques pas, pendant lesquels je tendis l'oreille. Si le bruit de nos pas avait d'abord été étouffé par les tapis moelleux et hors de prix de la résidence Montgomery, désormais, nous marchions sur du parquet, plus souple, qui grinçait sous nos pas et qui faisait résonner le moindre son. Je m'éclaircis la gorge, mal à l'aise et curieuse.

Un claquement ricocha contre les murs et me fit sursauter. Mon cœur s'emballa et je poussai un soupir. La seconde suivante, mon corps fut parcouru de frissons et la main de Jérémiah trouva la mienne. Cette sensation fugace et agréable me tétanisa un peu plus. Je n'avais définitivement plus aucun contrôle de la situation.

— Prête ?

— Jérémiah, s'il te plaît !

— Tu peux ouvrir les yeux.

La lumière brutale m'aveugla presque. Je clignai des paupières, avant de découvrir une pièce immense, avec du parquet au sol et des murs défraîchis. L'endroit sentait la poussière et n'avait sûrement pas été visité depuis plusieurs années. Je tournai sur moi-même, réalisant qu'elle était suffisamment grande pour abriter un régiment.

— Et on est ici pour… ?

— Pendant une seconde, j'ai cru que tu n'allais pas demander d'explication.

Il libéra ma main et s'écarta de moi. Il fit quelques pas dans la pièce, dissimulant mal sa joie de me torturer. Son visage s'éclaira d'un sourire victorieux et cela m'inquiéta.

— Mademoiselle Parker, je vous présente votre projet universitaire.

Il écarta les bras, désignant l'espace autour de lui. Je lançai un regard affolé à Summer, qui retenait difficilement un rire. Théo était près d'elle, scrutant ma réaction avec attention.

— Jérémiah, j'ai déjà un projet universitaire.

— Oui. Mais ce projet-là a l'avantage de te faire travailler en groupe.

— Je… Je ne comprends pas, bégayai-je. Pourquoi est-on ici ?

— Pour la pièce de théâtre. Elle aura lieu ici.

— Ah oui ?

— Oui. Et comme tu le constates, cet endroit a besoin d'un sérieux coup de jeune. Les répétitions vont commencer ici d'ici à la semaine prochaine, tu pourras donc peindre et…

Sa voix s'éteignit quand son regard ravi croisa le mien, consterné. J'avais la gorge sèche et mon cœur battait à m'en faire mal. Mon regard navigua sur la pièce, sans vraiment la distinguer. Tout était flou. Sûrement à cause des larmes que je retenais.

C'était un projet fou.

C'était un projet inattendu.

Fou et inattendu, à l'image de mon petit ami.

Le silence était assourdissant dans la pièce. Summer ne souriait plus et Théo semblait retenir son souffle. Jérémiah me fixait avec le même regard qu'il avait eu ce matin. C'était donc ça qui le tourmentait. Peut-être pas le projet, mais ma réaction. J'étais celle qui cherchait la rationalité, celle qui voulait donner un sens à notre relation, celle qui l'avait défié. Et lui, l'homme qui maîtrisait le danger au volant de sa voiture, qui prenait des risques fous pour gagner, se retrouvait incapable de prévoir mes réactions. Ça devait le rendre dingue d'être impuissant devant moi.

Mon petit ami me fixait avec un mélange de prudence et d'inquiétude.

— Charlotte ?

Je m'approchai de lui et lui adressai un sourire. J'enroulai mes bras autour de sa nuque et posai mes lèvres sur les siennes. Aussitôt, son corps raide d'inquiétude se détendit et il répondit à mon baiser avec douceur. Ses mains prirent mon visage en coupe et sa bouche quitta la mienne.

— Ça te plaît ? demanda-t-il à voix basse.

Je hochai la tête frénétiquement, incapable d'articuler le moindre son. J'étais sonnée et heureuse. Oui, ce projet était dingue et démesuré. A l'image même de son instigateur. J'étais trop émue pour le remercier, trop bouleversée pour lui faire part de ce que je ressentais.

J'avais perdu toute velléité de résistance : j'étais définitivement amoureuse de Jérémiah.

Comme la semaine précédente, la foule avait pris possession de la route de la plage. Je roulais prudemment, tandis que, sur le siège passager, Summer tournait la tête en tous sens, à la recherche de Théo. Les phares de la Ford balayèrent les environs : il me semblait que tout le lycée s'était donné rendez-vous ; le talus, en surplomb, était couvert de spectateurs. Je me frayai un chemin difficilement, récoltant des regards furieux de la part des élèves contraints de s'écarter pour me laisser passer.

— Gare-toi ici ! cria soudain Summer.

Je bifurquai avec précaution. La vieille Ford de ma mère renâcla à monter sur le terre-plein. J'écrasai mon pied contre l'accélérateur et parvins finalement à la garer. Je n'avais pas coupé le moteur que, déjà, Summer sortait de la voiture.

J'ouvris la portière à mon tour, manquant de fracasser les genoux d'un pauvre lycéen. Je m'excusai rapidement et parcourus des yeux la route devant moi. Le brouhaha ambiant suait l'excitation. L'atmosphère festive et sous pression me galvanisait et je sentais l'adrénaline cavaler sous ma peau. Une bourrasque me surprit et me fit frissonner. Je frictionnai mes bras, scrutant l'arrivée de Jérémiah. Il m'avait déposée chez moi, une heure auparavant, en me faisant promettre de venir à cette course.

Au loin, je repérai Summer. Appuyée contre une voiture bleu électrique aux portières ornées d'une bande jaune, elle souriait largement. Elle repoussa les cheveux qui lui barraient le visage, avant de rire aux éclats. J'admirais Summer pour sa résilience : régulièrement mise à terre et tabassée par son père, elle affichait toujours le plus beau des visages. Sans Jérémiah, je n'aurais jamais découvert son secret.

Un mouvement de foule me projeta sur le côté et un frémissement parcourut le public. L'excitation se mua en frénésie. Les lycéens se mirent à hurler et à scander le nom de Jérémiah. C'était assourdissant. La dernière fois, trop stupéfiée par le spectacle de la course, je n'avais pas fait attention à la foule. Maintenant, enveloppée dans cette exaltation grandissante, je comprenais pourquoi Jérémiah aimait les courses : l'admiration de la foule et cette énergie positive étaient plus euphorisantes que n'importe quelle drogue.

Quand il sortit de la voiture, la foule hurla et se transforma en une vague dangereuse. Les spectateurs se dirigeaient vers Jérémiah, dans une liesse aveugle. J'étouffais presque, cernée par une horde de lycéens surexcités. Je me penchai légèrement, pour tenter d'échapper aux heurts. La foule se resserra autour de moi, assourdissante et agitée. Je paniquai, incapable de trouver un moyen de me sauver.

Soudain, un bras secourable agrippa ma taille et je fus extirpée de la foule. Je pris un coup, puis un second, trébuchai sur mes pieds et je retrouvai finalement le visage souriant de Théo.

— Fais attention à toi, la nouvelle.

— Tu ne vas pas t'y mettre aussi ! m'agaçai-je.

— Si tu râles, je te renvoie dans la fosse aux lions, me menaça-t-il en me faisant traverser la route.

Mes pieds s'enfoncèrent dans le sable et je marchai avec difficulté. Une nouvelle bourrasque me surprit et Théo retira sa veste pour la mettre sur mes épaules. Je la resserrai autour de moi.

— Ici, tu ne te feras pas piétiner. Ils restent tous sur le talus pour admirer le spectacle. Personne ne vient sur la plage, c'est trop bas par rapport à la route. Je vais dire à Summer de te rejoindre.

— Et Jérémiah ?

— C'est lui qui m'a demandé de te mettre à l'abri.

Un moteur de voiture se mit à vrombir et je

sursautai. L'ambiance était de plus en plus électrique et d'autres lycéens affluaient, en groupes, parlant avec animation. Théo fronça les sourcils et son visage se ferma.

— Ça fait beaucoup de monde, m'inquiétai-je.

— Oui. Un peu trop même.

— Il n'y a jamais trop de monde, chantonna la voix de Summer.

Aussitôt, le visage de Théo s'éclaira. Derrière elle apparut Jérémiah, qui me considérait avec sérieux. Il jeta un œil à son frère, retira sa veste et repoussa celle que j'avais sur les épaules.

— Ma copine, ma veste, expliqua-t-il.

— Et tu la ramènes à ta caverne ensuite ? ironisa Théo.

— Oui. Après t'avoir botté le cul sur la route, précisa-t-il en ancrant ses yeux aux miens.

Il longea la ligne de mon collier et récupéra le pendentif entre ses doigts. Il tira dessus, comme il en avait pris l'habitude, et je me retrouvai contre son torse.

— Et vu ma récompense, je vais lui botter le cul encore plus vite que d'habitude, murmura-t-il contre mes lèvres.

Je me contentai de sourire. Jérémiah était présomptueux et arrogant. Mais cela le rendait encore plus séduisant. En sa présence, j'oubliais tout. J'oubliai que j'avais pris la voiture de ma mère sans même lui demander sa permission. J'oubliai que j'étais passée par la fenêtre de ma chambre. J'oubliai même le sac à dos dans lequel j'avais mis un pyjama et ma brosse à dents.

Un moteur vrombit, suivi par un second, et la foule s'anima dans une nouvelle scène de liesse. Soudain, les réverbères s'éteignirent et un soupir général de satisfaction parcourut les spectateurs.

— C'est le signal, annonça Théo.

Jérémiah hocha la tête et déposa un baiser sur mes lèvres. Il réajusta la veste sur mes épaules, m'embrassa sur le front avec tendresse, puis remit le collier dans mon pull.

— Bye, la nouvelle, s'amusa-t-il.

— Sois prudent, lançai-je alors qu'il s'éloignait.

— Non, toi, sois prudente. Ne t'approche pas de la route.

Je le suivis du regard tandis qu'il rejoignait sa voiture. Le contraste entre la foule en délire et sa démarche calme et assurée était saisissant. Les yeux rivés sur la route, il relaxait ses doigts en les secouant en tous sens. Il fit une accolade furtive à son frère, puis s'installa au volant d'une voiture, dont je distinguais à peine la couleur dans l'obscurité. Les spectateurs hurlèrent son prénom, pendant que, frigorifiée, j'étais assaillie par un mauvais pressentiment.

Quelque chose clochait et je n'arrivais pas à mettre le doigt dessus. Je ne parvenais pas à m'extasier comme lors de la première course à laquelle j'avais assisté. La foule était dense, surchauffée et bruyante. Je jetai des coups d'œil à Summer, mais elle observait la ligne de départ avec attention, les mains fourrées dans ses poches.

Théo et Jérémiah étaient côte à côte, tous deux prêts à s'affronter sur le bitume. Les moteurs de leurs voitures se mirent à vrombir dans une harmonie inédite et parfaite. L'odeur des gaz brûlés, mêlée à l'iode de l'océan, me fit grimacer. Un jeune garçon se plaça devant les deux voitures et tendit les bras sur les côtés. J'entendis Summer procéder au décompte avec une joie non dissimulée.

— 3, 2...

Je n'entendis même pas le 1. Les pneus crissèrent

sur l'asphalte et les voitures furent projetées en avant, faisant hurler leur moteur. Dans une cacophonie insupportable, la foule survoltée se déversa sur la route. Au loin, on ne distinguait déjà plus que les phares rouges des bolides. J'avançai sur le bord de la route, tentant de suivre Jérémiah des yeux. En vain. Après le vacarme, le silence se fit. Les spectateurs étaient sur la route, scrutant les deux coureurs.

Quelques secondes plus tard, et alors que mon cœur cognait à m'en faire mal dans ma poitrine, les bruits des moteurs brisèrent le silence. La foule se déchaîna, et je reculai sur la plage, presque effrayée.

— Ils font deux boucles, m'expliqua Summer.

— Deux ?

Ma torture allait donc être plus longue que prévu. Les phares blancs d'une des voitures percèrent la brume nocturne et la voiture de Jérémiah apparut. Il coupa un virage, accéléra dans la ligne droite, avant de réaliser une boucle autour du carrefour. Le même sentiment diffus de malaise et d'inquiétude me saisit alors que Théo apparaissait à son tour, avec quelques secondes de retard sur son frère.

— Sa voiture est moins rapide, commenta Summer.

Il fit la même boucle et repartit sur la longue ligne droite, à la poursuite de Jérémiah. Le bruit des moteurs s'évanouit dans l'obscurité et je poussai un soupir. Je réalisai peu à peu que c'était la peur qui m'étreignait si violemment. J'avais peur pour Jérémiah, peur qu'il lui arrive quelque chose au volant, peur qu'un accident se produise, peur qu'il perde. Il était imprévisible et impulsif. Le laisser conduire une voiture si puissante était dangereux. Ce qui m'inquiétait surtout, c'était qu'il prenait sûrement un plaisir fou à se mettre en danger.

— Ça va ? me demanda Summer. Tu es toute pâle.

— Je ne suis pas certaine d'aimer ça, d'aimer les courses.

— Ne t'inquiète pas pour lui, il sait ce qu'il fait.

L'assurance de Summer ne calma pas mon angoisse. Ma gorge était toujours serrée et mon estomac entamait une série de loopings désagréables. Je ne me souvenais pas avoir été aussi angoissée avant. Je n'aspirais qu'à une chose : retrouver Jérémiah au plus vite. En l'attendant, j'enfilai sa veste et remontai le zip jusqu'au cou. Je dégageai mon collier et serrai le pendentif en espérant que rien ne lui arrive.

Le bruit des véhicules réapparut, faisant trembler le sol sous mes pieds. J'avais la sensation qu'un troupeau de buffles cavalait en pleine nuit. Mon corps se mit à trembler et mon souffle se raréfia. Théo et Jérémiah étaient côte à côte, esquissant des manœuvres dangereuses pour faire ralentir et perdre l'autre. La foule s'agita et des cris emplirent le silence de la nuit. L'odeur âcre du caoutchouc brûlé sur l'asphalte me surprit. Ils devaient aller vraiment vite. Les pneus crissèrent dans un son strident et, soudain, l'atmosphère changea.

Summer agrippa ma main et hurla mon prénom. Des lumières bleues et rouges éclairaient son visage et j'eus l'occasion de voir son regard affolé. Elle me fit m'agenouiller, tandis que les sirènes hurlantes de la police couvraient à peine le brouhaha de la foule.

— Il faut se tirer d'ici ! cria-t-elle.

— La voiture est là-bas !

Du menton, je désignai l'autre côté de la route. La vieille Ford de ma mère était garée parmi d'autres véhicules. La voiture de Jérémiah passa en trombe devant nous et manqua de renverser des spectateurs.

— Jérémiah s'en va ! compris-je.

— C'est toujours comme ça. Dans ces cas-là, c'est chacun pour soi !

Cette remarque déclencha une vague d'amertume. Il avait tout fait pour que je vienne ce soir, et voilà qu'il nous laissait tomber !

Après les gyrophares, des lampes puissantes balayèrent la zone. Summer et moi étions coincées entre la route et l'océan. Notre seule possibilité pour fuir était de courir sur la plage, dans le sable, en espérant être plus endurantes que la police. La majorité des lycéens avait pris la fuite, s'entassant dans des voitures ou se dispersant en courant.

— On attend que la lumière éclaire de l'autre côté, et on court.

— Mais ils vont nous voir ! m'écriai-je, paniquée.

— Sûrement. Mais ce n'est pas nous qu'ils cherchent, c'est Jérémiah et Théo.

Summer et moi risquâmes un regard vers la route. Théo était allongé à terre, les poignets menottés et le visage écrasé contre le bitume. Mon cœur se serra et, par réflexe, je me redressai. Summer tira violemment sur mon bras et me fit tomber au sol.

— On ne peut pas le laisser ! protestai-je.

— Si tu te fais arrêter ce soir, tu peux dire adieu à tes dossiers universitaires ! m'expliqua-t-elle dans un accès d'énervement.

— Mais Théo...

— Théo sera libre demain, dès que Jérémiah aura payé l'amende. Ne t'en fais pas !

Après la peur, j'étais maintenant sous l'effet de la panique. Le moindre bruit me faisait sursauter. Je jetai des regards affolés autour de moi, espérant qu'un miracle se produise. Le faisceau lumineux passa au-dessus de nous plusieurs fois et j'entendis Summer compter à voix haute.

— Au prochain passage, on a cinq secondes pour se tirer. Cours et rentre chez toi.

— Et ma voiture ?

— Jérémiah te la ramènera.

— Sans les clés ? m'alarmai-je.

— Evidemment, sans les clés. Tu n'es jamais venue ici, d'accord ?

— Mais...

— Charlotte, tu n'es jamais venue ici. D'accord ? Tu ne sais rien, tu n'as rien vu.

J'acquiesçai, sous le choc. Summer serra ma main un peu plus fort, comme si elle cherchait à sceller une promesse entre nous deux. Pour ce soir, mon silence était certainement la seule de ses requêtes.

— Prête ? demanda-t-elle pendant que la lampe passait au-dessus de nos têtes.

— Non.

— Tant pis. Maintenant, cours ! cria-t-elle en nous faisant lever d'un bond.

Je n'avais jamais été une grande sportive. Mais avec l'adrénaline et le besoin de prendre la fuite au plus vite, mes jambes me portaient plus vite que jamais. Derrière nous, j'entendis des policiers nous sommer de nous arrêter. Summer devant moi, j'allongeai la cadence. Mes oreilles bourdonnaient désagréablement et, désormais, je n'avais plus froid. Tout en courant, j'ouvris la veste de Jérémiah. Mes poumons me brûlaient et mon souffle était erratique.

Après plusieurs minutes de course effrénée, Summer ralentit. Elle jeta un coup d'œil derrière elle, s'assurant que personne ne nous avait suivies. Les mains sur les genoux, courbée, je cherchai mon souffle. Mon amie frotta sa main contre mon dos, essayant d'apaiser le sifflement effrayant de mes poumons.

— Tu n'es pas bonne en fuite, on dirait, haleta-t-elle, tout sourire.

Je lui adressai un regard consterné et son sourire se transforma en rire. Sa respiration était saccadée et ses joues un peu rouges mais, malgré cela, elle n'avait pas l'air d'être en pleine agonie.

— Je te raccompagne chez toi, proposa-t-elle.

— Mer... Mer... ci, haletai-je.

Sa réponse tint en un clin d'œil complice. Elle me fit me relever et enroula son bras autour du mien. L'heure de marche fut interminable. Summer tenta de me distraire en parlant de ses projets, mais mon esprit revenait toujours à l'image de Théo, menotté et au sol. L'amertume que j'avais ressentie au départ de Jérémiah se muait peu à peu en colère.

Il nous avait abandonnées en plein marasme. Il avait laissé son frère se faire arrêter. Je me sentais trahie : comment un garçon qui m'avait offert l'occasion de rénover une salle de réception pouvait ensuite me laisser en plan, dans le froid et en pleine nuit, sur une plage prise d'assaut par la police ?

Summer m'accompagna jusqu'à la fenêtre de ma chambre. A ma mine, elle comprit immédiatement que cette soirée laisserait des traces.

— Il te ramènera la voiture durant la nuit. Ne lui en veux pas, s'il se faisait arrêter, il devrait arrêter les courses.

— Il nous a laissées là-bas, Summer ! m'écriai-je, déçue et en colère.

— Il n'avait pas le choix. On se voit au lycée lundi ?

— Avec un peu de chance, Jérémiah n'y sera pas, bougonnai-je.

— Quelque chose me dit au contraire qu'il y sera. Bonne nuit !

Elle m'adressa un signe de la main et, quelques

mètres plus loin, elle disparut. Je me couchai triste et fâchée contre Jérémiah. Je vérifiai mon portable. Aucun message. Je mis une bonne heure à m'endormir, toujours sous l'effet de l'adrénaline de la fin de la soirée. Ma nuit fut agitée et le moindre bruit me réveilla.

A l'aube, j'entendis des pas dans le couloir. Je compris au bout de deux secondes qu'il s'agissait de ma mère, allant dans la salle de bains. Je réprimai un bâillement et m'étirai, encore groggy. Je me redressai sur mes avant-bras et aperçus une enveloppe scotchée sur ma fenêtre. Je me levai et l'ouvris, découvrant un mot écrit à la va-vite de la part de mon petit ami.

DIMANCHE SOIR. SUR LA PLAGE. JE VIENS TE CHERCHER.

— J'espère que tu es fort en excuses, marmonnai-je, encore ensommeillée.

Ma colère ne s'était pas apaisée pendant la nuit. J'enfilai un bas de jogging et me décidai à sortir de ma chambre. La lumière de la salle de bains filtrait sous la porte. L'eau coulait et ma mère toussa violemment.

— Maman ? Est-ce que tout va bien ?

Je n'eus aucune réponse. Je tendis l'oreille et tournai la poignée. Ma mère avait verrouillé la porte. Cela ne lui ressemblait pas. Une nouvelle quinte de toux la secoua. Elle tenta de l'étouffer dans une serviette, mais cela ne fit qu'accroître mon inquiétude.

— Maman ? Ouvre-moi !

— Retourne... Retourne au lit ! m'intima-t-elle d'une voix enrouée.

J'eus une seconde d'hésitation, avant de l'entendre tousser de nouveau. Je l'entendis geindre de douleur et tambourinai contre la porte, au bord de l'affolement.

— Maman, ouvre !

Un silence interminable et lourd s'installa. Je scrutai le moindre bruit, le cœur battant et les mains moites d'angoisse. Ma mère était un roc. Elle n'était que très rarement malade et jamais au point de s'enfermer au petit matin dans la salle de bains. Je retins mon souffle, pendant que la porte s'entrouvrait.

Je découvris ma mère, hagarde et pâle. Ses cheveux bruns collaient à ses tempes et ses lèvres étaient desséchées au point de saigner.

— Maman, dis-je en retenant mes larmes. Viens... Viens t'asseoir.

J'enroulai un bras autour de sa taille et l'installai sur la cuvette des toilettes. Je ravalai un nouveau sanglot, tentant de contrôler mes émotions. Entre ma colère contre Jérémiah et mon inquiétude pour ma mère, mes nerfs étaient sur le point de lâcher. J'humidifiai une serviette propre et la passai sur le visage pâle de ma mère. Son regard était terne et une larme coula sur sa joue.

— Tu me racontes maintenant ? proposai-je.

Elle se pinça les lèvres et renifla lourdement. Je tamponnai doucement la serviette sur son front, puis sur ses tempes, remarquant de petites rides autour de ses yeux. Elle posa sa main sur mon poignet, m'intimant ainsi de cesser.

— Ma chérie, j'ai eu ma première séance de chimiothérapie hier après-midi.

Jeudi 22 juillet 2015

Adossée contre le mur, je feuilletais avec agacement un magazine de mode défraîchi. Nerveusement, je jetai un œil vers l'extérieur. Sur le chemin de l'hôpital, j'avais envisagé d'attendre Gemma dehors. Mais avec cette pluie, en plein mois de juillet, l'idée était morte dans l'œuf. Une télévision était allumée, diffusant, en sourdine, les informations en continu.

Je poussai un long soupir et me tordis le cou à la recherche de la chevelure flamboyante de Gemma. Rien à l'horizon. Cela faisait presque une bonne heure que je l'attendais. Et cela faisait presque soixante minutes que je m'épuisais à refouler les souvenirs désagréables qu'avait réveillés l'odeur piquante de l'antiseptique. Le seul son des sirènes d'ambulance faisait louper un battement à mon cœur. L'image de ma mère agonisante dans sa chambre triste et verdâtre d'hôpital me hantait régulièrement : son teint cireux, sa respiration lourde — comme si on lui écrasait les poumons —, sa main froide dans la mienne et sa silhouette maigrelette perdue entre les draps. La détestation que je portais à mon père avait atteint son point culminant ce soir-là. En rentrant de l'hôpital, le soir de sa mort, j'avais maudit la lâcheté de mon père et pleuré de colère, peut-être plus que de chagrin.

Je me levai et ravalai la boule de tristesse et d'amertume qui m'étranglait. Malgré la pluie, je me décidai à sortir, espérant qu'être à l'air libre chasserait mes vieux démons. Dernièrement, je pensais de plus en plus à ma mère. C'était certainement le contrecoup du retour de Jérémiah dans ma vie. Un retour inattendu et surprenant, mais qui me rendait heureuse. Je sortis mon téléphone de ma poche, cherchant un prétexte pour lui parler.

De : Charlotte Parker
A : Jérémiah Montgomery
Le : 22 juillet 2015 à 18 h 32

Il pleut.

J'envoyai aussitôt mon message. Avec Jérémiah, j'avais appris à ne pas réfléchir à deux fois. Avec un peu de chance, je n'aurais pas à affronter une réponse immédiate. Il devait être dans une voiture... ou sous un capot. Pourtant, je me surpris à mordiller mon pouce nerveusement. Après notre baiser, je n'avais aucune idée d'où en était notre relation. Mon téléphone vibra dans ma main. Aussitôt, mon cœur s'emballa et mon ventre fit un bond. Je reculai jusqu'à la vitre, m'abritant de mon mieux, pour découvrir sa réponse.

De : Jérémiah Montgomery
A : Charlotte Parker
Le : 22 juillet 2015 à 18 h 33

J'espère que tu ne portes pas le haut de notre dernière soirée.
Avoue que je te manque.

Un sourire étira mes lèvres. Après dix ans de séparation, et malgré mes efforts pour le repousser, Jérémiah savait comment faire pour réveiller l'adolescente qui sommeillait en moi. Je risquai un œil vers la salle d'attente. Gemma n'était toujours pas là.

De : Charlotte Parker
A : Jérémiah Montgomery
Le : 22 juillet 2015 à 18 h 35

Ce haut est fichu.
Tu ne me manques pas, j'avais juste du temps à perdre.

Intérieurement, je jubilai. Provoquer Jérémiah et attiser son arrogance me rappelait mes vieilles habitudes ; des habitudes teintées de nostalgie. J'étais cependant surprise de retrouver ce type de réflexes aussi vite. Je jouai avec mon téléphone, attendant fébrilement une nouvelle réponse.

De : Jérémiah Montgomery
A : Charlotte Parker
Le : 22 juillet 2015 à 18 h 36

Après dix ans, je retrouve enfin la fille que j'ai connue.
Tu mens toujours aussi mal, la nouvelle.
On se voit bientôt. Sans ton haut. Et sans le reste.

J'éclatai de rire en lisant son message. Oui, j'avais menti. Oui, il me manquait. Notre baiser avait réveillé mes sentiments enfouis et, maintenant, cela me submergeait. Devant la porte de l'immeuble, nous nous étions quittés trop vite. J'avais besoin de savoir où en était notre relation, besoin de savoir si Jérémiah comprenait à quel point son métier m'angoissait.

De : Charlotte Parker
A : Jérémiah Montgomery
Le : 22 juillet 2015 à 18 h 38

Je sais exactement à quel moment je te reverrai. Je me souviens, mais je ferai semblant d'être surprise.

La pluie mouilla l'extrémité de mes chaussures. J'avais fait l'effort de mettre une robe et des talons pour l'anniversaire de Summer. Maintenant, je regrettais mon accès de coquetterie : je frissonnai sous la pluie, mais discuter avec Jérémiah avait au moins eu le mérite de me changer les idées.

Et de me faire sourire.

Et de me faire me sentir mieux.

Je me pinçai les lèvres, me souvenant encore de la sensation de ses lèvres sur les miennes. Notre baiser avait eu un goût d'urgence et de frénésie, comme si nous avions voulu rattraper les dix dernières années, tout en sachant que c'était impossible. Ce qui persistait maintenant, c'était la sensation d'inachevé et l'incertitude.

Mon téléphone vibra de nouveau et un numéro inconnu s'afficha. Mon cœur partit dans un marathon express et mes yeux s'écarquillèrent.

— Salut, dis-je d'une voix enrouée.

— Et là, tu fais semblant ?

— Tu n'étais pas en réunion ?

— Je me suis éclipsé pour passer un coup de fil urgent.

— En quoi est-ce urgent ?

— Tu passes avant tout, je pensais que tu le savais. Surtout depuis que j'ai ruiné ton haut. J'envisage d'ailleurs de ruiner tous tes hauts. D'une manière ou d'une autre, ajouta-t-il dans un murmure.

Machinalement, je jetai un regard à ma tenue. Ce soir, ma robe resterait intacte et cela m'attrista presque.

— Ma course est dans trois jours, reprit-il.

Dans sa voix, je perçus immédiatement une pointe d'espérance. Je poussai un soupir, perdue dans mes sentiments. Une part de moi aimait toujours Jérémiah, l'aimait au point d'oublier la douleur que j'avais ressentie dix ans auparavant, lors de notre rupture. Mais le savoir au volant de cette voiture, trembler de peur pour lui, vivre en le voyant mettre sa vie en jeu à chaque seconde était insupportable. S'il voulait que j'assiste à une de ses courses, il pouvait toujours rêver ! C'était hors de question.

— Jérémiah, tu sais ce que je pense de tout ça.

— Je sais que tu es amoureuse de moi. Et la course, les voitures font partie de moi. Je ne peux pas faire sans. Et je ne peux pas faire sans toi.

— Tu m'as proposé l'inverse il y a quelques jours : tu m'as dit que tu abandonnerais si je te le demandais.

— Et tu vas me le demander ? me provoqua-t-il.

— Tu sais très bien que non.

— Et je le sais aussi. J'essaie donc une nouvelle stratégie : te faire comprendre que la course est vitale pour moi. Aussi vitale que ta présence dans ma vie.

Soudain, la tournure de cette conversation ne me plaisait plus. Dix ans s'étaient écoulés et nous butions toujours sur le même obstacle. Et je savais que, bientôt, quand nous serions tous deux lassés de cette discussion, nous finirions par nous disputer.

— Est-ce que c'est sur ma liste ? Est-ce que je dois assister à l'une de ces courses ? demandai-je, incertaine.

— J'aimerais bien. Cela me faciliterait la tâche.

— Tu t'ennuierais si c'était trop facile ! rétorquai-je.

— Je suis un homme plein de ressources. Je suis certain que je pourrais trouver quantité d'occupations diverses et variées. En particulier, si tu es dans mon champ de vision.

— Oh ! donc me voir est suffisant ?

— Je t'ai perdue pendant dix ans. Le simple fait de te parler est au-delà de toutes mes espérances, Charlotte. Mais je rêve du moment où je te verrai dans le paddock avec un casque antibruit sur les oreilles.

— Je... J'ai besoin de réfléchir.

— A la course ?

— A nous, corrigeai-je dans un murmure.

Jérémiah marqua une pause. Je devinais à peine sa respiration, pendant que je retenais mon souffle. Nous y étions. Dix ans d'absence. Dix ans de regrets et d'amertume. Dix ans, et nous nous retrouvions au même point : Jérémiah et son impulsivité, moi et mes craintes.

— Ça n'a pas marché la première fois, pourquoi cela fonctionnerait-il la seconde ? lui demandai-je.

— Nous étions si jeunes, Charlotte. J'étais un crétin inconscient. Mais je veux cette seconde chance, peu importe où elle nous mènera.

— Je ne peux pas...

— Non, tu ne veux pas, rectifia-t-il sèchement. C'est le seul obstacle à toute cette histoire : ce que tu veux et ce que tu ne veux pas. Je sais ce que je veux, Charlotte : je te veux, toi.

Sa voix était teintée d'agacement et d'impatience. Je rivai les yeux au sol, réfléchissant à une réponse acceptable.

Aller sur un circuit était hors de question.

Renoncer à Jérémiah, à notre seconde chance, était intolérable.

— Réfléchis à ce que tu veux, toi, Charlotte. A tes choix, à ta vie. Cette liste, c'est pour toi. Uniquement pour toi. J'aurais pu te mentir en te faisant venir ici, j'aurais pu te dire que c'était sur ta liste, j'aurais pu te mentir et inventer un prétexte... Mais je veux que tu viennes pour toi.

Nerveusement, je passai mon index sur la cicatrice qui barrait ma clavicule, à peine cachée par la bretelle de ma robe. J'étais perdue et je cherchais un moyen de lui faire comprendre ce que je ressentais. Je devais parler son langage. Et la seule langue que comprenait Jérémiah, c'était la course.

— Tu te souviens du soir où j'ai fait une course avec toi ?

— Charlotte, un pilote se souvient toujours des courses qu'il perd, grinça-t-il. Tu m'as déconcentré et j'en ai cassé la direction de la voiture.

— Je ressens exactement la même adrénaline.

— En ce moment ? demanda-t-il avec curiosité.

— En ce moment, oui.

— Alors, ça fait quoi de se sentir vivante, la nouvelle ?

— C'est pas mal. Mais sincèrement, tu aurais dû mentir pour que je vienne, le taquinai-je.

Il éclata de rire et l'atmosphère pesante s'allégea. Je souris à mon tour, constatant avec plaisir que la pluie avait enfin cessé.

— Crois-moi, je regrette ce petit moment d'honnêteté. Avec toi, cela ne fonctionne jamais !

— Donc, toutes tes idées sont malhonnêtes ? m'amusai-je.

— Pas toutes. Uniquement celles où tu tiens un rôle. Et là, tu tenais un rôle fantastique, assise et à ma merci sur le capot encore chaud de ma voiture.

— Tu aurais vraiment dû mentir alors, murmurai-je, les joues rouges d'embarras. J'aurais pu faire comme si je ne sentais pas la supercherie à des kilomètres !

— Charlotte, je viens justement de te demander de faire les choses pour toi, soupira-t-il, désabusé.

— Je l'aurais fait pour moi. Je l'aurais même fait sur le capot de ta voiture, le provoquai-je.

— Le capot chaud, précisa-t-il d'une voix sexy.

Un petit silence s'installa, pendant lequel je m'interrogeai sur le chemin dangereux que nous étions en train d'emprunter. En dix ans, j'avais gagné en expérience et en maturité avec les hommes. Mais avec Jérémiah, il y avait ce défi perpétuel entre nous : il voulait le dernier mot quand, moi, je voulais le contrarier. C'était sans fin… et j'en appréciais chaque instant.

— Il va falloir que je chasse cette idée de ma tête, si je veux courir correctement demain.

— Sois prudent, murmurai-je, le cœur serré à m'en faire mal dans la poitrine.

— Compte sur moi. Je ne veux pas mourir avant d'avoir vu tes adorables fesses sur ce fichu capot.

— Adorables ?! m'esclaffai-je.

— Crois-moi, j'adore tes fesses. Donc, oui, « adorables ». Au sens premier et cochon du terme, cela te va ?

— Je te reconnais mieux dans cette définition, souris-je.

— Tes seins sont adorables aussi, ajouta-t-il, très sérieux.

Mes joues chauffèrent de plus belle. Je me souvenais parfaitement de ce que m'avait dit Jérémiah, le soir où nous avions fait l'amour pour la première fois. Quand sa bouche s'était refermée sur mon sein, il avait poussé un gémissement d'aise, avant d'y passer la langue plusieurs fois avec gourmandise.

— ... c'était incroyable.

La voix de Jérémiah me fit tressaillir. Perdue dans mes pensées, je n'avais même pas entendu le début de sa phrase. Je jetai un coup d'œil derrière moi, guettant toujours Gemma. Je serrai ma main autour de mon téléphone et décidai que cette conversation n'avait que trop duré. Les joues en feu et la respiration courte, j'étais en train de perdre le contrôle.

— Il faut que je raccroche, dis-je à contrecœur.

— Bon sang, Charlotte, fais un effort et apprends à mentir ! rit-il.

Un frisson de plaisir me parcourut. Même à des milliers de kilomètres — lui en Californie, et moi à New York —, Jérémiah parvenait à me bouleverser. Notre lien était toujours aussi fort, surgissant d'un passé que je pensais avoir enterré sous ma nouvelle vie ici. Le désir surpassait maintenant le goût doux-amer de la nostalgie.

Mais ce désir, puissant et incontrôlable, ne me faisait pas oublier la passion destructrice de Jérémiah pour la vitesse. J'avais été anéantie par notre première séparation. Une séparation définitive m'achèverait. Cette liste, cette douce parenthèse amusante, je n'étais pas certaine d'en sortir indemne. D'une manière ou d'une autre, ma relation avec Jérémiah changerait.

Pour être honnête, cette seconde chance avec lui me séduisait de plus en plus.

— Il faut vraiment que j'y aille, murmurai-je d'une voix plus assurée. Gemma et Summer m'attendent. On se voit dans quelques jours ?

— Si tu te souviens vraiment, tu le sais. Et tu sais où.

— Je sais où, confirmai-je. Si tu me donnais plutôt un indice sur le prochain vœu ?

Il ravala un rire et s'éclaircit la gorge. J'étais de nouveau extrêmement attentive. Je savais ce qui m'attendait à sa prochaine visite, mais je voulais anticiper la suivante : avoir un coup d'avance sur Jérémiah était exaltant et m'évitait de gamberger. Cette liste avait au moins le mérite de me faire penser à autre chose qu'à notre relation bancale.

— Un indice ? Viens le chercher, ici, sur la piste. Je te le donnerai avec grand plaisir.

— Tu veux dire que tu l'as avec toi ? m'étonnai-je.

— Oui. Depuis le début.

— Le début de la liste ?

Il éclata de rire, se réjouissant d'une blague que lui seul comprenait. Je me creusai les méninges, en colère contre moi-même : comment avais-je pu oublier le contenu de cette liste ? Comment pouvais-je me souvenir des événements de mon enfance, de mes anniversaires, des conversations avec ma mère et de ma veste rouge en velours, et ne pas me remémorer en détail cette soirée ?

— Je ne vois pas ce qu'il y a de si drôle, m'agaçai-je.

— Toi. Tu es irrésistible. Pas depuis le début de

la liste, non. J'ai cet indice depuis le lendemain de la liste.

Je fronçai les sourcils et secouai la tête, comme si mes souvenirs enfouis allaient finalement se révéler et m'apporter la solution. C'était peine perdue. De cette soirée et des jours suivants ne persistaient que des images floues et désordonnées.

— Peur de venir ? me provoqua-t-il.

Gemma apparut à mes côtés et m'adressa un sourire. Je remarquai un large pansement sur le dos de sa main et l'attelle qui maintenait son index et son majeur l'un contre l'autre.

— Il faut que je raccroche, dis-je à Jérémiah.

— Et il faut que je retourne voir mon sponsor. On se voit bientôt, promit-il.

Sans un mot de plus, il coupa la communication. Je rangeai mon téléphone et passai une main sur mon visage. Cette soirée était pour Summer. Je n'avais pas le droit de me laisser aller à mes états d'âme aujourd'hui, surtout au sujet de Jérémiah : depuis le lycée, elle était persuadée que lui et moi étions faits pour être ensemble et mes doutes la rendaient folle.

— La porte de ton appartement a donc finalement gagné la bataille ? demandai-je à Gemma en désignant sa main.

— Je portais mes courses et j'avais David au téléphone.

— David est une séduisante distraction, dis-je dans un rire.

— Je le tiens personnellement pour responsable de ce désastre : une belle égratignure et un majeur cassé, soupira-t-elle. Il me doit au moins un verre ce soir.

— A ta place, je lui ferais même payer un dîner.

Elle arqua un sourcil et enroula son bras autour du mien pour m'entraîner vers le métro. Nous étions déjà en retard et Summer devait nous attendre, prête à faire la fête une bonne partie de la nuit. Nous slalomâmes entre les flaques de pluie. Je prenais soin de ne pas ruiner mes ballerines, pendant que Gemma pestait contre les effets de l'humidité sur sa chevelure sauvage.

Dans le métro, je sortis mon téléphone de ma poche, hésitant à répondre à la dernière question de Jérémiah. Venir récupérer mon indice était tentant. Mais cela signifiait accepter de traverser le pays et, surtout, accepter d'aller sur un circuit. Je n'étais pas certaine que le jeu en valait la chandelle.

— C'est au sujet de la liste ? me demanda Gemma dans le métro.

— Plus ou moins. Je ne sais pas trop où tout cela va me mener.

— Parce que, d'après toi, toute cette histoire devrait mener à quelque chose ?

Je relevai les yeux vers elle et son sourire parla pour elle. Elle savait. Gemma était imbattable au poker, capable de savoir dans l'instant si un joueur bluffait, déchiffrant les regards inquiets comme les tics nerveux. Devant elle, un mensonge n'avait aucune chance de tenir.

— Nous n'avons pas couché ensemble, me défendis-je finalement.

— Tu aurais dû penser à le mettre sur ta liste, plaisanta-t-elle.

— Je ne me souviens pas de cette liste et ça me rend dingue. C'est enfoui, enterré sous une montagne d'autres souvenirs. J'ai fait cette liste à dix-sept ans, ça ne comptait pas vraiment. C'était... je ne sais pas...

— C'était juste une liste, m'aida mon amie. Je te l'ai déjà dit, le contenu n'est pas important. C'est sûrement pour cette raison que tu l'as oublié. Jérémiah se fiche de cette liste, ce qu'il veut, c'est un moyen de te retrouver, une sorte de seconde chance.

— Ça n'a pas marché la première fois.

— Charlotte, je suis institutrice. Si je devais me contenter des premières tentatives de mes élèves, je serais bonne pour me jeter du haut du toboggan dans la cour principale.

L'image me tira un rire. Dans ma main, mon téléphone vibra. Le regard de Gemma et le mien se braquèrent sur l'appareil. Maintenant, je craignais de découvrir un message de Jérémiah. Je décidai de l'ignorer, attendant d'être plus sereine et seule pour le découvrir.

— Le principe de la seconde chance, c'est de faire mieux que la première fois.

— Pitié, pas le laïus sur le fait d'apprendre de ses erreurs ou sur la maturité, m'agaçai-je. Je ne suis pas une de tes élèves.

Gemma esquissa un sourire, puis agita ses mains. La douleur lui tira une grimace mais elle continua, sa voix portant plus haut que le bruit de la rame de métro :

— Pourquoi l'as-tu embrassé ?

Une flopée de réponses se bousculèrent à mes lèvres : le désir, la simple envie, la nécessité, l'urgence, l'angoisse, la colère, la pluie, les larmes, cette liste, notre soirée. Peut-être même un soupçon de nostalgie.

Je soupirai, avant de réaliser ce qui m'avait poussée à embrasser Jérémiah ce soir-là. Transie de froid et trempée jusqu'aux os, je n'avais pas trouvé de meilleure solution pour calmer la douleur qui irradiait dans tout mon corps.

Car il partait. Il allait sur un de ces circuits, faire une de ces courses horribles et risquer sa vie.

Je tournai mon visage vers la vitre, fuyant le regard de mon amie.

— Ça n'a rien à voir avec une potentielle seconde chance, dit-elle finalement d'une voix douce. Votre histoire ne s'est jamais terminée.

— Rappelle-moi la date de notre avion pour l'Italie ? demandai-je d'une voix étranglée.

— Dans une semaine. Pourquoi ?

— C'est à ce moment-là que je dois revoir Jérémiah.

— Ta liste a un rapport avec nos vacances ?

— Je crois. C'est pour l'instant le seul élément de la liste qui m'est revenu.

Je fuyais de nouveau son regard inquisiteur. Elle savait, encore. Gemma savait toujours. Elle avait un sixième sens redoutable et cette conversation avait suffi à me faire douter encore plus de ma relation avec Jérémiah. Nous étions à deux stations du bar, je ravalai donc un soupir et fis de mon mieux pour me composer un visage neutre.

— Parfois, c'est long une semaine, conclut Gemma.

Je lui adressai un sourire. Ces sept prochains jours semblaient déjà interminables.

Quand Gemma et moi entrâmes dans le bar, Anita nous adressa un signe de la main, avant de désigner, d'un mouvement de tête, l'escalier qui menait à la terrasse. Je la remerciai d'un sourire et nous rejoignîmes notre table. Cette année, Summer fêtait son anniversaire en petit comité : son frère, quelques collègues de bureau et ses amis proches. Son anniversaire était plus un prétexte pour faire la fête qu'un événement à part entière.

— On a commencé sans vous, lança David en levant sa bouteille de bière.

— J'étais à l'hôpital. Gemma s'est battue avec la porte.

En guise d'explications, cette dernière leva sa main blessée avec une grimace. David fronça les sourcils, et l'amusement, présent dans son regard quelques secondes auparavant s'estompa pour faire place à l'inquiétude. Il posa sa bouteille sur la table et s'approcha de Gemma. Il prit sa main dans la sienne et l'examina.

— Je me doutais qu'il s'était passé quelque chose, marmonna-t-il, mécontent. Tu aurais dû m'appeler.

— Je me sentais suffisamment humiliée. Un petit tour en camion de pompiers ou en ambulance m'aurait achevée.

— Ta main est enflée. Tu as pris des antidouleurs ?

— Non. Je veux être consciente si jamais un mec me propose de boire un verre.

David ne cilla pas, alors que j'adressais un regard furieux à Gemma. Cette provocation était inutile. David était suffisamment inquiet pour elle, il n'avait pas, en plus, besoin d'être jaloux. Leur relation était un vrai mystère, comme s'ils se retenaient tous les deux de devenir adultes et de vivre une histoire.

— Viens boire un verre, proposa David avec un sourire.

— Maintenant, je regrette les antidouleurs, railla Gemma.

— Pas moi. J'aime autant l'idée que tu sois parfaitement consciente pour me botter les fesses et danser avec moi. Viens.

Il enroula son bras autour de sa taille, ignorant ma présence, et dirigea Gemma vers une table. Je les suivis du regard un instant, m'interrogeant sur le comportement de David. Peut-être que l'alcool le rendait plus courageux, ou peut-être que préserver leur amitié — comme il me l'avait laissé entendre quelques mois auparavant — n'était plus si important. Gemma était certainement la plus fantasque de nous trois. Nous admirions son enthousiasme et son énergie mais, parfois, son caractère impulsif la rendait particulièrement têtue. Et David était le premier à en faire les frais.

— Je t'offre une bière ?

La voix rauque de Théo me sortit de mes pensées. La surprise dut se peindre sur mon visage, car il enchaîna immédiatement avec une explication :

— Summer m'a invité. J'étais à New York pour une réunion de mécènes pour le Met.

— Je pensais que tu accompagnais Jérémiah sur les circuits.

— Contrairement à mon cher frère, j'arrive à gérer mes priorités. J'adore bricoler ses bagnoles, mais je préfère cent fois passer du temps ici.

Son regard navigua sur la foule, avant de s'arrêter. Il fronça les sourcils, porta sa bière à ses lèvres et en but une gorgée. Je vis son corps, appuyé sur sa canne, se tendre nerveusement et suivis son regard. Près du garde-fou de la terrasse, je repérai Summer en pleine conversation avec William. Elle riait aux éclats, sa main posée sur le torse de son ex-petit ami. Ou actuel. Je ne savais plus trop.

— Je veux bien cette bière, dis-je pour détourner l'attention de Théo.

Il m'adressa un sourire sans âme puis, galamment, m'offrit son bras. Je l'acceptai avec joie et nous nous installâmes à la table. Malgré l'ambiance festive, la musique, les lampions multicolores et la douce chaleur de l'été, je ressentais un malaise persistant. Ma conversation avec Jérémiah m'avait touchée plus que je ne l'imaginais. Théo fixait Summer avec fascination et colère ; j'en voulais presque à ma meilleure amie d'agir ainsi devant lui. Aussi, je décidai de prendre le parti de l'homme qui l'avait si souvent sauvée dans le passé.

— Ce n'est pas son petit ami, dis-je doucement.

Théo sortit de sa contemplation et but une nouvelle gorgée de sa bière. Il étendit sa jambe blessée et poussa un soupir. Sa cicatrice s'étira un peu plus et tordit son visage. Une douleur pinça le creux de mon estomac. Je me souvenais encore du bruit atroce de tôle écrasée qu'avait fait sa voiture la nuit de son accident.

— Tu devrais aller la voir, l'encourageai-je. Lui montrer que tu tiens à elle.

— Je suis allé la chercher une bonne centaine de fois chez elle, quand son père était ivre et fou furieux. Elle sait que je tiens à elle. Nous avons juste une perspective différente sur notre relation.

— Rien que ça ! m'amusai-je.

— Elle me considère comme son frère. Elle me l'a dit, ajouta-t-il, comme pour s'assurer que je n'allais pas le contredire.

— C'est ridicule !

Il arqua un sourcil et, en une seconde, son humeur maussade se dissipa. Il se réajusta sur sa chaise et planta son regard dans le mien. Mal à l'aise et perplexe, je me réfugiai dans ma bière, la sirotant en cherchant Gemma des yeux.

— Explique-moi, lança-t-il.

— T'expliquer quoi ?

— Comment je dois faire, avec Summer. Jérémiah a réussi là où j'ai échoué.

— C'est différent. Jérémiah et moi avons un passé commun. Et de toute façon, je n'irais pas jusqu'à dire qu'il a réussi.

Je masquai mal le sourire qui barrait mon visage. Parler avec Théo avait toujours été simple et facile. Avec Jérémiah, je risquais toujours d'être mise au défi et il prenait un malin plaisir à vouloir toujours le dernier mot. Théo était bienveillant et son regard doux et prévenant canalisait mes angoisses.

— Il n'arrêtera pas la course, tu sais. Sauf si tu le lui demandes.

— Je le lui ai déjà demandé, rétorquai-je durement. Le soir de notre rupture.

— Nouvelle histoire, nouvelle chance.

— Nouvelle histoire, nouvelle chance, répétai-je en désignant Summer. Le principe de la seconde chance, c'est de faire mieux que la première fois.

— Intéressant, dit-il avec un sourire.

Il se frotta le menton et me fixa avec intensité. Sous son regard, je me sentais mise à nue, comme s'il voyait mes doutes et mes hésitations. Au milieu de ce chaos, il y avait pourtant une chose dont j'étais certaine : Jérémiah m'attendait.

— Le principe de la seconde chance, Charlotte, c'est de la saisir et d'en faire quelque chose de hors du commun.

Ma gorge se serra et je refoulai les larmes qui bordaient mes yeux. Le souvenir de ma mère, malade, pâle et flottant dans ses vêtements, me revint. Assise sur la balancelle, elle m'avait fait promettre de vivre une vie hors du commun. Quelques semaines plus tard, j'avais les yeux rivés sur son cercueil. Jérémiah n'était pas venu et Théo était resté à l'écart, comme pour s'excuser du comportement de son frère.

— Et toi et Summer ? dis-je pour revenir sur un sujet moins dangereux.

— On ne force pas les gens à tomber amoureux, me rappela-t-il, avec une pointe d'amertume dans la voix. Mais rassure-toi, les frères Montgomery sont d'une patience infinie.

Il termina sa bière et m'adressa un sourire. Parfois, je me demandais comment Summer pouvait être si aveugle sur son lien avec Théo. Parler avec lui m'avait apaisée et soulagée de mes doutes, comme s'il avait retiré le voile gris qui me brouillait la vue depuis plusieurs semaines. Je passai mes doigts sur mes lèvres. C'était encore là : le goût salé de mes larmes et la passion de notre dernier baiser.

J'avais tellement pleuré le jour de notre rupture. J'en voulais à Jérémiah d'avoir choisi la course, je lui en voulais de ne pas avoir eu le courage de me retenir. Maintenant, je réalisais qu'il m'avait simplement laissée partir, qu'il ne s'était pas battu, car il savait la guerre perdue d'avance.

Le cœur battant, je me décidai à lire le dernier message de Jérémiah.

De : Jérémiah Montgomery
A : Charlotte Parker
Le : 22 juillet 2015 à 18 h 45

Peur de venir ?

Je regardai Summer, hilare. Théo la couvait des yeux, avec cet amour débordant qui me paraissait évident désormais. Il l'attendait avec patience et avec l'assurance qu'il parviendrait à la séduire.

— A toi l'honneur, soufflai-je, conspiratrice.

— De quoi parles-tu ?

— De saisir ta chance. Va lui parler et fais en sorte d'être irrésistible à ses yeux.

— Merci de remettre en cause mon sex-appeal ! s'écria-t-il.

— Les Montgomery sont patients et adorent

gagner. Va la voir et, ensuite, je verrai pour saisir ma seconde chance.

— Du chantage ? Je comprends maintenant pourquoi mon frère est à tes pieds : tu es aussi retorse que lui.

Je me levai de table et finis d'un trait mon reste de bière. Mon humeur maussade et tourmentée s'était finalement dissipée. Ssi difficile que cela ait pu être de prendre une décision au sujet de Jérémiah, j'étais maintenant sûre de le vouloir dans ma vie. J'étais sûre de vouloir nous offrir une seconde chancc, de vouloir faire mieux, être avec lui, malgré la course. Je tendis la main vers Théo. Ce dernier me lança un regard soupçonneux.

— On va danser ! Viens ! dis-je.

— Et ensuite ?

— Et ensuite, je tenterai de te soutirer un laissez-passer pour rejoindre Jérémiah sur le circuit.

Il posa sa main dans la mienne et se leva péniblement. Dans un geste inédit et inattendu, il me prit dans ses bras et m'embrassa sur le front, de manière très fraternelle. Il m'attira sur la piste improvisée et me fit tournoyer entre ses mains.

— Prête ? demanda-t-il.

— Prête.

Lui comme moi savions que nous ne parlions pas de la danse.

Avoir bu autant de cocktails n'était pas une bonne idée. Je fixai mon reflet dans le miroir de la salle de bains. La lumière crue du spot me donnait un air cadavérique. Cadavérique et nauséeux. Je rinçai mon visage à l'eau, espérant me réveiller. La douche n'avait pas suffi à me rendre humaine. Le corps enveloppé dans mon peignoir, je vérifiai l'heure sur mon téléphone : presque 6 heures. En fait, ce n'était pas l'alcool le problème, c'était le fait de ne pas avoir assez dormi. J'aurais dû faire une nuit blanche et filer à l'aéroport avec ma tenue de soirée.

Je me brossai les dents avec application, puis frictionnai mes cheveux dans une serviette. Je n'osai pas sortir le sèche-cheveux, de peur de réveiller Summer et Théo qui dormaient sur le canapé. Gemma avait quitté le bar bien avant nous, sous l'œil inquiet de David.

Je me glissai dans ma chambre et enfilai une jupe rouge, avec un haut sans manches assorti. La jupe était suffisamment courte pour compenser l'absence de décolleté. Je remplis un sac avec quelques affaires et mon nécessaire de toilette. Quelle que soit l'issue de mon escapade en Californie, elle ne devait pas durer plus de quelques jours.

Quand je sortis de la chambre, Théo ouvrait péniblement un œil. Je mis mon index contre ma bouche pour lui intimer le silence. Il étendit sa jambe dans une grimace, avant de secouer la tête. Apparemment, sa position tarabiscotée avec Summer avait engourdi son corps.

— Tu as ton billet ? demanda-t-il dans un chuchotis.

— Oui. Merci. Prends soin d'elle.

Il baissa les yeux sur Summer, dont la tête reposait contre son torse. Elle avait enroulé son bras autour de sa taille et dormait profondément. De l'index, il repoussa une mèche de cheveux de sa joue, avant de la serrer un peu plus contre elle.

— Merci encore, chuchotai-je.

— Je vais appeler deux ou trois personnes pour prévenir de ton arrivée. Demande Lucas sur le stand. Et finissez cette fichue liste !

Je lui envoyai un baiser, avant de prendre ma

veste. Après la pluie diluvienne de la veille, j'étais agréablement surprise par le ciel clair et encore orangé du lever du soleil. Mon vol était à 10 heures et j'arriverais certainement en milieu de course, mais cela me convenait. Affronter le bruit, la vitesse et suivre Jérémiah en pleine folie dans sa voiture pendant une trentaine de tours était déjà une épreuve : qu'elle soit écourtée était donc plutôt une bonne chose.

Théo avait eu la gentillesse de m'offrir mon billet. En retour, je devais organiser un dîner entre Summer et lui, seul à seul. Dans la zone d'embarquement de l'aéroport, la nervosité me gagna. Jérémiah avait été plutôt clair sur ce qu'il attendait de moi. Néanmoins, il n'avait sûrement pas prévu que j'accepte finalement de venir. Par ailleurs, je devais faire quelques recherches sur le monde du Nascar car débouler sur le circuit en clamant que j'étais sa petite amie — ou presque — ne suffirait pas pour que je le retrouve. Théo m'avait donné quelques conseils ainsi qu'un numéro de téléphone pour gagner le paddock.

Je ressortis mon portable de ma poche, pour envoyer un message à Jérémiah. Autant lui éviter un choc en me voyant.

De : Charlotte Parker
A : Jérémiah Montgomery
Le : 21 juillet 2015 à 07 h 19

Hâte de venir.

Je coupai mon téléphone en montant dans l'avion. La nervosité fit place au trac, le trac à l'excitation, l'excitation à la joie. Pour la première fois depuis des mois, j'étais enfin sûre de moi.

J'avais choisi d'ignorer la mine éberluée du chauffeur de taxi d'origine mexicaine, quand je lui avais demandé de me conduire à Fontana, sur le circuit de vitesse. Avec ma petite jupe sage et mes cheveux noués dans une queue-de-cheval, je n'avais pas franchement l'allure d'une fan de voitures de course. Je fouillai dans mon sac à la recherche de mon laissez-passer. Théo m'avait recommandé d'entrer par l'accès réservé aux écuries pour rejoindre ensuite celle de Jérémiah. J'espérais qu'il avait eu le temps de passer les coups de fil dont il m'avait parlé. Je ne me voyais pas justifier ma présence devant un tas d'inconnus.

— La course est commencée depuis au moins une heure, m'indiqua le chauffeur.

— Ça m'arrange, marmonnai-je.

Il longea un très grand parking, occupé par une multitude de voitures et de camping-cars, avant de se garer.

J'y étais. J'affrontais l'une de mes plus grandes peurs : voir Jérémiah risquer sa vie sur un circuit. Une boule d'angoisse se forma dans ma gorge et je me retrouvai paralysée, la main sur la poignée de la portière.

— Le compteur tourne toujours.

— Laissez-moi une minute, grondai-je, excédée.

Je collai mon front contre la vitre et tentai de retrouver une respiration normale. Je pouvais affronter ça. Pour lui, je devais le faire. Toujours angoissée, je fixai les passants autour du taxi. Des hommes, essentiellement, avec casquette sur la tête et bière à la main. Définitivement pas mon monde. Au loin, on devinait le bruit des moteurs surpuissants, à peine couvert par les hourras de la foule. Le taxi formait une sorte de bulle hermétique, me protégeant de cet environnement hostile.

La voix du speaker me sortit soudain de ma paralysie. La voiture de sécurité était entrée en piste, neutralisant pour quelques tours la course. Quand il annonça le numéro de Jérémiah dans la liste interminable des voitures impliquées dans le carambolage, mon cœur manqua un battement. En Nascar, les accidents étaient légion, une sorte de tradition douloureuse mais nécessaire dans ce monde de machos dopés à l'adrénaline.

Je pris une profondc inspiration et me redressai. Je réglai le montant de la course et sortis du taxi, chancelant un peu sur mes jambes. Mon chauffeur partit dans l'instant, m'abandonnant dans la fureur de bruit et de chaleur qu'était ce circuit.

Je me frayai un passage entre les voitures, repérant après plusieurs longues minutes l'accès aux paddocks. Les rayons du soleil semblaient ricocher sur le bitume. La température atteignait sûrement la barre des 40 degrés et je n'avais même pas songé à prendre une casquette ou une paire de lunettes de soleil.

Des barrières se dressèrent devant moi. J'arrivais enfin dans la zone réservée aux pilotes et à leurs équipes de course. Je montrai mon laissez-passer et, en guise d'autorisation, un grand brun aussi large qu'un réfrigérateur opina du chef. Il s'écarta et je me faufilai entre les barrières. Dans cet espace à l'accès restreint, je me sentais encore plus à part. Des hommes en combinaison de course déambulaient, leur casque de protection sous le bras. Le stand de Jérémiah, aux couleurs de son sponsor, vert et rouge, était tout près et je fus presque reconnaissante de ne pas subir une nouvelle longue marche sous la chaleur écrasante. Son stand était grand et imposant. Le numéro « 52 » était affiché en lettres géantes. En dessous des chiffres, le nom de Jérémiah et le dessin d'une voiture de course apparaissaient.

Devant le stand se tenait un homme en costume trois pièces. Si ma tenue pouvait détonner, la sienne était carrément hors sujet. Il souleva ses lunettes de soleil et me dévisagea des pieds à la tête.

— Charlotte, c'est ça ? fit-il avec une moue mécontente.

— C'est ça. Théo a dû...

— Il m'a dit que tu viendrais. Entre.

Le stand, bien qu'à l'abri du soleil, était étouffant. Quatre mécaniciens, masqués par leurs cagoules, fixaient un écran, les bras croisés. Machinalement, je dirigeai mon attention sur ce qu'ils regardaient. L'air me manqua en voyant la voiture de Jérémiah prise en sandwich entre deux autres.

— L'aile est à changer, marmonna un des hommes. Y en a pour trois minutes d'arrêt.

— Quel crétin ! jura le deuxième. Il aura du mal à revenir !

Les voitures se désimbriquèrent les unes des autres et une autre voix tonna dans l'espace réduit :

— Préparez-vous. John et Tom, sur l'aile. James, tu remets de l'essence. Vous avez deux minutes, pas une de plus !

L'homme à l'origine de ces ordres, âgé d'une cinquantaine d'années, était habillé d'un jean maculé de graisse et d'un T-shirt du sponsor de l'écurie. Il portait une casquette, avec le numéro 52, le numéro de voiture de Jérémiah. De toute évidence, il s'agissait du chef mécanicien. Son regard glacial glissa sur moi, et l'homme en costume — représentant du sponsor — qui m'avait accueillie se contenta de hausser les épaules face à sa question silencieuse, avant de lâcher, sur un ton laconique :

— Théo a appelé.

Cette justification suffit au chef mécanicien mais, à voir sa mine renfrognée, elle ne lui plaisait pas. Il serra les poings et, brutalement, envoya valser une chaise d'un coup de pied rageur. Hormis moi, personne ne frémit. Les mécaniciens enfilèrent leur casque et se postèrent à l'extérieur, prêts à s'occuper de la voiture de Jérémiah.

— Pas un mot et vous ne touchez à rien, m'ordonna le représentant du sponsor.

Il avança vers moi, impressionnant d'autorité et contrôlant une sombre colère. J'hésitai à reculer, mais j'étais déjà acculée, avec un mur derrière moi.

— Théo vous a peut-être fait entrer, mais ici, c'est moi qui donne les ordres. Compris ?

— C'est limpide, sifflai-je.

— Je ne veux pas qu'il vous voie en course. Ni qu'il vous entende. Vous êtes déjà suffisamment présente dans sa tête.

Je retins difficilement mon sourire. Une bulle de fierté s'épanouit dans le creux de mon estomac. J'étais heureuse de mettre à mal l'autorité détestable de ce type. Il s'éloigna et retourna à son poste, à proximité de la piste. Il réajusta son casque et plaça le micro près de sa bouche.

— Retour au stand à ton prochain tour. On profite de la neutralisation.

Après un court silence, il reprit sèchement :

— La prochaine fois que tu me fais ça, je me tire. Tu m'entends ?

Tapie contre le mur, j'observais la scène. Les mécaniciens étaient en place, concentrés et sérieux, guettant l'arrivée de Jérémiah. Le directeur de course avait l'œil rivé sur sa montre et aboyait régulièrement sur Jérémiah. Quand ce dernier se présenta au stand, le ronflement du moteur couvrit les conversations. Sa voiture rouge et vert était salement cabossée. Des traces de frottement apparaissaient sur les ailes, alors qu'une de ses portières était enfoncée. Le pare-brise était fêlé sur toute la longueur et une fumée blanche s'échappait du capot.

Les mécaniciens s'agitèrent dans un ballet harmonisé et énergique. Je me surpris à suivre leur mouvement avec curiosité. Retenant mon souffle, je scrutai le chronomètre, qui tournait beaucoup trop vite.

Le speaker annonça la reprise de la course. Jérémiah était toujours dans le stand, faisait rugir son moteur, prêt à bondir en avant pour rattraper son retard. Soudain, la voiture s'élança, et la foule fit un vacarme assourdissant, à en faire vibrer les murs. L'homme en costume me désigna un écran, sur lequel je pouvais suivre la course.

Les voitures roulaient à une vitesse folle. Jérémiah slalomait entre elles, avec une aisance qui ne me rassurait guère. Il doubla une voiture par l'extérieur, risquant d'être ratatiné contre le mur en béton, mais il accéléra de nouveau et s'extirpa du piège. Les mécaniciens reprirent leur place et me jetèrent un coup d'œil. Si j'avais pu faire illusion devant le directeur de course, maintenant, je devais admettre que mon angoisse était palpable. Elle emplissait tout le stand, oppressant les équipes et me faisant trembler.

— Mon Dieu, murmurai-je quand il réalisa un tête-à-queue spectaculaire.

— Dieu n'a rien à voir là-dedans, me fit remarquer l'homme au costume.

La foule s'anima et je constatai que Jérémiah collait sa voiture à celle qui le précédait. Il amorça le virage incliné et, contre toute attente, la première voiture freina et provoqua un accrochage avec Jérémiah. La foule émit un « oh » de consternation, avant d'applaudir à tout rompre en voyant Jérémiah doubler.

Je me surpris à sourire et à frotter mes mains l'une contre l'autre, de joie et de soulagement. Cette énergie était grisante et enivrante. Je fis un bond en voyant Jérémiah coincé contre le mur par une autre voiture. Des gerbes d'étincelles jaillirent et mon inquiétude grandit. Le temps s'arrêta, la foule retint son souffle et je décelai parfaitement l'anxiété dans les regards des mécaniciens.

Jérémiah parvint à se libérer, mais perdit le contrôle de sa voiture et traversa la piste dans la largeur, manquant de justesse de provoquer un nouvel accident. Le chef mécanicien poussa un juron terrible, avant d'arracher son casque et de le jeter au sol.

Je commençais à me demander si venir ici était une bonne idée.

— Ray, reprends ton casque ! hurla le représentant du sponsor.

— Pour quoi faire ? Il n'écoute rien de ce qu'on lui dit !

— Ce n'est pas nouveau, souris-je, incapable de me taire.

— Encore une remarque et je vous flanque dehors ! me menaça l'homme en costume.

Le speaker annonça les dix derniers tours. La voiture de Jérémiah était en piteux état : tout le côté droit était encore plus éraflé, sa direction n'était plus opérationnelle et le pare-chocs avant touchait le sol. Un des mécaniciens passa une main sur son visage et soupira.

— Celle-là, elle va nous coûter au moins deux jours, râla le premier.

— Il perd de l'huile, ajouta le second. Elle fume.

A cinq tours de la fin, Jérémiah pointait à la

cinquième place. Je n'osais plus regarder l'écran, de crainte d'un nouvel accident. Le directeur de course lui donnait des instructions pour doubler tel ou tel concurrent, mais Jérémiah gardait sa position et sa vitesse.

— Il essaye d'assurer, m'expliqua un des mécaniciens en voyant ma mine perplexe.

A trois tours de la fin, la foule était debout, prête à en découdre avec le gagnant. Le bruit des moteurs était désormais familier et je n'y prêtais plus attention.

— Maintenant ! hurla son directeur.

Je retournai vers l'écran, pour voir Jérémiah faire un écart spectaculaire et accélérer brutalement dans la ligne droite. La foule s'anima, scanda son prénom et tapa du pied. Tout le circuit vibrait pour Jérémiah dans une liesse incontrôlable et galvanisante.

— Il te reste trois tours : fonce ! hurla le chef mécanicien dans son micro.

Les yeux rivés sur l'écran, les mains jointes sous mon menton, je priai presque pour que Jérémiah franchisse la ligne au plus vite, plus intéressée par la perspective de le voir enfin sortir de cette voiture que par celle d'une victoire. Mon cœur battait trop vite et trop fort, et ce, depuis que j'étais entrée dans le stand. J'étais épuisée et les larmes menaçaient de couler à chaque seconde. La gorge sèche et la mine hagarde, je subissais en silence, comptant les tours qui restaient.

A l'avant-dernier tour, et alors que j'espérais que mon calvaire s'achève enfin, Jérémiah loupa son virage et dérapa pendant de longues secondes. Le brouhaha de la foule cessa dans la seconde, avant de reprendre de plus belle, quand un concurrent accrocha son pare-chocs arrière. Si ce spectacle m'effrayait, le public en adorait chaque rebondissement.

A bout de nerfs, je finis par fuir le stand et me cacher dans un recoin. Les cris et l'énergie du public me parvenaient toujours. Pendant une seconde, j'avais imaginé que ne rien voir suffirait à me calmer et à apaiser mon angoisse ; en réalité, c'était encore pire. Mon imagination était nourrie des réactions épidermiques de la foule. Les « oh », les « ah » prenaient une toute nouvelle dimension.

Soudain, le stand s'anima. L'équipe frappa dans ses mains et les mécaniciens coururent vers la piste. Du coin de l'œil, je les vis s'accrocher à la rambarde et hurler de joie. Ma respiration retrouva un rythme normal et la tension qui tétanisait mon corps se dissipa peu à peu. Je retournai face à l'écran, admirant le poing levé de Jérémiah en signe de victoire. Il refit plusieurs tours ainsi, à une vitesse beaucoup plus raisonnable et nettement moins dangereuse. Malgré ma peur, l'énergie du public m'avait maintenue debout. Electrisée et dopée à l'adrénaline, je commençais enfin à comprendre pourquoi Jérémiah aimait tant gagner ses courses : on devenait très facilement dépendant de ce mélange de joie victorieuse et de danger.

— Le temps de recevoir son trophée et de faire ses interviews, il sera là dans une heure. Ne bougez pas de là.

L'homme en costume s'éclipsa et le stand se vida de ses occupants, pressés de rejoindre le podium. Sur l'écran, je vis Jérémiah debout sur le capot de sa voiture, levant des poings victorieux, son visage ruisselant au soleil californien.

Pour la première fois depuis que je le connaissais, cela me frappa : Jérémiah était heureux lorsqu'il courait et je me sentis profondément injuste avec lui. Lui demander d'abandonner la course avait été une décision impulsive et biaisée par mes émotions de l'époque. Maintenant, je réalisais à quel point il avait dû être blessé par cette demande.

D'un revers de main, je chassai mes larmes d'angoisse et pris une profonde inspiration. J'avais survécu à cette course et je l'avais vu heureux de gagner.

Malgré ma peur, un grand sourire barrait mon visage. Le voir heureux me rendait heureuse.

Après avoir reçu son trophée sur le podium, Jérémiah célébra encore sa victoire au volant de son bolide, enchaînant les dérapages spectaculaires et les demi-tours dangereux. Une foule de photographes attendaient autour du stand. Plus l'assistance hurlait son nom, plus les pneus crissaient sur la piste, dégageant une odeur âcre de caoutchouc brûlé. Dans le stand, les mécaniciens remballaient leurs clés et outils. Le directeur de course donnait une interview et j'en profitai pour me faufiler dans le garage attenant.

L'odeur d'essence me rappela le garage du manoir Montgomery. Le sol gris était maculé de taches de graisse et d'huile de moteur. Les murs blancs tranchaient avec le sol. Pour éclairer la pièce, une rangée de néons avait été installée. Une fenêtre aux vitres translucides permettait de laisser entrer la lumière du jour. Cela réchauffait un peu les lieux. Sur la gauche, deux voitures, dont une au capot ouvert, stationnaient. En souriant, j'imaginai Théo surgissant de dessous, les mains couvertes de cambouis et l'air bougon. Soudain, j'entendis un moteur ronfler bruyamment ; des éclats de voix me parvinrent et je reconnus celle de Jérémiah. Apparemment, il avait une conversation animée avec son directeur de course et, comme à son habitude, ne souhaitait pas écouter les conseils qu'on lui prodiguait.

J'appuyai mon dos contre un mur, attendant que Jérémiah apparaisse. Je ne me sentais pas vraiment à ma place ici, dans ce monde d'hommes et de compétiteurs.

Un mécanicien souleva le capot de la voiture de Jérémiah. Ce dernier apparut quelques secondes plus tard. Il avait ouvert sa combinaison et en avait retiré les manches pour les nouer autour de sa taille. Son marcel blanc était sale, marqué de transpiration et d'une ligne noire de cambouis. Le tissu s'étirait parfaitement sur ses pectoraux et soulignait sa silhouette musclée.

En me découvrant, il se figea. Ses yeux se braquèrent sur le mécano et il avança vers lui.

— On fera ça plus tard, ordonna-t-il d'une voix dure.

— Il faut le faire maintenant, après, on repart.

Jérémiah se rapprocha de l'homme, son visage aussi près que possible de celui de son mécano. Il le surplombait de quelques centimètres, mais c'était surtout sa largeur d'épaules qui impressionnait.

— Plus tard, lui répéta-t-il d'une voix si basse qu'elle me fit frissonner.

Puis il referma le capot d'un coup sec, fusilla le mécano du regard, et le pauvre battit en retraite. Jérémiah le suivit, prenant soin de verrouiller la porte derrière lui pour ne pas être dérangé. J'approchai de la voiture et Jérémiah me rejoignit. Nous nous toisâmes de longues secondes, chacun d'un côté de la voiture, tels une proie et son prédateur affamé.

— Tu as vu la course ? demanda-t-il finalement.

— Oui. Théo m'a donné un laissez-passer pour venir.

Nous tournions autour de la voiture, nous sondant du regard. Je guettais ses réactions, il scrutait les miennes. J'étais venue ici sur un coup de tête, je n'avais pas eu le temps de réfléchir à un plan. Plan qui aurait été aussitôt réduit à néant par Jérémiah, comme toujours.

— Tu es venue pour récupérer ton indice ? s'enquit-il avec un sourire.

— Aussi.

Son sourire s'agrandit. Plus d'une heure après avoir franchi la ligne d'arrivée, Jérémiah entamait une nouvelle course, plus subtile, plus psychologique. Il exhalait l'adrénaline. Ses cheveux trop longs lui donnaient un air sauvage, son regard sombre en faisait un homme indomptable. Il avait toujours été beau et séduisant. Mais, à cet instant, même dans sa tenue douteuse, il était irrésistible, dégageant un magnétisme animal.

— Tu ne pouvais plus attendre ? lança-t-il.

Nouveau sourire.

Nouvelle salve de désir.

Jérémiah avait déjà franchi la ligne d'arrivée. Maintenant, il savourait sa victoire, celle dont j'étais le trophée, à portée de sa main. Je me pinçai les lèvres et parvins à refouler la vague de désir qui remontait en spirale de mon entrejambe à ma poitrine. La chaleur était de plus en plus étouffante et mon haut collait à ma peau.

— Cinq jours, c'était trop long ? m'interrogea-t-il de nouveau.

— Ça fait dix ans, rectifiai-je.

— Et c'était très long, approuva-t-il. Charlotte, si je t'attrape, me prévint-il en continuant à tourner autour de la voiture, je ne te laisserai plus filer.

— Tu as verrouillé la porte, lui rappelai-je.

— Je protège mes arrières. Dans une course de vitesse, il faut aussi savoir prendre son temps et saisir les opportunités.

Soudain, il effaça la distance entre nous et me saisit par le poignet. Haletante, je me retrouvai emprisonnée entre son corps puissant et la voiture, mon bras coincé derrière moi. Je tentai de me libérer, mais sa prise se renforça. Après quelques instants passés à nous dévisager, sa prise se desserra et ses doigts effleurèrent la peau brûlante de mon bras.

Ce petit jeu avait attisé mon désir. Pourtant, la douceur de son geste me surprit et un frisson me parcourut. Ses doigts remontèrent sur mon avant-bras, touchant à peine ma peau, puis chatouillèrent le creux de mon coude avant de parvenir à mon épaule. Son regard joueur et affamé trouva le mien. Il cherchait une raison d'arrêter. Je n'avais aucune envie qu'il cesse. En me touchant avec une telle délicatesse, il avait réveillé mon corps engourdi depuis plus de dix ans.

Jérémiah s'appuya contre moi et ses lèvres effleurèrent les miennes. Un sourire incertain apparut sur son visage pendant qu'il fermait les yeux, comme s'il savourait ce contact furtif. Sa bouche s'égara dans mon cou, semant une nuée de baisers, et enflamma tout mon corps. Sa barbe naissante éraflait ma peau et j'en garderais certainement les marques. Je sentis mon cœur cogner dans ma poitrine, comme s'il reconnaissait son maître. J'enroulai une de mes mains autour de sa nuque, pendant qu'il agrippait mes hanches.

— Peur de me toucher ? murmurai-je.

Son corps se tendit contre le mien et, brutalement, il me souleva et me fit asseoir sur le capot encore tiède de sa voiture. Sa voix vibra contre ma peau et résonna comme une promesse :

— Hâte de te toucher.

Mes pieds trouvèrent le pare-chocs et Jérémiah s'installa entre mes jambes. Il posa une main sur ma joue et attira ma bouche contre la sienne. Ses lèvres douces et son geste tendre tranchaient avec la chaleur de la pièce et le désir violent qui courait dans mes veines. Sa langue s'enroula autour de la mienne tandis que je plaquais mes mains contre son torse. Un grognement lui échappa et tout son corps vibra contre mes paumes. Il pencha mon visage pour approfondir notre baiser et me poussa doucement en arrière. Je me retrouvai quasiment allongée sur la carrosserie, le torse puissant de Jérémiah écrasant ma poitrine. Il quitta mes lèvres et sa bouche dévora la peau de mon cou. Je me tortillai sous lui, essayant de canaliser le désir qui bouillonnait en moi, tout en savourant le contact rugueux de sa barbe contre ma peau. Ses mains se cramponnèrent à mes hanches pendant que je relevais les genoux contre lui, dans un équilibre précaire, et ma jupe se retroussa sur mes cuisses.

Ses lèvres me parcouraient, comme si elles découvraient un nouveau territoire et cherchaient à y laisser leur empreinte. Il longea mes clavicules et déposa un baiser appuyé sur ma cicatrice.

— Je fais partie de toi, murmura-t-il.

Je fermai les yeux, étourdie et grisée par le désir fulgurant qui s'insinuait sous ma peau. Les paumes calleuses de Jérémiah se glissèrent sous mon haut et le remontèrent au-dessus de ma poitrine. Quand je rouvris les paupières, le regard de Jérémiah me faisait déjà l'amour. Il y avait cette intensité animale et dévastatrice dans ses yeux, mêlée à une lueur de victoire : il savait que j'étais à sa merci.

— Laisse-moi une minute, dit-il finalement en s'écartant de moi.

La sensation de vide fut douloureuse. Je me redressai péniblement et réajustai mes vêtements. Sous mes fesses, le moteur refroidissait lentement. Jérémiah fouilla dans un tiroir et revint vers moi. Il émit un claquement de langue réprobateur en me voyant redressée et prête à descendre de mon piédestal.

— Lève les bras, m'ordonna-t-il.

Il agrippa l'ourlet de mon haut et me le retira. Mon soutien-gorge noir apparut et Jérémiah fixa ma poitrine avec un sourire satisfait. Puis, il s'installa de nouveau entre mes jambes et sa bouche gourmande s'approcha de mes lèvres avant que sa langue possessive ne dompte la mienne. Il glissa ses mains sous mes genoux pour m'allonger un peu plus contre la carrosserie et j'étouffai un cri de surprise, me cramponnant à ses bras. Après m'avoir retiré mes chaussures, Jérémiah posa ses mains sur mes chevilles et les fit paresseusement remonter le long de mes jambes. J'aurais presque pu jouir immédiatement, rien qu'au contact de sa peau rugueuse contre la mienne.

— Je vais devoir t'enlever ceci, me prévint-il en désignant ma jupe.

— Elle ne te plaît pas ?

— Si. Je n'ai pas envie de la tacher.

Je lui adressai un regard perdu, mais obtempérai. Je soulevai les hanches et Jérémiah me débarrassa de mon vêtement. A moitié nue devant lui, je me sentais sans défense. Ses yeux se braquèrent sur mon entrejambe et ses mains reprirent leur exploration. Il caressa mes genoux, remonta vers l'intérieur de mes cuisses, qui s'écartèrent d'elles-mêmes. Une nouvelle vague de chaleur me parcourut lorsque ses mains arrivèrent en haut de mes cuisses.

— Très joli, me complimenta Jérémiah tandis que son pouce effleurait le tissu de ma culotte.

Je tressaillis. Je plaquai mes mains sur la carrosserie, cherchant une prise pour éviter de sombrer dans la seconde. Jérémiah enroula un bras autour de ma taille et m'attira contre son torse. Son autre main, restée sur ma cuisse, commença à remonter avec une insupportable lenteur. Enfin, son pouce arriva au tissu de ma culotte, s'y attardant un peu. Il répéta son geste une seconde fois, rivant ses yeux aux miens. Jérémiah prenait un malin plaisir à me torturer. J'avais envie de lui tout de suite, maintenant, sans préliminaires, et lui prenait son temps et me rendait dingue. J'enroulai mes bras autour de sa nuque, me maintenant contre son corps comme à un rocher au milieu de l'océan déchaîné.

Quand son pouce se faufila sous le tissu de ma culotte, je hoquetai de surprise.

— La voiture est tiède et tu es brûlante, murmura-t-il. J'adore ça. J'adore te voir sur ma voiture.

Il écarta le tissu et son pouce caressa mon sexe trempé, brûlant. Je gémis lourdement, à la fois satisfaite de ce contact et frustrée qu'il n'aille pas plus loin. Puis il appuya sur mon clitoris, embrasant dans l'instant tout mon bas-ventre et me faisant resserrer les cuisses autour de lui.

— Le retour de ma main dans ta culotte, ironisa-t-il.

Ma culotte était définitivement ruinée, humide de mon excitation. Jérémiah abandonna mon sexe et, d'un geste vif, il la fit rouler sur mes jambes et elle termina au sol, avec ma jupe. Je tirai sur la ceinture de sa combinaison en velcro et la défis, dénouant aussi ses manches. Mes mains remontèrent sur son torse, savourant les petites contractions de ses muscles sous mes doigts. J'attrapai son T-shirt et le fis passer par-dessus sa tête.

— Charlotte, tu es certaine que...

— Certaine. Maintenant. Ici. Tout de suite.

Mes gestes étaient saccadés et frénétiques. J'avais

besoin de sentir Jérémiah en moi, comme j'avais besoin de respirer. Un besoin vital et incontrôlable que je devais satisfaire maintenant. Mes doigts glissèrent sur ses pectoraux, suivant le dessin d'un de ses tatouages. Jérémiah me laissait faire, ses yeux pourtant emplis d'un désir urgent, prenant le temps de me contempler. Finalement, il saisit mes poignets et les plaqua contre le capot de la voiture.

— Un dernier détail, murmura-t-il.

Ses mains remontèrent le long de mes hanches, jusqu'à ma poitrine. Son index glissa entre le satin et mon sein droit pour libérer ce dernier de son carcan. Il captura mon téton entre ses lèvres et l'étira doucement, avant de le maltraiter avec sa langue. Une salve de gémissements et de soupirs m'échappa. Je tirai de nouveau sur sa ceinture et fis descendre sa combinaison sur ses hanches. Son boxer apparut, retenant à peine son érection. Aussitôt, ma main se faufila dans son sous-vêtement et trouva son sexe large et tendu. Sa peau était lisse et il durcit encore plus contre ma paume

Jérémiah sursauta et mordit mon sein, m'arrachant un cri. Ma main commença à aller et venir sur son sexe, confiante et fière. Je n'avais jamais eu l'occasion d'administrer ce genre de caresses à Jérémiah.

— Continue à ce rythme et je vais jouir entre tes doigts, gronda-t-il d'une voix rauque en admirant le mouvement de ma main sur son sexe tendu.

— Une excuse pour prendre une douche, le défiai-je.

— Une excuse pour *te* prendre sous la douche. Je veux t'entendre crier mon nom. Ici. Maintenant. Tout de suite.

Il tira sur les bretelles de mon soutien-gorge et libéra totalement ma poitrine. Puis il empauma mes seins, en agaça les pointes, avant de les embrasser.

Mon entrejambe criait grâce. Le torse de Jérémiah se soulevait de plus en plus vite, son souffle était rauque. Ses muscles se tendirent : lui aussi luttait pour se retenir. Je passai mon pouce sur le haut de son sexe, récoltant un gémissement approbateur.

— Pas trop vite, mademoiselle !

Il se dégagea et releva mes jambes sur le pare-chocs. Il embrassa mes seins avec délicatesse, puis se mit sur ses genoux. Le visage à proximité de mon sexe, il le contempla quelques instants, avant d'embrasser doucement l'intérieur de mes cuisses. Je m'agitai sous lui, incapable de me tenir immobile, incapable de réagir de façon cohérente, incapable de respirer. Quand sa langue trouva mon sexe, je tremblai de tous mes membres. Jérémiah dut plaquer ses mains sur mes cuisses pour limiter mon agitation.

Un nouveau coup de langue, rapide, furtif, inattendu, me mit au supplice. Jérémiah attendit que je reprenne mon souffle avant de réitérer son geste.

— Te faire jouir sur ma voiture n'est pas sur ma liste, dit-il contre mon sexe.

— Tu vas devoir t'arrêter alors ? demandai-je entre inquiétude et moquerie.

— Je vais l'ajouter. Plusieurs fois.

Je couinai de plaisir et de satisfaction. Jérémiah rit contre ma peau et sa langue descendit lentement le long de mon sexe. Sa pointe s'insinua en moi, puis revint agacer mon clitoris. Le désir monta dans une spirale violente, et s'abattit sur moi.

— C'est ce que tu veux, Charlotte ?

De quoi parlions-nous, je n'en avais aucune idée. J'étais trop embrumée par le plaisir que je ressentais.

— Tu veux que je te fasse jouir sur ma voiture ? demanda-t-il.

— Oui, gémis-je.

— Maintenant ?

— Bon sang, oui !

Son souffle vibrait délicieusement contre mon sexe ultra-sensible. Sa barbe chatouillait la peau fine de mes cuisses. J'étais incapable de rester immobile et ses mains se refermèrent brutalement sur mes jambes pour m'empêcher de bouger. Enfin, il glissa un doigt dans mon sexe et je me cambrai de soulagement. Ses lèvres aspirèrent mon clitoris gonflé et la torture reprit sous ses coups de langue impitoyables. Son rythme infernal tranchait avec la douceur de sa bouche. Je gémis son prénom, enfonçant mes doigts dans sa chevelure pour mieux l'encourager. L'orgasme était là, tout près, comme un précipice dangereux dont je ne pouvais m'empêcher d'approcher. J'avais envie de toucher Jérémiah et de le sentir jouir entre mes mains. Les yeux clos, je laissai soudain le désir me happer, m'engloutir tout entière dans un tourbillon chaud et dévastateur.

La bouche et les doigts agiles de Jérémiah avaient eu raison de moi. Mes tensions s'étaient évaporées dans les brumes de mon orgasme. Je flottais sur un doux nuage, incapable de la moindre pensée cohérente. Les doigts de Jérémiah quittèrent mon intimité et j'entendis le bruit caractéristique d'un préservatif que l'on ouvre.

— Accroche-toi, Charlotte. Mains autour de ma nuque.

Il déroula le préservatif et l'enfila. Puis, il s'allongea sur moi et releva ma jambe droite contre sa taille. Je gémis mon approbation et sentis le sexe gonflé et tendu de Jérémiah frotter contre ma cuisse. Toujours haletant de mon orgasme, mon corps réagit aussitôt. Mes dernières forces convergèrent vers le bas de mon ventre et je me cambrai, pressée de le sentir en moi. Il joua avec ma patience, s'attardant de longs instants entre mes jambes, comme pour s'assurer que mon corps était bien à sa merci.

Enfin, alors que j'étais sur le point de le supplier, il me pénétra en un coup de reins. Cela m'arracha un cri et je fermai les yeux, sentant les prémices d'un nouvel orgasme s'abattre sur moi.

— Encore meilleur que dans mon souvenir, apprécia-t-il.

Si mon premier orgasme m'avait soulagée, il n'avait en rien émoussé mon désir, qui remonta aussitôt en flèche, électrisant ma peau. Jérémiah s'enfonça tout entier en moi et commença ses allées et venues. Après l'attente et sa douce torture, je me sentais soulagée. Complète. Sa bouche s'égara sur la mienne, avec le goût de mon orgasme encore présent sur ses lèvres. Je me cambrai un peu plus, mes cheveux caressant la carrosserie de la voiture. Je voulais le sentir plus profondément en moi, qu'il marque mon corps. Je bougeai les hanches, allant à la rencontre de son bassin. J'étais sur sa voiture, toute à lui, domptant mon plaisir en attisant le sien.

— Encore, Charlotte, grogna Jérémiah. Je veux te sentir.

Son regard noir d'encre croisa le mien. Il avait ses yeux extatiques de victoire. Son souffle court était autant le résultat de notre étreinte que des restes de sa course. Pour lui, il ne s'agissait plus que de gagner. Il n'était qu'adrénaline et parfum de victoire. Il s'allongea sur moi et mon dos retrouva la chaleur tiède du moteur lorsque je m'étendis sur la carrosserie. Jérémiah accéléra, nos bassins trouvant un rythme parfait. Je fermai les yeux, me laissant emporter de nouveau par le plaisir. Le cœur battant, je sentis Jérémiah grogner dans mon cou. Nos gémissements et le son de nos deux corps allant et venant l'un contre l'autre emplissaient le garage et ricochaient contre les murs de béton blanc. Le désir flamba de plus belle dans le bas de mon ventre, intense, violent et incontrôlable. Mes fesses glissaient sur la carrosserie, mais Jérémiah me retint et accentua le rythme, encore et encore, ne me laissant aucun répit. Puis, il replia un peu mes jambes et le contact s'accrut. Je poussai un cri quand son sexe vint heurter mon point G, déclenchant un tsunami de sensations. Mon orgasme me surprit par sa force et sa rapidité, comme si mon corps abandonnait la lutte. Jérémiah gémit, pendant que je plantais mes doigts dans ses épaules, avant de donner un dernier coup de reins et de jouir en moi dans un murmure satisfait et heureux.

Il chuchota mon prénom dans le creux de ma nuque. Je laissai ma main errer dans sa chevelure, savourant le contact de sa peau sur la mienne. Nous restâmes ainsi, lovés l'un contre l'autre, pendant plusieurs minutes, le temps que nos respirations redeviennent normales. Quand Jérémiah se redressa, il planta son regard dans le mien, comme pour s'assurer que tout allait bien. Je caressai sa nuque et déposai un baiser furtif et rassurant sur ses lèvres.

La peau de mon cou chauffait légèrement, conséquence directe du frottement de ses joues râpeuses.

— Ne bouge pas, m'intima-t-il en s'écartant de moi.

Dès qu'il eut le dos tourné, je me redressai sur mes coudes. J'admirai le dessin de ses épaules carrées et le mouvement harmonieux des muscles sous sa peau tatouée tandis qu'il se débarrassait du préservatif.

— Je t'ai dit de ne pas bouger, me rappela-t-il, toujours de dos, avec une pointe d'amusement dans la voix.

Il réajusta sa combinaison et en renoua les manches

autour de sa taille. Il tourna la tête pour m'adresser un regard complice et j'abdiquai pour me rallonger docilement sur le capot. Je l'entendis fouiller dans une caisse, avant de revenir vers moi. Je rouvris un œil, surprenant son sourire carnassier sublimé par la vision de son torse musclé et tatoué sur la partie droite. Je fronçai les sourcils, puis me redressai. J'observai plus attentivement son torse, puis compris ce que le dessin représentait.

Je passai mes doigts sur le tatouage, abasourdie.

— Qu'est-ce...

— Une cage, expliqua-t-il. Tu as le collier, j'ai ça.

— C'est injuste, toi tu l'as toujours.

— Tu peux garder le collier si tu restes avec moi. Le deal n'a pas changé, me rappela-t-il, un peu sournois.

Il porta un feutre à ses lèvres et le décapuchonna avec les dents. Il recracha le bouchon aussitôt et, d'une main, m'incita à me rallonger.

— Qu'est-ce que tu fais ?

— Je marque le moment.

En un sourire et une phrase, je me revis, dix ans auparavant, plaquée et fébrile contre la porte de sa chambre. Nous échangeâmes un regard, entre complicité et appréhension. Cette nuit-là, j'avais compris que mon sort serait pour toujours lié à celui de Jérémiah. Allongée sur le capot de sa voiture, je ressentais aujourd'hui la même certitude.

— Ne bouge pas, murmura-t-il.

Je pris une profonde inspiration et tentai de faire abstraction du corps de Jérémiah juste au-dessus de moi. La chaleur qu'il dégageait se heurtait à la mienne et électrisait tout l'espace.

Lentement, il entama son parcours presque familier, commençant par mon épaule gauche. Il longea mon bras, contourna ma main et remonta vers l'intérieur.

Son souffle chatouilla ma poitrine et me fit frémir. Alors, il suspendit son dessin et braqua son regard sur mes seins. Ses lèvres descendirent lentement sur la pointe tendue de mon téton et il tira doucement dessus. Un gémissement m'échappa et je me cambrai de plaisir.

— Je t'ai pourtant demandé de ne pas bouger.

Il reprit son dessin, longeant ma poitrine, mes côtes, avant de faire le contour de mes fesses. Vu ma position, faire le contour entier était impossible. Aussi, il souleva son marqueur et passa de l'autre côté, non sans embrasser mon ventre au passage. Le souffle court, je baissai les yeux vers lui, admirant sa concentration.

Je bougeai, simplement pour le plaisir de le contrarier.

— Charlotte, gronda-t-il, alors qu'il remontait le long de mes côtes.

— Je n'ai plus dix-sept ans, lui rappelai-je.

— Tu crois que je ne le vois pas ?

Il leva un regard brûlant vers moi, ses iris sombres sondant les miens. Soudain, je regrettai mon geste de rébellion. Jérémiah ne m'avait jamais effrayée, c'était plutôt l'intensité de mes sentiments enfouis qui, en resurgissant si violemment, me faisait peur.

— Tes seins sont plus ronds, tu as des formes, ici, indiqua-t-il en effleurant la courbe de mes fesses de sa main. Tes cheveux sont plus foncés, ta peau plus bronzée.

Il reprit son dessin, longeant l'extérieur de mon bras avec application, avant de rejoindre ma nuque. Il fit le tour de ma tête et, dès que cela fut terminé, lança le feutre quelque part derrière lui.

— Et honnêtement, tu es beaucoup moins timide, reprit-il.

Il fronça les sourcils, pendant que ses yeux dévoraient mon corps nu.

— Et je ne suis pas certain d'aimer ça.

— Parce que tu vas me faire croire que tu es resté chaste pendant ces dix dernières années ? demandai-je dans un rire.

— Tu es la première femme que je prends sur le capot de ma voiture.

— Tu m'en vois flattée.

— Et tu seras la dernière aussi, ajouta-t-il un ton plus bas.

— Tu m'en vois très flattée.

Je me redressai et enroulai mes bras autour de sa nuque. J'écrasai ma poitrine contre lui, le corps encore incandescent de notre étreinte.

— Ce qui ne veut pas dire que ça sera la dernière fois avec toi, ajouta-t-il, en faisant courir ses doigts sur mon dos.

— Donc la silhouette, c'était juste pour garder un souvenir ?

— Crois-moi, je n'ai pas besoin de silhouette pour me souvenir de toi et moi sur cette voiture. Je vais y penser à chaque fois que je prendrai le volant. Je vais penser rythme, courbe... et vitesse.

Pour me prouver ses dires, il plaça ses mains sous mes cuisses et m'attira brutalement contre lui pour me voler un baiser ravageur, qui ralluma aussitôt le désir dans le creux de mon estomac.

— Et si mes souvenirs sont bons, tu aimes toujours manger après le sexe.

— Après... Et avant aussi, le taquinai-je pendant qu'il me reposait sur le capot.

Jérémiah fouilla dans l'une de ses poches et en tira le collier. Je me redressai, à la fois surprise et stupéfaite qu'il l'ait sur lui. Ce bijou en toc prenait de plus en plus d'importance dans notre histoire.

— Il me porte chance, expliqua-t-il. Il m'a permis de te retrouver, notamment. Et de dessiner ta silhouette sur ma voiture.

— Et d'afficher cet air arrogant, à cet instant précis, souris-je.

Il se pencha vers moi, une lueur victorieuse illuminant son regard d'encre. Sa barbe chatouilla mes joues, puis la peau de mon cou.

— Je t'ai fait jouir sur ma voiture, j'ai le droit d'être arrogant. Et je risque d'être arrogant une bonne partie de la nuit.

Un délicieux frisson d'anticipation me parcourut. Maintenant que j'avais cédé à Jérémiah, j'étais prête à le suivre n'importe où. En m'offrant à lui sur cette voiture, j'avais finalement accepté que mon destin soit lié au sien. Il s'écarta de moi et passa le collier autour de mon cou. Puis, comme il l'avait déjà fait si souvent auparavant, il tira délicatement dessus, avant de m'embrasser avec douceur.

— C'était sur ma liste ? demandai-je, perdue.

— La voiture ? Non. D'ailleurs, je suggère que tu fasses une autre liste.

Un sourire prédateur s'étira sur ses lèvres. A cette minute, Jérémiah n'était que désir et l'incarnation du sexe. Il s'écarta de moi et le bijou se nicha entre mes seins. Jérémiah ramassa mon haut, puis ma jupe et me les rendit. Ma culotte et mon soutien-gorge atterrirent à l'intérieur de sa combinaison, qu'il referma sur son torse.

— J'élimine le superflu, se justifia-t-il. Combien de temps restes-tu ?

Je ravalai ma remarque sur sa capacité à changer de conversation aussi rapidement. Je sautai au sol et enfilai mon haut, en ignorant le regard gourmand de Jérémiah.

— Juste le week-end. Ensuite, je dois rentrer pour faire ma valise pour l'Italie.

— Je dois faire la mienne aussi.

— Je sais. Je me souviens, lui rappelai-je.

Il tendit la main vers moi et nos doigts s'entrelacèrent avec un naturel déconcertant. Il passa son autre main dans mes cheveux et coinça une mèche derrière mon oreille. Sa prévenance me tira un sourire et il me dévisagea pendant une courte seconde.

— Je t'emmène dîner et tu vas me dire exactement ce dont tu te souviens.

Un doute me saisit instantanément.

— Ce n'est pas l'Italie ?

— Presque, dit-il, énigmatique. Ce qui me fait penser que je te dois un indice.

Mon doute s'estompa pour faire place à une nouvelle impatience. Le contenu de cette liste, si floue et si mystérieuse, attisait ma curiosité. Quoi qu'en dise Jérémiah, j'étais certaine que mon prochain vœu concernait l'Italie. Je me souvenais parfaitement de cette partie de la soirée dans sa chambre.

Je me souvenais d'avoir noté que je voulais aller en Italie.

— Mais d'abord, je t'emmène dîner.

— Et après j'aurai mon indice ?

— Si tu es sage. Et nue dans mon lit, la nouvelle, dit-il d'une voix rauque et pleine de promesses.

Je lui adressai un regard et resserrai ma main autour de la sienne. Malgré notre étreinte, malgré notre histoire, persistait l'ombre de l'inquiétude chez Jérémiah, comme s'il était persuadé que j'allais prendre la fuite.

Je ne pouvais guère lui en vouloir : j'avais déjà pris la fuite dix ans auparavant.

— Tu as peur de me donner mon indice maintenant ? demandai-je d'une voix douce.

— J'ai hâte de te le donner. C'est le meilleur vœu de la liste.

— Vraiment ? Et pourquoi ?

— Parce qu'il me donne une parfaite excuse pour te refaire l'amour ce soir. Dans mon lit. Mais avant ça, j'ai besoin que tu répondes à une question.

Son ton sérieux me fit ravaler le rire nerveux coincé dans le fond de ma gorge. Prendre la fuite était tentant mais vain : Jérémiah allait bien trop vite et trouverait certainement un moyen de me rattraper.

Notre histoire, son sourire, son arrogance, ma faiblesse devant lui, autant de bonnes raisons de garder ma main dans la sienne.

— Jusqu'où es-tu prête à aller ?

Il ne me laissa pas le temps de réfléchir et fit glisser la porte du garage, faisant entrer la lumière du jour. Je grimaçai et plissai les yeux, aveuglée, avant de réaliser qu'il s'agissait des flashs de photographes. La main de Jérémiah serra la mienne à m'en faire mal.

— Jusqu'où ? répéta-t-il, tandis que les flashs crépitaient au point de m'éblouir.

PARTIE 5

Jérémiah

23 juillet 2015

Je serre Charlotte contre moi et lui conseille de garder les yeux rivés au sol. Ray, mon chef mécanicien, surgit soudain à nos côtés et annonce qu'une conférence de presse exceptionnelle aura lieu demain. La meute de journalistes et de photographes se fige de stupéfaction et je profite de cette seconde de flottement pour attraper Charlotte par la main et nous éloigner de la foule, jusqu'à ma voiture qui nous attend un peu plus loin.

Charlotte est silencieuse, et ne cesse de secouer la tête. Une Charlotte muette est une Charlotte qui m'inquiète. Je n'arrive pas à savoir ce qu'elle pense. Je n'y suis jamais parvenu mais, aujourd'hui, la tâche paraît encore plus ardue. Peut-être est-elle sous le choc de notre sortie ? Peut-être a-t-elle des regrets au sujet de ce qu'il s'est passé dans le garage ? A chaque accélération, à chaque virage, elle retient son souffle et ferme les yeux, les poings serrés et posés sur ses cuisses. De notre intermède spontané et passionné sur le capot de ma voiture, elle a gardé les joues rouges et les cheveux emmêlés. De notre rencontre avec les photographes, elle garde un regard affolé, qui ne cesse de glisser du rétroviseur à ses mains, comme si nous étions en fuite et poursuivis par des hommes armés.

Si, en choisissant de devenir pilote, j'ai accepté d'être exposé au cirque médiatique qui va de pair, je refuse que Charlotte le subisse. Déjà, au lycée, elle n'aimait pas être au centre de l'attention. Pourtant, je sais que sa timidité cache une personnalité forte et indépendante, et qu'elle est tout à fait capable d'affronter les attaques des journalistes.

Les autres femmes que j'ai fréquentées auraient adoré la situation : être à la une des journaux avec un pilote est la garantie d'exister parmi les célébrités.

Mais avec Charlotte, c'est différent. Elle est différente, et je me dois d'être prudent car je sais qu'elle ne va pas aimer apparaître dans les journaux. Ce n'est pas son truc d'être exposée ou de se donner en spectacle. Charlotte n'est pas timide, mais elle a un tempérament solitaire et indépendant. Jamais elle ne se laissera dicter ce qu'elle doit faire.

J'amorce le dernier virage avant ma rue. Les pneus crissent sur l'asphalte, et c'est un de mes sons préférés. Juste après le petit cri effrayé que Charlotte échoue à ravaler au même moment.

— Tu t'amuses bien ? demande-t-elle pendant que je tape le code du portail, après avoir baissé ma vitre.

— Dès qu'il s'agit de voiture, je prends toujours beaucoup de plaisir, Charlotte.

Elle s'empourpre et croise les bras sur sa poitrine. J'adore la voir si décontenancée. Dix ans après notre rencontre, elle ne parvient toujours pas à parer mes attaques.

— Je parlais du trajet jusqu'ici, précise-t-elle en cachant mal son embarras.

— Je parlais de ce que nous avons fait sur ma voiture de course.

Le portail s'ouvre lentement, laissant apparaître l'allée qui mène jusqu'à la maison. Le regard de Charlotte papillonne sur le jardin avant de se poser sur les deux voitures garées. Un nouveau rougissement s'empare de son visage. Ma liste augmente de deux vœux supplémentaires, chacun impliquant une de ces voitures et le corps nu de Charlotte.

— Tu as combien de voitures ? demande-t-elle.

— Trois ici. Deux à New York et deux à Norfolk. On a de quoi faire.

— En effet. On peut aussi être plus traditionnels.

Je gare ma Corvette dans le garage et coupe le contact. Le silence dans l'habitacle est presque un soulagement après le vacarme du circuit et le bruit ronflant du moteur sur la route. Je tourne mon visage vers elle et repousse une mèche de ses cheveux. Sa bouche s'entrouvre et laisse échapper un soupir. De mon pouce, je caresse ses lèvres et je dois lutter pour refouler une salve d'images érotiques.

Je sors de la voiture et la contourne pour ouvrir sa portière. Elle glisse sa main dans la mienne, elle me sourit et, soudain, l'ambiance se charge d'électricité. Son regard noisette pétille et son corps semble vibrer d'impatience. Aussitôt, le mien réagit et se tend de désir et d'anticipation.

— Tu as donc des fantasmes traditionnels ? demandé-je quand nous entrons dans la maison.

— Tu sembles étonné.

— Plutôt intéressé. Laisse-moi le temps de te trouver un bloc-notes pour que tu me rédiges une liste.

— Je repars demain.

— J'aime les filles pragmatiques qui ne veulent pas perdre de temps.

Je tire doucement sur son collier et l'attire contre moi. Ses lèvres chaudes effleurent les miennes, pendant que je la fais reculer contre un mur. Lorsqu'elle se retrouve plaquée contre lui, son cri de surprise meurt contre ma bouche.

Ma main se glisse sous sa jupe. Mes doigts caressent son sexe et ses gémissements emplissent bientôt la maison. Son corps tendu épouse parfaitement le mien et un désir sauvage et puissant bouillonne dans mes veines. Depuis que j'ai touché Charlotte, je n'ai qu'une envie : la toucher de nouveau. Encore. Aucune course ne m'a fait cet effet.

Ses doigts s'enfoncent dans mon biceps gauche pendant que mes lèvres tracent un chemin entre sa bouche et son cou. Je pourrais la faire jouir juste comme ça ; elle n'est qu'excitation et désir. Son regard embrumé peine à rester ouvert : je sais qu'elle est en train de se laisser emporter par ses sensations.

Je retire mes doigts alors qu'elle est proche de l'orgasme. Elle me lance un regard courroucé qui ne s'estompe que lorsqu'elle me voit m'agenouiller devant elle. Je soulève sa jupe et me réjouis d'avoir gardé sa culotte en otage. Mon visage se perd entre ses cuisses et ses mains tirent sur ma chevelure. Je veux la goûter, je veux sentir le parfum de son excitation. J'ai besoin de savoir qu'elle me désire autant que je la désire et que notre relation est une évidence. Ma langue passe sur son sexe. Elle est aussi délicieuse que la victoire, aussi addictive que l'adrénaline qui coule comme un torrent dans mes veines dès que je suis derrière un volant. Je tiens Charlotte entre mes mains, ma langue l'explore, je l'entends gémir. Je ne me suis jamais senti aussi puissant.

Elle lâche d'une voix basse un juron que je trouve terriblement excitant, pendant que ma langue passe lentement sur son sexe.

Sous mes caresses, elle ondule et gémit. Encore et encore jusqu'à se laisser emporter par son plaisir dans un râle.

#3 TE FAIRE PERDRE LE CONTRÔLE.

C'est fait… une fois de plus.

Charlotte

Novembre 2004

Ma mère buvait son café en silence. En deux jours, ma vie avait changé. Désormais, ma mère luttait contre la maladie et j'étais impuissante à l'aider. Ce matin, elle avait accepté que je l'accompagne à sa deuxième séance de chimiothérapie. Je ne pouvais pas la laisser affronter la situation seule.

— Summer pourra te passer ses cours ?

— Ne t'en fais pas pour ça, maman.

Elle leva les yeux vers moi, puis secoua la tête.

— Rien n'a changé. Je veux que tu réussisses au lycée.

— Concentre-toi sur tes soins. Je peux très bien louper une journée de cours.

— Jérémiah pourra te conduire au lycée demain ?

— Je demanderai à Summer de faire un crochet.

Elle posa sa tasse sur la table et me dévisagea. Je me réfugiai dans mon café. Jérémiah m'avait abandonnée sur la plage, prenant la fuite dès que les sirènes de police s'étaient fait entendre. Je lui en voulais. Mais ma rancune contre lui n'était rien face au désespoir que j'avais ressenti en trouvant ma mère à bout de forces dans les toilettes.

— Jérémiah n'est pas une priorité, expliquai-je.

La veille, il avait garé sa voiture dans la rue et avait attendu que je passe par la fenêtre de ma chambre. J'avais été surprise par sa patience : je m'attendais à le voir débarquer dans ma chambre pour obtenir gain de cause. Mais, finalement, après avoir patienté une heure, il était parti, faisant rugir son moteur en signe de colère.

— Ta vie ne doit pas changer parce que je suis malade, plaida ma mère.

— Elle ne change pas, mentis-je.

— Il faut que tu continues à t'amuser, que tu continues à voir Jérémiah et Summer.

— Je les vois chaque jour au lycée.

Ma mère pencha la tête et un bref sourire illumina son visage fatigué et terne. Si je ne lui avais jamais parlé de ce que je ressentais pour Jérémiah, elle était pourtant loin d'être dupe. Elle avait été la première spectatrice de l'évolution de ma relation avec lui, la première à m'encourager, la première à comprendre que l'attraction entre nous — deux êtres totalement opposés — était aussi imprévisible qu'irrésistible.

— Tu es rancunière, comme ton père, dit-elle avec tendresse.

Je resserrai les doigts sur ma tasse. Je détestais quand ma mère me rappelait l'existence de mon père. Que j'aie hérité d'une partie de son caractère — la mauvaise partie, apparemment — m'horripilait. Je n'avais rien en commun avec lui.

Je finis ma tasse d'un trait, ignorant la tentative de ma mère pour me faire parler. Parler de Jérémiah et de sa fuite, c'était lui avouer les courses clandestines et dangereuses qu'il faisait.

Mais cela impliquait également d'avouer que, si j'étais aussi contrariée par son comportement, c'était parce que je tenais ridiculement à lui. J'avais toujours eu pour habitude de ne pas m'attacher aux gens. Etre constamment entre deux cartons m'avait appris à limiter ma vie sociale : c'était moins compliqué de partir quand rien ne vous retenait. Jérémiah, évidemment, m'avait fait changer d'avis sur le sujet.

— Quoi qu'il ait fait, je suis certaine que ce n'est pas si dramatique.

— Quoi qu'il ait fait, tu devrais prendre parti pour ta fille, lui fis-je remarquer avec une pointe d'humour.

— Pas quand elle semble malheureuse.

— Ma mère a un cancer, je me sens en droit d'être malheureuse.

— Aucunement. Moi, j'ai le droit d'être malheureuse car, sans ce traitement, il y a peu de chances que j'assiste à ta remise de diplômes. C'est ma vie qui est en sursis, Charlotte, pas la tienne.

Je refoulai le sanglot qui m'étranglait. La simple idée de vivre sans ma mère était insoutenable. Je ne comptais plus sur mon père depuis longtemps ; et, sans elle, je serais complètement seule.

— Ce traitement va marcher, affirmai-je avec conviction.

— Donc, tu n'as aucune raison de bouder Jérémiah.

— Je ne le boude pas. Je... j'ai besoin de réfléchir, d'avoir de l'espace. Etre avec lui, c'est épuisant.

— C'est un garçon charmant.

— Qui t'a corrompue avec un bouquet de fleurs ! contrai-je.

Je me retins de lui dire que le garçon charmant était déjà entré dans ma chambre, avait failli me surprendre nue et m'avait kidnappée pour dormir avec moi.

Le charmant garçon m'avait aussi plantée sur une plage pour fuir la police.

— Bouquet qui était pour toi à l'origine, ajouta ma mère. Tu es vraiment *très* rancunière.

— Je te l'ai dit, j'ai besoin de souffler un peu. J'ai mes dossiers universitaires à boucler, le meuble à rénover et mes cours à potasser.

— On n'est pas censé être raisonnable à ton âge.

— Tu m'encourages à être déraisonnable ? Quel genre de mère es-tu ?

— Je t'encourage à vivre ta vie. Elle sera toujours trop courte. Si tu penses que tu auras le temps plus tard d'être déraisonnable, tu te trompes.

— Bien. Je peux donc fuguer dans la minute et aller me faire tatouer la fesse gauche ? la provoquai-je.

— Tu confonds « être déraisonnable » et « être inconsciente ». Tu finiras par affronter Jérémiah d'une manière ou d'une autre, soupira-t-elle. Mais, à mon avis, ça sera plus simple si tu choisis de le faire rapidement.

— Maman ! m'agaçai-je.

— Sauf, évidemment, si vous avez rompu.

Son regard se braqua sur mon cou et je portai instinctivement ma main à ma gorge. Deux jours auparavant, après avoir trouvé ma mère malade dans la salle de bains, j'avais retiré le collier de Jérémiah. Peut-être était-ce un signe.

— Nous n'avons pas rompu, murmurai-je.

Je ne comprenais pas pourquoi elle prenait le parti de Jérémiah, pourquoi elle me poussait à passer outre à ce que je considérais comme une trahison. Si, lorsque j'avais découvert le message qu'il m'avait laissé, j'avais effectivement considéré la possibilité de lui soutirer des explications, la maladie de ma mère me forçait maintenant à revoir mes priorités.

Ma mère passait avant tout, et je n'avais pas de temps à perdre à dompter le caractère impulsif de Jérémiah. Ma fatigue n'était pas feinte : je peinais à suivre le rythme fou qu'avait imposé Jérémiah à notre relation. M'éloigner, prendre du temps pour moi et revenir à mes activités habituelles était plus sain.

Cette mésaventure sur la plage avait eu l'avantage de m'aider à reprendre mes esprits.

— Tu veux toujours m'accompagner ? demanda ma mère.

— Bien sûr que oui ! J'irai en cours cet après-midi.

— Comme tu veux.

Quelques instants plus tard, nous montions dans la Ford. La voiture toussa au démarrage et ma mère arqua un sourcil entendu.

— Tu vois qu'on a besoin de lui, ajouta-t-elle en manœuvrant la voiture.

— On a surtout besoin d'une nouvelle voiture.

— On ne t'a jamais dit que tu étais un peu... rabat-joie ? dit ma mère en souriant.

— Rabat-joie, rancunière... C'est la Sainte-Charlotte ?

Elle m'adressa un clin d'œil complice, puis nous nous dirigeâmes vers l'hôpital.

L'odeur d'éther me donnait des haut-le-cœur. Maman et moi patientions dans la salle d'attente de son oncologue. En face de moi, un vieux couple se tenait la main.

— Est-ce que papa est au courant ? demandai-je brutalement.

— Evidemment. J'ai laissé un message pour le prévenir. Il est en mission. Il revient en fin de semaine.

Mon ventre se tordit d'anxiété. Si mon père était un fantôme dans notre vie, sa solde nous permettait de vivre correctement. Mais les soins médicaux pour maman étaient coûteux et, d'une manière ou d'une autre, notre mode de vie allait changer.

— Madame Parker ? Entrez, je vous en prie.

La voix du médecin me tira de mes pensées moroses. Pour l'instant, seul l'état de santé de ma mère devait m'inquiéter.

Nous nous assîmes devant son bureau, ma mère droite comme un *i* comme si elle contractait chaque muscle de son corps pour ne pas s'effondrer dans l'instant.

— Je vois que vous avez suivi mon conseil en venant avec votre fille.

— Elle n'a pas vraiment eu le choix, intervins-je.

Le regard du médecin, le Dr Kline, comme l'indiquait le badge sur sa blouse immaculée, passa de ma mère à moi. Il m'adressa un sourire, avant de prendre le dossier devant lui et de le parcourir rapidement.

— Alors, cette première séance ? Vous avez eu des nausées ? Des maux d'estomac ?

— Des nausées, essentiellement.

— Elle n'a presque rien avalé du week-end, ajoutai-je.

— C'est normal. Les médicaments ont tendance à couper l'appétit. Il faut manger en petites quantités et régulièrement, plutôt que de faire des repas copieux. Cette fois, personne ne vous reprochera de grignoter.

— Je sais. C'est juste que je souhaite conserver un rythme de vie aussi normal que possible, expliqua ma mère.

— Qui s'occupe de vous à la maison ?

— Ma fille. Moi. Mon mari est souvent absent.

— Il va devoir ralentir ses activités et passer du temps avec vous, conseilla le médecin.

Je fronçai les sourcils, pendant qu'il se replongeait dans le dossier médical de ma mère. J'avais la sensation désagréable qu'une information me manquait. Derrière lui, je remarquai ses diplômes universitaires et quelques photos de famille. La pièce était austère : des murs blanc cassé, quelques cadres accrochés faisant étalage du cursus universitaire du médecin. Les chaises étaient terriblement inconfortables et le bureau, sans aucune trace d'objets personnels, était une simple table en bois aggloméré ; des rideaux épais laissaient à peine filtrer la lumière du jour. Ma mère me jeta un regard et, cette fois, je n'eus plus aucun doute : elle me cachait quelque chose.

— J'ai eu les résultats définitifs de votre scanner, reprit le médecin. Comme je le craignais, nous avons trouvé d'autres foyers et...

— D'autres foyers ?! m'écriai-je.

— Calme-toi, Charlotte.

La voix ferme, presque autoritaire, de ma mère me fit vaciller. Mon monde, qui n'était déjà plus vraiment le même depuis vendredi soir, se fissura un peu plus. Quand ma mère m'avait annoncé sa maladie, j'avais naïvement cru que le traitement suffirait. Une chimiothérapie, des rayons, et notre vie reprendrait. Maintenant, j'apprenais que ma mère était condamnée. J'allais être seule, j'allais devoir affronter mon avenir sans elle. Je suffoquais déjà sous le poids de l'injustice qui s'abattait sur nous.

Le cancer de ma mère était grave. Il lui serait fatal et mes rêves succomberaient avec elle.

— Charlotte, votre mère est vraiment très malade. Nous faisons de notre mieux pour soulager sa douleur.

— Vous... Que voulez-vous dire par « soulager sa douleur » ?

Mes yeux me brûlaient, mes poumons ne fonctionnaient plus, c'était comme si mon corps s'était mis en court-circuit pour mieux encaisser le choc de la nouvelle.

— Ce que je veux dire, c'est que les analyses de votre mère sont mauvaises. Le scanner a montré des foyers diffus de son cancer. La tumeur principale, au sein, a provoqué des métastases et…

— Et il n'y a aucune chance que j'y survive, finit ma mère.

— Mais tu m'as dit ce matin…

— J'ai dit ce matin que je faisais ce traitement pour voir ta remise de diplômes. Je gagne du temps, Charlotte. Ce traitement prolonge ma vie de quelques semaines.

— Et tu n'allais rien me dire ?

— J'aurais fini par t'en parler. Mais je ne voulais pas t'inquiéter, tu as des choses tellement plus importantes à accomplir cette année.

Elle prit ma main dans la sienne, mais je la retirai aussitôt. Je me sentais trahie et abattue.

— Combien de temps… Enfin… Jusqu'à quand… ?

— C'est un cancer très agressif, Charlotte. Votre mère a refusé l'hospitalisation. J'espère que vous parviendrez à la faire changer d'avis.

— Je ne veux pas passer le peu de temps qu'il me reste dans un lit d'hôpital. Je veux voir ma fille et je veux pouvoir continuer mes occupations.

— Combien de temps ? répétai-je d'une voix plus forte.

— Moins de un an. Six mois, peut-être un peu plus si le traitement produit un effet.

— Je… J'ai besoin… besoin de sortir d'ici.

La gorge nouée, je finis par me lever de ma chaise. Je titubai jusqu'à la porte, encore sous le choc de la révélation, et effrayée par le sentiment puissant de solitude qui me gagnait. Je ne pouvais pas y croire, je ne pouvais pas imaginer que ma mère, si jeune, si énergique, si prévenante, soit proche de la mort. Cette injustice me révoltait. Je m'effondrai sur une chaise, désemparée et hagarde, et laissai les larmes couler. Je pleurai sur le cas de ma mère, sur ma solitude, sur ce que j'allais devenir. Maman réapparut plus tard — heures, minutes, je n'avais aucune idée du temps qui s'était écoulé — et m'informa qu'elle devait faire sa deuxième séance. Je hochai la tête, incapable d'articuler un son ou d'avoir une parole d'encouragement.

Le médecin pressa mon épaule en signe de soutien.

— Il faut que vous preniez contact avec votre père, recommanda-t-il. Vous ne pouvez pas rester seule. Au cas où...

« Au cas où. »

Ma vie entière n'était plus qu'une vie *au cas où*.

Au cas où. Les trois mots que j'allais le plus détester à l'avenir.

Au retour, maman, trop faible pour conduire, me laissa le volant. Elle somnola sur le trajet, m'empêchant ainsi de lui poser des questions. Je ne lui en voulais pas, mais je ressassais notre conversation matinale autour du café et chacune de ses paroles prenait maintenant un autre sens. Si elle voulait tant que je reparle à Jérémiah, c'était pour se rassurer, pour oublier le fait que, sans elle, j'allais me retrouver seule. A pas feutrés, elle préparait le *après*. Elle voulait s'assurer que, malgré tout, je serais heureuse, amoureuse et soutenue par quelqu'un en qui elle avait confiance.

Je n'avais perçu que ses reproches dans notre conversation, alors que ses remarques étaient teintées d'urgence et de bienveillance. Elle m'offrait ses derniers conseils. Je me promis de ne plus l'inquiéter et d'apaiser ses craintes.

Ma vie, si bien organisée, routinière et facile, avait été mise sens dessus dessous en un week-end.

Maman. Jérémiah. Ma vie ici. Plus rien n'avait de sens et ma brouille — si on pouvait appeler ça une brouille — devenait anecdotique.

Je déposai ma mère à la maison et m'assurai que tout allait bien pour elle. Recroquevillée sur le canapé et recouverte d'un plaid, elle me supplia presque d'aller au lycée. En fermant la porte de la maison, je ne pus m'empêcher de me demander si j'allais revoir son sourire en rentrant.

Hébétée, dans un état second, je conduisis jusqu'au lycée. Sur le parking, il n'y avait aucune trace de la voiture de Jérémiah. J'avais le ventre noué et j'étais incapable de manger quoi que ce soit ; pourtant, je décidai d'aller à la cafétéria : Summer s'y trouvait sûrement à cette heure. Je la repérai effectivement, elle venait de finir de manger et se dirigea vers moi. En me voyant, elle fronça les sourcils, détectant tout de suite que quelque chose n'allait pas. Je me composai un visage neutre, espérant que mes yeux rougis par les larmes ne me trahiraient pas.

— Où étais-tu ? demanda-t-elle en enroulant son bras autour du mien.

Elle m'entraîna vers nos casiers, nous faisant marcher d'un pas rapide. J'étais à bout de forces et trébuchai plusieurs fois.

— Tu penses encore à vendredi soir ?

— Non. Je... J'avais besoin de dormir.

— Je sais mentir, Charlotte. Donc je sais détecter

quelqu'un qui ment à des kilomètres. Jérémiah t'a cherchée.

— J'étais chez moi, il ne m'a pas vraiment cherchée, ironisai-je.

— Il est venu ce matin, il pensait que tu viendrais au lycée. Tu le verras demain : les répétitions pour la pièce débutent en fin de journée chez les Montgomery.

La pièce de théâtre et tout ce qu'elle impliquait pour moi — notamment mon dossier universitaire — me revinrent en mémoire. Jérémiah m'avait fait intégrer le groupe de théâtre. J'allais donc devoir l'affronter, présenter des excuses, faire en sorte de comprendre son monde et vivre dedans. Je poussai un soupir et tapai l'arrière de ma tête contre la porte de mon casier.

— Il est en colère ? demandai-je.

— Entre autres. Tu es la première fille à lui poser un lapin. Il pensait que tu allais nous rejoindre pour le feu de camp de dimanche.

— Il est venu devant chez moi, mais j'ai préféré rester à la maison. J'étais en colère qu'il nous ait laissées sur la plage.

— Tu dramatises. S'il s'était arrêté, vous auriez fini au poste tous les deux. Je ne crois pas qu'une arrestation aurait fait du bien à ton dossier.

— Peut-être, concédai-je.

La sonnerie retentit, me rappelant que nous avions cours de littérature. Je me tournai et frappai de la main le haut de mon casier. Celui-ci s'ouvrit comme par magie.

— J'ai vu le gars de l'entretien réparer la serrure ce matin, m'apprit Summer.

— Et ils font ça sans me demander la permission ?

— C'est le casier du lycée. Ils font ce qu'ils veulent.

La conseillère a dû te voir galérer pour l'ouvrir. Elle a sans doute estimé que c'était mieux de le réparer.

— Il faut croire que c'est mon jour de chance, marmonnai-je.

Je pris mes livres et me dirigeai vers ma classe. Mon regard navigua parmi les autres élèves, recherchant la haute silhouette de Jérémiah. Sans surprise, je constatai qu'il n'avait pas jugé nécessaire d'être présent à ce cours.

Notre confrontation devrait attendre demain.

— Il y a une course ce soir, tu veux venir ? me proposa Summer pendant que nous entrions en classe.

— Ma mère ne se sentait pas très bien ce matin, je préfère rester à la maison.

— Un rhume ?

— Un gros rhume, murmurai-je.

Si Summer perçut le tremblement dans ma voix, elle ne le releva pas. Mais, à sa façon de me dévisager, je sus qu'elle avait, une fois de plus, décelé mon mensonge.

Ma mère avait passé la majeure partie de sa journée à somnoler. Nous avions dîné, puis je m'étais éclipsée dans ma chambre. Je devais réparer le tiroir de mon meuble et passer une première couche de lustrant sur les éléments en métal.

Je m'attelai à mon travail avec application. Rénover les meubles m'avait toujours permis de me vider l'esprit. Je n'avais pas trouvé de stratégie pour affronter Jérémiah et je refusais l'idée même de réfléchir à mon avenir sans ma mère. Désormais, la perspective de remplir des dossiers pour l'université ne m'enthousiasmait plus.

Assise sur la moquette, je m'adossai contre mon lit

et déposai de la colle à bois sur le pied du meuble. J'étais finalement parvenue à colmater la fissure et à lui rendre son aspect premier.

Ce fut le grincement de la fenêtre à guillotine qui me fit relever les yeux. Jérémiah se glissa dans ma chambre sans un bruit et posa son index contre ses lèvres. Il augmenta le volume de la musique que j'avais mise en sourdine, puis tendit la main vers moi pour me faire lever.

— Salut, chuchotai-je.

— Où étais-tu ?

— Comme chaque jour, au lycée.

— Non, ce soir. J'ai couru.

Ses yeux se braquèrent sur mon cou et la déception se lut sur son visage.

— Tu ne portes plus le collier ?

— Tu as gagné ta course ?

— Oui, répondit-il, agacé. Je voulais aller vite pour venir ici.

Je repris le pied, finis de l'encoller et soulevai le meuble pour le glisser en dessous. D'ici mon réveil, la colle aurait séché.

— Est-ce que tu vas faire comme si je n'existais pas pendant encore longtemps ? demanda-t-il nerveusement.

— Tu es le premier à avoir joué à ce petit jeu.

— Donc, tu m'en veux ?

— Tu m'as laissée sur la plage et j'ai couru comme une folle furieuse pour éviter de me faire coffrer. Crois-moi si tu veux, ce n'est pas vraiment ma vision d'un rendez-vous avec mon petit ami.

Un sourire amusé dansa sur ses lèvres. Je lui lançai un regard désapprobateur et son sourire s'élargit.

— Qu'y a-t-il de si drôle ?

— Je crois que c'est le mot « petit ami ». Ou

peut-être que c'est le fait que ta colère te rende sarcastique.

Il fit un pas vers moi, une lueur d'amusement éclairant son regard sombre.

— Ou peut-être que c'est ce truc, coincé dans tes cheveux.

Il prit une mèche de mes cheveux entre ses doigts et retira un copeau de bois égaré.

— Tu es parti, lui rappelai-je.

— Je ne voulais pas qu'on se fasse arrêter tous les deux.

— Parce que tu penses que la police ne sait pas qui organise ces courses ?

— Ils le savent, mais tant qu'ils ne m'attrapent pas sur le fait, ils ne peuvent rien faire. A la réflexion, peut-être que j'aurais dû me faire arrêter : tu aurais été inquiète au lieu d'être fâchée.

— J'aurais été les deux, Jérémiah.

— Dis-moi ce que tu aurais voulu que je fasse. Pour la prochaine fois.

— La prochaine fois ?

— La prochaine course, précisa-t-il. C'est moins bien quand tu n'es pas là.

Je ravalai un ricanement en voyant son visage sérieux et concerné. Après ma journée horrible, je me sentais à bout de forces, incapable de combattre Jérémiah et ce que je ressentais en sa présence.

— Ma vie est moins bien quand tu n'es pas là, ajouta-t-il en posant sa main sur ma joue.

En une phrase, il avait ravivé l'électricité qui crépitait entre nous. J'étouffai presque, mon cœur battant à un rythme fou et mes yeux baignés de larmes.

— Jérémiah, ce que tu as fait…

— Ecoute, la plupart du temps, je me fiche qu'on m'en veuille ou qu'on soit inquiet pour moi, mais avec toi... Avec toi, tout est différent. Je suis même allé en cours ce matin !

Un éclat de rire m'échappa et un sourire tendre barra son visage. Cela dissipa la rancune et la colère qui m'habitaient. Avec ma mère sur le point de mourir, j'avais besoin de me reposer sur quelqu'un, de sentir des bras autour de moi, de pleurer sur mon sort et de rire de choses sans importance.

Jérémiah m'accueillit dans ses bras. Il plaça une main sur l'arrière de ma tête et m'étreignit contre lui. C'était exactement ce qu'il me fallait : de la chaleur, une présence, un sourire.

— Je suis désolé, chuchota-t-il.

Je retins un rire.

— Tu sors le grand jeu, dis-je en m'écartant.

— Le grand jeu et une invitation à dîner pour demain.

— Tu n'as pas de course ?

— Pas avant vendredi. Tu viendras ?

Je sondai son regard, dans lequel se mêlaient l'espoir et le doute. Je détestais les courses. Je détestais le savoir au volant d'un bolide qui pouvait devenir son cercueil au moindre écart. Ma mère affrontait la mort contre son gré, que Jérémiah puisse la défier en toute connaissance de cause me révoltait. La plupart des spectateurs ressentaient l'adrénaline, vibraient avec les moteurs, applaudissaient à l'arrivée ; moi, je retenais mon souffle, priant pour qu'il ne lui arrive rien.

— Je ne sais pas encore.

— J'ai quelques jours pour te convaincre, alors ?

— Tu peux toujours essayer.

Il déambula dans ma chambre, observant les quelques photos accrochées. Sur un pan de mur, j'avais punaisé des photos de meubles qui me servaient de modèles pour mes rénovations. Jérémiah les regarda attentivement, avant de tourner la tête vers moi.

— Tu fais ça depuis combien de temps ?

— Ça fait presque trois ans.

Il avança vers le meuble que je retapais et passa sa main sur le bois brut, encore rêche de mon ponçage énergique des jours précédents.

— Je vais te confier ma commode.

Le souvenir de notre étreinte fugace sur le meuble en question me revint en mémoire. Je me mordis les lèvres d'embarras.

— Une manière comme une autre de t'attirer dans ma chambre, ajouta-t-il.

— Tes propositions ne sont jamais innocentes, n'est-ce pas ?

— Avec toi ? Jamais. Curieusement, tu révèles à la fois le meilleur et le pire de ma personnalité. C'est assez déroutant.

Il prit mon collier qui reposait sur le chevet et le tritura entre ses mains. Quand il releva les yeux vers moi, l'air se raréfia brutalement. Son regard brillait de désir et de défi. J'avais retiré mon collier, cela suffisait à réveiller son âme de compétiteur. Il voulait gagner cette manche. Mon estomac fit un bond, mélange d'excitation et de trac. Entre Jérémiah et moi, il y avait toujours eu cette attraction inexplicable et redoutable. En sa présence, mon monde vacillait, avant de retrouver un nouvel équilibre.

Jérémiah prit ma main dans la sienne et dessina de son pouce des cercles dans le creux de ma paume. Il s'attarda sur les aspérités qui tapissaient ma peau, conséquence de mes séances de ponçage et de polissage. J'avais les mains rêches et abîmées, une manucure inexistante et même une vilaine cicatrice qui serpentait le long de mon index. J'étais embarrassée : je n'avais rien de féminin — ni mes mains ni mon allure — et pourtant Jérémiah me regardait comme aucun garçon ne l'avait jamais fait.

— Tu devrais le remettre, suggéra-t-il en déposant le collier dans le creux de ma main.

— Sinon quoi ?

— Sinon, je vais réellement révéler le pire côté de ma personnalité.

Je glissai le bijou autour de mon cou et, sans attendre, Jérémiah prit le pendentif dans sa main et tira dessus. Je plaquai mes mains contre son torse.

— J'aimerais te faire essayer, proposa-t-il.

— Essayer quoi ? demandai-je, un peu paniquée.

— La course.

— La... quoi ?

— J'aimerais que tu montes en voiture, lors de la course de vendredi.

Mes yeux s'agrandirent et j'émis un son étranglé entre cri de terreur et ricanement hystérique. Je m'arrachai des bras de Jérémiah et mis une distance acceptable entre lui et moi.

— Je serai prudent, ajouta-t-il pour calmer mon affolement.

— Parce que tu ne l'es pas habituellement ?! m'écriai-je.

— Bien sûr que si. Je pense juste que tu te fais une idée fausse de la course. Tu es impressionnée par la vitesse mais, dans la voiture, les sensations sont tout à fait différentes.

— Jérémiah, je ne peux pas faire ça.

— Cette habitude que tu as de te sous-estimer est vraiment désagréable.

— Pas autant que ton habitude de toujours argumenter pour avoir le dernier mot.

— Je veux juste te faire ouvrir les yeux. Si tu as

toujours peur de tout, comment peux-tu avancer ? Il faut que tu essayes. Ta peur n'est pas rationnelle.

— Tu conduis une voiture à une vitesse folle, sur une route non sécurisée, au risque de te faire arrêter, et même de perdre la vie ! débitai-je, hors d'haleine.

— Et c'est terriblement grisant, conclut-il. Je voudrais juste que tu essayes. Rien qu'une fois.

— Sinon quoi ?

— Sinon tu vas alimenter cette peur en permanence. Viens vendredi, je t'assure que tout se passera bien.

Je croisai les bras sur ma poitrine, nullement convaincue par ses arguments. Sa vitesse démesurée m'angoissait. La vitesse de sa voiture, de notre relation, de sa vie quotidienne. Quand moi je marchais, Jérémiah courait ; et quand, finalement, je me mettais moi aussi à courir, il cavalait encore plus vite. Dans tous les cas, j'avais toujours un temps de retard sur lui, et sur nous.

Il ignora mon air renfrogné et effaça la distance entre nous pour déposer un baiser sur mon front.

— Réfléchis-y.

Puis il enjamba ma fenêtre sans prendre le temps d'attendre une nouvelle remarque de ma part.

— Attends ! criai-je.

Il sauta sur la pelouse et se tourna vers moi. En une fraction de seconde, son visage avait changé. Il avait été très sérieux pendant toute notre conversation, me surprenant par sa juste analyse de ma personnalité. Je n'étais pas une aventurière. Enfant, je refusais d'aller sur les manèges, car je craignais de tomber. J'aimais la routine. Peut-être parce que ma vie avait toujours été synonyme de cartons et de déménagements, peut-être parce que je n'avais jamais vraiment eu le temps d'avoir des habitudes.

Avec Jérémiah qui déboulait dans ma vie, mes

repères étaient chamboulés. Il me forçait à aller de l'avant, à prendre des risques et à accepter son intérêt et son affection pour moi.

— Je... J'essayerai, balbutiai-je. La course, j'essayerai.

— Je suis épaté, se réjouit-il. A demain !

— Tu viens en cours ?

— Possible. Sauf si j'ai mieux à faire.

— Je suis épatée, dis-je en riant.

Il m'adressa un clin d'œil et s'éloigna. A mi-chemin de sa voiture, indifférent au fait que les voisins ou ma mère pouvaient l'entendre, il me fit son salut habituel.

— Bye, la nouvelle.

Je levai la main bêtement et fermai la fenêtre dès que l'obscurité engloutit sa voiture.

Ma mère dormait encore lorsque j'avais quitté la maison le matin. J'avais laissé un mot dans la cuisine, l'informant que je rentrerais tard, bien après les répétitions de la pièce. Je pris la Ford et me garai devant le lycée. A cette heure, le parking était encore désert. Je saisis mon sac et tentai de maîtriser le sourire qui flottait sur mes lèvres.

Je laissai le parking derrière moi et entrai dans le lycée. Mon premier cours était dans une heure. Le long corridor que j'avais remonté le jour de mon arrivée était quasiment vide. Je rejoignis mon casier et, sans aucune difficulté, soulevai le loquet pour l'ouvrir. Je ravalai un ricanement et, dans un geste nerveux, je mordillai mon pendentif.

L'idée m'était venue pendant la nuit. Au milieu du marasme qu'était ma vie, je voulais retrouver certaines habitudes. Cette porte de casier me reliait à Jérémiah. Qu'elle s'ouvre était une anomalie dans notre histoire, une erreur qu'il fallait rectifier au plus vite. Après avoir vérifié que personne ne me regardait, je sortis le pot de colle à bois de mon sac. J'en badigeonnai le loquet, ainsi que l'intérieur de la porte. Cette colle ne parviendrait pas à souder les éléments entre eux, mais elle suffirait à les bloquer et me faire retrouver le seul repère qui valait pour moi.

Je pris mes livres pour le premier cours et refermai mon casier d'un geste vif avant de m'éloigner pour attendre Summer devant l'entrée.

Les choses finiraient bien par rentrer dans l'ordre.

Chimie, géographie et sports. Autant de cours que Jérémiah avait loupés. Ma bonne humeur matinale s'était peu à peu estompée. Qu'il soit absent toute une matinée me mettait en colère. Aussi, c'est en bougonnant et en traînant les pieds que je me dirigeai vers la cafétéria. Summer était sur mes talons, fouillant dans son sac à la recherche de son cours d'histoire. Nous nous installâmes à une table à l'écart et mon humeur taciturne s'accentua encore quand je vis la conseillère se diriger vers moi.

— Charlotte, j'aimerais vous parler une minute.

Je soupirai lourdement, ne faisant rien pour cacher mon manque d'envie. Depuis que j'étais arrivée ici, mes conversations avec la conseillère s'étaient toutes soldées par une mauvaise nouvelle. Je me levai de table à contrecœur et la suivis dans un espace plus confidentiel.

— J'ai appris que vous aviez trouvé un projet de groupe.

— Une place s'est libérée, murmurai-je, embarrassée.

— Grâce à Jérémiah, je présume ?

Je haussai les épaules. Evidemment que Jérémiah avait œuvré en coulisses, évidemment que je le savais ;

mais je n'avais aucune envie de lui poser des questions ou de connaître les détails de mon arrivée inattendue dans le groupe.

— Charlotte, je vous l'ai dit, Jérémiah n'est pas fiable. Il n'est pas digne de confiance.

— Il a été très serviable avec moi.

— Je n'en doute pas. Mais je veux que vous soyez prudente. Cela étant, ce projet sera prometteur pour vos inscriptions.

— C'est pour cette raison que j'ai accepté. C'est un projet fantastique.

— Eloignez-vous de lui, suggéra-t-elle sans mentionner le prénom de Jérémiah. Il est dangereux et instable. Il ne vous apportera que des ennuis.

— Jérémiah est la première personne qui m'a adressé la parole ici. Il m'a trouvé cette place, il m'emmène au lycée parfois. Je ne sais pas de qui vous parlez, mais sûrement pas du Jérémiah que je connais.

Elle tressaillit, surprise par ma véhémence. Je portai ma main à mon pendentif et son regard se braqua dessus.

— Je ne veux pas qu'il vous arrive quelque chose, dit-elle avec lassitude.

— Et moi, j'attends tout le contraire, fit une voix sur notre gauche.

Jérémiah m'adressa un sourire et se plaça derrière moi. Il enroula un bras autour de ma taille et plaqua son torse contre mon dos. Sa douce chaleur effaça ma colère et ma déception de ne pas l'avoir vu de la matinée. Le regard de la conseillère glissa sur nous, avant de se poser sur moi.

— J'espère que tu lui as parlé de ton meuble qui avance, commenta Jérémiah.

— Pas encore.

— Apportez-moi des photos et une note, intervint

la conseillère. J'ai quelques contacts qui pourraient vous donner un avis sur vos candidatures.

— J'y penserai, murmurai-je.

La prise de Jérémiah se renforça sur moi. Il posa un baiser furtif sur ma nuque.

— Elle est brillante, résuma-t-il pour la conseillère.

— Je sais, acquiesça cette dernière. C'est vous qui m'inquiétez. Toujours sur les courses ?

La lueur de défi qui alluma son regard ne m'échappa pas. Pour une raison qui m'échappait, la conseillère était féroce avec Jérémiah. Elle avait le droit de ne pas approuver ses choix, mais la façon dont elle lui parlait exhalait la rancœur.

— Parfois. On y va ? me demanda-t-il. Je crois qu'il faut que j'ouvre ton casier.

— Je crois aussi, souris-je.

Jérémiah m'entraîna avec lui vers le couloir. J'avais envie de rire, ne serait-ce que pour soulager la tension palpable des dernières minutes.

— Pourquoi elle t'en veut autant ? lançai-je.

— Parce que j'ai un frère, répondit Jérémiah, énigmatique.

Jérémiah marchait près de moi, sa main chaude posée dans le bas de mon dos. J'ignorais les regards des autres élèves, entre incompréhension et doute. A leurs yeux, je n'étais qu'une fille banale. Que je sorte avec Jérémiah était donc une surprise.

Je partageais leur état d'esprit : la conversation que j'avais eue avec Jérémiah dans ma chambre me hantait toujours. La course, lui, nous. Je n'arrivais pas à me décider, je ne parvenais pas à savoir si je pouvais monter en voiture avec Jérémiah. J'étais bien trop tétanisée par la peur. Et même si je parvenais à franchir le pas, je devrais encore faire avec la passion folle de Jérémiah pour la vitesse. C'était définitivement ce qui nous différenciait totalement : son envie d'aventure et mon besoin viscéral d'être rationnelle.

— Qu'est-ce que tu attends au juste pour moi ?

Il me dévisagea, sans comprendre.

— Ce que tu as dit à la conseillère : que tu voulais qu'il m'arrive quelque chose, expliquai-je.

— Je veux qu'il t'arrive plein de choses, corrigea-t-il. Si possible, avec moi.

— Ça ne répond pas à ma question.

— Parce qu'il n'y a pas de réponse ; je n'ai pas de chemin tout tracé. J'ai juste terriblement envie de te faire dévier du tien.

— Et si c'était moi qui te faisais dévier du tien ?

Il tourna la tête vers moi et m'adressa un sourire qui me fit frémir de la tête aux pieds, le genre de sourires qui aurait pu me convaincre de monter dans sa voiture vendredi soir.

— C'est déjà fait, m'avoua-t-il. Et c'est plutôt sympa.

Pendant une seconde, la Terre s'arrêta de tourner. En une seule phrase, il venait lui aussi de me faire dévier de mon chemin. Avoir autant d'influence sur ses choix me rendait fière et puissante.

— Et j'aimerais bien te faire ressentir la même chose, vendredi par exemple.

— Par exemple, ironisai-je.

— Tu y réfléchis toujours ?

— En effet, éludai-je en cherchant un nouveau sujet de conversation.

— On pourrait aller voir un film, ensuite.

— Chez toi ? demandai-je.

— J'attendais que tu le proposes.

A son regard, je compris immédiatement que le

film n'était qu'un prétexte. Nous avions déjà dormi ensemble mais, à la façon dont mon corps réagissait, je devinai qu'il ne s'agirait pas de ça. Le regard d'encre de Jérémiah trouva le mien. Le soutenir me demanda un effort surhumain : mon corps était en alerte, mais mon esprit le tempérait. Cette lutte permanente m'épuisait et ne servait à rien. Notre attraction mutuelle se renforçait.

— Tu es redoutable, sifflai-je, mécontente de voir qu'il prenait l'ascendant sur notre conversation.

Il ferma les yeux et soupira lourdement.

— Tu l'es encore plus. Plus tu luttes, plus je veux te faire céder.

— Je ne lutte pas, mentis-je.

— Si. Contre toi. Tout le temps. Théo dirait que tu es une voiture bridée. Et une voiture bridée, c'est du gâchis. En particulier pour un pilote.

Nous atteignîmes mon casier et je repérai Summer qui nous attendait. Appuyée contre le mur, ses livres serrés contre elle, elle semblait perdue dans ses pensées.

— Tu dors les yeux ouverts ? dis-je en lui adressant un grand sourire.

Elle tourna la tête vers nous et un sourire moqueur se dessina sur ses lèvres.

— La conseillère va finir par s'inquiéter de ta présence aux cours, lança-t-elle à Jérémiah.

— Tu vois que je te dévie du droit chemin, me moquai-je.

Jérémiah arqua un sourcil, comme s'il s'étonnait de ma remarque. Il me saisit le menton et appuya ses lèvres contre les miennes. Mon sac glissa le long de mon bras, pendant que j'entrouvrais la bouche. La pointe de la langue de Jérémiah effleura la mienne et, en une seconde, mon cœur s'emballa et mon corps tout entier se liquéfia. La façon dont Jérémiah me faisait payer mon ironie était à la fois très agréable et frustrante : ses lèvres quittèrent trop vite les miennes et je clignai des yeux, comme si j'avais été éblouie.

— On poursuivra cette conversation vendredi, dit-il en me regardant.

— Je... Euh... oui, marmonnai-je en me tournant vers mon casier.

Je m'acharnai en vain sur la porte. Du coin de l'œil, je vis Summer froncer les sourcils.

— La serrure a pourtant été réparée hier, me rappela-t-elle.

Le poing de Jérémiah frappa le haut de la porte et mon casier s'ouvrit dans un grincement. Je ravalai un rire nerveux, satisfaite de mon sabotage.

— Merci, murmurai-je.

Je récupérai mon livre pour le cours de littérature et Jérémiah tendit le bras pour attraper mon bloc-notes. Il en arracha une page et la plia en quatre.

— Laisse-moi refermer, proposa-t-il.

Je m'écartai et, doucement, Jérémiah coinça la feuille de papier pour bloquer la serrure. Je compris ainsi qu'il n'allait pas être présent toute la journée. Je l'interrogeai du regard et il haussa les épaules.

— On se voit dans l'après-midi. Et ce soir aussi, si tu veux.

— Ce soir ?

— On fait un feu sur la plage. Mon frère est là, expliqua Summer.

— Tu as un frère ? m'étonnai-je.

— Oui. Il vient de réussir son entrée chez les pompiers de New York, on pourra fêter ça !

Son sourire n'atteignit pas son regard. Malgré son ton enjoué, malgré sa bonne mine, une ombre persistait dans ses yeux.

— Tout va bien avec ton père ? demandai-je finalement.

— Aussi bien que possible, répondit-elle, laconique. David est... David est venu récupérer les dernières affaires qu'il avait laissées.

— Tu devrais partir avec lui, dit Jérémiah d'une voix ferme et déterminée. Tu ne dois rien à ton père.

— Partir ? Et pour faire quoi ? Je dois finir mon année ici. Il me reste un peu moins de six mois.

— Tu n'as pas à subir ça, renchéris-je. Tu sais que tu peux venir à la maison.

A l'instant où je lui faisais cette proposition, je me souvins que ma situation n'était guère plus réjouissante : un père absent, une mère atteinte d'un cancer agressif. Pourtant, l'idée d'avoir Summer à la maison m'aurait presque rassurée. Ainsi, je l'aurais sue à l'abri des coups de son père et elle m'aurait aidée à traverser les semaines à venir.

— Ça ira, m'assura-t-elle. Ça ira.

Près de moi, Jérémiah soupira et enroula son bras autour de ma taille. Il déposa un baiser sur ma tempe et murmura :

— Viens ce soir.

Au ton angoissé de la voix de mon petit ami, je pris conscience que je n'étais pas la seule à avoir besoin d'être rassurée.

Jérémiah quitta le lycée après la pause-déjeuner, séchant ainsi les cours de biologie et de sports. Les premières répétitions de la pièce, dans la salle de réception des Montgomery, débutaient en fin de journée. J'avais proposé à Summer de se joindre à moi, mais elle avait décliné : son frère l'attendait pour l'aider à faire le tri dans ses affaires.

En passant l'impressionnant portail de la résidence Montgomery au volant de ma voiture nettement moins impressionnante, je poussai un soupir. Je ne comprenais toujours pas comment Jérémiah pouvait trouver un intérêt au monde dans lequel j'évoluais. Dans son monde à lui, tout n'était que luxe et faste. La pièce de théâtre n'était qu'un prétexte pour faire parler d'eux et de leur apparente générosité.

Je n'avais pas encore pris le temps d'étudier méthodiquement la salle de réception. Si les murs avaient besoin d'un coup de peinture, je redoutais surtout la réfection des moulures du plafond que j'avais entraperçues la dernière fois : un travail fin, précis et qui allait me prendre du temps. Il me faudrait les reproduire, les rénover pour les moins abîmées, pour finalement les repeindre. Sur le parking, je reconnus quelques voitures de mes camarades. Je pris mon sac contenant des fournitures de base pour la peinture et sortis du véhicule. Le gravier crissa sous mes pieds pendant que je me dirigeais vers le coffre. J'enfilai mon tablier de travail — maculé de peinture et de vernis et élimé — et rejoignis l'entrée principale. Je me figeai en arrivant sur le seuil.

Sur la porte, une affichette exigeait que les lycéens se présentent par la porte de service, de l'autre côté de la bâtisse.

— Un certain sens de l'hospitalité, fit une voix derrière moi.

Je sursautai de surprise, avant de me retourner. Théo se tenait devant moi. L'état de son T-shirt ne laissait aucun doute : il avait mené une guérilla contre l'une de ses voitures. Il frotta ses mains l'une contre l'autre, dans une vaine tentative pour se débarrasser de la graisse noirâtre qui couvrait ses paumes.

— Salut, dis-je, un peu mal à l'aise.

— Au moins, ta tenue est colorée, remarqua-t-il avec un sourire.

Une fossette apparut dans le creux de sa joue ; son regard vert clair ressortait vivement dans son visage maculé de cambouis. Si, de prime abord, j'avais été impressionnée par Jérémiah et son arrogance, Théo, par son allure et son physique plus imposant, me tétanisait. Il dégageait une force et une confiance auxquelles je n'avais jamais été confrontée.

— Tu viens vendredi ? demanda-t-il.

— A la course ?

— Oui, à la course. J'espère que ta présence finira par distraire suffisamment mon frère pour que je le coiffe au poteau.

— Il a l'air de croire au contraire que ma présence le stimule.

Théo arqua un sourcil amusé, avant d'avancer vers moi. Il ouvrit la porte d'entrée et, d'un geste galant, m'invita à entrer.

— Je suis censée passer par la porte de service, objectai-je.

— Sois mignonne, et évite de me contrarier deux fois en moins de cinq secondes.

Son sourire me rassura sur ses intentions. Théo semblait s'amuser de ma présence dans la vie de son frère. Je décelais aussi une forme de curiosité, la même que celle qu'il aurait pu avoir à l'égard d'un animal de foire. J'entrai dans la demeure des Montgomery. Le hall en marbre était toujours aussi glacial et je réprimai un frisson désagréable.

— Tu veux boire quelque chose ? proposa-t-il.

— Je dois rejoindre le groupe pour...

— Décidément, tu as vraiment décidé de me contrarier, la nouvelle.

— Je m'appelle Charlotte.

— Je sais. Mon frère et moi partageons quelques informations à ton sujet, figure-toi.

— Et vous discutez aussi de Summer ? demandai-je.

— Tu tentes de me soutirer des informations sur Summer ?

— Et tu tentes d'esquiver la question.

Il ravala un rire et ouvrit la porte du réfrigérateur. Il en sortit deux bouteilles d'eau et m'en lança une. Son regard rivé au mien, il me dévisagea, tout en buvant une gorgée d'eau.

— Je comprends mieux maintenant, reprit-il.

— Quoi donc ?

— Ce que Jérémiah te trouve.

En temps normal, j'aurais détesté ce qu'il sous-entendait. En effet, je détonnais dans le monde de Jérémiah. Ses yeux naviguèrent sur moi. Soudain, je regrettai d'avoir mis mon tablier hideux, mes chaussures délavées et mon jean trop grand. Je n'avais pas le sens du style de Summer, encore moins son assurance avec les garçons.

— C'est un compliment, précisa-t-il, comme s'il décelait mon hésitation.

— Tu n'as pas répondu à ma question, repris-je, déterminée à marquer des points.

— Je ne discute pas de Summer.

— Je ne comprends pas votre relation.

— Ce n'est pas bien compliqué. Nous partageons un certain nombre de points communs : l'amertume, la fuite, le goût du risque et un sens de l'humour douteux, répondit-il d'une traite.

— Son frère est revenu.

— Je sais. C'est la voiture de David qui a ruiné mon T-shirt, expliqua-t-il. Son carburateur est mort et je dois lui en retrouver un.

Un silence s'installa dans la grande cuisine des

Montgomery. Si l'énigme Jérémiah était loin d'être résolue, Théo était encore plus mystérieux. Ce qu'il éprouvait pour Summer demeurait obscur : de la bienveillance, sans aucun doute, un besoin de protection peut-être... mais aussi une colère sourde qui tendait parfois tous les muscles de son corps.

— Et pour ce soir ? reprit-il.

— Je viens. Désolée, ajoutai-je dans un rire.

— Pas autant que moi. Tu lui fais du bien, ajouta-t-il après une pause.

Cette remarque — après la sensation de gifle — me cloua sur place. Théo soufflait le chaud et le froid et prenait un plaisir jubilatoire à me déstabiliser.

— Il est moins agité, précisa-t-il, et il va à certains cours. De toute évidence, tu sais comment lui parler.

— Il court toujours, dis-je doucement.

Théo me toisa. Même si j'avais tenté de le contenir, mon commentaire suintait le reproche. Je détestais ces courses. Assister à celle de ce soir me demandait un effort monumental. A mes yeux, que Jérémiah puisse mettre sa vie en jeu pour quelques dollars confinait à l'inconscience.

— Tu veux qu'il arrête la course ? m'interrogea Théo.

— Ces courses sont dangereuses.

— Et maintenant, tu tentes d'esquiver la question.

— Il peut se blesser, se tuer. Ces courses sont totalement irresponsables ! m'écriai-je.

Un sourire se dessina sur les lèvres de Théo. Agacée par la tournure de notre conversation, je m'étais emportée. Je baissai les yeux sur ma main serrée autour de la bouteille d'eau.

— Tu devrais libérer cette pauvre bouteille, ironisa Théo.

— Au mieux, il finira par se faire arrêter, finis-je.

— Au mieux ?

— Elles sont dangereuses et illégales.

— Peut-être. Mais, à ta place, j'éviterais d'en débattre avec mon frère. C'est grâce à l'une de ces courses que tu es ici, aujourd'hui.

La stupeur l'emporta sur ma colère. J'avais envie de tourner les talons et de rejoindre la salle de réception, mais j'étais figée dans cette cuisine, tentant de remettre en place les pièces du puzzle.

— La pièce de théâtre ici, ta présence, les travaux, compléta Théo. Tout s'est joué sur une course.

— Je... Je ne comprends pas, bégayai-je.

— Jérémiah m'a demandé de mettre ce sujet à l'ordre du jour d'une des réunions du conseil d'administration de la Fondation. La Fondation adore financer ce genre de projets : peu d'argent, beaucoup de retombées. On passe pour des gens honnêtes et honorables.

— Je pensais que la maison était... disons, mise à disposition ?

— La maison appartient à la Fondation, expliqua-t-il. Nous sommes gracieusement hébergés. Par ailleurs, il est bon que le nom des Montgomery apparaisse. Ma voix et la sienne ont suffi à faire accepter la motion.

— Motion qu'il a mise en jeu lors d'une course ?

— Une course à 5 000 dollars.

— Une course qui n'a pas eu de gagnant, rappelai-je.

— Jérémiah a décidé que nous avions tous les deux gagné : je lui ai donné ma voix, il m'a donné l'argent. Il tenait vraiment à cette motion. Je suis à deux doigts de te remercier.

Le souvenir de ma rencontre avec Théo me revint. Effectivement, je me souvenais d'une allusion énigmatique à cette somme. Un pincement de culpabilité me tortura l'estomac : reprocher à Jérémiah de courir devenait ridicule.

— Je lui ai rendu l'argent, dit finalement Théo.

J'en aurais presque ricané, si je n'étais pas encore sous le choc de cet arrangement entre eux. Théo jeta sa bouteille vide dans la poubelle et approcha de moi.

— Tu l'as rendu ? répétai-je.

— J'aurais préféré le garder. J'ai repéré une épave qui ne demande qu'à être retapée. Mais je sais que Jérémiah tient à toi. Cette course, ce n'était pas pour l'argent, c'était pour toi. Ce soir-là, j'ai compris ce qu'il te trouvait, ce qui vous liait.

— Ce soir-là, il m'a laissée sur la plage, sifflai-je, acerbe.

— Jérémiah t'aime. J'aurais pu lui demander 50 000 dollars qu'il me les aurait donnés, même sans courir. Mais si la course te pose vraiment problème, il faut que tu prennes une décision.

— Il n'arrêtera jamais, n'est-ce pas ?

— Si. Le jour de sa mort. Mais il ne renoncera pas à ce qu'il est. Il est né pour courir, pour aller vite et tenir un volant. Tu ne le changeras pas.

— Tu cherches à me faire fuir ?

— Au contraire. Je t'aime bien, la nouvelle. Tu as tout mon soutien dans cette histoire. Peut-être qu'à ton contact il finira par se calmer.

Il enfonça une main dans sa poche et en sortit un papier plié en quatre. Il me le tendit, sans même une explication, et ses lèvres esquissèrent un sourire énigmatique. Je dépliai le papier et écarquillai les yeux.

— 5 000 dollars, précisa-t-il.

— Qu'est-ce que...

— C'est pour tes fournitures.

— Mes fournitures ?

— Je présume que tu as besoin de peintures, de

vernis et de tout un tas de trucs pour la salle. Tu ne vas quand même pas tout payer ?

— C'est... C'est très généreux, marmonnai-je, incrédule. Je n'y avais pas pensé.

— C'est purement intéressé. Tant que tu es ici, Jérémiah est calme.

— Pourquoi ai-je l'impression de me faire... soudoyer ?

— Parce que c'est le cas. Tant que tu es dans cette maison, Jérémiah aussi. Tu veux qu'il cesse les courses, et moi je veux en gagner.

J'éclatai de rire devant sa mine triomphante. Le ton amusé de sa voix ne laissait, heureusement, aucun doute sur la vraie raison de sa démarche : il voulait préserver son frère et, peut-être aussi, apaiser mes craintes.

— Jérémiah n'est pas une espèce de chien fou que je tiens en laisse, dis-je en riant.

— Je sais. Mais, comme je te l'ai dit, tu lui fais beaucoup de bien.

— En fait, tu veux juste avoir le champ libre pour gagner plus de courses.

— Et plus d'argent, ajouta-t-il avec humour. Bon, il faut que j'aille prendre une douche et que je tente de retrouver cette fichue pièce.

Il s'écarta et se dirigea vers la porte. Soudain, il se tourna vers moi.

— Si cela peut te rassurer, j'ai toujours été plus imprudent que mon frère.

— Plus imprudent ou moins doué ?

— Un peu des deux peut-être. Nous aimons courir tous les deux. Quels que soient les risques.

D'un geste rapide, il retira son T-shirt crasseux, me laissant découvrir son dos, zébré de cicatrices en forme de petites coupures.

— Moteur cassé, vitre brisée et un enjeu à 15 000 dollars, expliqua-t-il. A plus tard, la nouvelle !

Il me laissa stupéfaite dans la cuisine, assimilant les éléments de notre conversation et la vue de son dos mutilé. Je voulais les détails, mais il avait déjà disparu dans un des couloirs de la demeure Montgomery.

Après un moment de stupéfaction, je rejoignis mon groupe dans la salle de réception des Montgomery.

30 novembre 2004

Je grelottais de froid et me frictionnai les bras avec vigueur. La nuit était tombée et les lampadaires qui éclairaient la route de la plage venaient de s'éteindre.

— Prends ça, me proposa Summer en me tendant une couverture épaisse.

Je la posai sur mes épaules et m'y enroulai, espérant pouvoir me réchauffer un peu. L'humidité persistait dans l'air et le vent, glacial et océanique, balayait la plage. Les pieds enfoncés dans le sable, nous attendions avec Summer que la course commence. Plus loin sur la plage, le frère de Summer, David, s'affairait à préparer un feu de camp. La majorité des spectateurs se tenait de l'autre côté de la route, où la vue sur la route était plus dégagée. Summer s'enroula à son tour dans une couverture et m'adressa un clin d'œil.

— Combien as-tu parié ce soir ? lui demandai-je.

— 200 dollars.

— J'espère que tu les as pariés sur moi ! fit la voix de Jérémiah derrière nous.

— Evidemment, répondit Summer.

Jérémiah approcha de moi et fronça les sourcils. Je resserrai la couverture autour de mes épaules, tentant de conserver le peu de chaleur qu'elle me procurait.

Le froid semblait s'insinuer sous ma peau et prendre un malin plaisir à me tétaniser.

— Tu as froid ? s'enquit-il.

Pour toute réponse, je lui adressai un regard sévère. Le froid était désagréable mais, ce qui me faisait réellement claquer des dents, c'était de le savoir à cinq minutes de prendre le volant. Il réduisit l'espace entre nous et me prit dans ses bras. Sa chaleur me fit du bien et je frottai mon nez gelé contre son torse. Je devinai les battements de son cœur, calmes et réguliers, tandis que les miens étaient frénétiques, affolés par la peur de le voir risquer sa vie pour quelques dollars. Dollars dont il n'avait pas besoin. Malgré moi, je cherchais encore une explication rationnelle à sa passion pour la vitesse et son goût immodéré pour le risque.

— Cette course ira vite, m'expliqua-t-il.

— Tu cherches à m'effrayer encore plus ?

— Ce mec est un crétin de la ville voisine. Théo a préféré se retirer et faire les réglages de ma voiture.

— Et si la police débarque ?

— Si la police vient, tu fais ce que te dit Summer.

— Je suis la reine de la cavale, sourit cette dernière. Mais ils ne viendront pas. Il y a un concert sur le port, ils sont tous là-bas.

— J'aurais préféré y être aussi, marmonnai-je.

— Parce que tu t'y connais en country ?! s'esclaffa Jérémiah. Je veux voir ça !

— Tu sais ce que je veux dire.

— Je sais. Mais je vais être très prudent. La route est humide, je ne pense pas que cet idiot fasse n'importe quoi pour gagner.

Il me libéra de son étreinte et posa ses mains sur mes joues glacées. Je passai ma langue sur mes lèvres abîmées par le sel et le froid et plongeai mon regard dans le sien. Il était confiant.

— Moins de cinq minutes, assura-t-il.

Il déposa un baiser furtif sur mes lèvres et m'adressa un sourire.

— Tu as réfléchi ? demanda-t-il.

— Tu es tenace, dis-je dans un rire.

— Tenace et prudent. Il ne t'arrivera rien. On peut faire ça ce soir.

— Pendant la course ? m'étranglai-je.

— Après. Quand tout le monde sera parti. Tu montes dans la voiture et on fait juste un aller-retour sur la route. Je t'assure que c'est sans aucun risque.

— Sûrement, éludai-je. Mais... J'ai encore besoin de réfléchir.

— Tu es tenace, la nouvelle, ironisa-t-il.

— Tenace et frigorifiée. Va vite faire cette course, qu'on se retrouve ensuite devant le feu.

— J'arriverai à te faire monter dans cette voiture, promit-il.

De l'index, il me fit relever le menton et sa bouche ne fut plus qu'à quelques centimètres de la mienne. Une surprenante vague de chaleur enveloppa mon corps. Sous le regard embrasé de Jérémiah, le monde autour de moi n'existait plus. Sa main quitta mon menton et glissa le long de mon corps pour trouver le creux de ma taille. Il m'attira contre lui et sa bouche fondit enfin sur la mienne. La couverture tomba de mes épaules et j'enroulai mes bras autour de sa nuque. Je répondis avidement à son baiser, consciente que mes craintes et la peur qu'il se blesse me rendaient plus audacieuse. Sa langue joua avec la mienne et je sentis qu'il essayait par ce baiser d'apaiser mes peurs. Il s'écarta finalement avec réticence, son souffle court balayant mon visage gelé.

— J'y arriverai, répéta-t-il. Reste ici.

Je hochai la tête, incapable d'articuler un son, mon corps encore engourdi par les effets de notre baiser.

— Théo va venir vous rejoindre, ajouta-t-il en s'adressant à la fois à Summer et à moi.

— Bonne chance ! lança Summer pendant que Jérémiah s'éloignait de nous.

Il nous adressa un clin d'œil et leva un pouce en l'air. Un frisson glacé me parcourut.

— Va attendre près du feu, si tu as trop froid, me proposa Summer.

Je secouai la tête. L'idée était tentante, mais j'avais besoin de rester ici. Je devais voir cette course, m'assurer que tout se passait bien. Le souvenir du dos de Théo couvert de traces de coupures persistait. Imaginer Jérémiah blessé — même légèrement — me révoltait et me donnait des sueurs froides. Sûrement que je devais être un peu masochiste pour m'infliger de regarder cette course alors que j'en redoutais chaque seconde.

Au loin, j'entendis les moteurs ronfler. Les phares des deux voitures balayèrent la route humide devant eux et la foule hurla d'encouragement. Je poussai un long soupir et ignorai les battements frénétiques de mon cœur. Théo surgit devant nous et nous rejoignit sur la plage, pour se placer derrière Summer. Il m'adressa un hochement de tête, puis posa ses mains sur les bras de Summer pour la réchauffer.

— Tu laisses la gloire à ton frère ? raillai-je.

— Je ne m'aligne que sur les courses intéressantes. Jérémiah finira la première boucle que ce crétin sera encore sur la ligne de départ.

La foule hurla de nouveau et Théo jeta un œil à sa montre. Malgré leur caractère confidentiel, les courses se déroulaient selon un protocole précis et minuté.

Ce cérémonial m'avait déjà étonnée la première fois et une pointe de curiosité me piqua.

— Qui chronomètre ? demandai-je.

— Pas besoin de chronomètre, sourit Théo.

De nouveaux ronflements de moteurs déchirèrent la nuit. La foule bourdonnait de plus en plus. Les spectateurs s'animaient au moindre mouvement, au moindre son. La course n'était pas encore commencée que la bataille sévissait déjà : celui qui faisait le plus de bruit avait le public pour lui.

Feux allumés et moteurs hurlants, les deux voitures s'avancèrent sur la ligne de départ. Je fixai le bolide noir de Jérémiah. Encore une voiture que je ne connaissais pas. Racée et plus basse, elle attirait tous les regards. Jérémiah nous adressa un signe de la main et fit rugir sa voiture. Un nouveau frisson me parcourut, mélange de froid et d'excitation. Comme lors de la première course, et malgré mes craintes, je me laissai emporter par l'ambiance. L'énergie, le bruit, l'adrénaline me faisaient oublier le froid ; c'était galvanisant et euphorisant. Jérémiah devait gagner cette course.

Un homme s'avança devant les deux voitures et leva les bras. Je retins mon souffle et rivai mes yeux à la voiture de Jérémiah. Soudain, les pneus crissèrent sur l'asphalte et son bolide s'élança. Dans un bruit strident, les deux voitures remontèrent la route de la plage. La foule quitta le terre-plein herbeux et envahit la piste improvisée.

— Allez fonce, murmura Summer près de moi.

Théo fronça les sourcils et je compris immédiatement que quelque chose l'inquiétait. Il s'écarta de mon amie et remonta sur la route. Du regard, je cherchai Jérémiah : les feux arrière rouges perçaient l'obscurité. D'ici, je n'aurais pas su dire qui menait la course. Après quelques secondes, les deux coureurs disparurent, masqués par les arbres. Théo retraversa la route vers nous en courant, pendant que Summer m'adressait un regard inquiet.

— Qu'est-ce qu'il se passe ? demandai-je.

— Il devrait aller plus vite. C'est sûrement mécanique, commenta Summer.

Sous ma couverture, je me tordis les mains d'angoisse. Un silence surnaturel s'était abattu sur la plage, comme si tout le monde, stupéfait, attendait fébrilement le retour de deux voitures.

Le vrombissement des moteurs se fit de nouveau entendre. Je ne distinguai qu'une paire de phares et l'angoisse m'étreignit dans la seconde.

— C'est lui, hurla Théo.

— Combien y a-t-il de boucles ? demandai-je à Summer.

— Deux.

Sa voix trembla légèrement et elle mordilla son pouce nerveusement. Incapable de contenir mon inquiétude, j'abandonnai ma couverture et ma place, pour rejoindre Théo sur la route. La voiture de Jérémiah approchait à toute allure, talonnée par son poursuivant.

— Tu sens ? me demanda Théo.

— Que... Quoi ?

— L'odeur. Ça sent l'huile. Il perd de l'huile, m'expliqua Théo.

— Et ?

— Et ça veut dire qu'il risque de mettre le moteur en surchauffe, s'énerva-t-il.

En y prêtant attention, je détectai finalement une odeur âcre de brûlé. Je vis Théo serrer les poings et secouer la tête. Apparemment, ce problème mécanique était grave, bien plus grave que ce qu'il m'avait laissé entendre.

— Et si ça surchauffe ? demandai-je, les yeux verrouillés sur la voiture de Jérémiah.

Théo m'adressa un regard furieux et un mouvement de foule nous surprit. Il m'agrippa par le bras et m'entraîna, contre ma volonté, vers la plage.

— Reste ici, m'intima-t-il.

— Réponds-moi : qu'est-ce qu'il se passe si ça surchauffe ?

— Si ça surchauffe, au mieux son moteur lâchera. Au pire, le moteur prendra feu.

Son visage sévère me fit reculer. Derrière la colère, je repérais l'inquiétude cachée dans sa voix. Les hurlements des moteurs se rapprochèrent. Jérémiah passa devant nous dans un bruit de fureur, avant de déraper sur l'asphalte. Les pneus crièrent de révolte et Théo, distrait par le bruit, me libéra. L'odeur d'huile satura l'air environnant et Théo hurla le nom de son frère. J'eus à peine le temps de voir Jérémiah tourner son visage vers nous qu'il repartait déjà, inconscient du risque qu'il prenait.

Avant que Théo ne puisse me rattraper, je courus sur la route et me postai sur la ligne d'arrivée. Cette dernière boucle de deux kilomètres me semblait interminable. Je joignis les mains et couvai des yeux la voiture de Jérémiah.

— Combien de temps peut-il tenir ? demandai-je à Théo, qui était revenu près de moi.

— A l'odeur, je dirais qu'elle devrait déjà être en feu.

— Et si c'était autre chose ? Peut-être l'autre voiture ?

— C'est la sienne, j'en suis sûr.

Le concurrent de Jérémiah amorça son dérapage,

mais loupa sa manœuvre. Il perdit de précieuses secondes à rectifier la trajectoire de sa voiture, avant de repartir.

— Il va sûrement ralentir. Il a de l'avance, commenta Théo.

— Il peut aussi abandonner, suggérai-je.

— Tu peux toujours rêver !

Un sourire fugace éclaira son visage, mais n'estompa pas pour autant son angoisse. Summer nous rejoignit et me rendit ma couverture.

— Ce n'est pas une raison pour attraper la grippe, me dit-elle.

De nouveau, Théo se posta derrière elle, ses bras entourant sa taille dans un geste intime et prévenant. Le nez dans les cheveux de Summer, il semblait chercher une forme d'apaisement. Les spectateurs nous rejoignirent sur la ligne d'arrivée. Aucun d'eux ne semblait avoir remarqué l'odeur nauséabonde dans l'air. Les yeux sur les voitures, ils hurlaient le prénom de leur favori, l'encourageant à aller plus vite.

Quand une des voitures réapparut, tout le monde retint son souffle. Théo, les yeux clos, semblait en pleine prière. Pour ma part, les nerfs à fleur de peau, je ne tenais plus en place.

— C'est lui ? demandai-je. Théo, dis-moi si c'est lui !

— Phares ronds, c'est lui, annonça-t-il.

La voiture de son poursuivant déboula soudain derrière lui et se plaça à sa hauteur. Jérémiah avait dû ralentir autant que possible pour préserver son moteur mais, désormais, ils étaient au coude à coude et, à cette distance, impossible de dire qui réussissait à prendre l'avantage.

— Il va la casser, grogna Théo.

— C'est la seule chose qui t'inquiète ? l'attaquai-je.

— J'ai appris à ne plus avoir peur pour lui. Tu devrais en faire autant.

— Il faut que ça cesse ! criai-je, au bord des larmes.

— Si tu as peur pour lui, ne viens plus à ces courses. Je te l'ai dit : la vitesse, le risque... Tout ça, c'est en lui. Si tu n'es pas capable de le supporter, pars. Il ne changera pas.

— Sauf si je le lui demande.

— Essaye toujours, me défia-t-il.

Les voitures approchaient, toujours côte à côte. Dans les derniers cent mètres, un bruit terrifiant me fit sursauter.

— Piston, murmura Théo.

La voiture de Jérémiah zigzagua, emportée par son élan. Il frotta l'aile de son concurrent, qui freina brutalement et donna un violent coup de volant sur la droite, déviant de sa trajectoire, pendant que Jérémiah redressait sa voiture. Le moteur crachota et Jérémiah passa devant nous puis franchit la ligne d'arrivée, avant de caler net quelques mètres plus loin.

Summer, Théo et moi courûmes à sa rencontre. Le flanc gauche de la voiture était éraflé et de la fumée s'échappait du capot. Jérémiah sortit de l'habitacle et lança les clés à son frère.

— Moteur cassé, déclara-t-il, sans une trace d'émotion.

— Tu aurais pu te tuer ! criai-je, en colère contre lui.

— Ça aurait été pire de perdre, rétorqua-t-il en souriant.

— Tu as eu une fuite d'huile, lui indiqua son frère.

— Je sais. Dès le départ, j'ai senti l'odeur dans la voiture. Mais je n'allais pas abandonner contre ce crétin. Et Summer a besoin de cet argent.

— J'ai surtout besoin que tu restes en vie, répliqua-t-elle. On s'est inquiétés pour toi.

Il approcha de moi et repoussa la couverture de mes épaules. Il suivit la chaîne de mon collier de l'index et attrapa mon pendentif. Il tira dessus et je me retrouvai collée contre son torse.

— J'avais une excellente raison de rester en vie, dit-il en verrouillant son regard d'encre au mien.

— Arrête de te foutre de moi ! grognai-je en tentant de me libérer de son emprise. J'ai vraiment eu peur.

Il enroula un bras autour de ma taille, ignorant ma fureur. Mon cœur battait encore à toute allure, et mon corps tremblait de froid. Ce n'était vraiment pas le moment de me provoquer ; mais Jérémiah souriait. Il repoussa tendrement les cheveux qui masquaient une partie de mon visage.

— Je suis là maintenant, prêt à te réchauffer.

— Ne prends pas ça à la légère, chuchotai-je.

— Je ne le prends pas à la légère. Je trouve même que cette soirée est très importante.

— Vraiment ? Tu as risqué ta vie, tu as cassé une voiture, tu as failli tuer ton concurrent et, évidemment, tout ça dans le cadre d'une course illégale, où ont lieu des paris tout aussi…

Il me fit taire en déposant un baiser furtif sur mes lèvres. Il arborait toujours ce même sourire provocant, ce sourire qui dissipait peu à peu ma colère et qui faisait vibrer chaque partie de mon corps.

— Pour une raison inexplicable, je suis vraiment amoureux de toi, dit-il doucement.

En une seconde, j'oubliai les raisons de ma colère. J'oubliai la course, sa passion pour la vitesse et même mon esprit rationnel. Jérémiah sembla se satisfaire de mon silence stupéfait.

— Tu vois que c'est une grande soirée. Allons à ce feu de camp, on a des choses à fêter.

Il nous fit pivoter et glissa sa main dans la poche

arrière de mon jean. Il échangea un regard avec son frère et nous nous dirigeâmes vers la plage.

Les flammes du feu de camp dansaient devant moi. Les nuances d'orange et de rouge me fascinaient. Bercée par le bruit des vagues et appuyée contre Jérémiah, j'étais parvenue à chasser le froid qui m'avait engourdie. J'avais entremêlé mes doigts à ceux de mon petit ami et nous écoutions David, le frère de Summer, nous parler de sa vie new-yorkaise.

— Je compte sur vous pour prendre soin de ma sœur en mon absence, dit-il.

Théo et Jérémiah hochèrent la tête. Près de moi, Summer baissa les yeux et enfonça ses doigts dans le sable.

— Tu me rejoindras dès le début de l'été, ajouta-t-il à l'intention de sa sœur.

— David, tu sais que tu peux...

— Je ne veux pas de ton argent, Théo. Et Summer veut finir son année ici. A croire que quelque chose la retient.

Nouvel échange de regards entre David et Théo, nouveaux sourires de Summer et Jérémiah. Summer et Théo étaient un mystère pour tout le monde. Je repensai à ce que m'avait avoué Théo sur les bases de sa relation avec Summer : l'amertume et la fuite. Il n'y avait sûrement pas la place pour autre chose.

— Ta voiture est prête, dit soudain Théo pour changer de sujet.

— Tu as trouvé le carburateur ? m'étonnai-je.

— Tu sais ce qu'est un carburateur ? intervint Jérémiah.

— Je pourrais te surprendre, rétorquai-je.

— Tu es une surprise permanente.

— Et tu vis ici depuis longtemps ? me demanda David.

— Seulement quelques semaines.

— Elle m'a proposé de venir habiter chez elle, ajouta Summer.

David m'adressa un sourire plein de reconnaissance. En une phrase, je venais d'obtenir une bénédiction de sa part.

— Je ne peux pas croire que Jérémiah se soit trouvé une fille bien, se moqua-t-il.

— Elle réfléchit trop. C'est son seul défaut.

— Il ne réfléchit pas assez. C'est l'un de ses nombreux défauts, ironisai-je.

David éclata de rire et secoua la tête. Après la tension de la course, cette soirée était bienvenue. Elle m'aidait aussi à reculer l'échéance : je n'étais pas particulièrement pressée de rentrer à la maison. Affronter la maladie de ma mère, penser à mon avenir… J'avais la sensation d'avoir déjà tout perdu.

— Et que comptes-tu faire comme études ? relança David.

— Charlotte fait des rénovations. Elle retape des meubles.

— Les beaux-arts, donc ? Et qu'en pensent tes parents ?

— Ma mère m'encourage. Mon père est tout le temps absent, son avis est sans importance.

Si ma voix trembla, personne ne le remarqua. Personne, sauf Jérémiah, qui serra mes mains un peu plus fort. Je me tendis et me redressai légèrement.

— Tout va bien ? me demanda-t-il.

— Oui. Juste un peu froid, mentis-je.

— On va rentrer de toute façon, indiqua Théo. Il est tard et la température a vraiment chuté.

— Et il faut ramener la voiture, ajouta Summer.

— Ça attendra demain, je viendrai la remorquer.

Tu auras une autre voiture pour les prochaines courses, dit Théo à Jérémiah.

— Aucun problème.

Il se redressa et tendit une main vers moi pour m'aider à me relever. J'époussetai le sable de mes vêtements et mon petit ami posa sa main dans le creux de mon dos.

— Je te raccompagne chez toi ?

— Pas tout de suite.

Un éclat de surprise illumina son regard. Mon visage ne devait pas refléter son excitation, car il fronça les sourcils face à mon maigre sourire. Sa joie disparut dans l'instant.

— C'est ce que j'ai dit après la course ? s'inquiéta-t-il.

— Non... Enfin, si, peut-être. Disons que je ne suis pas pressée de rentrer.

— Tu réfléchis de moins en moins, c'est bien, se réjouit-il.

— Et je veux revoir ta chambre, je n'ai pas encore tout exploré.

— Ma chambre est tout à toi.

Il se pencha à mon oreille et réveilla mon corps transi d'angoisse en faisant vibrer sa voix contre ma peau. Etre dans les bras de Jérémiah m'aidait à oublier tout le reste. Il canalisait mes peurs et, avec lui, je m'autorisais à me laisser aller.

— Et moi aussi, je suis tout à toi, murmura-t-il. Il n'y a que toi, Charlotte.

— On y va ? résonna la voix de Théo un peu plus loin. Je vous ramène dans le pick-up.

David se chargea d'éteindre le feu, l'étouffant rapidement avec du sable. Théo l'aida dans sa tâche, avant de couvrir Summer de sa couverture. Ensemble, nous remontâmes la plage pour rejoindre le véhicule de Théo. Ce dernier nous invita à monter devant, pendant que Jérémiah et David grimpaient sur la plate-forme du pick-up. Le trajet dura presque dix minutes, pendant lesquelles Summer et moi échangeâmes quelques rires. J'étais à la fois nerveuse et soulagée : nerveuse de retrouver la chambre de Jérémiah, et soulagée de ne pas rentrer chez moi. Je m'étais ainsi trouvé un nouveau point commun avec ma meilleure amie : je fuyais ma maison.

— David repart demain, dit-elle finalement. Je pense qu'il ne reviendra plus.

— Est-ce que ton père… Enfin, est-ce que David…

— David a pris des coups. Plus que moi. Plusieurs fois je l'ai retrouvé inconscient au milieu du salon. Dans ces cas-là, je le traînais jusqu'à la salle de bains et nous y passions la nuit.

Un frisson d'horreur me parcourut. J'en avais la nausée rien que d'imaginer Summer, terrifiée et seule, dans cette maison. Son père méritait certainement de finir ses jours en prison.

— Ma proposition tient toujours, lui rappelai-je.

— Je sais. Ta mère est tellement gentille. Mais ce soir, au moins, je suis tranquille. David est là. Il pourra me protéger.

— Tu ne devrais pas avoir à supporter ça.

— Et tu ne devrais pas t'en faire pour moi. J'ai tenu toutes ces années, alors quelques mois, ça ira, assura-t-elle.

— Et elle sait qu'elle peut nous appeler en cas de problème, dit Théo en garant le pick-up dans le garage de la résidence Montgomery. D'ailleurs, tu peux même m'appeler quand tu n'as aucun problème.

Ils échangèrent un sourire, me faisant me sentir de trop dans l'habitacle. Jérémiah ouvrit la portière et me fit sortir.

— Allons explorer cette chambre ! s'enthousiasma-t-il.

— On parle vraiment de la chambre ? m'amusai-je.

— Honnêtement, j'espère bien que non !

Il salua Summer, David et Théo d'un geste rapide de la main et nous entraîna vers la porte qui menait au reste de la maison. Nous grimpâmes l'imposant escalier en silence jusqu'à sa chambre. Quand il ferma la porte derrière moi, je ravalai une vague de panique. J'étais déjà venue dans cette chambre, j'avais même dormi avec Jérémiah. Mais, ce soir, l'atmosphère était différente. L'adrénaline de la course coulait toujours dans mes veines, diffusant une énergie inédite, de celle qui me donnait envie de prendre des risques et d'oser dépasser mes limites.

La chambre était plongée dans le noir. Jérémiah alluma la lampe qui décorait son bureau et retira son blouson. Son assurance m'aurait presque agacée. Je retirai ma veste et déambulai dans la pièce.

Sa commode, un peu penchée, était toujours surmontée d'une impressionnante pile de livres. Le lit était défait et un des oreillers gisait au sol.

— Si j'avais su que tu allais venir, j'aurais prévu des pétales de roses. Mais je peux te préparer quelque chose à grignoter, si tu veux.

— Tu as faim ? A cette heure ?

— J'ai toujours faim après une course.

— Et quand tu dis « préparer »... ?

— Je veux dire optimiser l'utilisation du micro-ondes. On pourra regarder un film si tu veux.

— Est-ce que... Est-ce que ça t'ennuie si je passe la nuit ici ?

Mon visage s'enflamma dans la seconde suivante. Ma question flotta dans les airs, entre un Jérémiah stupéfait et une Charlotte embarrassée.

— Par « ici », tu veux dire dans la maison ?

— Dans ta chambre, précisai-je.

Il approcha de moi et l'air autour de nous se chargea d'électricité et de tension. Ma décision était impulsive et j'étais consciente que je la prenais en partie pour de mauvaises raisons.

— C'est parce que je t'ai dit que j'étais amoureux de toi ?

— Non. J'ai... J'ai juste envie de rester ici.

— Il faut que tu aies envie pour toi. Si tu restes uniquement parce que tu crois que j'attends quelque chose de toi, tu te trompes, Charlotte.

Maintenant, je savais exactement ce que signifiait la honte. La honte et l'humiliation. Il me repoussait. Il trouvait un prétexte pour me faire comprendre qu'il n'avait pas envie de moi.

En présence de Jérémiah, je ressentais toujours ce magnétisme puissant et incontrôlable entre nous. Je me demandais désormais s'il le ressentait lui aussi. Avait-il envie de moi ? Ressentait-il le désir brûlant qui me consumait quand j'étais avec lui ? De toute évidence, il n'avait aucune envie que je passe la nuit avec lui.

— Tu as raison, je devrais rentrer, marmonnai-je.

— Charlotte...

— Puisque...

— Puisque rien du tout. J'essaye de rester un gentleman et je t'assure que c'est vraiment difficile quand tu es dans ma chambre.

Je relevai les yeux vers lui, les joues toujours rouges d'embarras. Je ravalai un gloussement, en voyant un sourire coquin s'étirer sur les lèvres de Jérémiah.

— J'ai très envie de toi, ajouta-t-il. Mais je ne t'ai pas dit... ce que je t'ai dit pour parvenir à mes fins.

— Parvenir à tes fins ? Avec moi ? m'écriai-je, incrédule.

— Parvenir à mes fins. Avec toi. Surtout avec toi. Juste avec toi, murmura-t-il.

Il entrelaça nos doigts et sa bouche trouva la mienne. Mes derniers doutes s'évaporèrent et mes inquiétudes — au sujet de mon avenir et de ma mère — se désintégrèrent. Jérémiah libéra mes mains et agrippa mes hanches. Son baiser s'intensifia, comme s'il cherchait à me convaincre du désir qu'il ressentait. Sa langue dansa passionnément contre la mienne tandis que mon corps se réchauffait doucement et qu'une bulle de désir s'épanouissait dans le creux de mon ventre. Ce baiser ne ressemblait pas à ceux que nous avions partagés. A travers lui, Jérémiah me prouvait à quel point il m'aimait, me désirait, et il me faisait ressentir une excitation nouvelle pour moi. J'avais envie de sentir nos deux peaux se frotter l'une à l'autre. Je voulais passer mes mains sur son torse musclé et observer ses réactions instinctives. Cela m'obsédait et m'incitait à passer outre à mes réserves. Désirer Jérémiah me faisait devenir une autre personne : moins timorée, plus impulsive.

Mes mains accrochèrent son pull et un son proche du grognement s'échappa de ses lèvres.

— Charlotte, murmura-t-il comme une prière.

Nous reculâmes de deux pas. Je savais que nous nous dirigions vers le lit, mais Jérémiah me surprit en s'arrêtant. Il abandonna mes lèvres, et j'en aurais presque râlé de frustration s'il n'avait pas tracé un chemin de baisers fiévreux du coin de mes lèvres jusqu'à mon cou.

— Je vais devoir t'enlever ton pull et ensuite ton T-shirt.

— Et ensuite ? haletai-je.

— Et ensuite, j'essayerai de te faire oublier ce qui te tourmente.

Je me figeai, mais Jérémiah ignora ma réaction instinctive. Il embrassa la peau de mon cou et pressa son corps chaud contre le mien. Le désir flamba sous ma peau et annihila ma résistance. Jérémiah passa mon pull par-dessus ma tête et le jeta derrière lui. Ses mains se faufilèrent sous mon T-shirt, caressant mon dos avec douceur. Il nous fit reculer de nouveau, couvrant ma gorge de baisers, dévorant ma peau, pendant que mes mains se perdaient dans sa chevelure. Haletante et enivrée par l'audace de Jérémiah, je me laissai porter. Mon T-shirt alla retrouver mon pull au sol. Mon collier au métal glacé se nicha dans le creux de ma poitrine.

A cet instant, me confier corps et âme à Jérémiah me paraissait être ma seule échappatoire ; une échappatoire sensuelle et envoûtante.

L'arrière de mes genoux heurta le lit et je devinai un sourire qui se dessinait sur les lèvres inquisitrices de mon petit ami. Il arborait le même sourire arrogant que lorsqu'il gagnait une course... ou qu'il me gagnait, moi. Il s'écarta de moi et, en un geste, se débarrassa de son pull et de son T-shirt. Mes mains retrouvèrent son torse et glissèrent lentement vers son ventre. Sous sa peau, je devinais ses muscles qui se tendaient à mon contact. Ses doigts s'enfoncèrent dans mes hanches, avant de remonter lentement le long de mon dos. Nos bouches se retrouvèrent, avides, gourmandes, frénétiques. Embrasser Jérémiah devenait plus important que respirer. Ses doigts se perdirent dans ma chevelure, pendant que ses dents se refermaient sur ma lèvre inférieure.

Je me sentis basculer en arrière et me retrouvai allongée sur le lit. Le regard de Jérémiah balaya mon corps et m'électrisa. Je regrettai d'avoir cru qu'il ne souhaitait pas que je reste : dans ses yeux d'onyx, la flamme du désir rivalisait avec celle de l'adoration. Haletante, je constatai qu'il était lui aussi hors d'haleine. Son torse musclé se soulevait trop vite. A mon tour, j'admirai sa plastique : la silhouette carrée de ses épaules, ses pectoraux à peine masqués par un tatouage que je découvrais, la mince ligne de poils qui partait de son nombril et trouvait refuge sous son jean.

Lasse de l'attendre, je me redressai et agrippai sa ceinture. Dans un rire, Jérémiah se laissa tomber en avant et me recouvrit de son corps brûlant.

Au milieu du lit, à moitié nu, il commença à explorer mon corps. Ses mains effleurèrent ma peau délicatement, comme s'il tentait d'en mémoriser chaque centimètre. Je plaquai mes paumes contre son dos, me régalant de sentir sa peau frémir à mon contact. Je devinais le mouvement de ses muscles et les battements agités de son cœur contre ma poitrine. Il m'embrassa avec tendresse, puis descendit le long de ma gorge. Ses lèvres se promenèrent sur le haut de ma poitrine, sans jamais toucher au tissu de mon soutien-gorge. Il libéra mon pendentif et l'embrassa, tout en relevant les yeux vers moi. Il le reposa avec douceur, puis continua son exploration, me faisant frissonner quand sa langue s'aventura dans mon nombril. Je me tortillai sur le lit et empoignai les draps pour contenir mon plaisir.

Jérémiah ravala un rire et remonta le long de mon corps pour se retrouver à hauteur de mon visage. Il plongea son regard dans le mien et essaya d'y lire mes pensées.

— Est-ce que... Enfin, je sais que tu es vierge, mais est-ce que quelqu'un t'a déjà touchée ?

Le seul rougissement de mes joues suffit à lui répondre.

— Bien.

Ses yeux toujours rivés aux miens, il déboutonna mon jean et descendit le zip. Je me tendis sur le lit, incapable de réagir, anesthésiée par la puissance de son regard noir.

Ou peut-être était-ce la force des sentiments qui m'animaient. Peut-être que j'étais totalement amoureuse de Jérémiah.

Il descendit mon jean et me l'enleva. D'un sourire, il s'assura de mon accord, puis il posa sa main par-dessus ma culotte, sur mon entrejambe. La pression et la chaleur de sa paume provoquèrent une nouvelle salve de plaisir et mon ventre se tordit dans une agréable tension. Je me cambrai, accentuant ainsi le contact de nos deux corps. Ma respiration s'alourdit et mes paupières se fermèrent. Sentir la main de Jérémiah sur moi était euphorisant. Il bougea ses doigts, précisant son délicat toucher. Je laissai échapper un cri de plaisir et clignai des yeux, découvrant l'expression, sérieuse et concentrée, de Jérémiah.

Nouveau mouvement des doigts, nouveau plaisir. Mon corps s'arqua, comme s'il tentait de contenir le flot de sensations qui m'inondait. Mon sexe me brûlait et donnait l'impression de battre frénétiquement. Je plantai mes doigts dans les bras de Jérémiah et basculai la tête en arrière. Il repoussa le tissu de ma culotte et sa main caressa mon sexe. Une boule de désir explosa dans le creux de mon ventre et propulsa des éclats de plaisir dans tout mon corps. J'ondulai sous lui, prisonnière volontaire de ses caresses, avide d'en ressentir plus.

Il posa ses lèvres sur les miennes et je grognai contre sa bouche. Une nouvelle onde de plaisir me parcourut, suivie par une seconde, plus forte et qui me fit vibrer de la tête aux pieds.

Soudain, Jérémiah retira sa main. Le délicieux poids de son corps sur moi disparut, laissant une sensation désagréable de vide et de froid. Je clignai des yeux et me redressai sur mes coudes. Jérémiah fouillait frénétiquement dans ses poches. Les traits de son visage avaient durci, ne reflétant que la colère et l'agacement.

— Que se passe-t-il ? marmonnai-je, d'une voix éraillée.

Il trouva finalement son téléphone portable et je remarquai alors la sonnerie qui retentissait dans la chambre. Je me relevai du lit, récupérai mon T-shirt et l'enfilai à la hâte. A la vue du correspondant, le regard de Jérémiah s'assombrit encore plus, devenant aussi noir qu'un puits sans fond.

— Quoi ? aboya-t-il en prenant l'appel.

Son visage sévère s'affaissa et, comme je l'avais fait quelques secondes auparavant, il récupéra son pull. Je m'écartai de son chemin, cherchant à comprendre les raisons du brutal changement d'ambiance.

— J'arrive, dit-il, rageur.

Des éclats de voix me parvinrent. Son interlocuteur paraissait agité et Jérémiah fronça les sourcils.

— Théo, calme-toi, on va trouver une solution.

Jérémiah m'adressa un regard, tandis que je reboutonnais mon jean à la va-vite. Apparemment, cette interruption était définitive.

— Je dépose Charlotte chez elle, et j'arrive.

Je secouai la tête en signe de dénégation. La voix de Théo hurlait dans le combiné. Et si Théo hurlait, c'était que Summer était impliquée. Je refusais de rentrer tranquillement à la maison, alors qu'il se passait quelque chose de grave.

— Si, tu vas rentrer chez toi, insista Jérémiah.

— Hors de question. On y va ensemble.

Mon petit ami leva les yeux au ciel puis, dans un soupir, abdiqua. Nous n'avions pas le temps d'argumenter.

— On arrive, grogna-t-il dans le téléphone, avant de raccrocher.

— C'est Summer ? demandai-je d'une voix blanche.

— Théo l'a raccompagnée chez elle avec David. David est sonné : son père l'a pris par surprise et sa tête a cogné violemment le sol. Summer est parvenue à éviter une gifle, mais son père est fou furieux.

— Elle a sûrement trouvé une cachette.

Je ne comprenais pas l'entêtement de Summer à affronter son père chaque soir. Nous lui avions offert des solutions, nous avions proposé de l'héberger. Elle pouvait faire autrement, elle pouvait fuir cette violence et avoir une vie normale.

De la même façon, je ne comprenais pas pourquoi elle restait à Norfolk, quand son frère était à New York. Elle avait de multiples sorties de secours.

Mais Summer était fière. Elle serrait les dents, elle encaissait les coups, elle attendait la fin de l'année scolaire. Théo était sûrement la clé de cette énigme. Sa seule présence, à ses côtés, bienveillante et attentionnée, donnait du sens à la détermination de Summer.

David hors jeu, Summer injoignable... et Théo trop inquiet pour être cohérent. Jérémiah me donna une de ses vestes, trop large pour moi, et prit ses clés de voiture. En moins de deux minutes, nous étions de retour dans le garage. Mon petit ami actionna la porte, pendant que je m'installais dans la voiture. Il se glissa derrière le volant et, dès que le portail fut suffisamment ouvert, il fit crisser les pneus, écrasa l'accélérateur et fonça droit devant. Dans la manœuvre, il effleura le mur et érafla le rétroviseur droit. Je me cramponnai au siège, le corps propulsé en arrière, collé au siège. Jérémiah n'avait même pas pris le temps de mettre sa ceinture de sécurité. A l'intersection, il vira à toute vitesse. Son véhicule dérapa sur plusieurs mètres, avant de retrouver sa trajectoire. En temps ordinaire, je lui aurais reproché sa conduite dangereuse. Mais ce soir, l'urgence excusait tout.

Les mains serrées sur le volant, il m'adressa un regard inquiet.

— Tout va bien ?

— Oui, murmurai-je.

— Tu resteras dans la voiture. On va trouver une solution pour récupérer Summer, mais je veux que tu restes dans cette voiture.

Il redoubla de vitesse, remontant la route de la plage aussi vite que lors d'une course. J'avais le cœur au bord des lèvres et ma tête bourdonnait d'inquiétude. Jérémiah ne prit pas la peine de s'arrêter au carrefour. Il coupa l'intersection, récoltant un coup de klaxon furieux de la part d'un autre automobiliste. Il n'eut aucune réaction et fonça dans l'obscurité. Les traits de son visage étaient tendus, anguleux, comme s'il était figé dans un masque de colère.

— Je vais tuer ce type, murmura-t-il.

— Ne dis pas ça.

— Il mériterait pourtant que je le tue. Lentement, précisa-t-il.

Après quelques minutes de conduite endiablée, nous entrâmes finalement dans la zone des militaires. Une ribambelle de maisons, toutes semblables, toutes affichant fièrement le drapeau national, toutes plongées dans le noir. Je réprimai un frisson : en pleine nuit, le quartier était fantomatique. Jérémiah se gara derrière la voiture de Théo. Ce dernier, appuyé contre son propre capot, tapait du pied avec frénésie. Jérémiah baissa la vitre et son frère approcha et s'accouda à la portière.

— Tu en as mis un temps ! l'attaqua-t-il. J'ai voulu défoncer la porte, mais ce crétin m'a menacé avec un couteau.

— Il t'a blessé ? demandai-je.

— Non. Et honnêtement, il peut me faire ce qu'il veut. J'ai surtout eu la trouille de ne pas pouvoir me retenir de le tuer, lui. Il le mérite, mais Summer a besoin de nous.

— Et David ? demanda Jérémiah.

— J'ai réussi à le traîner jusqu'à la voiture. Il est dans un sale état. Il est incapable de tenir debout pour le moment.

— Tu as un plan ?

— Aucun, répondit Théo. Elle ne répond pas au téléphone.

— Il faut aller la chercher, dis-je avec conviction.

— Toi, tu restes ici ! me rappela Jérémiah.

— On n'a aucune idée d'où elle est, reprit Théo. Aucune lumière n'est allumée dans la maison. Je n'ai aucune nouvelle et j'ai peur qu'elle... disons que, vu l'état de David, je crains le pire.

J'observai la maison devant nous. Dans l'obscurité, personne n'aurait pu croire qu'un drame s'y déroulait.

— Je vais faire diversion, proposa Jérémiah. Je vais aller toquer à la porte, distraire le père, pendant que tu tentes de passer par-derrière. Fouille la maison, retourne les pièces. Je vais occuper son père le temps qu'il faudra.

— La salle de bains, intervins-je.

Les regards des frères Montgomery se braquèrent sur moi. Ils me dévisagèrent sans comprendre.

— Elle m'a dit que c'était là qu'elle se cachait quand son père la frappait.

— La salle de bains est à l'étage. Et l'escalier est...

— ... dans l'entrée, murmura Jérémiah. Il faut que je l'attire à l'extérieur.

Un silence s'abattit entre nous trois. Théo semblait perdu, cherchant une solution qui lui échappait. Jérémiah secoua la tête. Attirer le père de Summer à l'extérieur était simple, mais ce que nous redoutions tous, sans l'avouer ouvertement, c'était un nouvel accès de fureur. Affronter le père de Summer était à la fois une idée courageuse et une idée dangereuse.

— Je vais y aller, lançai-je brutalement.

— Je préfère encore me laisser frapper par ce crétin que...

— Je vais y aller, répétai-je. La salle de bains est à l'étage. L'un de vous deux va me faire la courte échelle et je vais grimper.

— Charlotte, m'interrompit Théo.

— Je suis la plus légère et la plus petite. En cas de problème, vous pourrez réagir tous les deux. Si Summer est là, on prend la fuite par la fenêtre. Si elle n'est pas là, je fouillerai les lieux.

— Charlotte..., gronda Jérémiah.

— Tu as une meilleure idée ? le provoquai-je.

— C'est dangereux, me rappela-t-il.

— Je ne laisserai pas Summer seule là-dedans ! Elle viendrait pour moi. Et elle viendrait pour vous !

J'ouvris la portière de la voiture. Je m'apprêtais à en sortir, quand Jérémiah me saisit le poignet. Il plongea son regard inquiet dans le mien et desserra sa prise.

— Sois prudente.

— Laisse le moteur tourner. On va avoir besoin d'un excellent pilote !

Je descendis de la voiture et longeai la clôture de bois qui entourait la maison de Summer. Théo bondit par-dessus la barrière avec facilité. Je pris appui avec mon pied et Théo tendit sa main pour m'aider à le rejoindre. Le pignon de la maison était suffisamment couvert de lierre pour que je puisse m'y accrocher.

— C'est là, murmura Théo en me désignant une fenêtre. Ça va aller ? demanda-t-il.

— Parfait. Penche-toi.

Il se mit en position et je posai mon pied sur ses mains jointes. Je tendis les bras, mais j'étais trop petite pour grimper sur le rebord de la fenêtre.

— Epaule, m'intima Théo.

Il se pencha de nouveau. Je m'agrippai au rebord de la fenêtre, me hissai et je posai mon pied sur son épaule gauche. Théo vacilla, avant de trouver un équilibre précaire. Je me cramponnai au lierre et je me tins au rebord de la fenêtre à m'en faire mal aux doigts. Théo penchait sous mon poids et ses mains vinrent encercler mes chevilles pour me maintenir en équilibre. Je toquai à la fenêtre, le cœur battant. Je redoutais la réaction du père de Summer si nous nous faisions surprendre. Je frappai de nouveau la vitre et y collai mon visage. J'espérais repérer Summer ou, à défaut, un indice sur sa présence et son état de santé.

— Summer ? C'est nous, ouvre ! chuchotai-je, angoissée.

— Elle est là ? demanda Théo.

Malgré sa voix basse, je décelai son angoisse. Je ne voyais pas son visage, mais ses mains se refermèrent un peu plus fort autour de mes chevilles. Il se mit sur la pointe des pieds, me faisant gagner quelques précieux centimètres. Je tapai à nouveau contre la vitre et étouffai un cri de surprise quand la lumière de la salle de bains m'éblouit. Je me tassai, à bout de souffle. Un frisson me parcourut, pendant que Théo tanguait de plus en plus. La fenêtre s'ouvrit dans un grincement sinistre.

— Charlotte ?

— Summer ! Tu vas bien ? On est venus pour t'aider.

— On ?

— Théo, Jérémiah et moi.

Je me redressai et me retrouvai devant le visage de cendre de Summer. Ses yeux étaient rouges, ses joues marquées par les larmes qu'elle avait versées, ses cheveux, habituellement si bien coiffés, étaient hirsutes. Je ravalai le chagrin et la peine que son état m'inspirait. Théo bougea de nouveau, me rappelant l'urgence de la situation. Tremblante, Summer posa sa main par-dessus la mienne, comme pour s'assurer qu'elle n'était pas en train de rêver.

— Je vais descendre, la prévins-je. Tu grimpes sur le rebord et Théo se chargera de te récupérer. D'accord ?

Elle hocha la tête, toujours apeurée. Je serrai sa main, espérant lui offrir le courage dont elle avait besoin. J'aurais aimé lui dire que tout allait bien se passer, mais j'étais trop incertaine et effrayée pour mentir. Des coups violents brisèrent soudain le silence et Summer se pétrifia devant moi. Derrière la porte, j'entendis son père hurler et proférer des insultes. Son état d'ébriété ne faisait aucun doute.

— Théo, je descends !

Il s'accroupit autant que possible et je bondis de ses épaules jusqu'à la pelouse. Je relevai la tête, apercevant Summer penchée à la fenêtre. Je compris qu'elle évaluait la situation : entre son père tambourinant à la porte, la fuite et la hauteur de laquelle elle devait sauter.

— Je te rattrape, lui assura Théo en tendant les bras. Assieds-toi sur le rebord.

Summer tourna la tête. Les coups devaient pleuvoir contre la porte. Fébrile, elle se faufila par la petite fenêtre et s'assit sur le rebord. Théo lui adressa un signe de tête d'encouragement. Ils se fixèrent de longues secondes. Summer haletait et Théo affichait un masque de sérénité qui m'impressionna. Après les cris, l'angoisse et l'impuissance, Théo se révélait maintenant sûr de lui et apaisant. Revoir Summer, après avoir assisté au pire, devait le soulager. Je savais qu'il cherchait déjà un moyen de la convaincre de quitter définitivement cette maison. Dès qu'il s'agissait de Summer, Théo n'était que bienveillance.

— Saute, murmurai-je.

Derrière moi, j'entendis Jérémiah faire démarrer sa voiture. Dans un rugissement de moteur, il laissa transparaître son impatience et son agacement. Je me postai derrière Théo, m'assurant que personne ne viendrait nous surprendre. Le regard de Summer passa de Théo à moi, avant de se tourner de nouveau vers la porte. Ses mains se resserrèrent sur le rebord de la fenêtre, elle avança aussi près que possible. Les larmes au bord des yeux, Summer sauta. Dès qu'elle fut sur la pelouse, Théo la prit dans ses bras et la souleva avec facilité. Elle enroula ses bras autour de la nuque de Théo et l'étreignit de désespoir tandis qu'il murmurait des paroles apaisantes.

— Et David ? demanda-t-elle soudain, l'air affolé.

— Il va bien. Il est sonné, mais il va bien, répondit Théo.

Un bref sourire éclaira mon visage. Dans les bras de Théo, Summer cessa progressivement de trembler. Elle cacha son visage dans son cou, pendant que la main de Théo allait et venait tendrement dans son dos.

— Il faut qu'on y aille, les interrompis-je.

Jérémiah fit de nouveau rugir son moteur, sortant

Théo et Summer de leur torpeur. J'accompagnai Théo jusqu'à sa voiture. J'ouvris la portière arrière et il déposa Summer près de son frère.

— Je la ramène à la maison, m'indiqua-t-il.

Son regard se braqua sur Summer, recroquevillée sur la banquette arrière. Il retira sa veste et la lui tendit.

— Et je ne veux plus que tu viennes dans ce taudis. C'est clair ?

Sa voix et son visage ne reflétaient que la colère. Son attitude me troubla, mais je mis cette réaction sur le compte d'un excès d'angoisse. Théo en voulait plus au père de Summer qu'à elle.

— On vous suit, dis-je, avant de rejoindre Jérémiah.

Les mains sur le volant, il nous observait. A la façon dont il serrait les dents, je compris qu'il n'avait toujours pas canalisé sa colère.

— Tu veux rentrer chez toi ? me proposa Jérémiah.

— Non. Je veux rester avec vous tous. Et je crois que je veux en savoir plus sur ce tatouage, ajoutai-je pour détendre l'atmosphère.

Il soupira de satisfaction et la voiture quitta son emplacement dans un grondement puissant de moteur.

Cette nuit-là, au milieu du hall en marbre du manoir Montgomery, Summer, encore tremblante et le visage tuméfié, accepta finalement mon offre : vivre à la maison.

29 juillet 2015

Le corps chaud de Jérémiah était moulé contre le mien. Je sentais son torse se soulever au rythme de sa respiration contre mon dos, pendant que sa main caressait mon ventre. J'ouvris les yeux. La brise marine souleva le rideau en voile et me confirma ce que je pensais : il faisait encore nuit. J'enfonçai ma tête dans l'oreiller et gémis d'aise. Une bourrasque s'engouffra par la fenêtre ouverte et ma peau se couvrit de chair de poule. Jérémiah avait gardé son bras autour de ma taille et il resserra sa prise. Il glissa une jambe entre les miennes, me laissant deviner son érection contre mes fesses. Ses lèvres parcoururent ma nuque, frôlèrent mon épaule, avant de descendre le long de mon dos. Il me fit me mettre sur le ventre et sa bouche traça un chemin de baisers dans mon dos, longeant ma colonne vertébrale, pendant que ses mains exploraient mes côtes. Quand sa bouche atteignit le haut de mes fesses, il fit le chemin en sens inverse. Je serrai l'oreiller contre moi lorsque je sentis mon corps se contracter délicieusement. Une douce chaleur se propagea dans mon bas-ventre, mon cœur se mit à palpiter et un gémissement m'échappa.

Il s'allongea sur moi, son corps s'alignant avec le mien. Son sexe tendu frotta contre mes fesses et une de ses mains s'aventura sous moi. Quand ses doigts atteignirent mon intimité, mon corps se tendit brutalement. Résister à Jérémiah était impossible.

Je remuai les fesses, oubliant la fraîcheur de la brise, concentrée sur le frottement de nos peaux et le mouvement rythmé des doigts de Jérémiah sur mon clitoris. Mon cœur s'emballait de plus en plus, et je bougeai en cadence avec lui. Jérémiah embrassa ma nuque et je devinai son sourire heureux. Le désir tourbillonnait dans mon bas-ventre, vite, toujours plus vite, à la fois agréable et bouleversant. Jérémiah connaissait mon corps et parvenait à anticiper chacune de mes réactions. Ses dents éraflèrent mon épaule, avant d'en sucer la peau. Ma respiration s'accéléra et toutes mes terminaisons nerveuses convergèrent vers la main de mon petit ami.

Il glissa sur le côté et m'entraîna contre lui. Nous retrouvâmes notre position initiale, son torse contre mon dos, son sexe tendu contre mes fesses et ses doigts caressant mon sexe, décuplant mes sensations.

— S'il te plaît, geignis-je, à bout de forces.

— Laisse-moi prendre un préservatif, murmura-t-il. Sauf si tu veux que mes doigts s'occupent de toi.

Je fermai les yeux, enveloppée dans un cocon brûlant de désir. J'avais la sensation de me fondre en lui, de lui appartenir totalement. Je posai ma main sur la sienne, lui intimant silencieusement de poursuivre. Ses doigts glissèrent plus bas, jusqu'à me pénétrer. J'ouvris la bouche, mais je n'avais même plus la force de crier de plaisir. Je n'attendais que le soulagement de l'orgasme, le moment où mon corps céderait. Enfin, sur un dernier mouvement des doigts de Jérémiah, mon orgasme déferla par vagues successives. Tous mes muscles se contractèrent, avant de rendre définitivement les armes, signalant ainsi ma défaite.

Jérémiah retira sa main et, pendant mes quelques secondes de perdition, en profita pour mettre un préservatif.

— Reste comme ça, me recommanda-t-il.

Lentement, il me pénétra. Mon corps, pourtant dans une douce torpeur, se réveilla aussitôt. J'entendis Jérémiah pousser un soupir lorsqu'il fut tout entier en moi, et ses mains vinrent s'accrocher à mes hanches. Si notre étreinte sur la voiture avait été irréfléchie et instinctive, cette nuit, c'était la douceur qui primait. Il cherchait à m'apprivoiser, à me garder avec lui.

Son corps se pressa contre le mien et il commença

de lents va-et-vient. Sa tendresse me toucha et une vague de doutes m'assaillit. J'étais venue ici pour nous donner une chance et maintenant je réalisais que je m'étais voilé la face : je m'étais laissé emporter par cet irrépressible désir qui me tenaillait dès qu'il s'agissait de Jérémiah. Cela ne suffisait pas à reprendre notre histoire.

— Charlotte, murmura-t-il d'une voix rauque.

Je l'encourageai en ondulant contre lui, accentuant notre rythme. Ses doigts s'enfoncèrent dans ma peau et, de ses dents, il érafla mon épaule. Il émit un son proche du grognement d'extase puis, d'une main, agrippa la mienne pour que je la pose sur sa nuque. Dans cette position, mon dos s'arqua un peu plus. Tendue et haletante, je sentis le désir faire une vrille dans mon bas-ventre. La vitesse avec laquelle mon corps répondait au sien me surprit et je brisai le silence de la nuit par un cri de plaisir.

Jérémiah remonta une de ses mains vers ma poitrine et attrapa mon sein gauche. Je gémis de nouveau et Jérémiah nicha sa tête dans mon cou. Il accéléra ses coups de reins, allant et venant en moi à un rythme frénétique. Une pointe de désir fulgurante me fit fermer les yeux et je m'enfonçai avec délice et soulagement dans un nouvel orgasme. Jérémiah se tendit derrière moi et, pendant quelques instants, je n'entendis que nos deux respirations saccadées et désynchronisées.

Lui. Moi.

Le reste était sans importance. Je m'abandonnai entre ses bras, apaisée.

— Ton vol est dans cinq heures, murmura-t-il.

— Tu m'as réveillée juste pour mon avion ?

— Je t'ai réveillée en espérant que tu ne voudrais pas prendre cet avion. Si je le pouvais, je te garderais ici, mais Summer risque de m'arracher les yeux, si tu rates ton vol pour l'Italie.

— Mon prochain vœu est en Italie, souris-je.

— Oui.

Je me tournai vers lui et posai mon menton contre son torse. Il m'adressa un regard amusé et repoussa une mèche de cheveux qui barrait ma joue.

— Donc, tu viens avec nous ? demandai-je.

— Je te rejoindrai là-bas.

— Quand ?

— Impatiente de me revoir ?

— Je suis curieuse de découvrir le vœu que j'ai pu faire. C'est tellement frustrant de ne pas retrouver ce que j'ai écrit.

— Je pensais que tu finirais par t'en souvenir. Mais ça rend le jeu encore plus drôle.

— Parce que tu aimes que je sois à ta merci.

— Tu n'as pas idée ! J'ai adoré ça, il y a encore quelques instants.

Je me redressai, prise d'un doute. Le regard de Jérémiah se bloqua sur ma poitrine nue et je me dépêchai de la couvrir du drap.

— Je n'ai quand même pas dit que je voulais faire l'amour avec toi en haut de la tour de Pise ? demandai-je d'une voix aiguë et affolée.

Jérémiah éclata de rire et secoua la tête. Il se redressa à son tour, repoussa le drap qui me couvrait et m'attira dans ses bras.

— Non. Ça me désole, d'ailleurs.

— Ça me rassure.

— Ce qui ne veut pas dire que je ne te ferai pas l'amour là-bas, précisa-t-il.

— Tu es si prévenant, raillai-je en faisant glisser mes doigts sur son torse.

— Je sais. Cela me perdra. Surtout avec toi. Mais il faut croire que j'aime me perdre avec toi.

— Et tes courses ? demandai-je.

— C'est le milieu de la saison. Je peux louper deux courses. J'en louperai autant qu'il faudra pour te faire rester avec moi.

Ma main s'immobilisa. La brise s'engouffra de nouveau dans la pièce, mais le frisson qui me parcourut n'avait rien à voir avec le vent.

— Tu n'as qu'à demander, ajouta-t-il.

— Je ne ferai pas ça. Je te l'ai déjà dit. Et tu ne le veux pas. Tu finirais par m'en vouloir et nous deviendrions aigris et en colère. Je veux juste que tu sois prudent.

— Je ferai de mon mieux.

Le téléphone de Jérémiah vibra. Il lut le message qui s'affichait et éclata de rire.

— Summer menace de me traîner derrière ma voiture jusqu'à la mort, si tu ne prends pas ton vol.

— Cette fille devient un peu envahissante.

Je déposai un baiser sur son torse, puis remontai jusqu'à ses lèvres. Le regard de Jérémiah s'assombrit. Ses pupilles d'encre me sondèrent, comme s'il mesurait la portée de notre conversation. Je ne voulais pas qu'il abandonne la course pour moi, pas sur un coup de tête, pas pendant que nous faisions la liste.

— Je t'aime, chuchota-t-il. Je ferais tout pour toi.

— Je sais. Mais ce n'est pas ce que je te demande.

— Alors dis-moi ce que tu veux.

— Je veux que tu sois heureux, que tu coures, si cela te convient, que tu m'aides à finir ma liste. Je veux que tu continues à m'agacer et à me réveiller en pleine nuit.

Les coins de ses lèvres se soulevèrent dans un petit sourire.

— Je veux aussi découvrir ce que ce nouveau tatouage signifie, dis-je en désignant une série de chiffres sur son bras. Et je veux bien prendre une douche aussi. Et sous la douche, je parviendrai à te soutirer un indice pour l'Italie… ou pour cette histoire de clé.

— Tu te remets à réfléchir, m'accusa-t-il. Mais je vais étudier toutes ces demandes, la nouvelle.

— La nouvelle ?! m'exclamai-je. Tu ne me feras pas croire que je suis la première à hanter ton lit, ici.

— Non. Mais tu es la première que j'aime, la nouvelle.

Il se redressa et, sans me laisser le temps de lui répondre, il enroula sa main autour de ma nuque et attira mes lèvres contre les siennes.

— La nouvelle, chuchota-t-il sur ma bouche.

Quitter Jérémiah avait été difficile. J'aimais ce que nous étions, malgré l'équilibre précaire de notre relation et les démons du passé. En dépit de tous mes efforts, je n'étais pas parvenue à soutirer une quelconque information à Jérémiah au sujet de l'Italie. Par ailleurs, la clé qu'il m'avait confiée comme indice restait un mystère.

Summer, Gemma et moi avions atterri en Italie depuis une semaine. Une semaine pendant laquelle nous avions visité Bologne et Pise. Rome était désormais notre prochaine étape. Les trajets en voiture à travers la campagne italienne étaient longs et épuisants. Dès les premiers kilomètres, Gemma avait râlé contre la conduite hasardeuse des Italiens, tout en s'extasiant sur leur charme latin. Nous avions frôlé la mort au moins deux fois, et évité une demi-douzaine d'accidents. Pour autant, passer du temps avec mes deux meilleures amies me ravissait. Après ces mois de travail acharné, je profitais enfin de mon temps libre.

Sur la route vers Rome, je décidai d'écrire à Jérémiah.

De : Charlotte Parker
A : Jérémiah Montgomery
Le : 5 août 2015 à 14 h 34

Cher pilote,
Les Italiens sont aussi dangereux que toi au volant. Gemma manque de nous tuer à chaque virage. Si jamais je trépasse, je t'interdis de finir ma liste avec une autre.

Charlotte, en sursis.

De : Jérémiah Montgomery
A : Charlotte Parker
Le : 5 août 2015 à 15 h 12

Charlotte,
Combien de fois devrai-je te le dire ? Il n'y a que toi pour moi. Et, pour te le prouver, je vais te donner ce que tu veux.

Jérémiah, impatient.

De : Charlotte Parker
A : Jérémiah Montgomery
Le : 5 août 2015 à 15 h 18

Ce que je veux ?

De : Jérémiah Montgomery
A : Charlotte Parker
Le : 5 août 2015 à 15 h 21

Tout ce que tu veux. Maintenant… ou jamais.

Son dernier message m'arracha un cri de joie. Les mains crispées sur le volant, Gemma sursauta de surprise, avant de lever les yeux au ciel.

— Bon sang, on dirait une gamine de quinze ans, se moqua-t-elle.

— Accélère, lui intimai-je. Il est à Rome.

— Et maintenant, elle me fait un caprice !

— Accélère, intervint Summer. Si Jérémiah est là, on a dû être surclassées à l'hôtel. Avec cette chaleur, je ne rêve que d'un bain !

— Il n'avait pas de course ce week-end ? demanda Gemma.

— Si. Mais il voulait venir, expliquai-je.

— Je vais faire une liste moi aussi, et la transmettre à Tate, répliqua-t-elle dans un sourire.

— Tu parles de ta liste des positions du *Kamasutra* ? plaisanta Summer.

— J'anticipe l'évolution de notre relation. Et comment tu te sens ? me demanda Gemma. Par rapport aux courses et à cette... euh... histoire.

— Il sait ce que je pense des courses. J'ai constamment peur pour lui et j'imagine toujours le pire. Je ne peux pas faire autrement, alors je vais éviter les circuits, et il va éviter de m'en parler.

— Et tu en es où de la liste ?

— Il reste trois vœux. Et l'un d'eux doit se passer ici.

— Et après la liste, tu feras quoi ? m'interrogea Summer.

— Aucune idée. J'improviserai, répondis-je, en espérant éluder le sujet.

— Toi ? Improviser ? s'étonna Gemma. C'est sur ta liste pour que tu penses à ce point y arriver ?

— Je suis parvenue à quitter Kyle dans un moment d'improvisation, lui rappelai-je.

— Comparer Kyle à Jérémiah, c'est un peu comme

comparer une petite église délabrée à la chapelle Sixtine. Enfin, sauf pour le côté pur et saint, car je suis certaine que Jérémiah et toi avez péché avant de venir ici.

— Oui. Plusieurs fois. C'était divin, répondis-je.

— Je vous hais, marmonna Gemma.

— Hey ! J'ai rien fait, lui fit remarquer Summer.

— Justement, toi tu as Théo à tes pieds et tu ne le vois même pas ! C'est déprimant, je t'assure.

Summer m'adressa un coup d'œil, cherchant une confirmation aux allégations de Gemma. Je me contentai de hausser les épaules. Je savais ce que Théo ressentait pour Summer, mais c'était à lui de se lancer.

— Fonce, grommela une Summer mécontente à Gemma. Je veux vraiment prendre ce bain.

A notre arrivée à l'hôtel en soirée, la déception nous gagna. Si Summer avait eu raison pour le surclassement, Jérémiah n'était apparemment pas encore arrivé. Nous avions grignoté un panini sur la route et Gemma et Summer tombaient de fatigue. Elles refusèrent même l'idée d'aller se promener dans Rome.

L'hôtel était luxueux et situé dans un quartier animé. Après une douche vivifiante, j'ouvris la fenêtre et écoutai, d'une oreille distraite, les conversations des Italiens autour de moi. Leurs éclats de voix accompagnés de larges mouvements de mains me tirèrent plusieurs sourires. Peu à peu, l'agitation s'atténua. Ma montre affichait près de 1 heure du matin. De toute évidence, Jérémiah ne viendrait pas.

Je me couchai et m'endormis presque aussitôt.

Ce fut le contact de sa paume contre mon dos qui me sortit du sommeil. Un sourire heureux barra mon visage et je pivotai vers lui. Je distinguai à peine les traits de son visage dans la pénombre ; je passai mes doigts sur sa légère barbe. Assis sur le lit, pieds nus, il me contemplait avec cette lueur de désir et de tendresse dans le regard. Il aurait pu me demander n'importe quoi avec ce regard.

— Désolé, je suis en retard, s'excusa-t-il.

Je me redressai, repoussai le drap en coton et m'installai sur lui. Mon débardeur couvrait ma poitrine et une culotte blanche masquait mes fesses. Nos bouches se retrouvèrent dans un baiser tendre et délicieux. Je localisai le premier bouton de sa chemise et le défis. Le deuxième subit le même sort. Je voulais le toucher, sentir le contact de sa peau contre la mienne, percevoir cette électricité inexplicable qui crépitait quand nous étions l'un avec l'autre. Les doigts de Jérémiah se faufilèrent sous mon débardeur, qui vola très vite dans la pièce. Nos lèvres se frôlèrent, je goûtai sa peau épicée, pendant que Jérémiah me retenait au plus près de lui. Ses mains passèrent sur mes côtes et il prit mon sein droit dans sa main. Il plongea son regard noir dans le mien et suçota la pointe durcie. Je criai de plaisir sur son épaule, mes mains tremblant déjà de désir.

J'atteignis enfin le dernier bouton de sa chemise et la repoussai sur ses épaules.

— Tu m'as manqué, avouai-je dans un souffle.

— Tu m'as manqué aussi.

Mes doigts se promenèrent sur ses pectoraux fermes, puis sur le dessin de ses abdominaux. Je suivis la ligne de poils qui se dissimulait sous sa ceinture, et lui adressai un regard brûlant. Quand je commençai à défaire la boucle, il m'arrêta.

— Pas cette nuit. Je veux juste qu'on dorme ensemble.

— Vraiment ? Mais...

— Je veux juste dormir avec toi. Et te dire ce que tu veux savoir.

Je fronçai les sourcils, puis glissai de ses jambes. A moitié nue, je retournai sous le drap pendant que Jérémiah se débarrassait de son pantalon. Son érection apparut, à peine dissimulée par son boxer. J'étais presque fière de provoquer un tel effet chez un homme comme lui.

Il vint s'allonger près de moi et m'attira contre son torse.

— Demande numéro un : te réveiller en pleine nuit, commença-t-il.

— C'est fait, souris-je.

— Demande numéro deux : t'aider à réaliser ta liste... disons que ça progresse. Tu es libre demain ?

— Comme l'air !

— Et demande numéro trois : ça, finit-il, en désignant le tatouage à l'intérieur de son avant-bras. C'est mon temps à Daytona pour ma première victoire là-bas.

— Et celui-ci ? l'interrogeai-je en passant mon doigt sur une autre série de chiffres.

— Le jour de notre rencontre.

Je me mordis les lèvres pour ne pas sourire béatement. Jérémiah déposa un baiser sur mon front, avant de retrouver ma bouche. Il me fit face et repoussa mes cheveux de mon visage.

— Et ton prochain tatouage ? demandai-je.

— Ce sera sûrement un lettrage... Un truc du genre « Maintenant ou jamais ».

— Ça me dit vaguement quelque chose, plaisantai-je.

— Tu vas adorer, tu vas voir.

Le lendemain, j'abandonnai lâchement mes amies pour passer la journée avec Jérémiah. Habillé d'un

T-shirt blanc dont la coupe mettait admirablement ses muscles en valeur et d'un jean déchiré aux genoux, il était terriblement séduisant. Sa paire de lunettes pendait à l'encolure de son T-shirt et il portait une casquette pour se protéger du soleil.

— Joli bronzage, me complimenta Jérémiah quand je retirai mon gilet.

— Venise et ses îles, expliquai-je. Il a fait un temps superbe.

Les rues grouillaient de touristes et de Romains. Jérémiah prit ma main dans la sienne et m'entraîna dans les ruelles de la ville. Nous flânâmes toute la journée dans le quartier historique. Etre ici, loin de nos vies habituelles, nous offrait une parenthèse bienvenue. Nous étions comme hors du monde, loin de tout et à l'abri dans notre bulle.

Alors que le soleil commençait à baisser à l'horizon, Jérémiah fouilla dans sa poche. Mon cœur s'emballa en voyant le collier et la petite cage qui m'attendaient. A l'instant où j'allais le prendre, Jérémiah referma son poing et secoua la tête.

— Toujours aucune idée ? demanda-t-il.

— Aucune. J'ai cru au début que c'était juste « venir en Italie », mais je comprends que j'ai été un peu plus précise.

— Complètement. C'est le vœu qui m'a fait le plus douter. Mais j'ai eu de la chance : Summer m'a parlé de votre voyage. Prête ?

— Prête ! assurai-je, avec une excitation presque enfantine.

— Maintenant ou jamais ?

— Maintenant, dis-je d'une voix calme.

— Bien, allons dîner.

Mon excitation retomba aussitôt et se transforma

en déception. Un dîner ? Je voulais faire mon vœu et il me parlait d'aller dîner ?!

— C'est vraiment nécessaire ? râlai-je.

— Tu m'as dit que tu étais prête.

— Oui, pour le vœu.

Jérémiah me fixa pendant un long instant. Son visage ne reflétait que l'incompréhension. Je trépignai presque, impatiente de découvrir ce que j'avais pu écrire.

— Mais c'est ton vœu, dit-il finalement.

— Manger ? Manger en Italie, c'est ça, mon vœu ?

Je devais avoir l'air d'une gamine capricieuse. Ma voix avait changé de timbre, ne cachant pas ma déception devant un vœu si... banal. Pour un peu, je me serais giflée. Enfin, j'aurais giflé la Charlotte de dix-sept ans.

— Ton vœu, c'est manger une pizza en Italie.

Jérémiah haussa les épaules, s'excusant presque de la simplicité de notre soirée. Soudain, un souvenir précis de la soirée durant laquelle j'avais rédigé la liste me revint : la pizza.

— Elle était infâme ! lançai-je brutalement.

— Quoi donc ?

— La pizza que nous avons mangée ce soir-là ! Tu l'avais réchauffée au micro-ondes et la pâte était toute molle.

Un sourire éclaira son visage et il embrassa le dos de ma main. Ce souvenir brutal et bref me soulagea : petit à petit, des bribes de cette soirée me revenaient.

— Infâme, je confirme. D'où ce vœu. Tu viens ? Allons réaliser ce vœu si extravagant et dangereux !

Le restaurant était typique de l'Italie : de petites tables recouvertes de nappes rouges et rehaussées de bougies chauffe-plats. De la musique traditionnelle passait en sourdine et une odeur délicieuse d'origan et de sauce tomate flottait dans l'air. L'ambiance était festive, des rires fusaient. L'endroit était bondé et, si j'en croyais la foule qui attendait qu'une table se libère, renommé.

— Comment tu as fait ?

— Pour ?

— Pour avoir une table. J'ai l'impression que ce restaurant est très demandé.

— C'est la meilleure pizzeria de la ville. Il y a environ trois mois d'attente.

— Sauf pour toi, donc ?

— Sauf pour moi, confirma-t-il. Cette soirée n'a pas de prix.

— Apparemment, si.

Il répondit d'un sourire entendu, avant d'étaler sa serviette sur ses cuisses.

Comme convenu, je commandai une pizza et fus imitée par Jérémiah. Elles furent servies rapidement et Jérémiah me regarda découper la première part avec une étincelle d'adoration dans le regard.

— Quoi ? fis-je, après avoir avalé une bouchée.

— Maintenant que j'y pense, j'aurais pu t'emmener à la pizzeria de la ville ce soir-là !

— Tu aurais pu, oui. Mais je n'aurais pas fait ce vœu... et avoue que c'est nettement plus sympa ici !

— La liste a au moins cet intérêt.

Il attaqua sa pizza et le serveur remplit nos verres de vin blanc. Derrière moi, un rire fusa, troublant le silence presque cérémonial de notre dîner.

— Et comment as-tu eu l'idée ? l'interrogeai-je.

— Pour la liste ?

— Je suis déjà admirative que tu te souviennes de son existence.

— Tout ce qui te concerne est gravé ici, dit-il en tapotant sa tempe. Tu n'es pas une fille qu'on oublie facilement, Charlotte. Je suis certain que tu as brisé d'autres cœurs que le mien.

— Je n'ai pas eu tant d'hommes que ça dans ma vie. Toi aussi, tu es difficile à oublier. Mais réponds-moi, pour la liste.

— J'ai dormi dans mon ancienne chambre. Et tu es toujours sur la porte... Ça m'a rappelé notre histoire et cette soirée-là.

— Je crois que j'ai tout oublié de cette période. Entre ma mère, mon père... toi. J'ai préféré faire table rase.

Je pris une gorgée de mon vin et tentai de me reprendre. J'avais le droit d'être sentimentale, mais pas de me laisser aller aux larmes. J'avais suffisamment pleuré pendant cette période noire de ma vie.

— La liste, c'est justement pour que tu te souviennes de tout ça.

— J'essaye. Mais repenser à ma mère est encore douloureux. Et mon père...

— Toujours en prison ?

— Toujours. Pour un bout de temps. Quand la police militaire a débarqué à la maison, ça a marqué le début de la fin pour notre famille. Avoir un père recherché dans tout le pays, ça laisse des traces.

— Je voulais m'excuser pour... ta mère. Pour l'enterrement. C'était... Je n'ai pas d'excuse pour mon comportement.

— Théo était là. Summer aussi. De toute façon, j'aurais sûrement détesté que tu viennes et j'aurais fini par te faire partir. Pourquoi sommes-nous si sentimentaux en mangeant cette pizza ?

— Peut-être que c'est le moment de jouer franc jeu.

— Je joue franc jeu depuis le départ, lui fis-je remarquer.

— Je voulais parler de notre rupture.

Je relevai les yeux vers lui. Il me fixait avec intérêt, comme s'il attendait une réponse argumentée. Je n'en avais qu'un seul :

— J'étais terrifiée. J'avais constamment peur pour toi. Après l'accident, après Théo, c'était encore pire. J'étais paralysée rien qu'à t'imaginer lancé à pleine vitesse sur cette route. C'était au-dessus de mes forces d'endurer ça.

— Et maintenant ?

— J'ai toujours peur, avouai-je, sincère. Mais je tente de faire avec. Tu aimes prendre des risques, tu aimes vivre comme si demain était sans importance. Je le comprends. Et je sais que ce que je ressens, la peur, l'angoisse, la sensation d'être en train d'étouffer, ce n'est pas rationnel.

— La dernière course de la saison aura lieu à Daytona et j'aimerais vraiment que tu viennes.

— C'est quand ?

— Dans trois mois.

— Donc, tu penses que dans trois mois je serai toujours en train de rôder autour de toi ?

— J'espère même que tu rôderas chez moi, pour être honnête. Je te cuisinerai une vraie pizza, ajouta-t-il.

— Un argument presque imparable, souris-je.

— J'aimerais vraiment que tu viennes, plaida-t-il, plus sérieux. C'est la dernière course du championnat et je voudrais faire le tour d'honneur du vainqueur avec toi.

— Parce que, en plus, tu comptes gagner ?

— J'espère toujours gagner. En particulier quand je suis avec toi.

— J'essayerai, abdiquai-je.

A la lueur de la bougie, ses yeux étincelèrent d'une joie intense. Essayer était la seule promesse que je pouvais faire. Je savais que retourner sur un circuit allait provoquer nuit blanche et sueurs froides... mais pour Jérémiah, pour revoir cet éclat fabuleux dans son regard, j'étais prête à retenter l'expérience. J'avais survécu une première fois, je pouvais survivre à cette deuxième épreuve.

Le dîner passa à une vitesse folle. Jérémiah me parla de son équipe avec animation : de ses ingénieurs, qui préparaient les voitures, à son chef mécanicien, qui le conseillait en course, et à son sponsor, qui faisait en sorte qu'il ne manque de rien et qu'il assure son devoir d'image. De ces deux derniers, je ne gardais pas un souvenir agréable. Mais, à en croire Jérémiah, la pression des courses — et surtout son goût immodéré pour le danger — les transformait en Mr Hyde.

Sur le circuit, Jérémiah avait reformé un cercle presque familial, qui lui était dévoué.

A la fin du dîner, il me tendit sa main, paume vers le ciel.

— Il faut que tu me le rendes maintenant.

— Et si je veux le garder ? demandai-je.

— Si tu le gardes, tu me gardes moi. Et là, le jeu va devenir vraiment intéressant.

— Pourquoi agis-tu comme si tu ne voulais pas que je le garde ?

— Je le veux. Crois-moi, je le veux plus que tout. Mais je pense qu'il y a un moment pour ça. Un jour ou l'autre, après un vœu, je te demanderai de le garder... Et tu devras agir en conséquence.

— Et clamer sur tous les toits que j'aime Jérémiah Montgomery ?

— Par exemple.

Il agita ses doigts, pour m'encourager à lui rendre le collier. Je le déposai au creux de sa main et eus un pincement au cœur en voyant son poing se refermer dessus.

— Jusqu'à la prochaine fois, promit-il.
— Jusqu'à la prochaine fois.

Dans l'avion, l'épaule de Jérémiah m'avait servi d'oreiller, jusqu'à ce qu'il finisse par m'accueillir dans ses bras. Bercée par les battements de son cœur, j'avais sombré dans un sommeil profond. L'annonce de l'atterrissage m'avait réveillée. Après cinq jours ensemble, il était temps de revenir à la vie normale.

L'hôtesse annonça une température caniculaire sur New York. Je regrettais déjà l'Italie et son été chaud et calme. L'avion amorça sa descente et Jérémiah glissa sa main dans la mienne. Deux rangs devant, j'entendis le rire de Summer, bientôt suivi par celui de Gemma.

— Tu aurais dû les laisser en classe éco, murmurai-je à Jérémiah.

— J'avais une dette envers elles.

— Si tu commences à te sentir redevable, elles ne vont jamais te lâcher.

— C'est une grosse dette. Une dette qui fait à peu près ta taille et qui a ta couleur de cheveux.

— Je vois. Le complot est d'ampleur donc.

— Et il n'est pas fini. Il reste deux vœux sur la liste.

— Je sais.

Je dirigeai mon regard vers le hublot. Deux vœux, cela signifiait que la liste ne tarderait pas à s'arrêter. Pour le moment, elle servait de prétexte à nos retrouvailles. Mais un jour ou l'autre, quand le dernier vœu serait accompli, je devrais faire un choix : continuer avec Jérémiah, ou refermer cette parenthèse.

— Maintenant, tu regrettes que ta liste ne fasse pas dix vœux de plus ? demanda Jérémiah.

— Presque, oui. Disons que je ne pensais pas que cela irait aussi vite.

— Il n'y a aucune raison de se précipiter. Si tu veux, on peut attendre pour…

— Non ! le coupai-je. J'ai… Je veux savoir pour ce vœu. Cette clé m'intrigue.

— Tu l'as sur toi ? Parce qu'on peut le faire ce soir, si tu veux.

— En sortant de l'avion ?

Le temps sembla s'accélérer un peu plus. L'avion vira sur la gauche et descendit en direction de la piste d'atterrissage. En une phrase, Jérémiah venait d'enclencher un compte à rebours.

Il m'observa de longues secondes, attendant une réaction. Je regrettais ma réponse impulsive. La situation m'échappait et Jérémiah était d'une tranquillité inquiétante. Il aurait dû être le premier à être angoissé par la fin de la liste, il aurait essayé de nous donner plus de temps. Enfin, ça, c'était ce que l'on aurait pu attendre de la part de quelqu'un de normal et de logique.

Il fouilla dans sa poche, à la recherche du collier que je lui avais rendu en Italie. La cage tenait dans le creux de sa main, tentante et inquiétante.

— Maintenant ou jamais, chuchota-t-il à mon oreille.

— Je présume que je dois abandonner les filles ?

— Une voiture les attend à l'aéroport pour les ramener. J'en ai prévu une autre pour nous.

— Belle anticipation !

— J'étais certain que tu craquerais. La patience n'a jamais été ton fort ; je te connais mieux que personne, la nouvelle.

Je marquai une pause et fixai le bijou dans le creux de sa main. Finalement, je le pris et le mis autour de mon cou.

— Tu te crois vraiment le plus fort sur ce coup ? demandai-je.

— Je le suis. Sans aucun doute.

A l'aéroport, après avoir récupéré mes bagages, je saluai Summer et Gemma. Jérémiah m'avait parlé d'une voiture : il s'agissait en fait d'une limousine, dans laquelle Gemma s'allongea de tout son long en remerciant le ciel d'avoir un nouvel ami si riche.

— C'est de la corruption, fit remarquer Summer.

— Je n'ai aucune moralité, contra Gemma.

— Mais il kidnappe notre copine !

Gemma baissa ses lunettes de soleil sur son nez, puis me lança un regard dubitatif.

— Elle n'a pas particulièrement l'air revêche.

— Parce que je ne le suis pas, confirmai-je.

— On te revoit quand ? demanda Gemma.

— Très vite. C'est certain.

Summer monta dans la limousine et le chauffeur claqua la portière derrière elle. Elle baissa la vitre teintée et m'adressa un sourire.

— Prends ton temps, me conseilla-t-elle.

Je la rassurai d'un hochement de tête et nous échangeâmes un sourire entendu. Ses yeux se portèrent furtivement sur mon collier et elle comprit alors que cette escapade — ce kidnapping ! — n'était pas qu'un caprice.

Je rejoignis ensuite Jérémiah, qui patientait dans une autre voiture aux vitres teintées. La vitre côté passager s'abaissa, et je découvris Jérémiah, le visage partiellement masqué par une paire de lunettes de soleil, installé derrière le volant.

— Le chauffeur est malade ? demandai-je.

— Tu penses vraiment que je vais laisser un type que je ne connais pas me conduire ?

— Evidemment..., marmonnai-je en ouvrant la portière.

Je pris soin de boucler ma ceinture, sous le regard impatient et heureux de mon petit ami. Si cette liste avait de l'importance pour moi, pour lui, c'était un jeu qu'il adorait mener.

— Tu as ta clé ? demanda-t-il.

— Donc cette clé ouvre quelque chose ?

— Une serrure, plaisanta-t-il. Je ne suis là qu'au cas où il faudrait donner un coup de poing pour qu'elle cède.

— Donc mon vœu est dans une caisse ? tentai-je.

— Non. Tu es prête ?

— Prête à quoi au juste ?

— A définitivement retomber amoureuse de moi.

— Parce que tu penses que je vais retomber amoureuse de toi après ce vœu ?

— Ce sont les derniers tours de piste : c'est un peu le moment où les défaillances des adversaires peuvent tout changer au classement.

Je le dévisageai, partagée entre l'envie de rire et la stupéfaction. Il arborait ce sourire de gamin fier et arrogant, qui le rendait irrésistible. J'aurais pu marcher sur les mains pour ce simple sourire.

— Tu réalises que tu m'as comparée à une défaillance ? l'interrogeai-je, hilare.

— Certes. Fais comme si c'était un compliment. Mais tu vas tout de même définitivement retomber amoureuse de moi ce soir.

— C'est ça. Et je t'épouse demain à Vegas ?

Il consulta sa montre et fit une moue indécise. Je redoublai de rire, comprenant où il voulait en venir.

— Le jet n'est pas prêt ? demandai-je dans un rire.

— Les alliances ne sont pas prêtes.

Son sérieux me déstabilisa et mon rire s'éteignit

dans la seconde. Avec Jérémiah, il m'était toujours aussi difficile de distinguer l'ironie de la vérité.

— La taille, c'est bien 51 ?

— 50, corrigeai-je d'une voix blanche.

— On va devoir attendre quelques jours alors. Histoire de l'ajuster.

— Dis-moi que tu plaisantes, paniquai-je.

Il m'adressa un regard plein de malice et démarra la voiture. Mon cœur était au bord de l'implosion et je sentais des fourmillements désagréables sur ma nuque.

— Jérémiah ! m'agaçai-je.

Il déboîta de sa place de parking et appuya sur l'accélérateur. La voiture fit un bond en avant et je me retrouvai plaquée contre le siège. Il se faufila entre deux voitures, manquant de perdre son rétroviseur dans la manœuvre.

— Jérémiah, si c'est une méthode pour me distraire, ça ne marche pas !

— On va à ton cinquième vœu.

— Ça ne fonctionne pas non plus ! m'écriai-je.

Devant nous, un camion apparut soudain à un embranchement. Jérémiah fonçait, aveugle à tous dangers. Instinctivement, mon pied droit s'écrasa au sol, appuyant sur une pédale de frein invisible. Quand, finalement, Jérémiah pila au carrefour, je remarquai que j'avais retenu ma respiration. Je lui lançai un regard assassin et me renfrognai.

— Je plaisantais, dit-il finalement.

— Génial.

— Il faut au moins un mois pour ajuster la bague !

Le sourire extatique qu'il m'adressa estompa ma colère. J'avais envie de le gifler pour son arrogance, et de l'embrasser pour sa capacité à me rendre dingue. Je passai une main sur mon visage et éclatai d'un rire salvateur, puissant et qui m'arracha des larmes de joie.

Je détestais que Jérémiah ait raison.

J'étais définitivement retombée amoureuse de lui.

Sur la suite du trajet, Jérémiah fut extrêmement prudent. Trop, même, pour cet homme qui adorait la vitesse et prendre des risques. Nous échangeâmes quelques paroles, mais lui comme moi étions trop concentrés sur ce qui nous attendait pour être véritablement loquaces.

— Je n'ai aucune idée d'où nous allons. Quelle est ton excuse pour être aussi silencieux ? lui demandai-je finalement.

— Honnêtement, c'est sûrement le vœu le plus... important pour toi.

— Important ? En termes de quoi ?

— Important pour ta vie, pour tes futures décisions. Important pour nous, aussi.

Sa voix vibra, comme s'il hésitait. Cela me surprit ; j'avais toujours affronté un Jérémiah confiant et sûr de lui. Je triturai la clé entre mes mains, espérant qu'elle finisse par me donner la réponse à l'énigme.

Jérémiah gara la voiture Spring Street et il prit une profonde inspiration.

— Rappelle-toi que c'est ton vœu, d'accord ?

— Tu m'inquiètes, dis-je en ancrant mon regard au sien.

— Je m'inquiète de ta réaction. C'est ton vœu, c'est ce que tu voulais il y a dix ans. Cela dit, je reste persuadé que c'est un vœu que tu aurais fini par réaliser. Même sans moi.

— D'accord. Maintenant, je suis vraiment intriguée. Tu as peur que je prenne la fuite ?

— Je *sais* que tu vas prendre la fuite. Je le sens au plus profond de moi. Parce que je te connais, Charlotte, et que tu as déjà pris la fuite.

Mon sourire s'effondra au souvenir de notre rupture. Je ne voulais plus ressasser le passé. Si j'avais accepté de réaliser ma liste, c'était aussi pour faire le deuil de tout ce que nous avions vécu. C'était pour construire une nouvelle histoire sur les cendres de notre histoire passée.

— Tu pourrais être surpris, dis-je, pleine de défi.

— Rien ne me ferait plus plaisir. On y va ?

— D'accord.

Ma voix se brisa légèrement. Jérémiah sortit de la voiture, la contourna et vint m'ouvrir la portière. Il tendit sa main pour m'aider à sortir, puis verrouilla le véhicule. Jérémiah profita de mon inattention pour me plaquer contre la portière et m'arracher un baiser. J'eus à peine le temps d'y répondre qu'il s'écartait et tirait sur mon collier.

— Maintenant ou jamais ? demanda-t-il pour s'assurer que j'étais toujours prête à réaliser ce vœu.

— Maintenant, murmurai-je.

Il entrelaça ses doigts aux miens et m'attira contre lui. Nous remontâmes l'avenue au béton surchauffé. Nous étions dans un quartier luxueux : la rue était bordée d'enseignes de marques très réputées, les immeubles résidentiels se repéraient au concierge en uniforme, les femmes qui déambulaient sur les trottoirs étaient perchées sur des talons vertigineux avec, à leurs bras, des sacs de shopping. Soudain, Jérémiah s'arrêta et nous nous retrouvâmes devant une devanture de magasin. L'auvent, sans sa couche de poussière, devait sûrement être bleu. La vitrine était crasseuse et, de l'intérieur, avait été tapissée de papier journal. La porte avait l'air solide, bien qu'elle ne fût pas de première jeunesse. Je me demandais vraiment ce qu'on faisait ici, devant cette boutique désaffectée et dégoûtante.

— C'est ici.

— Quoi « ici » ?

— Ton vœu. Entre.

Je poussai la porte en bois, qui grinça de douleur. L'odeur âcre de la poussière et de renfermé me prit à la gorge et je toussai pour reprendre mon souffle. Jérémiah actionna un interrupteur et un néon en fin de vie clignota de longues secondes avant de s'allumer. Cet endroit n'avait pas dû être aéré depuis des années. Des draps jaunis couvraient ce que je supposai être des chaises et des rayonnages de bibliothèques. Dans un coin, je repérai un comptoir, lui aussi d'un autre âge

— C'était un magasin de tricot avant, expliqua Jérémiah.

— Avant ?

— Avant que je l'achète.

— Tu as acheté cet endroit ?! m'écriai-je.

— C'était sur ta liste, expliqua-t-il en haussant les épaules.

Je le dévisageai, éberluée. L'endroit était vieillot et avait besoin d'un sérieux récurage. La poussière rôdait partout, le lino au sol était taché, des cadres hideux pendaient aux murs.

— Je veux voir la liste, lâchai-je finalement.

— Ça, c'est hors de question.

— Alors, explique-moi comment j'ai pu…

Ma voix s'éteignit quand il souleva un drap qui couvrait un meuble sur sa gauche. Un son étranglé, proche du sanglot, se coinça dans ma gorge tandis que mon cœur tambourinait dans ma poitrine.

— J'ai pensé que cela t'aiderait.

J'approchai de lui et du meuble. Mon meuble.

Celui que ma mère m'avait acheté il y a dix ans et que je n'avais jamais fini de retaper.

— Summer m'a aidé à le faire venir ici, dit-il alors que mes doigts effleuraient le bois poncé. Je n'avais aucune idée de ce dont tu avais besoin, alors je t'ai ouvert un compte pour...

— Tu m'as ouvert un compte ?

— Je suis actionnaire en fait, actionnaire de ta boutique.

— Ma boutique ?

— Tu voulais ouvrir une boutique. Tu voulais retaper des meubles et les revendre, travailler avec des antiquaires et des collectionneurs. C'était ce que tu voulais faire.

— Tu es devenu complètement cinglé ! m'exclamai-je, à deux doigts d'exploser de colère.

— Charlotte...

— C'est... C'est... C'est hors de question ! éructai-je finalement. Qu'est-ce que tu crois ? Que je peux abandonner tout ce pour quoi j'ai travaillé depuis des années pour... pour retaper des meubles ?

J'avais le souffle coupé par la rage qui m'envahissait. Jérémiah semblait désemparé. S'il avait envisagé une réaction de ma part, il ne s'attendait sûrement pas à une attaque en règle.

— C'était ce que tu voulais faire, me rappela-t-il. Tu voulais faire les beaux-arts, tu voulais finir ce meuble.

— C'est de la folie furieuse ! Je suis avocate, Jérémiah. La restauration, c'était un passe-temps, une passade même. Je ne peux pas faire ma vie avec ça.

— Et pourquoi pas ? me provoqua-t-il.

— Parce que j'ai changé. Toi aussi, tu as changé. C'est ainsi, on change tous. Vivre dans le passé ne fera pas de nous des gens plus heureux.

— Pourtant, je te trouve plus heureuse maintenant que le soir où nous avons dansé ensemble.

Je cachai mon visage entre mes mains, affolée et apeurée par la tournure que prenait notre relation. Cette liste ne reflétait que la fille que j'étais avant, aucunement celle que j'étais maintenant. J'avais un métier, et un job m'attendait. Je n'étais plus l'ado timide, introvertie et qui avait trouvé refuge dans une passion inhabituelle. Evidemment, j'avais dû rêver d'avoir ce genre de boutique. Mais, bien vite, j'avais compris que je devais faire une croix sur mes rêves d'adolescente naïve.

J'étais quelqu'un d'autre. Quelqu'un qui avait choisi son camp entre les rêves et la réalité. J'avais changé. Jérémiah, lui, était toujours le même, toujours amoureux de la Charlotte d'avant. J'avais tout fait pour oublier et fuir mon passé et Jérémiah tentait de m'y ramener.

— Personne ne te demande de te décider maintenant, reprit-il avec apaisement.

— Ni maintenant ni jamais, contrai-je d'un ton glacial. Cette liste est terminée.

Jérémiah se plaça devant la porte et fit barrage de son corps. Il avait prévu cette fuite, il avait envisagé tous les scénarios possibles. Je me postai devant lui, espérant que ma colère suffirait à le dissuader de me retenir.

— Ne pars pas, plaida-t-il. Laisse-moi au moins te parler de ce projet.

— Il n'y a pas de projet, Jérémiah.

— Tu pourrais commencer par finir ton meuble. Il serait parfait en vitrine. Ensuite, tu gères comme tu veux : tu achètes, tu retapes, tu revends. Je ne viendrai pas mettre mon nez dans tes affaires.

— Ce n'est pas...

Il s'écarta de la porte, prenant le risque de me laisser fuir, et parcourut la pièce. Sa chemise noire était couverte de poussière et il la frotta inutilement.

— Tu as de la place pour un atelier et pour stocker quelques meubles.

Il fit une pause, laissant un silence reposant nous envelopper. Il avait son idée, j'avais la mienne. Il trouvait le projet merveilleux, pour moi il était déraisonnable et insensé.

— Le budget est suffisamment conséquent pour que tu te lances. Théo et Summer sont partants pour nous aider à nettoyer.

— Nous ?

— Je pensais t'aider à aménager cet endroit. Il faut changer le sol et l'éclairage... Et... Charlotte, j'ai bien conscience qu'il y a du travail et que ce n'est pas parfait. Mais cette boutique, c'est toi. Ce meuble, c'est une partie de ton âme. Je veux t'aider. Je veux faire partie de ça, avec toi.

— Tu ne peux pas être sérieux, me lamentai-je.

— Je n'ai jamais été aussi sérieux. Je ne fais pas ça pour moi, Charlotte. Je le fais pour toi. Parce que je sais qu'au fond de toi il y a toujours cette fille avec ce parfum de colle à bois.

— Tu réalises ce que tu me demandes ? Tu me demandes de changer de vie, de plaquer tout ce que j'ai construit pendant dix ans. J'ai bossé comme une folle pendant des années, Jérémiah. Personne ne jette tout aux orties, comme ça !

— Tu l'as déjà fait pourtant, me rappela-t-il. Tu as tout abandonné quand ta mère est morte.

— Je devais faire de vraies études. Mon père était recherché. Je n'avais pas de bourse, pas d'argent. Je n'avais aucune solution, j'étais seule et désespérée. Je ne pouvais pas faire comme si j'étais une fille normale. Alors j'ai fait ce que font la plupart des gens, Jérémiah : un compromis nécessaire. J'ai suivi des études de droit pour être certaine de m'en sortir plus tard.

Les larmes me montèrent aux yeux brutalement. Je n'avais jamais confié à personne ce que j'avais ressenti à la mort de ma mère. Il y avait eu la solitude, évidemment. Mais j'étais surtout désemparée et au pied du mur. Je n'avais plus les moyens de mes projets. Je ne pouvais plus rêver de cursus élitiste et artistique. L'université d'Etat à New York avait été la meilleure des solutions : Summer et David étaient sur place, c'était une grande ville où j'allais pouvoir me fondre dans la masse et, surtout, les bourses étaient suffisamment importantes pour couvrir mes frais de scolarité.

— Tu as une seconde chance, dit finalement Jérémiah. Je te l'ai dit, je me fiche de ce que tu fais : avocate, antiquaire, médecin, pilote même... Fais ce que tu veux, Charlotte, mais fais quelque chose qui te plaît.

— Donc, j'ai un choix à faire ?

— En effet. Je ne dis pas qu'il y a un bon choix. Je dis juste qu'il faut que tu acceptes de choisir.

— Les choses sont donc si simples d'après toi ?

— Peut-être.

Il approcha de moi et, du pouce, effaça les quelques larmes qui avaient coulé sur mes joues. Je poussai un profond soupir et parcourus des yeux la petite boutique crasseuse, mais pleine de promesses, qu'il m'avait offerte.

Je pris le pendentif entre mes mains, prête à le retirer.

— Garde-le, m'intima Jérémiah en interrompant mon geste.

— Il reste un vœu, lui rappelai-je.

— Garde-le, répéta-t-il. Je veux que tu le gardes, au moins jusqu'à demain, histoire de te souvenir de tout ça.

— Si je garde le collier, alors, je te garde, récitai-je, pour lui remémorer la règle de base de notre accord.

— Alors garde-moi. Garde-moi, Charlotte. Tu pourras enlever ton collier demain, mais je vais tout faire pour que tu veuilles le garder. Et me garder, aussi.

— Et pour le dernier vœu ?

— On le fera. Avec ou sans collier. Mais je ne veux pas faire ton dernier vœu sans savoir ce que nous allons devenir après la liste.

— Tu étais pourtant sûr de toi, objectai-je en souriant.

— Je le suis. Je veux juste que tu l'admettes. Garde-le, s'il te plaît.

Je finis par hocher la tête et relâchai mon bijou. Jérémiah frotta ses mains l'une contre l'autre et en passa une dans sa chevelure désormais grise de poussière.

— Rentrons, j'ai un appartement dans l'immeuble à côté.

— Je comprends mieux le choix de l'emplacement.

— Réfléchis-y, d'accord ?

— Promis, murmurai-je.

Il ouvrit la porte et sortit. Je le suivis, encore bouleversée par ce qu'il venait de me proposer. Il avait raison sur une chose : dans ma situation, il n'y avait pas de bon choix.

Il y avait juste une liste à finir.

— Il faut que tu fermes. Avec la clé, ajouta-t-il.

Je fis deux tours de clé et reculai pour admirer la façade. La vitrine avait besoin d'un ponçage intense, puis d'un coup de peinture. Jérémiah rejoignit la voiture pour prendre nos valises et mes lèvres se soulevèrent dans un sourire fébrile.

— Merci, maman, chuchotai-je en relevant les yeux vers le ciel bleu azur.

Jérémiah dormait près de moi, sa joue râpeuse sur mon épaule, pendant que sa main reposait sur ma hanche. Sa respiration était calme et j'hésitai de longues minutes à me lever, de peur de le réveiller. Mais j'avais les yeux grands ouverts depuis au moins une heure, et le sommeil ne venait pas. Je bougeai avec précaution, repoussant d'abord sa main, avant de poser un baiser sur son front. Il grogna un mot inintelligible, avant de se tourner dans l'autre sens. Je me glissai hors du lit et enfilai un pull. Dans ma valise, je dénichai un short bleu. Je ravalai un rire au souvenir de mes séances douloureuses d'aérobic avec Summer dans ce même short. J'avais abandonné au bout de deux semaines.

Je descendis l'escalier noir jusqu'au salon, puis rejoignis la cuisine. Je trouvai la bouilloire et la remplis d'eau. J'ouvris plusieurs placards avant de trouver un sachet de thé et de le placer, triomphante, dans une tasse. D'après l'horloge du four, il était près de 4 heures du matin. J'étais encore sous le coup du décalage horaire avec l'Italie.

Si j'étais vraiment honnête, j'étais plutôt sous le coup de tout ce que j'avais vécu ces derniers jours. J'empoignai mon pendentif et poussai un soupir. J'étais perdue. Faire cette liste avait réveillé certains souvenirs. Maman, bien sûr, la dernière année de lycée, Summer. Des souvenirs enterrés, volontairement oubliés, pour me construire une nouvelle vie.

La bouilloire siffla et je préparai mon thé. Je me

dirigeai vers le salon et ouvris la baie vitrée. New York s'étalait à mes pieds, étincelante et endormie dans un silence relatif. Venir vivre ici avait été la meilleure des décisions. Du moins, c'était ce dont j'étais convaincue à la fin du lycée. J'avais suivi le parcours classique ; mon examen de fin de cycle au lycée, des études de droit, un métier, le barreau, un avenir tout tracé.

— Quand quelque chose est juste, on n'a pas de doutes, murmurai-je.

Mais les doutes étaient bien là. J'aimais le droit, j'aimais l'idée de défendre les gens. Du moins, je le pensais.

Jérémiah bousculait tout sur son passage et me forçait à replonger dans mes souvenirs. Le droit n'avait jamais été une évidence, ni un objectif. Choisir le droit, c'était trouver un moyen simple et efficace de quitter Norfolk sans être gênée par des contraintes financières. J'avais fini par y croire, j'étais parvenue à me convaincre que je voulais faire carrière, que j'avais la trempe d'une grande avocate, que mon avenir était là. Je m'étais cachée derrière cette illusion, j'avais fui tout ce qui me ramenait à mon passé et me rappelait mes quelques mois à Norfolk. Et ma fuite avait réussi : j'étais avocate et j'avais renié ma passion.

Maintenant, ma vie, si rodée, si prévisible, si loin de Jérémiah, était devenue, en quelques mois, pleine de surprises, imprévisible et... avec Jérémiah. Je ne savais plus ce que je voulais, je ne savais plus qui j'étais.

Le souvenir de Summer m'avouant sans ambages que, d'après elle, je n'étais plus la même fille drôle, audacieuse et pleine de vie qu'au lycée me revint avec violence. Tout le monde est censé changer, tout le monde est censé faire des choix. Je me demandais désormais si ce n'était pas cette nuit que se posait le vrai choix. Je bus une gorgée de mon thé, tentant de remettre en ordre mes pensées.

— Quand quelque chose est juste, on n'a pas de doutes, répétai-je.

Je retournai au salon et m'installai sur le canapé en cuir noir de Jérémiah. Face à moi trônaient une ribambelle de trophées. La course ou moi. J'aurais préféré que mon choix se limite à ça. J'aurais préféré que Jérémiah soit moins convaincant, moins sûr de lui, moins capable de capter mes pensées les plus intimes. Mais c'était plus fort que mes convictions, plus fort que nous deux réunis. Nous étions liés, nos vies étaient entrelacées, notre destin scellé par une suite d'événements forts : de la porte de mon casier à l'Italie, en passant par cette liste.

Cette liste qui faisait que je me retrouvais ici, dans l'appartement de Jérémiah, à New York, à réfléchir à ce que j'allais devoir faire. Mais aucune solution ne me paraissait acceptable.

Mon téléphone vibra sur la table basse. Le prénom de Summer s'afficha et je remerciai le ciel.

— Tu ne dors pas ? attaquai-je dans un rire.

— Toi non plus. Donc, tu commences.

— Je ne sais pas par où commencer. C'est... confus, dis-je en buvant une gorgée de mon thé.

— Eau chaude ?

— Du thé.

— Tu ne peux pas boire du café comme les gens normaux ? Ou un chocolat chaud ? Ou de la vodka ?

— Le thé m'aide à réfléchir. J'avais besoin d'être au calme et seule. Jérémiah a tendance à...

— T'agacer ? finit-elle pour moi.

Je soupirai et passai une main sur mon visage fatigué. Je pris mon pendentif entre mes mains et jouai nerveusement avec. Comment ce cadeau, vieux de dix ans, pouvait-il avoir autant d'importance maintenant ? Demain, je devrais le lui rendre. C'était la règle : après chaque vœu, je devais lui rendre le collier.

Sauf si je décidais de le garder sur moi.

— Il m'empêche de réfléchir correctement, expliquai-je.

— Je trouve, au contraire, qu'il te force à te poser les bonnes questions.

— Il m'a demandé de garder le collier, avouai-je finalement.

J'entendis Summer bouger. Elle devait certainement prendre sa position fétiche sur le canapé : allongée de tout son long, les yeux rivés au plafond, en espérant trouver l'inspiration divine.

— Je croyais que le collier était lié à la liste ?

— Pas que. A chaque vœu, je dois rendre le collier. Si je le garde, alors... alors, je garde aussi Jérémiah.

Elle éclata d'un rire sonore, pendant que je buvais une nouvelle gorgée de mon thé.

— Et c'est ça qui te maintient éveillée au milieu de la nuit ?

— Ça et le décalage horaire, entre autres choses. Disons que le décalage horaire finira par se tasser.

— Tu veux mon avis ?

— Pas vraiment, mais je sens que tu brûles de partager ton opinion sur le sujet, ironisai-je.

— Je pense que tu peux lui rendre le collier, dit-elle.

Un silence s'installa. Summer mesurait les effets de sa proposition, pendant que j'imaginais le moment où je devrais affronter Jérémiah, mon collier à la main.

— Parce qu'on se fiche du collier, ajouta finalement mon amie. Si tu crois que votre relation est uniquement fondée sur ce bijou, tu te trompes.

— Je sais bien que ce bijou n'est qu'un prétexte, grommelai-je.

— Quoi que vous fassiez, Jérémiah et toi serez toujours liés. Vous avez eu une histoire hors normes, vous avez réalisé cette liste. Tu ne peux pas t'attendre à reprendre ta vie là où tu l'avais laissée.

— Et pourquoi pas ?

— Parce qu'il reviendra. Jérémiah restera toujours là, comme une ombre derrière toi. Et il t'attendra. De toute façon, vous avez bien décidé de faire cette liste ?

— Oui, murmurai-je en triturant mon pendentif.

— Et, si ma mémoire est bonne, il reste deux vœux ?

— Un seul, corrigeai-je. J'ai... Jérémiah m'a fait réaliser l'avant-dernier vœu de la liste, cet après-midi.

Nouveau silence, mais cette fois, Summer ne se fendit pas de son rire habituel. Comme je l'avais fait quelques heures plus tôt, elle assemblait les pièces du puzzle.

— Je comprends mieux l'eau chaude, plaisanta-t-elle. L'étau se resserre.

— Je savais que c'était pour un temps limité. Mais je me suis toujours dit que j'y arriverais, que j'arriverais à me contenter de la liste et que, à la fin, nous reprendrions nos vies.

— A l'instant où tu as accepté d'aller boire ce café avec lui, tu aurais dû te poser des questions.

— Ça ne devait être qu'un café, lui rappelai-je avec ironie. Sur un café, j'avais le contrôle, je savais tenir Jérémiah à distance. Et au fur et à mesure, les limites sont devenues floues. Je l'ai quitté il y a dix ans, je ne pensais pas que... que cela persisterait encore.

— Ta cicatrice est toujours là, me fit remarquer Summer. Lui aussi.

— Une chance que ça finisse par disparaître ? Je ne parle pas vraiment de la cicatrice...

— Je te l'ai dit, ça n'arrivera pas. Et ce vœu ? Est-ce que j'étais loin avec ma virée sur la Route 66 en side-car ? demanda-t-elle.

— Plutôt, oui. Et il ne s'agit pas non plus d'apprendre à faire du ski dans les Rocheuses, ajoutai-je. J'aurais préféré : la neige ne tombera là-bas que dans quelques mois.

— Jérémiah aurait trouvé un moyen d'enneiger une piste en plein mois d'août. Il n'est pas patient, tu le sais.

— Je le sais. Mais... C'est une... boutique, lâchai-je dans un soupir consterné. Le vœu. C'est une boutique.

— Il l'a fait alors..., s'esclaffa Summer.

— Tu le savais ?

— Il m'a appelée. Il paraît que l'endroit est dans un sale état.

— Tu aurais pu me prévenir ! râlai-je.

— Et louper ce grand moment de réflexion nocturne ? Jamais de la vie ! Cela étant, Charlotte, honnêtement, tu ne peux pas avoir des rêves normaux ?

— Ils étaient normaux à dix-sept ans ! J'avais dit à Jérémiah que je voulais une boutique pour restaurer et vendre des meubles, des antiquités.

Le silence de Summer fut éloquent. Elle avait aidé Jérémiah avec cette soirée de retrouvailles et, désormais, elle contemplait avec moi le précipice à mes pieds.

— Dis-moi que tu as rehaussé cette eau chaude d'un alcool quelconque ?

— Non. Au contraire, j'ai besoin d'y voir clair.

— Et ça marche ?

— Absolument pas. Je n'ai aucune idée de ce que je vais dire à Jérémiah.

Elle m'accompagna dans mon rire nerveux et je l'entendis pousser un soupir.

— Tu peux aussi lui dire que tu ne veux pas de la boutique.

Je fermai les yeux, mon cœur manquant un battement. Je n'avais pas un nombre infini de scénarios : que je rende ou non le collier, il me faudrait prendre une décision pour cette boutique.

— Merde, Charlotte, tu veux cette boutique, n'est-ce pas ?

Je renversai la tête en arrière et gémis de frustration. Jamais je ne parviendrais à trouver une solution acceptable. Chacune des possibilités qui s'offraient à moi avait un défaut.

— Il a mis le meuble.

— Merde.

— Elle est exactement comme je l'avais imaginée.

Je n'osai pas avouer à Summer que le simple fait d'avoir senti l'odeur caractéristique de la colle à bois m'avait fait monter les larmes aux yeux. Mais surtout, le fait de voir Jérémiah au milieu de la pièce principale, me suivant des yeux pendant que j'arpentais les lieux m'avait bouleversée. Dans son regard, l'inquiétude se mêlait à la jubilation. Il était fier de sa prouesse, heureux de me voir me dépêtrer dans mes incertitudes... et inquiet à l'idée que je lui rende le collier. Tout ce que j'avais toujours aimé chez lui — ce mélange de bienveillance et d'arrogance — était dans ce seul regard. Rien que d'y repenser, mon cœur s'emballait et mon ventre se recroquevillait sur lui-même.

— Le ski dans les Rocheuses est moins dangereux, me fit remarquer Summer.

— Le danger, c'est Jérémiah.

— Et j'imagine que tu ne te souviens pas de ton dernier vœu ?

— Non, m'agaçai-je. Mais j'ai un indice !

— Comme quoi ? Des médocs pour ton hypertension ? se moqua-t-elle.

— Un bâillon pour te faire taire, rétorquai-je.

— L'eau chaude ne te réussit pas ! Alors, c'est quoi ton indice ?

Je fixai la table basse en face de moi. Summer allait rire jusqu'à la fin des temps. Jérémiah prenait plaisir à me torturer ; comme si je ne me posais pas déjà suffisamment de questions, il prenait un plaisir fou à rajouter une énigme.

— Un crayon, dis-je, avec lassitude.

— Un crayon ?

— Oui.

— Merde. Il n'a pas de signes particuliers ? Comme un nom gravé dessus ? s'enquit-elle.

— Au cas où tu ne l'aurais pas remarqué, Jérémiah adore jouer avec mes nerfs. Il m'a juste donné ce crayon. Un avis ? Un pronostic ?

— On peut oublier le ski dans les Rocheuses, plaisanta-t-elle.

— On peut.

Je finis mon mug de thé et réprimai un bâillement. Parler avec Summer m'avait permis de me libérer d'une partie de mes inquiétudes. Evidemment, je n'avais toujours aucune idée de ce que j'allais faire. Mais Summer m'avait détendue et écoutée.

— Tu ne m'as pas dit pourquoi tu m'as appelée si tard ? lui demandai-je.

— Je suis en pleine nuit blanche.

— Une raison particulière ?

— Il s'est passé un truc avec Théo.

Je me redressai aussitôt, puis me levai du canapé. A l'horizon, les tout premiers rayons du soleil étaient en train de poindre. Une nouvelle journée s'annonçait, avec de nouvelles décisions et de nouveaux questionnements.

— Ça fait à peu près dix ans que tu fais des « trucs » avec Théo, dis-je en souriant.

— Tu inverses les rôles : tu es censée être l'amie rationnelle qui analyse, pas celle qui tente de dédramatiser la situation.

— Donc, la situation est dramatique ?

— Je ne crois pas. Théo est un ami et... Bref, j'ai été surprise, c'est tout.

— Surprise ?

— Surprise. On est allés dîner et il m'a raccompagnée. Je lui ai proposé de monter pour discuter et... Bon, bref, on a failli s'embrasser.

— On ? Attends, c'est lui ou c'est toi qui as commencé le baiser ?

— Nous deux. En même temps. On dansait et...

— Vous dansiez ? la coupai-je.

Peut-être était-ce mon manque de sommeil, ou mes questionnements incessants, mais j'avais du mal à suivre la conversation.

— Dans le salon. Il danse bien.

Même au téléphone, j'entendis sa voix monter d'un ton. Summer n'était pas du genre à se pâmer pour un homme. Elle régentait ses relations amoureuses comme un maître de guerre. Elle dictait les ordres, et les hommes exécutaient. Ainsi, elle limitait les mauvaises surprises et savait à quel moment mettre un terme à une relation.

Pas d'engagement. Pas de promesses. Un monde sans surprise que Théo était en train de remettre en question.

— Je sais. Très bien, même, ajoutai-je en me souvenant de la soirée à la résidence Montgomery.

— Est-ce qu'il t'a parlé de quelque chose à mon sujet ?

— Ne me demande pas ça, Summer.

— Pourquoi pas ?

— Parce que tu dois prendre une décision toute seule, en fonction de ce que tu ressens, toi.

— Et quand on ne sait pas ?

— Quand on ne sait pas, on se lève au milieu de la nuit et on boit de l'eau chaude.

— J'ai bu un verre de vodka. Ça ne fonctionne pas plus que ton eau chaude ! Théo est parti juste après notre... euh... danse, bégaya-t-elle. La situation craint : j'ai vu qu'il m'en voulait. Je ne veux pas le perdre en tant qu'ami, mais je sais qu'il veut plus.

— Tu le sais ? m'étonnai-je.

— Je le sais. Je l'ai senti. C'était... C'était à couper le souffle, cette danse.

— Tu es restée en apnée combien de temps ? demandai-je.

— Trop. Le temps que mon cerveau s'oxygène convenablement, il était parti. Sûrement un signe du destin, car j'aurais été incapable de trouver quoi lui dire. J'aime Théo, mais pas comme ça.

— Comment ça « comme ça » ?

— Comme ça ! Comme tu aimes Jérémiah. De manière irrationnelle et...

— ... et à m'en donner des nuits blanches, finis-je pour elle. Je vais appeler Gemma, on va se faire un petit déjeuner. Le café en face de l'université est ouvert en continu, on s'y retrouve dans une heure ?

— Parfait. Tu vois, je n'aime déjà pas le tournant que tout ça prend : des nuits blanches, de l'eau chaude et des petits déjeuners hypercaloriques.

— J'enfile un jean et j'arrive.

Nous raccrochâmes au même instant et je remontai

à pas de loup jusqu'à la chambre. En mon absence, Jérémiah avait pris ma place dans le lit, dormant paisiblement sur le ventre, son dos découvert. En silence, je fouillai dans ma valise et trouvai un jean. Je retirai mon pull et pris le sweat à capuche de Jérémiah. Je filai jusqu'à la salle de bains pour me rafraîchir et rassembler mes cheveux dans une queue-de-cheval. J'attrapai mes sandales et redescendis l'escalier, aussi doucement que possible.

Pendant de longues minutes, je cherchai de quoi laisser un mot à Jérémiah. Si j'avais bien un crayon — merci, Jérémiah ! — je ne trouvais aucun bloc-notes. En désespoir de cause, je finis par trouver un magazine de courses automobiles et j'en arrachai un coin de page.

Petit déjeuner avec les filles.
Serai là dans la matinée.

Puis, après une seconde d'hésitation, j'ajoutai :

Je t'aime.

Quelle que soit ma décision, j'étais certaine d'aimer Jérémiah. C'était en moi, profond et inébranlable. Je n'avais aucune idée de mon avenir, aucune idée de ce que nous allions devenir, ni si un jour je finirais par accepter son addiction pour le danger et la course.

Mais je l'aimais et, pour le moment, cela suffisait à apaiser mon cerveau en ébullition.

Je quittai l'appartement de Jérémiah sous le regard médusé du concierge de l'immeuble : il ne devait pas avoir l'habitude de résidents si matinaux. Il me gratifia tout de même d'un sourire aimable, avant de me souhaiter une bonne journée. A cette heure-ci, la chaleur était supportable : la canicule new-yorkaise s'était calmée à la faveur de la nuit. Les rues étaient désertes et je décidai de marcher jusqu'à notre lieu de rendez-vous. J'appelai Gemma sur le chemin.

— Il est 5 h 14, marmonna cette dernière quand elle décrocha.

— Pancakes et café à volonté d'ici trente minutes.

— Me tenter avec de la nourriture est contraire à la Convention de Genève.

— Faut qu'on parle. Et il y a du nouveau entre Summer et Théo.

J'entendis un bruit de heurt, puis un cri de douleur.

— Table basse ?

— Coin du lit, grogna-t-elle de douleur.

Je ravalai un rire. Gemma était la spécialiste des urgences : quand elle n'y allait pas pour un de ses élèves, elle trouvait le moyen de se faire mal. L'été dernier, elle s'était — entre autres — déboîté l'épaule après que les portes du métro s'étaient refermées sur elle.

— J'a... J'arrive, dit-elle.

— Tu sautilles ?

— Je te maudis, surtout. J'espère qu'il y aura des infos croustillantes.

Elle raccrocha en jurant de nouveau de douleur. J'enfonçai mon téléphone dans la poche arrière de mon jean. Je savais que ce petit déjeuner ne me donnerait pas la solution miracle, mais il aurait au moins le mérite de me changer les idées.

A mon retour à l'appartement de Jérémiah, ce dernier était au téléphone et arpentait le salon. Les cheveux encore humides de la douche, il n'était habillé que d'un boxer noir. La baie vitrée était ouverte, mais aucune brise ne venait rafraîchir les lieux. Le soleil tapait déjà fort sur l'immeuble. En me voyant, Jérémiah leva un index à mon intention.

— Ce soir, alors. Oui, décalons. Mais je ne veux pas que cela dure plus d'une heure.

Je fronçai les sourcils. Jérémiah hocha la tête, puis mit un terme à la conversation. Il jeta son téléphone sur le canapé et, en deux pas, effaça la courte distance entre nous. Il saisit mon pendentif pour m'attirer contre son torse parsemé de quelques gouttes d'eau, puis déposa un baiser au coin de mes lèvres.

— J'ai vu ton mot, murmura-t-il.

Je posai mes mains contre son torse. Son cœur cognait dans sa cage thoracique. Il retira l'élastique qui maintenait mes cheveux, puis y passa une main.

— Et moi aussi, je t'aime. Sauf quand je me réveille et que tu n'es pas là.

— J'ai fait un petit déjeuner avec les filles. On avait besoin de discuter.

Il haussa un sourcil curieux, puis son séduisant sourire refit son apparition. C'était son arme favorite pour me faire avouer l'inavouable. Il savait pertinemment de quoi nous avions parlé.

— Tu as toujours le collier, dit-il.

— Je n'arrive pas encore à savoir si je dois l'enlever ou non.

— Tu réfléchis trop.

— Tu me demandes de tirer un trait sur les dix dernières années.

— Pas du tout. Je te demande d'être toi. Je ne suis pas certain d'aimer ce nouveau personnage rationnel et trop sérieux.

— J'ai toujours été rationnelle, rétorquai-je.

— Je préfère la fille qui bloque son casier avec de la colle à bois. Ou celle qui accepte de faire l'amour dans cet escalier.

Mes joues se colorèrent immédiatement au souvenir de la nuit dernière. Jérémiah étouffa un rire et prit mon visage entre ses mains.

— Reste avec moi, plaida-t-il. Ici. Ailleurs. Où tu veux. Mais reste.

— Et la boutique en bas de la rue ?

— On se fiche de cette boutique. Tu l'avais mise sur ta liste. Elle peut être ici ou ailleurs. Mais tu es faite pour réparer, retaper les meubles.

Il libéra mon visage et ses mains saisirent les miennes. Il entrelaça nos doigts et souda son front au mien.

— Les choses changent, dis-je, d'une voix étranglée.

— En effet. Et il faut faire des choix. Mais, hier, quand je t'ai montré la boutique, j'ai vu ton regard changer. Et j'aime ce regard que j'ai retrouvé ; c'est ce que j'ai aimé en premier chez toi. Tu vois ce que les autres ne voient pas, tu sais comment... réparer les choses.

Il ferma les yeux et il remonta ma main gauche contre son torse. Sous sa peau, ses muscles se tendirent.

— Ça, ça ne changera pas : toi et moi. Tu peux me quitter, Charlotte. Tu peux me quitter autant de fois que tu veux, mais notre lien sera toujours là.

— Maintenant ou jamais ? demandai-je.

— Commençons par maintenant. Je finirai par te convaincre. Ta mère disait que tu étais butée.

— Ce n'est pas une décision simple.

— D'où ton petit déjeuner avec Summer ?

— Summer et Gemma ont pris fait et cause pour toi.

Il sourit largement, fier comme un paon. Pour un peu, il en aurait bombé le torse de satisfaction.

— Je vais les inviter à dîner, proposa-t-il.

— C'est moi que tu dois convaincre, lui rappelai-je.

— Quand quelque chose est juste, on n'a pas de doutes.

Je me figeai et dévisageai Jérémiah. Il posa sa main sur ma joue et, du pouce, caressa ma peau.

— C'est ce que disait ta mère, non ?

— Oui, répondis-je d'une voix blanche. Comment...

Je fouillai dans ma mémoire. Je ne me souvenais pas que maman et Jérémiah avaient eu une véritable conversation. Ma mère avait toujours eu une sorte de béguin inexplicable pour Jérémiah, béguin que j'avais mis sur le compte de sa prodigieuse envie de voir sa fille mener une vie d'adolescente normale.

— J'ai parlé avec ta mère, parfois, expliqua-t-il en haussant les épaules. Après... Après que tu m'as quitté.

Je m'écartai de Jérémiah. J'étais habituée à ressentir une pointe de douleur dans le creux de l'estomac dès que ma mère surgissait dans mes pensées. Mais entendre Jérémiah parler d'elle me bouleversait. Je les imaginais en train de parler : elle, si enthousiaste au sujet de notre relation, lui, si buté dans ses objectifs de courses automobiles. Tous mes souvenirs ne concernaient que ma mère et moi. Savoir qu'elle avait parlé à Jérémiah, qu'elle croyait en notre histoire au point d'aller le voir sans m'en parler, me révélait une nouvelle facette de sa personnalité.

Elle, elle y avait cru.

— Je ne savais pas.

— Tu ne voulais plus me voir. Je cherchais une solution. Ta mère est venue me voir. Au garage, précisa-t-il.

Tremblante, je m'assis avec précaution sur le canapé. Je n'étais pas certaine de tenir le coup. Les larmes me piquaient les yeux et, malgré la canicule, un frisson me parcourut.

— Charlotte, ce n'est pas si...

— Si. Je veux savoir. Je veux savoir ce qu'elle t'a dit.

— C'est important ?

— Pour moi, oui.

— Elle était persuadée que tu reviendrais sur ta décision. Elle m'a demandé de te laisser du temps, de l'espace. Elle s'en voulait.

— D'être malade ?

— Oui. Elle m'a dit que tout finirait par s'arranger, que quand quelque chose est juste...

— ... on n'a pas de doutes, finis-je pour lui.

Je relevai mes yeux humides vers lui. J'effaçai une larme de ma joue, incapable de déterminer si je pleurais de tristesse ou de joie. Imaginer ma mère en train de parler avec Jérémiah me serrait le cœur. Jérémiah m'adressa un sourire fragile.

— Ta mère n'avait pas précisé que je devrais attendre dix ans, ajouta-t-il pour détendre l'atmosphère.

— Je suis butée, lui rappelai-je.

— Je sais. Mais elle était convaincue par l'évidence de notre histoire.

Je poussai un profond soupir et secouai la tête. Le manque de sommeil me rendait atrocement sentimentale. Ma mère me savait malheureuse, elle culpabilisait d'être malade, elle regrettait les erreurs de mon père. Elle cherchait un moyen de s'assurer que j'irais bien. Elle s'en voulait de me laisser seule et pensait que Jérémiah était la personne qui m'aiderait à affronter les événements.

— La situation n'était pas brillante, lui rappelai-je.

— Je m'en rends compte maintenant. Mais elle était persuadée que tu ouvrirais les yeux sur nous deux.

Je me relevai et me plaçai face à Jérémiah. Dix ans s'étaient écoulés, et je ressentais toujours cette attraction quand j'étais près de lui, une force qui me retenait à ses côtés, une gravité incompréhensible.

— Toutes ces femmes qui sont sous ton charme, ironisai-je.

— Et je ne veux que toi, soupira-t-il, mélodramatique.

— Si je garde le collier, on fera quand même le dernier vœu ?

Stupéfait, il haussa un sourcil. Un sourire ravi s'épanouit sur ses lèvres.

— Rassure-moi et dis-moi que ce n'est pas la seule chose qui te retient ?

— Mets-toi à ma place, je loupe peut-être le meilleur de toute cette histoire, le taquinai-je.

— Je commence à détester cette idée de liste, murmura-t-il sur mes lèvres.

— Ton indice est trop mince.

— Je m'efforce d'être un type bien ; je te laisse du temps. Mais si tu me provoques encore, je réalise ton dernier vœu avant ce soir.

— Vraiment ? m'étonnai-je.

— Vraiment. Tout est prêt mais je voulais te laisser du temps, pour réfléchir.

— Dans ce cas, pourquoi veux-tu que je garde le collier ? Je pourrais te le rendre, et tu me le redonnes ce soir pour faire le vœu.

— Si tu gardes le collier, tu me gardes, moi. Egoïstement, je voudrais que tu fasses ton dernier vœu en choisissant d'être avec moi. Je ne veux pas être juste le type qui t'aide à réaliser ta liste. Je veux être le type avec qui tu fais ta liste parce que tu ne l'envisages pas autrement.

Un rire nerveux m'échappa. Je me débattais dans une multitude d'interrogations et Jérémiah affichait cette confiance absolue dans notre histoire.

— Et si je te rends le collier après le dernier vœu ?

— C'est la faille de mon plan, en effet. Mais j'ai envie de croire que tu le garderas. J'ai déjà fait le plus dur : je craignais que tu ne refuses net dès hier soir. Mais tu l'as gardé et tu as discuté de tout cela avec tes amies, c'est donc que notre sort n'est pas scellé.

— Tu es un homme plein d'espoir, en fait.

— On peut très bien gagner une course au dernier tour. C'est d'ailleurs ce que je préfère, lutter pour la victoire.

Il plaça ses mains sur ma taille et, soudainement, me souleva. Mes jambes entourèrent sa taille, pendant que je nouais mes mains autour de sa nuque.

— En attendant, je vais te donner un aperçu du meilleur de toute cette histoire, proposa-t-il avant de poser sa bouche sur la mienne.

Sa paume rugueuse remonta dans mon dos, me faisant oublier toutes mes craintes.

La seule chose dont j'étais certaine, c'était qu'une fois encore nous ne parviendrions pas jusqu'à sa chambre.

Je fouillai dans ma valise, à la recherche d'une robe. La plupart de mes vêtements étaient encore froissés de mes vacances italiennes.

— Tu pourrais aussi vider ta valise, dit Jérémiah.

Je relevai les yeux vers lui. Appuyé contre le chambranle de la porte, habillé d'un jean noir qui moulait ses jambes musclées et d'une chemise bleu nuit cintrée qui dévoilait le haut de son torse, il était très attirant. Il pencha la tête, attendant sûrement une réponse.

— J'ai un dressing suffisamment grand pour nous deux, ajouta-t-il.

— Je sais. Je me retiens d'amener Summer ici pour lui montrer le jacuzzi dans ta salle de bains.

— Théo serait terriblement jaloux : j'approuve cette idée.

— Laisse Théo se débattre seul avec Summer.

Je trouvai finalement une robe et me redressai. Devant le miroir, je l'enfilai et ajustai les bretelles. Jérémiah se plaça derrière moi et ses mains se posèrent sur le creux de ma taille.

— Théo et Summer finiront par se trouver, dit-il. On résiste difficilement aux frères Montgomery.

Il posa ses lèvres sur ma nuque et suivit la courbe de mon épaule. Puis il m'attira contre lui et, malgré le tissu de ma robe et son jean, je devinai son excitation. Il repoussa les bretelles de ma robe et ses mains remontèrent lentement vers ma poitrine. Ma respiration devint laborieuse ; je devais admettre que m'abandonner entre les mains de Jérémiah devenait une vraie drogue.

— Laisse-moi t'aider, murmura-t-il.

Ses mains quittèrent ma poitrine et il agrippa la fermeture Eclair de ma robe. Il s'écarta un peu, mais je devinais toujours son souffle chaud sur ma nuque.

— C'est vrai, c'est très difficile de te résister, admis-je en me tournant vers lui.

— Mais tu réfléchis toujours.

— J'ai peut-être pris une décision, le provoquai-je.

— Tu aimes donc me torturer. Il n'y a qu'à voir cette robe, c'est de la pure torture. Tu me torturais déjà au lycée, de toute façon.

— Si j'avais cédé rapidement à tes séances de drague, ça n'aurait jamais duré.

— Si tu avais cédé rapidement, j'aurais été ravi. Le jour où tu céderas de nouveau à mes propositions indécentes et déraisonnables, je serai officiellement un des hommes les plus heureux de la planète. J'essaye de trouver un moyen de te faire céder plus rapidement. Je présume que, pour une fille comme toi, il faut se montrer inventif.

— Et combatif, ajoutai-je.

— Je gagnerai, promit-il. Je vous traquerai sans relâche, toi et ta petite culotte, pour obtenir gain de cause.

— Rassure-toi, ris-je, ma petite culotte est tout à fait convaincue.

— Parfait. J'ai donc conquis ton corps, ta culotte, ton cœur et cette petite cicatrice, énuméra-t-il en caressant la marque blanche sur ma clavicule. Il ne me reste plus que ta tête.

— Peut-être que tu n'aurais pas dû choisir une cérébrale.

— Je ne pense pas que ç'a été un choix. Ça ressemble plutôt au destin.

— Non. Ça ressemble à du harcèlement, me moquai-je dans un rire.

— Et elle me torture encore ! Si tu es prête, on peut y aller. Je dois juste tester une voiture sur un circuit avant notre dîner.

Je grimaçai et fuis le regard de Jérémiah.

— Ce n'est pas une course, précisa-t-il. Juste un tour d'essai. Un ingénieur me surveillera de près et je serai prudent.

Il chercha mon regard et finis par l'accrocher. Peut-être que je devais faire un effort. Ce n'était pas vraiment une course, juste un essai.

Jérémiah attendait patiemment que je me décide.

— Bien. D'accord, si tu veux, abdiquai-je.

Son visage s'illumina comme celui d'un gamin au matin de Noël. Cela m'arracha un sourire et il me serra contre lui.

— Et après, on dîne... Et je fais en sorte de venir à bout de tous ces neurones qui t'empêchent d'être totalement toi-même.

— Ces mêmes neurones m'ont poussée à accepter d'aller assister à ton essai. Ne les vexe pas ! le prévins-je.

— Je n'oserais pas.

A l'exception de l'équipe technique, le circuit était désert. Dans un endroit habituellement saturé de hurlements de moteurs et de crissements de pneus, cela donnait une impression surréaliste, comme si nous avions survécu à une apocalypse. Jérémiah discutait avec un grand brun, hochant la tête de manière régulière.

Derrière eux, une voiture rouge vif attendait. Le capot était ouvert et un mécanicien apportait les derniers réglages sur le moteur. Assise à l'écart, je sentais une certaine fébrilité. Je croisais des regards concentrés et les hommes autour de moi semblaient se comprendre sans même se parler.

— Donc, tu fais trois tours pour chauffer les pneus, puis une dizaine de tours à pleine vitesse. On a besoin de tester la solidité des pistons, annonça le grand brun qui devait être l'ingénieur responsable de l'essai.

— Bien. Je ne veux pas en faire plus. Je dois aller dîner ensuite, expliqua Jérémiah en coulant un regard vers moi.

— C'est l'affaire de quinze minutes.

— Et pour les pneumatiques ?

— Nouveaux aussi. On verra le résultat, mais la gomme a l'air plus souple. En termes d'adhérence, tu y perds un peu, mais tu gagneras en vitesse.

Jérémiah hocha de nouveau la tête et tous deux

s'approchèrent de la voiture pour la passer en revue. Il se pencha au-dessus du moteur et procéda lui-même à un réglage. Il vérifia la pression des pneus et ordonna de regonfler l'arrière gauche.

Finalement, il revint vers moi et retira sa veste pour la poser sur mes épaules.

— Tu mettras un casque, le bruit va être infernal, me conseilla-t-il.

— D'accord.

— Ça va ?

— Ça va, le rassurai-je. Au moins, vous n'êtes pas trente à vous battre sur cette piste.

— Je n'en ai pas pour longtemps, promit-il

Il prit sa cagoule et l'enfila. Puis, il mit son casque et resserra la jugulaire. Un mécano lui tendit une paire de gants. Il me fit un signe de la main et se dirigea vers la voiture. Avant de s'installer, il souleva la visière et m'adressa un clin d'œil complice. Le fait que je l'accompagne à cet essai semblait lui faire vraiment plaisir.

La voiture démarra dans un ronflement furieux. Un mécanicien me tendit un casque antibruit et je l'acceptai avec plaisir. Je resserrai la veste de Jérémiah sur mes épaules et, toujours à l'écart, suivis l'équipe jusqu'à l'extérieur du stand. La nuit commençait à tomber et une bourrasque me surprit. La voiture roula prudemment jusqu'à la ligne de départ, puis l'ingénieur mécanicien lui donna son feu vert. La voiture démarra dans un crissement de pneus, et la gomme se mit à fumer. L'odeur de brûlé se propagea jusqu'au stand et cela me fit grimacer. Jérémiah fit un premier tour rapide, puis un deuxième, encore plus vite. Il se plaça à la corde — je remerciai intérieurement Summer de sa vulgarisation des termes techniques —, entamant un troisième tour. Ainsi, au plus près du centre de la piste, il prit encore de la vitesse.

Les mécaniciens l'observaient, bras croisés, analysant en silence ce que les appareils de mesure révélaient. Sur ma gauche, un groupe d'ingénieurs avaient les yeux rivés sur des écrans de contrôle.

— Prends de la vitesse, lui indiqua son directeur.

Le bolide rouge passa devant nous à vive allure. Lentement, je commençai à me détendre. L'atmosphère était calme, la voiture me paraissait sûre (et était seule !), Jérémiah écoutait les instructions et, pour une fois, ne semblait pas prêt à faire n'importe quoi pour épater la galerie. Je me surpris même à sourire, en le voyant zigzaguer à toute vitesse après le virage.

Il était désormais à pleine vitesse, enchaînant les tours à une cadence folle. Une odeur d'essence et de brûlé nous atteignait à chaque passage, me donnant un haut-le-cœur.Une détonation fit soudain vibrer toute l'arène et la voiture tournoya sur elle-même. Elle heurta un haut plot en béton de son aile gauche, puis un second. Le bolide de Jérémiah s'envola dans les airs, puis retomba sur son toit dans un bruit insupportable et assourdissant de tôle froissée.

Je retirai mon casque et hurlai le prénom de Jérémiah. Le moteur tournait toujours, dans un vacarme à rendre sourd.

— Jérémiah ? Jérémiah !

Le directeur hurlait dans son micro, cherchant à obtenir une réponse. Au regard qu'il me lança, je compris qu'il redoutait le pire. Les visages des mécanos se décomposèrent et ils sortirent du stand en courant pour rejoindre la voiture. L'ingénieur mécanicien composa un numéro sur son portable et une ambulance surgit des stands dans la minute suivante. Abandonnant mon poste, je sortis du paddock et courus jusqu'à la piste. Je guettais le moindre signe : qu'il agite la main, qu'il s'extirpe par la fenêtre. N'importe quoi.

N'importe quoi qui relancerait mon cœur en sursis.

L'ambulance atteignit enfin la voiture. Je courais vers elle à m'en brûler les poumons, je courais comme je n'avais jamais couru de toute ma vie. Mes pas résonnaient désagréablement à mes oreilles, mon souffle se raréfiait. Quand, finalement, j'arrivai à la hauteur de l'ambulance, un des mécaniciens me repoussa pour que je reste à l'écart.

Ne rien savoir était horrible.

Le désespoir guidait mes pas. D'une main, j'écartai brutalement un mécanicien et me frayai un chemin auprès des secouristes.

— Jérémiah ! hurlai-je, en larmes.

Je me fichais des regards que je sentais dans mon dos, je me fichais qu'on me prenne pour une cinglée. Pour l'instant, je ne voyais que les secouristes démolir le pare-brise de la voiture de mon petit ami pour tenter de le dégager.

J'aurais tout donné pour entendre sa voix ou déceler un mouvement de sa part. Mais, dans sa voiture disloquée, il était inerte.

— Sortez-le ! criai-je.

Tout le monde m'ignora. Mes cris perçaient le vacarme de la tôle et des ambulances, mais j'avais la sensation d'être transparente. Ici, sans lui, je n'étais rien.

— Une planche ! hurla un secouriste.

Je me tordis les mains, envisageant déjà le pire. J'avais déjà perdu toute ma famille. Perdre Jérémiah était inconcevable. Cela revenait à m'arracher une partie de moi-même, la partie qui me rendait vivante et heureuse. Je ne pouvais pas le perdre.

Finalement, les ambulanciers sortirent Jérémiah de la voiture. Il était inconscient, allongé sur la planche et le visage couvert de sang. Une de ses chevilles formait un angle inquiétant. Il passa près de moi et je parvins à prendre sa main inerte et froide dans la mienne.

— Jérémiah ? l'appelai-je doucement.

Il n'eut aucune réaction. Ses paupières restèrent désespérément closes, me privant de ce regard doux qui n'était qu'à moi. Un masque à oxygène fut installé sur son visage. Je pressai ses doigts. Toujours aucune réaction. Terrassée par l'angoisse, je m'effondrai à genoux, sur l'asphalte brûlant de la piste.

A travers le vacarme de mes pensées, j'entendis soudain un ambulancier hurler :

— Massage cardiaque !

PARTIE 6

Charlotte

18 décembre 2004

Le vent glacial charrié par l'océan me fouetta les joues et s'insinua entre les couches de mes vêtements dès que je sortis de la voiture. J'avais passé la soirée chez Jérémiah. Summer avait choisi de rester avec Théo, pour regarder un film ; moi, il fallait que je rentre : ma mère m'attendait. J'étais encore souriante de mon dîner avec Jérémiah : nous avions beaucoup plaisanté, j'avais passé une partie de ma soirée sur ses genoux, ses bras autour de ma taille. Des rires, des blagues douteuses, des caresses et un peu de chaleur humaine : j'avais eu la sensation d'être une adolescente normale. Pourtant, lorsque je grimpai les marches jusqu'à la porte de la maison, mon euphorie retomba peu à peu. J'avais réussi à voler quelques instants de légèreté et de liberté mais, maintenant, je devais affronter ma réalité et la maladie de ma mère. En quelques semaines, son état s'était dégradé de façon alarmante. Désormais, ses vêtements flottaient autour d'elle et ses gestes étaient devenus approximatifs. Le matin même, alors que je buvais mon café en face d'elle, j'avais remarqué que ses yeux s'étaient éclaircis. Ils n'avaient plus leur éclat de vie habituel. Doucement, ma mère s'éteignait. Lorsque je pénétrai dans l'entrée, j'entendis juste le son de la télévision. Le courrier avait été posé sur le guéridon. Je fouillai dans les enveloppes et trouvai ce que j'attendais. Mes dossiers d'inscription pour l'université de New York et celle de Virginie étaient arrivés.

— Charlotte ?

La voix de ma mère était un murmure.

Je fourrai les enveloppes à la va-vite dans mon sac à dos et arborai mon plus beau sourire. Voir ma mère dans cet état était dur et éprouvant mais je refusais d'être le miroir de ses souffrances. Elle était consciente que son corps la trahissait, elle n'avait pas besoin que sa fille le lui rappelle.

— Je commençais à m'inquiéter, lança-t-elle.

— J'étais avec Jérémiah, je n'ai pas vu le temps passer, avouai-je.

Elle poussa un soupir, avant de passer près de moi pour rejoindre la cuisine. Elle sortit son pilulier, puis remplit la bouilloire.

— Que dirais-tu d'un thé ? proposa-t-elle.

— Avec plaisir.

Je l'aidai à préparer nos tasses et, volontairement, je détournai le regard lorsqu'elle avala ses deux comprimés avec un verre d'eau.

— Allons dehors, dit-elle.

— Maman, il fait vraiment froid.

— Je ne suis pas certaine de pouvoir profiter du porche quand il fera meilleur.

— Ne dis pas ça.

— Prends une couverture, m'ordonna-t-elle.

Je la suivis et nous nous installâmes sur la balancelle. La nuit était tombée, un froid glacial régnait et ma mère frissonna. J'allumai la lumière au-dessus de la porte et ajustai la couverture sur les genoux de ma mère. Pendant de longues minutes, elle resta silencieuse, ses mains entourant son mug d'où s'échappaient des volutes de vapeur.

— Des nouvelles de papa ? demandai-je brutalement.

— J'ai laissé un message.

Un rire mauvais m'échappa. Ce mariage était une vaste supercherie ; mon père n'était qu'un fantôme. Même la maladie de sa femme, de la mère de sa fille, ne le faisait pas rentrer à la maison. Longtemps, j'avais été indifférente à ses agissements, maintenant, une lente haine s'installait.

— Est-ce que tout va bien avec Jérémiah ? m'interrogea ma mère.

— Tout va bien, répondis-je dans un rougissement.

Un sourire s'afficha sur le visage émacié de ma mère. Elle porta son mug à ses lèvres, et reprit :

— Il a l'air de t'aimer beaucoup.

— Il est très prévenant.

— C'est bien que tu puisses compter sur lui. Pour après, précisa-t-elle.

— Je ne veux pas parler de ça, maman, lui répondis-je d'un ton sec.

— Il le faut pourtant. A la vitesse où vont les choses, je ne suis pas certaine d'être présente à ta remise de diplômes. Mais je suis contente que tu aies Summer... Et Jérémiah. Tu auras besoin d'amis.

Les larmes me montèrent aux yeux. J'avais volontairement refusé de penser à ce qu'il se passerait après la disparition de ma mère. Tout ce dont j'étais certaine, c'est que mon père ne serait pas présent, il me faudrait faire sans lui.

— J'ai appelé ta tante, annonça-t-elle.

— Je peux vivre seule, maman.

— Je sais que tu peux, mais ma sœur pourra

t'aider en cas de besoin. Je veux juste m'assurer que tu ne seras pas seule.

— En théorie, j'ai un père, lui rappelai-je, acerbe.

— Oui, admit-elle. Mais tu es habituée à faire sans lui. Je ne vais pas t'imposer de faire... avec lui.

Elle glissa sa main frêle dans la mienne et la serra. Sa paume était froide, ses doigts gelés, pourtant ce simple geste me réchauffa.

Un jour, je ne pourrais plus me confier à ma mère.

Un jour, je boirais un thé ici, sans elle.

— J'ai eu de la chance d'avoir une fille comme toi, reprit-elle. Toujours sérieuse, jamais délurée...

— Tu aurais préféré le contraire ? dis-je en souriant.

— Non. Bien sûr que non. Tu es la fille que j'ai toujours rêvé d'avoir. Seulement, tu es si sérieuse, si réfléchie dans tout ce que tu fais. Quand je t'ai vue pour la première fois avec Jérémiah, il m'a plu immédiatement.

— Parce qu'il avait réparé ta voiture ! m'écriai-je.

— Parce qu'il te poussait dans tes retranchements. Il te contraint à être moins sérieuse, à te laisser aller. Je crois que c'est exactement ce qu'il te fallait.

— Je le lui transmettrai, plaisantai-je.

— Es-tu amoureuse de lui ?

— Probablement, marmonnai-je, embarrassée.

— J'aurais au moins vu ça : ma fille amoureuse d'un garçon. Ce n'est pas si mal. Est-ce qu'il le sait ?

— Aucune idée. Il doit s'en douter. En tout cas, lui me l'a dit.

Je souris au souvenir de son aveu devant mon casier : il m'aimait plus que ses voitures. Cette déclaration était la seule chose dans ma vie qui m'apportait un peu d'espoir. Cela suffisait à oublier pour un temps mon avenir sombre et les questions qui me hantaient : qu'allais-je devenir sans ma mère ? Comment allais-je m'en sortir ? Qu'allait devenir ma relation avec Jérémiah après la remise des diplômes ?

— Et tes inscriptions ?

— Ça avance, mentis-je. J'ai fait une demande de bourse.

J'avais pris ma décision : m'orienter vers des études de droit était plus raisonnable. J'aurais une formation, un métier… et surtout, je limitais le coût des études. Pour éviter d'accabler ma mère avec cette nouvelle, j'avais décidé de lui mentir.

— Mon projet pour la pièce de théâtre est presque fini, annonçai-je.

— Quand a lieu la pièce ?

— En fin de semaine. Je pourrai faire un compte rendu de projet pour l'intégrer à mes dossiers.

Ma mère ferma les yeux. Le traitement la fatiguait et ses médicaments du soir avaient tendance à la faire somnoler. Je m'en voulus de lui mentir, mais cela me semblait la solution la plus simple : elle n'était pas déçue, et j'avais enfin une solution pour mon avenir.

— Quoi qu'il arrive, Charlotte, il faut que tu vives une vie… hors du commun.

Sa main se resserra autour de la mienne et une larme roula sur sa joue. Depuis l'annonce de sa maladie, et surtout depuis notre visite chez son oncologue, j'avais toujours cru que je ferais mes adieux à ma mère sur son lit de mort. Ce soir, avec cette discussion, elle me prenait par surprise.

— Il faut parfois oublier d'être raisonnable, ajouta-t-elle en rouvrant les paupières.

— Je vais essayer, répondis-je d'une voix étranglée d'émotion.

— Et fais avant tout ce qui te semble juste, ce qui te rend heureuse. J'ai été heureuse, tu sais. Même sans ton père, même si notre vie n'était pas parfaite, j'ai été heureuse.

Ma mère pleurait maintenant et je renonçai à cacher mes larmes. Elle était mon pilier, celle qui me donnait de la force et qui me soutenait dans mes choix. Tenir sans elle me paraissait impossible.

— Tu vivras une passion débordante pour un homme, tu auras un métier que tu adores, tu aimeras le champagne, tu auras une tripotée d'amis. Peu importent les choix que tu feras, tu en feras des bons et des mauvais, mais tu auras une vie hors du commun. D'accord ?

— D'accord, maman.

— Et il faut que tu invites Jérémiah à dîner. D'accord ?

— Promis, m'esclaffai-je.

Elle m'embrassa sur le front et essuya mes larmes. Les yeux embués, elle me souriait.

C'était une façon comme une autre de m'assurer que tout irait bien, une façon de me dire qu'elle veillerait toujours sur moi.

— Une vie hors du commun, me rappela-t-elle.

— Une vie hors du commun, promis-je.

Ce fut notre dernière conversation ensemble sous ce porche.

21 décembre 2004

La frénésie régnait en coulisses. Notre professeur de littérature, aidé de la conseillère Barton, tentait de faire preuve d'autorité, mais tenir en laisse des adolescents à la fois excités et sous l'emprise du trac n'était pas simple. En complément de ma participation à la rénovation de la salle de réception, j'avais écopé du rôle d'habilleuse et je participais donc à la préparation en coulisses. Derrière le rideau, on devinait que les spectateurs — essentiellement les parents d'élèves et une flopée de notables invités par la famille Montgomery — s'installaient. Je percevais des murmures, des bruissements de vêtements et, parfois, des éclats de rire.

Barton tapa dans ses mains et réclama le silence. Je prêtai main-forte à une fille pour ajuster sa robe aux multiples jupons. Elle m'adressa à peine un regard de remerciement.

— C'est le grand soir. Vous avez tous ardemment répété, tout le monde vous attend, alors faites de votre mieux.

Elle hocha la tête, offrit un regard chaleureux à chacun et l'agitation reprit. J'aidai un camarade de classe à placer son col correctement, puis un second à enfiler une veste d'époque terriblement étroite.

— Alors, c'est toi la copine de Montgomery ? demanda-t-il tout en s'admirant dans un miroir.

Depuis quelques semaines, j'étais devenue un objet de curiosité. On me regardait dans les couloirs, on s'écartait de mon chemin et on me laissait même le dernier dessert consommable à la cafétéria. Cette nouvelle célébrité me laissait un goût amer : d'habitude, j'aimais assez me noyer dans la masse et rester à l'écart. Mais maintenant, j'étais une fille influente et digne d'être fréquentée. Je détestais ça.

— Ou est-ce qu'il t'a déjà larguée pour une autre ? Peut-être que tu es disponible ? ajouta le brun.

— Si je l'étais, je ne sortirais sûrement pas avec toi.

Il se tourna et son regard me détailla des pieds à la tête. Il arqua un sourcil qui me donna envie de lui flanquer un coup de genou bien placé. Etre la petite amie de Jérémiah me donnait le fabuleux privilège d'être une cible facile. Parce que j'étais plutôt classique dans mon apparence, certains se demandaient ce que Jérémiah me trouvait. Une curiosité pénible et vexante.

— On t'attend, râlai-je, les dents serrées, en désignant le professeur sur sa droite.

— Je parie qu'il t'a déjà sautée ? insista-t-il.

— Tu lui en colles une maintenant, ou j'appelle mon frère ? fit la voix de Théo derrière moi.

Je retins difficilement un sourire. Le frère de Jérémiah posa sa main sur mon épaule, puis s'intercala entre mon interlocuteur et moi. En plus de sa carrure imposante et de son charisme naturel, Théo surplombait le garçon brun d'une bonne tête.

— Sinon, je peux aussi m'en charger, ajouta-t-il d'un ton qui ne souffrait aucune réponse.

Le brun le défia du regard, avant de faire un pas en arrière quand Théo s'approcha un peu plus de lui. Il finit par décamper, prétextant le début de la pièce.

Théo se tourna vers moi et m'adressa un sourire. Ses yeux balayèrent ma silhouette, comme pour s'assurer que j'allais bien, et il enfonça ses mains dans ses poches.

— Jérémiah lui en aurait sûrement collé une. Pour l'exemple.

— Certainement, admis-je en haussant une épaule.

— Je voulais te remercier, reprit-il après une courte pause.

Il plaça une main dans mon dos et m'attira à l'écart, loin de la troupe d'acteurs amateurs et des professeurs. Lorsque nous fûmes complètement masqués par le lourd rideau de velours, Théo s'arrêta et croisa les bras sur sa poitrine. Il paraissait encore plus impressionnant ainsi.

— Ce que tu fais pour Summer, c'est vraiment

sympa, commença-t-il. David m'avait demandé de garder un œil sur elle après son départ.

— Summer doit comprendre qu'elle n'est pas seule.

— Tu n'es pas seule non plus, répondit-il à voix basse.

Je me figeai et mon sourire s'effaça. Comme il l'avait fait quelques minutes avant, il posa une main bienveillante sur mon épaule et la pressa.

— Summer m'a raconté pour ta mère, reprit-il. C'est plutôt moche.

— Je… Je sais. Je préfère ne pas en parler.

— Tu devrais le dire à Jérémiah. Il finira par le savoir, de toute façon.

— Je ne veux pas voir dans ses yeux ce que je lis dans les tiens. La pitié, c'est pas trop mon truc.

— C'est de l'amitié, Charlotte. J'avoue que j'ai du mal à comprendre ce qu'il se passe entre Jérémiah et toi mais, de toute évidence, il y a quelque chose de fort, quelque chose de suffisamment important pour que tu lui en parles.

— Lui en parler ne va pas résoudre la situation.

Les larmes perlèrent à mes yeux et je fis tout mon possible pour ne pas les laisser couler. Je devais tenir. Je devais être forte.

— Non. Ecoute, voici ce que je te propose : je vais te prendre dans mes bras pendant deux minutes et tu pourras pleurer autant que tu veux. On fera en sorte que Jérémiah ne soit pas au courant de cette petite… euh… incartade.

Il passa une main dans ses cheveux, mal à l'aise. Puis, sans rien dire, il me prit brutalement dans ses bras et me serra de toutes ses forces. J'étais écrasée contre son corps, pleurant des larmes chaudes et incontrôlables. Me laisser aller contre lui me soulageait. Ce chagrin et cette injustice que je ressentais depuis des semaines trouvaient enfin un moyen de s'exprimer.

— Si mon frère nous chope, il brûlera ma voiture, marmonna Théo.

Sa voix vibra dans sa poitrine et un rire m'échappa. Sa chemise était mouillée de mes larmes. Je m'écartai de lui à contrecœur. J'étais soulagée d'avoir pleuré ; j'avais la sensation de ne plus porter mon secret toute seule.

— C'est ta mission de veiller sur les filles de Norview ? demandai-je.

— Uniquement sur les filles bien. Mes bras te seront toujours ouverts. Du moins, tant que mon frère n'est pas dans le coin, ajouta-t-il pour détendre l'atmosphère.

— Merci, murmurai-je.

De la main, j'effaçai mes dernières larmes. J'avais la gorge serrée et le cœur en miettes, mais je devais me ressaisir. Théo me considérait d'un œil inquiet.

— Ça va aller ? demanda-t-il.

— Pour ce soir ? Oui. Pour le reste, on verra.

— Viens, je t'accompagne. Jérémiah m'avait missionné pour t'escorter.

— Tu vois qu'il n'est pas si jaloux, rétorquai-je dans un sourire.

— Ce petit con a démonté ma batterie. Batterie qui se trouve être une pièce introuvable sur le marché. Il me la rendra uniquement si je te fais monter en régie avant le début de la pièce.

Malgré mon état de nerfs, je ne pus m'empêcher d'éclater de rire tandis que Théo poussait un soupir.

— Il me le paiera. Et il s'en bouffera les doigts et la main tout entière, promit-il.

— Il est agaçant, hein ?

— Je vais lui botter le cul, acquiesça-t-il.

Je passai une main dans mes cheveux pour leur redonner du volume et dégageai mon collier de mon pull.

— Après toi, fit-il en désignant une porte.

Nous traversâmes la salle au pas de course. J'ignorai les regards des spectateurs et grimpai l'escalier qui conduisait à la régie. A mon arrivée, Jérémiah bondit de sa chaise et s'approcha de moi. Il tira sur mon collier et déposa un baiser chaste sur mes lèvres. Il fronça les sourcils, examinant mon visage, avant de jeter un regard à son frère.

— Tout va bien ? demanda-t-il.

— Tout va bien, assura Théo. Est-ce que je peux récupérer ma batterie, maintenant ?

— Vous en avez mis du temps, râla mon petit ami.

— Je n'avais pas fini avec les costumes, mentis-je. Et j'aime autant te dire que je n'aime pas l'idée d'être l'objet d'un chantage honteux incluant le kidnapping de batterie.

— Une batterie rare et quasiment introuvable, renchérit Théo près de moi.

La bouche de Jérémiah flotta quelques secondes au-dessus de la mienne, avant de m'embrasser de nouveau. Il entoura ma taille de ses bras et me serra contre lui. Sa langue caressa ma lèvre inférieure et je m'abandonnai entre ses bras.

— Pitié, faites ça dans une chambre ! s'exclama Summer.

— Plus tard, promit Jérémiah. Tu restes ce soir ?

Je me mordis la lèvre et essayai de réprimer les battements furieux de mon cœur. Sa voix était chaude, pleine de promesses. Ses mains s'attardèrent sur ma taille, puis glissèrent dans le bas de mon dos. Il déposa un baiser près de mon oreille et murmura :

— J'ai très envie de toi. Et je veux finir ce qu'on a commencé la dernière fois.

Un frisson me parcourut quand son souffle caressa la peau de ma gorge. Nos regards se croisèrent furtivement et Jérémiah me libéra. Du coin de l'œil, je vis Summer lever un sourcil, pendant que Théo fixait Jérémiah sévèrement.

— Où est ma batterie ? grogna Théo.

— Coffre de la Corvette, répondit Jérémiah en lui jetant les clés.

— La prochaine fois que tu fais ça, je lacère tes sièges et je jette tes clés dans les toilettes. Et ça ne sera que le début : on verra si tu feras toujours le malin au volant !

Jérémiah se contenta de sourire et regagna sa place. Il mit un casque sur sa tête et appuya sur un bouton.

— Rideau dans trois minutes, annonça-t-il avec sérieux.

Je m'assis près de lui. Summer s'installa plus loin, pendant qu'un Théo grommelant contre son frère quittait les lieux pour retrouver sa batterie.

— Alors ? demanda Jérémiah. Tu restes ce soir ?

— Est-ce que je dois échanger cette nuit contre un vague accessoire automobile ?

— Cette nuit vaut au moins une concession entière, Charlotte. Laisse-moi passer un ou deux coups de fil et j'arrange la chose.

J'étouffai un rire et entendis Summer glousser derrière nous.

— Je te couvre, proposa cette dernière. Je dirai à ta mère que tu t'es endormie pendant la soirée ici et que je n'ai pas voulu te réveiller.

— Elle ne gobera jamais un truc pareil, lui fis-je remarquer.

— Evidemment, soupira-t-elle. Personne n'a dit que ça devait être crédible.

— Rideau dans une minute, annonça Jérémiah. Reste, ajouta-t-il en coupant le micro. S'il te plaît.

— D'accord, murmurai-je, les joues rouges.

Je fus récompensée d'un sourire heureux et Jérémiah me vola un baiser furtif. Summer poussa un soupir agacé.

— Je vous laisse, je vais retrouver Théo. Et sa batterie chérie, ironisa-t-elle.

Le rideau se leva et Jérémiah se concentra sur les lumières de la pièce. J'admirais sa capacité à conserver son calme, alors que moi, intérieurement, je bouillonnais. Je savais que cette nuit ne ressemblerait à aucune des précédentes.

Théo avait la tête sous le capot de sa voiture. Je l'entendais chantonner gaiement, pendant que Summer, assise contre une montagne de pneus, remplissait ce qui semblait être un dossier universitaire. A la fin de la pièce, Jérémiah m'avait proposé de faire un crochet par le garage, notamment pour s'assurer que son frère n'avait pas repeint sa voiture en jaune canari dans un accès de vengeance.

— Tu as réussi à la remonter ? demanda Jérémiah.

Théo se pencha sur la gauche et jaugea son frère du regard. Ses yeux se braquèrent sur nos deux mains jointes, puis il replongea sous le capot.

— J'ai même changé deux pistons, grommela-t-il.

— C'était fascinant, railla Summer, en faisant mine de bâiller. Comment était la pièce ?

— Ça s'est bien passé, répondis-je.

— Laisse-moi trois minutes et je te mets une raclée, reprit Théo.

Jérémiah m'adressa un regard, comme s'il me demandait l'autorisation de répliquer. Sans me quitter des yeux, il répondit à son frère :

— J'ai prévu de passer le reste de la soirée avec Charlotte.

Théo referma brutalement le capot de sa voiture. Le son vibra dans tout le garage et fit presque trembler les clés suspendues au mur. Le regard qu'il adressa à son frère était sans équivoque : défi et vengeance.

— Deux tours du domaine, lâcha-t-il.

— Je n'ai besoin que d'un tour pour t'humilier !

J'échangeai un regard avec Summer, qui esquissa un sourire. Elle avait sûrement l'habitude de ce genre d'affrontement fraternel. Pour moi, fille unique, c'était inédit.

— J'ajoute de l'argent, si besoin, reprit Théo.

— Tu sais mieux que moi que je n'ai aucunement besoin d'argent, répondit Jérémiah.

— Tu déclares forfait ?

La mesquinerie dans la voix de Théo ne m'échappa pas. Un sourire flotta sur les lèvres de Jérémiah. Sa main serra un peu plus fort la mienne et je compris qu'il bataillait pour ne pas foncer tête baissée dans cette nouvelle provocation. Théo croisa les bras sur sa poitrine et mit en valeur ses biceps saillants et ses pectoraux gonflés. Ses épaules larges et sa mâchoire carrée achevaient de le rendre impressionnant. De toute évidence, Théo n'était pas le genre de type à apprécier un forfait quand il lançait un défi.

— Il va le faire, intervins-je soudainement.

Théo arqua un sourcil, pendant que Summer se pinçait les lèvres pour retenir un rire.

— Charlotte, murmura Jérémiah, on s'en fiche. Il est juste vexé par cette histoire de batterie.

— Fais cette course. Je monterai avec toi.

Jérémiah écarquilla les yeux, abasourdi. Cette affirmation était sortie naturellement. Elle était sûrement née plus ou moins consciemment au fil de mes réflexions et de ma curiosité au sujet de la course : je ne comprenais pas pourquoi Jérémiah courait, pourquoi la vitesse le fascinait autant. Mais je voulais comprendre, je voulais le voir au volant d'une voiture, concentré sur la victoire. La tension du garage, l'adrénaline que Jérémiah contenait mal, l'envie de découvrir son monde m'avaient poussée à prendre parti.

— Tu es sûre ? m'interrogea-t-il.

— Certaine.

Un beau sourire éclaira son visage et cela renforça ma détermination. Pour ce sourire-là, j'aurais été capable de faire l'aller-retour jusqu'à la lune.

— Summer ? l'interpella Théo. Tu montes aussi ?

— Et comment !

— Deux tours ? demanda Jérémiah.

— Deux tours.

Théo lui lança un trousseau de clés et Jérémiah l'attrapa d'une main. Il m'attira contre lui et me guida vers une voiture bleu nuit. Elle était large, imposante et taillée pour la vitesse. Un doute m'assaillit : ce truc, lancé à pleine vitesse, pouvait faire des dégâts et devenir incontrôlable.

— Après toi, m'indiqua Jérémiah en m'ouvrant la portière. On va leur faire mordre la poussière.

Assise sur le siège en cuir, je sentais le monstre de mécanique vibrer sous mes fesses. Jérémiah était confiant, serrant le volant entre ses mains. Je calai les miennes sous mes cuisses, espérant que ma peur ne prendrait pas le pas sur l'excitation. Je jetai un coup d'œil sur ma droite, observant Summer et Théo qui riaient aux éclats dans la voiture à côté. J'enviais réellement leur décontraction.

— On peut faire les deux tours en moins de deux minutes, assura Jérémiah.

— Ne te force pas à aller vite surtout, lui recommandai-je.

— Aller vite est une seconde nature chez moi. Prête ?

— Absolument, mentis-je.

— Tu mens si mal, Charlotte. Tu ne pourras jamais rien me cacher.

Théo baissa sa vitre et fit un signe de tête auquel Jérémiah répondit. Mon petit ami appuya de nouveau sur l'accélérateur et la voiture fit un bond en avant. Les pneus crissèrent sur les gravillons de l'allée principale et Jérémiah serra Théo dans la première courbe. Je me cramponnai au siège et me mordis les lèvres pour retenir un cri de terreur. Sur ce chemin cerné par les arbres, la sensation de vitesse s'accentuait. Je voyais les troncs défiler à toute vitesse, pendant que Jérémiah, au coude à coude avec son frère, tentait de prendre le dessus.

— Je vais lui botter les fesses ! lâcha Jérémiah.

J'observai son visage concentré, le plissement de ses yeux alors qu'il scrutait la route. Il prenait un plaisir fou à frôler les buissons et à faire déraper sa voiture. Il avait relevé ses manches sur ses avant-bras et je pouvais voir ses muscles se tendre sous sa peau. Je ressentais l'adrénaline, la peur, le désir, la joie : un mélange doux-amer qui me faisait tourner la tête.

— Second tour, annonça Jérémiah en passant devant la bâtisse principale de la propriété.

Théo était désormais juste derrière nous, son moteur rugissant traduisant sa frustration. De toute évidence, les frères Montgomery n'aimaient pas perdre. Encore moins perdre l'un contre l'autre.

— Jérémiah ? tentai-je.

— Charlotte ?

— Tu peux aussi perdre et… on n'aura qu'à dire que c'est ma faute.

Il quitta la route des yeux et me fixa, éberlué. Je repris mon souffle. Les mots étaient tout proches, mais ma gorge était trop serrée pour qu'ils sonnent correctement.

— Je me fiche que tu gagnes, dis-je finalement.

— Rien n'est plus important que de gagner ! s'écria-t-il en faisant une dangereuse embardée sur la gauche.

Nous évitâmes un arbre, puis un second. La manœuvre m'arracha un cri et je m'agrippai au tableau de bord devant moi. Pour un peu, je l'aurais arraché de frayeur.

— Même si tu perds, je serai toujours amoureuse de toi ! m'exclamai-je, haletante, le corps tourné vers lui.

Jérémiah me dévisagea, surpris et à court de mots. La voiture eut une secousse et, effarée, je nous vis franchir à toute allure la clôture en bois qui encerclait la propriété. Le pare-brise se fendilla en son milieu et je me cognai douloureusement la tête contre la vitre de la portière, tandis que Jérémiah essayait de redresser son bolide.

Notre course s'arrêta brutalement contre un arbuste dont le feuillage amoindrit l'impact. Sous le choc, le pare-brise vola en éclats et une douleur vrilla mon épaule. La voiture grinça, comme si elle agonisait. De la fumée s'échappa du capot et Jérémiah sortit de la voiture. Le choc n'avait pas été violent — Jérémiah avait réussi à freiner rapidement — mais les dégâts étaient impressionnants.

Jérémiah fit le tour du véhicule et vint ouvrir ma portière. Encore sonnée par l'impact, j'étais incapable de détacher ma ceinture. Il m'aida à m'extirper de mon siège et, quelques instants plus tard, nous entendîmes la voiture de Summer et de Théo se garer à quelques mètres.

— Est-ce que ça va ? demanda Jérémiah en repoussant les cheveux de mon visage.

— Je crois... oui...

— Tu saignes.

Je passai ma main sur mon épaule, découvrant une plaie ouverte sur ma clavicule. Inquiet, Jérémiah fixait ma blessure, partagé entre colère et affolement. D'une main, je relevai son visage pour qu'il me regarde dans les yeux. Je voulais chasser son inquiétude et son regard coupable.

— Je t'ai distrait, dis-je en souriant.

— Je suis désolé.

— Ce n'est rien. Sûrement une coupure.

— Est-ce que ça va ? demanda Summer, à bout de souffle.

— Oui, tout va bien, répondis-je. On se calme, c'est juste une coupure. Demain, je n'y penserai déjà plus.

Théo rôdait autour de la voiture, constatant les dégâts. Quand il parvint à notre hauteur, il me détailla un instant. Je risquai un sourire. La situation, bien qu'impressionnante, n'était pas si dramatique.

— On a des compresses à la maison, lâcha-t-il.

— Et pour la voiture ? demandai-je.

— On la remorquera demain. A vue de nez, je dirais que la direction est morte.

— Et la barrière aussi, ajouta Summer.

— Rentrons, proposa Jérémiah.

Summer et Théo remontèrent l'allée en gravier et nous laissèrent un peu d'intimité. J'adressai un sourire à Jérémiah et il enroula son bras autour de ma taille.

— Tu es blessée, ma voiture est en sale état et j'ai perdu une course, déclara Jérémiah. Mais c'est la meilleure soirée de ma vie.

— Ah oui ?

— Oui. Et elle ne fait que commencer, ajouta-t-il dans un murmure, avant d'embrasser ma tempe.

Jérémiah m'avait laissé la salle de bains et j'avais pu prendre tout mon temps pour me doucher et soigner ma blessure. Comme je l'avais pressenti, il ne s'agissait que d'une coupure. J'appliquai une compresse et la fixai avec du sparadrap, puis j'enfilai un peignoir gris et séchai mes cheveux humides.

Quand je réapparus dans la chambre de Jérémiah, son masque d'inquiétude était toujours présent. Il me dévisagea, comme pour s'assurer que je n'avais pas changé d'avis sur la suite de notre soirée. De son côté, il s'était débarrassé de son jean et portait simplement son T-shirt et son boxer.

— Coupure alors ? demanda-t-il.

— Coupure, oui. Rien de grave.

Il s'approcha de moi et prit mon visage entre ses mains. Il posa un baiser tendre sur mes lèvres. Un baiser au goût d'excuse et de culpabilité.

— Je suis vraiment désolé, dit-il. Mais, à ma décharge, je ne suis pas habitué à avoir de la compagnie quand je fais des courses.

— Je ne compte pas renouveler l'expérience tout de suite.

— Dommage. Je pourrais vraiment m'habituer

à tes déclarations spontanées. Et je pourrais même trouver un moyen de te répondre.

Sa bouche fondit sur la mienne, moins tendre et plus exigeante. Sa langue se faufila dans ma bouche et une salve de désir me parcourut. Maintenant que nous étions seuls, Jérémiah ne se retenait plus. Nous étions tous les deux encore excités par la course et sous le choc de notre sortie de route, mais cet accident, heureusement sans graves conséquences, nous avait encore plus rapprochés : nous étions heureux d'être indemnes — ou presque —, et ensemble. Sa bouche remonta le long de ma mâchoire et ses doigts crochetèrent la ceinture de mon peignoir.

— J'ai toujours très envie de toi, avoua-t-il.

Mes mains se refermèrent sur le tissu de son T-shirt. Au début de notre relation, le fait d'être seule avec Jérémiah m'effrayait. Je perdais mes moyens et j'étais incapable de réagir. Ce soir, j'étais décidée à lui faire confiance.

Il s'écarta de moi et prit ma main dans la sienne pour me conduire vers le lit et m'y faire asseoir. Il fit le tour de la pièce et éteignit les lampes, ne laissant que l'éclairage tamisé de son chevet.

Quand il revint vers moi, il retira son maillot et dévoila son torse musclé.

— Tu peux encore changer d'avis, me prévint-il.

Je secouai la tête. Dans l'océan de doutes dans lequel je me noyais, passer la nuit avec Jérémiah représentait ma seule certitude. Je défis la ceinture de mon peignoir et le laissai glisser sur mes épaules. Malgré mon inexpérience, notre étreinte sur sa commode, et la façon dont il m'avait touchée le soir où nous avions secouru Summer montraient à quel point il me désirait. Le désir violent que nous avions ressenti lors du contact de nos deux corps n'avait fait que confirmer que nous étions faits l'un pour l'autre.

Un sourire éclaira son visage et il se pencha sur moi. Ses lèvres effleurèrent les miennes et mon corps s'embrasa. Le désir que je contenais depuis des jours explosa partout dans mon corps, me faisant frissonner. Ma main s'égara sur son ventre ferme. J'agrippai l'élastique de son boxer et l'attirai contre moi. Je reculai, m'allongeant de tout mon long sur son lit, et Jérémiah bascula sur moi. Nos bouches se trouvèrent aussitôt. Mon cœur battait si fort dans ma poitrine que c'en était presque douloureux. Sentir le corps chaud et puissant de Jérémiah contre le mien était étourdissant. Avec lui, ici, je me sentais protégée de tout.

Ses lèvres glissèrent sur ma gorge, pendant que, du bout des doigts, il repoussait le tissu du peignoir qui couvrait partiellement mon corps. Je nouai mes mains autour de sa nuque. Une chaleur intense envahissait mes membres et ma peau me brûlait. Il mordilla le creux de mon cou et embrassa ma gorge jusqu'à parvenir à mes lèvres. Une pointe de désir me piqua le bas-ventre et un gémissement plaintif m'échappa. Sa bouche descendit sur mon menton, puis parcourut ma gorge, pour rejoindre le haut de ma poitrine. Il prit soin de ne pas toucher à ma blessure et glissa sa jambe entre les miennes.

Une de ses mains prit mon sein droit en coupe et ses lèvres se refermèrent autour de la pointe tendue. Je me cambrai, réagissant instinctivement à sa provocation. Mes doigts s'égarèrent dans ses cheveux et je me tortillai sur les draps, espérant canaliser le désir violent qui me parcourait. Jérémiah releva les yeux vers moi, ravi de constater les effets de ses caresses.

— Cesse de gigoter, m'intima-t-il.

De ses lèvres, il traça un chemin de baisers brûlants sur mon ventre puis ses yeux se braquèrent sur mon intimité humide.

— Cette fois-ci, on ne sera pas interrompus, promit-il.

Il écarta les pans de mon peignoir et mon corps se retrouva entièrement découvert. Je frissonnai, plus d'embarras que de froid. Jérémiah avait de l'expérience : il savait exactement ce qu'il faisait. Alors que pour moi, c'était complètement nouveau.

— Tu peux me toucher aussi, me fit-il remarquer.

Un rougissement massif couvrit mes joues et ma gorge.

— Je...

— Tu y arriveras. Si tu commençais par me retirer mon boxer ?

Je me redressai sur mes coudes. Un peu engourdie par les sensations puissantes que le désir faisait naître en moi, et l'esprit embrumé, je me sentais téméraire. J'avais envie de faire l'amour avec Jérémiah, alors avoir peur de le toucher paraissait absurde. Il s'allongea près de moi, les mains sous sa nuque, les pieds croisés, comme s'il prenait le soleil sur une plage du Mexique. De toute évidence, il prenait un malin plaisir à me torturer.

— J'attends, dit-il.

— Nous avons la nuit devant nous, me défendis-je en souriant.

— Je pensais que nous avions plus que ça. Et, ajouta-t-il en se redressant pour me faire face, ce sont tes seins que j'ai devant moi. Et c'est très plaisant.

Je ravalai un rire nerveux et baissai les yeux sur son corps. Avec ses traits virils et sa barbe naissante, Jérémiah ne ressemblait en rien aux autres lycéens qui naviguaient encore dans les eaux troubles de l'adolescence. Son torse affichait des pectoraux parfaitement dessinés, ses épaules étaient larges et musclées, sa rangée d'abdominaux était impressionnante. Sans aucun doute, Jérémiah savait comment mettre son corps en valeur. Une ligne tentatrice de poils disparaissait sous son sous-vêtement. Son corps nu n'inspirait que désir et reflétait la puissance.

Il se rallongea, m'observant du coin de l'œil.

— J'attends, répéta-t-il, les yeux clos.

Mes yeux descendirent sur son boxer dont son sexe tendait le tissu. Je levai une main tremblante vers son sous-vêtement. Jérémiah avait toujours les yeux fermés et cela me donna la force d'aller plus loin. Je repoussai maladroitement son boxer et libérai son sexe. Jérémiah souleva ses hanches et le vêtement glissa le long de ses jambes.

Je me rallongeai près de lui et il se tourna face à moi. J'avais encore les joues rouges d'embarras, mais ma main ne tremblait plus. Il ancra son regard au mien et balada ses doigts sur ma taille et mon ventre.

Puis il vint se placer au-dessus de moi, ses lèvres se posèrent sur les miennes, son corps couvrit le mien et je sentis son sexe frotter contre ma cuisse. Mon cœur s'emballa à ce contact troublant et je murmurai le prénom de mon petit ami contre sa bouche.

— Détends-toi, murmura-t-il.

Son corps tout entier était au contact du mien, et je savourai cette délicieuse intimité : sa bouche dans mon cou, ses mains dans le creux de ma taille, son sexe près de mon intimité trempée. Quand sa main rôda autour de mon sexe, une vague de chaleur brûlante me parcourut. Lors de notre dernière étreinte, nous étions restés sur notre faim mais, ce soir, nous savions que rien ni personne ne viendrait nous interrompre.

Il souda son front au mien et nos souffles se mêlèrent.

Son regard s'accrocha au mien et, les yeux grands ouverts, nous nous observâmes. Sa main caressa mon sexe avec douceur et son sexe contre ma cuisse se durcit un peu plus. Un sourire s'étira sur son visage, pendant qu'un tourbillon de désir s'envolait dans le creux de mon ventre.

Il accentua le rythme, sa paume épousait mon sexe tandis que ses doigts exploraient mon intimité. Son pouce pressa sur une zone particulière et tout mon corps se tendit de plaisir. C'était inattendu et trépidant. J'emprisonnai le drap dans mes poings, pendant qu'une boule de désir explosait dans mon ventre et propulsait des étincelles dans tout mon corps. Je retins mon souffle quand il enfonça l'extrémité de son doigt en moi.

— Ça va ? s'inquiéta-t-il.

Il réitéra son geste, son index me pénétrant plus profondément. J'enfonçai mes ongles dans ses épaules, plaquant Jérémiah contre moi. Les yeux fermés, je me laissai envahir par mon désir, enivrée par la tendresse de Jérémiah.

— Oui... Oui, dis-je, haletante.

— Tout va bien se passer, Charlotte, détends-toi.

Mon cœur battait trop fort et mon sang pulsait trop vite dans mes veines pour que je puisse me détendre. Quand Jérémiah retira son index, cela m'arracha un cri de frustration. J'étais si proche de la délivrance, si proche de sentir tout mon corps exploser, que je lui adressai un regard sombre.

— Tu veux me mettre le préservatif ? demanda-t-il.

— Je... Je n'ai aucune idée de comment...

— Je vais t'expliquer.

Il ouvrit le tiroir de son chevet et en sortit un préservatif. Il me le donna, puis reprit sa position initiale, s'allongeant sur le dos, les mains sur la nuque.

— J'attends, dit-il avec une pointe d'humour.

— Jérémiah, je ne sais vraiment pas...

— Ne t'inquiète pas. Commence par l'ouvrir.

D'une main tremblante et maladroite, je déchirai le sachet et en sortis la protection.

— Il faut que tu me touches.

Embarrassée, je posai ma main sur son sexe. La peau était douce et lisse et je me surpris à la caresser du bout des doigts. Le bas-ventre de Jérémiah se contracta et il jura dans sa barbe.

— Désolée, m'excusai-je.

— Ne t'excuse pas. C'est juste... Disons que j'ai vraiment envie que tu mettes cette capote rapidement.

Je ris nerveusement et posai le préservatif sur l'extrémité de son sexe. Jérémiah redressa la tête pour s'assurer de la manœuvre.

— Pince l'extrémité, me conseilla-t-il, et déroule-le.

Je m'exécutai, sentant le sexe de Jérémiah durcir un peu plus entre mes doigts. Dès que la protection fut mise en place, il me renversa sur le dos et s'allongea sur moi. Son sexe frottait contre le mien. Mon corps réagit instantanément et je soulevai les hanches pour accentuer le contact. Ma timidité m'avait finalement désertée, terrassée par le désir galopant et ravageur qui m'animait. Je glissai mes mains sous l'oreiller, cherchant une prise pour me tenir.

— Je vais y aller doucement, me promit-il.

Je hochai la tête, incapable de parler. Je relevai les jambes sur sa taille et son seul sourire suffit à me faire comprendre que cela lui convenait.

— Elève très prometteuse, me complimenta-t-il.

Lentement, son sexe entra en moi. Je me cambrai et Jérémiah posa une de ses mains dans le creux de mes reins. Il m'embrassa avec tendresse, puis me pénétra totalement.

La douleur, aussi fugace qu'aiguë, me tira un cri. Jérémiah s'immobilisa, haletant et inquiet. J'abandonnai l'oreiller et nouai mes mains autour de sa nuque.

— Tout va bien ?

De nouveau, je hochai la tête. La douleur se dissipait peu à peu. J'évitais de bouger, mais quand Jérémiah remua, une nouvelle brûlure incendia mon bas-ventre. J'enfonçai mes doigts dans son dos et haletai.

— Ne bouge pas, lui intimai-je.

J'ajustai ma position à la sienne, enserrant sa taille de mes genoux et reprenant mon souffle. Jérémiah embrassa le coin de ma bouche, suivit la ligne de ma mâchoire, puis se nicha dans le creux de mon cou. Ses hanches se remirent en mouvement et son sexe glissa lentement hors de moi avant de revenir s'enfoncer.

Le cœur battant, je respirai lourdement et fermai les yeux. Après la douleur, je pouvais désormais sentir le plaisir irradier dans tout mon corps, et une autre sensation. Une sensation puissante de bonheur, de plénitude. Progressivement, il accéléra le rythme de ses va-et-vient et, lorsque je m'entendis gémir de plaisir, je devinai son sourire contre ma peau.

Je crochetai mes chevilles autour de son bassin et remuai à mon tour, tentant de synchroniser mes mouvements aux siens. Une boule de désir incandescent se formait et grossissait dans mon bas-ventre. Jamais je n'aurais pensé que faire l'amour serait une expérience aussi intense, un mélange de passion et de tendresse.

J'allais à la rencontre de ses hanches et Jérémiah redressa la tête pour m'embrasser avec ferveur. Il plongea son regard dans le mien et ses mouvements se firent plus amples tandis que sa main glissait de la courbe de ma fesse jusqu'à ma cuisse.

— Continue, m'encouragea-t-il. Encore, Charlotte.

Je murmurai son prénom entre deux gémissements, emportée par mon propre plaisir. Mon corps n'était plus que désir et chaleur. Toutes mes sensations convergeaient vers mon sexe et vers le mouvement de ses hanches. J'en voulais plus.

Jérémiah pencha la tête et prit la pointe de mon sein dans sa bouche. Il lui donna un léger coup de langue et cela suffit à m'expédier très loin, bien au-delà de tout ce que j'avais imaginé. Je sentis comme un courant électrique traverser tout mon corps, s'éparpillant dans chacune de mes terminaisons nerveuses et me cambrai sous la force de mon plaisir, pendant que Jérémiah, après un dernier coup de reins, se tendait au-dessus de moi. Mes jambes retombèrent sur le matelas et tout mon corps sembla se transformer en gelée. Je me sentais vivante et heureuse.

— Tu es très douée, me félicita Jérémiah.

— J'ai un bon prof, apparemment.

Je grimaçai quand il se retira de moi. Il se débarrassa du préservatif et m'accueillit dans ses bras. Sa main chatouilla mon dos, pendant que la mienne se posait sur son cœur qui battait frénétiquement.

— Peur de remettre ça ? plaisantai-je.

— Hâte de remettre ça. Surtout avec toi.

Quand je rouvris les paupières, c'était l'aube. Jérémiah me serrait toujours contre lui. Je m'étirai et cela réveilla la douleur sur mon épaule. En plus de la coupure, je devais certainement avoir un bel hématome. Jérémiah raffermit sa prise autour de moi et grommela dans son sommeil. Je parvins à me tourner pour lui faire face. Son visage n'était que sérénité. Je passai une main dans mes cheveux et déposai un baiser sur ses lèvres.

Soudain, il m'entoura de son bras et me fit basculer pour que je me retrouve sur lui. J'étouffai un cri surpris et retrouvai ses yeux noirs, illuminés d'une pointe d'amusement. Sous moi, son sexe se durcit et je sentis mon bas-ventre s'enflammer.

— Tu allais prendre la fuite ? demanda-t-il.

— Non. J'allais chercher quelque chose à manger si tu veux tout savoir. Et ensuite, oui, j'envisage tout de même de rentrer chez moi.

— Et tu as une bonne excuse pour ça ?

— Un devoir de littérature à rendre, les dossiers universitaires à remplir. La routine.

— Tu peux faire ton devoir ici. Je peux décemment pourvoir à tes besoins primaires : boire, manger, dormir. Faire l'amour aussi.

Il se redressa et me fit asseoir à califourchon, sur ses cuisses. Il enfonça ses mains dans ma chevelure et attira mes lèvres contre les siennes. Ce baiser brûlant m'enivra aussitôt. Je nouai mes mains autour de sa nuque et y répondis avec la même ardeur. Le drap glissa, dévoilant son corps musclé soudé au mien. Mes doigts explorèrent son dos et il frissonna.

— Commençons par manger, proposa-t-il en s'écartant de moi. Je te ferai l'amour ensuite, dans cette même position, assura-t-il.

Son sexe frottait contre mon intimité et ses yeux se voilèrent de désir et de promesses.

— Ne te rhabille pas, me recommanda-t-il en me faisant rallonger sur le lit.

— On va manger à la romaine ? plaisantai-je.

Il repoussa le drap et se leva, révélant sa parfaite nudité. Mes yeux se promenèrent sur son corps finement musclé ; j'aurais pu l'admirer pendant des heures. Jérémiah avait cette allure féline et sauvage qui le rendait irrésistible. Il enfila son boxer et me vola un nouveau baiser.

— Je te ramènerai ce soir, promit-il.

Dix minutes plus tard, Jérémiah revint avec un plateau sur lequel il avait rassemblé toute la nourriture qu'il avait pu trouver dans la cuisine. Entre les biscuits et des pommes trônaient une part de pizza réchauffée, ainsi que du saumon fumé et des bonbons. Ce pique-nique improvisé me tira un rire. Jérémiah s'installa près de moi, pendant que je m'enroulais dans le drap et mordais avec méfiance dans la pizza ramollie.

— J'ai une course demain, tu viendras ?

— Encore une manière de m'attirer ici ?

— Je dois encore travailler ma subtilité. Mais, oui, j'aimerais que tu passes la nuit ici.

Son air sérieux fendilla l'ambiance légère et agréable. Parmi les questions qui me taraudaient ces derniers temps, certaines concernaient mon avenir avec Jérémiah. Il me restait six mois ici... mais après ? Jérémiah ne ferait pas d'études. Moi si, avec un peu de chance. La course était sa passion, j'avais maintenant compris qu'il ferait tout pour devenir pilote. Je ne savais pas encore si j'étais prête à vivre avec sa passion pour la vitesse. Dès qu'il était derrière un volant, je craignais pour sa vie. C'était insupportable. J'allais déjà perdre ma mère, je n'avais pas les épaules, pas l'envie non plus, de vivre auprès d'un Jérémiah en sursis.

— Et après ? demandai-je.

— Après quoi ?

— Après nous. Après le diplôme. Tu continueras à courir ?

— Une écurie m'a fait une proposition, en effet. Mais cela ne nous empêchera pas de nous voir.

— Quel genre de proposition ?

— Pilote pour des essais. C'est une première étape, je compte bien piloter sur un circuit très rapidement, dit-il avec un grand sourire confiant.

— Super ! m'exclamai-je dans un enthousiasme feint.

Son sourire était tellement large, ses rêves si près d'être réalisés, que je n'avais pas le cœur de lui faire part de mes peurs. Il me faudrait faire avec.

— C'est en Floride, ajouta-t-il, un ton plus bas. Ce qui implique...

— ... Une relation à distance ? finis-je pour lui.

— Relation tout court, rectifia-t-il. Je t'ai trouvée, il n'est pas question que je te lâche. Courir me rend heureux, mais être avec toi... être avec toi fait de moi un type meilleur, et j'aime ce type meilleur.

— Tu étais déjà très bien, sans moi.

— Tu n'es pas en train de me quitter alors que tu es nue dans mon lit tout de même ?

— Non, je me pose des questions, répondis-je. Qui sait de quoi sera fait notre avenir ?

— Personne ne sait. C'est ce qui rend la chose intéressante. Il va falloir prendre des risques et tu vas devoir comprendre que ta vie n'est pas que rationalité et réflexion.

Il me tendit une tasse remplie de bonbons — des petites boules rouges et jaunes — et en prit un au passage.

— Charlotte, je serai à toi aussi longtemps que tu le voudras. Tu peux me quitter, je te laisserai faire si cela te rend plus heureuse. C'est ma seule condition : que tu sois heureuse.

— Je suis déçue, dis-je en faisant la moue pour cacher le trouble que sa déclaration avait fait naître en moi. Je pensais que, si je te quittais, tu serais triste comme les pierres et prêt à tout pour me retrouver.

— C'est la phase 2.

— Me reconquérir ?

— Te prouver que je suis le seul à pouvoir te rendre heureuse. Je trouverai un moyen, mais fais-toi tout de suite à l'idée : toi et moi risquons de finir notre vie ensemble.

— Toi, moi et ton arrogance, tu veux dire ? plaisantai-je.

Il m'adressa un sourire si confiant que je frémis de la tête aux pieds. Soudain, il se leva, prit un crayon et son bloc-notes et me les tendit.

— Pour mon devoir ? demandai-je.

— Non. Tu veux savoir de quoi sera fait ton avenir, alors écris-le.

— Quoi ?

— Ecris-le, répéta-t-il. Tu peux ne pas connaître ton avenir, mais tu peux avoir quelques idées sur ce que tu as envie de faire.

— L'écrire ne changera rien, objectai-je.

— Pour l'instant. Mais peut-être qu'un jour cela changera tout.

Je fixai le bloc-notes devant moi. Jérémiah y avait pris ses notes de cours de littérature et griffonné quelques dessins informes. A cet instant précis, je n'avais aucune idée de ce que je devais noter. Jérémiah m'encouragea du regard et me tendit son mug de café.

— Commence par quelque chose de sans importance, quelque chose qui ne sera pas... primordial dans ta vie.

— Tu es sûr que...

— Ça ne coûte rien. Ça restera entre nous, évidemment. Je n'ai pas très envie que d'autres hommes connaissent les rêves intimes de ma petite amie.

Il changea de position et s'assit derrière moi. Il m'attira contre son torse, ses mains rugueuses caressant mon ventre. Il embrassa mon épaule, puis mon cou et m'encouragea dans un murmure :

— Ecris-le.

— Bien.

Je notai mon premier vœu — premier souhait ? Premier rêve ? première idée ? Je n'étais pas encore certaine du mot adéquat — et sentis le sourire de Jérémiah s'étirer contre ma peau.

— Le grand huit, annonçai-je. Un jour ou l'autre, je devrai cesser d'avoir la trouille de ce truc.

— En effet. C'est la vitesse qui t'effraie ?

— L'absence de contrôle me terrifie. Je t'ai regardé conduire hier, je ne sais vraiment pas comment tu fais.

— Mais je contrôle ma voiture, je me laisse juste envahir par les sensations...

Sa main remonta sur mon sein et il le prit dans le creux de sa paume. Tout mon corps se tendit, galvanisé par le désir brûlant qui naissait dans le creux de mes reins.

— ... ce que tu dois aussi apprendre à faire, compléta-t-il en passant son pouce sur la pointe érigée de mon sein.

— Peut-être.

— Continue. Le deuxième ?

Mon regard navigua autour de moi : la chambre de Jérémiah, son écran plat, son lit. Et à mes pieds, notre plateau de nourriture.

— Aller au cinéma, débitai-je.

— Ça ne compte pas, je peux t'y emmener ce soir, si tu veux.

— On a dit que c'était l'avenir, personne n'a précisé si c'était à long terme. Si tu m'y emmènes ce soir, eh bien, j'aurai au moins réalisé ça.

— C'est trop simple, rétorqua Jérémiah. Personne

ne veut d'un avenir aussi terne et ennuyeux que « aller au cinéma », même pas toi !

— Qu'est-ce que tu proposes ?

— C'est ta liste, Charlotte, me rappela-t-il.

Je fixai le plateau de nourriture et une idée me vint. Je l'ajoutai à mon deuxième vœu et avalai un bonbon.

Jérémiah éclata de rire derrière moi et me serra un peu plus contre lui. Ses mains descendirent sur mon ventre et s'aventurèrent à proximité de mon entrejambe. Je haletai et me collai un peu plus contre lui.

— Si ça se trouve, d'ici quelques années, on ne trouvera plus de distributeurs de bonbons à vider.

— Tant pis.

Le troisième vœu me vint assez facilement. Si je détestais les déménagements multiples de mon père, j'espérais quand même pouvoir voyager. Je rêvais d'admirer la chapelle Sixtine, de m'émouvoir devant une toile du Caravage et de me balader dans les ruelles étroites de Rome.

— Aller en Italie, dis-je en l'écrivant.

— Ça ne compte pas, je peux t'y emmener ce soir, si tu veux, plaisanta Jérémiah derrière moi.

— Je veux, répondis-je. Et on pourra y manger de la vraie pizza, dis-je en complétant mon vœu. Celle-ci est infâme !

— Ça me va.

— Combien dois-je en écrire ?

— Autant que tu veux. Mais je ne suis pas certain de pouvoir tenir jusqu'à vingt.

Sa main passa lentement sur mon sexe et me tira un gémissement. Après une seule nuit, Jérémiah connaissait déjà parfaitement les réactions de mon corps. Il savait comment me faire me tordre de plaisir, comment rallumer en quelques caresses l'incendie qui m'avait consumée la nuit dernière. Je me redressai péniblement, perturbée par la tension sexuelle grandissante entre Jérémiah et moi.

Je notai mon quatrième vœu sur la feuille. Celui-ci n'avait rien de léger. Il représentait une grande partie de l'avenir dont je rêvais. Dont j'avais rêvé, du moins. Mon cœur s'effrita en réalisant qu'il y avait peu de chances que ce vœu se réalise.

— Je te l'offrirai, promit Jérémiah. Et j'y apporterai cette commode qui souffre le martyre, ajouta-t-il en désignant le meuble sur sa gauche.

— Chiche ?

— Chiche. Je te fais confiance pour la retaper. Ensuite, je trouverai un moyen ludique de la mettre en miettes.

Sa voix chaude vibra contre ma peau. Ses lèvres s'égarèrent dans mon cou et longèrent la courbe de mon épaule. Dans le bas de mon dos et malgré son sous-vêtement, je sentis son sexe tendu.

— Un dernier, et ensuite, je te fais asseoir sur moi.

— Un dernier ? Tu n'es pas très généreux avec mon avenir.

— Ton avenir, c'est nous. Je t'emmène au cinéma ce soir et en Italie cet été si tu veux. Pour l'instant, j'ai juste envie de te toucher.

Il me fit tourner vers lui et posa sa bouche sur la mienne. Ce baiser n'était que désir et intensité. Jérémiah prit ma lèvre inférieure entre ses dents et tira doucement dessus.

— Si c'est le dernier, je vais tenter d'être créative.

Il me vola un nouveau baiser, enflammant tout mon corps et m'empêchant d'avoir une pensée cohérente. Etre avec Jérémiah, pour moi, c'était aussi apprendre à me laisser aller. Je gardai ma feuille à la main et m'assis sur lui. Sa respiration était courte et son regard noir s'était encore assombri. Désormais, il se fichait de cette liste, il voulait juste en finir et que je ne pense qu'à nous et au moment présent.

C'est exactement ce que je fis.

D'une main maladroite, tandis que Jérémiah dévorait mon cou tout en caressant mon dos, je finis par noter mon dernier vœu. Jérémiah m'arracha la feuille des mains et son sourire parla pour lui.

— Vœu validé. Maintenant, pose ce truc.

Je posai la feuille au sol et m'installai correctement sur les cuisses de mon petit ami. Bientôt, sa chambre ne résonna plus de mes doutes, mais uniquement de nos respirations saccadées.

23 décembre 2004

Sur la côte, le vent soufflait sans discontinuer. Il ne chassait pas pour autant les nuages grisâtres qui s'accumulaient depuis plusieurs jours. La plage était désormais déserte et la mer prenait sa couleur d'hiver : un gris qui s'harmonisait parfaitement avec la couleur de l'horizon. Le froid des derniers jours avait laissé place à une pluie glaciale. J'avais superposé plusieurs couches de vêtements mais, malgré tout, le froid se glissait sous ma peau et me faisait grelotter.

Je n'avais pas vu Jérémiah de la journée. Aussi, je m'étais fait un devoir de venir assister à sa course.

— Ça sera sûrement la dernière. S'il neige la semaine prochaine, les courses cesseront jusqu'au printemps, commenta Summer.

— L'idée est loin de me déplaire. Elles ne me manqueront pas en tout cas. Entre le froid et… ça, dis-je en désignant les deux bolides sur la ligne de départ.

— Tu finiras par t'y faire.

— J'en doute. Mais il aime ça, je ne peux pas lui demander d'arrêter.

— Tu lui demanderais de marcher sur l'eau qu'il le ferait, ricana Summer. Tu passes la nuit avec lui ?

— Euh... oui, avouai-je, mal à l'aise. Inutile de me couvrir, ma mère est au courant.

— Comment pourrait-elle ne pas l'être ? Tu scintilles comme un sapin de Noël !

Je lui adressai un sourire entendu. Depuis ma nuit avec Jérémiah, je n'avais pas l'impression d'avoir changé, et pourtant, cette proximité physique m'avait fait réaliser à quel point notre relation était évidente. Avec sa manie de bousculer tous mes repères, son arrogance, mais aussi sa persévérance et toutes les attentions qu'il avait pour moi, Jérémiah m'avait totalement conquise.

— Le sexe, soit ça sépare, soit ça rapproche, dit Summer en fixant Théo devant elle.

Je levai un sourcil et lui donnai un petit coup de coude. Je n'avais aucune idée de la définition appropriée de sa relation avec Théo.

— Vraiment ? fis-je, curieuse. Avec Théo ?

— Non. Disons que... c'est en pourparlers.

— Avec lui ?

— Avec moi. Mes relations avec les hommes sont plutôt merdiques. Je ne vois pas pourquoi il serait d'accord pour supporter ça.

— Et pourquoi pas ?

Elle haussa les épaules, incapable de me répondre. Je décidai de la bousculer un peu, malgré mon expérience relative en relations amoureuses. Mon exemple n'était pourtant pas un repère très fiable : mon histoire avec Jérémiah était trop impulsive et irréfléchie, trop irrationnelle, pour que moi-même je puisse la comprendre.

— Où est le curseur au juste ? Vous êtes presque frère et sœur, ou plutôt amis ?

— Certainement pas frère et sœur en tout cas ! s'exclama-t-elle, dans un rire.

— Il attend sûrement que tu fasses le premier pas. Il a trop peur de te perdre pour risquer quoi que ce soit.

— Probablement, marmonna-t-elle.

Mon explication ne l'avait pas vraiment convaincue. Les silhouettes de Jérémiah et Théo se découpèrent dans l'obscurité. Ils avançaient vers nous, en riant aux éclats.

— Salut, murmura Jérémiah en enroulant son bras autour de ma taille.

— Salut.

Il embrassa mes lèvres gelées et, très vite, mon corps s'embrasa. Qu'il ait une telle emprise sur moi m'effrayait. Il lécha ma lèvre et me serra contre lui. Je me cramponnai à ses épaules et approfondis notre baiser, vaguement consciente que Théo et Summer devaient se régaler du spectacle.

Après quelques secondes, Jérémiah me libéra. Son sourire victorieux apparut sur son beau visage et mon estomac fit un petit saut dans mes talons.

Il prit ma main droite dans les siennes et la frotta avec énergie pour la réchauffer.

— Je lui mets sa raclée, et on rentre, promit-il.

— D'accord.

— Tu peux toujours rêver, rétorqua Théo. Je vais te mettre dix mètres dans la vue.

— Aucune chance. J'ai une excellente raison d'aller vite. Je ne vais pas laisser Charlotte se geler ici.

— Tu ne veux pas monter avec lui pour le distraire ? proposa Théo.

— Je tiens vraiment à ce qu'il aille vite, répondis-je. Et il est meilleur sans moi.

— Personne ne court contre vous ? s'étonna Summer.

— Le crétin de la dernière fois a déclaré forfait, se lamenta Théo. On commence à épuiser le voisinage.

— C'est la technique des Montgomery, d'avoir les gens à l'usure ? plaisantai-je.

Jérémiah pencha la tête et libéra ma main. Il prit l'autre et la serra dans ses paumes chaudes. La chaleur, même éphémère, me fit du bien.

— Je ne t'ai pas eue à l'usure : tu étais sous mon charme dès notre rencontre, répondit-il.

— Tu rêves !

— Tu mens. Mais te draguer a été une activité plutôt agréable. J'ai enfin compris à quoi me servait de venir au lycée.

— Il faut qu'on y aille, nous interrompit Théo. Je ne veux pas que les flics débarquent au moment crucial où tu ne verras que mes feux arrière.

— Feux arrière que je verrai parce que tu auras un tour de retard.

— Ce combat de coqs est très sexy, commenta Summer.

Théo lui adressa un regard amusé et s'approcha d'elle. Il lui murmura quelque chose à l'oreille et Summer, pour s'accrocher à lui, agrippa son sweat-shirt. Elle hocha doucement la tête et lui adressa un sourire.

— Avec plaisir, murmura-t-elle. Sois prudent, ajouta-t-elle en l'embrassant sur la joue.

— J'ai une excellente raison d'aller vite, répondit Théo.

Jérémiah embrassa le coin de ma bouche et libéra

ma main. Il me fit un clin d'œil et s'éloigna avec son frère. Je ne savais pas quel genre de confidences lui avait fait Théo, mais Summer rayonnait de joie.

— Tu rentres ce soir ? demandai-je, innocemment.

— On va dîner, répondit-elle, en contenant mal sa joie.

— Ton cache-cœur est toujours dans mon armoire.

— D'acc.

Elle enroula son bras autour du mien, dans une vaine tentative pour nous protéger du froid. Les garçons étaient montés dans leur voiture et attendaient le départ. Avec un peu de chance, nous aurions tous décampé de cette plage dans dix minutes.

Avec beaucoup de chance, je découvrirais ensuite que Jérémiah avait trouvé un moyen de privatiser la cheminée de la demeure Montgomery. Les moteurs des deux voitures se firent entendre, annonçant l'imminence du départ. Jérémiah me fit un signe de la main et le jeune garçon entre les deux véhicules baissa les bras. Ils démarrèrent au même instant, dans un crissement assourdissant de pneus.

— Vas-y, Théo ! hurla Summer près de moi.

Théo prit de l'avance et s'enfonça dans l'obscurité. La route, bordée de sapins, n'était pas éclairée : dès que les feux arrière étaient hors de vue, nous n'avions aucun moyen de savoir ce qu'il se passait en course. L'attente me parut interminable : de loin en loin, on devinait le ronflement des moteurs et, parfois, un crissement de pneus. La foule se mit à applaudir et je vis les phares des voitures réapparaître.

Théo était toujours en tête, Jérémiah juste derrière lui. Je joignis mes mains, le cœur battant, haletant de peur. Ils passèrent devant nous à toute vitesse.

— Il ne devait pas y avoir deux tours ? demandai-je.

— Si. Ils jouent, m'expliqua Summer. Ils vont finir la ligne droite et faire demi-tour plus loin.

Théo braqua à droite et sa voiture dérapa dans un nuage de fumée âcre. L'odeur me fit grimacer et j'eus un doute.

— Le moteur fume, criai-je à Summer.

Elle fronça les sourcils et fit quelques pas, remontant la petite butte qui nous protégeait. A l'instar de son frère, Jérémiah fit déraper sa voiture et doubla Théo par l'intérieur. Ils furent au coude à coude pendant quelques secondes, puis Théo accéléra. Il repassa devant nous à toute vitesse, ne laissant aucun doute sur l'état de sa voiture : son moteur hoquetait, trahissant un problème mécanique.

Soudain, il tourna en direction de la plage, avant de freiner brutalement pour éviter la foule hurlante et un drame potentiel. Trop tard : emportée par son élan, la voiture s'engagea sur la butte et vola dans les airs. J'entendis Summer hurler de terreur, pendant que, paralysée, j'assistais à la scène. La voiture de Théo vrilla sur elle-même et fit plusieurs tonneaux sur la plage. Jérémiah s'arrêta dans un crissement de pneus et sortit de sa voiture sans même prendre le temps de couper le moteur, tandis que Summer courait vers la voiture de Théo. Je ramassai le manteau de Théo qu'elle avait perdu dans sa course et la suivis péniblement, mes pieds s'enfonçant dans le sable et m'empêchant de prendre de la vitesse.

Dans un bruit de tôle effroyable, la voiture finit par s'arrêter brutalement sur le toit, freinée par un rocher. La carrosserie était enfoncée de toute part et de la fumée s'échappait du moteur. L'odeur d'huile emplit mes poumons et me donna la nausée. Summer criait à en perdre la voix et, loin devant nous, Jérémiah atteignit enfin le véhicule de son frère.

La foule des spectateurs s'éparpilla : certains prenant la fuite, d'autres venant aider Jérémiah. Quelques élèves rejoignirent la voiture et, unissant leurs forces, ils parvinrent à débloquer la portière de Théo.

Je sortis mon téléphone de ma poche et appelai les secours. Des flammes léchaient maintenant la carrosserie et je redoutais le pire. J'appelai tour à tour Jérémiah, Summer et Théo. Mes poumons me brûlaient de ma course, je trébuchais régulièrement mais la panique me donna la force d'accélérer, même si les larmes brouillaient ma vue. Entendre Summer hurler m'avait donné froid jusque dans mes os. Je n'osais pas imaginer ce qu'elle traverserait si Théo ne survivait pas à cet accident.

Quand, enfin, j'arrivai à la voiture, Summer était blanche comme un linge. Théo gisait sur la plage, inconscient, le visage couvert de sang. Une de ses jambes formait un angle inquiétant et un filet de sang s'échappait de son oreille.

Jérémiah, à genoux, prit son pouls et m'adressa un regard anxieux. Il retira son pull et le roula en boule pour le glisser sous la nuque de son frère. Théo gémit de douleur et mon estomac se tordit. Summer tomba à genoux dans le sable et, doucement, posa une main sur la joue blessée de Théo. A son tour, elle retira son manteau, puis son pull et tenta de nettoyer la plaie béante qui traversait la partie gauche de son visage. Le sang formait déjà une flaque préoccupante dans le sable. L'odeur d'huile et de caoutchouc brûlé me donna un haut-le-cœur.

La gorge serrée, je croisai le regard de Jérémiah. Je ne pouvais pas m'empêcher de penser que ça aurait pu être lui. L'imaginer blesser — voire pire — était insoutenable. Mes oreilles bourdonnaient et je mis un instant à comprendre qu'il s'adressait à moi.

— Rentre chez toi, cria-t-il.

— Non !

— Rentre chez toi. Je ne veux pas que les flics te trouvent ici. Et fais rentrer Summer, elle est en état de choc.

— Et qu'est-ce que tu vas faire ?

Au loin, les sirènes des secours transpercèrent la nuit. Jérémiah se releva et se planta devant moi. Je ne savais plus quoi faire : Théo était gravement blessé, sa voiture était sûrement irrécupérable, et Jérémiah me demandait de rentrer chez moi. Mais je ne pouvais pas les laisser ici. Je ne pouvais pas abandonner Jérémiah dans ce nuage de fumée, au milieu de cette plage, avec son frère inconscient.

— Rentre. Je t'en prie, Charlotte, rentre.

— Est-ce qu'il est... en vie ? demandai-je.

— Les secours arrivent. Rentre, je t'en prie. Je te donnerai des nouvelles.

Il fit se redresser Summer qui, stoïque, contemplait le désastre. Peu à peu, et au fur et à mesure que les sirènes se rapprochaient, les autres élèves se dispersèrent. Je reculai, hagarde et à bout de forces. Retourner à ma voiture allait me demander de puiser dans ce qui me restait d'énergie. Summer avait un visage de cendre mais, étonnamment, elle ne pleurait pas. Du pouce, Jérémiah effaça les larmes de mon visage et déposa un baiser sur mon front.

Pour la première fois depuis notre rencontre, je ne ressentis rien quand il me toucha. J'étais vide de toute émotion, comme si mon cœur s'était coupé du reste de mon corps à l'instant où j'avais vu Théo perdre le contrôle de sa voiture.

— Rentre, répéta-t-il.

Il plaça la main de Summer dans la mienne et retourna près de son frère blessé. Un nouveau gémissement s'échappa de la bouche de Théo, suivi d'un hurlement de douleur qui se réverbéra contre les rochers et jusqu'aux arbres quand il tenta de bouger sa jambe. Mon sang se glaça et Jérémiah m'adressa un regard implorant.

— Pars, murmura-t-il.

Un nouveau cri déchira la nuit. Il me sembla qu'il vibrait dans tout mon corps. Les grincements de la tôle couvrirent les gémissements de Théo tandis que les flammes léchaient désormais le pare-brise. Il se fendilla sous la chaleur.

— Je t'appellerai, promit Jérémiah. Je vous donnerai des nouvelles.

Je hochai la tête et, à contrecœur, j'arrachai Summer à la vision du corps brisé de Théo. Elle m'adressa un regard vide et je la suppliai de me suivre. Les lumières rouge et bleu se reflétèrent sur la route, signe que nous devions partir au plus vite. Je reculai prudemment, fixant le visage sale de Jérémiah. Ses mains étaient pleines de sang, son visage noir de fumée et couvert de sable. Les flammes l'éclairaient partiellement, mais l'ombre que je vis dans son regard m'inquiéta.

Il m'adressa un ultime geste de la main et je traînai une Summer à bout de forces vers ma voiture.

Les jours suivants, Summer était restée muette pendant quarante-huit heures. Encore sous le choc, elle avait l'air perpétuellement perdue dans ses pensées. J'envoyai quelques messages à Jérémiah, pour prendre des nouvelles, mais ils restèrent sans réponse.

Ma mère resta alitée une bonne partie des vacances, et Summer et moi nous contentâmes de sandwichs le soir de Noël. D'un commun accord, nous avions choisi de ne pas parler de l'accident. Cela nous évitait d'échanger nos souvenirs et de revivre ce cauchemar.

Mais rester dans ce silence et dans l'ignorance de l'état de santé de Théo me rongeait. Mes nuits étaient hantées par les images de la voiture renversée et du corps tordu de son conducteur. Lorsque je fermais les yeux, le son des hurlements de Théo me revenait et me tirait des larmes. Mais le pire, c'était de vivre avec Summer. A chaque nouveau jour qui passait, j'observais son visage blême, j'affrontais ses questions silencieuses, je constatais son inquiétude grandissante.

Et je me voyais, moi. Je m'imaginais à sa place, j'imaginais ce qu'aurait été ma réaction si cela avait été Jérémiah.

Je me voyais assister à l'accident, en imaginant Jérémiah au volant. Je sentais la peur s'infiltrer sous ma peau et me paralyser comme un poison toxique. Et chaque fois, mon cœur s'emballait et la panique me gagnait. Je crois qu'à la place de Summer je me serais terrée au fond de ma chambre et je me serais laissée dépérir.

Perdre Théo serait terrible.

Perdre Jérémiah aurait été insurmontable.

Je ne voulais pas assister à ça, ni le vivre. C'était au-dessus de mes forces.

J'avais finalement rempli mes dossiers universitaires pour des études de droit. Je n'y avais mis aucun enthousiasme, mais j'étais persuadée que c'était une bonne décision. Ma mère maigrissait à vue d'œil et, afin de l'encourager à manger, je lui apportais des plateaux dans sa chambre. Mon père ne donnait aucun signe de vie.

Je n'avais jamais été aussi seule de ma vie.

A la fin des vacances, Jérémiah m'envoya enfin un message. Il voulait qu'on se voie, mais il avait exigé que je vienne sans Summer. Ce seul message me fit envisager le pire.

Les nerfs à vif et le cœur déjà bien malmené, je me rendis au rendez-vous, dans un café situé sur le port de Norfolk, dans lequel nous allions régulièrement. Je me forçai à commander un café, redoutant ma rencontre avec Jérémiah. Assise sur une banquette, je jouai nerveusement avec mon collier. Quand Jérémiah entra dans le café, je me levai d'un bond et me précipitai dans ses bras. J'avais l'impression d'avoir été séparée de lui pendant des mois, d'avoir porté seule un fardeau de peine et d'incompréhension qui me détruisait à petit feu. Il me serra contre lui pendant de longues secondes et la chaleur de notre étreinte me réconforta un peu. Il s'écarta et prit mon visage entre ses mains. Son propre visage semblait avoir vieilli de plusieurs années en quelques jours : des cernes s'étaient formés sous ses yeux, sa barbe était trop longue, son teint pâle. Ses vêtements froissés et ses joues creusées m'inquiétèrent davantage.

Il posa sa bouche contre la mienne et son baiser eut un goût de désespoir et de tristesse. Je frémis contre lui, ravalant ma peine qui formait une boule dans ma gorge. Je tremblais de tous mes membres et j'avais la sensation de suffoquer, écrasée par toutes mes émotions.

— Asseyons-nous, proposa-t-il d'une voix blanche.

Il s'installa face à moi, les yeux rivés sur la table. J'enveloppai ma tasse de mes mains, transie de froid.

— Comment va-t-il ? demandai-je finalement.

— Il a été transféré, répondit-il.

Il était vivant. Une vague de soulagement me submergea. Un sanglot m'échappa et je plaquai ma main contre ma bouche pour retenir les suivants.

— Ses blessures sont graves, mais il est hors de danger. Il gardera des séquelles, mais il ira bien.

— Est-ce qu'on peut aller le voir ?

Ma main glissa sur la table et Jérémiah l'effleura du bout de doigts. Je voyais bien qu'il était bouleversé, et cette distance entre nous me rendait folle.

— L'accident n'a pas été ébruité. Ma famille préférerait que personne ne vienne.

— D'accord, balbutiai-je.

— On veut éviter les poursuites judiciaires. Le plus simple est donc d'oublier cette nuit-là.

— Ton frère est gravement blessé, comment pourrais-je oublier un truc pareil ?!

— Tu vas devoir l'oublier, Charlotte. Les courses vont s'arrêter. Comment va Summer ?

Je haussai les épaules. Je n'avais aucune idée de l'état d'esprit réel de mon amie. Depuis quelques jours, j'avais remarqué une forme de colère inexpliquée. Ses remarques étaient parfois sèches, ses gestes brusques. Mais, l'instant suivant, elle plongeait de nouveau dans le silence.

— Elle tient le coup, résumai-je. Mais il faut qu'elle puisse le voir.

— Ce n'est pas possible. Pas tout de suite, d'accord ? Théo ne voudrait pas qu'elle ait des ennuis à cause de lui. Et moi, je ne veux pas que tu aies des ennuis à cause de moi.

J'encaissai ses recommandations comme un coup de poing dans l'estomac. Quelque chose avait changé en lui, comme si l'accident de son frère l'avait rendu froid et distant, hermétique aux sentiments des autres.

— Il est possible qu'il ne puisse plus marcher, avoua finalement Jérémiah.

Il releva les yeux vers moi et je le vis lutter contre

les larmes et la culpabilité. Il serra le poing sur la table et se reprit.

— Ce n'est pas ta faute, dis-je, voulant l'apaiser.

— Il n'aurait pas été aussi vite contre un autre.

— Jérémiah, tu n'étais pas au volant. Théo sait que ces courses sont dangereuses, il sait conduire. C'est un accident.

Jérémiah fuit mon regard et je décidai de ne pas lui laisser le choix. Je me levai de la banquette et m'installai près de lui. Je posai une main sur sa cuisse et le rassurai :

— Ce n'est pas ta faute, je t'assure. Culpabiliser n'aidera pas à son rétablissement.

— Et toi, comment tu vas ? demanda-t-il pour changer de sujet.

— J'ai connu mieux. Mais... tu es là, maintenant. J'ai eu peur.

— Peur ? Pour Théo ?

— Pour vous deux. Jérémiah, tu sais ce que je pense de ces courses. Tu sais que j'ai peur pour toi dès que tu montes derrière ce volant. Je m'inquiète, c'est plus fort que moi. Ces derniers jours, j'ai... j'ai imaginé que tu étais à la place de Théo et...

— Je vais bien, me coupa-t-il. Théo a pris un risque et...

— Et c'est ce que tu fais tout le temps ! m'écriai-je.

— Je sais exactement ce que je fais. J'aime la course, Charlotte. J'aime l'adrénaline, j'aime gagner. Je suis fait pour ça.

— Peut-être. Mais une part de moi est contente que ces courses se terminent. Je suis désolée pour ton frère et pour Summer, mais s'il t'était arrivé quoi que ce soit, je ne sais pas ce que je serais devenue.

Il prit ma main dans la sienne et la porta à ses

lèvres. Il embrassa le creux de ma paume, espérant sûrement me calmer et tempérer mes inquiétudes.

— Je ne m'en remettrais pas, s'il t'arrivait quelque chose, murmurai-je.

— Il ne m'arrivera rien, assura-t-il. Tu as tort de t'inquiéter, je sais mesurer le risque.

Je le dévisageai, sans comprendre. Son visage avait changé. Il fronça les sourcils et s'éclaircit la gorge. Quelque part, dans mon cerveau embrumé par les derniers événements, une alerte se déclencha.

— Qu'est-ce que tu me caches ? demandai-je, tremblante.

— Tu sais, cette écurie dont je t'ai parlé. Ils m'ont rappelé, débita-t-il dans un souffle.

Il resserra sa prise autour de ma main et l'embrassa de nouveau. Cela me laissa de marbre, comme si, à son annonce, mes émotions m'avaient désertée. Lentement, ma vie s'effondrait : Jérémiah, qui en était le pan le plus récent et le plus sûr, me laissait. Après l'accident de Théo, j'avais imaginé que sa passion de la course le quitterait, qu'il y réfléchirait à deux fois avant de retourner derrière un volant. Mais je m'étais lourdement trompée. Son frère avait failli mourir et, malgré tout, il fonçait dans cette proposition. Il choisissait de faire comme si rien ne s'était passé, comme s'il n'existait aucun risque. Il ignorait mes peurs, il ignorait l'accident. Egoïstement, il poursuivait son chemin.

— Ils m'ont proposé un contrat.

— Un contrat ? murmurai-je.

— Que je vais sûrement signer.

— Tu vas... Tu vas signer ce contrat ?

— Charlotte, laisse-moi t'expliquer.

— Tu abandonnes le lycée ?

— Théo a besoin de moi et les premiers essais sont

dans un mois. Et puis, ce n'est pas comme si j'étais un élève assidu !

— Et moi ? Je deviens quoi dans ton plan parfait ? Il me laissait ici.

Il avait fait son choix entre la course et moi. La course avait gagné, donc. Evidemment. Comment avais-je pu croire une seule seconde que je comptais à ses yeux ?

— Rien ne change, Charlotte. Je t'aime et, aussi longtemps que tu voudras de moi, je serai là.

J'arrachai ma main des siennes et revins à ma place initiale. J'avais besoin d'espace, besoin de réfléchir calmement à la situation. Jérémiah me regardait, cherchant à déchiffrer mes pensées.

— Je vais piloter pour une écurie prestigieuse, dit-il.

— Tu vas risquer ta vie sur un circuit, rectifiai-je. Tu vas... Tu vas... Tu risques de te tuer.

— Ça n'arrivera pas, je t'assure, Charlotte.

— Ne me demande pas d'assister à ça.

— Charlotte...

— C'est au-dessus de mes forces. Je ne veux pas te voir couvert de sang comme ton frère. Je ne veux pas ressembler à Summer et devenir un fantôme dans l'attente de nouvelles. Je ne veux pas passer mon temps à prier pour qu'il ne t'arrive rien. Ou pire, à prier pour que tu finisses par mourir parce que tes blessures sont trop graves pour que tu te rétablisses.

Il me défia du regard. Je n'avais jamais vu cette détermination dans ses yeux. Il n'était plus le Jérémiah dont j'étais tombée amoureuse. Je ne voyais plus que le pilote. La colère me gagna et il tenta de prendre de nouveau ma main.

— Essaie de comprendre, murmura-t-il.

— Non. Je ne veux pas. Je ne veux pas comprendre comment tu peux monter dans une voiture et risquer ta vie à toute vitesse. Je ne veux pas comprendre que tu y prends du plaisir, quand moi je suis... terrorisée à l'idée qu'il t'arrive quelque chose.

— Je t'en prie, Charlotte. Ne me demande pas de choisir. Je ne peux pas choisir entre la course et toi.

— Tu préfères que j'attende ta mort à chaque course ? Que je me ronge les sangs en espérant te revoir ?

— S'il te plaît, Charlotte, plaida-t-il.

— Je ne te demande pas de choisir : tu as déjà fait ton choix, apparemment.

Il repoussa sa chaise, instaurant une distance entre nous. Un froid polaire s'installa autour de la table.

Intérieurement, j'étais dévastée. Laminée. A bout de forces. Toute l'énergie que j'avais tenté de préserver pour ce rendez-vous était en train de me grignoter le cœur. Je retirai mon collier et le posai sur la table.

Bientôt, il ne resterait plus rien : ma mère allait mourir et Jérémiah allait disparaître de ma vie. Quant à mon avenir, il était plus qu'incertain. Je n'avais plus rien à quoi me raccrocher. Tout ce qui me rendait heureuse était en train de m'échapper, bientôt, je deviendrais une coquille vide.

— Charlotte, s'il te plaît, plaida-t-il.

— Je te souhaite une belle carrière.

Malgré moi, je me penchai vers lui et je volai un dernier baiser à un Jérémiah abasourdi. Mes larmes mouillèrent mon visage et je regrettai déjà ma décision. Mais je ne pouvais pas assister à ça. Je ne pouvais pas regarder Jérémiah filer vers la mort en priant pour qu'il revienne entier.

Non, je ne pouvais pas.

Je m'écartai de lui en tremblant, le souffle court.

— Sois prudent, murmurai-je.

Je quittai le café dans un état second : sûre de ma

décision et pourtant dévastée par ce qu'elle impliquait. Je parvins à rassembler mes dernières forces pour m'empêcher de me retourner. Je ne voulais pas affronter de nouveau sa mine glaciale, ni son regard sombre.

Quand je franchis le seuil du café, mon corps était tellement engourdi que je ne sentis même pas les flocons de neige tomber sur mon visage.

Je rentrai chez moi grâce à la force de l'habitude : mon esprit était ailleurs, mon corps alourdi par l'absence de volonté. J'étais anesthésiée par notre rupture, presque incapable d'y croire tant la situation était surréaliste. Le cauchemar recommençait, encore et encore : après la maladie de ma mère, après l'accident de Théo, je devais encore survivre à la perte de Jérémiah. J'avais pourtant orchestré notre rupture et je l'assumais. Au moins, je savais qu'il était en vie ; au moins, cette douleur-là était moins destructrice que d'assister à un accident et de craindre pour sa survie.

Oui, je l'assumais. Mais je ne savais pas si je pourrais surmonter cette nouvelle perte.

A mon arrivée à la maison, je remarquai une voiture de la base militaire de la ville. Papa était enfin de retour. Je me garai à côté et, ravalant mon chagrin, je courus jusqu'à la porte.

— Papa ? Papa ?

Il n'était pas dans la cuisine et je me dirigeai naturellement vers le salon. Ma mère était assise, ses mains décharnées croisées sur ses genoux. Son teint verdâtre me tira une grimace. A ses côtés, Summer me fixait.

Ce n'est qu'en tournant la tête que je vis deux hommes en uniforme.

— Qu'est-ce qu'il se passe ? demandai-je d'une voix blanche.

— C'est la police militaire, chérie, murmura ma mère.

Mon regard passa de ces hommes à Summer, puis à ma mère. Il devait y avoir une explication rationnelle. En l'absence de prêtre, on pouvait légitimement penser que papa était toujours en vie.

— Où est papa ?

— Votre père est porté disparu.

— En mission ?

— En permission, rectifia-t-il. Votre père est considéré comme déserteur depuis quarante-huit heures.

Ma mère éclata en sanglots. Mon père était invisible depuis longtemps ; maintenant, il était hors la loi et recherché par ses pairs.

Au fond, cette nouvelle ne me touchait pas plus que ça ; je n'avais jamais été proche de mon père et sa carrière militaire m'évoquait, tout au plus, de l'indifférence. Mais avec cette annonce, je venais de perdre mon dernier repère ; le dernier rempart de normalité venait de tomber.

Cette fois, mon monde et ma vie s'effondraient pour de bon.

12 août 2015

Jérémiah avait été sorti de la voiture et gisait sur l'asphalte, un bras replié sur son torse, pendant que ses jambes apparaissaient sous son jean déchiré et ensanglanté. Des secouristes surgirent derrière moi et me poussèrent violemment sur le côté pour m'empêcher d'avancer. Mes jambes me supportaient à peine et ma respiration, déjà laborieuse à cause de l'angoisse de la vitesse, devenait maintenant douloureuse. Mes poumons me brûlaient, ma gorge était serrée et j'avais la sensation de suffoquer.

Je posai une main contre ma poitrine, sentant mon cœur battre anormalement : trop vite et de manière saccadée.

J'approchai des équipes de secours, croisant le regard inquiet du directeur de course de Jérémiah. Il soutint mon regard quelques secondes, avant de passer une main sur son visage terreux.

Un des secouristes apposa ses mains jointes sur la poitrine de Jérémiah et entama un massage énergique. Je remarquai un filet de sang à la commissure des lèvres de Jérémiah et mes larmes coulèrent sans que j'essaye de les retenir.

Un second secouriste s'appliqua à lui retirer délicatement son casque, puis entama un bouche-à-bouche.

— Reviens, murmurai-je.

Je me sentais complètement impuissante, à observer la scène bouche bée, sous le choc. Les mécaniciens avaient les yeux rivés sur Jérémiah, comme s'ils tentaient de prendre conscience de la situation en s'obligeant à regarder son corps ensanglanté.

Le massage dura plusieurs minutes. Plusieurs minutes pendant lesquelles je mourais à petit feu. Il devait vivre. Je ne pouvais pas assister à sa mort, ça n'était pas censé se produire. Il ne pouvait pas me laisser, pas sur un circuit, pas sans avoir fini notre liste. Mes cheveux volèrent sur mon visage et je reculai, m'éloignant de la scène. Je ne voulais pas voir ça. Je ne voulais pas voir Jérémiah mourant sur une piste de course.

— On a un pouls ! hurla une voix.

L'agitation reprit aussitôt. Les portes de l'ambulance s'ouvrirent en grand et un des secouristes sortit un brancard. Je pris mon pendentif entre les mains et le serrai dans mes poings. Mes vieux souvenirs de l'accident de Théo se réveillaient et me donnaient la nausée. L'instant suivant, alors que j'étais toujours figée et muette, le brancard passa devant moi. Un masque à oxygène couvrait le visage de Jérémiah et trois secouristes le firent monter à l'arrière de l'ambulance. Je resserrai la veste de Jérémiah sur moi. Le directeur de course me jaugea du regard, mais je secouai la tête.

Je ne voulais pas monter dans cette ambulance. Il allait vivre. Il respirerait, il tiendrait le choc. Je n'avais aucune raison de monter dans cette ambulance. Il vivrait. J'en étais certaine. Le directeur de course monta dans l'ambulance et les portes se refermèrent.

Le véhicule fila hors du circuit à toute allure. Toujours sous le choc, les mécaniciens et moi le suivîmes du regard, avant de rentrer en direction du paddock. Je tremblais de tous mes membres, mais mes larmes avaient cessé rapidement.

Je jetai un dernier coup d'œil à la voiture, à moitié détruite. La gomme des pneus avait fondu, le capot était enfoncé et la portière, côté conducteur, sur le point de tomber. J'ignorai volontairement les échanges entre les mécaniciens.

— On a de la chance s'il revient sur deux jambes, dit un premier.

— Sans parler des dégâts internes, commenta un second.

— La ferme ! hurlai-je, à bout de souffle. Fermez-la, tous !

Ils se figèrent un court instant, puis reprirent leurs

activités en silence. Prise de vertige, je m'assis sur une chaise et commençai à réfléchir à la situation.

Etre rationnelle m'avait sauvée dans le passé. J'avais encaissé la mort de ma mère, j'avais géré l'arrestation de mon père, j'avais réussi à composer avec l'absence de nouvelles de Théo et, surtout, j'avais survécu à ma rupture avec Jérémiah. J'y étais parvenue en cessant de prendre en compte mes émotions. Ces dernières avaient été cadenassées dans un coin de mon cerveau, avec les souvenirs de mes quelques mois avec Jérémiah.

J'avais réussi. J'avais déjà réussi à faire sans lui. Mais maintenant, cette simple perspective était insupportable. Une main apaisante se posa sur mon épaule.

— Il a été transporté à St Luke, on peut vous y amener.

Je passai mes mains sur mon visage pour sortir de ma torpeur. Le choc devait passer, je devais reprendre le contrôle.

— D'acc... D'accord, bégayai-je, toujours tremblante. Il faut prévenir son frère, ajoutai-je.

— On s'en occupe.

La femme devant moi m'offrit un vrai sourire, plein de compassion et de soutien. Elle semblait affectée elle aussi.

— Je représente son sponsor, expliqua-t-elle finalement. Je connais Jérémiah depuis trois ans.

A la façon dont sa voix se brisa, je compris que leur relation n'avait pas été que professionnelle. Je ne pouvais pas lui en vouloir : résister à Jérémiah, même pour de bonnes raisons, était très difficile.

— Je vous ai commandé un taxi. Allez le voir. Je suis certaine qu'il sera sur pied d'ici peu.

— J'espère, murmurai-je.

Le trajet en taxi avait été trop bref pour que je reprenne mes esprits. En arrivant dans le hall de l'hôpital, j'étais encore en proie à ma détresse et à ma peur. J'étais épuisée, ressassant encore et toujours l'accident et la multitude de scénarios possibles pour l'avenir de Jérémiah.

L'accueil m'informa qu'il était toujours aux urgences et que je devais patienter.

J'avais attendu Jérémiah pendant dix ans. J'avais l'impression que ce temps avait filé en un clin d'œil. Ici, les minutes paraissaient durer des années. Les chaises en plastique inconfortables ne me permettaient pas de trouver une position agréable et la pile de magazines me rebutait. L'angoisse avait eu raison de moi et je ne pouvais rien faire d'autre qu'attendre en imaginant le pire.

— Elle est là, fit la voix de Summer.

Je relevai les yeux vers elle et remarquai que Théo la suivait. Son visage couleur de cendre raviva mon émotion. Je tombai en larmes dans les bras de ma meilleure amie. Elle passa une main apaisante dans mon dos, m'intimant de me calmer. Théo s'installa sur une des chaises et étendit sa jambe blessée.

— Que s'est-il passé ? demanda-t-il finalement alors que Summer me libérait.

— Aucune idée. C'était pour un essai. La voiture a viré et il a fait un tonneau.

— Il va sûrement s'en sortir avec deux coupures et trois bleus, tenta Summer.

— Son cœur s'est arrêté, ajoutai-je d'une voix blanche. Ils... Ils lui ont fait un massage, mais... Les urgences s'occupent encore de lui. Et le sang...

— J'ai appelé David et Gemma, ils vont venir aussi, me prévint Summer. Est-ce que tu veux un café ? Ou quelque chose à manger ?

— Je suis incapable d'avaler quoi que ce soit. C'est trop dur, Summer. Je ne peux pas...

— Non, Charlotte, me coupa-t-elle. Tu dois rester.

— Les gens autour de moi ne font que ça, Summer : ils meurent. Je ne veux pas que Jérémiah soit le prochain. Je dois partir. Si je m'éloigne, il a une chance.

— C'est une théorie ridicule. Tu dois rester. Tu peux tenir. On tient, quand il le faut.

Elle m'étreignit de nouveau, puis alla s'asseoir près de Théo. L'attente allait être longue et je n'avais aucune idée de ce que je devais faire.

Je me réveillai en sursaut en sentant une main se poser sur la mienne. Le souffle court, j'ouvris les yeux, découvrant le visage de Gemma. Elle m'adressa un sourire entre compassion et tristesse, et mon cœur s'emballa.

— Où est-il ? demandai-je.

— Ils vont le monter en soins intensifs, m'indiqua-t-elle.

Elle s'agenouilla devant moi et je découvris que David était assis près de Théo. A demi allongée, la tête sur la cuisse de ce dernier, Summer somnolait. Théo posa un index contre ses lèvres pour m'enjoindre de ne pas la réveiller.

— Il faut que tu prennes des forces, Charlotte. J'ai rapporté à manger, chuchota Gemma.

— Je n'ai pas faim. Est-ce qu'on peut le voir ?

— Pas encore. Peut-être d'ici à la fin de la nuit, si on a de la chance. Je t'en prie, Charlotte, il est près de 2 heures, il faut que tu grignotes au moins un gâteau ou une barre de chocolat.

David leva les yeux vers moi. Il portait son T-shirt réglementaire de la brigade.

— Tu devrais rentrer dormir, dit-il à voix basse. Histoire d'être en forme demain.

— Demain ? Je n'attendrai pas demain ! Je veux le voir !

— Son état est stable. On ne peut rien faire de plus. Théo est d'accord pour rentrer à l'appartement. Sois raisonnable.

— Je ne veux pas être raisonnable. Je veux le voir, criai-je, au bord des larmes.

J'avais pleinement conscience que j'étais irrationnelle : j'avais refusé de monter dans l'ambulance, j'avais envisagé de partir, mais maintenant qu'il quittait les urgences, je voulais le voir, il le fallait. Il était en vie. Je devais le voir.

— Ça ne servirait à rien, reprit David. Ils lui ont donné tout un tas de médicaments. Il doit dormir pour que son corps récupère. Cela va durer plusieurs jours.

— Et il est sorti d'affaire alors ? demandai-je, pleine d'espoir.

Théo et David échangèrent un coup d'œil, pendant que Gemma me fuyait du regard. L'ambiance était oppressante. Mes amis me cachaient l'essentiel, je le sentais.

— On ne sait pas, lâcha finalement Théo. Mais David a raison, il faut rentrer.

— Ton frère est ici et tu veux rentrer ? m'énervai-je.

— J'ai été à sa place et, crois-moi, tu ne veux pas que les gens te voient ainsi.

Il caressa délicatement la joue de Summer qui cligna des yeux plusieurs fois. Théo la regardait avec tendresse, tandis qu'elle rassemblait les quelques mèches de cheveux échappées de sa queue-de-cheval.

— Encore moins les personnes à qui tu tiens, précisa-t-il.

Il se releva péniblement, s'appuyant sur sa canne. Summer entoura la taille de Théo d'un de ses bras, David et Gemma les imitèrent et leurs regards convergèrent vers moi.

— Rentrons. Tu pourras revenir dans quelques heures, si tu veux.

— Si tu le veux, oui, répéta Théo.

Je n'avais réussi à dormir que trois heures. L'inquiétude avait fini par prendre le dessus et le sommeil me fuyait. Pourtant, j'étais épuisée. Epuisée de mes réflexions stériles, épuisée de mes scénarios multiples, épuisée de culpabiliser, comme dix ans auparavant. Il était près de 6 heures quand je repoussai les draps d'un geste rageur. Mon angoisse s'était peu à peu transformée en colère contre Jérémiah.

Pourquoi avait-il cette passion absurde pour la vitesse ?

Pourquoi fallait-il qu'il prenne des risques, qu'il épate la galerie, alors que sa notoriété dans ce domaine le précédait ?

Jérémiah n'avait plus rien à prouver en tant que pilote. Il avait gagné des courses, des sponsors étaient prêts à dépenser des millions pour lui et, de toute façon, il avait suffisamment d'argent pour vivre une dizaine de vies.

Naïvement, j'avais encore cru que ma seule présence dans sa vie finirait par lui faire abandonner sa carrière. Une part de moi croyait sincèrement qu'il avait compris que, s'il souhaitait revenir durablement dans ma vie, il y avait un prix à payer. La course.

Une autre pensait que je pourrais accepter cette vie, que je finirais par m'y faire. Elles avaient tort.

Je gagnai la cuisine et fus surprise de trouver Théo, assis sur un des tabourets du bar, l'ordinateur de Summer ouvert devant lui. Il releva les yeux vers moi et son regard balaya mon décolleté.

— Je ne dors pas avec, dis-je, acerbe.

Il se contenta de sourire, puis, avec une nonchalance agaçante, répliqua :

— Mais là, tu ne dors pas.

Je levai les yeux au ciel, exaspérée. Je ne voulais pas parler avec Théo, ni débattre de la signification du collier et du fait que je le portais ou non. Je n'avais pas les idées assez claires pour soutenir une discussion.

— Tu as dormi sur le canapé ? demandai-je.

— A ton avis ?

— A mon avis, tu n'aurais pas abandonné Summer si vous aviez dormi ensemble.

— Touché, sourit-il. Ça me semblait plus correct de dormir sur le canapé.

— Correct ?

— Mon frère est à l'hôpital. Il est hors de danger et finira par se remettre, me rappela-t-il, mais pour le moment, concernant Summer, disons que c'est un mauvais timing !

Il m'adressa un sourire franc. Je me préparai un café et dégotai une boîte de gâteaux dans un placard. Une nouvelle journée interminable venait de commencer, il fallait que je prenne des forces pour l'affronter. Je m'installai face à Théo, qui consultait toujours son écran.

— La Fondation ? demandai-je.

— Compte rendu de délibérations du conseil

d'administration. Comme tu t'en doutes, c'est palpitant, ironisa-t-il.

— On dirait que tu le fais à contrecœur.

— Ce n'est pas vraiment la carrière dont je rêvais enfant.

— C'était plutôt la course ?

— Plutôt les voitures, corrigea-t-il. Mais je n'ai pas eu le choix. Ma mère menait la Fondation à la catastrophe, et je suis l'aîné. Et puis, il y a eu l'accident. J'ai toujours eu un karma merdique, railla-t-il.

Je le dévisageai un instant et posai la question qui me brûlait les lèvres depuis nos retrouvailles. Je voulais combler les blancs de notre passé commun.

— Comment c'était ?

Il soupira et referma l'ordinateur de Summer. Il le repoussa sur la table et posa ses coudes, puis appuya son menton sur le poing droit et plongea son regard dans le mien.

— L'accident ?

— Et le reste. L'hôpital, les soins... Du jour au lendemain, Jérémiah et toi avez disparu de nos vies.

— Ma mère m'a transféré dans un hôpital dans un autre Etat. Histoire d'étouffer le potentiel scandale. Je suis resté sous assistance respiratoire pendant trois semaines avec un tuyau dans la gorge. Le simple fait de cligner des yeux me faisait mal jusqu'aux orteils.

— Trois semaines, répétai-je, en pensant à Jérémiah.

— Trois semaines. Je suis resté presque un an là-bas pour la rééducation de mon genou et pour réapprendre à marcher. Mais tout ça, ce n'est rien.

— Ce n'est pas rien ! m'écriai-je. J'ai vu l'accident, Théo, et j'ai vu le visage de Summer. Nous avons tous cru que tu ne t'en sortirais pas.

— Au début, j'ai voulu mourir, avoua-t-il. J'avais mal, j'étais loin de chez moi. La course, les voitures...

Tout ça, c'était terminé pour moi. J'étais en colère contre la terre entière.

Il me fixa et je me réfugiai dans mon mug de café. Plus j'écoutais Théo, plus je sentais monter ma colère contre Jérémiah. Il savait à quel point tout cela était dangereux : il l'avait déjà vécu, il en avait vu les séquelles sur son frère, il n'avait aucune excuse.

— Alors, j'ai fait comme toi, reprit-il.

— Comme moi ?

— J'ai pris la direction de la Fondation. J'ai revendu certaines de mes voitures. J'ai coupé les ponts avec mon passé. J'ai… J'ai décidé d'oublier Summer. Je suis devenu quelqu'un d'autre.

— Je ne suis pas quelqu'un d'autre, me défendis-je. J'ai juste fait des choix.

— En quittant Jérémiah ?

— En faisant de mon mieux. Ma mère était malade, lui rappelai-je. Je me protégeais, je voulais limiter… les pertes, murmurai-je. Par ailleurs, il n'a rien fait pour me retenir.

— Parce qu'il a agi comme un sombre crétin, décréta Théo.

— Il savait que je n'aimais pas les courses, que je n'aimais pas la vitesse ni les risques qu'il prenait. J'étais sous le choc de ton accident, expliquai-je plus calmement. Je ne pouvais pas continuer d'assister à ces courses en espérant qu'il franchisse l'arrivée en un seul morceau. C'était trop.

Théo se contenta de sourire et de hocher la tête. A ses yeux, je devais passer pour une lâche, doublée d'une colérique.

— Tu es en colère, commenta-t-il.

— Contre lui.

— Je sais.

— Nous devions aller dîner, expliquai-je. Il n'aurait

pas dû être dans cette voiture. Je... Je lui en veux tellement d'avoir pris ces risques !

— Il avait une excellente raison d'aller vite, contra Théo avec un sourire triste.

— C'est aussi ce que tu as dit le jour de ton accident.

— Parce que c'était vrai. Et c'est toujours vrai, précisa-t-il, en dirigeant son regard vers la porte de la chambre de Summer.

— Je ne veux pas qu'il aille vite pour moi. Je veux qu'il reste en vie et loin d'un volant.

— Qu'est-ce que tu crois ? Qu'il peut changer ? Qu'il peut laisser de côté la course pour toi ?

Le ton surpris de ces questions m'agaça. J'aimais croire que notre histoire était plus importante que tout le reste. Peut-être était-ce de l'égoïsme, peut-être était-ce une rancune vieille de dix ans, mais c'était là, partout en moi, dans mes poings serrés et mon cœur brisé. Je lui en voulais.

— Il ne changera pas, reprit Théo. La course, c'est lui. Il avait une excellente raison d'aller vite, et il a une excellente raison de revenir.

— Il a fait sans moi pendant dix ans.

— On en revient à ce que j'ai déjà dit : c'est un sombre crétin. Il ne changera pas, Charlotte. Tu peux détester la course, mais c'est la course qui l'a façonné ainsi. Il a toujours eu la bougeotte, il a toujours eu envie de gagner. La seule personne qu'il écoute, c'est toi.

— Alors, rien n'a changé en dix ans ? C'est toujours la course, lui et moi ?

— Toujours. Ta colère ne te mènera nulle part. Et il connaît très bien tes peurs concernant la course. Il le sait depuis le départ, depuis le début de votre... liste.

A la mention de la liste, je me figeai. Au départ,

c'est tout ce que cela devait être : une simple liste. Une liste à réaliser, une parenthèse douce et nostalgique.

Maintenant, c'était bien plus que ça. La liste était devenue notre raison d'être ensemble. Elle avait réveillé mes souvenirs, déterré mes sentiments. Jérémiah avait su trouver la faille dans ma carapace. Il avait su me faire oublier à quel point il m'avait brisé le cœur.

— Il t'a parlé de la liste ? demandai-je.

— Plus ou moins. Summer a comblé les blancs. Il savait qu'il prenait un risque. Tu peux le considérer comme un gamin capricieux, mais il voulait la course... et toi.

— C'est impossible, conclus-je. Impossible pour moi.

Théo rouvrit l'ordinateur et tapota sur le clavier. L'écran auréola son visage d'un éclat bleuté. Je finis mon café d'un trait et sautai de mon tabouret. Alors que je regagnais ma chambre, Théo m'interpella.

— Le principe de la seconde chance, c'est de faire mieux que la première fois, me rappela-t-il.

— Tu devrais peut-être le dire à ton frère, rétorquai-je, pleine d'amertume.

— Si tu le quittes, cette liste n'aura servi à rien, alors.

— A rien, confirmai-je en fermant la porte derrière moi.

*
* *

Je passai mes cinq journées suivantes à l'hôpital. Jérémiah était désormais hors de danger. Son corps, abîmé et blessé, cicatriserait. Mais il lui faudrait du temps pour retrouver toutes ses capacités. Comme il me faudrait du temps pour accepter la situation et la digérer.

Mais il était en vie, il était sauvé et cette bonne nouvelle m'apaisait suffisamment pour le moment.

Summer, dont les congés étaient terminés, avait repris le travail. Gemma m'accompagnait les après-midi, et David passait quand ses horaires le lui permettaient. Théo, installé dans l'appartement de Jérémiah, me relayait en venant à la nuit tombée. Si les médecins parlaient d'amélioration, je restais dans le doute. Jérémiah respirait grâce à une machine.

Ma colère était toujours présente. Elle revenait par vagues, en même temps que les souvenirs de mon histoire avec Jérémiah. Mais elle était teintée de résignation. Ma conversation avec Théo n'avait fait que confirmer ce que je supposais : la course serait toujours présente, Jérémiah ne changerait pas, mes angoisses et mon inquiétude seraient toujours présentes.

Une équation à triple inconnue, dont je connaissais la solution depuis dix ans.

Assise sur une chaise, dans sa chambre d'hôpital, je fixais le corps abîmé de Jérémiah. Des bleus, des coupures, un visage tuméfié qui le rendait méconnaissable et une attelle à sa cheville droite : il ne ressemblait plus à l'homme qui m'avait séduite quelques semaines auparavant.

Malgré les bandages et l'intraveineuse, on distinguait partiellement ses tatouages. Son torse se soulevait régulièrement, rythmé par le bip de la machine. J'aurais dû être triste, éplorée ou angoissée par l'évolution de son état mais je ne ressentais rien hormis un grand vide, comme si on m'avait dépossédée de mon énergie.

— Salut, fit la voix de Summer en entrant dans la chambre.

Je fourrai à la va-vite dans ma poche le collier que je triturais nerveusement depuis une heure et adressai un sourire à mon amie.

— Tu n'arriveras pas à me convaincre, dit-elle en s'installant près de moi.

— Je n'arriverai pas à me convaincre moi-même, raillai-je.

— Comment va-t-il ?

— Mieux, apparemment. Ils veulent tenter de l'extuber d'ici deux ou trois jours. Sa cheville n'est pas en bon état, et il a des côtes cassées. Un de ses poumons est dans un sale état.

— Et toi, comment vas-tu ?

— Tu n'as pas parlé à Théo ?

— Si. Je me demandais si les choses avaient évolué. Il m'a dit que tu étais en colère et que tu n'étais pas certaine de ce que tu allais faire.

— C'est un bon résumé, répondis-je.

Un silence s'installa entre nous. Je sentais que Summer voulait en dire plus, mais elle se retenait. En temps normal, elle m'aurait donné son avis, nous aurions ri et j'aurais finalement fini par suivre son conseil. Mais aujourd'hui, tout était différent.

— Vas-y, l'encourageai-je, dis-moi ce que tu en penses.

— Tu ne vas pas aimer mon avis.

— Je n'aime déjà pas ce que je ressens.

— Tu sais, Théo a raison : tu es beaucoup trop cartésienne au sujet de Jérémiah. Tu ne peux pas décider que tout est blanc ou noir.

— Summer, il court et je déteste la course. Il n'y a pas de demi-mesure possible.

— Parce que tu prends la course comme un détail de votre histoire. Ce n'est pas que son métier, c'est lui.

— Et voilà le deuxième membre de son comité de soutien, commentai-je, amère.

— Je ne dis pas ça pour lui. Je dis ça pour toi.

Elle reprit son souffle et baissa les yeux sur ses mains jointes.

— Quand Jérémiah m'a appelée pour cette soirée de retrouvailles, je n'étais pas convaincue, avoua-t-elle. Tu semblais avoir tiré un trait sur ton passé.

— Tu savais pour la liste ? demandai-je.

— Non. Mais honnêtement, on ne peut pas nier que c'est brillant comme idée, dit-elle en riant.

— J'aurais dit « tordu ».

— Peut-être, mais tu l'as suivi. Je l'ai vu, quand vous avez dansé ensemble. Je l'ai vu au lycée, quand je vous côtoyais. Il est heureux avec toi. Et toi, tu es... rayonnante avec lui. Vous êtes faits pour être ensemble. Tu lui apportes une forme d'équilibre et lui... bon, disons que lui passe son temps à te rendre dingue ! Mais je sais que tu aimes qu'il fasse ça. Quand tu as découvert ce bonbon dans cette boîte, je ne t'avais pas vue aussi heureuse depuis des années.

J'avais envie de rire, mais Summer me devança et leva sa main devant moi pour continuer.

— Prends ça pour un cliché, si tu veux, mais ce que vous avez vécu ne s'oublie pas juste parce qu'on le décide. C'est toujours là, quelque part.

— Il court. Il court, Summer. Regarde où il se trouve, dans ce lit, avec ces machines et tous ces tubes. Il risque sa vie au volant et j'ai vu... je l'ai vu en sang, Summer. Il ne réagissait plus. Et cela me terrifie !

— Et tu as quitté Kyle parce que votre relation ne te terrifiait pas assez. Bon sang, Charlotte, il a organisé une soirée pour la promo 2005, il a retrouvé ta liste, il est venu en Italie pour manger une pizza avec toi et il t'a offert une boutique ! Une boutique ! Ce n'est pas rien !

— J'ai changé, contrai-je.

— Conneries ! Tu n'as pas changé. Tu as juste... enfilé un costume passe-partout, s'énerva-t-elle.

— Tu n'as aucune idée de ce que je ressens.

Elle me fusilla du regard, et ma maladresse me sauta aux yeux.

— Je sais exactement, à la seconde près et dans chacun de mes muscles, ce que tu ressens, répondit-elle.

— Théo a cessé la course, lui fis-je remarquer.

— Et je donnerais tout pour le revoir derrière un volant, pour revoir ce sourire fier qu'il arborait en franchissant la ligne.

Je me surpris à sourire. Summer avait au moins raison sur ce point : au volant, les frères Montgomery étaient irrésistibles. Leurs duels fraternels m'avaient fait lever plus d'une fois les yeux au ciel, mais il s'agissait de bons souvenirs.

— Et cette course, dans la résidence, le soir de la pièce, rappela-t-elle. Théo hurlait de joie dans la voiture d'avoir doublé son frère.

— On a fini dans la barrière.

— Une victoire est une victoire.

— Jérémiah était distrait, le défendis-je. Par ma faute.

— On s'en fiche : une victoire est une victoire, répéta-t-elle.

La mine fanfaronne de Summer m'arracha un nouveau sourire. Cette nostalgie avait un goût doux-amer. Dans mes souvenirs, et depuis toujours, le mauvais prenait le pas sur le bon. Mais le retour de Jérémiah dans ma vie avait fait resurgir les souvenirs heureux que j'avais enterrés. Summer glissa sa main dans la mienne et ses yeux s'embuèrent.

— Vous êtes faits l'un pour l'autre, répéta-t-elle. Je sais que tu ne me crois pas, je sais que tu es bouleversée.

Elle referma sa main plus violemment sur la mienne, me faisant presque mal.

— Mais si tu refais la même bêtise qu'il y a dix ans, je prends une de ses voitures et je te roule dessus !

Summer essuya ses larmes et libéra ma main.

— Je ne peux pas le quitter, pas maintenant de toute façon. Pas comme ça. Le mal est fait, ce que je redoutais s'est produit. Maintenant, il faut que j'attende qu'il aille mieux avant de prendre une décision.

— Ce n'était pas bien malin de sa part de faire cette course d'essai.

— Il a voulu épater la galerie.

— D'après Théo, la voiture n'était pas prête. Jérémiah a voulu la pousser, mais les réglages n'étaient pas suffisamment précis. Et les pneumatiques étaient médiocres.

— Je n'arrive pas à croire que tu cherches encore à le dédouaner de la situation ! m'exclamai-je, avec un sourire.

— Je suis prête à tout pour te voir finir ta vie avec cet homme.

— J'ai peut-être mon mot à dire, non ? plaisantai-je.

— Avec lui ? J'en doute. Quand il va se réveiller, il va donner un coup de boule au médecin qui a décidé de le garder ici. Ensuite, il trouvera un moyen de s'évader, de te traquer sans relâche et de te faire finir votre liste.

Mes nerfs lâchèrent et j'éclatai de rire devant l'imagination sans bornes de Summer. Elle avait la conviction profonde qu'une sorte de destin me liait à Jérémiah quand, moi, j'avais la conviction profonde que les courses finiraient par le tuer. Et je ne pouvais pas assister à cela.

— Je n'ai toujours pas trouvé ce qu'était le dernier vœu, avouai-je.

— Tu vois ? Une raison de plus pour ne pas tout abandonner maintenant.

— De plus ? Il y en a tant que ça ?

— Tu l'aimes. Et il t'aime. Et il t'aide à réaliser ta liste. Quel genre de mecs fait ça ?

— Lui.

— Tu vois ? Le destin. Et en plus, il est plutôt sexy. Enfin, sans les hématomes. Oh ! et il est riche. Et la rumeur veut qu'il ait été créé dans une carcasse de Mustang, ce qui le rend impétueux et arrogant.

— Et fou furieux, complétai-je.

— Et fou furieux, admit-elle. Il est parfait pour toi. Parfait, assura-t-elle. Je l'ai su à l'instant même où il a déboulé chez ta mère pour votre premier rendez-vous.

Je cachai mon visage dans mes mains. Je me souvenais encore de l'excitation de ma mère et du spectacle qu'elle avait offert à Summer et Jérémiah.

— Elle avait pris mes fleurs, me rappelai-je avec un sourire. Je n'ai jamais eu aussi honte de toute ma vie.

— C'était un chouette moment. Ta mère était fière de toi.

— Elle adorait Jérémiah, dis-je, pleine de nostalgie.

— Encore une raison supplémentaire. Charlotte, je ne dis pas que je ne te comprends pas. Je sais que tu as mille raisons de le quitter... Mais tu l'aimes.

— Alors on la joue comme ça ? L'amour plus fort que tout ? ironisai-je.

— En gros, oui. Maintenant, si tu veux un vrai conseil : prends ton temps pour décider. Tu finiras pas regretter une décision impulsive. Et puis, il doit être en mesure de se défendre et de plaider sa cause !

Un nouveau silence nous enveloppa. Ma conversation avec Summer avait été moins heurtée que celle avec Théo, certainement parce qu'elle comprenait ce que je ressentais. Admettre et passer outre à ma colère allaient exiger du temps et de la patience.

— Il n'abandonnera jamais, dis-je finalement.

— Toi ? Jamais.

— La course.

— Non plus. Il va falloir faire avec ce mec parfaitement parfait, soupira-t-elle dramatiquement. De toute façon, tu ne voudrais pas qu'il abandonne pour toi.

— Non, c'est vrai. Ça ne serait plus lui.

— Enfin une preuve que ce cerveau te sert à quelque chose. Mais il faut que tu prennes ton temps. Quelle que soit ta décision, elle sera certainement définitive.

— Il est capable de revenir dans dix ans, souris-je.

— Je sais. Il est aussi capable de se tuer dans une course la semaine prochaine.

— C'est laid ce que tu fais, dis-je en lui adressant un regard noir.

— Je sais.

L'idée que Jérémiah disparaisse pour de bon de ma vie me remua l'estomac. J'étais prête à faire sans lui. J'avais déjà réussi à faire sans lui. Mais imaginer qu'il ne soit plus de ce monde, que la situation soit irréversible, qu'il quitte ma vie pour de bon sans espoir de l'y voir revenir, me révulsait.

Je me relevai de ma chaise et Summer m'imita. Je sortis le collier de ma poche. Je pouvais admettre mes sentiments, mes faiblesses et mes inquiétudes. Mais j'avais besoin de temps, besoin d'évacuer ma colère, besoin de me concentrer sur autre chose. J'avais besoin de faire sans lui. Au moins pour un temps.

Loin de Jérémiah, je parvenais à réfléchir. J'avais mes repères, je savais ce que je voulais.

Il avait besoin de temps pour récupérer et être en forme.

J'avais besoin de temps pour me remettre et prendre une décision.

Dans un soupir, je posai le collier sur le chevet de Jérémiah. Il finirait par se réveiller. Il guérirait, garderait peut-être une ou deux cicatrices et reprendrait sa vie. Et quand il verrait le collier, il comprendrait ce que cela signifierait. Je ne pouvais pas garder le collier pour le moment.

— Maintenant ou jamais, murmurai-je en déposant un baiser sur son front.

15 septembre 2015

Le cabinet de Claire Thomson était vraiment petit. En guise de bureau, j'avais hérité d'un minuscule recoin qui ressemblait à un placard et dans lequel s'accumulait une montagne de dossiers. Je n'avais toujours pas reçu les résultats de mon examen. Je savais que les corrections prenaient du temps, mais l'attente était interminable.

Summer m'avait donné des nouvelles de Jérémiah : il respirait normalement, ses hématomes avaient disparu et il travaillait la rééducation de sa cheville.

— C'est son troisième kiné, m'avait confié Summer dans un rire. Les deux premiers ont été virés. D'après Jérémiah, ils ne le faisaient pas assez travailler.

— Je suis contente qu'il aille mieux, avais-je dit en ne prenant pas la peine de lever le nez de mon dossier.

— Il a demandé de tes nouvelles. Je lui ai dit que tu avais besoin de temps.

— De temps et de sommeil, avais-je soupiré. Ce dossier est catastrophique.

— Il m'a dit qu'il t'écrirait.

— On verra.

Eluder était devenu un automatisme. Dès que le prénom de Jérémiah était prononcé, je trouvais un prétexte pour fuir la pièce ou changer de conversation. Le temps passait, mais ma colère était toujours là, tapie dans un coin de mon cœur, prête à incendier tout sur son passage.

Je m'étais réfugiée dans mon nouveau poste. Lire et archiver les dossiers n'était pas très épanouissant, mais cela m'empêchait de réfléchir et, sans les résultats du barreau, je ne pouvais guère faire mieux. Je partais tôt, rentrais tard. Je m'étais construit une nouvelle routine, loin de la folie de cet été avec Jérémiah.

C'était apaisant. Je limitais mes conversations avec Gemma et Summer. Mon choix et ma décision ne regardaient que moi mais, en jouant le jeu, elles m'offraient le soutien silencieux dont j'avais besoin.

A moins que Summer ne redoute le moment où je finirais par m'effondrer en larmes. Summer savait que si elle me confrontait à ma décision, je finirais par craquer.

Il était près de 21 heures, quand je rentrai à pied à l'appartement. Après la chaleur estivale, la douceur de l'automne s'installait sur New York. Je jetai un coup d'œil au courrier, constatant que mes résultats n'étaient toujours pas arrivés. Je posai mon sac au sol et m'effondrai sur le canapé avant de réprimer un bâillement et de retirer mes chaussures du bout du pied.

Je fermai les yeux et pris une profonde inspiration. Summer était partie en séminaire dans le Connecticut, j'avais donc une soirée tout en calme et en silence, rien que pour moi.

Alors que j'étais sur le point de m'assoupir, mon téléphone vibra dans ma poche. Je me retins de le jeter rageusement au sol et me frottai les yeux pour découvrir l'identité de l'importun.

Le nom de Jérémiah s'afficha et je me redressai aussitôt. Mon envie de dormir m'avait désertée.

De : Jérémiah Montgomery
A : Charlotte Parker
Le : 15 septembre 2015 à 20 h 57

Charlotte,
Je sais que tu es en colère. Je sais que tu veux du temps, de l'espace. Peut-être même que tu ne veux plus que je t'écrive.
Nous avons une liste à finir. Et je veux la finir avec toi. Je te promets que cela te prendra très peu de temps.

Jérémiah.

Je relus le message plusieurs fois. Cela ressemblait à un retour à la case départ : pour me convaincre de le laisser revenir dans ma vie, Jérémiah utilisait cette liste.

Il n'était question que de la liste. Il n'y avait pas de nous, pas de sentiments, pas d'implications. Pourtant, elle m'avait apporté bien plus que je ne l'avais imaginé.

J'éteignis mon téléphone. Je n'avais pas envie de lui répondre, pas envie de lui dire que, si nous avions arrêté la liste, c'était surtout par sa faute. Je lui avais donné sa chance et il l'avait bousillée sur un circuit de course.

A mes yeux, cette histoire de vœux à réaliser était désormais sans importance.

Du moins, je tentai de m'en convaincre. Après

avoir bénéficié de quelques heures de sommeil agité, je finis par céder. Je rallumai mon téléphone et relus le message de Jérémiah. Je vérifiai l'heure et me décidai à lui répondre.

De : Charlotte Parker
A : Jérémiah Montgomery
Le : 16 septembre 2015 à 03 h 45

Jérémiah,
Je suis ravie que tu ailles mieux. J'ai en effet besoin de temps. D'espace. De liberté. De réflexion.
Pour la liste… Je ne sais pas.
Peut-être plus tard.

Charlotte.

Une réponse me parvint presque immédiatement, me faisant bondir de mon lit. Je pensais l'avoir joué stratège en répondant au milieu de la nuit. Une fois encore, Jérémiah déjouait mes plans.

De : Jérémiah Montgomery
A : Charlotte Parker
Le : 16 septembre 2015 à 03 h 48

Charlotte,
Je n'ai pas « plus tard ». J'ai seulement « maintenant » ou « jamais ».
Ravi de voir que je ne suis pas le seul à penser à nous au milieu de la nuit.

J.

Je triturai mon téléphone entre mes mains. Maintenant ou jamais : le mantra de Jérémiah. Aller vite, ne pas réfléchir, sentir les vibrations de la voiture... ou les miennes. Il voulait tout, tout de suite, sans se soucier des autres.

De : Charlotte Parker
A : Jérémiah Montgomery
Le : 16 septembre 2015 à 03 h 50

Jérémiah,
Toujours envie de gagner, donc ?

De : Jérémiah Montgomery
A : Charlotte Parker
Le : 16 septembre 2015 à 03 h 53

Je vais gagner.
Et ensuite, je ferai le tour d'honneur de ton corps.
J.

P-S : Au fait, je te drague.

J'éclatai de rire et me couvris de ma couette. Les yeux rivés sur l'écran du téléphone, je cherchai une réponse suffisamment cinglante pour remettre Jérémiah à sa place. Mais, au vu de sa réponse, je compris que c'était exactement ce qu'il voulait : me provoquer pour renouer le dialogue, et je ne voulais pas lui offrir cette minuscule victoire.

De : Charlotte Parker
A : Jérémiah Montgomery
Le : 16 septembre 2015 à 03 h 56

Bonne nuit, Jérémiah.

Je coupai de nouveau mon portable. Cette fois, quand je fermai les yeux, aucun souvenir ne vint hanter mon sommeil. Echanger ces quelques messages avec Jérémiah m'avait apaisée. Pour autant, je n'étais pas prête à le laisser gagner.

En tout cas, pas cette nuit.

*
* *

Le surlendemain, à la demande de Claire et pour me mettre doucement dans le bain, j'amorçai mes premières recherches pour un cas d'agression, dans lequel je défendais l'agresseur. La victime se portait bien, il s'agissait surtout de déterminer si le crime avait été un coup de folie ou un acte préparé.

Je lisais le rapport de police, quand je fus interrompue par des coups sur le chambranle de la porte de mon bureau. Je relevai les yeux et découvris Summer, habillée d'une superbe robe fourreau rouge qui mettait sa silhouette en valeur.

— Très jolie robe. Quel homme comptes-tu rendre fou ce soir ? demandai-je dans un rire.

— Aucun. Je vais à une soirée et je t'y emmène.

— Une soirée ?

— Champagne, petits-fours et... robe dévastatrice, annonça Summer.

De son dos, elle dégaina une robe noire courte et au tissu léger. J'éclatai de rire et secouai la tête.

— Hors de question !

— On va juste faire la fête. Gemma a, comme qui dirait, des révélations à nous faire.

J'arquai un sourcil, avant de soupirer. J'étais tellement prise dans mon histoire avec Jérémiah que je m'étais détournée de mes meilleures amies. Je ne savais même pas où en était Summer avec Théo, et ma dernière conversation avec Gemma était celle que nous avions eue le jour de l'accident.

— Et toi, tu as des révélations à me faire ? demandai-je.

— Moi ? Aucune. William m'a appelée hier pour remettre le couvert.

— Et Théo ?

— Théo va bien, sourit-elle.

— Tu sais très bien de quoi je veux parler !

— La dernière fois qu'il m'a proposé un dîner, c'était il y a plus de dix ans. En gros, il y a prescription.

Je n'osai pas lui dire que Théo était d'un tout autre avis. Je n'étais pas la mieux placée en ce moment pour donner des conseils en relations amoureuses. Surtout celles en lien avec nos passés respectifs.

Summer finit par entrer dans la petite pièce, contourna mon bureau et s'assit sur le rebord. Elle déposa la robe par-dessus mes dossiers et la tapota du bout de l'index.

— Mets cette robe !

— Et pour Gemma ? Elle a fini par coincer Tate ?

— Tate ? Tu es à des années-lumière ! Mets cette robe !

— Je commence à me lasser de toutes ces énigmes, râlai-je. D'abord Jérémiah, ensuite Gemma...

— Jérémiah ? s'étonna-t-elle. Apparemment, tes révélations sont plus fracassantes que celles de Gemma. Tu lui as parlé ?

— On a échangé quelques messages, rien de plus. Tu le connais, il est toujours aussi arrogant, persuadé que je vais céder dans la minute.

— Oui. Alors qu'on sait tous qu'il lui faudra... quoi ? Cinq minutes ?

Je lui frappai l'avant-bras du plat de la main. Elle éclata de rire et sauta de mon bureau. Bras croisés et tapant du pied, elle attendit patiemment que je me lève de mon fauteuil.

— Prête à revenir parmi nous ?

— Aucune idée, murmurai-je.

Cela me semblait trop tôt. Mais je devais admettre que mes amies me manquaient. Je voulais rire avec elles et partager leurs histoires rocambolesques, je voulais entendre Gemma se plaindre de sa chevelure rousse et hirsute, pendant que Summer nous commandait à boire.

— Tu sais, dans le monde de la finance, on doit toujours étudier plusieurs scénarios : l'approche la plus favorable et l'approche la moins favorable.

— Je t'écoute, dis-je en m'enfonçant sur mon siège.

— Commençons par la plus favorable : on va à cette soirée, tu bois du champagne, tu passes un bon moment et Jérémiah mange son attelle d'avoir merdé.

— Minute. Il sera là ?

— Je le crains.

— Summer, je ne suis pas certaine de pouvoir… faire ça, bégayai-je, dans un accès de nervosité.

— Tu peux. Et tu vas le faire. Tu dois le faire. Tu lui as rendu ton collier, il a pris ça pour un nouveau défi à relever.

Je soupirai lourdement, à la recherche d'un prétexte pour éviter cette soirée. Mais, avec Summer devant moi, déterminée à m'y faire participer, je n'avais pas le choix.

— Et l'autre option ? demandai-je, agacée.

— On va à cette soirée, tu bois du champagne et Jérémiah te drague comme un malpropre pour…

— Il me drague toujours, intervins-je avec moquerie.

— Par messages ?

— Par exemple. Mais je crois que ça a commencé dans les couloirs du lycée.

— On va donc retenir l'hypothèse la plus favorable pour toi. Avec deux coupes de champagne dans le sang, tu seras nettement plus détendue ! Enfile cette robe et on y va !

Je pris la robe et me dirigeai vers les toilettes. Tout en me changeant, j'interrogeai Summer sur Gemma. De toute évidence, j'avais loupé une actualité brûlante.

— Son ex est revenu ? demandai-je.

— Non. C'est... euh... nouveau. C'est avec David.

J'ouvris précipitamment la porte et vis Summer hausser les épaules. J'ajustai la bretelle de ma robe sur mon épaule, toujours sous le choc.

— David ? Ton frère ?

— Baiser accidentel, expliqua-t-elle, comme s'il s'agissait d'un fait divers.

— Je me dépêche, dis-je en renfilant mon escarpin. Il faut qu'on soûle Gemma pour avoir les détails croustillants.

— Sans moi, grimaça Summer. Je ne veux rien savoir de... bref... de la vie intime de mon frère.

Je pris mon sac et fermai la porte de mon bureau derrière moi. La robe était courte et une des bretelles ne cessait de retomber sur mon bras. Ce n'est qu'une fois dans la rue que je réalisai que je n'avais aucune idée du lieu de la soirée.

— Au fait, on va où exactement ?

— Chez Jérémiah, annonça Summer avec innocence.

— Tu aurais pu me prévenir ! râlai-je.

— Quand on tombe de cheval, il faut remonter dans la foulée. Tu ne vas pas passer ta vie à l'éviter ! Vois les choses du bon côté : nous serons en groupe, tu pourras toujours trouver une excuse pour limiter vos échanges.

— Dans l'antre du loup ?

J'adressai un regard noir à Summer. Je détestais qu'on me mette au pied du mur. Je haïssais les surprises, sous toutes leurs formes. J'aurais aimé préparer notre confrontation et travaillé une ou deux répliques cinglantes.

— Ne me remercie pas, lança Summer en enroulant son bras autour du mien.

— Ce n'était pas vraiment mon intention.

Nerveusement, je remontai ma bretelle sur mon épaule. Cette tenue en dévoilait beaucoup trop. Summer héla un taxi et, vingt minutes plus tard, je me retrouvai devant l'immeuble de Jérémiah.

A dessein, j'évitai de laisser mon regard se promener trop longuement dans la rue. Les vitrines de la boutique — la mienne, ou la nôtre, je ne savais pas trop — avaient été nettoyées. Le voile de poussière et les stores crasseux avaient disparu. Nous nous engouffrâmes dans l'immeuble, puis dans l'ascenseur. Je me tordais les mains d'angoisse.

Quand les portes s'ouvrirent, mon cœur battait la chamade et je réalisai que je retenais mon souffle. Ma meilleure amie m'adressa un regard, entre agacement et hilarité.

— Tu n'étais pas aussi nerveuse lors de votre premier rendez-vous !

— Je n'avais aucune idée du guet-apens qui m'attendait, expliquai-je en sortant de l'ascenseur.

Summer sonna à la porte, puis l'ouvrit. Je m'étonnai de l'obscurité dans laquelle était plongé l'appartement mais je n'eus pas le temps de me poser plus de questions : les lumières s'allumèrent, des bouchons de champagne sautèrent et des confettis tombèrent devant mes yeux. Gemma, David, Théo et Summer hurlèrent « Surprise ! » à l'unisson et à m'en faire mal aux oreilles. Je posai une main sur ma poitrine, à deux doigts de la crise cardiaque.

— Et c'est pour ?

— Eh bien, chère Charlotte...

Je sursautai en entendant la voix de Tate derrière moi. Mon ancien professeur m'adressa un sourire et s'approcha de moi.

— C'est pour vous, dit-il en me tendant une boîte rectangulaire et plate.

Le papier cadeau argenté brillait et tous mes amis me fixaient. Summer versait le champagne dans des coupes sur une table, pendant que Théo, habillé d'un improbable tablier — je n'avais jamais vu Théo cuisiner quoi que ce soit —, dressait les petits-fours.

— Il faut que tu ouvres, m'indiqua David.

La lueur d'excitation dans les regards de mes plus proches amis m'arracha un sourire. Je tirai sur le papier cadeau pour découvrir un cadre. A l'intérieur, la lettre que j'attendais depuis des jours.

— Admise, murmurai-je, sous le choc. Je suis admise.

— Félicitations, Charlotte ! lança Tate.

J'étais au comble de la joie. Un sourire gigantesque barra mon visage. Gemma et Summer m'étreignirent dans un même mouvement, me faisant trébucher sur mes propres pieds.

J'entendis David et Théo me féliciter et applaudir. Summer se recula et me donna une coupe de champagne. Je fixai encore une fois la lettre et serrai le cadre contre moi. Tout ce travail, tous ces sacrifices payaient enfin.

— Mais comment…

— Comment je l'ai eue ? Disons que je connais quelqu'un, qui connaît quelqu'un, répondit mon professeur. Ça me fait plaisir pour vous, en tout cas.

— Merci beaucoup. Y compris pour vos cours et votre aide.

— De rien. Vraiment, cela a été un plaisir de vous aider. Et puis, votre amie Gemma est très persévérante.

Devant moi, Gemma rougit et se réfugia dans son verre. Je levai un sourcil, espérant une explication. Je bus une gorgée de champagne à mon tour, et Tate reprit la parole :

— Elle est venue me voir plusieurs fois pour me

soutirer l'information cruciale. Une chance qu'elle soit jolie.

Gemma termina sa coupe d'un trait et prit la fuite vers les petits-fours. Tate éclata de rire, pendant que je la suivais du regard, médusée. Théo apparut devant moi, remplit ma coupe et m'embrassa sur la joue.

— Bravo, la nouvelle, chuchota-t-il.

— Merci. Et merci pour ce fantastique tablier, qui promet des années de blagues douteuses.

Il posa la bouteille de champagne sur le bar et croisa les bras sur sa poitrine. Sa cicatrice sur sa joue déforma son sourire, mais j'y décelai néanmoins de l'amitié et de la sincérité.

— Tu sais ce qu'on va faire ? Je vais te prendre dans mes bras et on va oublier cette histoire.

— Quelle histoire ?

— Notre conversation au petit matin. Je ne voulais pas... J'étais en colère aussi, avoua-t-il.

Il tendit les bras vers moi, vacillant sur ses jambes. Je restai immobile et fis la moue, uniquement par principe.

— C'est une technique qui a déjà fait ses preuves, me rappela-t-il.

J'étouffai un rire et posai ma coupe à mon tour puis acceptai son étreinte avec joie. Ses bras se refermèrent sur moi et il me serra avec force.

— Et, oui, mon frère est un crétin, dit-il en me libérant.

— C'est plus compliqué que ça.

— Je sais. Laisse-lui une chance.

— Encore une ? ironisai-je.

— Encore une, oui. S'il te plaît. Il est interdit de volant pour un bout de temps et il est imbuvable depuis des semaines.

— Et tu comptes sur moi pour… adoucir son humeur ?

— Tu as toujours su le calmer.

Son regard se porta derrière moi. Mon corps se tendit et je sentis cette violente attraction qui me liait à Jérémiah. Théo m'adressa un dernier regard d'encouragement. Je tentai de me concentrer sur tout ce qui m'entourait : le tintement des verres, les murmures des conversations, le rire tonitruant de Gemma. Mais, peu à peu, tout s'effaça. Il n'y avait plus que cette électricité latente entre Jérémiah et moi, comme si nos deux corps se reconnaissaient et s'appelaient.

— Salut, murmura-t-il derrière moi.

— Salut.

Je pris une profonde inspiration. Tant que je n'affrontais pas son regard, j'avais encore une chance de m'en sortir indemne. J'avais encore une chance de tenir mes bonnes résolutions.

— Si mon cœur n'était pas déjà pris, je t'aurais draguée à cause de cette robe, plaisanta Jérémiah.

— Elle est à Summer, répondis-je, toujours de dos.

— Tu devrais la garder. Théo ne saura jamais l'apprécier sur elle, comme je l'apprécie en ce moment sur toi.

Je ravalai un rire. Je baissai les yeux au sol et quand je relevai la tête, Jérémiah était face à moi. J'eus un hoquet de stupéfaction en découvrant son visage marqué de multiples coupures. Il me sourit, et laissa apparaître un pansement collé contre sa gorge. Il portait toujours son attelle au pied et il avait maigri.

— Il paraît que les félicitations sont de rigueur, lança-t-il.

— En effet ! Ça serait poli de ta part.

— Pitié, ne me demande pas d'agir poliment. Théo m'a déjà forcé à faire cette soirée.

— Forcé ?

— Je suis content que tu aies réussi. Mais tu connais mon avis sur cette carrière.

Mon sourire s'effaça aussitôt. En fille naïve que j'étais, j'avais attendu de Jérémiah qu'il fasse profil bas. Les excuses, je n'y croyais pas, mais je n'avais jamais imaginé qu'il serait aussi égal à lui-même : arrogant, entêté et sûr de lui.

— Mais Théo m'a dit que je devais y mettre du mien, ajouta-t-il.

Il prit ma coupe posée sur la table, me la donna, puis en prit une autre pour lui. Avec un sourire forcé, il fit tinter son verre contre le mien.

— Félicitations, alors, dit-il, les dents serrées.

— Rien ne t'obligeait à faire ça.

— C'est vrai. Mais rien que pour cette robe, ça valait le coup.

Son regard détailla ma tenue. De nouveau, je tirai maladroitement sur le tissu, espérant cacher plus de peau. Mais cela ne changeait rien : aurais-je été en combinaison de plongée que mon malaise aurait été tout aussi profond. La façon dont Jérémiah me regardait faisait toujours naître une boule de désir brûlant dans le creux de mon ventre, peu importe ce que je portais.

— Tu es très jolie, me complimenta-t-il.

— C'est Théo qui t'a dit de me dire ça, aussi ?

— Non, ça, c'est moi. C'est spontané, et honnête en plus !

Il but une gorgée de champagne, son regard ancré au mien. Quelqu'un lança de la musique et Summer grimpa sur la table basse pour se déhancher. J'adressai un regard à Jérémiah. Cette soirée, ici, me donnait la sensation de revenir à la case départ.

En quelques semaines, il avait réussi à bouleverser mes repères. Avec la course, c'était sûrement ce que Jérémiah faisait de mieux : débouler dans votre vie, déceler vos failles et repartir en admirant le chaos qu'il avait provoqué.

Il était temps de mettre un terme à ce mode de fonctionnement.

— Je suis contente que tu ailles mieux, dis-je d'une voix neutre.

— Je suis content aussi. Est-ce que tu as réfléchi ?

— A quoi donc ?

— A la liste.

Son regard brilla d'espoir. Je finis ma coupe de champagne et tentai de trouver une pirouette pour m'en sortir : accepter de finir la liste, c'était accepter que Jérémiah revienne dans ma vie.

Et avec cet accident et mon reste de colère, je n'étais pas certaine de vouloir que Jérémiah revienne dans ma vie.

— Je n'ai pas eu le temps d'y réfléchir, dis-je.

— Tu mens toujours aussi mal. Cesse de te tordre les mains, rit-il en braquant son regard sur mes doigts noués. D'ailleurs, ceci te revient.

De la poche arrière de son jean, il sortit un crayon. Il s'agissait de l'indice qu'il m'avait donné quelques semaines avant.

— Et tu crois que ça va m'aider à me décider ?

— Je crois, oui.

— Jérémiah, tu as manqué de te tuer dans une de tes voitures. Je... Je suis en colère contre toi et c'est exactement pour ça, m'énervai-je en désignant l'espace entre lui et moi, que je voulais du temps.

Un bref sourire éclaira son visage. Pour une raison

que je ne comprenais pas, il semblait satisfait de ma réponse.

— Tu as tenu trois minutes avant de m'aboyer dessus. Je crois que c'est un record !

— Parce que tu es complètement inconscient : j'ai eu la peur de ma vie. J'ai vu cette voiture faire des tonneaux et tu étais dedans !

— Et je suis en vie. Et je veux finir cette liste avec toi, Charlotte.

— Parce que ça changera quelque chose entre nous ?

— J'espère, oui, répondit-il en me tendant de nouveau le crayon.

Je fixai l'objet comme s'il allait m'exploser au visage. Jérémiah pencha la tête, tentant de sonder mon état d'esprit.

— Ça ne va pas te mordre !

— Je sais. Je crois que je m'attendais à autre chose en venant ici ce soir.

— Comme quoi ? Des excuses ?

— Par exemple, oui. Pour m'avoir foutu la peur de ma vie, pour avoir pris des risques inconsidérés, pour m'avoir fait miroiter que... que tout allait bien se passer !

— Je ne m'excuserai pas, Charlotte. J'étais prêt à organiser cette soirée, à te féliciter pour ton diplôme, mais je ne vais pas m'excuser de vivre ma passion, Charlotte. J'aime piloter, j'aime prendre des risques. Et je t'aime, toi.

— Donc, tu n'abandonneras jamais ?

— Seulement le jour où je me sentirai trop vieux. D'ici là, j'aimerais bien que tu sois avec moi pour vivre ça.

— J'ai peur, avouai-je.

— Je sais. Mais si tu acceptes, j'aurai une excellente raison de passer la ligne d'arrivée entier.

— Excellente raison que tu avais déjà le jour de ton accident, ça ne t'a pas empêché de frôler la mort.

— Certes, mais juste « frôler ».

— Et rester en vie est déjà une excellente raison à mes yeux.

— Etre avec toi est une raison encore meilleure ! Si tu veux que je te promette que tout ira bien, je peux le faire. Mais j'ai toujours détesté mentir.

— Et moi, je déteste la course, dis-je, les poings serrés. Je déteste que la course t'attire plus que...

— ... que toi ? finit-il pour moi. Je ne veux pas choisir. Je veux gagner des courses et je veux te gagner toi.

Il me dévisagea. L'alcool ne m'avait fait aucun effet ; je ne me sentais pas grisée. En revanche, discuter ainsi avec Jérémiah, camper, tout comme lui, sur mes positions, m'étourdissait.

Je devais admettre qu'il avait raison sur certains points : il aimait la course et il aurait été injuste de lui demander d'arrêter. La course faisait partie intégrante de sa personnalité.

— Je n'arrêterai pas, Charlotte. La seule chose dont j'ai pris conscience avec cet accident, c'est que je ne veux le faire qu'avec toi, avec la fille qui sent la colle à bois.

Je tressaillis, repensant furtivement à la boutique, ma lettre d'admission encore à la main. Là aussi, Jérémiah m'avait demandé de faire un choix. J'étais en train de me noyer dans un océan de doutes et Jérémiah s'amusait à m'y enfoncer un peu plus.

— Je veux encore une chance, Charlotte. Je veux qu'on soit ensemble et je veux retrouver la Charlotte du lycée.

— C'est moi qui devrais tenir à cette liste, pas toi !

— Si j'y tiens, c'est qu'il y a dix ans la fille qui

est devant moi y tenait. La fille qui a fait du grand huit avec moi, qui a rempli ses poches de bonbons, celle qui a mangé de la pizza en Italie y tenait. Tu étais redevenue toi-même avant l'accident. S'il te plaît, prends ce crayon.

Je jetai un œil autour de moi, comme si j'étais en train de commettre un acte illicite et dangereux.

Dangereux. Oui, Jérémiah l'était. Il était aussi brut, imprévisible, énigmatique et tentant. Très tentant. Trop tentant.

— Juste la liste ? demandai-je.

— Tu vas encore me demander de jouer au garçon poli ?

— Pourquoi pas ?

— Parce que je n'envisage aucunement d'être poli avec toi. J'atteins déjà mon maximum là, avec toi dans cette robe, sous mes yeux.

— Ça ne répond pas à ma question.

— Je te drague, Charlotte. Est-ce que ça répond suffisamment à ta question ?

Son sourire suffisant me donna envie de le gifler. Il agita le crayon dans ma direction. Je savais très bien qu'il ne s'agissait plus de la liste. Avant tout, il s'agissait de nous. Jérémiah connaissait mes faiblesses, il savait que j'étais curieuse de cette liste et que, malgré tout, malgré l'accident, malgré ma peur, malgré notre passé chaotique, il était parvenu à me rendre heureuse comme je ne l'avais pas été depuis des années.

Quoi que je fasse, il serait toujours là, présent en moi, rôdant autour de moi, prêt à faire l'impossible pour me reconquérir.

D'un geste rageur, j'attrapai le crayon. C'était sûrement la conséquence de ma faiblesse, mais c'était plus fort que moi : Jérémiah m'attirait toujours.

Malgré la course, malgré la vitesse, malgré le mal qu'il m'avait fait... Tout ça, ce n'était rien par rapport à ce que je ressentais pour lui.

— Content ? dis-je, les dents serrées.

— Ravi. Je crois que, là, les félicitations sont vraiment de rigueur, la nouvelle.

— Finissons-en vite, c'est quoi ce dernier vœu ? l'interrogeai-je.

Il claqua la langue contre son palais et secoua la tête. Puis il saisit la bretelle de ma robe qui glissait sur mon bras, et la réajusta sur mon épaule.

— C'est moi qui décide du timing. Je te ferai un mot. Et, de toute façon, je te dois toujours un dîner.

Je fronçai les sourcils, agacée de me faire encore prendre au piège de cette fichue liste. Il recula et m'adressa un signe de la main.

— Jérémiah ! m'exclamai-je, agacée.

— Et tu viendras avec cette robe !

Il était en train de partir, me laissant en tête à tête avec mon ridicule indice. Il leva la main vers moi et boitilla jusqu'à l'escalier.

— Ne pars pas comme ça ! m'énervai-je.

— Bonne nuit, la nouvelle.

Il monta l'escalier en clopinant, ignorant ses invités et la soirée qui se tenait chez lui. Il ne prit même pas la peine de se retourner pour me saluer une dernière fois. Je restai figée près du bar, le crayon serré dans mon poing, terriblement agacée par son comportement.

Gemma réapparut à mes côtés et dirigea son regard vers l'escalier.

— Tu es retombée dans le panneau ? demanda-t-elle, amusée.

— Retombée et assommée par le panneau, sifflai-je.

— Champagne ?

— Une bouteille entière.

Une bouteille se matérialisa aussitôt devant mes yeux. Le regard de Gemma pétillait. Je portai la bouteille à mes lèvres et en pris une rasade ; l'alcool me réchauffa et éloigna mes idées sombres.

— Et cette histoire de baiser ? interrogeai-je Gemma.

— Un accident. Viens, je te raconte.

Elle enroula son bras autour du mien ; je jetai un dernier regard à l'escalier, mais je savais déjà que Jérémiah ne réapparaîtrait plus. Gemma m'entraîna vers le canapé et se lança dans le récit de ce baiser accidentel avec David. Elle minimisait l'incident et tentait de lui trouver une explication logique : des effets de la pleine lune aux pectoraux indécents de David. Malgré tout, j'eus du mal à donner le change et à corroborer son point de vue. Jérémiah et notre conversation me hantaient.

Peu après 2 heures du matin, Théo fit appeler des taxis et je rentrai avec Summer à l'appartement. Durant le trajet, je triturai nerveusement le crayon entre mes mains, sous les yeux d'une Summer qui jubilait. Je fouillai dans ma mémoire à la recherche de mon dernier vœu. Qu'avais-je bien pu imaginer ? Et que voulait dire ce crayon ? Mais les bulles de champagne m'empêchaient de réfléchir.

— Tu me raconteras ? demanda-t-elle.

— Un jour, peut-être, marmonnai-je.

21 septembre 2015

Malgré tous mes efforts, je n'avais toujours pas trouvé la clé de l'énigme. Le crayon reposait sur le bar de la cuisine, attendant que l'inspiration — et mes souvenirs, surtout — finisse par frapper.

Summer m'avait proposé d'aller au cinéma mais j'étais trop fatiguée et trop tourmentée par Jérémiah pour me concentrer sur un film. Même le travail, qui m'avait aidée à sortir la tête de l'eau après l'accident, ne me suffisait plus. Jérémiah était dans chacune de mes pensées : avait-il repris les courses ? Se manifesterait-il un jour pour ce fameux dîner ?

Je réchauffais un plat de riz cantonais pour mon dîner quand on sonna à la porte de l'appartement. Quand je l'ouvris, un bouquet de roses rouges apparut.

— Mademoiselle Parker ? demanda une voix masculine.

— Euh... oui.

Il me tendit le bouquet et fila dans la seconde, sans même me laisser le temps de le remercier. Je refermai la porte et trouvai une enveloppe au milieu du bouquet. Je posai les fleurs sur la table et ouvris le message.

MAINTENANT OU JAMAIS.
J'ENVOIE UN CHAUFFEUR DANS TRENTE MINUTES. ENFILE TA ROBE, JE ME CHARGERAI DE TE LA RETIRER.

JÉRÉMIAH.

Le collier glissa de l'enveloppe et tomba à mes pieds. Je jetai un œil à l'horloge et relus son mot. L'instant suivant, je cavalai jusqu'à la salle de bains, me déshabillant sur le chemin. Je manquai de me prendre la commode et gagnai la douche. Je ne pris pas le temps d'attendre que l'eau se réchauffe et me glissai sous la douche aussitôt, réprimant un cri.

Je me préparai dans l'urgence, séchant mes cheveux tout en parvenant à me brosser les dents. Quand l'interphone retentit dans l'appartement, j'étais en train de monter le zip de ma robe. J'enfilai mes chaussures en sautillant jusqu'au salon. Je pris mon sac, mon collier et mon précieux indice et claquai la porte derrière moi.

Le chauffeur avait ignoré mes questions. J'avais pourtant demandé trois fois le nom du restaurant mais il restait muet comme une tombe. Jérémiah avait dû le payer une fortune : mes tentatives de corruption échoueraient donc. La voiture était luxueuse, dotée de sièges en cuir et de vitres teintées. Typique de Jérémiah : en faire des tonnes pour m'impressionner.

Après trente minutes de trajet, la voiture se gara. Je sortis le collier de mon sac et le mis autour de mon cou. Si j'avais accepté ce dîner, c'était uniquement pour réaliser mon dernier vœu. Ce soir devait marquer la fin de la liste.

— Vous êtes sûr d'être à la bonne adresse ? demandai-je, surprise, au chauffeur, quand il ouvrit ma portière, qui révéla l'entrée de l'immeuble de Jérémiah.

— Certain, assura-t-il.

Perplexe, je franchis la grande porte à tambour. Je n'avais pas envisagé que notre dîner puisse se faire chez lui. Je ne savais même pas s'il savait cuisiner.

Je montai à son étage et sonnai à la porte. De mon sac, je sortis le crayon.

— Entre, cria-t-il.

Je m'exécutai et franchis le seuil. Un délicieux parfum de tomate et d'origan régnait dans l'appartement. Mon ventre gargouilla immédiatement. Dans le salon, je repérai une table installée pour deux, éclairée d'une bougie vacillante.

— Je suis dans la cuisine, m'indiqua Jérémiah.

Je le rejoignis et éclatai de rire en le voyant cerné par une dizaine de casseroles et autant de poêles.

— Je me demandais justement si tu savais cuisiner.

— Non, je ne sais pas. Ce qui explique l'état de la cuisine. Je compte sur ton indulgence.

— Tu as déjà utilisé une sacrée réserve de mon indulgence, soulignai-je.

— Je sais.

Il versa une préparation au chocolat dans des moules et les enfourna. Puis il essuya ses mains sur un torchon et contourna le bar pour me rejoindre. Son attelle avait disparu et il me semblait plus en forme que lors de notre dernière soirée. Son jean brut tenait bas sur ses hanches et sa chemise blanche se tendait sur son torse musclé. Son regard se braqua sur le collier et un sourire entendu flotta sur ses lèvres. Il se pencha vers moi et mon cœur s'emballa aussitôt. Quoi qu'il arrive entre nous, je savais que Jérémiah aurait toujours cet effet dévastateur sur moi.

— Va t'asseoir, j'apporte nos assiettes.

Je déposai ma veste sur le dossier de ma chaise et m'installai. Jérémiah me rejoignit et déposa nos assiettes, puis nous servit du vin, avant de s'asseoir à son tour. Un silence s'imposa, puis Jérémiah s'éclaircit la gorge.

— Tu es très jolie, me complimenta-t-il.

— Malgré le délai impossible de trente minutes ? C'était un test ? l'interrogeai-je en prenant une gorgé de mon vin.

— C'était le timing de notre dîner, selon le livre de cuisine.

Je m'étouffai avec mon vin, pendant que Jérémiah souriait, ravi de sa petite explication saugrenue.

— Te donner plus de temps, c'est te donner la possibilité de prendre la fuite, ajouta-t-il.

— J'avais dit que je viendrais. Tu devrais me faire confiance.

— Je te fais confiance. Mais tu as tendance à trop réfléchir dès qu'il s'agit de nous.

— Même en réfléchissant, je n'ai pas trouvé le sens de cet indice, dis-je en posant le crayon sur la table.

— Mangeons avant que cela refroidisse.

L'assiette devant moi était très appétissante : des fettucines nappées d'une sauce fumante à la tomate et aux épices. Sur le rebord de l'assiette, une branche de cerfeuil apportait une touche verte à l'ensemble.

— Tu as vraiment préparé notre dîner ?

— Vraiment. Je tenais à le faire. Et puis, je voulais que nous dînions ensemble et seuls, pas entourés d'inconnus dans un restaurant.

— Tu tiens à notre intimité ?

— Je tiens à ta robe. Beaucoup trop sexy.

— Donc, c'est la robe qui t'intéresse ?

A son tour, il avala son vin de travers et un sourire amusé se dessina sur ses lèvres.

— C'est toi dans cette robe. Et sans la robe aussi, ajouta-t-il.

Je piquai un morceau de viande — de l'agneau — et m'en régalai. C'était très bon et je devais admettre que cela me surprenait.

— Tu me dragues vraiment, donc ? conclus-je en plantant mon regard dans le sien.

— Vraiment. Au point de cuisiner pour toi.

— Je suis épatée, avouai-je, admirative.

— Je suis ravi. Cette liste te servira à garder au moins un bon souvenir de moi.

— Arrête, j'ai des tas de souvenirs avec toi. Des bons, comme des mauvais. Comme toutes les fois où tu as ouvert mon casier. Ou le jour où tu as charmé ma mère en réparant sa voiture.

— Mais tu as oublié la liste.

— Je n'ai pas oublié que je l'avais faite. Mais j'ai

oublié ce que j'avais mis dedans. Rassure-toi, j'ai aussi oublié le contenu de mes cours de littérature et la plupart des prénoms des élèves de ma classe. Si je veux vraiment être honnête, je dirais qu'il y a un paquet de choses que j'avais choisi d'oublier.

— Moi ?

— Toi. L'accident de Théo. Tout ce qui arrivait à Summer.

— La maladie de ta mère ?

— Aussi. Les déboires de mon père avec la police militaire. C'était plus simple ainsi. Je ne souffrais pas.

Jérémiah nous resservit du vin. Je dégustai mon assiette en silence. Parler de mon passé ravivait les mauvais souvenirs. J'avais choisi d'étouffer la plaie, au lieu de la laisser cicatriser. J'avais choisi d'oublier, de me reconstruire ailleurs, de me trouver une autre raison de continuer.

— Je persiste à croire que tu aurais dû m'en parler, déclara Jérémiah.

— Ça n'avait rien à voir avec toi. Maman était condamnée. Papa était… irrécupérable, je pense. Personne ne pouvait m'aider et c'était mieux ainsi : il n'y avait pas de dommages collatéraux.

— Je peux t'aider, Charlotte. Je n'ai pas pu le faire il y a dix ans, mais je peux le faire maintenant.

Sa voix n'était qu'un murmure. Sur son visage, je devinais un mélange de culpabilité et d'inquiétude. Je grimaçai et me réfugiai dans mon assiette. Je n'avais plus besoin de ça.

— Je m'en sors très bien.

— Tu te mens, Charlotte. Je le vois. Summer le voit. Théo le voit. Tu t'enfermes dans un personnage qui n'est pas toi.

— Ah oui ?

— Devenir avocate n'a jamais été ton rêve. Vivre à New York non plus.

— Tu penses tout savoir de moi ? le provoquai-je.

— Je pense en savoir plus que tu ne le crois.

— Grâce à une liste vieille de plus de dix ans ?

— Grâce à une liste honnête et spontanée d'il y a dix ans. Cette liste, c'est toi. C'est la fille dont je suis toujours amoureux.

Il fit glisser son index sur le rebord de son assiette pour récupérer un reste de sauce et le mit dans sa bouche. Un silence tendu s'installa entre nous. La flamme de la bougie vacilla, projetant des ombres tremblotantes sur la table, et je pris conscience que je n'avais plus faim. J'étais venue ici pour finir la liste, pas pour m'étendre sur mon passé. Ce que j'avais redouté en acceptant de faire cette liste était en train de se produire : je savais, dès le début, que m'embarquer dans cette histoire avec Jérémiah ne serait pas sans risque. Je savais que le laisser revenir dans ma vie allait réveiller de vieux souvenirs. Parfois pénibles, quelquefois agréables.

Je devais revenir au plan de départ : oublier cette nostalgie douce-amère et finir la liste. Juste la liste. Puis tourner la page. C'était mieux ainsi.

A force de me le répéter, j'arriverais à m'en convaincre.

A force de me le répéter, je parviendrais à résister à l'attraction qui me liait à Jérémiah.A force de me le répéter, je finirais par croire que cette liste était sans importance.

— En fait, je veux bien une explication au sujet de la liste, dis-je. Sur la façon dont l'idée t'est venue.

— En pensant à toi.

Il m'adressa un sourire agaçant.

— Et comment as-tu pensé à moi ?

— J'ai connu des tas de femmes, Charlotte. Des tas. Et j'ai gagné cette course à Daytona. La course dont tout le monde rêve, la course qui te fait entrer dans l'histoire. Alors, oui, ça m'a rendu heureux. J'ai fait la fête, j'ai rencontré des femmes, j'ai passé la nuit avec l'une d'elles. Mais au matin, c'était déjà fini. J'aurais dû être un des types les plus heureux sur terre ce matin-là, mais ce n'était pas le cas.

— Une course, donc ?

— Oui, c'est ce que tu détestes le plus au monde qui m'a fait revenir vers toi. Ce matin-là, j'ai voulu comprendre ce qui me manquait, alors j'ai cherché à quel moment j'avais été heureux de conduire, heureux de gagner une course et de partager la victoire avec quelqu'un.

— Tu as une équipe, tu as Théo, tu partages déjà et...

— ... et ce n'est rien à côté de ce que j'ai ressenti quand je t'ai vue en Californie. Je veux faire ce genre de courses avec toi. Je veux faire ma vie avec toi. Je veux même te coller contre ce mur et dessiner encore ta silhouette. Je suis amoureux de toi, Charlotte : il s'agit de l'explication la plus honnête que je peux te donner. Je ne veux pas juste gagner des courses, je veux les gagner et te voir quand je descends de voiture.

— La fameuse ligne d'arrivée.

— En effet.

— Et la liste ?

— J'ai appelé Summer. Elle m'a dit que tu allais devenir avocate et que tu allais sûrement te marier.

— Ça devait être juste avant que je rompe avec Kyle.

— Bref, je me suis dit que tu n'allais jamais te laisser avoir par un plan de drague standard. Alors, j'ai préféré faire original.

— Au risque de louper ta chance ?

— J'ai déjà loupé ma chance, il y a dix ans. Je n'avais plus rien à craindre. De toute façon, je ne comptais pas te laisser le choix.

— Oh. Donc, ce soir, tu comptes me faire céder avec le dernier vœu ?

— Qui a dit que c'était ce soir ?

— Toi ! Tu as dit que ça prendrait peu de temps !

Je repoussai mon assiette. Il me jaugea du regard et tira un papier de la poche arrière de son jean.

— Voici ta liste. Tu veux regarder ? proposa-t-il en le posant sur la table.

— J'ai le droit ?

— Ça ira encore plus vite ainsi.

Il tira un second papier et le posa à côté du premier.

— Ça, c'est la mienne.

— La tienne ? Tu as une liste ?

— Oui. Je l'ai écrite il y a quelques semaines, deux jours après ma victoire à Daytona. Je voulais la faire avec toi, de la même façon que tu as fait ta liste avec moi.

Les deux papiers — le premier blanc, le second bleu — semblaient m'appeler par mon prénom. Je voulais connaître mon dernier vœu. Je voulais aussi lire la liste de Jérémiah et, éventuellement, l'aider à la réaliser, pour être quitte.

— Tu peux les prendre, m'indiqua-t-il. Ta liste te revient, de toute façon, et la mienne ne concerne que toi.

Je retirai mon collier et le posai sur la table. Jérémiah me regarda faire, incertain. Soudain, une odeur âcre me parvint. Jérémiah fronça les sourcils, avant de bondir de sa chaise et de cavaler jusqu'à la cuisine.

— Je ne tenais pas vraiment au dessert, de toute façon, criai-je dans un rire.

— Merci de ton indulgence légendaire.

Je l'entendis s'agiter dans la cuisine et jurer plusieurs fois. Je me levai et le rejoignis. A grands coups de torchon, Jérémiah dissipait la fumée épaisse. L'odeur de chocolat brûlé était étouffante et les petits moelleux, que Jérémiah avait mis au four à mon arrivée, étaient noirs et ratatinés.

— Ce n'est vraiment pas mon truc, s'excusa-t-il.

— Pas grave.

Il abandonna son désastre pâtissier, contourna le bar, et enroula son bras autour de ma taille pour me ramener à notre table. Il prit les deux papiers et me les tendit.

— Ils sont à toi.

— Et pour le dernier vœu ? demandai-je.

— Tu n'as pas besoin de moi pour le dernier vœu.

— Je croyais que tu voulais faire cette liste avec moi ?

— Oui. Mais le dernier vœu ne dépend que de toi. Alors, lis-le. Et si tu veux le faire avec moi, je serai honoré d'être présent.

Sans attendre ma réponse, il glissa les deux papiers dans la poche de ma veste. Puis, il prit ma main et m'attira contre lui.

— Accorde-moi une dernière danse.

Son regard sombre plongea dans le mien et un frisson me parcourut des pieds à la tête. J'avais l'impression que Jérémiah rendait les armes, qu'il réalisait qu'il m'avait perdue pour de bon. Il me rendait ma liste, il ne réalisait pas mon dernier vœu. Cela ressemblait à un abandon, comme une défaite qu'il acceptait. Curieusement, j'aurais aimé qu'il se batte. J'aurais voulu qu'il trouve un nouveau moyen de me ramener à lui. J'étais prête à réaliser sa liste, prête à lui rendre la mienne, prête à aller au bout de l'histoire. Maintenant, j'étais au pied du mur. Le précieux sursis que m'accordait ce dernier vœu venait de s'envoler sous mes yeux.

Du temps. De la réflexion. Un dernier vœu. La liste. Je n'avais plus rien. Je n'avais que Jérémiah, devant moi, prêt à chambouler mon monde. Mes certitudes se fendillaient peu à peu.

Renoncer à Jérémiah semblait simple, en théorie. Mettre un terme à notre histoire passionnée était une décision saine, raisonnable. Pourtant, maintenant que le moment de la mettre en pratique se rapprochait inexorablement, cette décision me faisait peur.

Tout ce que nous avions vécu au lycée, ce que nous avions vécu les dernières semaines, ne s'effacerait pas facilement. Je le savais pour l'avoir déjà vécu, je le savais depuis dix ans.

La vérité, c'était que j'aimais cet homme, et que je refusais qu'il me quitte. Parce que, avec lui, je me sentais moi-même et heureuse.

Il lança de la musique, un tube des années 1990, et m'enlaça. Il posa une main dans le bas de mon dos et entrelaça nos doigts. Les yeux clos, je me laissai bercer par le rythme lent de la musique.

— Tout a commencé comme ça, murmura-t-il. Avec une danse, alors ça doit se finir ainsi.

Il me serra plus étroitement contre lui et ma poitrine s'écrasa contre son torse. Mon cœur battait frénétiquement et mon corps était parcouru de multiples frissons.

J'avais peur. Peur d'en finir ici, maintenant, peur d'être séparée de Jérémiah une fois encore. Peur des décisions que je devrais prendre, peur des regrets qui suivraient, peur de l'urgence qui me gagnait maintenant. Si je le quittais aujourd'hui, je savais qu'un jour ou l'autre je finirais comme certains de ces meubles que je retapais : solides en apparence, mais abîmés à l'intérieur. Camoufler les cicatrices allait être compliqué maintenant que je les avais rouvertes.

Parmi tous mes doutes et toutes mes peurs, je réalisai que Jérémiah avait raison sur au moins un point : pour nous deux, c'était maintenant ou jamais. Ce soir, je devais choisir mon avenir, trouver ce qui me rendait vraiment heureuse.

De toute évidence, c'était lui.

J'entendis Jérémiah soupirer, son souffle caressa la peau de mon cou. Je fermai les yeux, ravalant des larmes. Jérémiah s'écarta légèrement, suffisamment pour ancrer son regard au mien. J'avais la gorge serrée et mon sourire était hésitant. Il braqua ses yeux sur mes lèvres. Ma respiration s'alourdit et mon ventre se contracta dans une douce chaleur.

Je voulais ce baiser. Je le voulais ardemment, au point que je me haussai sur la pointe des pieds pour atteindre ses lèvres. Nos bouches se frôlèrent, mon désir flamba dans le creux de mon ventre et je n'eus soudain plus aucun doute. Je le voulais. Je voulais Jérémiah, je voulais ce baiser, je voulais une vie entière avec lui pour faire sa liste.

Mais Jérémiah s'écarta, la musique s'arrêta et je repris mon souffle. Le décor réapparut : la faible lueur des bougies, le parfum de notre dîner et mon collier encore sur la table.

Je détachai ma main de la sienne, mon cœur battant encore à une folle cadence. Je parvins finalement à contrôler le désir qui m'animait quelques secondes auparavant. J'étais venue ici pour finir la liste, pour mettre un terme à cette histoire. Je savais maintenant que je m'étais trompée, que je m'étais menti. La liste n'était qu'un prétexte pour le voir et être avec lui. Je voulais finir cette liste et je voulais Jérémiah.

Maintenant.

Jérémiah me fixa. Son regard noir comme la nuit brillait. Pour une fois, je n'y vis ni arrogance ni satisfaction. Il n'y avait que du désir violent et brut, qui flambait dans ses yeux et qui tendait ses muscles. Je me reculai, instaurant un espace nécessaire entre nous. Notre dîner complice était devenu un véritable rendez-vous. Nous étions tous les deux hors d'haleine et conscients que cette soirée avait changé la donne.

La fameuse boucle parfaite était enfin bouclée.

Le désir. La passion. L'envie d'être avec lui. Tout cela m'avait fait oublier nos différends.

— Quand quelque chose est juste, on n'a pas de doutes, murmurai-je.

Un sourire s'afficha sur le visage de Jérémiah. Aussitôt, il encercla mon poignet de sa main et me plaqua contre le mur derrière moi. J'en eus le souffle coupé.

— Reste, chuchota-t-il.

Sa bouche fondit sur la mienne. Nos dents s'entrechoquèrent, mon dos cogna de nouveau contre le mur. Jérémiah m'entoura la taille de ses bras et me serra contre lui. Je gémis contre sa bouche, sentant le désir pulser partout dans mon corps, prêt à exploser. Sa langue impatiente joua avec la mienne, ne me laissant aucun répit. Notre baiser était heurté et avide.

Ses doigts rugueux glissèrent sur mes bras, avant de se perdre dans mes cheveux. Il attira de nouveau ma bouche contre la sienne, pendant que nous reculions maladroitement vers le salon.

Excitée, je tirai sur le pull de Jérémiah pour le lui retirer. Il s'écarta de moi, laissant apparaître ses lèvres gonflées et rougies par notre baiser fougueux.

Son torse se soulevait rapidement, trahissant son impatience. Il ôta son pull, puis son T-shirt. Malgré la faible luminosité — la bougie faiblissait et les lumières de la ville peinaient à éclairer la pièce —, je repérai immédiatement les cicatrices de son accident. Deux marques blanches cisaillaient son pectoral gauche, juste au-dessus de son cœur.

Je posai l'index dessus, en dessinant les contours, tout en contenant mes craintes. Jérémiah se tendit, les yeux baissés sur moi. Sous ma paume, son cœur frappait sa poitrine.

— Demande-le-moi, chuchotai-je.

Il m'adressa un sourire et captura ma main dans la sienne. Il en embrassa délicatement la paume, puis la reposa à hauteur de son cœur.

— Demande-le-moi, répétai-je.

Il s'exécuta avec un sourire lumineux :

— Maintenant ou jamais, Charlotte ?

— Maintenant, répondis-je dans un souffle.

Je caressai son torse du bout des doigts, m'attardant sur la ligne de poils qui se perdait sous son jean. Audacieusement, je défis les premiers boutons. Mes mains tremblaient d'excitation et d'impatience. J'étais sûre de moi, sûre de le vouloir. J'agrippai la ceinture de son jean et le descendis le long de ses jambes. D'un mouvement du pied, il s'en débarrassa et apparut devant moi, seulement en boxer. Je tirai dessus, et le corps de Jérémiah épousa le mien avec douceur. Ses mains agrippèrent ma chevelure et il la rassembla dans son poing. Puis, il tira dessus, exposant ma gorge et me faisant gémir. Sa bouche retrouva la mienne et il m'embrassa avec ferveur, grognant de plaisir au contact de sa peau contre ma robe. J'entourai sa taille et posai mes mains sur ses fesses.

— Touche-moi, murmura-t-il, implorant.

Je faufilai une de mes mains sous la ceinture de son boxer pour caresser ses fesses musclées. Son sexe tendu frotta contre mon ventre et Jérémiah suça la peau de mon cou avec vigueur, répondant ainsi à ma caresse.

Comme je l'avais fait avec son jean, je fis descendre son boxer le long de ses jambes. Dans la manœuvre, je me penchai, puis m'agenouillai pour le retirer complètement. Le sexe de Jérémiah était tendu et gonflé de désir. Je levai les yeux vers lui, trouvant son regard incandescent et sa bouche entrouverte. Son souffle était de plus en plus court, et il suffoqua presque quand je pris son sexe entre mes mains.

— Charlotte..., gronda-t-il.

De ma main droite, j'entourai son sexe et le caressai sur sa longueur. Il devint plus dur encore et un gémissement profond, rauque, s'échappa de la poitrine de Jérémiah. Il serra les poings, comme s'il se retenait de me toucher. Galvanisée par ses réactions, je m'approchai et passai ma langue sur son gland. La réaction fut immédiate : il gronda de nouveau mon prénom, avant de jurer.

— Bordel de merde, Charlotte, qu'est-ce que...

Sa question mourut quand il sentit ma bouche se refermer autour de son sexe. Mon sang bouillait dans mes veines ; les réactions si spontanées et viriles de Jérémiah m'emplissaient de fierté. J'aspirai son sexe entre mes lèvres. Jérémiah dégagea les cheveux de mon visage et les rassembla dans son poing. Je relevai les yeux vers lui, consciente de la vision parfaitement indécente que je devais lui offrir avec son sexe entre mes lèvres.

— Nom de Dieu, Charlotte. Ta bouche est...

De nouveau, il se tut. Ma main caressa ses bourses, puis remonta paresseusement le long de son sexe.

J'avais mené la danse au départ mais, peu à peu, Jérémiah reprenait le pouvoir. Son sexe allait et venait de plus en plus vite entre mes doigts. J'enroulai ma langue autour de son gland une dernière fois puis ma bouche le libéra à regret, pendant que je me relevais.

Je trouvai la fermeture de ma robe et la descendis. Le tissu léger s'étala au sol, révélant ma quasi-nudité.

— Une préférence ? me demanda-t-il. Mon lit ? Le canapé ?

— Toi. Je me fiche du reste.

Il prit ma main et nous dirigea vers le canapé. Il s'y assit et la vision de son sexe tendu et dressé me fit haleter. Il me plaça debout, entre ses jambes. Sa main droite s'insinua entre mes cuisses, et son pouce vint caresser mon sexe à travers le tissu de ma culotte. Je basculai la tête en arrière et gémis de plaisir. Mon ventre se contracta, mes tétons se durcirent et le reste du monde disparut à ce contact.

Il s'arrêta trop vite et je lui adressai un regard colérique. Pour toute réponse, il embrassa mon ventre puis, de l'index, tira sur ma culotte pour m'en débarrasser. Le contact furtif de ses doigts électrisa un peu plus ma peau. Une nouvelle vague de chaleur me parcourut, et Jérémiah se recula pour s'appuyer au dossier du canapé. Il prit ma main et m'attira contre lui dans un geste brusque, me faisant tomber sur ses cuisses.

— Et maintenant, je vais te faire l'amour, promit-il.

Je m'installai à califourchon sur lui. Dans cette position, je pouvais sentir à quel point mon sexe était humide et prêt à le recevoir. Je m'appuyai sur ses épaules pour me redresser et Jérémiah positionna son sexe face au mien.

— Reste comme ça.

Du bout de son sexe, il effleura mon intimité

brûlante et je me cambrai au-dessus de lui, tremblante et haletante. Son regard noir, embrasé, scrutait les réactions de mon visage. Je n'avais jamais ressenti ça : je me sentais puissante et, à la fois, dépendante de son désir.

Enfin, il me pénétra brusquement et ressortit aussitôt, m'arrachant un cri de plaisir. Je voulais le sentir. Je voulais que nous ne fassions plus qu'un. Je voulais oublier nos erreurs et rejouer notre histoire. Faire comme si ces dix dernières années n'avaient pas compté.

Rattraper le temps perdu. Et nous pardonner d'avoir été idiots.

— Préservatif, m'indiqua Jérémiah. Tiroir de la commode.

Notre commode.

Je tendis le bras et tirai violemment sur le tiroir du haut. Je dénichai une protection et la sortis de son emballage. Je repensai à notre première fois ; maintenant, j'avais de l'expérience : je n'avais plus besoin des explications de Jérémiah.

Je rivai mes yeux aux siens et, lentement, je déroulai le latex sur son sexe érigé contre moi. Jérémiah se tendit, mais m'adressa un sourire fébrile, qui trahissait l'excitation que je provoquais en lui.

Je nouai mes mains autour de sa nuque, collai ma poitrine contre son torse et, avec douceur, je me baissai jusqu'à ce que son sexe soit tout entier en moi. La sensation nous coupa le souffle et Jérémiah gémit contre mon cou. Il plaqua ses mains contre mes fesses et bougea les hanches. J'ajustai ma position, me redressant un peu pour encore mieux le sentir en moi. Mon amant prit la pointe de mon sein dans sa bouche, pendant que je commençais à onduler au-dessus de lui dans un rythme lent.

Une boule de désir grossit bientôt dans le creux de mes reins. Il remua les hanches, venant à la rencontre de mon bassin. Ses mains remontèrent dans mon dos et il me fit me cambrer un peu plus encore. Ainsi, ma poitrine lui était offerte, et sa bouche abandonna mon sein droit pour s'occuper de l'autre.

Il gémit contre ma peau et nos respirations hachées comblèrent le silence de la pièce. Ses doigts coururent sur mon dos, puis sur mes fesses et, enfin, il agrippa mes cuisses.

— Fini de jouer, gronda-t-il en me faisant basculer sur le dos.

Il me couvrit de son corps et baissa les yeux sur mon entrejambe. Je sentis son sexe gonfler en moi et Jérémiah décala ses hanches vers le bas. Je poussai un cri lorsqu'il effleura mon point G.

— Encore, Charlotte.

Nouveau mouvement de hanches, et nouveau cri de plaisir. J'étais proche de l'explosion. Ma peau me brûlait, mon cœur cognait fort dans ma poitrine, toutes mes terminaisons nerveuses convergeaient vers mon sexe. Je relevai une jambe et calai ma cheville sur le dossier du canapé. Jérémiah me fit lever l'autre jambe et la plaça sur son épaule. Dans cette position, les mouvements étaient plus amples et beaucoup plus intenses.

Désormais, Jérémiah allait et venait en moi à une cadence frénétique. Mes hanches bougeaient, de façon totalement désynchronisée. Même si mes mouvements étaient chaotiques, j'avais besoin de ce contact entre nous ; je voulais qu'il comprenne que j'avais autant envie de lui que lui de moi. Il déposa un baiser sur ma cheville et soudain, mon corps entier vola en éclats. Une vague de désir me submergea et me coupa le souffle. Un couinement s'échappa de ma gorge et mes jambes, flageolantes, glissèrent des épaules de mon amant.

Dans un dernier coup de reins, Jérémiah s'effondra sur moi, en sueur et à bout de souffle. Je passai ma main dans sa chevelure. Son parfum imprégnait ma peau, son torse comprimait mes seins et ses doigts s'étaient tellement enfoncés dans mes cuisses que j'en garderais sûrement des bleus.

Après quelques secondes de silence, Jérémiah m'embrassa.

— Tu réfléchis toujours ? demanda-t-il avec humour.

— Je n'ai plus la force de réfléchir.

— Tant mieux. Reste.

— Pour la nuit ?

— Pour tout le temps que tu veux, répondit-il en se retirant de moi.

Il enleva le préservatif et le jeta dans une poubelle. Il déposa un baiser sur mes lèvres, puis passa son pouce dessus.

— Et pour le dernier vœu ? demandai-je.

— Il peut attendre demain. Je veux que tu restes pour nous, pas pour la liste.

— Mais il n'y a que la liste qui m'intéresse.

— Madame fait la maligne, rit-il. Puisque tu es si intelligente, dis-moi comment on va faire pour rejoindre ma chambre.

— Facile : on prend l'escalier.

Il fit la moue et déposa un baiser entre mes seins. Mon corps, encore sensible après mon orgasme dévastateur, frémit aussitôt. Jérémiah releva un regard coquin vers moi. Ses doigts se promenèrent sur mon ventre, avant de glisser sur mon sexe.

— On va rester ici encore un peu, décréta-t-il.

L'instant suivant, ses doigts me pénétraient avec douceur.

Pour la première fois depuis dix ans, je m'abandonnais à un homme qui me connaissait parfaitement.

Pour la première fois depuis dix ans, je m'abandonnais tout court.

Pour la première fois depuis dix ans, je cessais d'être une autre et j'admettais enfin... être à lui.

Dans un demi-sommeil, je sentis Jérémiah s'allonger entre moi et le dossier du canapé. Il entoura ma taille de son bras et nous couvrit d'un plaid trop petit pour nous deux.

— Maintenant ou jamais, murmurai-je, presque endormie.

— Maintenant. Et à jamais.

Je souris...

— Bonne nuit, la nouvelle.

... et le maudis, l'instant suivant, avant de sombrer.

Les premiers rayons du soleil me tirèrent du sommeil. La main de Jérémiah reposait toujours contre mon ventre. Dormir à deux sur ce canapé exigu en cuir noir n'avait pas été une vraie bonne idée. Le cuir collait à ma peau et se révélait glacé dès que je bougeais d'un centimètre. Mes muscles endoloris se révoltaient déjà. Je tendis mes jambes, puis étirai mes bras. Derrière moi, Jérémiah grommela dans son sommeil et resserra sa prise autour de ma taille.

— Tu as rebranché ton cerveau et tu veux reprendre la fuite ? demanda-t-il d'une voix ensommeillée.

— Non.

— Non quoi ? Tu n'as pas rebranché ton cerveau ?

— Non, je ne prends pas la fuite.

Je le sentis sourire contre mon épaule. Je me tortillai contre lui et réussis à me mettre sur le dos. Je me relevai sur mes avant-bras et admirai nos vêtements éparpillés au sol. Je me sentais bien. J'étais toujours aussi convaincue d'avoir fait le bon choix en restant la nuit dernière. Je me sentais apaisée, allégée d'un poids que je portais depuis des années, libérée du masque que j'arborais depuis dix ans. La bougie s'était éteinte pendant la nuit. Sur la table restaient nos assiettes et mon collier.

— Tu devrais aller le prendre, me conseilla Jérémiah. Tu as un dernier vœu à accomplir.

— Je vais m'habiller.

— Inutile. Il n'y a pas de dress code pour ce vœu.

Je le fixai, stupéfaite. Quel genre de vœu avais-je bien pu formuler pour terminer ma liste ? Surtout un vœu qui pouvait se réaliser nue, ici, dans cet appartement !

— Tu es sûr ?

— Certain. Je connais ta liste par cœur. C'est le vœu le plus facile à réaliser.

— Super !

— Enfin, pour moi. Pour toi, c'est peut-être le plus complexe.

— Jérémiah, je n'ai pas encore bu mon café. Tu m'embrouilles. Et tu es nu, ce qui est distrayant. Finissons-en !

— Tu es pressée ?

— Oui. J'ai d'autres projets ensuite, figure-toi.

D'excitation, son regard déjà sombre prit une teinte encore plus foncée. Il attrapa mon menton entre son pouce et son index et déposa un baiser sur mes lèvres.

— Comme ?

— Lire ta liste.

Un bref sourire éclaira son visage. Il me libéra et j'allai récupérer les deux papiers qu'il avait glissés dans ma veste. Jérémiah se rallongea, ses bras croisés derrière sa nuque. Je me réinstallai près de lui, allongée sur le ventre.

— Prêt ? demandai-je.

— Je suis prêt depuis dix ans, plaisanta-t-il.

Je dépliai le papier bleu avec cérémonie, croisant le regard amusé de Jérémiah. Il posa sa main sur la mienne, m'arrêtant avant que je puisse lire son premier vœu.

— Avant toute chose, je t'aime, murmura-t-il.

— Après toutes ces choses, je t'aime aussi, avouai-je.

Il baissa sa main et m'attira contre lui. Je me décalai, m'allongeai comme lui, sur le dos, et reposai ma tête sur son torse. Je levai sa liste au-dessus de moi.

— Premier vœu : te retrouver.

— C'est fait, répondit Jérémiah. Je t'ai retrouvée lors de la soirée.

— Soit. Je te l'accorde. Deuxième vœu : danser avec toi.

— C'est fait. Deux fois, précisa-t-il. La première fois n'était pas mal, mais la danse d'hier soir était fantastique.

Je me redressai et fis la moue. J'avais la vague sensation de me faire flouer avec cette histoire de liste. De toute évidence, Jérémiah avait déjà réalisé une partie de ses vœux. Avec moi, certes. Mais sans me prévenir au préalable.

— Mais... tu as déjà réalisé ta liste ?

— Partiellement. Mais entièrement avec toi. Pendant que tu faisais ta liste, je faisais la mienne, expliqua-t-il. Mais comme toi, il me manque le dernier vœu.

— Donc tu as triché ?

— Je suis coureur. J'ai besoin de gagner, Charlotte. J'aime la victoire, et là, ce matin, je suis dans le dernier tour. Continue, m'encouragea-t-il.

Je lus le troisième vœu et éclatai de rire. Je me

mordis la lèvre, pendant que Jérémiah jouait avec mes cheveux.

— Me faire perdre le contrôle

— Fait. Plusieurs fois. Sur la voiture, sur ce canapé, dans mon lit. Oh ! quand je t'ai montré la boutique aussi.

— J'avais le contrôle.

— Tu étais hystérique ! s'esclaffa-t-il. D'ailleurs, fais-moi penser à te donner la clé.

Je me redressai de nouveau et le sérieux réapparut sur son visage. J'avais décidé de mon avenir avec Jérémiah. Mais il restait encore le sujet de mon métier en suspens. Cette boutique était extravagante, ce qu'elle représentait l'était encore plus. Jérémiah se tendit et prit une profonde inspiration.

— Tu peux au moins commencer par ton meuble à retaper, proposa-t-il. J'ai aussi une commode qui mériterait une cure de rajeunissement.

— Et ensuite ?

— Et ensuite, tu verras. Mais tu as ce talent, Charlotte. C'est dommage de ne pas l'utiliser. Je veux au moins que tu essayes.

— Tu veux ?! m'écriai-je.

— Je veux. Fais-le. Ça te donnera un peu de temps.

Je poussai un soupir, avant d'abdiquer. Je hochai la tête, en signe d'accord, et Jérémiah m'adressa un large sourire.

— Quatrième vœu : m'embrasser ?

— J'adore t'embrasser. Je devais être à mon cinquième whisky sur ce vœu. J'étais un peu... graveleux.

— Je n'ose imaginer la suite.

— Je suis plus calme ensuite. Rassure-toi. Cinquième vœu ? demanda Jérémiah.

— Cuisiner pour toi, récitai-je, dans un éclat de rire. Bon, tu as au moins essayé.

— Essayé ? Attends, le plat était bon. Le dessert devait certainement l'être aussi, mais tu m'as distrait avec cette robe !

Je ris de nouveau, devant sa fausse véhémence. Je m'étirai et déposai un baiser sur le coin de sa lèvre.

— Il va falloir réessayer, dis-je dans un murmure.

— Si tu veux. Finis de rénover ton meuble, et je te préparerai un dîner.

— Parfait !

— Tu n'as rien contre des pâtes ?

— Tu triches encore !

— Je cherche les failles dans le règlement de la course, se défendit-il.

— Fais-moi un sandwich, ça me plaira de toute façon, tant que tu mets cette petite bougie sur la table.

— Soit. Il reste un vœu, me dit-il en arrachant la feuille d'entre mes mains.

Je criai de surprise, et mon cri redoubla quand il me bascula sur le dos pour me couvrir de son corps. Il posa sa main sur ma joue et m'embrassa avec passion. Mon sang se mit à bouillonner aussitôt. Jérémiah savait comment me faire oublier sa liste. Il s'écarta et repoussa les cheveux de mon visage.

— Mon sixième vœu, c'est de te rendre heureuse, avoua-t-il dans un chuchotis.

Mon cœur s'emballa. Je tentai de trouver quelque chose à répondre, mais les mots restaient coincés dans ma gorge.

— Alors, c'est à toi de me dire : soit j'ai réussi et, pour paraphraser Théo, je suis un enfoiré chanceux ; soit je rame toujours et je suis prêt à faire ce qu'il faut pour te rendre heureuse.

— On est toujours dans le dernier tour ? m'inquiétai-je.

— C'est la dernière ligne droite. La ligne d'arrivée

est en vue. Dis-moi si je dois foncer fêter ma victoire, ou si je dois prendre de la vitesse.

— Fonce, murmurai-je dans un sourire.

Il fondit de nouveau sur mes lèvres et balada ses mains sur mon corps. Ma peau s'embrasa et je me cambrai pour accentuer le contact de nos deux corps. Son sexe tendu frotta contre mon intimité et je gémis lourdement. Soudain, Jérémiah s'écarta brutalement, me laissant pantelante. Il se leva et déambula nu dans l'appartement.

— Tu vas où ? demandai-je.

— Chercher ce qu'il faut pour ton dernier vœu.

— Je croyais que ça ne dépendait que de moi.

— Oui. Mais il te faut du matériel.

Il disparut dans le couloir, puis réapparut avec un bloc-notes à la main. Il récupéra au passage mon collier et mon crayon. Il se rallongea près de moi, tira sur la couverture et m'attira contre lui.

— Il faut que tu le mettes, me rappela-t-il en me tendant le collier.

Je le glissai autour de mon cou, frissonnant au contact du métal froid contre ma peau. Jérémiah me tendit le crayon et le bloc-notes et me fixa.

— Dernier vœu de ta liste.

— Et ? demandai-je.

— Tu dois refaire une liste.

— Quoi ?!

— Ton dernier vœu, c'était de refaire une liste quand la première serait achevée. Donc, tu dois réécrire des vœux.

La feuille blanche devant moi me tétanisait. Je n'avais aucune idée de ce que j'allais y inscrire. J'étais encore sous l'émotion de ma nuit avec Jérémiah, encore émue d'avoir vu sa liste, une liste qui ne parlait que de moi, une liste qui ne pouvait se faire qu'avec moi, une liste qu'il avait réalisée, coûte que coûte. Je retrouvai le bout de papier sur lequel se trouvait ma liste pour vérifier ses dires.

Il avait raison, j'avais bien noté « quand j'aurai fait cette liste, en refaire une ». Trahie par mon passé. Génial.

— Et toi, ta liste est terminée ? demandai-je.

— Oui.

— Je suis obligée de faire mon dernier vœu maintenant ? demandai-je après quelques secondes de réflexion.

— Non, rit-il. Aucune pression sur ce vœu, tu as suffisamment à faire en termes de réflexion.

— Merci de ton indulgence ! plaisantai-je.

— A ton service. Maintenant, pose-moi ça et viens par ici.

Je déposai mon crayon et le bloc-notes au sol. L'instant suivant, je retrouvai l'étreinte de Jérémiah et nous fîmes de nouveau l'amour.

22 septembre 2015

Douchée et habillée, j'attends Jérémiah sur la terrasse. Mon café à la main, j'admire la vue. Les brumes se dissipent. Avec un peu de chance, une belle journée se profile devant nous. Je souris en repensant à ma dernière visite ici : il y a quelques semaines, j'acceptais cette liste sans vraiment savoir où elle me mènerait. Aujourd'hui, je suis heureuse de l'avoir suivie. Il ne s'agissait pas que d'une liste, il s'agissait de Jérémiah et moi, de notre histoire. Il s'agissait de moi, de retirer le masque derrière lequel je me cachais et de vivre enfin au grand jour. M'autoriser à être moi, à être heureuse.

Je lève les yeux vers le ciel. Je sais que maman m'observe de là-haut. Elle rit sûrement du plan de Jérémiah et applaudit sa réussite.

« Une vie hors du commun », il est trop tôt pour le dire. Mais ce que je vis avec Jérémiah, ce que je ressens maintenant — de la liberté, de la joie, de la légèreté —, est nouveau et grisant. C'est sûrement ce que ressent Jérémiah pendant une course, avec l'adrénaline de la prise de risque et la certitude qu'il franchira la ligne en vainqueur. Une confiance totale en l'avenir. La certitude que tout va bien se passer.

Je bois une gorgée de mon café.

Le bonheur doit ressembler à ça : boire un café, profiter du soleil et sourire.

Et sentir mon corps réagir, deviner cette attraction puissante, avoir le cœur qui s'emballe, parce que je sais qu'il est juste derrière moi.

— Il y a une question que je me pose, fait la voix de Jérémiah derrière moi.

Jérémiah

Elle est restée. Elle a choisi de rester. C'est ce qui était le plus important pour moi : qu'elle reprenne les rênes de sa vie et qu'elle décide de son avenir.

Et elle a décidé. Elle a choisi de rester avec moi, ici, malgré les courses, malgré ses doutes, malgré nos dix ans de séparation et de temps perdu.

En lui proposant de réaliser sa liste, j'ai joué toute notre relation sur la possibilité folle qu'elle accepte. Le souvenir de notre entrevue au café, celui du jour où je lui ai proposé de l'aider à réaliser ses vœux, me hante toujours : son regard écarquillé, sa panique, son incompréhension et son refus.

Elle ne voulait pas de la liste, elle ne voulait plus me revoir. Charlotte a cette sale habitude de me résister. Et plus elle me résiste, plus je la veux. Evidemment, quand je l'ai fait monter sur le grand huit, quand je l'ai entendue hurler de terreur et l'ai vue pâlir, j'ai douté. Peut-être l'avais-je définitivement perdue. Mais ensuite, j'ai remarqué son sourire, je l'ai sentie vibrer d'excitation à mes côtés, et mes dernières inquiétudes ont été balayées.

Elle voulait faire cette liste autant que moi.

Vœu après vœu, elle s'est prise au jeu, elle a accepté ses sentiments, elle m'a autorisé à revenir dans sa vie.

Vœu après vœu, j'ai réalisé ma liste. Cette liste écrite

un soir d'ivresse, un soir où ma vie pourtant parfaite me semblait vide de sens.

J'enfile mon T-shirt. Je verse du parfum dans le creux de ma main et la passe sur mon cou. Je repense au visage de Charlotte quand elle a découvert ma liste. Il y a d'abord eu le questionnement, puis le plaisir et enfin la stupéfaction.

Si mon plan fonctionne, j'ai une bonne chance de la surprendre encore. J'enfonce mes mains dans mes poches, je souris à mon reflet et je pense à sa dernière recommandation.

« Fonce ! »

Foncer est ce que je sais faire le mieux. Je sais aller vite, je maîtrise la vitesse, mesure le risque. J'aime ça. J'aime rouler à toute allure, être impulsif et serrer les dents en me disant « ça doit passer ».

Parce que aujourd'hui, plus qu'un autre jour, je dois foncer.

Je quitte la salle de bains et monte en direction de la terrasse. Charlotte est en train de contempler la vue. Je souris en admirant sa silhouette. Dommage, je n'ai pas de marqueur sur moi.

Elle semble perdue dans ses pensées, son mug fumant à la main, ses cheveux voletant autour d'elle. La voir ici est une évidence dont je ne me lasse pas.

Je glisse mes mains dans mes poches et avance doucement. Mon cœur s'emballe et je repense aux paroles de sa mère : « Quand quelque chose est juste, on n'a pas de doutes. »

Effectivement, je n'en ai aucun. Tomber amoureux au lycée de Charlotte a été si facile. En revanche, la garder auprès de moi est un vrai défi.

— Il y a une question que je me pose, dis-je.

Elle se tourne vers moi, attendant la suite, et je réduis l'espace entre nous. Son sourire est communicatif, et son visage détendu et rieur est lumineux.

— Quel genre de question ? demande-t-elle.

— Tu te souviens de ton deuxième vœu ?

— Le distributeur de bonbons ?

— Oui.

Elle fronce les sourcils, sûrement à la recherche des détails de notre soirée cinéma. Je la revois en train de vider le distributeur de bonbons. Elle me lançait des regards noirs, tout en remplissant ses poches. Un vœu presque puéril, mais qui en disait long sur sa personnalité enjouée et légère.

Je sors mes poings de mes poches et ouvre la main droite. Charlotte regarde ma paume comme si je tenais une bombe. Ses yeux s'écarquillent et sa respiration s'alourdit. Elle me lance un regard perdu, puis je lis sur son visage qu'elle a compris.

— La boîte Tiffany, chuchote-t-elle.

— La boîte Tiffany.

Je m'approche d'elle puis ouvre la petite boîte en velours. La bague en or blanc scintille sous le soleil. Quelques diamants, un anneau. J'ai toujours imaginé que Charlotte aimerait quelque chose de simple et d'élégant. Elle n'est pas du genre à exhiber cette bague comme un trophée.

Elle est plutôt du genre à porter un collier fantaisie gagné dans une fête foraine contre une pièce de un dollar.

Prudente, elle pose son mug sur le muret. Ses yeux passent de moi à la bague, avant de revenir sur moi. Je m'éclaircis la voix.

Sur cette terrasse, elle a accepté de réaliser la liste. J'aimerais maintenant qu'elle accepte de devenir ma femme. Dix ans, c'est long, et je ne veux plus attendre. Je ne veux plus prendre le risque de la perdre de nouveau. Charlotte, ses rires, son cœur et son parfum de colle à bois sont à moi ; comme, moi, je suis tout à elle.

Pourtant, mon cœur bat la chamade. Comme à chaque fois que je pousse Charlotte à prendre une décision, j'ai peur qu'elle refuse, peur qu'elle réfléchisse, peur qu'elle s'enfuie. Je déteste quand Charlotte réfléchit.

Alors, je fais ce que je fais de mieux : je fonce.

— Il se peut que j'aie un dernier vœu. Hors liste, dis-je, d'une voix assurée.

— Je croyais que… que tu avais déjà… gagné.

— En effet. On n'a qu'à dire que c'est le tour d'honneur.

Elle porte son collier, celui qui nous a aidés à franchir les obstacles. De ma main libre, j'attrape la petite cage en métal argenté et attire Charlotte vers moi. Elle est hors d'haleine et sous le choc.

Ma surprise a donc bien fonctionné.

Mes lèvres frôlent les siennes, elle frémit contre moi, ses cheveux caressent mon visage. Je risque un sourire victorieux.

— Maintenant ou jamais, Charlotte.

Elle retient son souffle.

— Maintenant, répond-elle dans un sourire.

#6 TE RENDRE HEUREUSE.

C'est fait.

Continuez à découvrir l'univers

d'Emily Blaine

avec ses romans au format poche

Composé et édité par HarperCollins France.

Achevé d'imprimer en avril 2018.

CPI
BLACK PRINT

Barcelone

Dépôt légal : mai 2018.

Pour limiter l'empreinte environnementale de ses livres, HarperCollins France s'engage à n'utiliser que du papier fabriqué à partir de bois provenant de forêts gérées durablement et de manière responsable.

Imprimé en Espagne.